"十三五"普通高等教育本科部委级规划教材

高分子材料加工工艺学

（第 3 版）

李 光 主 编

中国纺织出版社有限公司

内 容 提 要

本书主要介绍了纤维、塑料和橡胶三大类重要高分子材料的主要品种从原料到制品的完整成型工艺过程,并着重介绍了生产实践中制品的质量控制技术原理和方法,内容深入浅出、系统全面。

本书可作为高等院校高分子材料与工程专业的教材,也可作为从事高分子材料加工成型技术工作人员的参考书。

图书在版编目(CIP)数据

高分子材料加工工艺学/李光主编 . -- 3 版 . --北京:中国纺织出版社有限公司,2020.6(2024.7重印)
　"十三五"普通高等教育本科部委级规划教材
　ISBN 978 - 7 - 5180 - 7543 - 0

Ⅰ . ①高… Ⅱ . ①李… Ⅲ . ①高分子材料—生产工艺—高等学校—教材　Ⅳ . ①TQ316

中国版本图书馆 CIP 数据核字(2020)第 108521 号

责任编辑:范雨昕　　责任校对:寇晨晨　　责任印制:何 建

中国纺织出版社有限公司出版发行
地址:北京市朝阳区百子湾东里 A407 号楼　邮政编码:100124
销售电话:010—67004422　传真:010—87155801
http://www.c-textilep.com
中国纺织出版社天猫旗舰店
官方微博 http://weibo.com/2119887771
三河市宏盛印务有限公司印刷　各地新华书店经销
2024 年 7 月第 4 次印刷
开本:787×1092　1/16　印张:28.25
字数:589 千字　定价:88.00 元

　　本书是在《高分子材料加工工艺学》（第2版）的基础上进行改编和修订的。根据多所高校多年来的使用情况和近年来高分子材料成型技术的发展，对教材内容进行了完善，在纤维、塑料成型章节增添了新内容，相应也删除了一些冗余的文字表述，章节内容上进行了必要的调整。立足面向工程、面向应用，力求简繁结合、理论与工艺结合。在每章后的复习指导部分，对各章内容进行了归纳和总结，以方便学生复习和掌握各章主干内容。

　　参加本书编写的人员有：

　　东华大学李光（第一、第六、第九至第十一章），沈新元（第八章）；

　　华南理工大学严玉蓉（第二、第三、第七章）；

　　大连工业大学郭静（第四章）；

　　北京服装学院赵国樑和中国石油抚顺石化公司李琦（第五章）；

　　全书由李光担任主编，负责统审。

　　限于编者水平，本书在内容、编排及文字等方面的缺陷在所难免，恳请读者批评指正。

　　本教材的编写得到纤维材料改性国家重点实验室的大力支持，在此表示感谢。

编　者

2019 年 12 月于上海

　　本教材根据纺织高等院校化学纤维专业教育委员会审定的大纲而编写，供高分子材料与工程专业高年级学生学习专业课时使用。

　　本书分上、下两篇共十二章。上篇为化学纤维成型加工，下篇为塑料、橡胶、胶黏剂、涂料和高分子复合材料的成型加工。在内容上既注意保持一定的化纤工艺特色，又考虑了高分子材料与工程宽口径专业的教学需要，内容丰富、涵盖面广。可供学生自学或供有关专业的工程技术人员参考。

　　参加本书编写的有：

　　华南理工大学邬国铭（总论，第七章）、陈军武（第一章第一、第二节，第六章）、赵耀明（第一章第三～第七节，第二章）；

　　大连轻工业学院郭静（第三章）；

　　北京服装学院赵国樑（第四章）；

　　青岛大学王荣光（第五章）；

　　中国纺织大学王曙中（第八章）、李光（第九章，第十章，第十一章）、李瑶君、陈大俊（第十二章）。

　　全书由邬国铭主编，李光副主编。

　　本书承蒙北京服装学院张大省教授主审第一～第八章，华南理工大学王迪珍教授主审第九～第十二章，并提出了许多宝贵的意见和建议；在编写过程中，得到纺织高等院校化学纤维专业教育委员会各位专家和各参编院校的领导及老师们的指导、支持和帮助，在此一并致谢。

　　限于编者水平，本书在内容、编排及文字等方面的缺点或错误在所难免，恳请使用本书的师生和读者批评、指正。

编　者
1999 年末

　　本教材是在第 1 版的基础上进行改编和修订的。根据多年的使用情况和近年来高分子材料成型技术的发展，对教材内容进行了完善，增添了很多新内容，如新型纤维的结构、性能和成型工艺，删除了一些陈旧的表述；在层次上作了适当的修改和调整。由于第 1 版中的第十一章黏胶剂及涂料和第十二章复合材料成型加工这两章的知识内容已发展成为比较独立的学科，已有专门的教材，在此有限的篇幅中难以表述全面，因此第 2 版中不再涉及。此外，在第 2 版的每章后增加了各自的复习指导，以方便学生复习和掌握主干内容。

　　参加本书编写的人员有：

　　东华大学李光（第一，第六，第十，第十一章），沈新元（第八章），王曙中（第九章）；

　　华南理工大学严玉蓉（第二，第三，第七章）；

　　大连工业大学郭静（第四章）；

　　北京服装学院赵国樑（第五章）；

　　全书由李光主编和统审。

　　限于编者水平，本书在内容、编排及文字等方面的缺陷在所难免，恳请读者批评指正。

　　本教材的编写得到纤维材料改性国家重点实验室的大力支持，在此表示感谢。

编　者

2009 年暑假于上海

第一章　总　论

高分子材料主要包括纤维、塑料、橡胶、胶黏剂和涂料五大类。其中被称为现代高分子三大合成材料的纤维、塑料和橡胶已成为人类社会发展进步和人们日常生活中必不可少的重要材料。

一、纤维、塑料、橡胶及其主要产品的分类

(一)纤维

纤维是一种细长而柔韧的物质。在纺丝纤维中,一类是天然纤维,如棉、麻、羊毛、蚕丝等;另一类为化学纤维。化学纤维是以天然的或合成的高聚物为原料加工而成的,具有使用价值的纤维。化学纤维品种很多,有不同的分类方法。

1. 按原料来源分类　分为再生纤维、合成纤维和无机纤维。

再生纤维是用天然高聚物为原料,经化学处理和机械加工而制得的纤维,如再生纤维素纤维、再生蛋白质纤维、甲壳质纤维等。

合成纤维是用合成高聚物(树脂)为原料纺制的纤维。根据大分子的结构,又分为杂链类纤维(大分子主链中,除碳原子外,还有其他原子,如氮、氧等)和碳链类纤维(即大分子主链为纯碳—碳键组成)。以下列出了纺织纤维的分类及其品种。

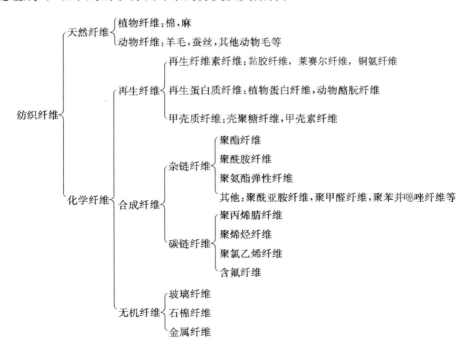

无机纤维是以矿物质为原料制成的纤维,如玻璃纤维、石棉纤维、金属纤维等。

目前世界上生产的化学纤维品种繁多,据统计有几十种,但主要的是聚酯纤维、聚酰胺纤维、聚丙烯纤维和再生纤维素纤维;其次是聚氨酯弹性纤维和玻璃纤维等;其他一些属于特种用途的纤维,生产量虽然不大,但在国民经济中占有重要地位。

2. 按纤维的长度分类 分为长丝和短纤维两类。目前全世界生产的化学纤维中,长丝和短纤维产量约各占一半。

长丝是指其长度很长,通常是以千米计算的连续丝条。一束长丝如果由单根或由 6 根以下单丝组合而成,可统称为单丝;由数以十计的单丝组成的长丝,则称为复丝。

短纤维是指切成短段状的纤维,又称切断纤维。仿棉的短纤维线密度较小,长度一般为35～38mm,称为棉型短纤维;仿羊毛的短纤维线密度较大,长度一般为75～150mm,则称为毛型短纤维。

3. 按照单根纤维内的组成分类 分为单组分纤维和多组分纤维。由同一种高聚物组成的纤维称为单组分纤维,大多数常规纤维为单组分纤维;由两种或两种以上高聚物组成的纤维称为多组分纤维。如各组分沿纤维轴向有规则地排列并形成连续界面的纤维,称为复合纤维;如各组分随机分散或较均匀混合的纤维,则称为共混纤维。

4. 按纤维横截面形状分类 分为常规截面纤维和异形截面纤维。常规截面纤维是指用圆形喷丝孔纺制的纤维;异形截面纤维是指用非圆形喷丝孔或用中空纺丝法纺制的纤维。

熔法纺丝的常规截面纤维,其横截面通常为圆形或近圆形,但用湿法纺丝所得的常规截面纤维,其横截面形状随纤维的种类或纺丝条件而变化,如普通黏胶纤维为圆锯齿形,聚丙烯腈纤维为哑铃形或腰子形或近圆形。

异形截面纤维(包括熔纺或湿纺的纤维)的横截面均为非圆形如三角形、Y 形、三叶形或中空形等。

(二)塑料

塑料是以合成或天然高分子化合物为基本成分,在加工过程中可塑制成一定形状和尺寸,在固化后能保持其形状,并能满足不同领域应用要求的有机材料。目前生产的塑料基本上是合成高分子塑料。

1. 塑料的分类 塑料品种很多,分类方法亦各不相同。

(1)按塑料的受热行为分类:分为热塑性塑料和热固性塑料两类。前者可反复受热软化或熔化,后者经固化成型后,再受热则不能熔化,遇强热则分解。

(2)按照塑料的使用特点分类:分为通用塑料和工程塑料两类。

①通用塑料:聚乙烯,聚丙烯,聚氯乙烯,聚苯乙烯,酚醛树脂。

②工程塑料:聚酰胺,聚碳酸酯,聚甲醛,丙烯腈—丁二烯—苯乙烯三元共聚物(ABS),聚四氟乙烯,聚砜,聚酰亚胺,高密度聚乙烯,聚苯醚,聚苯硫醚,聚醚醚酮。

通用塑料产量大,用途广,价格相对较低,用于生产日用品和一般工农业用品,如薄膜、管材、板材、发泡材料、人造革等。工程塑料产量相对较小,但具有优良的力学性能或耐磨、耐热、耐化学腐蚀等特性,用于制造某些性能要求较高的制品,如轴承、齿轮等零件,可以代替金属、陶瓷材料,或作为功能材料,制造有特殊功能要求的制品。

2. 塑料制品的分类 塑料制品种类繁杂,分类方法也很多。可按成型方法和产品结构分类,也可按原料(树脂)种类分类。

最常见的分类方法是:按制品的几何形状分为塑料管、塑料薄膜、塑料板材和片材;按制品的用途分为塑料丝绳、塑料带、塑料袋、日用塑料制品、人造革、塑料容器、泡沫塑料、塑料鞋、塑料建材、塑料电线和电缆、工业用塑料制品及零部件、工艺美术塑料制品、文教和体育用塑料制品等。

(三)橡胶

橡胶通常是指以生胶为基本原料制造的具有实用性能的弹性体。

1. 橡胶的分类 橡胶的品种很多,按照生胶来源分为天然橡胶和合成橡胶两类。天然橡胶是从橡胶树等植物中采集的胶乳而制得,其主要成分为异戊二烯类聚合物;合成橡胶是由各种单体聚合而成、具有不同化学组成及结构的高弹性聚合物。

合成橡胶按其用途大致可分为通用橡胶与特种橡胶两类,但两者并无严格界限。

(1)通用橡胶:丁苯橡胶、顺丁橡胶、异戊橡胶。

(2)特种橡胶:乙丙橡胶、丁基橡胶、丁腈橡胶、氟橡胶、亚硝基氟橡胶、硅橡胶、聚硫橡胶、聚氨酯橡胶、聚氯磷腈橡胶、聚丙烯酸酯橡胶、氯醇橡胶、氯磺化聚乙烯橡胶等。

2. 橡胶制品的分类 按用途及结构可将橡胶制品大致分为 5 大类。

(1)轮胎:包括实心轮胎和空心轮胎。

(2)胶带:包括运输胶带和传动胶带。

(3)胶管:按使用特性分为耐压胶管、吸引胶管和耐压吸引胶管;按材质和结构分为全胶胶管、夹布胶管、编织胶管、缠绕胶管、针织胶管。

(4)胶鞋:包括布面、胶面、皮面等几类鞋。

(5)其他橡胶工业用制品:除上述四类之外的橡胶制品。

按生产过程可将橡胶制品分为模压制品和非模压制品两类。前者指用模型制造的制品;后者指不用模型,而是用压延后的胶片、胶布贴合制造的制品。

二、纤维、塑料和橡胶品质的表征

材料的品质首先取决于材料固有的性质,也取决于材料及制品加工的品种、加工工艺和加工方法。

从材料学角度考虑,纤维、塑料和橡胶的性能大致可归纳为物理性能、力学性能和稳定性能等几方面。但是由于各种材料固有性质的差异,其使用性能要求和用途各有不同,因此不能采用完全相同的品质指标来表征和评价。即使是同一类材料中的不同制品,也要根据其使用要求的不同,采用不同的品质指标或附加品质指标来表征。

(一)纤维的品质指标

(1)物理性能指标:线密度、密度、光泽、吸湿性、热性能、电性能等。

(2)力学性能指标:断裂强度、断裂伸长率、初始模量,断裂功、回弹性、耐多次变形性等。亦可将纤维的物理性能指标与纤维的力学性能指标统称为物理—力学性能指标。

（3）稳定性能指标：对高温和低温的稳定性（实际上属于热性能）、对光—大气的稳定性（耐光、耐气候性）、对高能辐射的稳定性、对化学试剂（酸、碱、氧化剂、还原剂、溶剂等）的稳定性、对微生物作用的稳定性（耐腐蚀性、防蛀性）、耐（防）燃性、对时间的稳定性等。

（4）加工性能指标：包括纺织加工性能和染色性。纺织加工性能包括纤维的抱合性、起静电性（属于电性能）、静态和动态摩擦系数等；染色性包括染色难易、上色率和染色均匀性。对帘子线纤维则主要是指与橡胶的黏合性。

（5）长丝品质的补充指标包括毛丝数、油污丝数等。

（6）短纤维品质的补充指标包括切断长度和超倍长纤维含量、卷曲度和卷曲稳定度等。

（7）纤维实用性能指标包括保形性、耐洗涤性、洗可穿性、吸湿性、导热性、保温性、抗沾污性、起毛起球性等。

下面介绍反映化学纤维品质的几个主要指标。

1. 线密度　线密度表征纤维的粗细程度，过去称为纤度。线密度的法定计量单位为特（tex）或分特（dtex）。

1000m 长纤维的质量（克）称为"特"；1000m 长纤维质量（以分克表示时）称为"分特"（1 克＝10 分克）。例如 1000m 长纤维重量为 1g，则该纤维的线密度为 1tex 或 10dtex。

表示线密度的单位还有"公支"和"旦"，但它们都不是法定计量单位；9000m 长纤维的质量（克）称为"旦"；单位质量（以克计）纤维所具有的长度（以米计）称为公支。

特和旦为定长制，数值越大，表示纤维越粗；公支则为定重制，数值越大，则纤维越细。

特、分特、旦和公支数的数值换算关系为：特数×公支数＝1000。

2. 断裂强度　断裂强度是指纤维的抗拉强度，即测定纤维在标准状态下受恒速增加的负荷作用直至断裂时的负荷值。

如果负荷是以力的大小表示，称为断裂强力，单位为牛（N）。

如果负荷是以纤维单位面积所受的力的大小表示，则称为断裂强度，单位为帕（Pa）或千帕（kPa）。

断裂强度也可以是以纤维的单位线密度所受力的大小表示，计量单位为牛/特（N/tex）或厘米/分特（cN/dtex），过去较常用的单位为克/旦（非法定计量单位）。几种单位的数值换算关系如下：

$$1g/旦＝0.0882N/tex＝8.82cN/tex＝0.882cN/dtex$$

3. 断裂伸长　断裂伸长表征纤维的延伸性。它是指在标准状态下纤维受恒速增加的拉伸负荷作用，直到断裂时，其长度的增加值（mm）。纤维的断裂伸长与其原长之比值（％）称为相对伸长率或断裂伸长率。

在相同断裂强度下，断裂伸长较大的纤维手感比较柔软，并具有较好的韧性，在纺织加工或在服用时可以缓冲所受到的力。但断裂伸长不宜过大，普通纺织纤维的断裂伸长率在 10％～30％范围内较合适。

4. 初始模量　初始模量是指纤维受拉伸使其伸长达原长 1％时所需的负荷。即纤维拉伸负荷—伸长曲线(S—S曲线)起始一段直线部分的斜率,单位为 N/tex、cN/dtex,也用 Pa 或 MPa。

初始模量是纤维抵抗小负荷下形变能力(亦即对小延伸的抵抗能力)的量度。初始模量越大,在同样负荷作用时纤维和织物越不容易形变,形状改变越少,这对大多数服用纤维及其织物和产业纤维(如轮胎帘子线)及其制品都具有重要意义。

5. 回弹性　回弹性是指纤维受拉伸力作用而伸长,当外力撤除后伸长的可回复程度。伸长可回复程度越高(即剩余伸长形变越小),则其回弹性越好。纤维回弹性可用弹性回复率来表征:

$$弹性回复率 = \frac{总伸长量 - 不可回复伸长量}{总伸长量} \times 100\%$$

弹性回复率有两种测定方法,一种叫定负荷弹性回复率,测定时对试样施加一定的负荷;另一种叫定伸长弹性回复率,测定时给予试样一定的伸长,如 2%、3%或5%等。

根据纤维试样所受力作用的次数,弹性回复率又分为一次负荷弹性回复率(即拉伸一次后的弹性回复率)和多次循环负荷弹性回复率(即多次循环拉伸后累计的弹性回复率)。

6. 耐疲劳性(耐多次变形性)　耐疲劳性是反映纤维对多次变形作用的稳定程度,通常以耐双折挠次数表示。测定的方法是在特制的仪器上将试样反复折挠(折挠并回复),计算纤维断裂前能经受的折挠次数。经受的次数越多,纤维的耐疲劳性能越好。

7. 纤维的负荷—伸长曲线及纤维断裂功　表示纤维轴向应力—应变的关系曲线称为负荷—伸长曲线,即张力—延伸曲线,简称S—S曲线(图1-1)。S—S曲线能直观地说明纤维的力学性能。曲线起始的一段近似于直线,其斜率较大,可表征纤维的初始模量;随着负荷增大,纤维延伸性增加,曲线变得平缓,在两段线之间有一个转折点(K),称为屈服点,K所对应的两坐标点分别为屈服应力(屈服强度)和屈服应变(屈服伸长);曲线的终点(R)为纤维的断裂点,R对应的两坐标点分别为断裂应力(断裂强度)和断裂应变(断裂伸长);曲线下覆盖的面积(面积$OKREO$)表示外力对纤维所做的功,也就是纤维受拉伸直至断裂所吸收的总能量,称为纤维的断裂功,它是表征纤维韧性和耐冲击能力的重要指标。

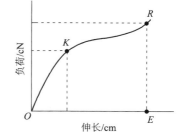

图1-1　纤维负荷—伸长曲线示例

(二)塑料的品质指标

反映塑料品质的主要指标有:

(1)物理性能指标:密度、吸水性、光学特性(包括光泽、透光度和雾度、白度、折射率)、热性能(包括在规定条件下测定的热变形温度、长期使用时的最高和最低温度)、电性能(包括介电常数、表面电阻、体积电阻、介质损耗、击穿电压)、防磁性、消音性等。

(2)力学性能指标:抗张强度、抗弯强度、冲击强度、疲劳强度、剪切强度、伸长率、弹性模量、耐磨性和硬度等。

(3)稳定性能指标:耐老化性(包括对日光、大气、射线的作用和作用时间的稳定性)、耐化学品(酸、碱、氧化剂、有机溶剂)作用稳定性、耐热性(属热性能)、耐(阻)燃性和耐生物作用性等。

此外,对于某些用途的塑料及其制品,需附加某些特殊性能指标,如用于食品包装的容器或薄膜,则应有卫生性能指标。

(三)橡胶的品质指标

反映橡胶品质的主要指标有:

(1)物理性能指标:密度、硬度、热性能、电性能、脆折温度、挥发组分含量、灰分含量等。

(2)生胶的加工性能:可塑度、门尼黏度和门尼焦烧等。

(3)硫化胶的力学性能指标:抗张强度、定伸强度、伸长率、弹性模量(数)、耐磨性能、耐疲劳性能等。

(4)稳定性能指标:硫化胶耐化学试剂(酸、碱、有机溶剂)腐蚀性、耐油性、耐老化性(光、射线、大气中的氧、臭氧和水汽等)、耐热性(属于热性能)、耐(阻)燃性和耐生物作用性等。

下面介绍橡胶品质的几个主要指标:

1. 定负荷压缩塑性(威氏可塑度)　它是用威廉姆氏塑性计测定的一定时间、一定温度和一定负荷作用下试样的压缩形变量及去负荷后的形变恢复能力,用以表征胶料的可塑性。此指标为无因次量。

2. 门尼黏度　它是用门尼黏度计(转动黏度计)测定胶料的转动黏度,实际上是测定硫化胶料在一定温度(100℃)、压力(3.4~5.9MPa)下作用 4min 时的抗剪切能力。根据门尼黏度的大小可预测橡胶加工性能的好坏。门尼黏度高,说明同种胶料相对分子质量大,可塑性小;反之则相对分子质量小,可塑性大。但门尼黏度并不能定量测定胶料具体的相对分子质量,也不能反映相对分子质量分布的情况。门尼黏度的单位为牛·米(N·m)或牛·厘米(N·cm)。

3. 门尼焦烧　它是根据门尼黏度的变化,测定混炼胶料在一定温度(120℃)、压力(3.4~5.9MPa)下开始硫化的时间(min)。

4. 定伸强度　试样在一定伸长(500%、300%或100%)时原横截面上单位面积所受的力。法定计量单位为帕(Pa)或兆帕(MPa),也有用 kgf/cm²(非法定计量单位)。

5. 永久变形　指试样扯断停放 3min 后的伸长率(%)。

6. 邵氏硬度 A　指外力将硬度计压针压在橡胶试样表面时,指针所指的刻度值。

7. 摆锤式冲击弹性　指摆锤自一定高度冲击试样时,弹回的高度与原高度的比值(%)。

8. 有效弹性和滞后损失　试样除去外力时所释出的功同伸长时所消耗的功之比(%),即为伸张有效弹性;伸长及回缩过程中所损失的能量与拉伸时所做的功的比值为滞后损失(%)。

9. 阿克隆磨耗量　在一定的倾斜角度和一定的负荷作用下,试样经一定行程后在砂轮上的磨损体积,单位为 cm³/km。

对于不同用途的橡胶材料及其制品,侧重于不同的性能要求或者需求附加评价项目和指标。

三、高分子材料加工过程及方法概述

高分子材料加工,是将高聚物(和加入的添加物或配料)转变成为实用材料或制品的过程。

大多数情况下,这一过程包括四个阶段:

(1)原材料的准备,如高聚物和添加物的预处理、配料、混合等。

(2)使原材料产生变形或流动,并成为所需的形状。

(3)材料或制品的固化。

(4)后加工和处理,以改善材料或制品的外观、结构和性能。

高分子材料成型加工通常有以下几种形式:

(1)高聚物熔体加工:如热塑性树脂熔体挤出纺制化学纤维;以挤出、注射压延或模压等方法制取热塑性塑料型材和制品;用模压、注射或传递模塑加工热固性塑料制品和橡胶制品。

(2)高聚物溶液加工:如溶液法纺制化学纤维、流延法制薄膜;油漆、涂料和黏合剂等也大多用溶液法加工。

(3)类橡胶状聚合物的加工:如采用真空成型、压力成型或其他热成型技术等制造各种容器、大型制件和某些特殊制品;纤维或薄膜的拉伸等。

(4)低分子聚合物或预聚物的加工:如丙烯酸酯类、环氧树脂、不饱和聚酯树脂以及浇铸聚酰胺等用该技术制造整体浇铸件或增强材料;化学反应法纺制聚氨酯弹性纤维等。

(5)高聚物悬浮体的加工:如以橡胶乳、聚乙酸乙烯酯乳或其他胶乳以及聚氯乙烯糊等生产多种胶乳制品、涂料、胶黏剂、搪塑塑料制品;乳液法或悬浮法纺制化学纤维等。

(6)固态高聚物的机械加工:如塑料件的切削加工(车、铣、刨、钻)、黏合、装配;化学纤维的加捻、假捻、卷曲、变形等。

(一)化学纤维成型加工

化学纤维的成型通常又称为纺丝。根据成纤聚合物的性质和所纺制的纤维性能的要求,化学纤维的纺丝方法有多种,其分类如下。

化学纤维生产中,采用最多的是熔体纺丝(熔纺)和湿法纺丝(湿纺),其次是干法纺丝(干纺)。

成纤高聚物必须是线型高聚物。其中,只有其分解温度(T_d)高于熔点(T_m)或流动温度(T_s)的线型高聚物才能采用熔体纺丝。根据熔体制备情况,又分为熔体直接纺丝和切片纺丝两种。前者是将聚合后的高聚物熔体直接进行纺丝,后者是将固态(切片)高聚物加热熔融纺丝。熔体纺丝流程如图1-2所示。

图1-2　熔体纺丝流程

溶液法纺丝,是先将固态高聚物溶解在适当溶剂中调配成一定浓度的溶液(常称为原液),然后再进行纺丝。根据纺丝时所使用的凝固介质不同,又分为湿法和干法两种。湿法纺丝的凝固介质是含有凝固剂的溶液(又称凝固浴);干法纺丝的凝固介质是干热气流。溶液法纺丝流程如图1-3所示。

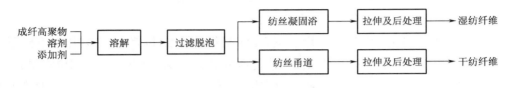

图1-3　溶液法纺丝流程

上述各种纺丝流程虽然不同,但都可归纳为如下几个过程:

(1)纺丝溶液或熔体的制备。

(2)纺丝溶液或熔体的纺前准备。

(3)纺丝。

(4)纤维的拉伸及后处理或纺织加工。

(二)塑料的成型加工

塑料的原料是树脂和添加剂。树脂是粒状或粉状的固体,也可能是液态的低聚物。塑料的高聚物分子结构是线型(热塑性塑料)或者是体型(热固性塑料)。

塑料的添加剂又叫助剂,包括稳定剂(热稳定剂、光稳定性、抗氧剂等)、润滑剂、着色剂、增塑剂、填料以及根据不同用途加入的防静电剂、防霉剂、紫外线吸收剂或其他特种添加剂等。

塑料的成型方法因树脂的性质和制品的形式不同而不同。重要的有注塑成型、挤出成型、吹塑成型、模压成型、层压成型、传递模塑成型、浇铸成型、旋转成型、涂覆成型等。

热塑性塑料和热固性塑料主要成型方法如图1-4和图1-5所示。

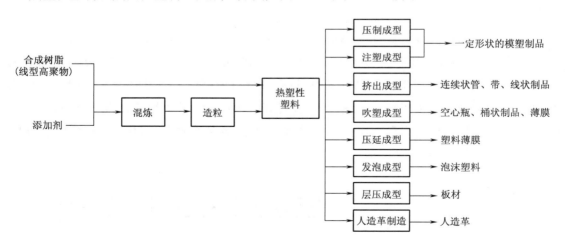

图1-4　热塑性塑料的成型流程及方法

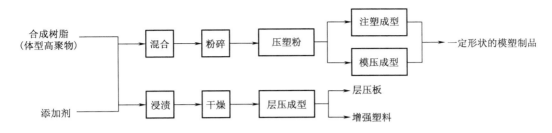

图 1-5 热固性塑料成型的流程及方法

成型之后还需进行机械加工(如车、钻、磨、锯、剪、冲、铣、切)、修饰(如抛光、彩色、滚光)和装配(如黏合、焊接、机械连接)等一系列加工过程。

(三)橡胶的成型加工

橡胶及其制品的主要原料是生胶,同时还要加入各种配合剂,采用纤维材料和金属材料作骨架。制造胶浆时,还需大量溶剂。

橡胶工业配合剂有上千种,主要是硫化剂、硫化促进剂、活性剂、防焦剂、防老剂、软化剂、增强剂、填充剂、着色剂等。

橡胶及其制品的成型加工基本过程包括塑炼、混炼、挤出、压延、成型、硫化等,如图 1-6 所示。

图 1-6 橡胶制品成型加工流程

整个橡胶加工的工艺过程,是解决塑性和弹性矛盾的过程。通过塑炼、混炼先使弹性的橡胶变成具有塑性的胶料,通过压延、挤出成型并制成一定形状的半成品,然后再通过硫化的办法,将橡胶分子交联成空间网状结构,从而使具有塑性的半成品再变成弹性高、物理—力学性能好、有一定形状的橡胶制品。

第二章　聚酯纤维

聚酯纤维是由大分子链中各链节通过酯基相连的成纤高聚物纺制而成的纤维。

1894 年 Vorlander 采用丁二酰氯和乙二醇制得低分子量的聚酯；1898 年 Einkorn 合成聚碳酸酯；1928 年 Carothers 对脂肪族二元酸和乙二醇的缩聚进行了研究，并最早用聚酯制成了纤维。早年合成的聚酯大都为脂肪族化合物，其相对分子质量及熔点都较低，且易溶于水，故不具有纺织纤维的实用价值。1941 年 Whinfield 和 Dickson 用对苯二甲酸二甲酯(DMT)和乙二醇(EG)合成了聚对苯二甲酸乙二酯(PET)，这种聚合物可通过熔体纺丝制得性能优良的纤维，即人们通常所说的涤纶，1953 年美国首先建厂生产 PET 纤维。

随着有机合成和高分子科学与工业的发展，近年研制开发出多种具有不同特性的实用性聚酯纤维，如具有高伸缩弹性的聚对苯二甲酸丁二酯(PBT)纤维及聚对苯二甲酸丙二酯(PTT)纤维，具有超高强度、高模量的全芳香族聚酯纤维等。目前所谓"聚酯纤维"通常指聚对苯二甲酸乙二酯纤维。

聚酯纤维问世虽晚，但由于具有一系列优良性能，如断裂强度和弹性模量高，回弹性适中，热定型性能优异，耐热和耐光性好，织物具有洗可穿性等，故有广泛的服用和产业用途。同时由于近年石油化工业飞速发展，为聚酯纤维生产提供了更加丰富而廉价的原料；加之近年化工、机械、电子自控等技术的发展，使聚酯原料生产、纤维成型和加工等过程逐步实现短程化、连续化、自动化和高速化。目前，聚酯纤维已成为发展速度最快，产量最大的合成纤维品种之一。

第一节　聚酯纤维原料

一、聚对苯二甲酸乙二酯的制备

聚对苯二甲酸乙二酯的制备在工业生产中是以对苯二甲酸双羟乙二酯(BHET)为原料，经缩聚反应脱除乙二醇(EG)来实现的。缩聚反应式如下：

$$n\text{HOCH}_2\text{CH}_2\text{OOC} \text{—} \bigcirc \text{—} \text{COOCH}_2\text{CH}_2\text{OH} \rightleftharpoons$$

$$\text{HOCH}_2\text{CH}_2\text{OOC} \text{—} \bigcirc \text{—} \text{CO} \text{—}\!\!\!\begin{bmatrix} \text{OCH}_2\text{CH}_2\text{OOC} \text{—} \bigcirc \text{—} \text{CO} \end{bmatrix}\!\!\!_{n-1} \text{OCH}_2\text{CH}_2\text{OH} + (n-1)\text{HOCH}_2\text{CH}_2\text{OH}$$

目前生产 BHET 的方法有酯交换法和直接酯化法。常用 PET 聚合单体的物性指标如表 2-1 所示。

表 2－1　纯 DMT、MEG 和 TPA 物性指标

聚合单体	参数	所需值
DMT	熔点	141℃
	沸点	280℃
	酸值	0.2mg/g(以 KOH 计)
	皂化值	578
	灼烧残留	0.08
	酯交换率	96%(2h)
	卤素含量	痕量
	碘值	0.0005%
	氮值	0.00005%
EG	沸点	195～198℃
	密度	1.110～1.112g/cm³(20℃)
	折射率	1.4330～1.4340(20℃)
	含水率	0.1%
	酯交换率	90
	卤素含量	最多痕量
TPA	p-羧基	≤25mg/kg
	p-甲苯甲酸	≤150mg/kg
	总金属含量	≤9mg/kg
	水分	≤0.2mg/kg
	灰分	≤15mg/kg
	色值(2mol/L KOH)	≤10(Hazen 单位)
	粒径范围	50～600μm

(一)BHET 的制备

1. 酯交换法　此法是先将对苯二甲酸(TPA)与甲醇反应生成粗对苯二甲酸二甲酯(粗 DMT),经精制提纯后,在催化剂(Mn、Zn、Co、Mg 等的醋酸盐)存在下,再与 EG 进行酯交换反应,得到纯度较高的 BHET。被取代的甲氧基与 EG 中的氢结合,生成甲醇,其反应式如下:

$$CH_3OOC-\!\!\!\bigcirc\!\!\!-COOCH_3 + 2HOCH_2CH_2OH \Longleftrightarrow HOCH_2CH_2OOC-\!\!\!\bigcirc\!\!\!-COOCH_2CH_2OH + 2CH_3OH$$

DMT 的酯交换反应实际分为两步完成:两个端酯基先后分两步进行反应,且两个酯基在两步反应中的活性相同。在一定反应条件下酯交换反应达到可逆平衡。

酯交换反应是吸热反应,$\Delta H = 11.221$kJ/mol。升高温度有利于酯交换,但热效应的数值很小,升高温度对反应平衡常数 K 值增加不大。例如使用醋酸锌催化剂,180℃时,$K=0.3$;195℃时,$K=0.33$。所以,反应平衡时 BHET 的收率很低。生产中为了增加 BHET 的收率,通常加入过量的 EG,并从体系中排除反应副产物甲醇。

(1)间歇法酯交换:间歇法酯交换一般是与间歇缩聚相配套,主机只有一台酯交换釜和一台缩聚釜。

酯交换釜是一圆柱形反应釜,内装有锚式搅拌叶,釜外壁有联苯加热夹套,釜顶盖有加料孔、防爆装置和甲醇(或乙二醇)蒸气出口。

原料 DMT、EG 按 1:(2.3～2.5)(摩尔比)。EG 过量,有利于增加 BHET 收率),金属醋酸盐催化剂按 DMT 质量的 0.05% 左右加入酯交换釜,先控制反应温度为 180～200℃,使酯交换反应生成的甲醇经酯交换釜上部的蒸馏塔馏出(称甲醇相阶段)。生产中酯交换反应通常在常压下进行,甲醇馏出量达到理论生成量(按理论计算,每吨 DMT 生成甲醇约 417L)的 90% 时,可认为酯交换反应结束,时间约 4h。酯交换反应结束后,随即加入缩聚催化剂三氧化二锑和热稳定剂亚磷酸三苯酯,可直接将物料放入缩聚釜进行缩聚;也可在酯交换结束后,将物料升温至230～240℃,使多余的 EG 被蒸出,并进行初期缩聚反应(称乙二醇相阶段),时间约 1.5h,再放入缩聚釜进行缩聚。酯交换过程蒸出的甲醇或 EG 蒸气,先后经蒸馏塔和冷凝器冷凝,而所收集的粗甲醇和粗 EG 送去蒸馏提纯后回收再用。

(2)连续法酯交换:连续法酯交换是指物料在连续流动和搅拌过程中,完成酯交换反应。连续酯交换装置有多种形式,如多个带搅拌装置的立式反应釜串联式,或卧式反应釜串联式和多层泡罩塔式等。下面简要说明三个立式搅拌反应釜串联装置的连续酯交换流程。三个立式反应釜的筒体为圆柱形,底部为锥形,内装有 6 根平行桨式搅拌叶,并有 4 块挡板。釜内有不锈钢盘管,管内通入热联苯,用以加热反应物料。

DMT 由甲酯化工段送来,与 EG 分别被预热到 190℃,在常压下与催化剂一并定量连续加入第一酯交换釜,进行酯交换反应,酯交换率为 70%,并利用物料位差,连续流经第二、第三酯交换釜,继续进行反应(酯交换率分别提高到 91.3% 和 97.8%),其后送入 BHET 贮槽,在槽内最终完成酯交换(酯交换率>99%),并被连续、定量地抽出,送去缩聚。各酯交换釜的上端均装有甲醇蒸馏塔(内充不锈钢环),反应生成的甲醇蒸气尽量排出,通过蒸馏塔后再被冷凝回收。

在连续酯交换工艺中,除了要控制好酯交换率外,还需严格控制反应物料的配比、反应温度和反应时间。物料配比通常为 DMT:EG=1:2.15(摩尔比)。由于连续酯交换时有低聚物生成,反应釜内总有一定量的 EG,因此,在配料时 EG 的用量比间歇酯交换时的用量小;反应温度按反应釜顺序依次升高,分别为 190℃、210℃ 和 215℃。BHET 贮槽的温度提高到 235℃。升高温度有利于加快最终反应的完成。物料在每个反应釜内平均停留 2～3h,在 BHET 贮槽内平均停留 1.5h,总反应时间 8～10h,各釜(槽)内均为常压。

2. 直接酯化法 所谓直接酯化,即将 TPA 与 EG 直接进行酯化反应,一步制得 BHET。由于 TPA 在常压下为无色针状结晶或无定形粉末,其熔点(425℃)高于其升华温度(300℃),而 EG 的沸点(197℃)又低于 TPA 的升华温度。因此,直接酯化体系为固相 TPA 与液相 EG 共存的多相体系,酯化反应只发生在已溶解于 EG 中的 TPA 和 EG 之间,酯化反应的反应式如下:

$$HOOC-\!\!\!\!\bigcirc\!\!\!\!-COOH+2HOCH_2CH_2OH \rightleftharpoons HOCH_2CH_2OOC-\!\!\!\!\bigcirc\!\!\!\!-COOCH_2CH_2OH+2H_2O-4.18kJ/mol$$

溶液中反应消耗的 TPA，由随后溶解的 TPA 补充。由于 TPA 在 EG 中的溶解度不大，所以在 TPA 全部溶解前，体系中的液相为 TPA 的饱和溶液，故酯化反应的速度与 TPA 浓度无关，平衡向生成 BHET 的方向进行，此时酯化反应为零级反应。

直接酯化为吸热反应，但热效应较小，为 4.18kJ/mol。因此，升高温度，反应速度略有增加。直接酯化也有间歇法和连续法两种方法。目前工业生产多用连续法。

实现连续直接酯化需解决粉末状 TPA 与 EG（液）的均匀混合、定量连续加料和连续固液反应，提高酯化反应速度，抑制副反应等问题。图 2－1 表示连续直接酯化的流程。

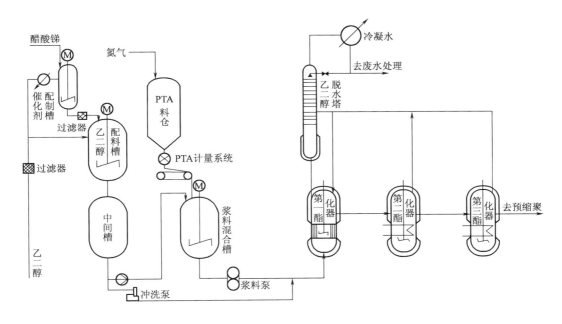

图 2－1　连续直接酯化流程图

TPA 粉末由料仓经计量送入浆料混合槽，EG 与聚合催化剂在配料槽中充分混合，经中间槽，也由泵定量送入浆料混合槽，物料在搅拌下充分混合，然后由泵定量送入酯化器。该装置的主体是三个带搅拌装置的圆柱形密闭立式釜。而加热方式主要包括：第一釜为外夹套及内列管加热，第二和第三釜为外夹套和内盘管加热，加热介质均为联苯。物料靠位差连续依次经过第一釜（酯化率为 82%）、第二釜（酯化率达 92%）和第三釜，最终完成酯化反应（酯化率大于99.4%）。反应生成的水蒸气由每个釜上方进入分馏塔，随后导出冷凝器排放。

连续直接酯化控制的工艺参数如下：

（1）反应温度和压力：为加快反应速度，通常适当提高温度。各釜物料温度顺次为 264℃、266℃ 和 270℃。由于反应温度高于 EG 沸点，故导致反应釜内压力升高，通过控制反应温度、分馏柱温度和回流量，可控制反应釜内压力。通常依次控制釜压为 0.35MPa、0.27MPa 和 0.12MPa。

一般而言，温度升高，使 EG 缩合的倾向增大，副产物二甘醇（DEG）增加，影响产品质量。

（2）配料比：EG与TPA完全酯化反应的理论配比为EG∶TPA＝2∶1（摩尔比）。由于直接酯化生成的BHET会进一步形成低聚体，释放出EG，所以，配料时通常控制EG低于完成酯化反应所需的理论量，即配浆时配比虽为1.3∶1，但酯化时实际可达1.8∶1。

（3）催化剂：TPA与EG直接酯化反应可用催化剂，但目前生产中一般都不需加入催化剂。因为TPA分子中羧酸本身就起催化作用，这种催化实际为氢离子催化。

（二）聚对苯二甲酸乙二酯的生产

1. 缩聚反应平衡　BHET的缩聚反应是可逆平衡的逐步反应，按下述步骤进行：

$$BHET+BHET \Longleftrightarrow 二聚体+EG$$
$$BHET+二聚体 \Longleftrightarrow 三聚体+EG$$
$$BHET+三聚体 \Longleftrightarrow 四聚体+EG$$

依此，反应继续进行。除BHET分子的羟乙酯基和聚合体分子的羟乙酯基的反应外，羟乙酯基还可相互进行缩合反应，其通式如下：

$$H \{ OCH_2CH_2OOC - \bigcirc - CO \}_m OCH_2CH_2OH + H \{ OCH_2CH_2OOC - \bigcirc - CO \}_{n-m} OCH_2CH_2OH$$

$$\Longleftrightarrow H \{ OCH_2CH_2OOC - \bigcirc - CO \}_n OCH_2CH_2OH + HOCH_2CH_2OH$$

在通常情况下，随缩聚反应的进行及EG的不断脱除，聚合度控制在100左右，个别情况可达150～180。

2. 缩聚反应副反应　缩聚反应的同时会存在副反应，主要有大分子链端基裂解生成乙醛；生成环状低聚物；大分子中的酯键裂解；EG间分子缩合生成乙二醇醚（如二甘醇DEG）。

副反应使大分子的聚合度下降或生成许多有害杂质，令大分子末端带上许多其他基团，使PET发黄，稳定性下降。为防止热分解，可加入热稳定剂如亚磷酸三苯酯或磷酸三苯酯。

3. 间歇法缩聚　间歇法缩聚通常与间歇法BHET生产流程相配合。在间歇酯交换结束生成的BHET中加入0.03%～0.04%缩聚催化剂Sb_2O_3和0.015%～0.03%热稳定剂亚磷酸三苯酯（均相对于DMT质量），于230～240℃常压蒸出EG（实际为常压缩聚）后，用N_2送入缩聚釜进行缩聚反应。

缩聚釜是主体为圆柱形、底部为圆锥形的密闭不锈钢反应器，内有锚式搅拌叶，外有气相加热夹套。物料在釜内的反应分为两阶段控制，前段是低真空（余压约5.3kPa）缩聚，后段是高真空（余压小于66Pa）缩聚。釜内真空是由釜外的五级蒸汽喷射泵或高真空度的真空泵建立的，反应生成的EG蒸气被抽出和冷凝后送去蒸馏回收。两段反应的温度均需严格控制，通常前段250～260℃，后段270～285℃。当缩聚釜内搅拌电流增至一定数值（表示反应物料的表观黏度达一定值），或经取样测定聚合物特性黏度达到一定值（通常为0.64～0.66dL/g），即可打开缩聚釜出料阀流出，熔体经铸带头，到圆筒冷凝器，经冷却槽结成条带，由切粒机切成一定规格的PET粒子，再经筛选，除去过大或过小的粒子，风送至湿切片储槽，以备切片干燥和纺丝。

4. 连续法缩聚

（1）连续法缩聚流程：连续法缩聚工艺流程因设备选型以及上述工序生产BHET所采用的方法（酯交换或直接酯化法）和相互衔接方式等不同，差异很大，但各种连续法缩聚流程都有其共同的特点：

①物料在连续进料和出料的流动过程中完成缩聚反应。物料的输送根据其性质和状态可采用位差或机械泵等方法。

②随着缩聚反应的进行，物料的性质和状态发生连续变化，需采用多个反应器串联设备分段进行工艺控制。通常生产分三段或四段进行：第一段是脱除在酯化或酯交换过程多余的EG；第二段是在低黏度、低真空下缩聚；第三段是在高黏度、高真空下完成缩聚过程。图2-2所示的连续缩聚装置与连续酯交换相衔接。物料在该装置内进行脱EG、预缩聚、前缩聚和后缩聚过程，从EG脱除塔至后缩聚釜出料，均采用机械泵强制输送。各反应器均用多级蒸汽喷射泵抽真空。脱EG塔抽出的EG蒸气由两个串联的冷凝器回收，其余反应器抽出的EG蒸气分别由相应的EG洗涤塔喷淋冷凝。

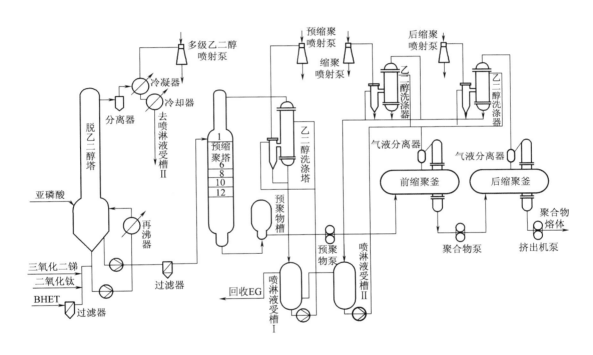

图2-2　连续缩聚流程图

（2）连续缩聚工艺控制：连续缩聚过程和间歇缩聚一样，也需要控制反应温度、系统的真空度、反应时间、催化剂用量以及料层厚度或搅拌状态等。不同的是，由于连续缩聚是物料在连续流动过程中完成缩聚反应，而且物料的性质和状态随反应进行的程度而连续变化。因此，连续缩聚的工艺通常是根据物料性质和状态分三段控制。

①EG的脱除。由酯交换或直接酯化工段来的BHET（已加入定量催化剂和稳定剂）中过量的EG以及在脱EG塔（或釜）内BHET生成低聚物时释出的EG被大量蒸发除去，由于EG蒸发吸热，此时需供给充分的热量。EG脱除塔内物料黏度较低，余压控制在20kPa即可，真空度过高，则单体易被抽入真空系统。反应温度也不宜过高，通常控制在235～250℃。

②预缩聚和(或)前缩聚。此为缩聚反应进行的主要阶段,EG 逸出量比前阶段相应减少,物料的表观黏度增大,EG 不易逸出。因此,需要升高温度,提高真空度和加强物料翻动或形成薄的料层,以促使 EG 蒸发,加速缩聚反应。通常控制预缩聚时间 1~1.5h,温度 273~280℃,余压约 6.6kPa;前缩聚 1.5~3h,275~282℃,余压小于 400Pa。不同的装置,流程也不尽相同,有些装置有前缩聚但无预缩聚,某些装置有二道预缩聚但无前缩聚,而某些装置既有预缩聚,又有前缩聚。

③后缩聚。此为最终完成缩聚反应的阶段,此时物料黏度高,EG 气泡难以形成和排除,故要求真空度很高。通常控制温度为 275~285℃,余压为 100~300Pa,物料平均停留 1.5~5h。

二、聚对苯二甲酸乙二酯的结构和性质

(一)分子结构

聚对苯二甲酸乙二酯(PET)的化学结构如下:

$$\text{HOCH}_2\text{CH}_2\text{OOC} \underset{}{-\bigcirc-} \text{CO} \left[\text{OCH}_2\text{CH}_2\text{OOC} -\bigcirc- \text{CO} \right]_{n-1} \text{OCH}_2\text{CH}_2\text{OH}$$

PET 为线型大分子,分子链的两端各有一个羟基,中间每个单元链节都由苯环通过酯基 $\left(\begin{array}{c} \text{O} \\ \| \\ -\text{C}-\text{O}- \end{array} \right)$ 与乙基相连,没有大的支链,因此分子线性好,聚合物分子链易于沿着纤维拉伸方向取向而平行排列。但由于 PET 分子主链中与羰基相连的苯环 $\left(-\bigcirc- \begin{array}{c} \text{O} \\ \| \\ \text{C}-\text{O}- \end{array} \right)$ 基团刚性大,因此 PET 的熔点(相对于脂肪族聚酯)较高(约 267℃)。

由于分子链上的碳—碳键内旋转,故 PET 分子存在两种空间构象。

无定形 PET(顺式)   结晶 PET(反式)

PET 分子链的结构具有高度立构规整性,所有芳香环几乎处在同一个平面,因此具有紧密堆集的能力和结晶倾向。

无定形 PET 为无色透明固体,密度为 1.335g/cm^3。完全结晶的 PET 为乳白色固体,密度为 1.455g/cm^3。PET 纤维为部分结晶,密度为 $1.38~1.40\text{g/cm}^3$。

PET 大分子中各链节通过酯基相连,其许多化学性质与酯键有关,如在高温和水存在下或在强碱介质中容易发生酯键的水解,使分子链断裂、聚合度下降。故在 PET 纺丝时必须严格控制其水分含量。

在酯交换或缩聚过程中,副反应生成的羧基化合物、环状低聚物、二甘醇等,可破坏大分子的规整性而降低大分子间紧密堆集的能力,使 PET 熔点下降,纺丝加工困难并使成品纤维的物理—力学性能变坏。纺丝盘或拉伸盘上析出的白色粉末,即含有部分环状低聚物。

（二）相对分子质量及其分布

1. 相对分子质量　纤维用 PET 树脂的相对分子质量通常为 15000～22000。PET 的相对分子质量直接影响其纺丝性能及纤维的物理—力学性能。随着聚合物相对分子质量的降低，熔体黏度下降，纺丝时易断头，纤维也经不起较高倍数的拉伸，所得成品强力下降，伸长率增大，耐热性、耐光性、耐化学稳定性差。当相对分子质量小于 8000～10000 时，几乎不具有可纺性。

通常用溶液法测定 PET 的特性黏度，并通过式 $[\eta] = KM^\alpha$ 求出相对分子质量。故一般 PET 树脂的相对分子质量可用特性黏度 $[\eta]$ 来表征，上式中的 K 和 α 均为系数，普通纤维级 PET 树脂特性黏度通常为 0.62～0.68dL/g。不同溶剂体系 PET 溶液特性黏度和聚合物相对分子量的关系如表 2-2 所示。

表 2-2　PET 黏度—相对分子质量关系（$[\eta] = KM^\alpha$）

溶剂	温度/℃	$K(\times 10^3)/$ $(mL \cdot g^{-1})$	α	相对分子质量范围 $M/(\times 10^{-4})$
邻氯苯酚	25	17	0.83	0.8～2.0
	25	19	0.81	1.5～3.8
	25	30	0.77	1.1～2.9
	25	42.5	0.69	2～15
	25	65.6	0.73	1.2～2.5
	55	26	0.77	1.5～3.8
间甲酚	25	0.77	0.95	0.04～1.2
二氯乙酸	45	400	0.50	1.5～3.8
四氯乙烷	50	13.8	0.87	0.04～0.1
三氟乙酸	25	140	0.64	1.5～3.8
	30	43.3	0.68	2.5～12
	35	130	0.66	1.5～3.8
	55	105	0.69	1.5～3.8
二氯乙烷/苯酚(6/4,体积比)		9.2	0.8	
苯酚/四氯乙烷 (40/60,质量比)	25	140	0.64	1.5～3.8
	35	125	0.65	1.5～3.8
苯酚/四氯乙烷(3/5,体积比)	30	22.9	0.73	2.5～12
苯酚/四氯乙烷 (50/50,体积比)	20	75.5	0.685	0.3～3
	25	21	0.82	0.5～3
	25	12.7	0.86	
苯酚/四氯苯酚	25	46.8	0.68	
苯酚/三氯苯酚(10/7,体积比)	29.8	28.0	0.775	0.1～0.4
	30	630	0.47	1.1～4

2. 相对分子质量分布　缩聚反应制得的 PET 树脂是从低相对分子质量到高相对分子质量的分子集合体，因此，各种方法所测定的相对分子质量仅具有平均统计意义，对于每一种 PET 切片，均存在相对分子质量分布问题。

相对分子质量分布对 PET 纺丝加工性能及成品纤维的结构、性能影响较大。低相对分子质量组分含量较高的 PET，纺丝时易产生断头、毛丝和疵点，且经不起拉伸，所得纤维产品强度低、伸长率大、弹性回复率低，在电子显微镜下可见纤维表面有许多不规则的裂纹。相对分子质量分布窄的纤维，其表面均一，无明显裂纹。

PET 的相对分子质量分布[通常采用凝胶渗透色谱法（GPC）测定]，可用相对分子质量分布指数 α 来表征。

$$\alpha = \frac{\overline{M}_{\mathrm{w}}}{\overline{M}_{\mathrm{n}}}$$

式中：$\overline{M}_{\mathrm{w}}$ 和 $\overline{M}_{\mathrm{n}}$ 分别为 PET 的重均分子量和数均分子量。式中的 α 值越小，表示相对分子质量分布越窄。

(三)流变性质

1. 熔点　纯 PET 的熔点为 267℃，工业生产的 PET 熔点略低，一般在 255～264℃之间，这主要是由于在酯交换（酯化）或缩聚反应过程中副反应产生 DEG，致使 PET 分子中含有醚键，破坏了分子结构的规整性，并增加了大分子柔性的缘故。

熔点是聚酯切片的一项重要指标。切片熔点波动较大，熔融纺丝温度也需作适当调整，但熔点对成型过程的影响不如特性黏度（相对分子质量）的影响大。

2. 熔体黏度　在采用聚合物熔体纺丝时，熔体受一定压力作用而被压出喷丝孔，成为熔体细流并冷却成型。熔体黏度是熔体流变性能的表征，与纺丝成型密切相关。

熔体黏度与切变速率有关。一定特性黏度的 PET 在不同温度下，熔体黏度与切变速率的关系曲线如图 2-3 所示。

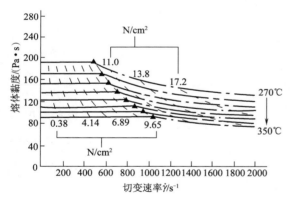

图 2-3　不同温度下 PET 熔体黏度与
切变速率的关系

$[\eta] = 0.65\mathrm{dL/g}$

— — —恒定切应力线　▲—牛顿黏度极限

熔体黏度与相对分子质量有关。相对分子质量低于 20000 的 PET 树脂，其熔体黏度与温度呈明显的线性函数关系，而相对分子质量超过 20000 时，则呈非线性关系。

影响熔体黏度的因素包括温度、压力、聚合度和切变速率等。随着温度的提高，熔体黏度依指数函数关系降低。随着 PET 相对分子质量的增大，在相同温度下熔体的黏度增大；而在不同温度下，熔体温度每增减 10℃，约相当 PET 特性黏度增减 0.05dL/g，这对生产控制颇有现实意义。在纺丝成型时，为使熔体黏度控制在一定范围内，如聚合度发生波动时，可用调整熔体温度的办法，使熔体黏度保持恒定。

由于熔体黏度依赖于分子间的作用力，而作用力又与分子间距有关。所以当熔体承受较大的压力而使分子间距减小时,其黏度有所增大。

(四)物理性质和化学性质

PET 是高分子化合物,其物理性质通常依赖于其相对分子质量和相对分子质量分布,也依赖于大分子的聚集状态及聚集体中的杂质含量。除上述 PET 的熔点及熔体黏度外,纤维级(相对分子质量 15000~22000)PET 的其他物理性质如下:

玻璃化温度	(无定形)	67℃
	(晶态)	81℃
	(取向态结晶)	125℃
固态密度		1.335~1.455g/cm³
熔体密度		1.220g/cm³(270℃)
		1.117g/cm³(295℃)
熔融热		130~134J/g
导热系数		1.407×10⁻³W/(cm·K)
折射率		2.048(2℃)
		1.574(25℃)
体积膨胀系数		1.6×10⁻⁴(-30~60℃)
		3.7×10⁻⁴(90~190℃)
吸水性(25℃浸水 7 天后的吸水质量分数)		0.5%
比热容	计算式为:$C_p = A + B \times T$(式中参数见表 2-3)	
体积电阻(25℃,相对湿度 65%)		1.2×10¹⁹Ω/cm
燃烧性		能燃,但不着火

表 2-3　不同形态 PET 的 A、B 值

PET 形态	A	B×10⁴	T/℃
熔体	0.3243	5.65	270~290
薄片	0.2502	9.40	-20~60
未拉伸丝	0.2469	10.07	-5~60
拉伸丝	0.2482	9.89	-10~55
拉伸热定型丝	0.2431	9.23	-10~80
	0.2502	9.31	100~200

三、聚酯切片的质量指标

PET 切片的质量对纺丝、拉伸工艺和纤维质量有重大影响。切片的相对分子质量及其分布、熔点、灰分、DEG 含量、羧基及粉尘含量等将直接影响 PET 熔体的流变性、均匀性和细流强度。对 PET 切片质量的要求,随纤维品种、纺丝方法和设备而异。通常生产长丝,特别是高速纺长丝,要求切片的杂质含量少,熔体均匀性高。表 2-4 为纤维级 PET 切片的主要质量指标。

表 2-4　纤维级 PET 切片的主要质量指标

序号	项　目		有光、半消光			全　消　光		
			优等品	一等品	合格品	优等品	一等品	合格品
1	特性黏度[a]		$M_1 \pm 0.010$	$M_1 \pm 0.013$	$M_1 \pm 0.025$	$M_1 \pm 0.010$	$M_1 \pm 0.013$	$M_1 \pm 0.025$
2	熔点[b]/℃		$M_2 \pm 2$	$M_2 \pm 2$	$M_2 \pm 3$	$M_2 \pm 2$	$M_2 \pm 2$	$M_2 \pm 3$
3	羧基含量[c]/(mol·t^{-1})		$M_3 \pm 4$	$M_3 \pm 4$	$M_3 \pm 5$	$M_3 \pm 4$	$M_3 \pm 4$	$M_3 \pm 5$
4	色度	L 值	报告值	报告值	报告值	报告值	报告值	报告值
		b 值[d]	$M_4 \pm 2$	$M_4 \pm 3$	$M_4 \pm 4$	$M_4 \pm 2$	$M_4 \pm 3$	$M_4 \pm 4$
5	凝集粒子($\geqslant 10\mu m$)/(个·mg^{-1})		$\leqslant 1.0$	$\leqslant 3.0$	$\leqslant 6.0$	$\leqslant 1.0$	$\leqslant 3.0$	$\leqslant 6.0$
6	水分(质量分数)/%		$\leqslant 0.4$	$\leqslant 0.4$	$\leqslant 0.5$	$\leqslant 0.4$	$\leqslant 0.4$	$\leqslant 0.5$
7	异状切片(质量分数)/%		$\leqslant 0.4$	$\leqslant 0.5$	$\leqslant 0.6$	$\leqslant 0.5$	$\leqslant 0.5$	$\leqslant 0.6$
8	粉末/(mg·kg^{-1})		$\leqslant 100$	$\leqslant 100$	$\leqslant 100$	$\leqslant 100$	$\leqslant 100$	$\leqslant 100$
9	二氧化钛含量[e](质量分数)/%		$M_5 \pm 0.03$	$M_5 \pm 0.05$	$M_5 \pm 0.06$	$M_5 \pm 0.2$	$M_5 \pm 0.2$	$M_5 \pm 0.3$
10	灰分(质量分数)/%		$\leqslant 0.06$	$\leqslant 0.07$	$\leqslant 0.08$	$\leqslant 0.07$	$\leqslant 0.08$	$\leqslant 0.09$
11	铁分/(mg·kg^{-1})		$\leqslant 2$	$\leqslant 4$	$\leqslant 6$	$\leqslant 2$	$\leqslant 4$	$\leqslant 6$
12	二甘醇含量[f](质量分数)/%		$M_6 \pm 0.15$	$M_6 \pm 0.20$	$M_6 \pm 0.30$	$M_6 \pm 0.15$	$M_6 \pm 0.20$	$M_6 \pm 0.30$

注　1. 表中第 9 项对有光聚酯切片的考核由供需双方确定。

　　2. 色度用亨特色度系统表示。

　　a. M_1 为特性黏度中心值,根据供需双方确定,确定后不得任意变更。

　　b. M_2 为熔点中心值,由供需双方在 252～262℃ 范围内确定,确定后不得任意变更。

　　c. M_3 为羧基含量中心值,由供需双方在 18～36mol/t 范围内确定,确定后不得任意变更。

　　d. M_4 为色度 b 值中心值,由供需双方在 $\leqslant 8$ 范围内确定,确定后不得任意变更。

　　e. M_5 为二氧化钛含量中心值,半消光聚酯切片在 0.12%～0.50% 范围内确定,全消光聚酯切片在 $\geqslant 1.8\%$ 范围内确定,确定后不得任意变更。

　　f. M_6 为二甘醇含量中心值,由供需双方在 0.80%～2.00% 范围内确定,确定后不得任意变更。

切片质量指标是保证纺丝、拉伸等加工性能及成品纤维物理—力学性能所必需的。切片中的凝聚粒子对纺丝、纤维后加工等过程及成品纤维质量影响很大,在纺丝时,凝聚粒子沉积于熔体过滤器的滤网或喷丝头组件的滤层上,阻碍熔体通过,缩短滤网或喷丝头组件的更换周期,或因熔体过滤反压太大,而击穿滤网。此外,保留在纤维中的凝聚粒子,会造成纤维节瘤,造成纤维拉伸断头或拉伸不匀,降低成品纤维的品质。

第二节　聚酯切片的干燥

一、切片干燥的目的

1. 除去水分　湿切片中含水率为 0.4%～0.5%,干燥后下降至 0.01%(常规纺)或 0.003%～0.005%(高速纺)。

切片中水分的不良影响有:在纺丝温度下,水的存在使 PET 大分子的酯键水解,聚合度下降,纺丝发生困难,成品丝质量降低;少量水分汽化,往往造成纺丝断头,使生产难以正常进行,并使成品纤维质量下降。

2. 提高切片含水的均匀性　通过在相同条件下的干燥过程,使切片中的微量水分更为均匀,以保证纤维质量均匀。

3. 提高结晶度及软化点　聚合物熔体的挤出铸带通常是在水中急剧冷却的条件下进行,所得 PET 切片基本为无定形结构,软化点较低,70～80℃ 开始变软和粘连。如不提高其结晶度,进入纺丝螺杆挤出机后便软化黏结,造成环结阻料。干燥初期,切片受热结晶,结晶度提高至 25%～30%,切片变得坚硬,软化点提高至 210℃ 以上,且熔程狭窄,熔体质量均匀,不易发生环结阻料。这种干燥初期升高温度使切片结晶度提高的过程称为预结晶。

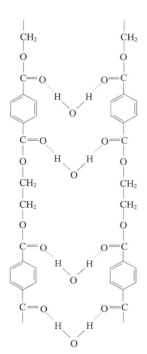

图 2-4　PET 内部的结合水

二、切片干燥机理

1. 切片中的水分　PET 大分子缺少亲水性基团,吸湿能力差,通常湿切片含水率<0.5%,其水分分为两部分:一部分是沾附在切片表面的非结合水,这种水分的存在使物料表面上的蒸汽压等于水的饱和蒸汽压;另一部分是与 PET 大分子上的羧基及极少量的端羟基等以氢键结合的结合水,其在切片表面上的平衡蒸汽压小于同温度下的饱和蒸汽压。在干燥过程中,通常非结合水较易除去,而结合水则较难除去。

PET 条带在冷却水槽进行急剧冷却时,因很快形成无定形玻璃态结构,而在条带内存在一些"空穴",PET 大分子的羧基与水产生氢键,进入切片内部的水分则残留在空穴中(图 2-4),形成结合水。

2. 切片的干燥曲线　切片干燥包含两个基本过程:加热介质传热给切片,使水分吸热并从切片表面蒸发;水分从切片内部迁移至切片表面,再进入干燥介质中。这两个过程同时进行,因此切片的干燥实质是一个同时进行传质和传热的过程。

在干燥过程中,测定切片在不同温度热风中经不同时间干燥后的含水率,可得一组干燥曲线(图 2-5)。在各干燥温度下,由干燥曲线可知:切片的含水率随干燥时间延长而逐步降低。切片干燥前期为恒速干燥阶段,主要除去切片中的非结合水,切片含水率随干燥时间的增加几乎呈直线关系下降。温度越高,恒速干燥的速率越快。切片干燥后期为降速干燥阶段,水与大分子结合的氢键被破坏,结合水慢慢向切片表面扩散并被除去,直至达到在某一干燥条件下的平衡水分。此后,再延长时间,含水率变化甚微。干燥温度越高,切片达到平衡水分的干燥时间越短,切片中平衡水分含量也越少。

干燥温度从 120℃ 升高到 140℃,干燥速率有一个突然升高的过程(提高 2.2 倍),至 140℃ 以后,速率的提高又转向平缓,这与切片干燥的结晶过程有关。

3. 切片干燥过程的结晶　由于 PET 分子链的结构具有高度立构规整性,所有的芳环几乎处在同一平面上,因而具有紧密堆集的能力与结晶倾向。图 2-6 为切片在不同温度下达到 50% 结晶度所需的时间(半结晶化时间)。聚酯在 170～190℃ 时结晶速率最高。在 190℃ 时,半结晶时间约为 1min。但超过 190℃ 时,结晶速率反而随温度升高而下降,这是由于高温下晶核生成太少所致。由此可以设想,在170℃以下短时间干燥,由于切片表面温度高于内部温度,切片表面的结晶度往往大于内部的结晶度;反之,若在190℃以上短时间干燥,则内部结晶度大于表面结晶度。

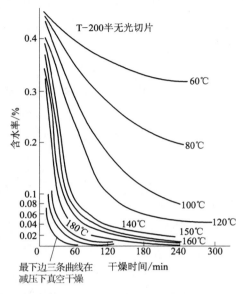

图 2-5 切片经不同温度热风干燥时的干燥曲线　　　　图 2-6 PET 切片的结晶速率

结晶对切片干燥速率有很大影响。一方面,结晶时由于切片内部体积收缩的挤压和空穴的消失,把一部分水分被挤压到切片表面,有利于提高干燥速率;另一方面,又将一部分水挤压到切片内部,加大了扩散距离,且由于外加热式(170℃)干燥时,切片表面温度往往高于内部温度,因切片表面结晶度较大而形成的致密化层使水分扩散阻力大增,因而在通常情况下,结晶会使干燥速率迅速大幅度下降。

采用高频电微波加热结晶,由于切片内外温度均匀,结晶对提高干燥速率十分有利。

圆柱体切片的干燥优于平板切片。因圆柱体切片的表面由里向外随半径增大而增大,使切片外表面的传质面积大于内部的传质面积,以补偿由于外表面结晶度较大而形成的扩散阻力。使用圆柱体切片可缩短干燥时间并达到更低的含水率,还可减少粉尘的产生。

三、干燥过程伴随的化学反应

干燥过程中,PET 在高温作用下伴随着部分化学反应,主要是高温水解反应。水解反应式如下:

$$\sim O-C-\bigcirc-C-O-CH_2CH_2-O-C-\bigcirc-C-O\sim + H_2O \xrightarrow{280\sim300℃}$$

$$HOC-\bigcirc-C-O\sim + \sim O-C-\bigcirc-C-O-CH_2CH_2OH$$

水解速率与切片中的水分含量及温度有关。水分含量越高,水解越快(表 2-5)。

表2-5　切片含水率与其特性黏度下降的关系

样　　品	含水率/%	受热时间/h	温度/℃	[η]下降/%
A	0.005～0.015	6	130～140	5.3
B	0.05～0.07	6	130～140	26

在过激的干燥条件下也会发生聚合物的热裂解、热氧化降解等反应。此外,在某些条件下,还伴随着大分子的缩聚反应(固相缩聚)。

四、切片干燥的工艺控制

1. 温度　温度高则干燥速度加快,干燥时间缩短,干燥后切片的平衡含水率降低。但温度太高,易导致切片黏结、大分子降解、色泽变黄,而在180℃以上干燥易引起聚酯的固相缩聚反应,影响熔体均匀性。因此,通常预结晶温度控制在170℃以下,干燥温度控制在180℃以下。

2. 时间　干燥时间取决于所采用的干燥方式和干燥设备及干燥温度。对于同一干燥设备,干燥时间取决于干燥温度。在同一干燥温度下,切片含水率随干燥时间延长而下降,均匀性亦佳。但过长的干燥时间易导致PET降解加剧,切片色泽变黄。

3. 风速　切片与气流相对速度随风速提高而增大,从而导致干燥时间的缩短。当采用沸腾干燥时,由于风速太大,切片间相互摩擦加剧,则产生的粉尘增多。风速选择还与干燥方式有关,例如沸腾干燥,所需风速大,否则切片沸腾不起来,一般可用20m/s以上的风速;而充填干燥所需风速不能太大,否则把料床吹乱,不能保证切片在干燥机内均匀地以柱塞式下降,通常风速为8～10m/s。同时,风速的选择还与所用设备的大小、料位高度、生产能力等有关。

4. 风湿度　热风含湿率越低,则切片干燥速度越快,切片平衡水分越低。因此必须不断排除循环热风中的部分含湿空气,并不断补充经除湿的低露点空气。如BM式干燥机所补充的新鲜空气含湿率小于8g/kg。

五、切片干燥设备

聚酯切片干燥设备分为间歇式和连续式两大类。间歇式设备有真空转鼓干燥机;连续式设备有回转式、沸腾式和充填式等干燥机,也有用多种形式组合而成的联合干燥装置。目前国内常用的与涤纶高速纺丝配套的干燥装置有德国的KF(Karl - Fisher)、BM(Buhler - Miag)、吉玛(Zimmer)等干燥装置。

(一)间歇式干燥设备

真空转鼓干燥机是应用已久的间歇式干燥设备,该设备的主体是一个带蒸汽夹套的倾斜旋转圆鼓。切片在鼓内被翻动加热,使水分蒸发并借助真空系统将水汽抽出。该设备的优点是结构简单,流程短,干燥质量高,切片特性黏度下降少,能耗低;更换切片方便,出料灵活;操作环境好,噪声低。其缺点是切片干燥周期长,单机产量低;切片干燥后产生的粉尘较多;各批切片干燥质量有差异。

(二)连续式干燥设备

1. BM式预结晶——干燥装置　该设备采用沸腾式预结晶器(有连续式和间歇式两种)和连

续式充填干燥机组合装置,并附有氯化锂空气除湿器和余热回收装置,其流程如图2-7所示。

间歇式预结晶器采用旋涡式设备,其主体为一锥形圆筒体。170℃热风从筒底送入,切片因热风吹动而呈沸腾状,由于切片受热面积大,传热效果好,气流温度高,故预结晶速度快,仅10min左右即可完成。另一形式为卧式沸腾床BM连续预结晶装置。该机有一微倾斜的多孔板,切片经星形阀落于多孔板面,130~140℃的热风从下而上通过板孔吹送,使切片呈沸腾状态被加热和结晶。切片停留时间可由多孔板倾斜度控制,一般为15min。

BM干燥装置采用气缝式充填干燥机,它由若干节(一般四节)长方体干燥仓叠合而成,每节干燥仓由若干组纵向交错排列的三棱形风管组成。切片自上而下在风管间慢慢落下,图2-8所示为其中第一节干燥仓。右风道为进风道,左风道为出风道,中间有六组风管。其中1、3、5与右风道相通(左端密封),称为进风管;2、4、6与左风道相通(右端密封),称为出风管。干热空气流(165~170℃)从进风口入右风道,

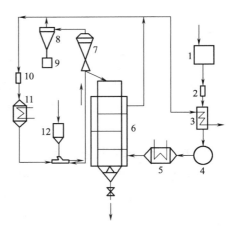

图2-7 旋涡式预结晶器和气缝式充填
干燥机工艺流程图(BM)

1—氯化铝脱湿机 2—干燥风机 3—热管式省热器
4—高效过滤器 5—电加热器 6—气缝式充填干燥机
7—旋涡式预结晶器 8—旋风分离器 9—粉尘箱
10—预结晶风机 11—电加热器 12—计量桶

分三路同时进入1、3、5风管内,并从这些管的底部长条形开口缝溢出,转向上,穿透切片层而上升,继而从2、4、6出风管下部长条形开口处进入,汇集于左风道,并进入第二节干燥仓。第二节干燥仓与第一节相同,但风向进出与第一节相反,即左风道是进风道,右风道为出风道。以下各节则依此类推。在整个充填干燥器中,干热空气流向在同节干燥箱中呈并联流动;而在节与节之间则为串联流动。

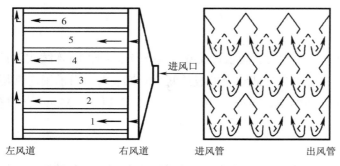

图2-8 气缝式充填干燥机的气体流动示意图

BM切片干燥装置的优点是预结晶温度高(切片140~150℃),速度快(只需10~15min),切片表层坚硬;气缝式充填干燥机设计合理,切片干燥均匀,热风阻力小,可用中低压热风;热气流循环使用,热回收率较高。缺点是热风中粉尘较多,易在加热器上结焦,增加能耗。

2. KF公司预结晶—干燥装置 该装置主体为竖井式充填塔,分为上下两段,上段为带立式搅拌器的预结晶器,下段为干燥器,上下段间有一料管相连接。其干燥系统流程如图2-9所示。切片在机内停留2~3h,产量240~440kg/h,预结晶温度140℃,干燥温度160℃,搅拌器转速1~2r/min,干空气露点-20~-27℃,干切片含水率0.003%~0.005%。

KF装置的优点是设备紧凑、简单、流程短、预结晶—干燥合为一体,占地面积小,设备单位

容积生产量大,生产费用低;采用脉冲输送切片,粉尘少;热风系统为一次通过,可以防止粉尘积留在加热器表面而影响传热效果,热风经干燥切片、预结晶切片和余热回收后才排入大气,因此能耗较低。该装置的缺点是开车时操作较烦琐,更换切片品种不方便;切片干燥的均匀性相对较差。

3. 吉玛公司预结晶—干燥装置　该装置采用卧式连续沸腾床预结晶器和充填干燥机组合(图2-10)。预结晶器内有一块装于振动弹簧上的卧式不锈钢多孔板,板面呈一定倾斜度,170℃热气流自下部通过多孔板向上吹,使切片翻动,呈沸腾状,防止黏结。预结晶切片通过振动器,不断送到充填干燥机中。

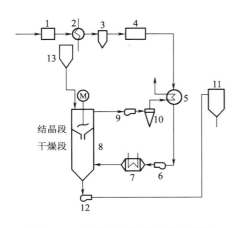

图2-9　竖井式充填干燥机的干燥
工艺流程图(KF)

1—过滤器　2—空气冷却器　3—水分离器
4—氯化铝除湿器　5—热交换器　6—干燥风机
7—电加热器　8—二段式充填干燥机　9—回风风机
10—旋风分离器　11—干切片料仓　12—输送风机
13—湿切片料仓

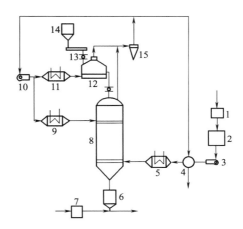

图2-10　沸腾床式预结晶器和充填干燥机的
工艺流程(吉玛)

1—空气冷却器　2—氯化铝去湿机　3—干燥风机
4—省热器(外部加热器)　5—电加热器　6—干料仓
7—空气脱湿器　8—充填干燥机　9,11—电加
热器　10—预结晶风机　12—预结晶器
13—振动管　14—料斗　15—旋风分离器

充填干燥机主体为圆柱体,底部为锥形,热气流分别从底部和中上部进入,通过气流分配环在塔内均匀分布。

该装置的优点是预结晶温度较高,结晶速度快,产量高;在干燥器的中上部和下部两处进热风,温度分布较均匀,干切片含水率在0.003%以下。缺点是流程较烦琐,仪表控制回路较多;充填干燥塔体积较大,设备占地面积大,要求厂房较高;振动结晶器结构复杂,维修量大;能耗和操作费用高。

第三节　聚酯纤维的纺丝

一、概述

聚对苯二甲酸乙二酯（PET）属于结晶性高聚物，其熔点（T_m）低于热分解温度（T_d），因此常采用熔体纺丝法。熔体纺丝的基本过程包括：熔体的制备，熔体自喷丝孔挤出，熔体细流的拉长变细同时冷却固化，以及纺出丝条的上油和卷绕。

目前，聚酯纤维的熔体纺丝成型可分为切片纺丝，半连续纺丝（连续聚合后切片纺丝）和连续纺丝（连续聚合后直接熔体纺丝）。

不同生产途径介绍如图 2－11 所示。所得纤维的性能对比及生产投资对比如表 2－6 所示。

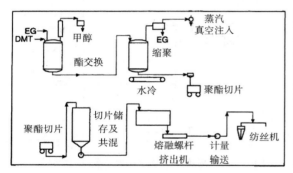

(a)批量聚合及螺杆熔融纺丝

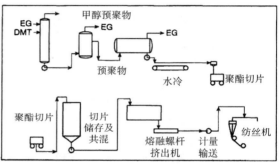

(b)连续聚合及螺杆熔融纺丝

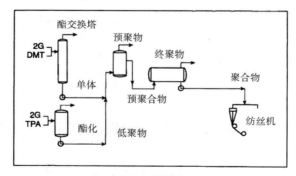

(c)连续聚合直接熔融纺丝

图 2－11　聚酯纤维不同生产途径

表 2-6 PET 纤维不同生产方法及性能比较

指标参数		加工方法		
		分批加工	半连续法	连续法
加工/操作性	设计	简单	复杂	复杂
	投资>75t/天	高	中等	低
	投资<50t/天	低	高	中等
	所需建筑空间	大	大	小
	设备利用率	低	中等	高
	产量	低	中等	高
	人工成本	高	中等	低
	能耗	高	中等	低
	操作加工性	复杂	复杂	简单
	运营成本	高	中等	低
	质量反馈	慢	慢	快
	电源故障灵敏性	低	中等	高
	灵活性	高	中等	低
质量及均匀性	降解	高	中等	低
	加热控制	不均匀	均匀	均匀
	颜色	一般	好	更好
	DEG	高	中等	低
	COOH	高	中等	低
	过滤箱体寿命	短	中等	长
	相对分子质量均匀性	一般	好	更好
	产品质量/均匀性	一般	好	更好

20 世纪 70 年代以来,高速纺丝技术快速发展,不仅大大提高了生产效率和过程的自动化程度,而且进一步将纺丝和后加工联合起来,可从纺丝过程中直接制得有实用价值的产品。

聚酯纤维一般以纺丝速度的高低来划分纺丝技术路线的类型,如常规纺丝技术、高速纺丝技术和超高速纺丝技术等。

(1)常规纺丝:纺丝速度 1000~1500m/min,其卷绕丝为未拉伸丝,通称 UDY(undrawn yarn)。

(2)中速纺丝:纺丝速度 1500~3000m/min,其卷绕丝具中等取向度,为中取向丝,通称 MOY(medium oriented yarn)。

(3)高速纺丝:纺丝速度 3000~6000m/min。纺丝速度 4000m/min 以下的卷绕丝具有较高的取向度,为预取向丝,通称 POY(pre-oriented yarn)。若在纺丝过程中引入拉伸作用,可获得具有高取向度和中等结晶度的卷绕丝,为全拉伸丝,通称 FDY(fully drawn yarn)。

(4)超高速纺丝:纺丝速度为 6000~8000m/min。卷绕丝具有高取向度和中等结晶结构,为全取向丝,通称 FOY(fully oriented yarn)。

聚酯纤维的纺丝技术在近年来得到迅速发展。今后仍将沿着高速、高效、大容量、短流程、高度自动化的方向发展,并将加强差别化、功能化纤维纺制技术的开发。

二、纺丝熔体的制备

由连续缩聚制得的聚酯熔体可直接用于纺丝,也可将缩聚后的熔体经铸带、切粒后经干燥再熔融以制备纺丝熔体。采用熔体直接纺丝,可省去铸带、切粒、干燥和螺杆挤出机等工序,大大降低了生产成本,但对生产系统的稳定性要求十分严格,生产灵活性也较差;切片纺丝的生产流程较长,但生产过程较熔体直接纺易于控制,更多地用于纺细旦纤维。

用于合成纤维熔纺生产的主要设备之一是单螺杆挤出机,它由螺杆、套筒、传动部分以及加料、加热和冷却装置构成,其结构如图 2-12 所示。

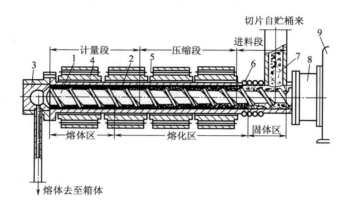

图 2-12　单螺杆挤出机结构简图

1—螺杆　2—套筒　3—弯头　4—铸铝加热圈　5—电热棒　6—冷却水管

7—进料管　8—密封部分　9—传动及变速机构

根据螺杆中物料前移的变化和螺杆各段所起的作用,通常把螺杆的工作部分分为三段,即进料段、压缩段和计量(均化)段。固体切片从料筒进入螺杆后,首先在进料段被输送和预热,接着经压缩段压实、排气并逐渐熔化,然后在计量段内进一步混合塑化,达到一定温度后以一定压力定量输送至计量泵进行纺丝。

切片在螺杆挤出机中经历着温度、压力、黏度、物理结构与化学结构等一系列复杂的变化。在整个挤出过程中,螺杆完成以下三个操作:切片的供给、切片的熔融和熔体的计量输出,同时使物料实现混匀和塑化。按物料在挤出机中的状态,可将螺杆挤出机分成三个区域:固体区、熔化区和熔体区。在固体区和熔体区物料是单相的,在熔化区是两相并存的。这和螺杆的几何分段(进料段、压缩段和计量段)在一定程度上相一致。事实上,物料在螺杆挤出机中的状态是连续变化的,不能机械地认为某种变化会截然局限在某一特定段内发生。进料段物料主要处于固体状态,但在其末端已开始软化并部分熔化;而在计量段主要是熔融状态,但在其开始的几节螺距还可能继续完成熔化作用。

螺杆挤出机的特征集中反映于螺杆的结构。螺杆的结构特征主要包括螺杆直径、长径比、压缩比、螺距、螺槽深度、螺旋角、螺杆与套筒的间隙等。这些因素相互联系，互相影响。

1. 螺杆直径　通常指螺杆的外径。随螺杆直径的加大，产量上升，目前设计提高产量的挤出机均采用增加直径的方法。然而直径太大会引起其他方面的问题，例如导致单位加热面积所需加热的物料增加，传热变差，功率消耗增大等。

2. 长（L）径（D）比　长径比是指螺杆工作长度（不包括鱼雷头及附件）与外径之比。物料在这个长度上被输送、压缩和加热熔化。螺杆的加热面积和物料停留时间都与螺杆长度成正比。长径比大，有利于物料的混合塑化、提高熔体压力和减少逆流以及漏流损失。目前一般采用 $L/D=20\sim27$ 的螺杆，也有 $L/D=28\sim33$ 的螺杆，但是螺杆太长，物料在高温下的停留时间增加，会引起一些热稳定性较差的高聚物热分解。

3. 压缩比　螺杆的压缩作用以压缩比 i 表示。压缩比主要决定于物料熔融后密度的变化，不同形态（粉状、粒状或片状）的物料其堆砌密度不同，压实和熔融后体积的变化也不同，螺杆的压缩比应与此相适应。熔体纺丝用螺杆常用压缩比为 $3\sim3.5$。

压缩比可以用改变螺距或改变根径来实现，变螺距螺杆不易加工，纺丝机所采用的大都为等螺距螺杆，可通过螺纹沟槽深度的变化来实现压缩作用。

4. 螺距　当螺杆直径确定后，螺距 t 取决定螺旋角 ϕ，$t=\pi D\tan\phi$。随螺旋角不同，螺杆的送料能力不同；不同形状的物料，对螺旋角的要求也不同。通常，螺杆挤出机均供给固体物料，并要兼具熔化物料的功能。螺旋角 ϕ 的取值为 $17°38'$，螺距等于直径，此时螺旋角的正切 $\tan\phi=t/\pi D=1/\pi$，在螺杆制造时较为方便。

5. 螺杆与套筒的间隙　这是螺杆挤出机的一个重要结构参数，特别在计量段，对产量影响很大，漏流流量与间隙的三次方成正比，当间隙 $\delta=0.15D$，漏流流量可达总流量的 $1/3$，故在保证螺杆与套筒不产生刮磨的条件下，间隙应尽可能取小值。一般小螺杆间隙 δ 应小于 $0.002D$，大螺杆 δ 应小于 $0.005D$。

6. 套筒　套筒是挤出机中仅次于螺杆的重要部件，它和螺杆组成了挤出机的基本结构。套筒实质上相当于一个压力容器和加热室，因此除考虑套筒的材质、结构、强度等外，还应考虑其热传导和热容量，以及在工作时的熔体压力、螺杆转动时的机械磨损及熔体的化学腐蚀作用等。大多数套筒是整体结构，长度太大也可分段制作，但不易保证较高的制造精度和装配精度，影响螺杆和套筒的同心度。

7. 材质要求　螺杆的材质要求较高，为满足工艺要求，螺杆必须具有高强度、耐磨、耐腐蚀、热变形小等特性。螺杆常用的材料有 $45^{\#}$ 钢、40Cr、38CrMoAlA、38CrWVAlA、1Cr18Ni9Ti 等，尤以前三者应用较多。

套筒的材料与螺杆要求相同，由于套筒的加工比螺杆更为困难，尤其是长螺杆的套筒，所以应在热处理或材质选择时，使其内表面硬度比螺杆高。

三、纺丝机的基本结构

熔体纺丝机的种类及型号虽多种多样，但其基本结构类似，均包括以下一些构成部分：

（1）高聚物熔融装置：螺杆挤出机；

（2）熔体输送、分配、纺丝及保温装置：包括弯管、熔体分配管、计量泵、喷丝头组件及纺丝箱体部件；

（3）丝条冷却装置：包括纺丝窗及冷却套筒；

（4）丝条收集装置：卷绕机或受丝机构；

（5）上油装置：包括上油部件及油浴分配循环机构。

（一）纺丝箱体及纺丝头组件

熔体自螺杆挤出后，经熔体管路分配至各纺丝位的计量泵和喷丝头组件。为进行熔体保温和温度控制，一般都采用4～6位（即一根螺杆所供给的位数）合用一个矩形载热体加热箱进行集中保温，通常称为纺丝箱体。箱体内装有至各部位的熔体分配管，计量泵与喷丝头组件安置有保温座以及电热棒等。通过加热联苯—联苯醚混合热载体气液两相保温，箱外包覆绝热材料，如图2-13所示。

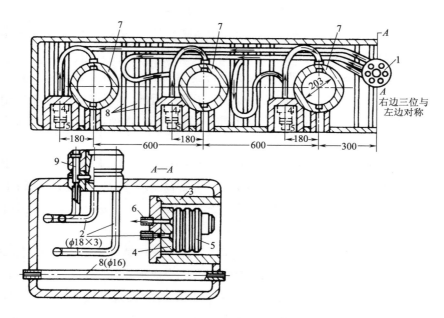

图2-13　VD405纺丝机的纺丝箱体断面

1—熔体分配头（熔体总管接头、分配管接头、针形阀座）　2—熔体分配管　3—计量泵保温座

4—泵体　5—计量泵　6—熔体连接管　7—组件座　8—电热棒插管　9—针形阀座

纺丝箱体中的熔体分配管有两种形式：一种为分支式，另一种为辐射式。箱体中熔体分配的原则，应确保熔体到达每个纺丝位所需时间完全相同，管径的选择和管线安排应有利于缩短熔体在分配过程中的停留时间，并尽可能减少回折，避免各纺丝位之间管路阻力差异。

纺丝箱体采用联苯—联苯醚热载体加热方式。可以直接在箱内加入占箱体容积1/2～2/3的联苯混合物液体，插入电热棒直接加热，气液两相同时保温；也可以用联苯混合物蒸气做载热体，在箱外附设联苯锅炉。

喷丝头组件是喷丝板、熔体分配板、熔体过滤材料及组装套的结合件。喷丝头组件是熔体纺丝成型前最后通过的一组构件,除确保熔体过滤、分配和纺丝成型的要求外,还应满足高度密封、拆装方便和固定可靠的要求。

(二)计量泵与喷丝板

计量泵与喷丝板是化纤生产中使用的两个高精密度标准件。成纤高聚物熔体经计量泵以准确的计量送至喷丝头组件,再从喷丝板上的喷丝孔挤出完成纤维成型。

1. 计量泵 熔体纺丝用计量泵属于高温齿轮泵类型,齿轮泵的结构如图 2 - 14 所示,是由一对齿轮和三块板、联轴节等组成。这是单进液孔、单出液孔的计量泵,泵轴的轴头插在联轴节一头的槽中,转动轴转动时,主动齿轮被联轴节带动,从而使一对齿轮相啮合而运转。联轴节装在轴套内,用压盖及内六角螺钉固定在泵板上,一对齿轮密封装在中间板的"8"字形孔与上下板之间,借三块板之间高精度平面密合而不是用垫片来实现密封,可防止熔体渗漏。

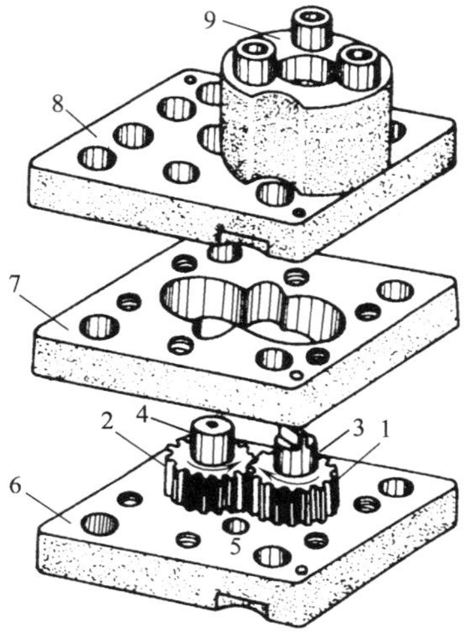

为了适应多头纺的要求,可采用多层、多出液孔的计量泵,不仅简化泵的传动装置,且可大幅提高纺丝产量。

2. 喷丝板 喷丝板的形状有圆形和矩形两种,圆形喷丝板加工方便,使用比较广泛。矩形喷丝板主要用于纺制短纤维。

图 2 - 14 熔纺计量泵结构

1—主动齿轮 2—从动齿轮 3—主动轴
4—从动轴 5—熔体出口 6—下盖板
7—中间板 8—上盖板 9—联轴节

喷丝孔的几何形状直接影响熔体的流动特性,从而影响纤维成型。喷丝孔通常由导孔和毛细孔两段构成,除纺异形丝的喷丝孔外,毛细孔都为圆柱形,导孔则有圆筒漏斗形、圆筒平底形、圆锥形和双曲面形等。最常见的是圆形导孔,其加工最方便;但为了控制熔体流动的切变速率并获得较大的压力差来源,以圆锥形和双曲面形导孔为好,但其加工较困难。

(三)丝条冷却装置

丝条冷却吹风形式有两种,即侧吹风和环形吹风。

1. 侧吹风 目前涤纶长丝纺丝常采用侧吹风,此时,空气直接吹在纤维还未完全凝固的区域,并与纤维成垂直方向,故传热系数高,冷却效果好。侧吹风的弊端为冷却风往往不够均匀,尤其是单纤维根数较多时,位于侧吹风迎风侧和背风侧的冷却条件差异较大。

2. 环形吹风 环形吹风是从丝束周围吹向丝条,可克服凝固的丝条偏离垂直位置产生的弯曲,甚至互相碰撞黏结、并丝等缺点。有一种径向吹风装置,该装置是在圆形喷丝板中间的无孔区,自下方插入一个圆筒,圆筒壁由多孔材料制成(多孔青铜或多孔不锈钢),吹入空气能使所有的丝条均匀冷却。在采用 900~1000 孔甚至更多纺丝孔的喷丝板生产短纤维时,这是一种简单有效的均匀冷却方法,如图 2 - 15 所示。

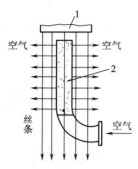

图 2-15　径向吹风方式

1—喷丝板　2—多孔圆筒

(四)卷绕装置

成型的丝条经纺丝室和甬道冷却固化后,是完全干燥的,为避免产生静电,并进行正常的卷绕,必须先行给湿和上油,然后按一定规律卷绕。一般卷绕机由上油机构、导丝机构和卷绕机构三部分组成。高速纺丝的给油喷嘴安装在纺丝风窗的下部。

国产纺丝机每位有两个油盘,可分别给湿和上油,也可将给湿和上油结合起来。

导丝机构为导丝盘(辊)也称纺丝盘,所谓纺丝速度即为导丝盘转动的线速度。

长丝纺丝机一般采用两个导丝盘。为了保证丝条有一定的张紧力,上下导丝盘直径有微小差异,后一盘比前一盘大 0.5%,也可分别用变频调速控制丝条张力。

卷绕机构主要用于初生纤维的卷绕成型,长丝卷绕机的结构由往复机构、筒管及其传动装置组成,将卷绕丝卷成筒子形式。

四、纺丝过程的主要工艺参数

熔体纺丝过程中有许多参数,这些参数决定纤维成型的历程和纺出纤维的结构和性能,生产上就是通过控制这些参数来制得所需性能的纤维。

为方便起见,按工艺过程可将生产中控制的主要纺丝参数归纳为熔融条件、喷丝条件、固化条件、绕丝条件等项加以讨论。

(一)熔融条件

这里主要指切片纺丝(间接纺丝)时,高聚物切片熔融及熔体输送过程的条件。

1. 螺杆各区温度的选择与控制　切片自进料后被螺杆不断推向前,经过冷却区,进入预热段,被套筒壁逐渐加热,到达预热段末端紧靠压缩段时,温度达到熔点。在整个进料段内,物料有一个较大的升温梯度,一般从 50℃ 上升至 265℃。在预热段内,物料温度基本低于熔点,即物料应基本上保持固体状态。在进入压缩段后,随着温度的升高,并由于螺杆的挤压作用,切片逐渐熔融,由固态转变为黏流态的熔体,其温度基本等于熔点或比熔点略高。在压缩段尚未结束前,切片已全部转化为流体,而在计量段内的物料,则全部为温度高于熔点的熔体。

(1)预热段温度:为保证螺杆的正常运转,在预热段内切片不应过早熔化,但同时又要使切片在达到压缩段时温度应达到聚合物的熔融温度,因此预热段套筒壁必须保持一个合适的温度。若预热段温度过高,切片在到达压缩段前就过早熔化,使原来固体颗粒间的空隙消失,熔化后的熔体由于在螺槽等深的预热段无法压缩,从而失去了往前推进的能力,造成"环结阻料"。反之,若预热段温度过低,以致切片在进入压缩段后还不能畅通地熔融,也必然会造成切片在压缩段内阻塞。对于某一给定的熔体挤出量(g/r),必然有与其相应合适的套筒壁温度。

(2)压缩段温度:螺杆的另一个重要的加热区在压缩段。切片在该区内要吸收熔融热并提高熔体温度,故该区温度可适当高一些,根据生产实践经验,可按下式确定:

$$T = T_m + (27 \sim 33)$$

实际上加热温度的确定除需依据切片的熔点 T_m 及螺杆挤出量(螺杆转速和机头压力)外,还应考虑切片的特性黏度与切片尺寸等因素。原则上对于熔点高、黏度大或切片粒子大的聚酯,加热温度要相应高些,反之就稍低些。对于计量段的温度控制,是使切片进一步完全熔化,使其保持一定的熔体温度和黏度,并确保在稳定的压力下输送熔体。对熔点在 255℃ 以上的聚酯切片,该区温度约为 285℃。切片特性黏度较大时,温度要相应提高。

总之,螺杆各区温度设定范围较灵活,可以是温度分布由高到低,或分布平稳,或分布由低到高,这种温度分布控制对于防止环结阻料,使聚合物熔体熔融均匀,减少降解,适于成型等方面均有利。

2. 熔体输送过程中温度的选择与控制 螺杆通过法兰与弯管相接,由于法兰区本身较短,对熔体温度影响不大,但法兰散热较大,故该区温度也不宜过低,一般法兰区温度可与计量段温度相等或略低一些。

弯管则起输送熔体及保温的作用,由于弯管较长,熔体在其中约停留 1.5min,对聚酯降解影响较大。一般弯管区温度可接近或略低于纺丝熔体温度。据经验估算,弯管区温度可较 PET 熔点高 14～20℃。

箱体是对熔体、纺丝泵及纺丝组件保温及输送并分配熔体至每个纺丝部位的部件,此区温度直接影响熔体纺丝成型,是纺丝工艺温度中的重要参数之一。熔体在箱体中约停留 1～1.5min,箱体能加热熔体并起保温和匀温作用。适当提高箱体温度有利于纺丝成型,并改善初生纤维的拉伸性能,但也不宜过高,以免特性黏度下降明显。通常箱体温度为 285～288℃,并依纺丝成型情况而定。

以上举出的各种温度的具体数值,很大程度是根据经验而言,因此在确定工艺温度时仍应以纺丝质量为依据,加以适当调整。

3. 熔体温度与熔体黏度的选定 由于熔体温度直接影响熔体黏度即熔体的流变性能,同时对熔体细流的冷却固化效果、初生纤维的结构以及拉伸性能都有很大影响,所以正确地选择与严格控制熔体温度十分重要。

聚酯的相对分子质量(特性黏度)、熔体温度与熔体黏度之间有一定依赖关系。对于相对分子质量低于 20000 的 PET,其熔体黏度与温度呈明显的线性函数关系。熔体流出喷丝板孔道前的温度 T_s 称为纺丝温度或挤出温度。纺丝时,应控制 T_s 高于结晶高聚物的熔点 T_m,使聚合物熔体具有合适的熔体黏度,以保证纺丝成型顺利进行。

纺丝熔体温度的提高有一定的限制性,它主要受到高聚物热裂解温度(T_d)和熔体黏度的限制。因此,选择纺丝温度应满足下式:

$$T_d > T_s > T_m (\text{或 } T_f)$$

熔体温度应根据成纤高聚物的种类、相对分子质量、纺丝速度、喷丝板孔径及纤维的线密度等因素来决定;此外,纺丝熔体的温度和黏度的均匀稳定,对纺丝成型能否顺利进行也十分重要,若熔体不均匀、含杂质过多,则往往导致飘丝、毛丝等异常现象。此时可采取加强纺前预过滤器和纺丝组件中过滤介质的过滤作用,以及适当调整纺丝各区的温度和增强螺杆挤出机的混炼效果等措施来改善纺丝熔体的均匀性,使纺丝得以顺利进行。

(二)喷丝条件

1. 泵供量 泵供量的精确性和稳定性直接影响成丝的线密度及其均匀性。熔纺计量泵的泵供量除与泵的转数有关外,还与熔体黏度、泵的进出口熔体压力有关。当螺杆与纺丝泵间熔体压力达 2MPa 以上时,泵供量与转速呈直线关系,而在一定转速下,泵供量为一恒定值,不随熔体压力而改变。

前已述及,螺杆的挤出量随挤出压力的大小而改变。当螺杆挤出量稍大于纺丝泵的输出量(总泵供量)时,在纺丝泵前产生一定的熔体压力,螺杆挤出量会相应下降(逆流量增加),熔体压力随二者之间的差值大小而改变。因此,欲使泵供量恒定,必须保持一定的熔体压力,亦即要求螺杆转数一定,熔体挤出量恒定。

2. 喷丝头组件结构 喷丝头组件的结构是否合理以及喷丝板清洗和检查工作的优劣,均对纺丝成型过程及纤维质量有很大影响。

由于喷丝毛细孔孔径很小,若熔体内夹有杂质,易使喷丝孔堵塞,产生注头丝、细丝、毛丝等疵病,所以熔体在进入喷丝孔前,应先经仔细过滤,可用粗细不同的多层不锈钢丝网组合作为过滤介质,也可采用石英砂和不锈钢丝网组合作为过滤介质。在高压纺丝时,则往往采用更稠密的烧结金属滤层、厚层石英砂、Al_2O_3 颗粒、金属非织造布等组合使用。

为使纤维成型良好,应使熔体均匀稳定地分配到每一个喷丝孔中去,这个任务由喷丝头组件内的耐压(扩散)板、分配板及粗滤网、滤砂来完成,且尽可能使组件内储存熔体的空腔加大,保证喷丝头组件内熔体压力均匀,喷丝良好。

纺丝成型时,由于增加纺丝熔体压力,可提高纤维线密度的均匀性和染色均匀性,所以喷丝头组件要承受很大的压力。采用高压纺丝工艺时,组件内压力高达 20～50MPa。因此组件各层间应采用铝垫圈或包边滤网,起严格密封的作用。组件组装后用油泵压紧,以防漏浆。组件与泵体的熔体出口相接处也应用铝垫圈密封,以防止泛浆。

(三)丝条冷却固化条件

丝条冷却固化条件对纤维结构与性能有决定性的影响,为控制聚酯熔体细流的冷却速度及其均匀性,生产中普遍采用冷却吹风。

冷却吹风可加速熔体细流的冷却速度,有利于提高纺丝速度;加强丝条周围空气的对流,使内外层丝条冷却均匀,为采用多孔喷丝板创造了条件;冷却吹风可使初生纤维质量提高,拉伸性能好,又有利于提高设备的生产能力。

冷却吹风工艺条件主要包括风温、风湿、风速(风量)等。

1. 风温与风湿 风温的选定与成纤高聚物的玻璃化温度、纺丝速度、产品线密度、设备特征(包括吹风方式)等因素有关。

在采用单面侧吹风时,适当提高送风温度(在 22～32℃ 范围内),有利于提高卷绕丝断裂强度,最大拉伸倍数变化不明显,强伸度不匀率有所改善。

在较高的纺丝速度下,聚合物熔体细流与周围气体介质热交换量增加,应加快丝条冷却速度,因此,冷却风温宜低。

风温的高低直接影响初生纤维的预取向度,卷绕丝的双折射率总是随风温的升高而降低,而在某一风温温度以上,则随风温的升高而增大。

用作熔纺冷却介质的空气,其湿度对纤维成型有一定影响。一定的湿度可防止丝束在纺丝甬道中摩擦带电,减少丝束的抖动;空气含湿可提高介质的比热容和给热系数,有利于丝室温度恒定和丝条及时冷却;此外,湿度对初生纤维的结晶速率和回潮伸长均有一定影响。纺制短纤维时,对卷绕成型要求稍低,送风湿度可采用 70%～80% 的相对湿度,也可采用相对湿度为100% 的露点风。

2. 风速及其分布　风速和风速分布是影响纺丝成型的重要因素。风速的分布形式多种多样,在采用不同孔径的均匀分布环形吹风装置时,纺丝成型效果良好。对侧吹风而言,风速分布一般有均匀直形分布、弧形分布及 S 形分布三种形式。

采用单面侧吹风时,纺速 600～900m/min、风温 26～28℃、送风相对湿度 70%～80%、风速为 0.4～0.5m/s 较好,且随纺速提高,最佳风速点向较大风速偏移。相反,采用环形吹风时,最佳风速点向较小风速偏移,这是由于环形吹风易于穿透丝束。若风速过高,冷却风不但能穿透丝层且有剩余动能,造成丝束摇晃湍动,并使喷丝板处的气流形成涡流,从而导致纤维品质指标不匀率上升。

(四)卷绕工艺条件

1. 纺丝(卷绕)速度　卷绕线速度通称纺丝速度。在常用的纺丝速度范围内,随着纺丝速度的提高,纺丝线上速度梯度也越大,熔体细流冷却凝固速度加快,且丝束与冷却空气的摩擦阻力提高,致使卷绕丝所承受的卷绕张力增大,分子取向度提高,双折射率增加,后拉伸倍数降低,增大的纤维内部残留内应力也使初生纤维的沸水收缩率增大。当卷绕速度在 1000～1600m/min 范围内时,卷绕丝的双折射率和卷绕速度呈直线关系;若卷绕速度达到 5000m/min 以上时,这可能得到接近于完全取向的纤维。

有资料指出,纺制聚酯纤维时卷绕速度每提高 100m/min,初生纤维在 70℃ 下的最大拉伸比则降低 0.1,当卷绕速度高至 1500m/min 以上时,该种影响就减小。在高速纺丝条件下,卷绕丝的预取向度高,因而最大拉伸比和自然拉伸比都相应减小。进一步提高纺丝速度至 3000～3500m/min 时,纤维双折射率随纺速增加的速率基本达到最大值,但其结晶度仍很低,不具备成品纤维应有的物理—力学性能。但如将高速卷绕技术与后拉伸变形工艺相结合,用以加工聚酯长丝(如制备 FDY 丝、FOY 丝),则具有增大纺丝机产量、省去拉伸加捻与络筒工序及改善成品丝质量等优点。

2. 上油、给湿　上油给湿的目的是为了增加丝束的集束性、抗静电性和平滑性,以满足纺丝、拉伸和后加工的要求。高速纺丝对上油的均匀性要求高于常规纺丝。上油方式一般可采用由齿轮泵计量的喷嘴上油,或油盘上油,以及喷嘴和油盘兼用等三种形式。纺丝油剂由多种组分复配而成,其主要成分有润滑剂、抗静电剂、集束剂、乳化剂和调整剂等。此外,对于高速纺的纺丝油剂还要求其具有良好的热稳定性。一般,POY 含油率要求达 0.3%～0.4%。

3. 卷绕车间温湿度　为确保初生纤维吸湿均匀和卷绕成型良好,卷绕车间的温湿度应控制在一定范围内。一般生产厂卷绕车间温度冬季控制在 20℃ 左右,夏季控制在 25～27℃;相对湿度控制在 60%～75%范围内。

五、聚酯短纤维的纺丝工艺

聚酯短纤维常规纺丝工艺流程如图 2-16 所示。

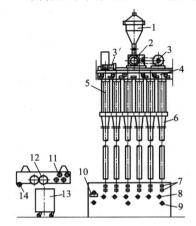

图 2-16　短纤维常规纺丝工艺流程图
1—切片料桶　2—螺杆挤出机　3,3′—分别为螺杆挤出机和计量泵传动装置　4—纺丝箱体　5—吹风窗　6—甬道　7—上油轮　8—导丝器　9—绕丝辊　10—总上油轮　11—牵引辊　12—喂入轮　13—受丝桶　14—总绕丝辊

1. 纺丝温度　纺丝时螺杆各区温度控制在 270～300℃,纺丝箱体温度控制在 260～285℃。纺丝温度过高会导致聚合物热降解,熔体黏度下降,造成气泡丝;温度过低,则使熔体黏度增大,造成熔体输送困难,组件内会因压力升高而出现漏浆现象。纺丝温度过高或过低均会导致成型时产生异常丝。生产要求纺丝温度波动范围越小越好,一般不超过±2℃。

2. 纺丝压力　在纺丝过程中,必须建立稳定的压力。聚酯短纤维熔体纺丝压力为 0.5～0.9MPa 时称低压纺丝,15MPa 以上时称为高压纺丝。采用低压纺丝时,一般需升高纺丝温度,以改善熔体流变性能,这易引起热降解;而采用高压纺丝时,由于组件内滤层厚而密,熔体在高压下强制通过滤层会产生大的压力降,使熔体温度升高。压力每升高 10MPa,熔体温度约升高 3～4℃。因此,采用高压纺丝可降低纺丝箱体的温度。

3. 丝条冷却固化条件　聚酯短纤维生产中,环形吹风的温度一般为 30℃±2℃,风的相对湿度为 70%～80%。吹风速度对成型的影响比风温和风湿更大,随着纺丝速度的提高或喷丝板孔数的增多,吹风速度应相应加大,生产上一般采用 0.3～0.4m/s。采用侧吹风时吹风速度的分布可为弧形或直形分布,均能达到良好的冷却效果。

4. 纺丝速度　聚酯短纤维纺丝速度为 1000m/min 时,后拉伸倍数约为 4 倍;当纺丝速度增大到 1700m/min 时,后拉伸倍数则降至 3.5 倍。后拉伸倍数的选择一般根据纺织加工的需要而定,但其可拉伸倍数则取决于纺丝速度。为使卷绕丝具有良好的后加工性能,常规纺短纤维的纺丝速度控制在 2000m/min 以下。

六、聚酯长丝的纺丝工艺

聚酯长丝生产工艺流程如图 2-17 所示,与短纤维生产相比,它具有如下的工艺特点:

1. 对原材料的质量要求高　由于长丝纺丝温度高,熔体在高温下停留时间长,因此要求切片含水率低。常规纺长丝切片的含水率不大于 0.008%(纺短纤维时切片含水率为 0.02%)。干切片中粉末和凝胶粒子要少;干燥过程中的黏度降小;干燥均匀性好。

2. 工艺控制要求严格 长丝生产中,为了保证纺丝的连续性和均一性,工艺参数需严格控制。如熔体温度波动不超过±1℃,侧吹风风速差异不大于 0.1m/s。纺丝张力要求稳定等。

3. 高速度、大卷装 聚酯长丝的纺丝卷绕速度为 1000～6000m/min。在不同卷绕速度下制得的卷绕丝有不同性能,目前长丝的纺丝速度趋向高速化,工业生产中已较普遍采用 5500m/min 的纺速。随着生产速度提高,长丝筒子的卷装重量越来越大,卷绕丝筒子的净重从 3～4kg 增至 15kg。卷装重量增大后,对高速卷绕辊的材质、精度和运转性能要求大大提高。

第四节 聚酯纤维的高速纺丝

高速纺丝是 20 世纪 70 年代发展起来的合成纤维纺丝新技术。高速纺丝的生产能力比常规纺丝高 6～15 倍,并将纺丝和拉伸工艺合并,从而减少工艺损耗。高速纺丝技术在聚酯纤维生产中应用最为广泛。(近年新建的聚酯长丝厂大多采用高速纺丝技术)

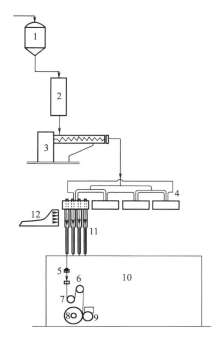

图 2-17 长丝纺丝工艺流程图
1—切片料仓 2—切片干燥机 3—螺杆挤出机
4—箱体 5—上油轮 6—上导丝盘 7—下导丝盘
8—卷绕筒子 9—摩擦辊 10—卷绕机
11—纺丝甬道 12—冷却吹风

高速纺丝与常规纺丝的工艺过程基本相似,但由于纺丝速度提高,卷绕丝的性能发生了根本变化。例如,纤维的取向度高,但结晶度不高,纤维柔软,易染色等,这是由于卷绕丝性能对纺丝速度的依赖性所致。

一、聚酯预取向丝的生产工艺

预取向丝或部分取向丝(POY)是在纺丝速度为 3000～4000m/min 条件下获得的卷绕丝,其结构与常规未拉伸丝(UDY)不同,与全取向丝(FOY)的结构也不同。POY 是高取向、低结晶结构的卷绕丝,该结构的形成是由于纺丝速度的提高导致出喷丝头后的熔体细流受到高拉伸应力和较大冷却温度梯度的作用,从而发生快速形变所致。高速纺丝时,所观察到的局部最大形变速率达 $600s^{-1}$ 甚至 $10000s^{-1}$。在如此高的形变速率下,大分子受拉伸而整齐排列,形成高取向度,POY 的双折射率达到 0.02～0.03。支配这一拉伸形变的动力学因素主要是惯性力和空气摩擦阻力。根据计算,纤维单位面积上所承受的张力可达 $10^4 N/cm^2$,这与纤维冷拉伸时所需的应力已相差不远。在纺丝过程中,对熔体流变部分的形变和内部结构演变起支配作用的主要是惯性力。而空气摩擦阻力沿纺程的增加,则可能导致纤维塑性形变。纤维中大分子链受到高拉伸张力的作用,其形变不仅发生在熔体未凝固的流动状态区域,且在固化后还发生细颈拉伸现象,从而大大提高卷绕丝的取向度,并使其结构稳定。

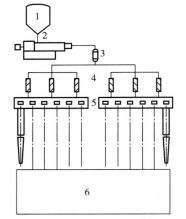

图 2-18 切片纺丝工艺流程示意图

1—料斗 2—挤出机 3—过滤器
4—静态混合器 5—纺丝箱体 6—卷绕机

(一)生产工艺流程

高速纺丝生产 POY 一般有切片纺丝和直接纺丝两种生产工艺流程。

1. 切片纺丝 该生产工艺流程如图 2-18 所示。

2. 直接纺丝 该生产工艺流程如下:

聚酯终聚釜→排料管→熔体过滤器→增压泵→熔体换热器→静态混合器→纺丝箱体→计量泵→纺丝组件→喷丝板→侧吹风→纺丝甬道→上油辊→卷绕

(二)生产工艺控制

1. 切片的质量要求 POY 纺丝对切片的特性黏度 $[\eta]$ 和含水率要求较严格。要求切片的特性黏度在 0.65dL/g 以上,波动值应小于 0.01dL/g,切片的含水率一般应控制在 0.005% 以下。切片含水率对高速纺丝可纺性的影响见表 2-7。熔体中不允许含有直径大于 $6\mu m$ 的杂质或 TiO_2 凝聚粒子。

2. 纺丝温度和压力 高速纺丝螺杆各区温度的控制与常规纺丝基本相同。但由于纺丝速度的提高,要求熔体有较好的流变性能,故 POY 纺丝温度比常规纺丝约高 5~10℃,一般为 290~300℃。纺丝温度需根据切片的黏度、熔点、纺丝压力及切片含水率进行调整。当切片的特性黏度较高时,宜将螺杆前几区的温度调至接近,甚至等于后面各区的温度。对于特性黏度和含水率一定的切片,纺丝箱体的温度需随纺丝压力的升高而相应降低。随切片含水率增高,纺丝箱体温度要相应下降。

表 2-7 聚酯切片含水率对高速纺丝的影响

可纺性和纤维性质		切片含水率/%	
		0.005	0.014
纺丝时的热降解率/%		3.1	7.6
纺丝速度/(m·min⁻¹)		3500	3500
毛丝		无	少量
断头		无	少量
最高纺丝速度/(m·min⁻¹)		6000	5000
可纺性		良好	欠佳
纤维的性质	强度/(cN·dtex⁻¹)	2.33	2.30
	伸长率/%	118.4	124.0

高速纺丝常采用高压纺丝或中压纺丝。高压纺丝组件压力为 40MPa 以上,中压纺丝组件

压力为 15～30MPa。实践证明,若聚酯熔体在 30MPa 以上的压力下纺丝时,则熔体在短时间内通过滤层后将上升 10～12℃。压力引起的熔体温度升高比之由箱体加热升温更均匀,这有利于改善熔体的纺丝性能。

3. 冷却吹风条件 冷却固化条件对纺程上熔体细流的流变特性,如拉伸流动黏度、拉伸应力等参数有很大影响。但在高速纺丝时,冷却吹风条件对丝条凝固动力学的影响明显减弱。但吹风速度对 POY 的条干均匀性影响较大。风速过大时,空气流动的湍动会引起丝条的振动或飘动,当振动的幅度达到一定值时,就会传递到凝固区上方,使初生丝条干不匀;而当风速过小时,则丝条凝固速度减缓,使凝固丝条飘忽、振动的因素增加而引起条干不匀。

由于 POY 纺丝时的丝条运动速度比常规纺丝高 3～4 倍,故相应的冷却吹风速度也需提高,一般选择 0.3～0.7m/s。吹风温度为 20℃,相对湿度 70%～80%。

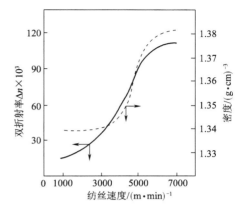

图 2-19 纺丝速度对 POY 双折射率和密度的影响

4. 卷绕速度 POY 的纺丝速度影响丝条的结构和性能,随着纺丝速度的提高,POY 的密度和双折射率也增大,并达到极值,如图 2-19 和表 2-8 所示。

当纺丝速度在 3000～3600m/min 时,其双折射率随纺速增加的速率基本达到最大值,而其密度增长的最高速率要稍落后于双折射率,约在 4000m/min 附近,这是由于大分子诱导结晶作用所致。

POY 的纺丝速度应尽量选择在防止发生取向诱导结晶作用的范围内。若纺丝速度太高,则丝条后加工性能变差;若纺丝速度偏低,则丝条张力过小,达不到所得预取向度。

表 2-8 不同纺丝速度时 POY 的性能

| 纺丝速度/ | POY 拉伸性能 | | | |
(m·min^{-1})	自然拉伸比	最大拉伸比	屈服应力/(cN·dtex^{-1})	结构—体性参数 $\varepsilon_{0.2}$
2500	1.64	2.87	0.43	0.92
3000	1.42	2.42	0.48	0.63
3200	1.32	2.28	0.52	0.51
3500	1.28	2.10	0.55	0.39
4000	1.14	1.84	0.64	0.16

| 纺丝速度/ | POY 物理—力学性能 | | | | | | |
(m·min^{-1})	双折射率 Δn	密度/(g·cm^{-3})	线密度/dtex	强度/(cN·dtex^{-1})	初始模量/(cN·dtex^{-1})	伸长率/%	沸水收缩率/%
2500	0.0241	1.3473	380.2	1.55	18.2	187.6	65.6

纺丝速度/ (m·min⁻¹)	POY 物理—力学性能						
	双折射率 Δn	密度/ (g·cm⁻³)	线密度/ dtex	强度/ (cN·dtex⁻¹)	初始模量/ (cN·dtex⁻¹)	伸长率/ %	沸水收缩率/ %
3000	0.0345	1.3562	319.4	1.83	18.7	141.0	66.6
3200	0.0410	1.3644	297.6	2.10	21.5	127.9	65.6
3500	0.0531	1.3682	277.8	2.35	21.7	109.6	64.6
4000	0.0701	1.3509	242.8	2.53	26.5	83.9	56.9

POY 纺丝速度与产量有一定关系。机台产量可随纺丝速度提高而增加,在最终成品纤维线密度一定的条件下,纺丝机的产量依赖于纺丝速度和后拉伸倍数的乘积,当纺丝速度提高时,后拉伸倍数下降。因此,POY 纺丝速度的提高有其最适宜值。

影响 POY 结构和性能的工艺参数还包括上油集束位置、纺丝机上有无导丝盘等。

(三)预取向丝的性能

1. 取向度 POY 的双折射率(Δn)在 0.025 以上,但不大于 0.06。Δn 过高会导致大分子间的超分子结构加强,使后加工性能变差;Δn 过低,则纤维结构不稳定。

2. 结晶度 POY 的结晶度越低越好,一般为 1%～2%。后拉伸性能与原丝的初级结构有关,初级结构越完整,拉伸时对原有结晶结构的破坏也越大,新结构形成就越不完整,且原丝结晶度高,使后拉伸应力增加,容易产生毛丝。

3. 断裂伸长率 POY 的断裂伸长率应在 70%～180%,100%～150% 最佳,这样 POY 才具有良好的可加工性,且所需拉伸倍数不太高。

4. 结构一体性参数和沸水收缩率 结构一体性参数 $\varepsilon_{0.2}$ 指的是 POY 适应于拉伸变形工艺的结构条件,丝条于 0.18g/dtex 的负荷下经 100℃水浴处理 2min 后测得,其数值由公式 $\varepsilon_{0.2} = (L_f - L_0)/L_0$ 计算得到(式中:L_0 为试样在 0.18g/dtex 负荷下的长度;L_f 为试样在相同的负荷下,浸入 100℃水浴中 2min,移出冷却后的长度)。同样表征拉伸加工性能的还有沸水收缩率,这两项指标可间接度量纤维的结晶和取向程度。一般要求结构一体性参数在 0.3～1.0 之间,若大于 1.0,说明纤维的取向度和结晶度过低,断裂伸长率大;当小于 0.3 时,则纤维取向度过高,并有准晶结构形成,这种 POY 断裂伸长率小,纤维后拉伸性能较差。一般 POY 的沸水收缩率为 40%～70%。

5. 摩擦系数与含油率 POY 的摩擦系数要求在 0.37 以下,最好为 0.2～0.34。含油率要求为 0.3%～0.4%。这两项指标可保证 POY 具有良好的后加工性能。含油率太高会使 POY 在后加工中产生的白粉增多。

6. 条干不匀率 条干不匀率常采用乌斯特值(即 U 值)表示,它是 POY 质量的重要指标之一,一般要求在 1.2% 以下(正常值),若 U 值太高,会使成品丝的不匀率增加。

此外,还要求 POY 的卷装成型良好,并易于退绕等。

POY 性能指标见表 2－9。

表 2 - 9　涤纶预取向丝的性能指标

项　　目		分　　类								
		1.5dtex≤dpf<2.9dtex			2.9dtex≤dpf<5.0dtex			5.0dtex≤dpf<10.0dtex		
		优等品	一等品	合格品	优等品	一等品	合格品	优等品	一等品	合格品
线密度偏差率/%		±2.0	±2.5	±3.0	±2.0	±2.5	±3.0	±2.0	±2.5	±3.0
线密度变异系数 CV_a/%		≤0.60	≤0.80	≤1.1	≤0.50	≤0.70	≤1.0	≤0.50	≤0.70	≤1.0
断裂强度/(cN·dtex^{-1})		≥2.3	≥2.1	≥1.9	≥2.2	≥2.0	≥1.8	≥2.2	≥2.0	≥1.8
断裂强度变异系数 CV_b/%		≤4.5	≤6.0	≤8.5	≤4.5	≤6.0	≤8.5	≤4.0	≤5.5	≤8.0
断裂伸长率/%		$M_1±4.0$	$M_1±6.0$	$M_1±9.0$	$M_1±4.0$	$M_1±6.0$	$M_1±9.0$	$M_1±4.0$	$M_1±6.0$	$M_1±9.0$
断裂伸长率变异系数 CV_b/%		≤5.0	≤6.5	≤9.0	≤5.0	≤6.5	≤9.0	≤4.5	≤6.0	≤8.5
条干不匀率	U/%	≤0.96	≤1.36	≤1.76	≤0.88	≤1.28	≤1.68	≤0.80	≤1.20	≤1.60
	CV/%	≤1.20	≤1.70	≤2.20	≤1.10	≤1.60	≤2.10	≤1.00	≤1.50	≤2.00
含油率/%		$M_2±0.12$								

注　1. M_1 为断裂伸长率值中心值,由供需双方确定。
　　　2. M_2 为含油率中心值,由供需双方确定。

二、聚酯全拉伸丝的生产工艺

(一)生产工艺流程

此处所说的全拉伸丝(FDY)是指在 POY 高速纺丝过程中引入有效拉伸,且卷绕速度达到 5000m/min 以上,所获得的具有全取向结构的拉伸丝。故 FDY 的生产工艺是纺丝—拉伸—卷绕一步法连续工艺。

在一般高速纺丝条件下,丝条中各种结构的取向是在熔融态或部分熔融态中发生的,纺丝过程中形成的大分子链段取向和微晶结构中的取向均存在一定解取向的可能,由此不同于未取向丝在固态下拉伸所形成的大分子沿纤维轴完全取向结构。因此,一般高速纺丝虽然纺丝张力很大,但所得纤维的强力不能达到最高值。只有当纺丝速度达到 7000~8000m/min 以上时,才能获得像未拉伸丝经受拉伸后所具有的强度,而如此高的纺丝速度对生产设备要求高,难度较大。由此,可考虑在纺丝线上建立有效的拉伸阶段,即先以一定的速度(如 3000m/min)纺出预取向丝,随后对此固化丝条再进行一次热拉伸,便可获得拉伸取向效果。基于此,在 POY 纺丝过程中配置一组热拉伸辊(2~3辊),使丝条在离开第一导辊之后,连续喂入拉伸—卷绕机,且丝条在第一辊上已达到 POY 的纺丝速度 3000m/min,在第二辊上达到 5000m/min 以上的速度,在两辊之间获得稳定的张力和伸长,从而获得与纺丝、拉伸二步法相近的丝条结构。

FDY 生产工艺流程如图 2 - 20 所示。

(二)生产工艺控制

1. 纺丝条件　FDY 的纺丝特征是大吐出量和高倍率的喷丝头拉伸,且纺丝速度高,因而纺丝工艺要求比 POY 纺丝严格,如要求切片的含水率更低,有些生产厂控制在 0.0018% 以下,同时要求熔体中的凝聚粒子和杂质含量更少。

由于 FDY 纺丝速度高,要求熔体有良好的流变性能,故纺丝温度要比纺 POY 高,通常控制在 295～300℃之间。冷却条件与纺 POY 相同,风速采用 0.5～0.7m/s。

2. 拉伸条件 FDY 的拉伸借助于拉伸卷绕机上的一对拉伸辊。丝条在第一拉伸辊上的速度必须达到 POY 的纺丝速度,即 3000m/min,其剩余拉伸比只有 2。因此,第二拉伸辊的速度需控制在拉伸比小于 2 的范围内,一般为 5200m/min。

FDY 需进行热拉伸,拉伸温度在 POY 的玻璃化温度 T_g 以上,通常采用一对热辊,第一热辊的温度为 60～80℃,第二热辊的温度为 150～195℃。为了使丝条在热辊上均匀受热,要求辊筒表面温度均匀一致,并使丝束在热辊上的接触位置不变。

FDY 的生产采用高速纺丝并紧接高速拉伸,故丝条所受张力较难松弛。为了使拉伸后的丝条得到一定程度的低张力收缩,故卷绕速度一般要低于第二拉伸辊的速度,使大分子在卷绕前略有松弛,也可获得较好的成丝质量和卷装。聚酯 FDY 的卷绕速度在 5000m/min 以上。

3. 网络度 FDY 是以一步法工艺生产的全拉伸丝。由于在高速卷绕过程中无法加捻,因此在拉伸辊之后装有空气网络喷嘴,使丝束中各单丝抱合缠结,网络度应大于 20 个/m。FDY 经网络后还可省去织造时的并丝加捻、上浆等纺织加工工序。

（三）全拉伸丝的性能

FDY 是经一步法制取的具有全取向结构的拉伸丝。其密度约为 $1.379g/cm^3$,取向度接近常规纺丝法的全拉伸丝。FDY 的双折射率（Δn）在 0.1 以上。由于分子取向高,有利于结晶,在纺丝的高应力下,结晶起始温度较高,结晶时间缩短。FDY 的结晶度达到 0.2（结晶体积分数）以上。由于取向和晶相结构的形成,FDY 的强度在 3.5cN/dtex 以上,断裂伸长率约为 35%～40%。

FDY 质量比较均匀,强度和伸度不匀率比常规拉伸丝小得多,但其初始模量也相对较低,这一特性是丝条在热辊上经历了低张力热定型的效果。FDY 物理—力学性能已达到纺织加工的要求,同时具有较好的染色性能。FDY 的质量指标见表 2-10。

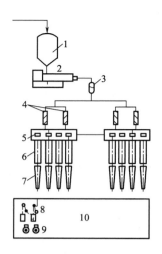

图 2-20 聚酯 FDY 生产工艺
流程示意图
1—切片料桶 2—挤出机
3—预过滤器 4—静态混合器
5—纺丝组件 6—侧吹风窗
7—纺丝甬道 8—拉伸辊
9—卷绕头 10—拉伸卷绕机

表 2-10 全拉伸丝（FDY）的质量指标

质 量 指 标	PET	
	A 级	B 级
拉伸丝线密度偏差（筒子间）/%	≤0.5	≤0.65
拉伸丝条干均匀度/%	≤0.6	≤0.75
断裂强度/(cN·dtex^{-1})	≥3.96	≥3.83

质　量　指　标	PET	
	A 级	B 级
断裂强度变异系数/%	≤4	≤6
断裂伸长率/%	23～30	23～30
断裂伸长率变异系数/%	≤8	≤9
染色均匀率/级	≥4	≥3
沸水收缩率/%	≤5	≤7

三、聚酯全取向丝的生产工艺

全取向丝(FOY)是采用 6000m/min 以上的纺丝速度而获得的具有高度取向结构的长丝。FOY 的生产技术称为超高速纺丝技术。但实践证明,6000m/min 纺速得到的是高取向丝(HOY),其断裂伸长率仍较大,高达 40％左右,其结构与 FDY 相差较大,只有在 7000m/min 以上得到的全取向丝(FOY)结构才与 FDY 基本相同。现在纺速在 7000m/min 以上的超高速纺丝工艺路线已实现工业化生产。

超高速纺丝工艺具有以下特点:

1. 纺程上凝固点位置随纺丝速度而变化　纺程上丝条凝固点的位置与纺丝速度有关,纺丝速度为 3000m/min 时,丝条的冷却长度 L_k 为 80cm,相应的冷却时间为数十毫秒;而纺丝速度为 5000m/min 时,L_k 为 60cm,冷却时间为 10ms;当纺丝速度为 9000m/min 时,L_k 仅为 10cm,冷却时间只有 1ms。由此可知,纺丝速度提高,凝固点位置移向喷丝板。与此同时,丝条在凝固点的温度也随之提高,当纺丝速度为 1500m/min 时,冷却固化后丝条的温度为 80℃,3200m/min 时则为 100℃。这可解释为随着速度提高,拉伸应力增大以及冷却条件的强化,提前限制了大分子链段的运动,从而使纤维的冷却固化温度提高。

2. 纤维截面上径向温度梯度增大　随纺丝速度的提高,丝条表面和中心的温差增大,丝条表面的取向度比中心的取向度也大得多,这将导致内外层结构产生差异,形成皮芯层结构。

3. 具有微原纤结构　当纺丝速度为 6000～10000m/min 时,得到的 FOY 具有微原纤结构。这是由于晶区和无定形区相互连接并呈周期分布的结果。在超高速纺丝条件下,由于高拉伸应力的作用使大分子链产生取向和热结晶而形成微原纤结构。

4. 高速纺丝中的细颈现象　在涤纶高速纺丝过程中,丝条的直径沿纺丝线发生变化。当纺丝速度达到 4000m/min 以上时,在纺丝线上某一狭小区域内,开始出现颈状变化,随着纺丝速度进一步提高,当达 5500～6000m/min 时,丝条直径急剧变细,细颈现象十分明显。纺丝速度越高,或在相同的纺速下,质量流量越小,细颈点的位置越向喷丝头方向上移,但细颈开始点的温度则大致相同。丝条出现细颈现象变形后,其直径不再变细。

四、TCS 热管法聚酯全拉伸丝生产工艺

用 TCS(Thermal Channel Spinning)热管纺丝法生产全拉伸丝的工艺技术,最早是由英国

ICI公司纤维研究部提出的,但作为工业化生产技术则是由德国巴马格(Barmag)公司推出的。

(一)生产工艺流程

TCS热管法纺丝工艺的关键是在纺丝甬道的位置上安装热管,对已完成冷却成型的丝束进行再加热,利用受热丝束的热塑性和惯性,在较高的纺速下,对丝束进行拉伸和定型,其生产工艺流程表示如下:

螺杆挤压纺丝→侧吹风→集束件→热管→集束件→上油→导丝盘→卷绕

根据生产纤维的规格不同,热管可安装在甬道的不同位置。近年也有采用双热管进行拉伸。

(二)生产工艺特点

当聚酯熔体细流自喷丝孔喷出后,在侧吹风的作用下逐渐冷却,当冷却到适当的温度时(玻璃化温度以下),使丝条进入热管让其再经受加热,并在张力与温度的协同作用下,在纺程上发生拉伸,表现为丝条运动速度增大,该过程属于无细颈的均匀拉伸,可分为两个阶段,第一阶段为喷丝头拉伸,是在进入热管前的那一段,第二阶段的拉伸则发生于热管内。在生产中,对于某固定品种而言,总的拉伸倍数为两段拉伸倍数的乘积。有研究表明,在同一卷绕速度下,热管中的拉伸倍数由进入热管前的纤维的取向度决定。纤维取向度越低,其在热管中的形变可能越大,即热管拉伸倍数越大;喷丝头拉伸越小,此时丝条进入热管的速度将降低,丝条受到的摩擦阻力也减少,这样将使热管中纤维的拉伸倍数随之降低,反之亦然。所以TCS的两段拉伸总是在不断地自我平衡,这就是TCS工艺的最大特点,即自补偿效应。在纺丝过程中,当原料切片的特性黏度、纺丝温度和冷却条件等发生变化时,就能通过上述过程来自行补偿调节,从而使工艺状态恢复到原来的位置,便能制得结构性能较为均匀稳定的纤维,特别是染色均匀性要比用POY经拉伸后的丝条所加工成的织物有明显的提高。TCS工艺更适合纺制单丝更细的纤维,有利于利用单丝与空气间的摩擦力实现拉伸。

TCS热管法可在4500m/min左右的纺丝速度下,纺制出符合质量要求的全拉伸丝,其断裂强度一般达3.8~4.0cN/dtex,断裂伸长率为35%左右。这是一种在设备的投资和维护上较为经济的生产工艺。

TCS热管纺丝法的生产参考工艺条件如下:

产品规格	110dtex/72f
熔体温度	286℃
纺丝组件压力	18MPa
冷却吹风条件:	
温度	(20±1)℃
相对湿度	70%±10%
风速	(0.40±0.01)m/s
热管温度	170℃
网络压力	0.30MPa
导辊速度	4670m/min

| 卷绕速度 | 4600m/min |
| 卷绕张力 | 11cN |

五、高速纺纤维的结构与性能

高速纺丝条件下制取的卷绕丝,与低速纺卷绕丝性能比较有明显区别,其力学性能见表 2－11。

表 2－11　不同纺丝速度卷绕丝的力学性能

分　类	双折射率 $\Delta n/(\times 10^3)$	结晶度/%	密度/ $(g \cdot cm^{-3})$	强度/ $(cN \cdot dtex^{-1})$	伸长率/ %	热收缩率/ %	初始模量/ $(cN \cdot dtex^{-1})$
常规纺丝 900～1500m/min 的卷绕丝(UDY)	5～15	2～4	1.340	1.3	450	40～50	13.2
高速纺丝 2500～4000m/min 的预取向丝(POY)	30～60 (当为 62～68 时结晶开始急剧进行)	6～10	1.342～1.346	1.9～2.8	220～120	60～70 (3000m/min 达到最大值)	17.6
超高速纺丝 5000m/min 以上的全取向丝(FOY)	120	30～45	1.360～1.390	3.5～4.1	40	＜6	70.6

随着纺丝速度的提高,纤维的取向度和结晶度也相应提高。因此,高速纺丝所得预取向丝比常规卷绕丝有较高的强度和模量,同时断裂伸长率较低。通常涤纶拉伸丝的强度为 3.5～5.3cN/dtex,伸长约 30%,而超高速纺丝获得的全取向丝也具有类似的性质。

(一)强度

高速卷绕丝随着纺丝速度提高,纤维强度增大,伸长减小。采用特性黏度 0.65dL/g 的 PET 为样品。研究初生 PET 丝条的性能随纺速的变化规律如图 2－21 所示。值得注意的是,它们的纺丝速度最高达到 9000m/min,是通过自然拉伸比的恒定分配来控制纤维的线密度(以制造最终直径恒定的纤维),而不像其他众多研究者那样控制质量流量来保证纤维的粗细。纺速约为 4000m/min 时,结晶度和双折射率开始迅速增加,纺速约为 7000m/min 时达到最大,此后随卷绕速度的进一步提高而略微减小。纤维的强度也是在纺速为 7000m/min 左右时呈现最大值。这是由于冷却速率随卷绕速度提高而增加,而随纺速提高,结晶起始温度提高,结晶时间缩短;但当纺丝速度超过 7000m/min 时,丝条内部形成微孔或表面损伤形成裂纹所致。

(二)伸长率

高速纺丝过程中纤维的取向和结晶对纤维拉伸性能也有显著影响。随着纺丝速度提高,纤维延伸度减小、屈服应力升高、自然拉伸比降低。图 2－22 为不同纺丝速度下纤维应力—应变曲线的变化规律。

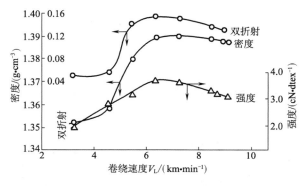

图 2-21　PET 丝条的性能随纺速的变化

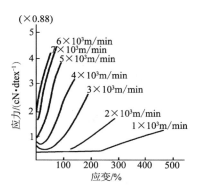

图 2-22　在不同纺速下聚酯卷绕
丝的应力—应变曲线

从图 2-22 可见,当纺速为 1000～2000m/min 时,初生纤维屈服应力与常规法生产的未拉伸丝相似;当纺速为 3000～4000m/min 时,反映非晶区分子间作用力的初始屈服应力上升,且在拉伸曲线上的弯曲消失;当纺速达 5000m/min 以上时,就显示出所谓二次屈服点这种与完全取向丝相似的性质,卷绕丝应变行为接近于拉伸丝的性质。

(三)热性能

纺丝速度不同,卷绕丝热性能也不相同,如图 2-23 所示。在较低纺丝速度时,卷绕丝在低温侧(130℃)附近仍有冷结晶峰出现(结晶放热峰),在高温侧(250℃)附近有结晶熔融吸热峰,只有在卷绕丝进行拉伸热处理后,低温侧的冷结晶峰才消失。但随着纺丝速度的提高,差热分析(DTA)曲线上的冷结晶峰逐渐减少并向低温方向移动,纺速达 5000m/min 以上时,冷结晶峰消失,而熔融峰随纺速提高逐渐变得尖锐,并略向高温方向移动。这说明随着纺丝速度的提高,聚酯卷绕丝从非晶态逐渐变化至半结晶态,结晶度在提高,其变化过程与纺丝速度成正比,因而可引起纤维材料物理性能的改变。

(四)密度和沸水收缩率

不同纺丝速度下,纤维的密度和沸水收缩率的变化如图 2-24 所示。由图可知,沸水收缩率随纺丝速度提高而下降,到 5000m/min 左右开始趋于稳定。卷绕丝的密度则随纺丝速度的提高而增加。当纺速未达到 3500m/min 时,初生纤维的密度几乎一直与完全无定形的 PET 的密度相等,超过这一纺速,密度迅速增加,说明纤维从无定形的结构转变为部分结晶结构。

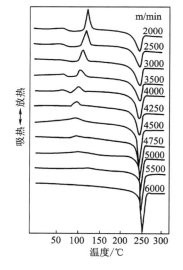

图 2-23　不同纺速下纤维的
DTA 谱图

综上所述,高速纺卷绕丝的物理—力学性能不同于常规纺卷绕丝,而且在不同纺速范围,性能也不同。因此,生产上可根据产品的性能要求,选择合适的纺丝速度。

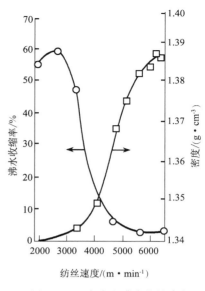

图2-24 密度和沸水收缩率与
纺丝速度的关系

第五节 聚酯纤维的后加工

纤维后加工是指对纺丝成型的初生纤维（卷绕丝）进行加工，以改善纤维的结构，使其具有优良的使用性能。

后加工包括拉伸、热定型、加捻、变形加工和成品包装等工序。

纤维后加工有如下作用：

（1）将纤维进行拉伸（或补充拉伸），使纤维中的大分子取向，并规整排列，提高纤维强度，降低伸长率。

（2）将纤维进行热处理，消除拉伸时产生的内应力，降低纤维的收缩率，并提高纤维的结晶度。

（3）对纤维进行特殊加工，如将纤维卷曲或变形、加捻等，以提高纤维的摩擦系数、弹性、柔软性、蓬松性，或使纤维具有特殊的用途及纺织加工性能。

本节将分别介绍短纤维和长丝后加工工艺。

一、聚酯短纤维的后加工

（一）工艺流程

视纤维物理—力学性能的不同，后加工流程和设备均有差异。目前国内生产的聚酯短纤维有普通型和高强低伸型。

聚酯短纤维典型的后加工工艺流程如图2-25所示，当生产高强低伸型短纤维时采用该流程，当生产普通短纤维时不必进行紧张热定型。

（二）工艺及设备

1. 初生纤维的存放及集束 刚成型的初生纤维其预取向度不稳定，需经存放令其平衡，即使内应力减小或消除，预取向度降低至平衡值；还需使卷绕时的油剂扩散均匀，以改善纤维的拉伸性能。因此，初生纤维不能直接集束拉伸，必须在恒温、恒湿条件下存放一定时间。卷绕丝在存放过程中其结构和性能发生变化，图2-26为聚酯卷绕丝双折射率与存放时间的关系。可见存放8h以上时，卷绕丝的取向度可达稳定。

存放平衡后的丝条进行集束。所谓集束是把若干个盛丝筒的丝条合并，集中成工艺规定线密度的大股丝束，以便进行后处理。集束于恒温、恒湿条件下进行。各生产厂集束线密度根据卷曲机生产能力不同而有差别，一般在30×1（股）～75×2（股）dtex左右（以成品纤维线密度为准）。

2. 拉伸设备 拉伸工艺采用集束拉伸，常用的集束拉伸机为三道七辊拉伸机。为保证丝

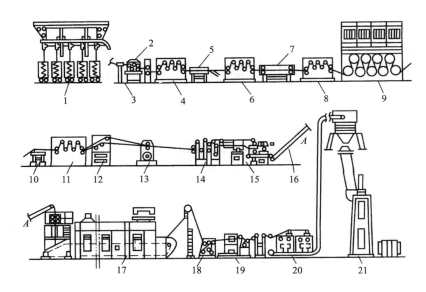

图 2-25　短纤维后加工工艺流程示意图

1—集束架　2—导丝架　3—八辊导丝机　4——道七辊　5—油剂浴加热器　6—二道七辊

7—热水或过热蒸汽加热器　8—三道七辊　9—紧张热定型机　10—油冷却槽　11—四道七辊

12—重叠架　13—二辊牵引机　14—张力架　15—卷曲机　16—皮带输送机

17—松弛热定型机　18—捕结器　19—三辊牵引机　20—切断机　21—打包机

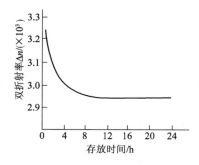

图 2-26　聚酯卷绕丝双折射率与
存放时间的关系

束加热均匀,短纤维的拉伸一般采用湿热拉伸工艺,因此在各道拉伸机之间常设置加热器,有热水喷淋、蒸汽喷射、油浴和水浴加热等形式。由于液体的热导率显著高于气体和蒸汽的热导率,因此前两种方法一般不易均匀加热,目前更多倾向于油浴和水浴加热。

3. 拉伸工艺条件　拉伸方式分一级和二级拉伸,目前涤纶短纤维生产通常采用间歇集束两级拉伸工艺。

(1)拉伸温度:随着拉伸温度提高,丝条的屈服应力和拉伸应力减小,有利于拉伸。在高聚物的玻璃化温度以上,拉伸屈服应力随温度升高而下降得更明显。因此第一级拉伸温度一般控制在 T_g 以上,但不应过高地超过 T_g,以防止发生流动变形,实际控制在 70～90℃之间为宜。

纤维经过第一级拉伸后,已具有一定程度的取向度,结晶度也有所提高,T_g 也随之增高,由此进行第二级拉伸时,就必须采取更高的拉伸温度。目前某些工厂中采用过热蒸汽加热,温度控制在 150℃(棉型纤维)至 180℃(毛型纤维)之间。拉伸温度过低,会加大拉伸应力,使纤维断头增加。

(2)拉伸速度:在二级拉伸工艺中,丝束的拉伸通过三台拉伸机而实现。在拉伸过程中,随拉伸速度的提高,纤维所承受的拉伸应力有所增加,这是因为拉伸中纤维的形变是一个松弛过程,形变的发展需要一定的时间。可采用适当提高拉伸温度的措施来降低拉伸应力,提高拉伸速度。如拉伸速度太快,形变来不及发展,就必然会使纤维中的应力增加。但由于拉伸过程发热,会使被拉伸纤维的实际温度升高,从而使拉伸应力减小。因此,当拉伸速度超过某一值后,拉伸应力又有降低的趋势。一般提高拉伸速度就意味着生产能力的增加。

目前,在涤纶短纤维生产中拉伸时,丝束喂入速度一般为 30～45m/min,出丝速度为 140～180m/min;毛型短纤维的出丝速度略有降低。

(3)拉伸倍数及其分配:拉伸倍数应根据卷绕丝的应力—应变曲线来确定,选择在自然拉伸倍数和最大拉伸倍数之间,若拉伸倍数小于自然拉伸倍数,则被拉伸纤维中的细颈尚未扩展到整个纤维,必然包含较多的未拉伸丝,这样的纤维没有实用价值;而当拉伸倍数达到最大拉伸倍数时,纤维就要断裂。

采用二级拉伸工艺时,在总拉伸倍数基本不变的情况下,随着一级拉伸倍数的增加,二级拉伸倍数缩小,纤维的断裂强度有所提高,延伸度与沸水收缩率也随之下降;当一级拉伸倍数提高到某一定值,即占总拉伸倍数的 90% 时,再继续提高,则纤维性能变差,表现为断裂强度下降,伸长率和沸水收缩率上升。目前生产中当总拉伸倍数为 4.0～4.4 倍时,第一级拉伸倍数控制在总拉伸倍数的 85% 左右为好。

(4)拉伸点的控制:通常将拉伸过程中出现细颈的位置称为拉伸点。由于各单根纤维的细颈不可能同时在同一个位置上产生,且而往往在 2～3cm 的区域内,因此,确切地应称为拉伸区。在生产上希望拉伸点(区)的距离越短越好。工艺上为了稳定拉伸点,一般在一、二道拉伸机之间借加热装置,使纤维内部形成稳定的温度梯度,当纤维的实际温度上升至在相应的拉伸应力下能发生屈服变形时,纤维会出现细颈。如前所述,在加热拉伸时,纤维的拉伸屈服应力大大降低,纤维生热减小,加之热传导加强,实际纤维的升温将大大降低,可近似看成加热条件下的等温拉伸,所以此时拉伸点能准确控制在一、二道拉伸机之间的加热器中,拉伸均匀性也大大改善。

4. 卷曲 涤纶的截面近似圆形,表面光滑,因此纤维间抱合力较小,不易与其他纤维抱合在一起,对纺织加工不利。故必须进行卷曲加工,使其具有与天然纤维相似的卷曲性。纤维卷曲的程度一般以卷曲数或卷曲度表示。目前一般涤纶短纤维的卷曲数要求为:

棉型纤维　　　　　　　　　　　　　　5～7 个/cm

毛型纤维　　　　　　　　　　　　　　3～5 个/cm

合成纤维的卷曲方法有机械卷曲和化学卷曲两种。目前大规模生产的涤纶短纤维,多数仍采用机械卷曲法。机械卷曲采用的填塞箱式卷曲机由上而下主要由卷曲轮、卷曲刀、卷曲箱和加压机构等组成,丝束经导辊被上、下卷曲轮夹住送入卷曲箱中;一般上卷曲轮采用压缩空气加压,并通过重锤来调节丝束在卷曲箱中所受的压力,使丝束在卷曲箱中受挤压而卷曲。

5. 热定型 热定型的目的是消除纤维在拉伸过程中产生的内应力,使大分子发生一定程度的松弛,提高纤维的结晶度,改善纤维的弹性、降低纤维的热收缩率,使其尺寸稳定。

生产普通涤纶短纤维时,一般在链板式或圆网式热定型机上进行松弛热定型;生产高强低伸型涤纶短纤维时,通常是将长丝束经拉伸后,在热辊式定型设备上于一定的张力下进行紧张热定型,然后再进行卷曲、松弛热定型。

用于热定型的设备有链板式松弛热定型机、圆网式松弛热定型机、九辊紧张热定型机等。热定型的干燥温度为 110～115℃,松弛热定型温度为 120～130℃,而紧张热定型温度应在 170℃左右。

6. 切断和打包 纺织加工对纤维长度有一定的要求,为使涤纶能很好地与棉、羊毛及其他品种化学短纤维混纺,需将纤维切断成相应的长度。根据纤维或织物规格的不同,一般有下列几种切断长度。

(1)棉型短纤维:切断长度(名义长度)为 35mm 或 38mm,并要求长度偏差不超过±6%,超长纤维含量不大于 2%。

(2)中长纤维:切断长度为 51～76mm,介于棉型和毛型之间。

(3)用于粗梳毛纺的毛型短纤维:要求切断长度为 64～76mm。

(4)用于精梳毛纺的毛型短纤维:要求切断长度为 89～114mm。对于毛型短纤维,长度不匀率要求比棉型纤维低。

(5)也可以根据用户要求切成不等长(如分布在 51～114mm 范围)短纤维,或直接生产长丝束再经牵切成条的。

根据切断方式,有经拉伸卷曲后的湿丝束先切断,然后再干燥热定型以及湿丝束先干燥热定型,然后再切断两种方式。

打包是涤纶短纤维生产的最后一道工序,将短纤维打成一定规格和重量的包,以便运送出厂。成包后应标明批号、等级、重量、时间和生产厂等。

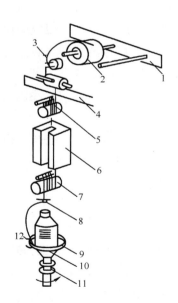

图 2-27 涤纶长丝拉伸
加捻机示意图

1—筒子架 2—卷绕丝 3,8—导丝器
4—喂入辊 5—上拉伸盘 6—加热器
7—下拉伸盘 9—钢领 10—筒管
11—废丝轴 12—钢丝圈

二、聚酯长丝的后加工

涤纶长丝的规格繁多,其后加工流程也不尽相同。长丝的后加工过程取决于原丝的生产方法和产品的最终用途。下面介绍以 POY 为原丝的普通长丝后加工,即 POY—DT 工艺。

(一)拉伸加捻工艺过程

拉伸加捻是在同一台设备上完成,以拉伸为主并给予少量捻度的工艺。得到的捻度较小的丝称为弱捻丝,弱捻丝在织造前通常需要再补充加捻,即进行复捻或后加捻,以得到较高的捻度。相对于这种复捻后捻度较高的丝而言,拉伸加捻机上所得到的弱捻丝通常又称为无捻丝。拉伸加捻机结构如图 2-27 所示。

卷绕丝从筒子架上引出,经过导丝器、喂入辊,在上拉伸盘上被预热,在喂入辊和上拉伸盘间进行一段拉伸,在上、下拉伸盘间进行二段拉伸。在拉伸的同时,经加热器进行初步热定型。从下拉伸盘引出的拉伸丝,经卷绕系统上部中心处的导丝器和上下移动着的钢领上的钢丝圈后,被卷绕在旋转的筒管上。丝条的加捻是由回转锭子和在固定钢领上滑动的钢丝圈相互作用来实现的。钢丝圈转一圈,丝条就得到一个捻回。

(二)拉伸加捻工艺条件

1. 拉伸比　涤纶长丝通常采用双区热拉伸。两段拉伸比分别约为 1.01 和 1.60,总拉伸比为 1.6~1.8。第一段拉伸主要是使丝条在后加工中具有一定的张力。总拉伸比视剩余拉伸倍数及成品纤维的性能要求而定。总拉伸比随着纺丝速度的提高和丝条线密度的降低而降低。

2. 拉伸温度　热盘(上拉伸盘)温度一般应控制在丝条玻璃化温度以上 10~20℃范围内。若热盘温度过高,拉伸时容易断头,甚至使丝条发生熔化,拉伸不均匀性增大;如热盘温度过低,则拉伸时所需热量不足,使拉伸点下移,也会使拉伸不匀且出现未拉伸丝、成品丝染色不匀等。同一台拉伸机上各热盘间温度差异应越小越好,以保证成品丝质量均匀,通常要求各锭位间热盘温差控制在±2℃。在实际生产中,第一段拉伸温度(丝条温度)在 T_g 以上,第二段拉伸温度通常选择在结晶速率最快的温度区间,即 140~190℃,使拉伸取向和结晶相变两个过程同时顺利进行。第二段拉伸温度对纤维的结构及性能有重要影响。

(三)拉伸加捻机

拉伸加捻机一般为双面式,全机由四部分组成,即原丝筒子架、拉伸装置、加热器和加捻卷绕成型系统,并附有自动装载筒子架和自动落纱等辅助机构。

三、假捻变形丝的加工

假捻变形丝是弹力丝的一个大品种。弹力丝是一种长丝变形纱,是以长丝为原料,利用纤维的热塑性,经过变形和热定型而制得的高度卷曲蓬松的新型纱。

(一)假捻变形丝的生产原理

传统的假捻变形丝是以拉伸加捻丝为原丝,在弹力丝机上经定型、解捻而得,即加捻、热定型、解捻三个过程分开进行,操作工序多,速度慢。近年来发展了假捻连续工艺,将拉伸和假捻变形连续进行,简称 DTY 法。

1. 加捻—热定型—解捻变形过程分析　用假捻法生产高弹丝的过程包括三个基本步骤,即对复丝加上高捻度、热定型和解捻。

加捻复丝时,单丝从复丝中心到表面的应力逐渐增大,表面上的丝受到的应力最大,而位于丝束中心的单丝,只受到垂直于丝轴平面的扭矩作用。但各根单丝并不局限于一个固定不变的位置,在径向力的作用下,它们的位置发生变化,因此在加捻复丝时,各根单丝所受的变形大致相同。

加捻后的复丝在内应力的作用下有退捻趋势。加捻复丝经热处理,其结构被定型,加捻引起的内应力被消除,使丝达到平衡状态。

加捻复丝在解捻时,各根单丝可回到原始状态,但它们在加捻时形成的螺旋形结构已经由热处理而定型,并保存下来。然而,由解捻作用对加捻复丝施加反方向扭矩时,会使各单丝产生内应力。加捻热定型后的解捻结果,使长丝纱各单丝呈正反螺旋状交替排列的空间螺旋弹簧形弯曲状态,从而使复丝直径增大,蓬松度提高。由于形成的螺旋可被拉直,故变形丝在负荷下有很大的伸长形变。当外界负荷去除时,由于内应力作用又使各单丝回复到初始螺旋状弯曲状态。

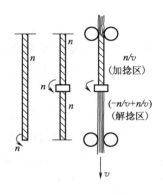

2. 假捻加工原理 假捻模型见图 2-28。当固定丝的一端,使另一端旋转时,则可实现丝条的加捻加工。若固定丝的两端,握持住丝条中部并加以旋转,则以握持点为界,在握持点上、下两端的丝条得到捻向相反而捻数相等的捻度(n 和 $-n$),而在整根丝上的捻度为零,此种状态在动力学上称为假捻。如果丝条以一定速度 v 运行,则在握持点以前的捻数为 n/v,在握持点以后,以相反捻向($-n/v$)移动。因此,在握持点以后区域内的捻数为零。

现代假捻的握持方法多采用摩擦式假捻器,常用三轴重叠盘,把丝直接压在数组圆盘的外表面上。由于圆盘的高速旋转,借助其摩擦力使丝条加捻。在假捻器上方,丝被加捻;而在假捻器下方,丝被解捻。

图 2-28 假捻模型

在假捻机构的加捻区域内(进丝侧)配置加热器,便可使加捻—热定型—解捻三个基本工序连续化。

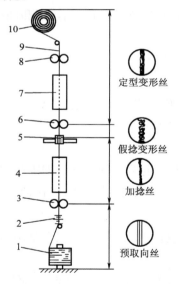

图 2-29 假捻变形工艺流程及其相
应的纤维表观形态示意图
1—预取向丝(POY) 2—张力器 3—喂
入辊 4—第一加热器 5—假捻转子
6—传送辊 7—第二加热器 8—卷绕辊
9—低弹丝 10—卷绕筒子

(二)聚酯低弹丝的生产工艺

1. 假捻变形工艺流程 依聚酯假捻变形丝的用途,一般只需对其做低弹加工。生产聚酯低弹丝的假捻变形工艺流程如图 2-29 所示。

聚酯低弹丝的生产采用装有两段加热器的假捻变形机。原丝 POY 通过张力器进入喂入辊,并在喂入辊和传送辊之间,借助第一段热板加热进行拉伸,同时穿过高速旋转的假捻器。由于捻度的迅速传递,原丝在喂入辊和假捻器之间被加捻变形,而在假捻器和传送器之间被解捻,再在局部松弛下进入第二加热器定型,从而获得所要求的卷曲弹性和蓬松性。

在上述流程中,拉伸和变形在同一区域内同时完成,故称为内拉伸变形工艺。

在第一加热器之后一般装有冷却板,使加捻热定型后的变形丝冷却至玻璃化温度(T_g)以下,再进行解捻,以保证解捻后的丝条呈卷曲状态。

第二加热器的作用是使变形丝进一步热定型,使变形时产生的部分内应力松弛,消除非常弱的卷曲,同时降低热收缩率,以得到弹性回复率较低的低弹丝。

2. 假捻变形工艺条件

(1)变形和定型温度:变形和定型温度应根据所要求的变形纱的性质、原丝线密度、热定型箱长度和纱的运行速度等决定。因丝条与加热面直接接触,所以温度的控制很重要,通常为190～220℃。温度过低,丝变形不良,缺乏弹性;温度升高,变形丝蓬松性好,收缩潜力大,但手感粗糙,强伸度和韧性受到影响。定型加热箱一般为非接触式空气加热,定型温度主要视变形纱的弹性而定,通常为180～220℃。若要求变形纱的弹性较高时,定型温度较变形温度为低;反之,则定型温度比变形温度高。要求各部位温差必须控制在±1℃。

(2)加热时间和冷却时间:加热时间和丝的线密度、丝速和加热温度等有关。加热时间过长会产生毛丝、断头,并使纱发黄;加热时间过短,变形和热定型效果不良。通常控制加热时间为0.4～0.6s。在假捻过程中,还应有适当的冷却时间,当假捻丝速度为100m/min左右时,冷却时间通常控制在0.1s,冷却长度约为变形加热器的1/3;若丝条输出速度在300m/min以上时,就必须采用强制冷却(水、空气为冷却介质),使丝条冷却温度在玻璃化温度以下。

(3)假捻张力:丝条的张力,尤其是假捻器前后丝条的张力波动或张力控制不当,不仅影响操作,而且还影响弹力丝的质量,使丝条染色均匀性发生较大差异。

加捻张力的大小与输出辊接触点、假捻器表面粗糙度、热板的弧度、超喂率等密切相关。

解捻张力应大于加捻张力。若解捻张力太低,捻度在假捻器下方不能全部消除,使单丝粘在一起形成紧点,影响丝的蓬松性。若解捻张力过大,则会导致丝条在假捻器下方呈松散状态而形成毛丝。

假捻张力影响丝束与摩擦盘的接触压力,张力过低则接触不良,假捻数下降,卷曲性能差;张力过高则易产生毛丝和断头。解捻和加捻张力与线密度的关系见表2-12。张力的调整可通过拉伸比R、丝的速度v及摩擦盘的圆周速度与丝条通过摩擦盘速度之比(D/Y)来控制调节。

表2-12　假捻张力和解捻张力设计与原丝线密度的关系

张 力 类 别	线 密 度		
	82.5dtex	148.5dtex	167dtex
加捻张力 T_1/cN	25～30	45～58	50～60
解捻张力 T_2/cN	28～37	48～68	53～75
T_2/T_1	1.05～1.20	1.10～1.25	1.10～1.30

(4)假捻度:假捻度是直接影响丝条卷曲效果的重要因素。假捻度为假捻器的计算转速(r/min)与假捻机中输出辊表面线速度(m/min)之比。随着假捻度的增加,丝条卷曲伸长率增大而强度有所下降。

假捻度的大小主要取决于变形纱的使用要求和原丝线密度,通常线密度越小,捻度就越高。假捻度可由以下经验公式近似计算:

$$T = \alpha \frac{97500}{\sqrt{Tt}}$$

式中：T 为假捻度，捻/m；α 为捻度系数（$\alpha=0.85\sim1.0$）；Tt 为线密度，tex。

通常原丝线密度与假捻度的对应关系见表 2-13。

表 2-13　原丝线密度与假捻度的对应关系

线密度/dtex	33	56	83	111	167	222	278
假捻度/(捻·m⁻¹)	5100	4200	3250	2900	2400	2050	1800

（5）超喂率：在假捻时通常都要采用超喂，即超喂率大于 0；若超喂率为 0 时称为等喂；而超喂率小于 0 时称为欠喂。当假捻度相同时，变形区超喂率越小，卷曲伸长率越高，这是由于低弹丝在受到短时间的张力后，使其膨体性有所改善。通常在生产允许范围内，使张力偏于上限，以使丝条性能与外观得到改善，一般超喂在 10%～20%，其中变形超喂对假捻影响较大。当假捻度为 2300 捻/m 时，变形超喂率为 6.9%。热定型区超喂率越大，丝条所形成的螺旋形线圈和轴向所成夹角也越大，在这种情况下定型丝条的卷曲伸长就越大。

（三）假捻变形机

假捻变形机又称 DTY 机，世界各大公司制造的 DTY 机型号繁多且各具特色，但基本结构相似。基本组成均有原丝筒子架、拉伸和输送辊、变形和定型加热箱、冷却板、假捻器、吹风和排风装置、卷绕装置等，有的还附有吹络装置。拉伸变形机结构如图 2-30 所示。

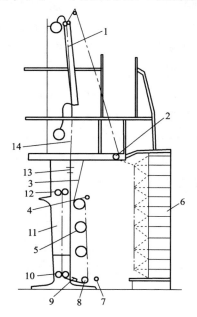

图 2-30　SDS—600 型拉伸变形机
1—第一热箱　2—喂入辊　3—消音罩
4,7—吸丝管　5—卷绕丝　6—原丝筒子架
8—上油辊　9—探丝器　10—第一拉伸辊
11—第二热箱　12—第二拉伸辊
13—假捻器　14—冷却板

四、网络丝的加工

网络丝是指丝条在网络喷嘴中，经喷射气流作用，单丝互相缠结而呈周期性网络点的长丝。网络加工对改进合纤长丝的极光效应和蜡状感有良好的效果。网络丝的用途广泛，如织造时可免去上浆、代替并捻或加捻、提高卷绕丝的加工性能、改善卷装或用于制造不同类型的混纤丝等。目前网络加工多用于 POY、FDY 和 DTY 的加工。

（一）网络生成原理

1. 网络原理　如图 2-31 所示，当合纤长丝在网络器的丝道中通过时，受到与丝条垂直的喷射气流横向撞击，产生与丝条平行的涡流，使各单丝产生两个马鞍形运动和高频率振动的波浪形往复。合纤长丝首先开松，随后整根丝条从网络喷嘴丝道里通过，折向气流使每根单丝不同程度地被捆扎和加速。丝道中间的单丝得到气流所给予的最大加速，而位于丝道侧壁的单丝则进入边缘较弱的气流回流里。当这两股气流所携带的单丝在丝道内相汇合时，便发生交络、缠结，产生沿丝条轴线方向上的缠结点。由图 2-31(b)可清楚地看到，两个折向气流形成的涡流给一部分丝加S捻,给另一部分丝加Z捻,两个反向涡流接触点,即形成合纤长丝的网络点。由于不同区域涡流的流体速度不同,从而形成了周期性的网络间距和结点。

2. 网络喷嘴 网络喷嘴是网络技术的关键,有开启式和封闭式之分,其中包括单孔和双孔。开启式生头方便,使用较广泛,加工线密度范围大(100～400dtex),尤其适合于高速网络加工。网络喷嘴丝道长度一般为 30～40mm,气孔直径为 1.5～2mm。喷嘴芯用优质钢制成,经硬化处理,丝道两端装有陶瓷导丝圈。

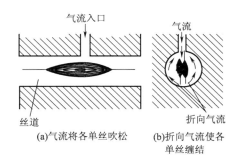

图 2-31 网络器内气流的作用和流向

(二)网络工艺条件

聚酯长丝进行网络加工的原丝有拉伸变形丝(DTY)、预取向丝(POY)、全拉伸丝(FDY)以及混纤丝等。虽然其网络原理相同,但由于网络原丝性质不同,对成品网络丝的特性要求也不同,故网络加工条件也不尽相同。POY 和 FDY 的网络度较低,大多在20 个/m 以下。而 DTY 的网络度为 60～100 个/m。下面介绍 DTY 的网络加工工艺条件。

1. 压缩空气压力 压缩空气压力对网络丝的影响很大,它除了决定网络丝网络结点的牢度之外,还影响网络度(单位长度内的网络结点数),如图 2-32所示。由图可知,在压缩空气压力较低的范围内,随压力的增加,网络丝的网络度迅速增加;而当压缩空气压力在 3.5×10^5 Pa 以上时,网络度的增加逐渐缓慢,直至不再增加。这是由于当压力刚增加时,喷射

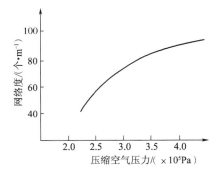

图 2-32 压缩空气压力与网络度的关系

气流对丝条的撞击力增加,丝道内的流体紊流加剧,从而使丝条产生的高频振动频率增加,丝条网络度随之增加,且网络结点的牢度高,不易松散;但压力增加到一定值后,丝条的振动频率接近临界值,因而网络度的增加逐渐缓慢,直到平衡值。

2. 网络加工速度 在丝条的网络过程中,网络度随网络加工速度的增高而降低。这是由于丝条速度提高,而网络器中恒定气体紊流引起丝条振动的频率却不发生变化,单位时间内对丝条产生的网络度一定,从而使丝条单位长度上的网络点减少,网络度降低。

3. 丝条张力和超喂率 在网络过程中,丝条的张力越高,在高频气流冲击下,丝条产生的弦振动越小,即丝条的开松和丝的旋转程度下降,从而使网络丝的网络度下降,这在高速加工网络丝时尤为突出。但丝条张力过低,丝条在网络器丝道中易偏离中心位置而位于丝道的气流死角区域,其丝条不易被吹开,致使丝条网络不均匀,大段丝条没有网络点。此外,在低弹丝网络加工时,因网络器一般装在第二热箱的进口或出口处,故丝条张力过低,易使丝条在第二热箱中飘动,影响丝条在第二热箱中的补充定型效果,以至影响到网络低弹丝的其他质量指标。实验证明,低弹丝网络加工中张力控制在 0.04～0.09dN/tex 为宜。

一般调节超喂率以得到合适的丝条张力,当超喂率增加时,丝条的张力降低,单位长度的丝条被网络的机会减少,网络度下降。

此外,丝条进出网络器的角度,一般需控制在40°～70°才能保证有良好的网络效果。丝条的总线密度和异形度等,对网络度也有一定影响。

五、空气变形丝的加工

空气变形又称喷气变形,制得的产品称为空气变形丝(ATY)。空气变形丝以POY或FOY为原丝,通过一个特殊的喷嘴,使单丝在空气喷射作用下弯曲形成圈状结构,环圈和线圈缠结在一起,形成具有高度蓬松性的环圈丝。若将部分丝圈拉断,则变形表面可见圈圈和细纱尖,具有类似短纤纱的某些特征。因此空气变形丝又称为仿短纤纱。采用不同的变形工艺,可以制出具有仿毛、仿纱、仿麻效果的空气变形丝。

(一)空气变形丝的生产原理

空气变形也称吹捻变形。气流作用的"加捻"不同于弹力丝的机械式加捻,在喷气变形过程中,有横向气流,也有轴向气流和旋转涡流。丝条通过喷嘴加捻区时,受到类似于许多加捻器的作用,丝条截面中任意一点所受到的气流速度都不相同,截面中各根纤维没有一个共同的回转中心,而是单丝在紊流作用下互相接触、转移和结合,这种过程可归结为交络和缠绕两种形式。所谓交络,就是纤维彼此间相交,形成网络结构;缠绕则是一根纤维以另一根纤维为轴心或相互为轴心进行缠绕,从而使整根变形丝形成错综复杂的丝体,呈现环圈加交络的变形丝结构,如图2-33所示。

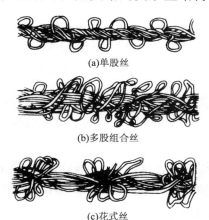

(a)单股丝

(b)多股组合丝

(c)花式丝

图2-33　环圈变形丝的结构

空气变形丝的加工过程中,丝交缠和圈结过程一般分三步完成:原丝进入喷嘴被气流吹开,获得实现交缠的可能;被吹开的各根单丝发生位移并发生横向弯曲,生成圈结;丝的长度缩短,强化缠结及网络,使已生成的圈结固定下来。

(二)空气变形丝生产的工艺参数

空气变形丝生产工艺流程如图2-34所示。在图中所示流程中,还可设有短纤化装置。将丝束上近20%～30%的丝圈割断,形成游离纤维末端,使变形丝具有短纤纱的独特风格。

1. 超喂率　变形区的超喂率以变形喷嘴前、后罗拉的速度来表征。超喂可提高长丝在喷射气流作用下产生的交缠和起圈的程度,使变形丝沿长度方向上分布的丝圈增多;增大丝条的蓬松性及覆盖效果。超喂率过低,不利于丝条的缠结成圈;超喂率过高,丝条表面毛圈过大,条干松散,毛圈的绕结牢度降低,均匀性和稳定性变差,给织造和后处理带来困难。生产中超喂率一般控制在10%～30%。

2. 热辊温度和拉伸比　POY在变形加工时需进行热拉伸。以聚酯POY为原丝进行空气变形的热辊温度控制在130～150℃,最高不得超过160℃。

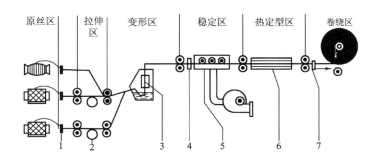

原丝区　拉伸区　变形区　稳定区　热定型区　卷绕区

图2-34 空气变形丝生产工艺流程图

1—断丝器　2—热辊　3—喷嘴　4—吸烟口　5—稳定热箱　6—定型热箱　7—断丝监测器

随着空气变形加工中拉伸比的增加,线密度下降,伸长率减小而沸水收缩率增大。聚酯POY在空气变形加工中的拉伸比控制在1.5～1.7。

3. 定型温度和定型时间 在定型加热器长度一定的前提下,定型效果取决于丝条的行进速度和加热器的温度。定型温度越高、时间越长,空气变形丝的丝圈缠结越紧,变形丝结构稳定性越好,沸水收缩率越低。由于空气变形丝丝圈内充满了空气,故其传热性比拉伸变形丝差,要使其丝芯能同样达到定型效果,则需延长加热时间。

4. 加工速度和张力 提高加工速度可提高生产效率,但受到一定限制,如丝速从300m/min增至600m/min,线密度增加率相对下降35%～40%。这是由于随着丝条通过喷嘴速度的提高,丝条与喷嘴内气流的相对速度下降,即气流的动态压力对丝条的作用力下降的缘故。在同一速度下加工,线密度的增加率则与原丝线密度有关。原丝线密度越高,加工速度应越低。加工速度还会影响张力和热定型效果。

在空气变形过程中,各区张力对成品的性质有很大影响。在变形区,较低的张力有利于开松、卷曲成圈;稳定区控制较低张力,则有利于纤维内应力松弛,提高变形效果。生产中张力控制在5.5～8.0cN。

5. 空气压力 空气压力的变化会引起气流状态的变化,提高空气压力,有利于丝圈形成,使变形效果增加。空气压力在600～900kPa范围内,便能满足变形要求。

6. 给湿量 丝条进入空气变形喷嘴前,先进行给水润湿。水可洗去原丝上的部分油剂并起增塑作用,故给湿能明显增强变形效果。提高给湿量还可降低压缩空气压力及其消耗量,这是因为空气湿度的增加使其密度提高,进而增强喷嘴内湍流状态,以提高变形效果。给水量取决于丝条的张力、加工速度、线密度和变形超喂率。生产中的给水量为每个喷嘴0.8～1.0L/h。

(三)空气变形机

空气变形机(即ATY机)通常有三种分类方法:按成品用途,可分为衣料用和装饰布用空气变形机,如Eltex、AT等型号。按原丝分,有POY和FOY用喷气变形机,如德国Barmag公司的FK6T—80、Eltex公司的AT—HS等型号机。按设备结构可分为带加热器和不带加热器的空气变形机。

随着技术不断进步,空气变形机已不断改进,加工速度和生产能力不断提高,产品的单耗也大为降低。机器改进的重点是研制新型的喷嘴。著名的空气变形喷嘴有美国Dupont公司的

XIV 型(用于细旦丝)和 XV 型(用于粗旦丝),其效果很好。另一种是瑞士 Heberlein 公司的 Hema 型喷嘴,该喷嘴的喷嘴芯 T—100 型(一个进气口)和 T—300 型(三个进气口)与 HW—01 型给湿系统配合使用,也具有良好的效果。上述喷嘴的优点是空气消耗量比一般喷嘴可减少一半,喷嘴内部不易积污,且易于调整。喷嘴芯的结构如图 2-35 所示。

第六节　聚酯纤维的性质和用途

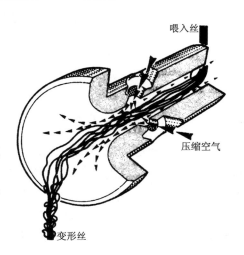

图 2-35　Hema 型喷嘴芯

一、聚酯纤维的性质

1. 物理性质

(1)颜色:聚酯纤维一般为乳白色并带有丝光;生产无光产品需在纺丝之前加入消光剂 TiO_2;生产纯白色产品需加入增白剂;生产有色丝则需在纺丝熔体中加入颜料或染料。

(2)表面及横截面形状:常规聚酯纤维表面光滑,横截面近于圆形。如采用异形喷丝板,可制成各种特殊截面形状的纤维,如三角形、Y 形、中空等异形截面丝。

(3)密度:聚酯纤维在完全无定形时,密度为 $1.333g/cm^3$;完全结晶时为 $1.455g/cm^3$。通常聚酯纤维具有较高的结晶度,其密度为 $1.38 \sim 1.40g/cm^3$,与羊毛($1.32g/cm^3$)相近。

(4)回潮率:标准状态下聚酯纤维回潮率为 0.4%,低于聚丙烯腈纤维($1\% \sim 2\%$)和聚酰胺纤维(4%)。聚酯纤维的吸湿性低,故其湿强度下降少,织物洗可穿性好;但加工及穿着时静电现象严重,织物透气性和吸湿性差。

(5)热性能:聚酯纤维的软化点 T_s 为 $230 \sim 240℃$,熔点 T_m 为 $255 \sim 265℃$,分解温度 T_d 为 $300℃$ 左右。聚酯纤维在火中能燃烧,发生卷曲,并熔成珠,有黑烟及芳香味。

(6)耐光性:仅次于腈纶。聚酯纤维耐光性与其分子结构有关,聚酯纤维仅在 315nm 光波区有强烈的吸收带,所以在日光照射 600h 后强度仅损失 60%,与棉相近。

(7)电性能:聚酯纤维因吸湿性低,故其导电性差,在 $-100 \sim 160℃$ 范围内的介电常数为 $3.0 \sim 3.8$,是一种优良的绝缘体。

2. 力学性能　聚酯纤维的应力—应变曲线如图 2-36 所示,其力学性能的特点如下:

(1)强度高:干态强度 $4 \sim 7cN/dtex$,在湿态下强度不下降。

(2)伸长率适中:$20\% \sim 50\%$。

(3)模量高:在大品种的合成纤维中,以聚酯纤维的初始模量为最高,其值可高达 $14 \sim 17GPa$,这使聚酯纤维织物的尺寸稳定,不变形、不走样、褶裥持久。

(4)回弹性好:接近于羊毛,当伸长率为 5% 时,去负荷后伸长几乎完全可以回复,故聚酯纤维织物的抗皱性超过其他合纤织物。

(5)耐磨性:仅次于聚酰胺纤维而超过其他合成纤维,干、湿态下耐磨性几乎相同。

3. 化学稳定性 聚酯纤维化学稳定性主要取决于分子链结构。聚酯纤维除耐碱性差以外,耐其他试剂性能均较优良。

(1)耐酸性:涤纶对酸(尤其是有机酸)很稳定,在100℃下于质量分数为5%的盐酸溶液内浸泡24h,或在40℃下于质量分数为70%的硫酸溶液内浸泡72h后,其强度均无损失,但在室温下不能抵抗浓硝酸或浓硫酸的长时间作用。

(2)耐碱性:由于聚酯纤维大分子上的酯基受碱作用容易水解。在常温下与浓碱、高温下与稀碱作用,能使纤维破坏,只有在低温下对稀碱或弱碱才比较稳定。

(3)耐溶剂性:聚酯纤维对一般非极性有机溶剂有

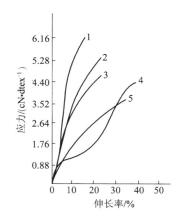

图 2-36 聚酯纤维的应力—应变曲线
1—高强力丝 2—棉型短纤维 3—普通强力丝
4—毛型短纤维 5—抗起球型改性纤维

极强的抵抗力,即使对极性有机溶剂在室温下也有相当强的抵抗力。例如,在室温下于丙酮、氯仿、甲苯、三氯乙烯、四氯化碳中浸泡24h,纤维强度不降低。在加热状态下,涤纶可溶于苯酚、二甲酚、邻二氯苯酚、苯甲醇、硝基苯和苯酚—四氯化碳、苯酚—氯仿、苯酚—甲苯等混合溶剂中。

4. 耐微生物性 聚酯纤维耐微生物作用,不受蛀虫、霉菌等作用,收藏涤纶衣物不需防虫蛀,织物保存较容易。

二、聚酯纤维的用途

聚酯纤维强度高、模量高、吸水性低,作为民用织物及工业用织物都有广泛的用途,应用于不同领域 PET 纤维性能如表 2-14 所示。

表 2-14 PET 纤维的力学性能

纤维应用类型	特性黏数	强度/(cN·dtex^{-1})	伸长率/%
低起球短纤维	0.38~0.48	26	40
普能棉型短纤维	0.55~0.65	35	45
高强短纤维	0.70~0.75	65	24
普通长丝	0.55~0.65	50	15
工业长丝	0.75~1.00	85	7
地毯丝	0.60	34	50

作为纺织材料,聚酯纤维短纤维可以纯纺,也特别适于与其他纤维混纺;既可与天然纤维如

棉、麻、羊毛混纺,也可与其他化学短纤维如黏胶纤维、醋酯纤维、聚丙烯腈纤维等短纤维混纺。其纯纺或混纺制成的仿棉、仿毛、仿麻织物一般具有聚酯纤维原有的优良特性,如织物的抗皱性和褶裥保持性、尺寸稳定性、耐磨性、洗可穿性等,而聚酯纤维原有的一些缺点,如纺织加工中的静电现象和染色困难、吸汗性与透气性差、遇火星易熔成空洞等缺点,可随亲水性纤维的混入在一定程度上得以减轻和改善。

聚酯纤维加捻长丝(DT)主要用于织造各种仿丝绸织物,也可与天然纤维或化学短纤维纱交织,也可与蚕丝或其他化纤长丝交织,这种交织物保持了聚酯纤维的一系列优点。

聚酯变形纱(主要是低弹丝 DTY)是我国近年发展的主要品种。它与普通长丝不同之处是高蓬松、大卷曲度、毛感强、柔软,且具有高度的弹性伸长率(达 400%)。用其织成的织物具有保暖性好,遮覆性和悬垂性优良,光泽柔和等特点,特别适于织造仿毛呢、哔叽等西装、大衣、外套面料以及各种装饰织物如窗帘、台布、沙发面料等。

聚酯纤维空气变形丝 ATY 和网络丝的抱合性、平滑性良好,可以筒丝形式直接用于喷水织机,适合织造仿真丝绸及薄型织物,也可织造中厚型织物。

聚酯纤维在工、农业及高新技术领域应用也日益广泛,如帘子线、输送带、绳索、电绝缘材料等。

聚酯纤维强力丝的强度和初始模量高,耐热性、耐疲劳性和形态稳定性好,特别适用于纺制轮胎帘子线。使用聚酯纤维帘子线制造轮胎,可减少其平点现象。

第七节　聚酯纤维的改性和新型聚酯纤维

聚酯纤维的物理—力学性能和综合服用性能优良,不仅是比较理想的民用纺织材料,而且在工业上也具有广泛的用途。但是,聚酯纤维作为纺织材料也有缺点,主要是染色性差,吸湿性低,易积聚静电荷,织物易起球。聚酯纤维用作轮胎帘子线时,与橡胶的黏合性差。

为了克服聚酯纤维的上述缺点,自 20 世纪 60 年代开始研究聚酯纤维的改性,20 世纪 80 年代以来,聚酯纤维改性的研究工作获得重大进展,并使聚酯纤维生产转向新品种开发,生产出具有良好舒适性和独特风格的聚酯差别化纤维。

聚酯纤维的改性可在聚酯合成、纺丝加工、纺纱、织造及染整加工的各个阶段中进行,改性的方法大致分为两类:一类是化学改性,采用共聚和表面处理等方法,改变原有聚酯大分子的化学结构,以改善纤维的性能,如染色性、吸湿性、防污性、高收缩性等,化学改性具有耐久性的效果;另一类是物理改性,在不改变聚酯大分子化学结构的情况下,通过改变纤维的形态结构达到改善纤维性能的目的,例如通过复合纺丝、共混纺丝、异形纺丝,变更纤维的加工条件,或混纤、交织等方法,可制得易染色、阻燃、高吸湿、抗静电、导电及仿天然纤维等。应该指出,聚酯纤维的改性必须是在改进其某种性能的同时,又不会显著降低其固有的优良性能。

聚酯纤维改性的目标与方法见表 2－15。

表 2－15　聚酯纤维的改性目标与方法

改性方法		改性目标							
		离子性染料可染性	易染性	抗起球性	亲水性	防污性	抗静电性	难燃性	仿天然纤维(仿毛、仿丝)
聚合物	相对分子质量		○						
	添加剂		○		○	○	○	○	
	共聚	○	○	○	○			○	
	共混	○						○	
纤维	多孔性		○	○	○				
	断面				○	○			○
	复合纺丝							○	○
	卷曲								○
	混纤								
	表面	○	○	○	○	○	○		
	交络								○
织物	化学处理		○					○	○
	树脂加工				○		○		
	放射线照射		○						○

一、易染色聚酯纤维

所谓纤维"易染色"是指它可用不同类型的染料染色,且在采用同类染料染色时,染色条件温和,色谱齐全,色泽均匀及色牢度好。

由于聚酯分子链紧密堆集,结晶度和取向度较高,极性较小,缺乏亲水性,因此染料不易透入纤维。除采用分散染料载体染色、高温高压染色及热熔法染色等方法外,纺制易染纤维是解决聚酯纤维染色困难的一个重要途径。

以下简单介绍改进聚酯纤维染色性的方法:

(1)分散性染料常压可染改性聚酯纤维:为能在较低的温度(如 70℃)下不用载体而用分散性染料进行聚酯纤维直接染色,可用对苯二甲酸、乙二醇和取代琥珀酸(或酐)共聚制得改性聚酯,其中取代琥珀酸乙二酯用量以 2.5%～7.5%(摩尔分数)为好。还可与间苯二甲酸、脂肪族聚酯或聚醚共聚制得。

聚对苯二甲酸乙二酯(PET)—聚氧化乙烯(PEO)嵌段共聚物也可改善对分散性染料的染色性。

(2)制备阳离子染料可染的改性聚酯纤维:阳离子染料的色素离子是胺类化合物,可电离成阳离子,俗称盐基性染料。

制备阳离子染料可染聚酯纤维的方法是:在制取聚对苯二甲酸乙二酯的缩聚过程中,添加第三组分或再添加第四组分,然后进行共缩聚,再经熔融纺丝制成纤维。其中第三组分常采用间苯二甲酸二甲酯磺酸盐制得的共聚酯称 CDPET;第四组分常采用间苯二甲酸二甲酯、己二酸、1,4-丁二酸和聚醚等,对应共聚酯称 ECDPET。三元、四元共聚物熔点及特性黏度依第三、第四组分的添加比例及纤维性能要求而异。

(3)制备用酸性染料可染的改性聚酯纤维:采用共聚、共熔和后处理改性,在纤维内部引入含碱性叔氮原子的化合物,可使聚酯纤维具有对酸性染料的亲和力。但是,在聚酯纤维上引入相当多的碱性氮(如 40mmol/kg 纤维)作为酸性染料染色位置,必须解决耐热性及制品均匀性等问题。

二、抗静电、导电聚酯纤维

由于聚酯纤维的疏水性,使其具有 $10^{14}\sim10^{15}\Omega\cdot cm$ 以上的体积比电阻,纤维相互间的摩擦系数较高,静摩擦系数 $\mu_s=0.44\sim0.57$,动摩擦系数 $\mu_d=0.33\sim0.45$,易在纤维上积聚静电荷而沾尘埃,并使纤维之间彼此排斥或被吸附在机械部件上,造成加工困难。

(一)抗静电聚酯纤维

在纺织加工时,使用专门的油剂或增加室内空气的湿度等措施,仅能短暂地减少纤维起电。纺织制品所要求的抗静电性必须能经受反复的水洗和长期的服用。通常采用导电油剂涂敷在织物上,且在纤维表面聚合;也可将纤维与抗静电剂经共聚或共混方法制备抗静电聚酯纤维。

1. 加入抗静电添加剂 常用的可反应和可溶性的抗静电添加剂是甘醇醚类、三羧酸酰胺类等。将聚乙二醇($\overline{M}=400$)、2,5-二羧基苯甲醚和己二胺在甲醇中回流制得白色粉末,将它与聚酰胺 66 盐进行缩聚得聚酰胺制品后,和聚酯在 280℃下混熔纺丝,可制得具有抗静电性的改性聚酯纤维。

2. 抗静电共聚酯 将聚乙二醇($\overline{M}=1000\sim2000$)和 C_{36} 二聚羧酸进行酸催化反应得酸值为 8.8 的酯类产品,在 BHET 中加入 2%(质量分数)的上述酯进行缩聚获得改性聚酯,既改善了抗静电性能,又较少降低产品的物理性能。或将聚酯纤维在丙烯(酸)酰胺的饱和苯溶液中浸润加热并用水抽提,得接枝丙烯(酸)酰胺的聚酯纤维,在增加了吸湿性的同时,又改善了抗静电性。此外,还可采用以聚酯为主的多元聚合物进行共混纺丝,如用 ECDPET,或用聚乙二醇及离子型表面活性剂与聚酯混合熔融纺丝制成的抗静电纤维,由于表面活性剂使抗静电剂的分散粒子和 PET 基体两者的界面结合,形成保护层。这不仅可减慢抗静电剂的溶出速度,还会使电荷的移动速度提高,使静电荷易于散逸。因此,采用共混纺丝法,可制得持久性的抗静电纤维。

(二)导电聚酯纤维

以少量导电纤维与常规纤维进行混纤、混纺或交织,能有效地散逸电荷。

导电纤维是用金属、半导体、炭黑或金属化合物等导电材料与聚酯共混制成的纤维,其体积比电阻通常在 $10^4\Omega\cdot cm$ 以下。导电纤维的导电功能在于其电晕放电作用,即从织物各部位来的电力线集中在细小的导电纤维上而产生强电场,开始电晕放电,空气被分离成阳离子和阴离子,同织物电荷相反的空气离子沿电力线迅速移动,与织物中的电荷进行中和,使织物上的电荷呈中性。一般在织物中混用 0.5%~1.5%(质量分数)的导电纤维即可保持充分消除静电的功能。

导电纤维主要用于制作防尘服、防爆用品及防电磁波材料等。

三、阻燃聚酯纤维

聚酯纤维纺织品不仅在衣着方面，在装饰用和产业用等方面也都有广阔前景。作为装饰用品(如地毯、沙发布或窗帘等)及特殊服用条件下，对其阻燃性的要求很高，故改进聚酯纤维(尤其是混纺织品)的阻燃性应予以重视。

一般可采取加入磷—卤素化合物类阻燃剂，或使用2,5-二氟代对苯二甲酸作为合成聚酯的单体来改进纤维的阻燃性，要求添加剂在280~290℃下不发生升华和热分解。

在纺丝熔体中添加阻燃剂制造的聚酯纤维，其阻燃效果虽不如共聚型，但由于工艺较简单，故应用较为普遍。适用于聚酯的阻燃添加剂，多是含磷化合物和卤—锑复合阻燃剂等物质。

另一种是皮芯结构的阻燃复合纤维，在芯层添加阻燃剂，而在皮层中可少加或不加，使在提高阻燃性的同时，对纤维性能影响较小。

利用含磷或卤素的烯类单体，在纤维或织物上进行表面聚合或接枝共聚，然后再用三聚氰胺甲醛树脂处理，可得到满意的阻燃效果。

纤维阻燃加工中使用的有效阻燃元素有：磷、氮、锑、溴、氯、硫等，而大多数阻燃剂是以磷为中心元素的化合物。不同阻燃剂的阻燃机理不同，一般认为，磷化物主要是固相阻燃，减少可燃气体的生成；卤素化合物主要是气相阻燃，阻碍分解气体的自由基燃烧反应，由于卤素阻燃剂燃烧会产生有毒气体，且是一种致癌物质，所以加快开发、使用非卤素阻燃剂的阻燃聚酯纤维和织物的问题已引起人们的高度重视。

四、仿真丝聚酯纤维

聚酯仿真丝是在保持聚酯纤维优异性能的前提下，采用物理或化学的方法，制造出性能接近于真丝的聚酯纤维。仿真丝绸的制造，包括从纤维到织物的结构、染整、加工等一系列过程。

目前，聚酯仿真丝产品已有四代，第一代为异形丝、碱减量等产品，使聚酯产生真丝般的光泽；第二代为阳离子染料可染型、抗静电型、防污型等产品，使其染色性、防尘性更接近于真丝；第三代产品为高复丝、超复丝、交络丝等产品，其织物如乔其纱、塔夫绸等，具有轻、软、挺、耐洗等优点；第四代仿真丝可分两大类，一类由聚酯纤维改性而来，另一类是通过与天然或再生纤维混用来制造。下面简述其制造方法和特点。

1. 异形丝 聚酯异形丝可使纤维在一定程度上获得真丝般的光泽。单丝截面有三角形或多角形，如三叶形、五角形、多边形、马蹄形、豆形等，这类异形丝具有非闪光效果，假捻后，丝的截面发生变化，变形部位的直线距离小至9~10μm，能消除聚酯纤维表面的闪光，使光泽变得更自然，且能改变静摩擦系数，改善手感和透明性、悬垂性等性能。

2. 细旦丝 一般聚酯复丝中的单丝线密度在1.6dtex以上时，手感比较粗硬，利用超拉伸、小孔径喷丝孔纺丝，可把单丝线密度降到1dtex以下。用这种低线密度丝组成的复丝经再加捻而不变硬，适合织薄型织物。现代生产聚酯仿真丝绸所用纤维的线密度为0.6~0.7dtex，一般在0.1~0.9dtex即可。超复丝的强捻薄型织物经碱减量处理后，无论是织物的外观、风格，还是悬垂性、光泽、柔软性等，均能与真丝绸的强捻织物相媲美。

3. 异线密度混纤丝　真丝不仅在长度方向有粗细不均的变化,其截面形状也不一致。这是由于蚕在吐丝过程中的不匀性造成的,这给蚕丝带来许多特有的性能。模仿这一特点,把聚酯的线密度不规则性控制在一定范围内,使线密度不同的长丝混杂在一起,其中稍粗的起挺括作用,稍细的起柔软作用,就可得到类似于真丝的自然感。

4. 异收缩和异染色混纤丝　收缩率不同的长丝经过混纤加工,在染色过程中受热时会出现热收缩率差异。利用这种方法能使织物结构松弛,手感柔软、蓬松。预先设定的热收缩率差异对于制异收缩混纤丝是十分重要的。

异染色丝混纤是将两种不同染色性能的聚酯长丝混纤,可获得类似真丝色织产品的效果。

5. 表面加工丝　采用表面加工的方法,可使丝条表面出现较理想的真丝外观。蚕丝是由两根截面呈三角形的丝素纤维(丝芯)和外面包着的丝胶两部分构成,用碱精练后去掉丝胶,形成只有丝素的纤维,使单丝间出现空隙而形成弯曲。因此,聚酯丝的表面加工就是模仿蚕丝的脱胶工艺进行碱减量处理,使纤维表面发生部分水解。碱减量处理不仅使线密度变小,而且纤维表面产生不同程度的剥蚀沟纹和微孔,使之起皱和消光,从而获得真丝般的柔软效果和丝绸的风格。聚酯的碱减量加工可以纤维或织物的形式进行。

碱减量真丝化的关键,是控制减量率和实现织物各部分减量的均匀性。碱减量可用碱单独处理,使减量率达到 $15\% \sim 30\%$,但要在较高的温度和碱浓度下进行。为了降低碱的浓度,并在短时间内达到 $15\% \sim 30\%$ 的减量率,一般加入助剂(阴离子表面活性剂),以促进聚酯水解。

现代仿真丝生产大多采用复合改性或共混改性纤维(或织物)进行碱减量处理。由于聚酯中改性组分在碱处理时易水解去除,不仅降低用碱量,而且可制得具有凹凸结构的纤维,其孔径为 $0.05 \sim 0.2\mu m$,深为 $0.05\mu m$ 。凹凸结构能增加光的吸收,并提高纤维的吸水性,是理想的仿真丝纤维。

五、仿毛、仿麻型纤维

(一)仿毛纤维

聚酯仿毛纤维的性能,如刚柔性、蓬松性及滑爽性等仿毛综合手感,可通过选用适当的线密度、卷曲度、纤维截面形状及混纤比例来达到。仿毛型聚酯纤维一般的线密度范围为 $3.33 \sim 13.33$ dtex,这与羊毛及天然动物毛相似。

原丝可采用短纤维、变形丝、混纤丝、花式丝、复合纤维,以及单纤维内的双层与多层变化,使织物向三维结构过渡,而具备羊毛织物的风格和性能。表 2-16 为聚酯仿毛纤维的制备方法及产品的综合性能。

表 2-16　仿毛型聚酯的制取方法与综合性能的关系

原丝种类及处理方法		综合手感
短 纤 维	变 形 丝	
常规线密度纤维、卷曲纤维、各类纤维混纺	常规线密度丝,假捻变形丝	刚柔性 卷曲刚性　回弹性　弹性

原 丝 种 类 及 处 理 方 法		综 合 手 感
短 纤 维	变 形 丝	
不同收缩性纤维混纺、超细纤维	卷曲性、不同卷曲性的丝混纤、绒毛及圈绒	**蓬松性柔软性** 蓬松性　丰满度　华丽感
织物表面平整,应用处理剂,织物粗、中、细径向多层结构	对织物表面平整化、应用处理剂、不同卷曲度丝混纤	滑爽性 平滑性　可塑性　弹性　柔软性

(二)仿麻纤维

天然麻是一种截面为五角形或六角形的中空异形纤维,密度 $1.5g/cm^3$,各种麻类的长度不一。早期的聚酯仿麻品种多采用特殊卷曲的加工方法或异形纤维。仿麻织物具有挺括、凉爽、透气、手感似真麻的性能。

现代仿麻聚酯纤维的生产工艺与仿毛纤维相似,采用从聚合到纺丝,以至制成服装的一系列综合改性加工。常用的方法有表面处理法、复合纺丝法、混纤丝和花式丝等。其中利用聚酯长丝经变形、合股网络制成超喂丝,形成粗节状的致密结构,能产生毛型感,制成的织物呈多层交络结构和自然不匀的粗节外观,更具真麻的特征。

六、聚酯复合纤维

复合纺丝技术是广泛用于开发功能和差别化纤维的重要方法,它是采用物理改性方法使化学纤维模拟和超过天然纤维的重要手段之一,通过此工艺所得到的复合纤维又称为双组分纤维或者共轭纤维。最早的复合纤维可以追溯到一百多年前,德国的 T Brunfaut 用玻璃纤维制造的双组分玻璃纤维——天使发,利用两种膨胀系数不同的玻璃为原料,经过瞬间冷凝成型后形成自然卷曲。而随后根据羊毛结构中特有的正皮质和偏皮质启发,从 20 世纪 40 年代开始,人类开始通过复合纺丝技术制备有机的具有永久卷曲和弹性的双组分纤维。杜邦在 20 世纪 60 年代最早商业化推出了双组分纤维——并列型 Cantrese。目前复合纺丝纤维结构如图 2 - 37 所示。

复合纤维纺丝时,两种聚合物熔体保持各自独立控制,经各自的流道,在喷丝头分配板的狭缝处汇合,然后一并流入喷丝板的导孔,从同一毛细孔挤出成型,形成不会共混的双组分结构,有清晰的聚合物截面结构存在。而在成型过程中,复合喷丝组件的设计、纺丝工艺的调整,特别是温度和应力场作用下熔体截面动力学状态对于形成特定截面结构复合纤维至关重要。

双组分纤维除了纺丝组件外,其他的工艺过程与常规纺丝过程相同(图 2 - 38),关键是控制好复合界面的黏结强度和纤维截面形状。热塑性的聚合物首先需要经受挤出成型加工温度、剪切作用而不发生降解,聚合物相对分子质量较高,且相对分子质量分布较窄,从而可以实现熔体细流的拉伸形变。

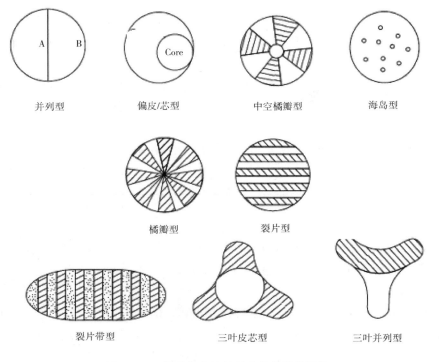

图 2-37　具有代表性的复合纺丝纤维结构

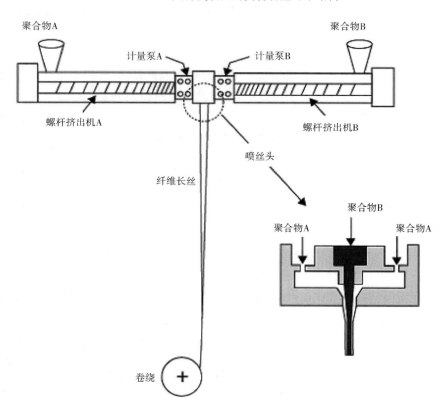

图 2-38　双组分复合纺丝示意图

聚酯复合纤维是将聚酯与其他种类的成纤高聚物熔体利用其组分、配比、黏度不同,分别通过各自的熔体管道,输送到由多块分配板组合而成的复合纺丝组件,在组件中适当部位汇合,从同一喷丝孔喷出成为一根纤维。聚酯复合纤维纺丝工艺流程基本与常规熔融纺丝流程相似,现以聚酯/聚酰胺6复合纤维为例,示意如下:

聚酯切片→干燥→熔融挤压

聚酰胺6切片→干燥→熔融挤压

→复合纺丝→卷绕→拉伸→(卷曲、切断)→成品

与聚酯复合的其他聚合物组分,一般可选择改性共聚酯、聚酰胺、聚乙烯、聚丙烯和聚苯乙烯等。

根据不同的用途和要求,现已研制开发出的聚酯复合纤维有:自发卷曲型纤维、非织造布用热黏合纤维、裂离型超细纤维和海岛型超细纤维,以及基于以上复合结构的导电、抗菌、热能储存功能纤维。

(一)聚酯复合纤维的主要品种

1. 自发卷曲型纤维 又称三维卷曲或立体卷曲纤维。为了使织物具有优良的蓬松性、丰富的手感、高的伸缩性以及优越的覆盖性,可选择两种具有不同收缩性能的聚合物,纺制成并列型或偏皮芯型复合纤维,这种纤维具有与天然羊毛相似的永久三维卷曲结构。

自发卷曲型复合纤维的复合组分一般是选择同一类型,但在物理化学性质上又有一定差异的聚合物,例如一种由常规聚酯与改性共聚酯复合而成的并列型复合纤维,其中一组分为对苯二甲酸乙二醇酯的均聚酯,另一组分为对苯二甲酸乙二醇酯和间苯二甲酸乙二醇酯以摩尔比(8:2)~(9:1)共聚而成的共聚酯。两者进行复合纺丝的比例为(40:60)~(60:40),由于均聚酯与共聚酯是属同一类型的聚合物,但在物理化学性质上又有一定的差异,所以它们之间既有强的黏合力,在界面上不会产生裂离,又由于两组分在收缩上的差异而使复合纤维具有高度的潜在卷曲性。当纤维经受外力拉伸后或热松弛后便产生卷曲,用它纺成短纤维,有很好的纺织加工性。

2. 热黏合复合纤维 热黏合聚酯复合纤维作为非织造布的纤维原料已被大量使用,当生产无化学黏合剂的非织造布时,可以通过在纤维网中混入一定比例的热黏合复合纤维来实现。这种复合纤维是选用两种不同熔点的聚合物纺制成皮芯型结构,皮层的熔点比芯层低,在一定的温度下使皮层熔融,而芯层不熔,这样纤网中的纤维之间便产生黏结点,使纤网得到加固,形成非织造布。

热黏合聚酯复合纤维,芯层一般是常规聚酯,皮层则采用改性共聚酯或聚烯烃等组分,如日本钟纺公司开发的4080型热黏合聚酯纤维,就是聚酯/共聚酯皮芯型复合纤维,其芯层是常规聚酯,熔点260℃,皮层为改性共聚酯,熔点110℃,使用时,只要把纤维加热到高于皮层的熔点而低于芯层的熔点温度,就能使纤维的表面熔融,而不会失去纤维本身的形态,利用这一性质,可使纤维网在交络点上产生热融黏合,获得手感柔软、蓬松性和弹性好的非织造布絮棉等制品。

3. 复合裂离型和海岛型超细纤维 超细纤维(一般单丝线密度<0.3dtex)如图2-39所示,以其独特的美学特性和服用卫生性而风靡国际市场,世界各大公司竞相开发,不断推出新品种,其中以复合纺丝法制取聚酯超细纤维的技术较为成熟,新产品开发层出不穷。

(1)复合裂离法:是将两种在化学结构上完全不同,彼此互不相容的聚合物,通过复合纺丝方法,使两种聚合物在截面中交替配置,制成复合纤维,然后用化学或机械的方法进行剥离,从

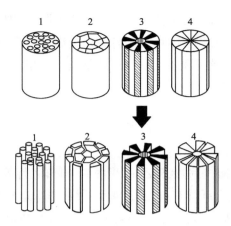

图 2-39 复合裂离法和海岛法制超细纤维

1—海岛型复合纤维 2—花卉型复合纤维

3—中空辐射型复合纤维 4—橘瓣型复合纤维

而使一根复合纤维分裂成为几根独立的超细纤维。纤维的根数和单丝线密度取决于复合纤维中两组分的配置数,纤维的截面则为异形截面,如放射型、橘瓣型等。此法加工的单丝线密度可达 0.1~0.2dtex。

聚酯类裂离型复合纤维的两组分一般选用聚酯/聚酰胺,聚酯/聚丙烯和聚酯/聚乙烯等组合。

(2)复合海岛法:又称为溶出法,是将聚酯与另一种可溶性聚合物制成海岛型复合纤维,再用溶剂溶去可溶性组分(海)后所制取的超细纤维。

常用的海岛法有两种:一是复合纺丝法,将两种聚合物通过双螺杆复合纺丝机和特殊的喷丝头组件,进行熔融纺丝,其中一种聚合物有规则地分布于另一种聚合物中,此法可纺制长丝;二是共混纺丝法,将两种聚合物共混纺丝,一组分(岛组分)随机分布于另一种组分(海组分)中,可制得短纤维。

海岛法可自由变化海/岛比例,控制纤维的线密度和截面形状,为降低成本,应尽量减少溶解组分的量,即海组分越少越好,同时应综合考虑溶剂对可溶性组分具有良好的接触溶解条件。

通常海岛型聚酯复合纤维中,海组分为聚苯乙烯,岛组分为聚酯,采用三氯乙烯为溶剂,将海组分溶去后,可得到线密度为 0.05~0.1dtex 的超细纤维。

(二)复合超细纤维的特性及其应用

1. 复合超细纤维的主要特性

(1)线密度小,比表面积大:复合超细纤维在分离后,纤维的直径很小,仅 0.4~4μm,线密度为普通纤维的 1/40~1/8,故其手感特别柔软。同时,复合超细纤维的比表面积也比普通纤维大数倍至数十倍。

(2)纤维的导湿、保水性能良好:由于复合超细纤维是由两种高聚物构成,两组分间有一定的相界面,即使两组分剥离了,其间隙也极小,故该类纤维具有良好的保水性能和导湿性能。此外,该类纤维的公定回潮率可达 3%,约为普通涤纶长丝的 6 倍。

2. 复合超细纤维的应用

(1)仿天然纤维织物:复合超细纤维的线密度小于 0.3dtex,故相同支数的纱线所含单根纤维的根数要比普通纤维多数倍,采用该类纤维织成的织物显得蓬松、丰满,悬垂性、保湿性好,更具有柔软的手感,仿真效果极佳。同时织物还保持了常规聚酯纤维的尺寸稳定性和免烫性。例如,桃皮绒织物就是运用高技术开发出来的一种超细纤维高密度薄型起绒织物,其表面覆盖着一层特别短而精致细密的绒毛,具有新鲜桃子表皮的外观和触感。

桃皮绒织物的结构是经纱为细旦聚酯纤维,纬纱为密集短绒的裂片型复合超细纤维,起绒部分的单丝线密度最佳为 0.1~0.2dtex。PET/PA6 裂片超细纤维就是模仿真丝砂洗使微纤裂开,故该纤维是生产桃皮绒织物理想的合成纤维原料。

用复合超细纤维做人造麂皮的基布,按素绉缎组织结构织造后采用涂层技术对基布进行处理,再经起毛、磨绒加工,可制成具有书写效应的高档人造麂皮,用于外套、夹克、装饰面料,风格高雅,仿真感极佳。

(2)功能性织物:复合超细纤维用于制造的功能性织物中较典型的应用是制造高密防水透气织物。在高密织物中,纤维与纤维间的间隙是 $0.2\sim10\mu m$,而液态水的最小粒径在 $10\mu m$ 以上,因而前者可抵挡最小的雨滴,而人体散发出的水蒸气又能从纤维间隙中逸散出去,使穿着者有舒适感,特别是在剧烈活动出汗的情况下具有无粘身的感觉。该类织物用途广泛,如用作户外运动服、风衣等。

除防水透湿性织物外,复合超细纤维的另一功能性用途是做洁净布。由于纤维的比表面积很大,因而能较好地清除微尘,对被擦拭物品表面也不会产生任何损伤,不会残留纤维碎段。此外,复合超细纤维是由含有亲油基团和亲水基团的高聚物组合而成,对去除指纹、手垢、油脂、糖类、淀粉类、水滴和其他水溶性污垢都具有良好的清洁效果。

用超细纤维做压缩服装正方兴未艾,这种轻如蝉翼的小体积服装存放、携带十分方便,深受外出者的欢迎。

七、其他聚酯纤维

除 PET 外,还有其他一些聚酯采用了熔体纺丝。其中聚对苯二甲酸丁二醇酯(PBT)尤为突出,因为它与 PET 既有相似性又有不同性。由于 PBT 的结晶快于 PET,又表现出相似的物理—力学性能,已被广泛用作热塑模塑工程树脂;还由于其能被加工成高回弹和可染性的纤维,因此作为成纤材料也引起了广泛的关注。早期的研究者发现,PBT 存在 α 型和 β 型两种晶型,并研究了这两种晶型与 PBT 纤维力学性能的关系。两者都具有三斜晶胞,它们的主要差别在于 β 型中重复链轴的距离(c 轴)比在 α 型中长(约为 1.26nm 和 1.18nm)。这种差异的形成是由于在 β 型中四个亚甲基链区的构象比在 α 型中更为伸展。

主要由 α 晶型组成的纤维经过拉伸会使 β 晶型的数量增多,而 α 晶型相应减少。当熔纺 PBT 采用高质量流量和低卷绕速度,纺丝线应力很低,纤维冷却形成无定形相;当纺速大于 1000m/min 时,随着卷绕速度的提高,纺丝线中的结构开始变得有序;随着纺速的进一步增加,结晶取向和晶体尺寸增大,结晶度和结晶完整性提高;当质量流量降低时,能使纺丝线应力增大的其他加工因素也将使结晶取向和晶体尺寸增加。相对分子质量的改变同样会影响聚合物的结晶度。提高相对分子质量后观察到的结果似乎是较高纺丝应力的结晶增强作用与缠结增大的结晶阻碍作用之间的抗衡。X 射线衍射表明:初生纤维中主要含有 α 型,但也含少量 β 型,β 型晶体的数量随纺速的提高而增加。PBT 初生纤维的沸水收缩率无法预测。当纺速为 1000~1500m/min 时,纤维在沸水中非但不产生收缩反而有效增长 2%~3%;在更高的纺速下,纤维开始收缩,纺速为 3000~5000m/min 范围时,根据相对分子质量和其他的工艺参数,收缩量基本为 2%~3%。高速纺中呈现适中的收缩率是由于结晶性稳定的结果,但有关低纺速纤维收缩量在沸水中的增长没有充分的解释,这也许与纤维在沸水中进一步结晶以及 α 相向 β 相转变有关。

聚酯醚(聚-1,2-苯氧乙烷-p,p'-二甲酸乙二酯,PEET)的性能在许多方面与 PBT 相似,由于结晶比 PET 容易,因此在较低纺速下就有结晶生成。根据其密度的数据发现,某种有序结构约在纺速为 1000m/min 时出现。另外，X 射线数据也指出：在纺速未达 3000m/min 前形成的结构被认为是准晶型。在 200℃ 的温度下对无定形或准晶型纤维进行热处理，则产生结晶，形成相对稳定的 α 晶型。当纺速高于 3000m/min 时，初生纤维中的晶相有所不同，称为 β 型；纺速约为 4000m/min 时形成的 β 型经热处理转变为 α 型，但纺速在 6000m/min 以上形成的这种 β 晶型在热处理时很稳定。这种 PEET 的收缩行为也与 PBT 相似，非常低的纺速下形成的无定形纤维收缩时，随着准晶的发展，纤维停止收缩，反而发生长度的增长；在较高纺速下，达到相对高的结晶度时，纤维又发生收缩，但收缩量很小。

也有人对聚芳酯进行了研究，该聚芳酯是由双酚 A 与对苯二甲酸和间苯二甲酸聚合而成的全芳酯。他们发现，熔体纺丝制得的该种纤维完全不结晶，但双折射测定的结果表明分子取向显著，并随喷丝头拉伸比的提高而增大；而且发现该纤维的双折射率与纺丝线应力之间有线性关系，同以流变学定律为依据预测的结果一致；同时，这种材料的玻璃化转变温度为 175℃。

近年来，聚-2,6-萘二甲酸乙二酯（PEN）越来越受关注，这是由于其制备原料 2,6-萘二甲酸二甲酯本身价格低廉。该聚合物与 PET 相比具有较高的玻璃化转变温度（约 265℃）。这些性能使 PEN 在包装领域有相当大的潜力，可用作热填充包装物。

PEN 成纤性能在许多方面类似于 PET：低速纺时，形成无定形纤维；当纺速为 2000m/min 左右时，形成取向中间相；纺速高于 2500m/min 时，发生应力诱导结晶。因此，PEN 发生结晶所需的纺速较 PET 略低。纺速达到 3500m/min 左右时，PEN 的结晶区中主要为 α 相。在 3500～4000m/min 纺速下加工的纤维含有次生晶相 β，同时还有 α 相共存。经热定型处理，能获得高度结晶的纤维。PEN 的收缩行为与 PET 相似，只是收缩率达到最大时的纺速比 PET 的要低（约 2000m/min，而 PET 的为 3300m/min）。

其他的脂肪族聚酯，如聚乙交酯、聚丙交酯及它们的共聚物也采用了熔体纺丝，并已经用这些纤维制造了生物可吸收的缝合线。高强聚乳酸纤维的制备，采用非常慢的纺速熔体纺丝，然后再进行热拉伸。除此之外，聚乳酸熔体纺丝的速度也可高达 5000m/min，纤维性能与 PET 十分相似。

☞ 复习指导

本章要求理解聚对苯二甲酸乙二酯（PET）的制备过程和 PET 的结构与性能，掌握 PET 切片干燥的目的和原理以及切片可纺性的评价指标，熟悉聚酯纤维（长丝、短纤维）纺丝工艺流程及主要设备的组成和功能，掌握纺丝工艺控制方法，理解纤维的纺丝工艺控制与其结构和性能的关系，掌握聚酯纤维后加工方法及原理。了解新型聚酯纤维改性种类和基本原理，了解聚酯新品种特性及加工特点。

第三章　聚酰胺纤维

聚酰胺纤维是指纤维大分子主链由酰胺键（$-\overset{\overset{\textstyle O}{\|}}{C}-NH-$）连接起来的一类合成纤维，它是世界上最早投入工业化生产的合成纤维之一，也是五大合成纤维之一。聚酰胺纤维有许多品种，目前工业化生产及应用最广泛的仍以聚酰胺 6 和聚酰胺 66 为主。各国的商品名称各不相同，如我国称聚酰胺纤维为锦纶，美国则称为尼龙（Nylon，或译为耐纶），德国称贝纶（Perlon），日本称阿米纶（Amilan）等。

聚酰胺的合成工艺路线一般可分为两大类。一类是由二元胺和二元酸缩聚而得，通式为：

$$+HN(CH_2)_x NHCO(CH_2)_y CO\frac{}{}_n$$

根据二元胺和二元酸的碳原子数目，可进行不同品种的命名，其中前一数字是二元胺的碳原子个数，后一数字是二元酸的碳原子个数。例如，聚酰胺 66 纤维（锦纶 66）是由己二胺 $[H_2N-(CH_2)_6-NH_2]$ 和己二酸 $[HOOC-(CH_2)_4-COOH]$ 缩聚制得，聚酰胺 610 纤维（锦纶 610）则是由己二胺和癸二酸制得（表 3－1）。

表 3－1　聚酰胺纤维的主要品种

纤维名称	单体或原料	分 子 结 构	国内通用名称
聚酰胺 4	丁内酰胺	$+NH(CH_2)_3 CO\frac{}{}_n$	锦纶 4
聚酰胺 6	己内酰胺	$+NH(CH_2)_5 CO\frac{}{}_n$	锦纶 6
聚酰胺 7	7-氨基庚酸	$+NH(CH_2)_6 CO\frac{}{}_n$	锦纶 7
聚酰胺 8	辛内酰胺	$+NH(CH_2)_7 CO\frac{}{}_n$	锦纶 8
聚酰胺 9	9-氨基壬酸	$+NH(CH_2)_8 CO\frac{}{}_n$	锦纶 9
聚酰胺 11	11-氨基十一酸	$+NH(CH_2)_{10} CO\frac{}{}_n$	锦纶 11
聚酰胺 12	十二内酰胺	$+NH(CH_2)_{11} CO\frac{}{}_n$	锦纶 12
聚酰胺 66	己二胺和己二酸	$+NH(CH_2)_6 NHCO(CH_2)_4 CO\frac{}{}_n$	锦纶 66
聚酰胺 610	己二胺和癸二酸	$+NH(CH_2)_6 NHCO(CH_2)_8 CO\frac{}{}_n$	锦纶 610
聚酰胺 1010	癸二胺和癸二酸	$+NH(CH_2)_{10} NHCO(CH_2)_8 CO\frac{}{}_n$	锦纶 1010
聚酰胺 6T	己二胺和对苯二甲酸	$+NH(CH_2)_6 NHCO-\bigcirc-CO\frac{}{}_n$	锦纶 6T
MXD6	间苯二甲胺和己二酸	$+NHCH_2-\bigcirc-CH_2 NHCO(CH_2)_4 CO\frac{}{}_n$	锦纶 MXD6
脂环族聚酰胺纤维（PACM-12）	二（4-氨基环己基）甲烷和十二二酸	$+NH-\bigcirc-CH_2-\bigcirc-NHCO(CH_2)_{10} CO\frac{}{}_n$	奎阿纳
聚酰胺 612	己二胺和十二二酸	$+NH(CH_2)_6 NHCO(CH_2)_{10} CO\frac{}{}_n$	锦纶 612

另一类是由 ω-氨基酸缩聚或由内酰胺开环聚合而得,通式为:

$$\text{\textemdash}NH(CH_2)_xCO\text{\textemdash}$$

根据聚酰胺单元结构所含碳原子数目,得到不同品种的命名。例如聚酰胺 6 纤维(锦纶 6)即由含 6 个碳原子的己内酰胺开环聚合而制得。其他聚酰胺纤维的命名,依此类推。

聚酰胺纤维除脂肪族聚酰胺纤维外,还有含脂肪环的脂环族聚酰胺纤维和含芳香环的芳香族或半芳香族聚酰胺纤维等类别。根据国际标准化组织(ISO)的新定义,聚酰胺纤维不包括全芳香族聚酰胺纤维。表 3-1 中列出了目前主要聚酰胺纤维的品种。

本章着重介绍聚酰胺纤维的生产过程及其成型加工工艺。

第一节　聚酰胺纤维原料

一、聚酰胺纤维原料生产简述

聚酰胺的合成方法主要包括以下三种:熔融缩聚、溶液缩聚和界面缩聚。

熔融缩聚是最为常用的缩聚方法之一,该方法要求聚合反应温度必须在产物的熔融温度以上,因此此方法对单体和最终聚合物的稳定性都有一定的要求。另外,由于熔融缩聚的反应温度较高,这样便会导致单体或最终产物发生一定的分解,从而使最终产率和聚合物的相对分子质量降低,聚合物相对分子质量分布也加宽。

溶液缩聚对单体的活性要求比较高,而且所使用的溶剂不参与反应。缩聚反应是一个随着反应条件(如温度、压力等)而变化的可逆平衡反应过程,反应过程中溶剂和缩聚副产物同时存在。当溶剂与聚合产生的小分子副产物一样(比如溶剂是水)时,溶剂的存在会使聚合反应向逆反应方向进行,不利于聚合产物的生成。一般来说,对于产物的熔融温度高于 250℃ 的聚合体系,可采用溶液—熔融缩聚法,缩聚过程可分为两个阶段:第一阶段,在完全密封的体系内有一定量的水存在,当反应温度较低时,进行的是水溶液缩聚,当反应进行到一定程度时,降低了单体的分解,此刻将反应温度升高至接近聚合物熔点,此时由于水蒸气而产生的压力能保证反应仍然进行水溶液缩聚。由于有水的存在,不会促进反应向逆方向进行,所以这一阶段的反应程度还比较低;第二阶段,保持反应温度在聚合物熔点以上,然后缓慢排出反应体系中的水蒸气,最后在常压下发生熔融缩聚,此时也可以通过提高反应体系的真空度以达到提高聚合物聚合度的目的。

当缩聚产物的熔点在 300℃ 以上时,可以采用溶液—固相缩聚法,在第二阶段中,如果反应温度在聚合物熔融温度以上,聚合产物发生降解,而无法得到高分子量的聚合产物。此时,要进行固相缩聚过程就需要降低反应温度,使反应温度在聚合产物的熔点以下。同时,也可以采用其他方法来除去反应体系中的水分,从而提高聚合产物的聚合度,常用方法有减压排气和充入惰性气体。

界面缩聚也可用于制备聚酰胺,这种方法是在含有一种双官能单体,与含有另外一种双官能单体的惰性且与水不能混溶的有机溶剂的界面上发生的聚合。这种缩合作用是有机相(如苯)中的酰氯和水相中的二元胺反应的结果。水相中溶解有氢氧化钠或者其他酸接受体,与缩合反应生成的氯化氢发生反应。对这类缩聚机理的研究表明,聚合物在有机层内形成,由于不均匀性,该方法所得到的聚合物的相对分子质量分布较宽。但是由于界面缩聚中会用到大量的有机溶剂以及二酰氯,酰氯不仅毒性大,而且成本也高,因此界面缩聚在工业上的应用有所受限。

聚酰胺 66、聚酰胺 9、聚酰胺 11 及 MXD6 等由于聚合体有适当的熔点,分解温度比熔点高,可以采用熔融缩聚法制备;对于单体为环状化合物的己内酰胺等聚合体的制备,则需要适当的活化剂使之开环聚合;对于熔点高、分解温度与熔点接近的一类聚酰胺,不宜采用熔融缩聚法,而采用界面聚合或溶液聚合法。下面以用量多、用途广泛、生产工艺成熟的聚酰胺 6 为例,简述其由单体己内酰胺缩聚制备聚己内酰胺(聚酰胺 6)的生产原理及工艺过程。

聚己内酰胺可以由 ω-氨基己酸缩聚制得,也可由己内酰胺开环聚合制得。但是,由于己内酰胺的制造方法和精制提纯均比 ω-氨基己酸简单,因此在大规模工业生产上,都是采用己内酰胺作为原料。己内酰胺的主要性能如表 3-2 所示。己内酰胺开环聚合制备聚己内酰胺的生产工艺可以采用三种不同的聚合方法:水解聚合、阴离子聚合(由于采用碱性催化剂,也称碱聚合)和固相聚合。目前水解聚合工艺占优势,纤维用聚己内酰胺的工业生产中尤其如此。

表 3-2　己内酰胺主要性能

性能	参考值
冰点(干态)/℃	69.0(最小值)
410nm 的透光百分度(质量分数为 65% 的水溶液)	92.0(最小值)
高锰酸盐指数	7(最大值)
含湿率/%	0.10(最大值)
铁值/(mg·kg^{-1})	0.5(最大值)
挥发性碱(NH$_3$ 计)	5(最大值)
引发剂残留/(mg·kg^{-1})	10(最大值)
水不溶物	通过
环己酮肟/(mg·kg^{-1})	10(最大值)
游离碱度/(meq·kg^{-1})	0.04(最大值)

1. 己内酰胺的开环聚合　环状化合物能否转变成聚合物,是由热力学函数决定的。环状化合物的自由能 F_1 大于聚合物的自由能 F_2,即满足 $\Delta F = F_2 - F_1 < 0$,聚合反应才可能进行。己内酰胺开环聚合生成聚己内酰胺时,仅是分子内的酰胺键变成了分子间的酰胺键,这就像其他没有新键产生的基团重排反应一样,反应进行的自由能 ΔF 变化很小,所以己内酰胺开环聚合具有可逆平衡的性质,它不可能全部转变成高聚物,而总残留有部分单体和低聚体。

热力学上能够聚合的环状单体,还必须满足动力学的条件才能聚合。己内酰胺在热力学上是能够聚合的环状单体,但是相当纯的无水己内酰胺在密封的试管中被加热时,并不能发生聚合,尚需有活化剂(或称开环剂、催化剂)存在。工业上普遍采用添加少量的水使己内酰胺开环聚合,称为水解聚合。也可采用其他催化剂体系。不同催化剂体系对己内酰胺聚合的影响如表 3-3 所示。每一个己内酰胺大分子的形成都通过下列三个阶段:链的引发、链的增长、链的终止。主要化学平衡包括:己内酰胺的引发;通过加成聚合和缩聚使链节增长;通过酰胺键的交换使相对分子质量重新分布;单体和低聚物的再生成。

表 3-3 己内酰胺聚合用催化剂体系性能表征

参数	催化剂体系		
	酸	碱	水
类型	像盐酸或它们的盐一样强烈	碱金属和碱土金属的碳酸盐、氢化物、醇化物和氢氧化物	—
速率	快	非常快	慢
特殊条件	无水	无水	—
产率	低	高	高
使用	不用于商业用途	显示可行	商业用途

(1)己内酰胺的引发和加成:当己内酰胺被水解生成氨基己酸后,己内酰胺分子就逐个连接到氨基己酸的链上去,直到相对分子质量达 8000($\overline{DP}=71$)～14000($\overline{DP}=124$)之间。参与水解的己内酰胺分子极少,占 1/124～1/71,因此氨基己酸的分子也极少,加成反应是主要的。

(2)链的增长:由于在这一阶段中绝大部分己内酰胺单体都参加了反应,因此在这一阶段主要是上阶段形成的短链进行连接,得到相对分子质量在 18000($\overline{DP}=160$)～33000($\overline{DP}=292$)之间的聚合物,这一阶段以缩聚反应为主,当然还有少量的引发和加成反应在同时进行。

(3)平衡阶段:此阶段同时进行着链交换、缩聚和水解等反应,使相对分子质量重新分布,最后根据反应条件(例如温度、水分及分子量稳定剂的用量等),达到一定的动态平衡,使聚合物的相对分子质量达到一定值。此阶段包含着链的终止,可采用胺或酸作为链的终止剂,使反应达到一个平衡点。由于反应是可逆的,平衡时水分的含量也会影响相对分子质量的大小。因此在第二阶段和第三阶段,质量传递和水的去除是控制反应速率的主要因素。

由于聚合过程具有可逆平衡的性质,而且链交换、缩聚和水解三个反应同时进行,故最终反应产物是混合物,包含聚合物、单体、水以及线型和环状齐聚物形式的低分子物。

己内酰胺聚合各因素的影响规律如表 3-4 所示。

表 3-4 己内酰胺聚合各影响因素

参数增加	相对分子质量	聚合时间	端基
水含量	↓	↓	↑
温度	↓	↓	↓
稳定剂含量	↓	—	—
聚合时间	↑	—	↓

2. 聚己内酰胺的生产流程 聚己内酰胺的聚合工艺分间歇和连续工艺两种,间歇聚合是将引发剂、分子量调节剂和熔融的己内酰胺一起加入聚合釜中,在一定的温度和压力下进行聚合。当相对分子质量达到预定要求后,便将聚合物从釜底排出,并用水急冷,经铸带、切粒,即得

到聚己内酰胺树脂。间歇聚合法虽然设备比较简单,更换品种及开停车较为方便,但各批聚合物的质量均匀性差,操作比较烦琐,因此只适应于小批量、多品种的生产,而大规模生产则以采用连续聚合法为宜。

在己内酰胺连续聚合工艺中,用得最多的是常压连续聚合,这一方法根据聚合管的外形不同,分为直型和 U 型两种,尤以常压直型连续聚合管法(又称直型 VK 管)最为广泛。但对高黏度聚合物(用于制造轮胎帘子线等)除了用常压法以外,也采用高压密闭聚合法和先常压后抽真空的二段聚合法。

近年来,我国从国外引进了一批聚酰胺 6 生产技术和设备,其特点是产量大,生产连续化、自动化程度高,产品质量稳定,现以德国 KF 公司(KARL FISCHER 卡尔菲瑟公司)的直型 VK 管为例,说明连续聚合生产流程(图 3 - 1)。

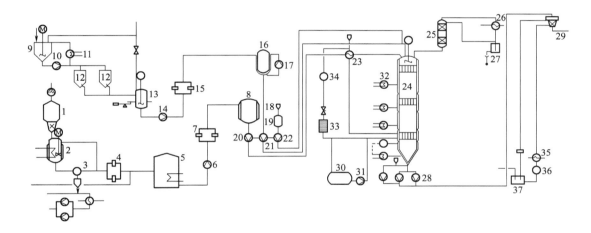

图 3 - 1　KF 型连续聚合生产流程

1—己内酰胺投料器　2—熔融锅　3,6,10,14,17,20,21,22,28,31,34,36—输送泵　4,7,15—过滤器

5—己内酰胺熔体贮槽　8—己内酰胺熔体罐　9—TiO₂ 添加剂调配器　11,23,26,32,35—热交换器

12—中间罐　13—调制计量罐　16—高位贮槽　18,19—无离子水加入槽　24—VK 聚合管

25—分馏柱　27—冷凝水受槽　29—铸带切粒机　30—联苯贮槽　33—过滤机　37—水循环槽

将己内酰胺投入熔融锅中,经熔化,由活塞泵抽出并过滤后送到混合罐,再由泵输送并经过滤后送往己内酰胺熔体贮槽;聚合用的助剂(消光剂二氧化钛,开环剂去离子水,相对分子质量稳定剂醋酸或己二酸,热稳定剂等)经过调配、混合和过滤后,送入助剂贮槽;己内酰胺熔体、助剂、TiO₂ 等各自通过计量泵,由各自的贮槽定量地送入聚合管(VK 管)上部,在进入 VK 管之前,己内酰胺熔体先预热,己内酰胺熔体与各种助剂和二氧化钛等在 VK 管上部均匀混合后,逐步向下流动,在管中经加热、开环聚合、平衡、降温等过程,制得聚己内酰胺,聚合物从聚合管底部输送泵定量抽出,送往铸带、切粒。

VK 管顶部装有分馏柱和冷凝器,用以排出反应脱去的水和回收带出的低分子物。

3. 聚己内酰胺切片的纺前处理　经聚合、铸带、切粒后的聚己内酰胺切片还需经萃取、干燥等纺前处理,以除去切片中大部分单体和低聚物,并通过干燥降低切片的含水率,避免聚酰胺熔融时发生水解,使纺丝得以正常进行。

二、聚酰胺的结构和性质

(一)聚酰胺的结构

1. 分子结构 聚酰胺的分子是由许多重复结构单元(即链节),通过酰胺键($-\overset{\overset{\textstyle O}{\|}}{C}-NH-$)连接起来的线型长链分子,在晶体中呈完全伸展的平面锯齿形构型,聚己内酰胺链节结构为$-NH(CH_2)_5CO-$,聚己二酰己二胺的链节结构为$-OC(CH_2)_4CONH(CH_2)_6NH-$,大分子链中含有的链节数目(聚合度)决定了大分子链的长度和相对分子质量。

高聚物的相对分子质量及其分布是链结构的一个基本参数,适合于纺制纤维的聚酰胺的平均分子量要控制在一定范围内,过高和过低都会对高聚物的加工性能和产品性质带来不利影响,通常纺制纤维用聚己内酰胺的数均分子量为14000～20000。而聚己二酰己二胺的相对分子质量则一般控制在20000～30000。同时还要求有适当的相对分子质量分布。研究表明,对于聚己二酰己二胺,表征相对分子质量分布宽窄的多分散指数$\overline{M}_w/\overline{M}_n=1.85$,而聚己内酰胺,通常$\overline{M}_w/\overline{M}_n=2$。工业上常采用测量一定浓度聚酰胺溶液的黏度的方式表示聚合物的相对分子质量。不同溶剂溶解聚酰胺溶液黏度—相对分子质量的关系如表3-5所示。

表 3-5 聚酰胺黏度—相对分子质量关系($[\eta]=KM^\alpha$)

聚合物	溶剂	温度/℃	$K/(\times10^3 mL \cdot g^{-1})$	α	相对分子质量范围 $M/(\times10^{-4})$
聚酰胺66		40	一蠕虫状行为	非常数	0.44～91
	邻氯苯酚	25	168	0.62	1.4～5
	间甲酚	25	240	0.61	1.4～5
		25	$[\eta]=0.5+0.0353M^{0.792}$		0.015～5
	二氯乙酸	25	$[\eta]=0.5+0.352M^{0.551}$		0.015～5
	2,3,3,3-四氟丙醇/CF₃COONa(0.1mol/L)	25	114	0.66	1.4～5
聚酰胺66	甲酸水溶液(90%,质量分数)	25	35.3	0.786	0.6～6.5
		25	110	0.72	0.5～2.5
		25	$[\eta]=1.0+0.0516M^{0.687}$		0.015～5
	甲酸水溶液(90%,质量分数)/甲酸钠(0.1mol/L)	25	32.8	0.74	1～5
		25	87.7	0.65	1.4～5
		25	$[\eta]=1.0+0.0516M^{0.687}$		0.015～5
	甲酸水溶液(90%,质量分数)/KCl(2.3mol/L)	25(Θ)	227	0.50	1.4～5
		25(Θ)	253	0.50	0.015～5
	硫酸水溶液(95%,质量分数)	25	$[\eta]=2.5+0.0249M^{0.832}$		0.015～5
	硫酸水溶液(96%,质量分数)	25	115	0.67	1.4～5

聚合物	溶剂	温度/℃	$K/(\times 10^3 \text{mL} \cdot \text{g}^{-1})$	α	相对分子质量范围 $M/(\times 10^{-4})$
聚酰胺 610	间甲酚	25	13.5	0.96	0.8~2.4
聚酰胺 1.2	间甲酚	25	81	0.74	0.3~13
		25	46.3	0.75	1~13
	硫酸(96%)	25	69.4	0.64	1~13
聚酰胺 6	间甲酚	25	320	0.62	0.05~0.5
	三氟乙醇	−20	53.3	0.74	1.3~10
		25	53.6	0.75	1.3~10
		50	58.2	0.73	1.3~10
	甲酸水溶液(85%)	−10	26.8	0.82	0.7~12
		0	24.8	0.82	0.7~12
		10	23.4	0.82	0.7~12
		20	75	0.70	0.45~1.6
		25	22.6	0.82	0.7~12
	甲酸水溶液(65%)	25	229	0.50	0.7~12
	硫酸溶液(40%)	25	59.2	0.69	0.3~1.3

2. 晶态结构　X射线衍射分析表明,线型聚酰胺在固态时只是部分结晶,结晶度通常在50%以下。与其他聚酰胺相比,聚己内酰胺的晶态结构很复杂,其晶体可能有下列几种类型的变体:α型、β型、γ型,其结晶数据如表3-6所示。聚己内酰胺中存在的各种晶体结构的相对数量取决于该样品的热历史和加工历史,而且晶体结构在加工过程中可以发生进一步的变化。图3-2为聚己内酰胺α型和γ型晶体的X射线衍射图。

表3-6　聚己内酰胺的结晶数据

晶型	晶系	晶胞参数				晶胞中的单体单元数	结晶密度/($g \cdot cm^{-3}$)
		a/nm	b/nm	c/nm	交角/(°)		
α	单斜	0.966	0.832	1.72①	γ=65	8	1.21
α	单斜	0.945	0.802	1.708①	γ=68	8	1.241
α	单斜	0.481	1.71①	0.761	β=79.5	4	1.21
α	单斜	0.956	1.724①	0.801	β=67.5	8	1.24
α	单斜	0.965	1.72①	0.811	β=66.3	8	1.208
γ	斜方	0.478	1.682①	0.824		4	1.131
γ	单斜	0.935	1.660①	0.481	β=120	4	1.165
γ	六方	0.479	0.479	1.67①		2	1.13

续表

晶型	晶系	晶 胞 参 数				晶胞中的 单体单元数	结晶密度/ $(g \cdot cm^{-3})$
		a/nm	b/nm	c/nm	交角/(°)		
γ	斜方	0.482	0.782	1.670①		4	1.19
γ	单斜	0.933	1.69①	0.478	$\beta=121$	4	1.16
β	斜方	0.478	1.639①	0.824		4	1.17
β	六方	0.48	0.48	0.86①		1	1.10

①纤维周期。

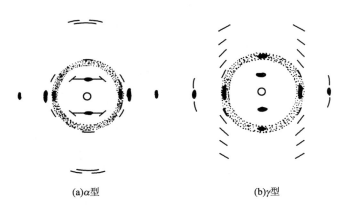

(a)α型　　　　　　　　　(b)γ型

图 3-2　聚己内酰胺晶体的 X 射线衍射图(垂直于纤维轴)

α 型的晶体是最稳定的形式,在几种晶体结构中密度最高。各研究者得出的 α 型晶体的晶格常数不尽相同,霍尔姆斯(Holmes)和班(Bunn)得出的数据如下:$a=0.956nm$,$b=1.724nm$,$c=0.801nm$,$\beta=67°30'$;每个晶胞中的单体单元数为 8,晶体密度为 $1.233g/cm^3$。在 α 型晶体中,聚己内酰胺分子具有完全伸展的平面锯齿形构象,并集合成本质上在同一平面内的氢键薄片,相邻分子链的方向是逆平行的,用这种方式排列可生成无应变的氢键。

γ 型的晶体其相邻分子链是平行的,只可能生成一半氢键(图 3-3),故其结晶不稳定。这种晶型的酰胺基平面和亚甲基的锯齿面不在同一平面上,其分子链比 α 型晶体略有收缩。

由于 γ 型和 β 型晶体结晶不稳定,通过对样品进行不同的处理(如在空气或水中拉伸或加热),这种不稳定的结构有转变成 α 型晶体结构的趋势。

根据 Illers 等的研究报道,将聚己内酰胺熔体骤冷后,在低于 130℃ 的温度下热处理时,只形成 γ 型结晶;若继续提高温度,可出现 γ 型和 α 型两种晶型共存;而在 210℃ 以上进行热处理时,则只形成 α 型结晶。通常聚合所得的聚己内酰胺经熔融、成型、冷却固化后,在高温下易形成 α 型结晶,但 α 型结晶经碘处理后,又可转化为 γ 型结晶。

α 和 γ 两种晶型可通过红外吸收光谱和 X 射线衍射法加以区别,如图 3-4 所示。在聚己内酰胺的红外光吸收光谱中,$928cm^{-1}$ 及 $977cm^{-1}$ 分别为 α 型及 γ 型结晶的特征吸收峰。测定其吸光度之比,可定量地求出两者的共存比。图 3-5 为聚己内酰胺的 X 射线衍射图,其中在 $2\theta=24°$ 及 $2\theta=20°$ 处的衍射峰为 α 型结晶,而 $2\theta=21°$ 的衍射峰则与 γ 型结晶相对应。

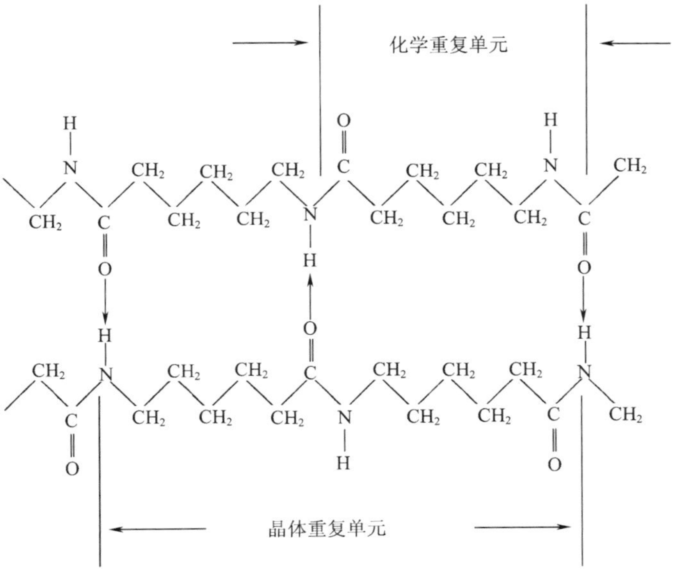

图 3-3　晶体中聚己内酰胺分子链排列示意图

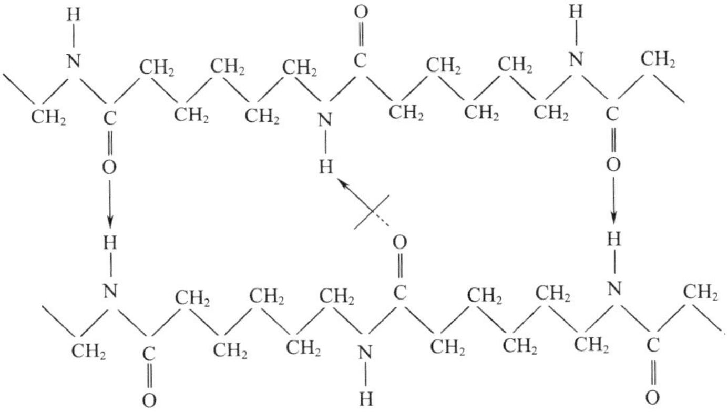

聚己二酰己二胺的晶体结构有两种晶型：α 型和 β 型。图 3-6 为聚己二酰己二胺 α 型和 β 型晶体的 X 射线示意图。班（Bunn）和加纳（Garner）测定了聚己二酰己二胺的结构，认为聚己二酰己二胺的分子链在晶体中具有完全伸展的平面锯齿形构象（图 3-7），并由氢键固定这些分子形成晶片，这些晶片的简单堆砌结果形成 α 结构的三斜晶胞，图 3-8 为聚己二酰己二胺 α 型晶体的结构示意图，可以用具有 $a=0.49\text{nm}, b=0.54\text{nm}, c=1.72\text{nm}, \alpha=48.5°, \beta=77°, \gamma=63.5°$ 的三斜晶系来描述聚己二酰己二胺 α 型晶体的结构。晶胞中原子位置的测定完全证实了预期的分子结构，而且红外吸收光谱也同这些晶体的结构一致，当然不能排除无定形区中其他结合的可能性。

有关 β 型晶体的资料不多，其晶体结构尚不清楚，由于 X 射线的纤维照片中出现子午斑和层线条纹，认为 β 型晶体结构相当于 α 型晶体结构的轻微扰动。

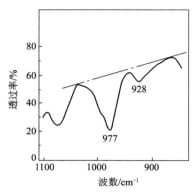

图3-4　聚己内酰胺红外吸收光谱图

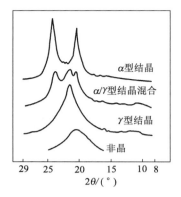

图3-5　聚己内酰胺X射线衍射图

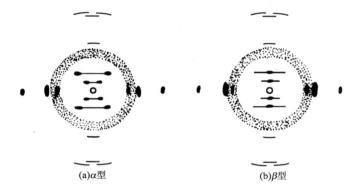

图3-6　聚己二酰己二胺α型和β型晶体的X射线衍射图（垂直于纤维轴）

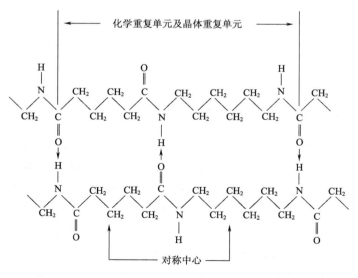

图3-7　晶体中聚己二酰己二胺分子链排列示意图

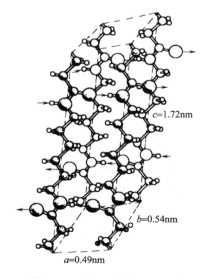

图3-8　聚己二酰己二胺α型
晶体结构示意图

(二)聚酰胺的物理性质和化学性质

1. 密度 聚己内酰胺的密度随内部结构和制造条件的不同而有差异,不同晶型的晶态密度不同;测定方法不同,结果也不一致。据洛尔丹(Roldan)报道,根据 X 射线的数据计算得到下列数值: α 型晶体密度计算值为 $1.230g/cm^3$,酛晶(拟六方晶体)为 $1.174g/cm^3$;β 型晶体为 $1.150g/cm^3$;无定形区的密度为 $1.084g/cm^3$。通常聚己内酰胺是部分结晶的,因此测得的密度在 $1.12\sim1.14g/cm^3$ 之间。据一些资料报道,聚己二酰己二胺单斜晶系的 α 型晶体密度 $1.240g/cm^3$;三斜晶系的 α 型晶体密度为 $1.203g/cm^3$;三斜晶系的 β 型晶体密度为 $1.25g/cm^3$。但有的资料对其晶型未加区别,认为完全晶态的密度为 $1.24g/cm^3$;完全非晶态的密度为 $1.09g/cm^3$,并作为计算纤维结晶度的依据,由于聚己二酰己二胺也是部分结晶的,通常其密度值的范围为 $1.13\sim1.16g/cm^3$。几种主要聚酰胺的密度数据见表 3 - 7。

表 3 - 7 聚酰胺的密度(25℃)

聚酰胺种类	结晶相密度/(g·cm⁻³)	非晶相密度/(g·cm⁻³)	常规法成型所得纤维密度/(g·cm⁻³)
聚酰胺 6	1.23	1.10	1.12~1.16
聚酰胺 66	1.24	1.09	1.12~1.16
聚酰胺 610	1.17	1.04	1.06~1.09
聚酰胺 11	1.12	1.01	1.03~1.05
聚酰胺 12	1.11	0.99	1.01~1.04

2. 熔点 聚酰胺是一种部分结晶高聚物,具有较窄的熔融范围,使用的测定方法不同,所得的熔点数值也不同。表 3 - 8 列出了不同方法测得的几种聚酰胺的熔点。

表 3 - 8 采用不同方法测得的几种聚酰胺的熔点

方　　法	熔点/℃			
	聚己内酰胺	聚己二酰己二胺	聚酰胺 11	聚酰胺 610
Fisher—Johns 法 (ASTM D789)	220 (218~226)	260 (256~263)	191 (188~194)	219 (216~223)
毛细管法	219 (214~223)	259 (254~266)	190 (188~193)	217 (212~221)
Kofler 逐步加热法 (ASTM D2117)	221 (214~230)	261 (250~268)	191 (185~196)	220 (212~230)
X 射线法	206	267	192	227
差热分析法(峰值)	224	264	192	224

聚酰胺像其他高聚物一样,易受过冷作用的影响,实际上其凝固点常常比熔点低大约30℃,据报道,聚己二酰己二胺的凝固温度为 215~240℃。

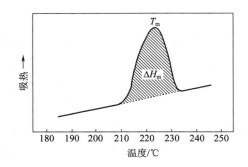

图 3 - 9　聚己内酰胺的 DSC 熔融峰

升温速度：20℃/min

目前，一般采用差示扫描量热法（DSC）来测定聚合物的熔点，如图 3 - 9 所示的吸热峰温度即为熔点。用 DSC 测定聚己内酰胺的熔点时，经常会观察到多重峰现象。根据 Weigel 等的研究报告，聚己内酰胺最多可出现 5 个吸热峰，其中有两对峰分别与 α 型和 γ 型结晶的熔融峰相对应。

3. 玻璃化温度　聚酰胺的玻璃化温度与测定方法和测定条件有关，表 3 - 9 列出聚酰胺的玻璃化温度（T_g）。

表 3 - 9　聚酰胺绝干时的玻璃化温度

测 定 方 法	T_g/℃					
	聚酰胺 6	聚酰胺 66	聚酰胺 610	聚酰胺 612	聚酰胺 11	聚酰胺 12
黏弹性的损耗峰 tanδ	75.65	80.78	67.70	60	53	54
DSC	48	50	46	46	43	41

因为水是聚酰胺的塑化剂，故随着聚合物的吸湿，玻璃化温度有所下降，如图 3 - 10 所示。

4. 动态黏弹谱　典型的聚己内酰胺动态黏弹谱如图 3 - 11 所示。从损耗角正切（tanδ）的温度曲线可以看到三个分散峰。其中 60℃ 附近的 α 分散峰来源于聚己内酰胺非晶区中的分子链段的运动，它与玻璃化温度相对应。-40℃ 附近的 β 分散峰是基于非晶区中分子链上氢键结合较弱的氨基运动。此外，-120℃ 附近的 γ 分散峰则与亚甲基链的局部运动相对应。聚己内酰胺的 α 分散峰温度也与玻璃化温度一样，受吸湿性的影响，随着吸湿量的增加而向低温方向偏移，如图 3 - 12 所示。

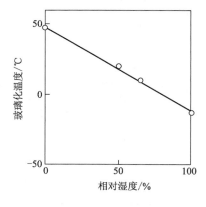

图 3 - 10　聚己内酰胺的玻璃化温度与

相对湿度的关系（DSC 法）

升温速度：10℃/min

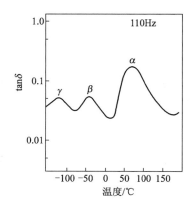

图 3 - 11　聚己内酰胺的动态黏弹谱

（tanδ 与温度的关系）

5. 熔体黏度　聚己内酰胺的熔体黏度随着数均分子量的增大而增加,在恒定温度下,有下列关系成立:

$$\lg \eta = A + C \lg \overline{M}_n$$

式中:η 为熔体黏度,dPa·s;$\overline{M}_n$ 为数均分子量;A、C 为常数。

聚己内酰胺的熔体黏度也依赖于温度、单体含量等因素,由于低聚物与高聚物之间存在着与温度有关的平衡,因此情况较聚己二酰己二胺复杂得多。图 3-13 所示的曲线表示聚己内酰胺水萃取物(低聚物)含量与熔体黏度的关系。

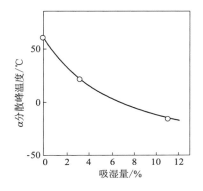

图 3-12　聚己内酰胺的 α 分散峰温度与吸湿量的关系

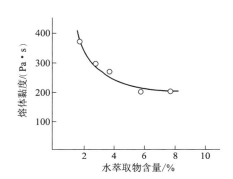

图 3-13　聚己内酰胺熔体黏度与水萃取物含量的关系

从图中可知,如果试图用熔体黏度的测量结果来判断聚己内酰胺的可加工性,除了测量温度要相同以外,还必须在低聚物含量和含水量相同的情况下,才能得到可用的数据。

6. 吸湿性　聚酰胺 6 和聚酰胺 66 相对于其他合成纤维,有较好的吸湿性,水分子可进入聚酰胺的非结晶区与酰胺键结合。对于聚酰胺 6,水分子与酰胺键的配位模型如图 3-14 所示。可以看出,每两个酰胺键间与其配位的水分子有 3 个,其中 1 个水分子产生强固的氢键结合,其他 2 个水分子则处于松散结合状态。聚酰胺的吸湿性还受环境温度、相对湿度等因素影响,如图 3-15 所示。

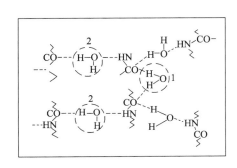

图 3-14　水分子与聚酰胺 6 酰胺键的配位模型

1—强固结合　2—松散结合

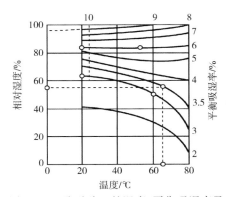

图 3-15　聚酰胺 6 的温度、平衡吸湿率及相对湿度间的关系

7. 耐化学药品性 聚酰胺的耐碱性很好,但耐酸性较差,通常可溶于有机酸和无机酸以及它们的浓溶液中,也可溶于苯酚和某些醇中,特别在高温时更容易溶解。聚己二酰己二胺和聚己内酰胺在稀酸溶液中会被水解成单体和低聚物,而在室温下的浓酸溶液中可以溶解,但水解速率极低。聚酰胺在煮沸的多元醇中可能发生溶胀、丧失形状或溶解,而一般的有机溶剂对聚己内酰胺只起溶胀作用。聚酰胺的耐化学药品性能见表 3 - 10。

表 3 - 10 聚酰胺的耐化学药品性

药品名称	聚酰胺 66		聚酰胺 6		聚酰胺 610		聚酰胺 11
	低结晶度	高结晶度	低结晶度	高结晶度	低结晶度	高结晶度	低结晶度
氢氧化钠(50%水溶液)	+	+	+	+	+	+	+
氨水(10%)	+11/3	+8/2	+11/3	+	+5/2	+4	+
盐酸(2%)	—	—	—	—	—	—	⊕
硫酸(2%)	—	—	—	—	—	—	○
硝酸(2%)	—	—	—	—	—	—	—
甲酸(85%水溶液)	○	○	○	○	—	—	—
乙酸(10%水溶液)	-14	-10	-17	-6	-8	-6	⊕
己烷	+	+	+	+	+	+	+
环己烷	+1	+1	+1	+1	+	+	+1
苯	+1	+1	+1	+4	+1	+7.5	
甲苯	+2	+1	+2	+0	+3	+1	+6
二甲苯	+1	+1	+2	+1	+2	+1	+S
萘	+	+	+	+	+	+	+
甲醇	⊕14/4	+9/2	⊕19/5	+3/1	⊕16/4	+9/2	+10.5
异丙醇	+5/1	+	⊕15/4	+2/1	⊕13/3	+3/1	⊕S
丁醇	+9/3	+2/0	⊕16/5	+4/1	⊕17/5	+4/1	+S
乙二醇	+10/3	+2	⊕13/4	+6/2	+4/1	+2	+
丙三醇	+2	+1	+3	+3	+2	+1	+
丙酮	+2	+1	+4/2	+	+5/1	+1/0	+4.5
甲醛(30%)	⊕16	+	+18	+	⊕8	+	⊕
丁酮	+2	+1	+2	+2	+6	+2	+
三氯乙烯	⊕4	⊕2	⊕5	⊕4	⊖20	⊕6	⊕
四氢呋喃	+4/1	+	+8/3	+3/1	+12/4	+2	+
二甲基甲酰胺	+4	+	+	+	+6	+	⊕
乙酸乙酯	+1	+1	+2	+	+2	+1	+
酚	—	—	—	—	—	—	—
间苯二酚	○	○	○	○	○	○	○

注　+　重量、尺寸不变或者变化很少,强度不损伤。

　　⊕　在短时间内重量、尺寸有变化。例如,⊕12/4 有条件的稳定,其重量最大增加 12%,长度增大 4%。根据不同条件,可出现变色、强度劣化等现象。

　　⊖　在一定条件下仍可使用。

　　—　短时间内强度受损伤。

　　○　可溶。

第二节　聚酰胺的纺丝成型

一、概述

除特殊类型的耐高温和改性聚酰胺纤维以外，聚酰胺纤维均采用熔体纺丝法成型。

聚酰胺纤维主要以切片熔融纺丝法为主，虽然在生产上也采用缩聚后熔体直接纺丝，但由于其技术要求高，质量较难控制，特别是聚酰胺 6，其聚合体内含 10% 左右的单体和低聚物，造成纺丝困难，纤维结构不均匀，因此聚酰胺 6 直接纺丝法目前大多限于生产短纤维，而对于长丝品种则主要采用切片纺丝法。

20 世纪 70 年代后期，聚酰胺的熔融纺丝技术有了新的突破，即由原来的常规纺丝发展为高速纺丝（制 POY）和高速纺丝拉伸一步法（制 FDY）工艺。

聚酰胺纤维的结构与聚酯不同，为了避免卷绕丝在卷装上发生过多的松弛而导致变软、塌边，故其相应的高速纺丝速度必须达到 4200m/min 以上。

进入 20 世纪 80 年代后，随着机械制造技术的进一步提高，在聚酰胺纤维生产中已成功地应用高速卷绕头（机械速度可达 6000m/min）一步法制取全拉伸丝（FDY）。

聚酰胺纤维熔体纺丝的原理及生产设备与聚酯纤维基本相同，只是由于聚合物的特性不同而造成工艺过程及控制有些差别。从国内外生产发展情况看，聚酰胺纤维的常规纺已逐渐为高速纺所取代，因此，本节着重介绍聚酰胺纤维高速纺丝的工艺及特点。

二、聚酰胺纤维高速纺丝的工艺和设备特点

1. 对切片含水和熔体纯度的要求　与常规纺相比，高速纺丝时，由于高速运行的丝条与空气间的摩擦力较大，因此，丝条在到达卷绕装置时张力比常规纺丝时大得多。这时，如果丝条中含有气泡或较大直径的机械杂质，在高的张力下，就容易因应力集中而产生单丝断裂，形成毛丝，影响卷绕丝的质量。因此高速纺丝对切片中的含水率和机械杂质的含量有更严格的要求。

一般要求高速纺丝时聚酰胺切片含水率必须小于 0.08%；熔体中不允许有 6μm 以上的杂质存在。但由于熔体中不可能十分纯净，因此一般要求采用熔体预过滤器以除去杂质。熔体预过滤器安装在螺杆挤出机出口至纺丝箱体入口之间的熔体管路上。

但目前不少从国外引进的全套聚酰胺 6 聚合纺丝设备生产线，由于对聚合原材料和生产工艺过程严加控制，因此切片的杂质极少，可省去熔体预过滤器。

2. 对纺丝设备的要求　聚酰胺高速纺丝的卷绕速度较高，要求每个纺丝头的熔体挤出量比普通纺丝大，为此需增加螺杆挤出量和提高纺丝熔体的均匀性。

当选定了螺杆直径 D 及其长径比 L/D 后，可通过增加螺纹深度、适当减少计量段螺杆与套筒的间隙或提高螺杆转速等手段增加螺杆的挤出量。

此外，在螺杆计量段之前，装置带有销钉状结构的混炼头，可提高熔体黏度、温度的均匀性

和稳定性(图3-16)。混炼头上的销钉状结构打乱了熔体流向,能增加熔体流动的阻力,加剧物料摩擦和剪切作用,减少熔体温度和黏度的波动,还能破碎和排除熔体中残留的气泡,从而有利于挤出量的稳定和提高高速挤出熔体的质量。

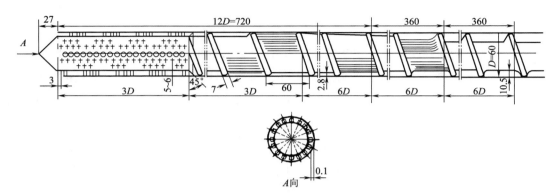

图3-16　带有混炼头的挤出机螺杆结构图

3. 丝条冷却和上油方式　由于高速纺丝的速度快,丝条在空气中冷却停留时间短,为了加强冷却效果,满足成型的需要,高速纺丝时应适当加高纺丝吹风窗的高度,有时也可适当增大风速。由于高速纺丝丝条的张力较大,故不会因风量的增大引起丝条摆动,而影响其质量。

高速纺丝的上油方式不同于常规纺丝,其上油机构不在卷绕机的板面上,而在纺丝窗下方的甬道入口处,丝束用导丝钩集束后采用油嘴上油。油剂经齿轮泵送至喷油嘴,精确地控制送油量,以保证丝条含油均匀,并使各根单丝抱合在一起,减少丝条与空气的接触表面,这样,在高速运转时,可减少丝与空气的摩擦阻力和降低丝条上的张力,以保证高速卷绕的顺利进行。

油嘴的材质可使用耐磨性好的二氧化钛陶瓷或三氧化二铝陶瓷,在油嘴与丝接触部分,要求十分光滑。

三、聚酰胺高速纺丝工艺

(一)纺丝温度、速度和冷却成型条件

聚酰胺6高速纺丝设备与聚酯基本相同,但两者的纺丝工艺却有差别。聚酰胺6纺丝温度为265～270℃;纺丝速度比聚酯高,至少在4000m/min以上,这主要是由于聚酰胺纤维分子间的结合力大、容易结晶、吸水性强之故。当纺丝速度较低时(如1500～3000m/min),预取向丝会因吸湿量高而膨润变形,使卷装筒子塌边,造成卷装筒子成型不良。在纺速高于4000m/min时,预取向丝的取向度和结晶度提高,使其因吸湿而产生的各向异性膨胀显著减小,保证了卷绕筒子的良好成型。

聚酰胺6纺丝时的冷却成型条件与聚酯的基本相同,一般风温20℃,风速0.3～0.5m/s,相对湿度65%～75%,这是因为虽然聚酰胺6纺丝温度较低,但其玻璃化温度也较低,从熔体细流冷却至玻璃化温度,丝条的温度与聚酯相近,因此散热量也大致相近。

(二)预取向丝取向度与卷绕张力

聚酰胺 6 预取向丝的取向度与纺丝速度和卷绕张力有关。在卷绕张力的作用下,丝条受到拉伸而发生分子取向和结晶,这主要发生在纺丝头与上油装置之间。从喷丝头开始至上油装置可划分为三个区。

第一区:刚刚离开喷丝孔的熔体细流温度远高于凝固温度,此时形变以黏性流动为主,分子链的活动性较强,取向难以固定,在喷丝头下面的这段范围内,丝条受空气阻力较小。

第二区:当细流继续冷却,进入第二区时,细流状聚合物处于高弹态,这时大分子发生取向,并形成物理交联点。在初生预取向丝的交联结构中,形变与分子取向同时发生。在此,一方面由于分子链仍有足够的活动能力;另一方面由于交联结构的初步形成,在适当的卷绕张力作用下,会产生明显的取向。因此,在靠近凝固点之前存在着最佳的取向条件。根据网络理论,聚酰胺 6 预取向丝的取向度(用双折射率 Δn 表征)与伸长率(ε)的关系如下:

$$\Delta n = 0.1 \times \left(1 - \frac{1}{\sqrt{1+\varepsilon}}\right) \approx 0.05\varepsilon$$

第三区:在该区丝条已是凝固的预取向丝,由于分子链段的活动性较小,相对形变困难。在此条件下,恒定的张力已不能再使取向度提高。

由上述可知,预取向丝的取向度主要取决于在临近凝固点前单丝所受的张力。若作用在丝条上的张力很小,则取向度低,甚至造成解取向。若把已冷却但还未取向的丝条突然置于高张力下,则单丝会断裂,这是因为在未取向的丝条结构中,张力分布不均匀。这种情况经常发生在急剧冷却时。

(三)纺丝速度对卷绕丝结构和性能的影响

图 3-17 表示聚酰胺纤维的取向度(用 Δn 表示)与纺丝速度的关系。聚酰胺纤维的取向度随纺丝速度的增加而增加,当纺速在 1400m/min 以下时,其取向度随纺速的提高而急剧增大,当纺速达 1400m/min 以上时,取向度的增大缓慢。

与聚酯相比,聚酰胺纤维在纺丝成型过程中容易产生结晶,这是因为聚酰胺大分子间存在氢键,且大分子的柔顺性好,故链段易于运动而砌入晶核,因此在纺丝过程中,当丝条接触到油剂或吸收空气中的水分后,即伴随着产生结晶,且随着纺速的变化,其结晶形态也有所不同。如聚酰胺 6 纤维,当纺速小于 3000m/min 时,主要生成 α 晶态及拟六方晶态;而在 4000m/min 以上的纺速时,主要生成 γ 晶态,当纺速高达 7000m/min 时,γ 晶态则显著减少,α 晶态又重新增多,并且在丝条断面上呈双层结构,包含高取向的皮层(γ 晶态)和低取向的芯层(α 晶态)。这是由于在超高速纺丝的条件下,丝条受急速冷却作用,使纺丝拉伸应力集中于丝条表层而造成的结果。

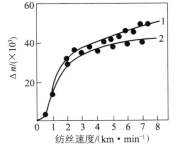

图 3-17 卷绕丝的双折射率与
纺丝速度的关系
1—聚酰胺 66 2—聚酰胺 6

生产实践证明,当纺丝速度超过 1500m/min 时,随着纺速提高,由于纤维中晶核迅速增加和丝条到达卷绕头的时间缩短,水分来不及渗透到微晶胞的空隙中去,因此丝条绕到筒子上后将继续吸收水分,使晶核长大成晶粒,并使丝条伸长,而导致松筒塌边,以致后加工时退绕困难。

随着卷绕速度的进一步提高(至 3500m/min 以上),由于大分子的取向度随着卷绕速度的增加而明显提高,取向诱导结晶,丝条达到卷装时结晶度也随之增加,其后结晶效应明显减弱,因而卷装后丝条的伸长也就大大减小。当纺速高达 4000m/min 以上时,丝条的伸长率相当于常规纺,因此在此速度下仍可卷绕。

为了实现卷绕工艺的最大稳定性,尤其是防止复丝中单丝线密度差异,生产聚酰胺预取向丝(POY)的纺速以 4000~5200m/min 为宜。

四、聚酰胺高速纺丝拉伸一步法工艺

(一)生产流程

聚酰胺 6 高速纺丝拉伸一步法工艺,即全拉伸丝(FDY)工艺简称为 H4S(high speed – stretch – set – spinning)技术,其生产流程如图 3 – 18 所示。来自切片料斗的聚己内酰胺切片进入螺杆挤出机,切片在挤出机内通过热能和机械能使之熔融、压缩和均匀化,聚合物熔体经螺杆末端的混炼头流向熔体分配管,进入纺丝箱体。经纺丝组件、喷丝板压出而成为熔体细流,并在骤冷室的恒温、恒湿空气中迅速凝固成丝条,经喷嘴上油后,丝条离开纺丝甬道,被牵引到第一导丝辊,以一定的高速度将丝条从喷丝板拉下,得到预取向丝(POY)。丝条自第一导丝辊出来后被牵引到第二导丝辊,并通过改变两导丝辊的速度比来调节所要求的拉伸比,丝条最后经过第三导丝辊,以控制一定的卷绕张力和松弛时间,然后进入卷绕装置。在卷绕机的上方配有交络喷嘴,在喷嘴中通入蒸汽或热空气,使丝条交络并热定型,成品丝卷绕在筒管上,满卷的丝筒落下后经检验、分级和包装,便得到锦纶长丝 FDY 产品。

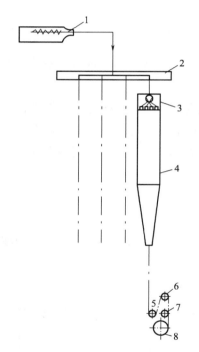

图 3 – 18 聚酰胺 6 FDY 生产流程图
1—螺杆挤出机 2—熔体分配管
3—纺丝箱体 4—纺丝甬道
5,6,7—第一、第二、第三导丝辊
8—高速卷绕头

(二)生产工艺

聚酰胺 FDY 设备与聚酯类同,此处不再赘述。本节着重讨论纺丝过程中,各主要工艺参数对成品丝质量的影响。

1. 纺丝温度 聚酰胺熔体的纺丝温度主要取决于聚合体的熔点和熔体黏度。纺丝温度必须高于熔点而低于分解温度,聚酰胺 6 和聚酰胺 66 的熔点分别为 215℃和 255℃,而两者的分解温度相差不大,约 300℃左右,为此聚酰胺 6 的纺丝温度控制在 260~270℃,聚酰胺 66 控制在 280~290℃。由于聚酰胺 66 的熔点与分解温度之间的温差范围较窄,因此纺丝时允许温度波动范围更小,对纺丝温度的控制要求更严格。

聚酰胺的熔体黏度随相对分子质量增大而增大;在相对分子质量相同的情况下,熔体黏度随温度的升高而减小。但聚酰胺 6 的熔体黏度还与低分子物含量及水含量有关,因此在选择纺丝温度时应考虑这些因素。

2. 冷却条件　纺丝应选择适当的冷却条件,并保证其稳定、均匀,避免受到外界条件的影响,从而使熔体细流在冷却成型过程中所受的轴向拉力保持稳定。对于一定的冷却吹风装置(FDY 机目前多采用侧吹风),冷却条件主要指冷却空气的温度、湿度、风量、风压、流动状态及丝室温度等参数。通常冷却吹风使用 20℃左右的露点风,送风速度一般为 0.4～0.5m/s,相对湿度为 75%～80%,冷却吹风位置上部应靠近喷丝板,但注意不能使喷丝板温度降低,以保证纺丝的顺利进行。

3. 纺丝速度和喷丝头拉伸倍数　熔体纺丝速度很快,若纺丝速度太慢,卷绕张力太小,丝条就不能卷绕到丝盘上,所以纺丝速度必须有一个下限值,目前高速纺丝已达到 4000～6000m/min,甚至更高,由于熔体纺丝法的纺丝速度很高,因而喷丝头拉伸倍数也较大,在 4600m/min 的纺丝速度条件下,对于给定的线密度(例如 111dtex/36f),喷丝头拉伸倍数可高达 200 倍。

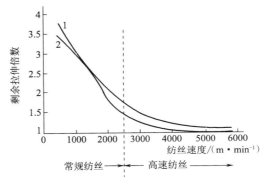

图 3-19　卷绕丝剩余拉伸倍数与纺丝速度的关系
1—聚酰胺 66　　2—聚酰胺 6

卷绕速度和喷丝头拉伸倍数的变化会影响卷绕丝的结构和拉伸性能。喷丝头拉伸倍数越大,剩余拉伸倍数就越小。图 3-19 为聚酰胺和聚酯卷绕丝剩余拉伸倍数与纺丝速度的关系。可以看出,纺丝速度小于 2500m/min 时,剩余拉伸倍数随纺速的增加而迅速减少;当纺速大于 3000m/min 时,剩余拉伸倍数变化较为缓慢。这一纺速(范围)可作为高速纺丝与常规纺丝的分界点,当纺丝速度超过此界限时,就能有效地减小后(剩余)拉伸倍数。FDY 机通过第一导丝辊的高速纺丝和第二导丝辊的补充拉伸,便可获得全拉伸丝(FDY)。纺速达到足够高时,聚酰胺 6 在纺丝线上结晶,可由在线测量的直径、温度及双折射的数据观察到,如图 3-20 所示,所测聚酰胺 6 的黏均分子量为 53000g/mol。以最高纺速 6660m/min 纺丝时,从直径分布图可以观察到微小的细颈现象。在看到细颈的位置,双折射率迅速增大,可以推断是取向结晶开始产生。在线温度测量也表明:当纺速足够高时,所测温度随与喷丝板距离的加大而出现一个平稳段,如图 3-20(b)所示。

从纺丝恰好结束时起,双折射率随时间的变化如图 3-21 所示。最高纺速的初生纤维,在纺丝线上有结晶发生,其双折射率不随整理时间而改变;然而,在所有其他纺速下,纤维的双折射率均随着整理时间的延长而大为改变,说明纤维发生取向结晶而形成高度完善的准六方晶相。可以断定,整理过程纤维的吸湿性使丝条有效的 T_g 降低,因此提供了准六方晶体形成所应具备的流动性。这一过程也导致聚酰胺 6 纤维在整理时长度增加,尤其是在低纺速下纺制的纤维。

4. 上油　高速纺丝上油比常规纺丝上油更为重要,它直接影响纺丝拉伸卷绕成型工艺的正常进行和丝条的质量,特别是丝条与机件的高速接触摩擦,更容易产生静电,引起毛丝和断

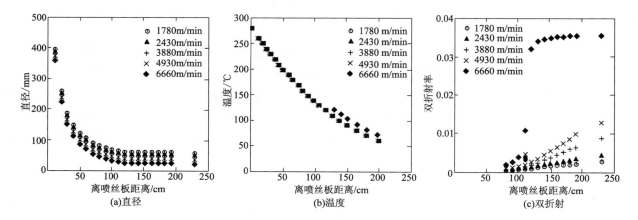

图 3-20　实验测定的聚酰胺 6 纺丝线分布
（样品的黏均分子量为 53000g/mol，每孔质量流量为 3.0g/min）

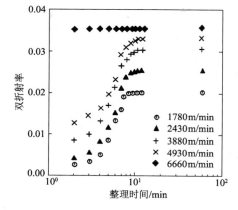

图 3-21　聚酰胺 6 纤维在潮湿空气中的
双折射随整理时间的变化

头，因此要施加性能良好的纺丝油剂。

常规纺丝采用油盘上油，但对于高速纺丝，油盘上油不但均匀性差，而且油滴会飞离油盘，因此 FDY 工艺中采用上油量比较均匀的齿轮泵计量、喷嘴上油法，且由于 FDY 已具有相当高的取向度和结晶度，所以在卷绕机上上油效果欠佳，故喷嘴上油的位置设在吹风窗下端。

对丝条的含油量也有一定的要求。当油剂含量过少时，表面不能均匀地形成油膜，摩擦阻力增大，集束性差，易产生毛丝；但含量过多，则会使丝条在后加工过程中造成油剂下滴及污染加剧。一般用于机织物的丝条含油量为 0.4%～0.6%，用于针织物的则可高达 2%～3%。

5. 拉伸倍数　FDY 工艺是将经第一导辊的预取向丝（POY）连续绕经高速运行的辊筒来实行拉伸的，拉伸作用发生在两个转速不同的辊筒之间，后一个速度大于前一个，两个辊筒的速度比即为拉伸倍数。纺制聚酰胺 FDY 时，一般第一导辊的速度可达 POY 的生产水平（4000～4500m/min）。而拉伸的卷绕辊筒速度则高达 5500～6000m/min。对于不同的聚合物，拉伸辊筒的组数、温度及排列方式也有所差异。对聚酯而言，由于其玻璃化温度（T_g）相对较高，两组辊筒均要加热，第一辊控制为 70～90℃，以使丝条预热，第二辊则为 180℃左右。而聚酰胺因为 T_g 比较低，模量也稍低，所需的拉伸应力相应较小，故可采用冷拉伸形式，但根据设备型号和产品种的不同，采用第一辊不加热或微热而第二辊进行加热的形式，以实现对纤维的热定型。

对于已具有一定取向度的预取向丝，其剩余拉伸比较小，所以聚酰胺 FDY 工艺的拉伸倍数一般只有 1.2～1.3 倍。

6. 交络作用　FDY 过程的设计,是以一步法生产直接用于纺织加工的全拉伸丝为目的,考虑到高速卷绕过程中无法加捻,故在第二拉伸辊下部对应于每根丝束设置交络喷嘴,以保证每根丝束中具有每米约 20 个交络点。除了赋予交络点以外,喷嘴的另一个作用是热定型,为此在喷嘴中通入蒸汽或热空气,以消除聚酰胺纤维经冷拉伸后存在的后收缩现象。

丝束经交络后,便进入高速卷绕头,卷绕成为 FDY 成品丝。原则上卷绕头的速度必须低于第二拉伸辊的速度,这样可以保证拉伸后的丝条得到一定程度的低张力收缩,以获得满意的成品卷装质量。聚酰胺 FDY 的卷绕速度一般为 5000m/min。

第三节　聚酰胺纤维的后加工

根据产品的品种和用途,聚酰胺纤维的后加工工艺和设备也有差异。本节将介绍聚酰胺长丝、弹力丝、帘子线以及短纤维的生产工艺及设备。

一、聚酰胺长丝的后加工

现在聚酰胺长丝的生产多采用 POY—DTY 工艺,即以高速纺的 POY 丝为原料,在拉伸加捻机(又称 DT 机)上一步完成拉伸—加捻作用。

(一)长丝后加工工艺流程

POY—DTY 工艺流程如下:

POY 丝筒→导丝器→喂入罗拉→热盘→热板→拉伸盘→钢丝圈→环锭加捻→卷绕筒管→DTY 丝

从图 3-22 可看出,卷绕丝从筒子架引出,经导丝器、喂给罗拉到达拉伸盘,在喂给罗拉和拉伸盘之间进行冷(或热)拉伸,从拉伸盘引出的拉伸丝,再经导丝钩和上下移动着的钢领板,被卷绕在筒管上,并获得一定的捻度,成为拉伸加捻丝。

(二)长丝后加工工艺特点

1. 拉伸　在聚酰胺长丝加工过程中,拉伸是一个关键工序。通过拉伸,使纤维根据用途不同而具有适当的物理—力学性能和纺织性能,如强度、延伸度、弹性、沸水收缩率、染色性等。

聚酰胺 6 纤维与其他合成纤维不同的是聚合物中含有低分子化合物,低分子化合物的存在降低了大分子间的相互作用力,起着增塑剂的作用,使纤维易于拉伸,但强度却不能同时改善。而且低分子物含量过高,易于游离在丝的表面,沾污拉伸机械,给拉伸带来困难。

拉伸过程的主要工艺参数如下。

(1)拉伸倍数:拉伸倍数的选择决定于原丝的性质和对成品的质量要求,随着拉伸倍数的提高,纤维的取向度和结晶度都会进一步提高,从而使纤维的强度增大,延伸度下降,沸水收缩率增加。

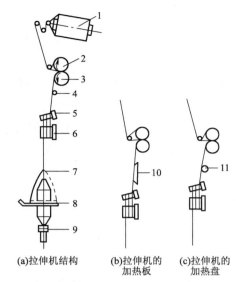

图 3 - 22　单区拉伸机示意图

1—未拉伸丝筒子　2—上轧辊　3—给丝罗拉
4—拉伸棒　5—分丝棒　6—拉伸盘
7—导丝钩　8—钢领板　9—锭子
10—加热板　11—热锭

(a)拉伸机结构　(b)拉伸机的加热板　(c)拉伸机的加热盘

民用丝要求有一定延伸度,柔软而且有弹性,染色性好,因此拉伸倍数选择较低,未取向丝(UDY)需经 3.5～4 倍的拉伸。若采用 POY,因其已具有一定的取向度,故拉伸倍数应适当降低,一般为 1.2～1.3 倍。高强力丝及帘子线要求强度高,延伸度低,因此拉伸倍数要求高些,一般在 5 倍以上(对 UDY),此时应采取二段或三段拉伸。

(2)拉伸温度:一般拉伸温度要求高于玻璃化温度,并低于软化温度。温度过高时,大分子解取向的速度很快,不能得到稳定的取向结构。聚酰胺 6 纤维的玻璃化温度约为 35～50℃,熔融温度约为 215～220℃,对于民用单、复丝,一般可在室温下进行拉伸;而对于强力丝或短纤维,则应在升温下(约 150℃)进行拉伸。所谓室温拉伸即冷拉伸,即不对纤维进行加热,拉伸所产生的变形热,一部分传递给空气介质,另一部分热量使纤维自身温度升高,当纤维本身的温度超过其玻璃化温度时,拉伸便可顺利进行。含水含单体的聚酰胺 6 纤维的玻璃化温度在室温附近,且民用长丝的拉伸倍数不高,所以聚酰胺 6 长丝生产一般采取室温下拉伸。热拉伸则多用于聚酰胺 66 纤维,该种纤维玻璃化温度约为 40～60℃,熔融温度约为 265℃,均比聚酰胺 6 纤维高,且此种纤维中无小分子的增塑作用,因此必须对纤维进行加热,使拉伸温度高于其玻璃化温度,以促进分子的热运动,有利于拉伸的顺利进行。对帘子线等高强力聚酰胺 6 长丝,因采用较高倍数的拉伸,为了降低拉伸所需张力,并使拉伸均匀,也需采用热拉伸。

(3)拉伸速度:在拉伸过程中,一方面当拉伸倍数和拉伸温度一定时,提高拉伸速度,拉伸应力也相应增加,但另一方面拉伸热效应也会随拉伸速度的提高而增加。前者是主要因素时,拉伸速度提高使拉伸应力随着提高;后者是主要因素时,拉伸速度提高则使拉伸应力减小。

但在实际拉伸条件下,速度变化的范围较小,如在 200～700m/min 的范围内,拉伸张力只出现单调的变化;随着拉伸速度增大,聚酰胺丝的拉伸张力增大。

2. 环锭加捻　丝条经拉伸后,通过拉伸加捻机上的加捻机构可获得一定的捻度。环锭加捻机构由导丝钩、隔丝板、钢领、钢丝钩、锭子和筒管等几个重要部分组成。

拉伸加捻机常用的加捻方法是,拉伸盘和小转子握持丝的一端,另一端由锭子和钢丝钩带动加以回转,使丝条得到加捻。纤维在拉伸加捻机上所获得的捻度随卷取筒子卷绕直径的增大而增加,在卷绕直径一定范围内,丝条的捻度可按下式近似计算:

$$捻度(捻/m) = \frac{锭子转速(r/min)}{拉伸盘出丝速度(m/min)}$$

用于聚酰胺纤维的国产拉伸加捻机类型有 VC443A 型复丝拉伸加捻机,VC431 型、

SFZN-1型重旦拉伸加捻机及VC45l型单丝拉伸加捻机。

目前拉伸加捻机的发展趋势是高速度、大卷装、高效能和自动化。如德国辛泽（Zinser）公司的519型拉伸加捻机就属于此类型，其拉伸速度可提高到2500m/min，锭子转速达20000r/min，卷装净重达4kg，并具有自动装载筒子架机构和自动落纱的拔筒插管机。

3. 后加捻　经过拉伸加捻后的纤维，尽管已经获得一定的捻度（5～20捻/m），但因捻度太少，所以仍称为无捻丝。聚酰胺长丝除以无捻丝（拉伸丝）形式出厂外，有时还要根据品种和纺织后加工的要求，特别是针织物用丝，在层式加捻机或倍捻机上，对拉伸丝进行后加捻，也有的采用环锭式后加捻。

后加捻的目的是增大长丝的捻度，一般要求100～400捻/m，使纱线中的纤维抱合得更好，以增加纱线的强力，提高纺织加工性能。

在加捻过程中，随着捻度增加，丝条强力也逐渐增加，但是当捻度增加到一定极限值后，强力反而下降（图3-23）。

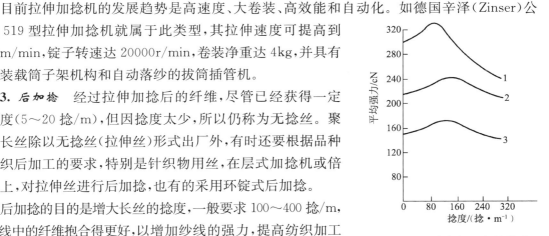

图3-23　捻度与强力的关系
1—6.6dtex复丝　　2—4.95dtex复丝
3—3.3dtex复丝

二、聚酰胺高弹丝的后加工

聚酰胺弹力丝生产多采用假捻变形法，由于聚酰胺纤维的模量较低，织物不够挺括，因此产品一般以高弹丝为主。高弹丝的生产仅用一个加热器，这是与低弹丝生产工艺的最大区别。

（一）假捻法高弹丝生产工艺流程

用摩擦式拉伸变形法生产聚酰胺高弹丝，使用图3-24所示的装置进行，其工艺流程如下：

拉伸丝→加捻、热定型和解捻
预取向丝→内拉伸加捻、热定型和解捻 ⟶合股并捻→上
油 络筒 ⟶整理包装→成品
倒框成绞→放置平衡

原丝连续通过张力器，以伸直状态进入喂入辊，再通过加热器，使假捻器至喂入器之间已加捻或内拉伸加捻的丝条经受热定型。因此，通过加热器的丝具有很高捻度，然后，丝条进入假捻器与输出辊之间的解捻区，因丝条在高捻度下定型，所以解捻后的丝成为具有正负螺旋状交替排列的集合体，具有高弹性。经热定型再解捻的丝，会发生与解捻方向相反的转矩，其转矩在针织加工时，由于丝松弛而缠结，会影响针织加

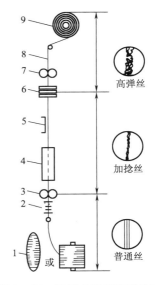

图3-24　摩擦式拉伸变形生产
高弹丝的流程及相应
丝的表观形态（示意）
1—原丝（拉伸丝或预取向丝）
2—张力器　3—喂入辊
4—热定型器　5—冷却器
6—摩擦式假捻器　7—卷绕辊
8—变形丝　9—变形丝卷装筒子

工的正常进行。因而对于针织用变形丝,需将捻向不同的两束丝合捻,以抵消其转矩,而用于机织加工的高弹丝,则不需合股并捻。为了增加丝条的抱合力和手感,也可考虑合股后再加捻。但为了保持蓬松性,后加捻度最好少一些。后加捻度视线密度而定。

现代假捻变形的合股工序在同一机台上完成。在一个部件上同时安装捻向相反的两个假捻器,可同时得到两束捻向相反的变形丝,经过输出辊合股后卷绕于筒管上。这既减少了工序,又提高了生产效率,且可得到优质的合股变形丝。

(二)聚酰胺高弹丝内拉伸变形工艺

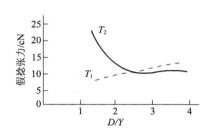

图 3 - 25 D/Y 值与假捻张力的关系

(POY 56~44dtex/13f,拉伸比 1.28、

加工速度 500m/min、加热器长

1.35m、喷镀金刚石的摩擦盘)

T_1—加捻张力 T_2—解捻张力

聚酰胺高弹丝的生产可采用拉伸变形联合机,即 DTY 机。拉伸变形工艺参数的选择首先应考虑假捻张力比。一般加捻和解捻张力尽可能接近一致,或其比值稍高于 1。假捻张力主要受拉伸比和 D/Y 值两个因素影响,从图 3 - 25 的 D/Y 值与假捻张力的关系可看出假捻张力的适宜范围。

为了提高变形丝质量,增加变形丝的稳定性和防止气圈的形成。对于高速拉伸假捻变形,多采用空气冷却或水冷却板进行强制冷却。聚酰胺 66 冷却距离对丝温有较大的影响。从板冷却和空气冷却丝的温度差 ΔT 可以看出,约 0.75m 的冷却距离最佳。生产聚酰胺高弹丝的典型工艺条件见表 3 - 11。

表 3 - 11 生产聚酰胺高弹丝的典型工艺条件

工 艺 参 数	聚酰胺 66	聚酰胺 6
POY 原丝规格	44dtex/10f	92dtex/24f
加工速度/(m · min⁻¹)	700	602
假捻形式	摩擦式 1/5/1	皮圈式
D/Y 值	2.23	1.59
拉伸比	1.352	1.252
假捻张力(T_1/T_2)	12/10	—
加热器温度/℃	220	170
加热时间/s	0.2	0.2
冷却时间/s	0.1	0.1
卷绕超喂率/%	5.4	5.2

三、聚酰胺帘子线的后加工

帘子线是产业用纺织材料的重要品种之一,是橡胶制品的骨架材料,广泛用于轮胎、胶管、运输带、传动带等领域。作为橡胶制品的骨架材料的帘子线,其第一代产品是棉帘子线。到了

20世纪60年代,被黏胶帘子线所代替。由于聚酰胺帘子线具有断裂强度高、抗冲击负荷性能优异、耐疲劳强度高以及与橡胶的附着力好等优良性能,因此其生产发展很快,已逐步取代黏胶帘子线。近年来,由于轮胎加工技术的改进及美国与西欧一些国家公路路面质量的提高,涤纶及钢丝的子午轮胎帘子布已成为第四代产品,但对于路面质量较差的国家和地区,强力高、韧性和回弹性好的聚酰胺帘子线仍是第一选择。

(一)聚酰胺帘子线生产(聚合和纺丝)的特点

聚酰胺帘子线丝一般采用切片法生产。在生产中,聚合至拉伸过程的工艺与普通长丝基本相同。但某些工序存在一些不同之处。

1. 聚合　由于要求帘线丝的强度高于一般的长丝,因此必须用高黏度(相对黏度3.2～3.5,相对分子质量大于20000)的聚合体来制备。为了制取高黏度的聚合体,聚酰胺6目前采用加压—常压(或真空)或加压—真空闪蒸—常压后聚合的聚合工艺。采用直接纺丝法生产聚酰胺66帘子丝时,通常采用加压预缩聚—真空闪蒸—后缩聚工艺;用切片纺丝法生产时,也可采用固相后缩聚以提高切片的黏度。

2. 纺丝成型　目前国外在帘子线纺丝技术上最突出的特点是采用高压纺丝法,压力约在29.4～49.0MPa,这样,高黏度的聚合物可在较低温度下纺丝,有利于产品质量的提高。最近高压纺丝的压力已达196MPa。实现高压纺丝一般采用两种方式:加大喷丝头组件内过滤层的阻力;选用喷丝孔长径比大的喷丝板,同时配以相应的高压纺丝泵。

适当控制纺丝冷却成型条件也是提高帘子线质量的关键之一。纺制帘子线时,由于聚合物熔体黏度较高,通常在喷丝板下加装徐冷装置,以延缓丝条冷却,使丝条的结构均匀,从而获得具有良好拉伸性能的卷绕丝,最终使产品强度提高。徐冷装置下部多采用侧吹风冷却。

为了提高帘子丝的耐热性,常在纺丝前,在干燥好的切片中加入防老化剂等添加剂(有时也可在聚合时加入),与此同时还加入润滑剂(如硬脂酸镁),以减少螺杆的磨损。对于聚酰胺6帘子线,由于纺丝后不再进行洗涤单体的工序,因此要求纺丝前聚合物的单体含量在0.5%～1.0%的范围内。

3. 卷绕设备　目前多数采用纺丝—拉伸联合机,其卷绕速度在1500m/min以上,少数厂家采用高速纺丝法。

4. 拉伸　有向多区拉伸和大卷装发展的趋势。重旦拉伸机一般为双区热拉伸机。目前已有三段拉伸的重旦拉伸加捻机出现。

(二)复捻和合股

经拉伸加捻后的高线密度丝条,捻度比较低,尚不符合帘子线的规格要求。为了进一步提高帘子线的强力,还需要进行复捻(也有称之为初捻的)和合股(也有称为复捻的)。环锭加捻机是专门用来加捻和合股较粗的合股线的设备,根据工艺需要分为前环锭加捻机和后环锭加捻机两种。前环锭加捻机可以单独作复捻用,后环锭加捻机一般只作再合股和加捻用。在复捻合股时,复捻的捻向和原丝相同,合股的捻向和复捻相反,得到的成品其捻向称为ZS捻。在双捻(即前环锭加捻和后环锭加捻)时,各次捻合的方向往往是与上一次捻向相反,即先为S捻,而后

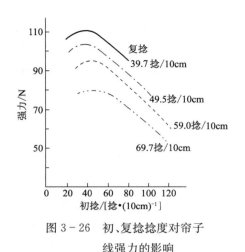

图 3-26　初、复捻捻度对帘子
　　　　　线强力的影响

环锭加捻则为 Z 捻,其成品捻向称为 ZSZ 捻,也有的采用 SZS 捻。

图 3-26 说明了初、复捻捻度对帘子线强力的影响;帘子线的强力随初捻捻度的增加而增加,当达到一定值后,即出现下降;而当初捻捻度一定时,帘子线的强力则随复捻捻度的增加而呈下降趋势。此外,捻度增加,捻缩也增加,帘子线的延伸度也随之增加。一般认为,在选择适合的疲劳强度方面,捻度系数 α_m($\alpha_m = \sqrt[n]{T/1000}$,其中 n 为捻度,以捻/m 表示,T 为组成帘子线的纱线线密度)应大于 160tex,最好在 175~235tex 之间。

(三)帘子布的织造和浸胶

1. 帘子布的织造　为了便于浸胶和轮胎加工,保证帘子线在轮胎中合理排列,需要将帘子线织成帘子布。帘子布用聚酰胺帘线作经纱,纬纱可用 19.7~29.5tex 的棉纱或丙纶,纬纱仅仅起固定经纱位置的作用,在轮胎加工过程中,纬纱断裂而失去其作用。为了适应帘子布的浸胶、热伸张与定型处理,以及轮胎工业的要求,帘子布的幅宽为 1.4~1.6m,长度短者数百米,长者为数千米。

在织造帘子布时,要求帘线松紧均匀,否则因帘布的不平整,将影响轮胎的紧密性,甚至因浸胶时的张力使紧张的帘线断裂。

2. 帘子布的浸胶热拉伸　帘子布浸胶热拉伸的目的是为了改善聚酰胺帘子线对橡胶的黏着力及进一步改善帘子布的质量。浸胶工艺一般采用热拉伸—热定型—浸胶工艺,或浸胶—干燥—拉伸—定型工艺,或二次浸胶工艺。

帘布的浸胶过程主要由三个部分组成:

(1)帘布的热拉伸:帘布的热拉伸是在热拉伸箱和第一、第二两组拉伸辊之间进行的。热拉伸箱内用温度为 190℃ 左右的循环热空气加热,帘布在箱内既热拉伸又热定型。第二组拉伸辊内需通冷水,使帘布迅速降温,不致影响后道浸胶液的温度而使其变质。

(2)浸胶:帘布的浸胶液一般用间苯二酚、甲醛、胶乳的混合液(又称间甲胶或 RFZ 液),浸胶时间约为 5s。浸胶后用重型挤压辊挤去多余的胶液,再通过真空抽吸装置,吸去帘子线间隙中的胶液,使附胶量控制在 4%~6%。

间甲胶的配制一般分两步进行,先配制成间甲液,再用熟成(预缩聚)的间甲液配制成间甲胶。间苯二酚与甲醛的摩尔比为(1:1.5)~(1:1.4)时黏着强力好,从文献专利资料来看,该比值大都定为 1:2。根据生产实践,间甲液配制间甲胶前经室温下熟成 4~8h 为好,间甲胶的熟成时间为 12~24h,要求 72h 内使用完。胶乳的作用是使间甲树脂对被覆橡胶赋予亲和性。所以当黏着的橡胶改变时,胶乳也应随之改变。

(3)干燥热定型:浸胶后的帘布,先经红外线干燥,然后进入热定型箱,定型温度为 190℃,

定型温度必须高于轮胎制造时的硫化温度(140～160℃),否则硫化时会发生收缩,帘布在第二、第三组辊之间给予回缩,第三组辊内通冷水,以降低帘布温度,便于卷取。

帘子布浸胶后提高了帘子线与橡胶的黏着力。黏着力是指浸胶后的帘布与橡胶的黏着能力,通常以 H 抽出力表示(即帘子线在橡胶内硫化后,抽出来所需的力)。H 抽出力大,则表示帘布与橡胶的黏着性能优良。

影响 H 抽出力的主要因素是间甲胶的附着状态和浸胶后热处理条件。间甲胶的附着量增加,黏着力增高,但附胶量达 4%～6%就开始饱和,附胶量过多,帘布变硬,耐疲劳性恶化,成本也增高,因此附胶量一般要求在 3%～5%范围内。同一附胶量时,若浸入帘布内的胶量多,则表面量减少,也会使黏着力降低。影响附胶量的因素是预浸水(或胶)方式、浸胶时间、浸胶张力、浸胶后的挤压、浸胶与热处理的先后、纤维的油剂以及纤维的规格、间甲胶的浓度、黏度等。

浸胶后的热处理过程,使间甲树脂逐步硬化形成良好强度的黏着剂皮膜,并达到与纤维的黏着。热处理过度或不足都会使黏着力下降。时间、张力、温度是热处理过程中的三个主要控制因素,这三个因素相互影响。热处理温度和时间视加热炉的热效率不同而变化,另外也视热拉伸、热定型区的拉伸松弛情况而变。热处理条件见表 3-12。

表 3-12　帘子布的热处理条件

区　　域	张力/kN	温度/℃	时间/s	拉伸率/%
干燥	9.8～24.5	100～140	50～120	0～2
热拉伸	34.3～78.4	190～210	20～40	4～12
热定型	24.5～58.8	190～210	20～40	0～2

(四)锦纶帘子布的质量指标

锦纶帘子布的质量指标见表 3-13。

表 3-13　锦纶帘子布的质量指标

规　　格	139.86tex/2f(1260旦/2f)	干热收缩率/%	<8
捻度/(捻·m^{-1})	366Z×367S	粗度/mm	0.68±0.03
干燥强力/N	≥196	线密度/tex	320(2884旦)
6.8kg 定伸率/%	8.0±0.5	H抽出力/(N·根$^{-1}$)	≥117.6
干燥断裂伸长率/%	±23	树脂附着量/%	≥35

四、聚酰胺膨体长丝的生产

聚酰胺膨体长丝(BCF)的生产是采用 SDTY 法,即纺丝、拉伸和喷气变形加工一步法进行连续生产的。该法具有投资小,废丝少,设备保养容易,操作人员少,生产成本低等优点。

聚酰胺 BCF 具有三维卷曲、手感柔软、覆盖性能好、不掉毛、不起球、耐磨、清扫方便等特点,是生产簇绒地毯的理想材料。

(一)BCF 加工的工艺流程

用纺丝、拉伸和变形法生产 BCF,不仅可以生产 BCF 地毯长丝,而且还可以生产 BCF 短纤维。BCF 生产的工艺流程如下:

1. BCF 地毯长丝生产的工艺流程

纺丝→热拉伸→热喷气变形→空气冷却→卷绕→变形地毯长丝筒子

2. BCF 短纤维生产的工艺流程

纺丝→热拉伸→热喷气变形→空气冷却→切断→纤维输送→成包的 BCF 短纤维

图 3 - 27 为生产 BCF 地毯丝联合机示意图。纺出的丝束经过喂入辊引向热拉伸辊拉伸 3.5～5 倍,然后进入喷气变形箱。向箱内吹入过热蒸汽或热空气,在热和湍流介质的作用下,纤维发生变形,形成卷缩和蓬松的变形丝。由喷气变形箱排出的丝束落在回转的筛鼓上,在回转中卷缩的丝束被强制冷却定型。BCF经过空气喷嘴形成网络丝,最后经张力和卷绕速度调节器进行卷绕。当丝束一旦断头时,切丝器自动启动,切断丝束,把丝吸入废丝室。

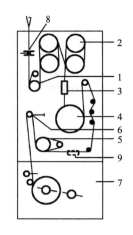

图 3 - 27　BCF 地毯丝生产联合机示意图
1—喂入辊　2—热拉伸辊　3—喷气变形箱
4—筛鼓　5—较低速度输送辊　6—张力和
卷绕速度调节器　7—卷绕装置
8—切丝器　9—空气喷嘴

(二)BCF 加工工艺

BCF 产品有聚酰胺和聚丙烯两大类。作为地毯制品最重要的特性是覆盖性、蓬松性、回弹性、柔滑的手感、光润的外观等。为了达到上述要求,一般采用聚酰胺 BCF 制作簇绒地毯。地毯用聚酰胺 BCF 的单丝线密度为 17～22dtex,丝束根数为 50～150 根,总线密度为 556～4444dtex。

聚酰胺 BCF 生产工艺条件如下:

拉伸:温度

  喂入辊温度　　　　　　　　　　　　　　　　90℃以下

  拉伸辊温度　　　　　　　　　　　　　　　　100～190℃

 速度

  喂入速度　　　　　　　　　　　　　　　　　300～1000m/min

  拉伸速度　　　　　　　　　　　　　　　　　1000～3500m/min

  拉伸倍数　　　　　　　　　　　　　　　　　3.5～5 倍

 变形:温度

  过热蒸汽　　　　　　　　　　　　　　　　　130～230℃

  (热空气)　　　　　　　　　　　　　　　　　(150～250℃)

  空气喷射压力　　　　　　　　　　　　　　　196.1～490.3kPa

  卷绕速度　　　　　　　　　　　　　　　　　600～3000m/min

| 超喂率 | 15%～30% |
| 冷却:冷却空气温度 | 25℃ |

SDTY 法用于生产粗线密度丝最为适宜。对于细线密度丝,喷气变形工艺发展的倾向是多束丝一起变形。

五、聚酰胺短纤维后加工工艺特点

聚酰胺短纤维的生产过程在原料熔融和聚合等方面和长丝生产工艺基本相同,但在纺丝方法上一般是采用熔体直接纺丝法。短纤维的纺丝生产设备在向多孔高产方向发展,如喷丝板孔数可多达 1000～2000 孔,卷绕一般都采用棉条桶大卷装。短纤维纺丝后也和长丝一样要经过拉伸等工序,但短纤维后加工工艺路线及设备与长丝加工工艺路线及设备有很大区别。长丝通常是将每根复丝在拉伸加捻机各锭位上单独拉伸,然后进行其他加工;短纤维则将许多丝条合并成大股丝束,以集中进行拉伸,然后再完成卷曲、切断等其他处理,类似聚酯短纤维生产工艺。

熔纺法生产的短纤维,通常都经过集束、拉伸、热定型、卷曲、切断等工序,得到短纤维成品。

聚酰胺 6 短纤维由于含有较多的单体(8%～10%),其后加工过程除需经上述工序外,还必须经过水洗,以使单体含量降低到 1.5%以下。相应的,还需要上油、压干、开松、干燥等辅助过程,才能得到短纤维成品。水洗采用热水,方法一般有长束洗涤或切断成短纤维后淋洗两种,可分别在水洗槽和淋洗机上进行。开松过程需进行两次:一次是水洗上油后进行湿开松,以利于干燥过程的进行;另一次是在干燥后进行干开松,以增加纤维的开松程度。干燥设备有帘带式干燥机和圆网干燥机等类型。

第四节　聚酰胺纤维的性能、用途及其改性

一、聚酰胺纤维的性能

聚酰胺 6 纤维及聚酰胺 66 纤维的主要性能见表 3－14。

表 3－14　聚酰胺 66 和聚酰胺 6 纤维的主要性能

性　能　指　标	聚酰胺 66 纤维		聚酰胺 6 纤维		
	普通长丝	强力丝	短纤维	普通长丝	强力丝
断裂强度(干)/(cN·dtex^{-1})	4.9～5.7	5.7～7.7	4.2～5.9	4.4～5.7	5.7～7.7
(湿强/干强)/%	90～95	85～90	83～90	84～92	84～92
钩接强度(干)/%	75～95	70～90	65～85	75～95	70～90
打结强度(干)/%	80～90	60～70	—	80～90	70～80
伸长率(干)/%	26～40	16～24	38～50	28～42	16～25
弹性回复率(伸长 3%时)/%	95～100	98～100	95～100	98～100	98～100
弹性模量/(GN·m^{-2})	2.30～3.11	3.66～4.38	0.98～2.54	1.96～4.41	2.75～5.00

性 能 指 标		聚酰胺 66 纤维		聚酰胺 6 纤维		
		普通长丝	强力丝	短纤维	普通长丝	强力丝
密度/(g·cm⁻³)		1.14		1.14		
吸湿性(湿度 65% 时)/%		3.4～3.8		3.5～5.0		
耐热性	软化点/℃	235		180		
	熔点/℃	245		215～220		
耐气候性(室外暴露)		长期暴露,强度降低,颜色变黄		长期暴露,强度降低,易于变黄,比聚酰胺 66 尚差		
耐酸性		质量分数为 5% 的盐酸煮沸分解,在冷浓盐酸、硝酸、硫酸中部分分解并溶解		在冷浓盐酸、硝酸、硫酸中部分分解,同时溶解		
耐碱性		在浓烧碱中强度几乎不降低		在浓烧碱中强度几乎不降低		
耐溶剂性(溶剂:醇、四氯乙烯、醚、苯、丙酮、汽油)		有良好抵抗性		有良好抵抗性		
染色性		用分散染料和碱性染料较好,也可用其他染料		一般用分散染料和酸性染料,其他染料也可使用		
比电阻/(Ω·cm)		4.1×10¹⁰		4.9×10¹⁰		
介电常数(在 60Hz 下)		4.1		3.5～6.4		
耐虫蛀霉菌性		耐蛀不腐		耐蛀不腐		

(1)断裂强度:聚酰胺纤维因为结晶度、取向度高以及分子间作用力大,所以强度也比较高。一般纺织用聚酰胺长丝的断裂强度为 4.4～5.7cN/dtex,作为特殊用途的聚酰胺强力丝断裂强度达 6.2～8.4cN/dtex,甚至更高。

聚酰胺纤维的吸湿率较低,其湿态强度约为干态强度的 85%～90%。

(2)断裂伸长:聚酰胺纤维的断裂伸长随品种而异,强力丝断裂伸长率要低一些,约为 20%～30%,普通长丝为 25%～40%。通常湿态时的断裂伸长率较干态高 3%～5%。

(3)初始模量:聚酰胺纤维的初始模量比其他大多数纤维都低。因此,聚酰胺纤维在使用过程中容易变形。在同样的条件下,聚酰胺 66 纤维的初始模量较聚酰胺 6 纤维稍高一些,接近于羊毛和聚丙烯腈纤维。

(4)回弹性:聚酰胺纤维的回弹性极好,如聚酰胺 6 长丝在伸长率 10% 的情况下,弹性回复率为 99%,在同样伸长的情况下,聚酯长丝弹性回复率为 67%,而黏胶长丝的弹性回复率仅为 32%。

(5)耐多次变形性或耐疲劳性:由于聚酰胺纤维的弹性好,因此它的打结强度和耐多次变形性很好。普通聚酰胺长丝的打结强度为断裂强度的 80%～90%,较其他纤维高。聚酰胺纤维耐多次变形性近于涤纶,而高于其他所有化学纤维和天然纤维,因此聚酰胺纤维是制作轮胎帘子线较好的纤维材料之一。例如,在同样试验条件下,聚酰胺纤维耐多次变形比棉纤维高 7～8

倍,比黏胶纤维高几十倍。

(6)耐磨性:聚酰胺纤维是所有纺织纤维中耐磨性最好的纤维。它的耐磨性为棉花的10倍,羊毛的20倍,黏胶纤维的50倍。以上数据是单根纤维测定的结果,不能推广到织物。在不同的使用条件下,纤维耐磨性的次序也有不同,而不是恒定的。

(7)吸湿性:聚酰胺纤维的吸湿性比天然纤维和人造纤维的都低,但在合成纤维中,除维纶外,它的吸湿性是较高的。由于聚酰胺6纤维中有单体和低分子物存在,吸湿性略高于聚酰胺66纤维。

(8)密度:聚酰胺纤维的密度较小,在所有纤维中,其密度仅高于聚丙烯和聚乙烯纤维。

(9)染色性:聚酰胺纤维的染色性虽然不及天然纤维和人造纤维,但在合成纤维中是较容易染色的。一般可用酸性染色、分散染料及其他染料染色。

(10)光学性质:聚酰胺纤维具有光学各向异性,有双折射现象。双折射率随拉伸比变化很大,充分拉伸后,聚酰胺66纤维的纵向折射率约为1.582,横向折射率约为1.591;聚酰胺6纤维的纵向折射率为1.580,横向折射率约为1.530。

聚酰胺纤维的表面光泽度较高,通常在纺丝前需添加消光剂TiO_2进行消光。

(11)耐光性:聚酰胺纤维的耐光性较差,在长时间的日光和紫外光照射下,强度下降,颜色发黄,通常在纤维中加入耐光剂,以改善其耐光性能。

(12)耐热性:聚酰胺纤维的耐热性能不够好,在150℃下,经历5h即变黄,强度和延伸度显著下降,收缩率增加。但在熔纺合成纤维中,其耐热性较聚烯烃纤维好得多,仅次于涤纶。通常,聚酰胺66纤维的耐热性较聚酰胺6纤维好,它们的安全使用温度分别为130℃和93℃。在聚酰胺66和聚酰胺6聚合时加入热稳定剂,可改善其耐热性能。

聚酰胺纤维具有良好的耐低温性能,即使在-70℃下,其回弹性变化也不大。

(13)电性能:聚酰胺纤维的直流电导率很低,在加工过程中容易因摩擦而产生静电。但其电导率随吸湿率的增加而增加,并随湿度增加而按指数、函数规律增加。例如,当大气中相对湿度从0变化到100%时,聚酰胺66纤维的电导率可增加10^6倍。因此,在纤维加工中,进行给湿处理,可减少静电效应。

(14)耐微生物作用:聚酰胺纤维耐微生物作用的能力较好,在淤泥水或碱中,耐微生物作用的能力仅次于聚氯乙烯纤维,但有油剂或上浆剂的聚酰胺纤维,耐微生物作用的能力降低。

(15)化学性能:聚酰胺纤维耐碱性、耐还原剂作用的能力很好,但耐酸性和耐氧化剂作用性能较差。

二、聚酰胺纤维的用途

由于聚酰胺纤维具有一系列优良性能,因此被广泛应用于人民生活和社会经济各个方面,其主要用途可分为三大领域,即服装用、产业用和装饰地毯用。

1. 服装用纤维 聚酰胺长丝可以纯织,也可与其他纤维交织,或经加弹、蓬松等加工过程后作机织物、针织物和纬编织物等的原料。总线密度在200tex以下的低线密度长丝多用于妇女内衣、紧身衣、长筒袜和连裤袜。在聚酰胺衣料中,除了锦丝绸、锦丝被面等多采用纯聚酰胺长丝,市场销售的锦纶华达呢、锦纶凡立丁等大部分是聚酰胺短纤维与黏胶、羊毛、棉的混纺织物。

作为衣料,聚酰胺纤维在运动衣、游泳衣、健美服、袜类等方面占有稳定的市场,并日益发展。

2. 产业用纤维 产业用聚酰胺纤维涉及工农业、交通运输业、渔业等领域。

由于聚酰胺纤维具有高干湿强度和耐腐蚀性,因此是制造工业滤布和造纸毛毡的理想材料,并已在食品、制糖、造纸、染料等轻化工行业中得到广泛应用。

聚酰胺帘子布轮胎在汽车制造行业中占有重要地位,由于其强度高、延伸度较大、断裂功大,故与其他各类帘子布相比,更能经受汽车在高速行驶中速率、重量和粗糙路面三要素的考验而不易产生车胎破裂。

聚酰胺纤维由于耐磨、柔软、质轻,可用来制作渔网、绳索和安全网等,在捕鱼、海洋拖拉作业、轮船停泊缆绳、建筑物及桥梁安全保护设施中也深受欢迎。

加涂料的聚酰胺织物以聚酰胺织物为基布,根据用途不同涂布合成橡胶或聚氨基甲酸酯等各种涂料,使它具有高强度、耐挠曲性和完全不渗透性,可用来制作铁路货车、机器的覆盖布,挠性容器、活动车库、帐篷和降落伞及各种高档人造革制品等。

此外,聚酰胺纤维还广泛用于制作传动运输带、消防软管、缝纫线、安全带等多种产业用品。

3. 地毯用纤维 地毯用聚酰胺纤维正逐年增长,特别是新技术的开发赋予纤维以抗静电、阻燃的特殊功能,加之旅游、住宅业的兴旺也促进了地毯用纤维的增长。近年来,随着聚酰胺BCF(膨体长丝)生产的迅速发展,大面积全覆盖式地毯均以聚酰胺簇绒地毯为主,其风格多变,多用于家居、宾馆、公共场所和车内装饰等,很有发展前途。

三、聚酰胺纤维的改性及新品种

聚酰胺纤维有许多优良性能,但也存在一些缺点,如模量低,耐光性、耐热性、抗静电性、染色性以及吸湿性较差,需要加以改进,以适应各种用途的要求。

改进聚酰胺纤维性质的方法一般分为化学改性法和物理改性法两种。化学改性的方法有共聚、接枝等,以改善纤维的吸湿性、耐光性、耐热性,染色和抗静电性;物理改性的方法有改变喷丝孔的形状和结构,改变纺丝成型条件和后加工技术等,以改善纤维的蓬松性、伸缩性、手感、光泽等性能,如纺制复合纤维、异形纤维、混纤丝或经特殊热处理的聚酰胺丝,可获得各种聚酰胺差别化纤维。

(1)异形截面纤维:可以改善纤维的手感、弹性和蓬松性,并赋予织物以特殊光泽。聚酰胺异形纤维的截面形状主要有三角形、四角形、三叶形、多叶形、藕孔形和中空形等。中空纤维由于内部存在着气体,还可改善其保暖性。

(2)混纤丝:一般采用异收缩丝混纤和不同截面、不同线密度丝的混纤技术。高收缩率和低收缩率纤维的混纤组合,使纱线成为包芯、空心和螺旋形等结构;不同截面和线密度丝的组合,则可利用纤维间弯曲模量的差异,避免单纤维间的紧密充填而造成柔和蓬松的手感,并赋予织物以丰满感和悬垂性。

（3）抗静电、导电纤维：为了克服聚酰胺纤维易带静电的缺点，可使用亲水性化合物作为抗静电剂与聚酰胺进行共聚或共混，以获得抗静电纤维。抗静电剂一般是离子型、非离子型和两性型的表面活性剂。纤维的抗静电是靠吸湿使静电荷泄漏而获得的。如日本东丽公司开发的 NylonL 就是在聚己内酰胺的大分子中引进聚乙二醇（PEG）组分，生成 PA6—PEG 共聚物，其比电阻约为 $10^8\Omega\cdot cm$，具有良好的抗静电性能。

导电纤维是基于自由电子传递电荷或半导体特征性导电，因此其抗静电性能不受环境湿度的影响。用于导电纤维的导电成分一般有金属、金属化合物、碳素等。如美国 Du Pont 公司开发的 Antron－Ⅲ产品是混有有机导电纤维的聚酰胺 BCF 膨体长丝，其混纤比例为 $1\%\sim2\%$，其中的有机导电纤维是由含有炭黑的聚乙烯为芯层，聚酰胺 66 为皮层的复合纤维，其比电阻为 $10^3\sim10^5\Omega\cdot cm$，该产品已广泛应用于 BCF 簇绒地毯。

（4）高吸湿纤维：对服用聚酰胺纤维进行吸湿改性是为了提高穿着的舒适性，使它容易吸湿透气。其改性方法可应用聚氧乙烯衍生物与己内酰胺共聚，经熔融纺丝后，再用环氧乙烷、氢氧化钾、马来酸共聚物对纤维进行后处理而制得。此外，还可将聚酰胺纤维先溶胀，再用金属盐溶液浸渍和稀碱溶液后处理等方法，以获得高吸湿聚酰胺纤维。

据报道，意大利 Snia Fibre 公司开发的 Fibre—S 是一种改性高吸湿聚酰胺纤维，即在聚己内酰胺中添加 20% 的聚－4,7－二氧环癸烷己二酰二胺，通过共混纺丝而制得，其强度和吸湿性有很大改善，这种纤维的吸湿性与棉相似，且具有柔软的优良手感。

（5）耐光耐热纤维：聚酰胺纤维在光或热的长期作用下，会发生老化，使性能变差。其老化机理是在热和光的作用下，形成游离基，产生连锁反应而使纤维降解的结果，特别是当聚酰胺纤维中含有消光剂二氧化钛时，在日光的照射下，与之共存的水和氧生成的过氧化氢会使二氧化钛分解而引起聚酰胺性能恶化。为了提高其耐光、耐热性，目前已研究了各种类型的防老剂，如苯酮（benzophenone）系的紫外光吸收剂；酚、胺类的有机稳定剂；铜、锰盐等无机稳定剂。采用锰盐无机稳定剂对于提高聚酰胺纤维的耐光性更为有效。

（6）抗菌防臭纤维：抗菌防臭纤维又称抗微生物纤维，其制造方法大体有两种。一是在聚酰胺纺丝成型前添加抗菌药物，另一种是对成型后的纤维或织物进行后整理。两者相比，前法的抗菌耐久性较好，但由于添加剂是在纺丝前加入，与聚酰胺一起经受整个纺丝成型、后加工过程，故对抗菌剂的稳定性要求高，否则其抗菌效果有较大减弱；后法的工艺过程简单，容易应用于生产，但应注意选择水溶性较小的抗菌药物，以提高使用过程中的耐洗涤性。

用于聚酰胺的抗菌剂一般为有机类抗菌剂和无机类抗菌剂。如采用 2－溴肉桂醛和 2－（3，5－二甲基吡唑）－6－羧基－4－苯基吡啶，也是众所周知的卫生剂，被聚酰胺 66 吸附后，具有抗菌效果，可抑制白癣菌增长。常用的无机类抗菌剂，以载有 Ag^+、Cu^{2+}、Zn^{2+} 等的沸石、磁酸盐及硅为主，也有采用纳米 TiO_2、纳米 ZnO 等。

抗菌防臭聚酰胺纤维不仅是作袜子的理想材料，而且还用于鞋垫、运动鞋以及运动衫、贴身内衣等。

（7）改善"平点"效应的聚酰胺帘子线：聚酰胺纤维的模量较低，且纤维的含水率对其玻璃化温度影响较大,因此在使用过程中容易变形,作为轮胎帘子线,易产生"平点"效应。为了克服这一缺点,可采用共混纺丝技术,即在聚酰胺中加入模量较高而对水不敏感的组分,制备共混纤维,以提高纤维的抗变形和抗湿热降解的能力。如美国 Du Pont 公司的 N-44G 和 Allied 公司的 EF-121(AC-0001)改性聚酰胺纤维,前者为聚酰胺 66/聚间苯二甲酰己二胺共混纤维,后者为聚酰胺 6/聚对苯二甲酸乙二酯共混纤维,这两种产品均能显著改善聚酰胺帘子线轮胎的"平点"效应。

(8)聚酰胺纤维新品种:近年,世界各国都致力于研究开发高强、高模、耐高温聚酰胺纤维,如脂环族聚酰胺纤维、芳香族聚酰胺纤维等,成为商品化聚酰胺纤维新系列品种。有关内容将在本书第九章第二节中论述。

复习指导

本章要求了解聚酰胺制备原理及生产工艺控制,掌握聚酰胺分子聚集态结构特征,聚酰胺高速纺丝工艺与聚酰胺纤维结构和性能的关系,了解聚酰胺纤维后加工的方法及原理,熟悉不同后加工处理的聚酰胺纤维的用途,了解聚酰胺新品种特性及其制备方法。

第四章　聚丙烯纤维

聚丙烯纤维(Polypropylene fiber,PP)是以丙烯聚合得到的等规聚丙烯树脂为原料,经过纺丝制成的纤维状材料,在我国的商品名为丙纶。1954年以前,丙烯聚合只能获得低聚合度的非结晶性产物,没有实用价值。1954年齐格勒(Ziegler)和纳塔(Natta)发明了齐格勒—纳塔(Ziergler—Natta)催化剂,并制成具有较高立构规整性、可结晶的全同立构聚丙烯(也称为等规聚丙烯,iPP)之后,聚丙烯才真正用于纤维及塑料制品的生产。1957年,意大利的蒙特卡蒂尼(Montecatini)公司首先实现等规聚丙烯的工业化生产,并在之后推出商品名为Meraklon的聚丙烯纤维工业化产品,后期美国和加拿大也相继开始聚丙烯纤维的生产。1964年,聚丙烯膜裂纤维问世;20世纪70年代,聚丙烯短程纺工艺与设备和膨体连续长丝装备也相继实现了产业化,其产品在地毯行业获得广泛应用;20世纪80年代中后期,聚丙烯一步法纺丝机、空气变形机与复合纺丝机的发展以及非织造布技术的出现和迅速发展使聚丙烯纤维在装饰和产业方面的用途进一步拓宽。

丙烯聚合催化剂的发展,例如茂金属催化剂具有催化活性高、活性中心单一、定向配位聚合能力强等突出优点,使得聚丙烯树脂的等规度进一步提高(99.5%以上),为聚丙烯纤维生产提供了更加质优的原料,拓展了聚丙烯纤维生产和应用的空间。

第一节　聚丙烯纤维原料

一、等规聚丙烯的合成

聚丙烯纤维的原料——等规聚丙烯是以丙烯为单体原料,经过单体聚合而制成的热塑性树脂,其分子结构为$\pm CH_2—CH(CH_3)\pm_n$。根据甲基在主链平面的位置不同,聚丙烯有几种不同的空间排布。甲基在主链平面的一侧为等规聚丙烯(isotactic polypropylene)、甲基随机分布在主链平面的两侧为无规聚丙烯(atactic polypropylene)、甲基有规律地交替分布在主链平面的两侧为间规聚丙烯(syndiotatic polypropylene)。具体获得哪种构型取决于所用催化剂的类型和聚合反应条件。

(一)单体与催化剂

单体丙烯(propylene,$CH_2=CHCH_3$)常温下为无色、稍带有甜味的气体。其分子量为42.08g/mol,密度为0.5139g/cm³,冰点为-185.3℃,沸点为-47.4℃。易燃,易爆(爆炸极限为2%~11%),容易液化。丙烯不溶于水,溶于有机溶剂,是一种低毒类物质。因为有不饱和双键存在,能通过催化剂引发自由基进行聚合生产聚丙烯。

聚丙烯工业发展的关键是丙烯聚合催化剂及其相应的聚合工艺的进步,而催化剂是聚丙烯技术发展的核心,也是对聚合技术、产品性能起决定性的影响因素。催化剂活性和选择性的不断提高及催化剂形态的不断改善,使聚丙烯生产工艺大为简化,投资和生产成本大幅度降低,聚丙烯的应用范围大为拓宽,推动聚丙烯产业的高速发展。自 1954 年发现 Ziegler－Natta 催化剂以来,等规聚丙烯催化剂已从需脱灰、脱无规物的第一代催化剂发展到现代高活性、高立构选择性的第六代催化剂。随着茂金属催化剂和非茂单活性中心催化剂的问世,目前,已经形成多种催化剂共同发展的局面。表 4－1 给出等规聚丙烯催化剂的发展情况。

表 4－1　等规聚丙烯催化剂的发展阶段

时间	催化剂代数	催化剂构成		催化活性/$(kg \cdot g^{-1})$	产品等规度/%	特点
		主催化剂	辅助催化剂			
1954 年	1	$\delta － TiCl_3/AlCl_3$（占 1/3）	$AlEt_2Cl$	2～4	90～94	效率低,多中心
1970 年	2	$\delta － TiCl_3$	$AlEt_2Cl$	10～15	94～97	有杂质,多中心
1968 年		$MgCl_2/TiCl_4$	AlR_3	15	40	等规度低,多中心
1971 年	3	$MgCl_2/TiCl_4$/苯甲酸酯	AlR_3/苯甲酸酯	15～30	95～97	活化 $MgCl_2$ 为载体,多中心
1980 年	4	$MgCl_2/TiCl_4$/邻苯二甲酸酯(内给电子)	AlR_3/硅烷（外给电子）	40～70	95～99	活化 $MgCl_2$ 为载体,多中心
1988 年	5	$MgCl_2/TiCl_4$/1,3-二醚(内给电子)	AlR_3/硅烷（可以不用）	70～130	95～99	活化 $MgCl_2$ 为载体,多中心
1999 年		$MgCl_2/TiCl_4$/琥珀酸酯	AlR_3/硅烷	40	95～99	活化 $MgCl_2$ 为载体,多中心
1999 年	6	茂金属催化剂	甲基铝氧烷（MAO）或硼化物		＞98	单中心,选择性高

(二)等规聚丙烯的合成

聚丙烯的合成一般有淤浆法、溶液法、液相本体法、气相本体法 4 种工艺。

1. 淤浆法

淤浆法是最早采用的聚丙烯生产工艺之一。将丙烯单体溶解在惰性液相溶剂中(如己烷),在催化剂作用下进行溶液聚合,聚合物以固体颗粒状悬浮在溶剂中,采用釜式搅拌反应器进行;以离心过滤方法分离聚丙烯颗粒再经气流沸腾干燥和挤压造粒。该工艺有脱灰、脱无规物和溶剂回收工序,流程长,能耗高。从 20 世纪 80 年代起基本处于停滞,逐渐被液相本体法取代。

2. 溶液法

溶液法是美国柯达公司开发的使用高沸点直链烃作溶剂,在高于聚丙烯熔点的温度下聚合制得聚丙烯的技术。其主要工艺特点是:

(1)使用高沸点直链烃作溶剂,聚合物全部溶解在溶剂中呈均相分布,为均相反应。

(2)通过高温气提方法蒸发脱除溶剂得到熔融聚丙烯,再经过挤出造粒得到粒料产品。

3. 液相本体法

采用液相本体法生产聚丙烯,是在反应体系中不加任何其他溶剂,将催化剂直接分散在液相丙烯中进行丙烯液相本体聚合反应。聚合物从液相丙烯中不断析出,以细颗粒状悬浮在液相丙烯中。随着反应时间的延长,聚合物颗粒在液相丙烯中的浓度增大。当丙烯转化率达到一定程度时,经闪蒸回收未聚合的丙烯单体,即得到粉料聚丙烯产品。这是一种比较先进的聚丙烯工业生产方法,是 20 世纪 70 年代后期的主打技术。

根据聚合反应器的不同,分为釜式聚合工艺和管式聚合工艺,经过多年的发展和竞争,目前应用较多的主要有 Basell 公司的 Spheripol 工艺、日本三井化学公司的 Hypol 工艺和 Borealis 公司的 Borstar 工艺等。

Spheripol (图 4-1)工艺于 1982 年实现工业化,是目前最成功、应用最广的聚丙烯生产工艺之一。它是一种液相预聚合与液相均聚及气相共聚相结合的技术,一般由一个(或多个)环管反应器和一个(或多个)串联的气相流化床反应器组成,在环管反应器中进行均聚合或无规共聚,在气相流化床中进行抗冲共聚物的生产。此流程虽然较长,但设备简单,投资低,操作稳定,产品性能优良。

4. 气相本体法

气相本体法的主要工艺特点是系统不用溶剂,丙烯单体以气相状态在反应器中进行气相本体聚合,流程短,设备少,安全性高,成本低。

聚合反应器有气相立式搅拌床(如巴斯夫 Novolen 工艺,见图 4-2)、卧式搅拌床(阿莫科/埃尔帕索工艺)和流化床(如联碳/壳牌 Unipol 工艺)。Novolen 工艺是 BASF 公司于 1969 年开发成功的。此工艺主要特点是操作模式灵活,通常采用两台 $75m^3$ 的立式、内装双螺带式搅拌器的气相搅拌釜,两釜可以串联或并联。用单釜可生产均聚物、无规共聚物及三元共聚物;用串联的双釜可生产抗冲或嵌段共聚物;用并联的双釜可使均聚物的生产能力提高 70%～100%。

Innovene 工艺的特点是其独特的接近活塞流的卧式搅拌床反应器。物料在反应器中的停留时间分布接近柱塞流形式且分布范围很窄,催化剂几乎无短路,反应器的性能远高于串联返混式反应器。因此,该工艺具有开车简单,产品切换容易,过渡料少,聚合物产量高,能耗低等优点。采用 Innovene 的专利报道的 CD 催化剂,具有高活性和高选择性,无须预处理,可生产均聚物、无规共聚物和在较宽范围内刚性和冲击强度平衡性好的抗冲击共聚物。

Unipol 工艺是 20 世纪 80 年代中期由 UCC 公司和壳牌公司联合开发的,现由 DOW 公司拥有。该工艺具有设备少,流程简单,操作、维修方便,节能、高效等特点。该工艺的核心设备为气

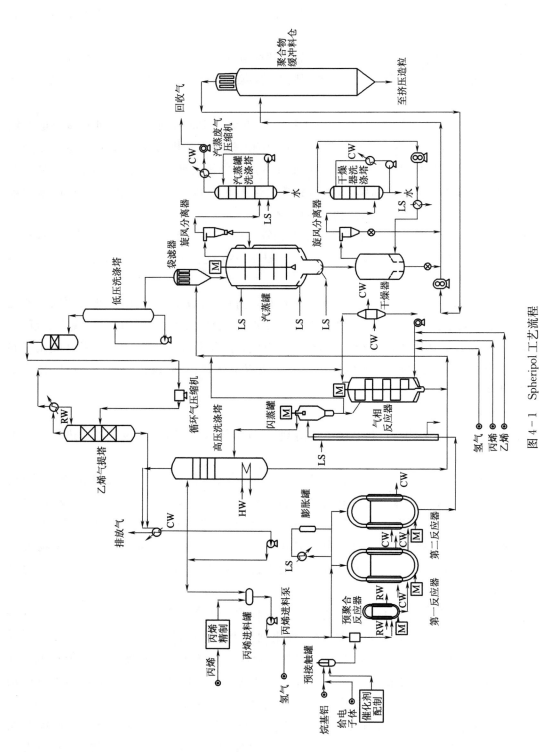

图 4 - 1 Spheripol 工艺流程

CW—冷凝介质(循环水) LS—蒸汽(低压) RW—冷冻水 HW—热媒

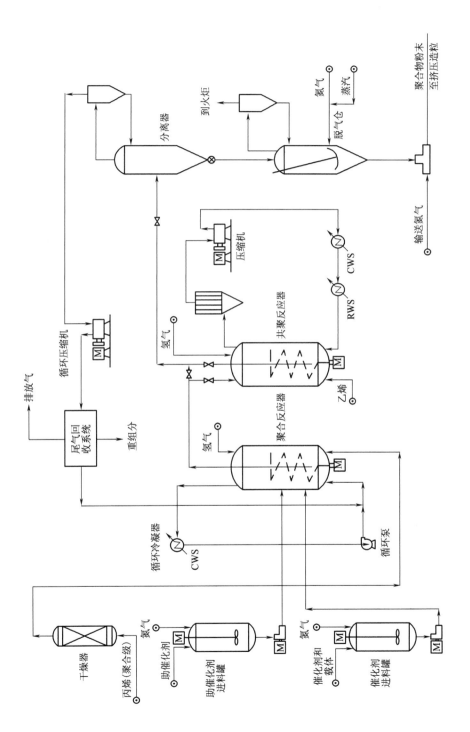

图 4 - 2 Novolen 工艺流程

RWS—冷冻水给水 CWS—冷却水给水

相流化床反应器、循环气压缩机、循环气冷却器和挤压造粒机组。该工艺采用高效催化剂体系，主催化剂为高效载体催化剂 SHAC，助催化剂为三乙基铝。催化剂无须预处理，可生产等规度高达 99% 的均聚物、具有宽熔体流动速率范围的无规共聚物以及乙烯含量高达 19%、橡胶含量高达 38% 的具有高冲击性能的共聚物。

各种聚丙烯技术路线对比列于表 4-2。

表 4-2　聚丙烯技术路线对比

聚合方式		工艺技术	催化体系	技术归属商	产品特点	
预聚合	均聚反应器				MFI 范围	PI 范围
小环管反应器	双环管反应器	Spheripol	MC 系列催化剂	Basell	宽	宽
小环管反应器	单串连环管反应器＋气相流化床反应器	Bostar	BC 催化剂	Borealis	宽	宽
无	气相流化床反应器	Unipol	SHAC	Dow/UCC	较窄	较窄
无	立式气相搅拌釜	Novolen	PTK 高效	ABB—Equistar	较窄	较窄
无	卧式气相搅拌釜	Innovene	CD 催化剂	BP Innovene	较窄	较窄
无	本体搅拌釜＋气相流化床反应器	Hypol	四代高效催化剂	三井化学		

(三)聚丙烯的造粒

等规聚丙烯的聚合产物一般为粉末状，粉末状聚丙烯直接加工困难，且由于聚丙烯含有叔碳原子，产物易于产生降解，因此需要在纺丝前进行挤压造粒，挤压造粒的工艺流程如图 4-3 所示。造粒时一般要加入抗氧剂、光稳定剂、防静电剂、酸中和剂、滑爽剂等以提高聚丙烯的热稳定性、光稳定性和可加工性。常用的抗氧剂是受阻酚类，如抗氧剂 264、抗氧剂 1010、抗氧剂 3114、抗氧剂 1076、抗氧剂 330 等。光稳定剂包括紫外线吸收剂(如水杨酸酯、苯甲酸酯等、二苯甲酮等)、猝灭剂(如硫代双酚、二硫代亚磷酸酯等)和自由基捕获剂(受阻胺)。此外还要加入酸中和剂，主要是硬脂酸钙。

二、等规聚丙烯的结构

聚丙烯是以碳原子为主链的大分子，根据其甲基在空间排列位置的不同，有等规、间规、无规三种立体结构(图 4-4)。聚丙烯分子主链上的碳原子在同一平面，其侧甲基可以在主链平面上下呈不同的空间排列。

等规聚丙烯(Ⅰ)的侧甲基在主链平面的同一侧，各结构单元在空间有相同的立体位置，立体结构规整，很容易结晶。间规聚丙烯(Ⅱ)的侧甲基有规则地交替分布在主链平面的两侧，也有规整的立体结构，容易结晶。无规聚丙烯(Ⅲ)的侧甲基完全无序地分布在主链平面的两侧，分子对称性差，结晶困难，是一种无定形的聚合物。

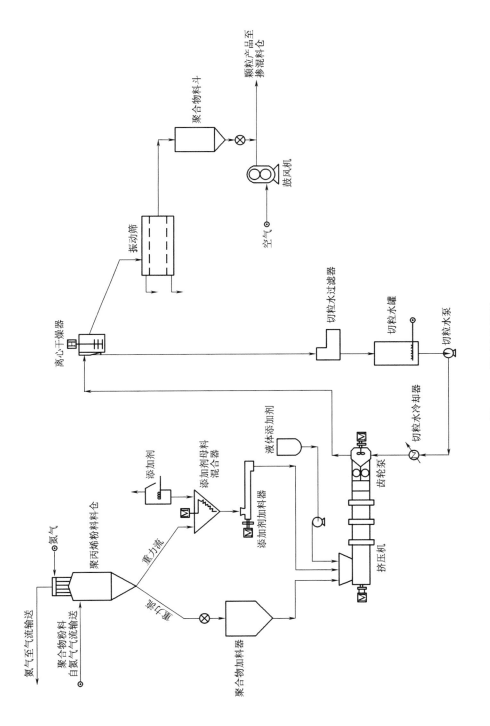

图 4 - 3 挤压造粒流程

成纤用聚丙烯是具有高结晶性的等规聚丙烯,其结晶为一种有规则的螺旋链(图 4-5)。这种结晶中,不仅单个链有规则结构,且在链轴的直角方向也有规则的链堆砌。

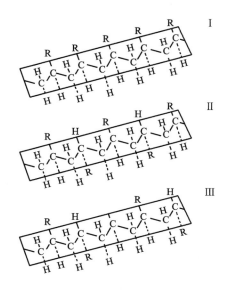

图 4-4 聚丙烯的立体结构(R 为—CH₃)

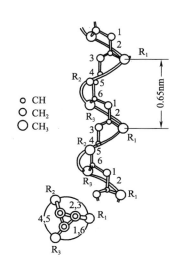

图 4-5 聚丙烯的螺旋结构

由图 4-5 可看到,聚丙烯的甲基按螺旋状沿碳原子主链有规则地排列,其等同周期为 0.65nm,在平面上甲基的等同周期为 0.235nm,它们之间不是整数倍关系,因此设想甲基是按一定角度排列的螺旋结构,在螺旋结构中有右旋和左旋、侧基向上和侧基向下 4 种。其中 C—C 单键的距离为 0.154nm,键角为 114°,侧链键角是 110°。

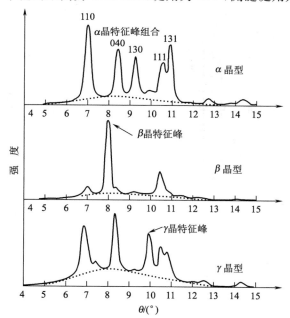

图 4-6 聚丙烯的 α、β、γ 晶体的 WAXD 衍射图

等规聚丙烯有 α、β、γ、δ 和拟六方 5 种结晶变体,其中与加工成型有关的主要有 α、β 和拟六方晶型。α 晶型为普通的单斜晶系晶体,在 138℃ 左右产生,结构致密,其熔点为 180℃,密度为 0.936g/cm³。β 晶型属六方晶系结构,在 128℃ 以下产生,其稳定性较单斜晶系差,在一定温度下会转变成 α 晶型,密度为 0.939g/cm³。拟六方晶型是一种准晶或近晶结构的碟状液晶,将等规聚丙烯材料熔融后骤冷至 70℃ 以下,或在 70℃ 以下进行冷拉伸,即形成这种拟六方晶型,其密度为 0.88g/cm³;拟六方晶型最不稳定,在 70℃ 以上即发生晶体转变,其晶体转变活化能约为 64.8~68.9kJ/mol。这种拟六方晶型有利于进行后拉伸。图 4-6 为聚丙烯的 α、β、γ 晶体的

WAXD 衍射图。不同的衍射峰对应不同的晶面。α 晶型在 110、040、130、111 和 131 晶面产生特征吸收。

将渐冷等温结晶的薄膜试样用偏光显微镜观察,可见到球晶结构。表 4 - 3 为等规聚丙烯几种球晶的特征。

球晶的数目、大小和种类对二次加工的性质有很大影响。屈服应力与单位体积中球晶数的平方根成正比,在相同的结晶度时,球晶小的,屈服应力与硬度较大,因成型及热处理条件不同,其弯曲刚性和动态黏弹性也有差别。球晶中,I、II 及混合型易屈服变形,伸长较大,而 III、IV 型则变形小。

聚丙烯的结晶速度随结晶温度而变化,温度过高,不易形成晶核,结晶缓慢;温度过低,由于分子链运动困难,也使结晶难于进行,通常在 125～135℃时结晶速度较快。聚丙烯等规度高,结晶速度也快,在其他条件相同时,高分子量的聚丙烯结晶速度较慢。添加少量有机金属盐,如苯甲酸铝等成核剂,可使结晶速度增加。聚丙烯初生纤维的结晶度约为 33％～40％,经后拉伸,结晶度上升至 37％～48％,再经热处理,结晶度可达到 65％～75％,表 4 - 4 给出了各种聚丙烯样品的结晶度。

表 4 - 3　等规聚丙烯球晶的特征

球　晶	晶　系	特　征	双折射率	结晶温度/℃
I	单斜晶	正双折射	$+0.003\pm0.001$	<134
II	单斜晶	负双折射	-0.002 ± 0.0005	>138
I＋II	单斜晶	正负双折射混合	—	～138
III	六方晶	负双折射	-0.007 ± 0.001	<128 与 I 混合出现
IV	六方晶	与 III 相似的鳞片状	负	128～132

表 4 - 4　各种聚丙烯样品的结晶度

试　　样		密度/ (g·cm⁻³)	比体积/ (cm³·g⁻¹)	结晶度/%	几种红外线波长时测定的结晶度/%		
					10.03μm	11.90μm	12.37μm
100%结晶		0.936	1.070	100	—	—	—
等规聚丙烯原样		0.9103	1.1002	64	5.7	—	—
热处理	缓冷	0.9075	1.1036	60	58	49	75
	骤冷	0.8991	1.1112	—	—	—	—
100%无定型		0.867	1.153	—	—	—	—
无规聚丙烯原样		0.8667	1.1582	14	0	—	4
热处理缓冷		0.8678	1.1567	15	4	—	3
100%无规		0.856	1.172	—	—	—	—

三、等规聚丙烯的性质

(一)相对分子质量和相对分子质量分布

等规聚丙烯的相对分子质量及其分布对其熔融时的流动性质及成品纤维质量有很大影响。

聚丙烯的相对分子质量可用特性黏度$[\eta]$表征。测定特性黏度的常用溶剂有十氢萘、四氢萘和1,2,4-三氯代苯。在一定的温度下,特性黏度与相对分子质量的关系见表4-5。

表4-5 一定的温度下特性黏度与相对分子质量的关系

溶　剂	温度/℃	特性黏度与相对分子质量的关系式	
		等规聚合体	无规聚合体
十氢萘	135	$[\eta]_1=1.07\times10^{-4}M^{0.8}$	$[\eta]_1=1.38\times10^{-4}M^{0.8}$
四氢萘	135	$[\eta]_2=0.8\times10^{-4}M^{0.8}$	—
1,2,4-三氯代苯	135	$[\eta]_3=0.76\times10^{-4}M^{0.8}$	—

由表可见,同一聚丙烯试样,采用不同的溶剂体系,测得的特性黏度值是不同的,它们之间的关系为:

$$[\eta]_1=1.34[\eta]_2=1.41[\eta]_3$$

聚丙烯相对分子质量分布的测定相当复杂,使用的方法有淋洗分级法、凝胶渗透色谱法、沉淀法等。等规聚丙烯的相对分子质量分布系数一般为4~7。

工业上也用熔融指数(MI)❶表征聚丙烯的相对分子质量,熔融指数和特性黏度及相应的相对分子质量之间的关系,如图4-7和图4-8所示。

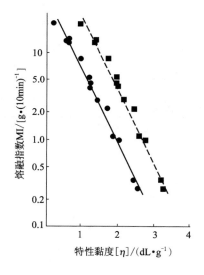

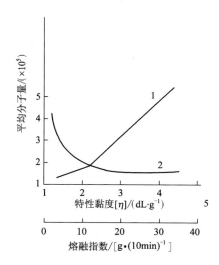

图4-7 $[\eta]$与MI的关系

■—溶剂为十氢萘

●—溶剂为1,2,4-三氯代苯

图4-8 相对分子质量与MI的关系

1—特性黏度$[\eta]$　2—熔融指数

($[\eta]$是在135℃十氢萘中测定)

熔融指数对于高分子量聚合物较敏感,可用来表征高分子量聚丙烯的相对分子质量,特性

❶ 在温度为230℃,荷重为21.17N时,流经直径为2.0950mm、长为8mm的细孔,在10min内挤出的聚丙烯熔体质量(g),单位为g/10min。

黏度对于低分子量聚合物较敏感,可用来表征较低分子量聚丙烯的相对分子质量。

(二)等规度

等规聚丙烯的等规度一般大于 95%,因此其具有很强的结晶能力,同时会大大改善产品的力学性能。测定聚丙烯的等规度一般用萃取法,此法是基于无规聚丙烯在标准溶剂中,于标准条件下的选择溶解度。通常所说的等规度是指"沸腾庚烷不溶物"或"沸腾十氢萘不溶物"的量。

(三)热性质

文献报道的聚丙烯的玻璃化温度有不同数值,无规聚丙烯的玻璃化转变温度为 $-15 \sim -12℃$。等规聚丙烯的玻璃化温度根据测试方法而有不同的值,其范围在 $-30 \sim 25℃$。

聚丙烯的熔点为 $164 \sim 176℃$,高于聚乙烯低于聚酰胺。等规度越高,熔点也越高;对同一试样,若升温速度缓慢或在熔点附近长时间缓冷,也会使熔点升高;相对分子质量对熔点的影响不大。

聚丙烯具有较高的热焓($915J/g$)和较低的热扩散系数($10^{-3} cm^2/s$),因此其熔体的冷却固化速率较低,加工时应注意成型条件的选择。

聚丙烯的导热系数为 $(8.79 \sim 17.58) \times 10^{-2} W/(m \cdot K)$,是所有纤维中最低的,因此其保温性能最好,优于羊毛。聚丙烯在无氧时,有相当好的热稳定性,但是在有氧时,它的耐热性却很差,因此聚丙烯在加工及使用中,防止其产生热氧化降解非常必要。一般通过加入抗氧剂及紫外线稳定剂来防止其降解。

(四)流动性能

图 4-9 为聚乙烯、聚丙烯、聚酯及聚酰胺的流动曲线。图 4-10 为茂金属催化与传统的齐格勒—纳塔催化等规聚丙烯的流动曲线。

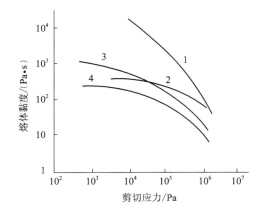

图 4-9　聚乙烯、聚丙烯、聚酯及聚酰胺的流动曲线
1—聚乙烯,150℃　2—聚酯,280℃
3—聚丙烯,230℃　4—聚酰胺 66,280℃

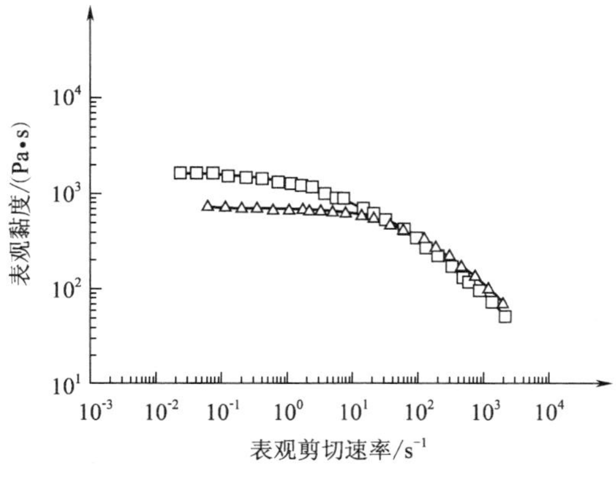

图 4-10　茂金属催化与传统的齐格勒—
纳塔催化聚丙烯的流动曲线
△—茂金属催化　□—齐格勒—纳塔催化

由图 4-9 可知,聚酯及聚酰胺在剪切应力为 $10^4 \sim 10^5 Pa$ 时,仍显示出牛顿流动行为,而聚乙烯和聚丙烯熔体在同样的剪切应力下,已经严重偏离牛顿流动行为,出现了切力变稀现象。聚丙烯相对分子质量越大,相对分子质量分布越宽,熔体温度越低,其偏离牛顿流动的程度越显

著,严重时还会产生熔体破裂,特别是当选用孔径较小的喷丝板、采用较低温度和较高的挤出速率纺丝时。由图4-10可知,茂金属催化聚丙烯对剪切速率的敏感性小于传统的齐格勒—纳塔催化聚丙烯,这与其具有较窄的相对分子质量分布一致。

聚丙烯相对分子质量及其分布对聚丙烯流动性质的影响,如表4-6所示。

表4-6　聚丙烯相对分子质量及其分布对聚丙烯流变性质的影响

特性黏度/ $(dL \cdot g^{-1})$	多分散系数 M_w/M_n	MI(230℃)/ $[g \cdot (10min)^{-1}]$	临界切变 速率/$(L \cdot s^{-1})$	临界切变 应力/MPa	黏流活化 能/$(kJ \cdot mol^{-1})$
1.48	4.6	9.58	7600	0.42	41.45
1.95	5.3	2.32	1200	0.35	43.38
2.33	4.3	0.84	1100	0.40	48.57
3.28	5.3	0.18	100	0.31	74.53

由表4-6可知,聚丙烯相对分子质量越高,越容易出现假塑性流动行为,越易产生熔体破裂。升高温度可使熔体的切变黏度降低,降低幅度取决于高聚物的相对分子质量和加工时的剪切速率或应力。较低相对分子质量的聚合物的黏度对温度变化的敏感性小于较高相对分子质量的聚合物;高剪切速率下黏度对温度的敏感性更强。

聚丙烯熔体从毛细孔中挤出时的胀大效应与其相对分子质量、相对分子质量分布及加工成型条件有关。毛细孔直径增大,毛细孔长度增加,毛细孔中平均剪切速率减小或温度升高,挤出胀大效应减小,反之胀大效应显著。胀大效应对纺速及喷出细流的稳定性及卷绕丝的结构有重要影响。因此,应合理选择纺丝成型条件,以避免胀大效应过大。

(五)耐化学性及抗生物性

等规聚丙烯是碳氢化合物,因此其耐化学性很强。在室温下,聚丙烯对无机酸、碱、无机盐的水溶液、去污剂、油及油脂等有很好的化学稳定性。氧化性很强的试剂,如过氧化氢、发烟硝酸、卤素、浓硫酸及氯磺酸会侵蚀聚丙烯;有机溶剂也能损害聚丙烯。大多数烷烃、芳烃、卤代烃在高温下会使聚丙烯溶胀和溶解。

聚丙烯具有极好的耐霉性和抑菌性,不需任何整理手段即可防蛀。

四、成纤聚丙烯的质量要求

聚丙烯既不像聚酰胺具有氢键,也不像聚酯具有偶极键,为获得良好的性能,聚丙烯必须具有较高的相对分子质量、化学纯度及立构规整性。成品纤维的强度随聚丙烯相对分子质量的增加而增大,但分子量过高亦会导致黏度增加,弹性效应显著,可纺性下降。因此,纤维级聚丙烯的相对分子质量一般控制在180000～360000(MI＝4～40g/10min)。相对分子质量分布系数(α)控制在6以下。

聚丙烯大分子链上不含极性基团,吸水性极差,且水分对聚丙烯的热氧化降解影响不大,所以其在纺丝前不必干燥。

常用纤维级聚丙烯切片的质量指标如下：

相对分子质量	$(18\sim36)\times10^4$	相对分子质量分布系数 α	<6
熔点	164～172℃	灰分	<0.05%
含水率	<0.1%	铁钛含量	<20mg/kg

对熔融流动指数很低的聚丙烯，可利用化学降解法制得熔融流动指数较高的聚丙烯。化学降解法的实质是将带有活性自由基的低分子量有机过氧化物（如过氧化丁基己烷，萜烷过氧化氢等）与等规聚丙烯切片混合，使相对分子质量偏大的聚丙烯发生降解，同时导致聚丙烯的相对分子质量分布降低。表4-7为过氧化物加入量与聚丙烯的相对分子质量及其分布的关系。

表4-7　过氧化物加入量与聚丙烯的相对分子质量及其分布的关系

过氧化物加入量/%	重均分子量	相对分子质量分布	熔融指数/[g·(10min)$^{-1}$]
0	766000	5.5	0.4
0.026	453000	3.5	3.4
0.051	318000	3.1	8.6
0.108	231000	2.8	28.0
0.146	181000	2.7	51.0
0.175	157000	2.7	81.0
0.24	135000	2.5	149

第二节　聚丙烯纤维的成型加工

等规聚丙烯是一种典型的热塑性高聚物，其熔体形态及流动性质与其相对分子质量及分布有着密切的关系。不同熔融指数的聚丙烯适于不同的纺丝方法，产品性能也不同。表4-8列出了常用聚丙烯的熔融指数、相对分子质量及其分布、加工方法及产品用途。

表4-8　常用聚丙烯的熔融指数、相对分子质量及其分布、加工方法及产品用途

MI/[g·(10min)$^{-1}$]	$\overline{M}_w/\overline{M}_n$	$\overline{M}_w/\times10^{-3}$	加工工艺	产　品　用　途
35	2.9	180	常规法、POY、FDY	卫生或农用非织造布、特殊用途纺织长丝
25	3.4	180	常规法、POY、FDY	卫生或农用非织造布、特殊用途纺织长丝
20	6	220	BCF、短程纺	细旦或卫生巾用非织造布、地毯、针刺地毡
18	4.5	190	短程纺、POY、FDY	产业用纺织用丝、地毯
12	6.5	220	短程纺、低速纺	产业用纺织品、高级卫生用非织造布
12	2.6	220	FDY、POY、纺粘法	产业用纺织品、农业用非织造布
18	4.2	220	短程纺	高强丝、过滤织物

下面分别介绍各种纺丝方法。

一、常规熔体纺丝

和聚酯、聚酰胺一样,聚丙烯可以用常规熔纺工艺纺制长丝和短纤维。由于纤维级聚丙烯具有较高的相对分子质量和较高的熔体黏度,熔体流动性差,故需采用高于聚丙烯熔点100～130℃的挤出温度(熔体温度),才能使其熔体具有必要的流动性,满足纺丝加工要求。

纺制长丝时,卷绕丝收集在筒管上,经热板或热辊在90～130℃下拉伸4～8倍。生产高强度纤维时,应适当提高拉伸比,以提高纤维的取向度。拉伸之后,要对纤维进行热定型,以完善纤维结构,提高纤维尺寸稳定性。

纺制短纤维一般采用几百或上千孔的喷丝板。初生纤维集束成60～110ktex的丝束,在水浴或蒸汽箱中于100～140℃下进行二级拉伸,拉伸倍数为3～5倍,然后进行卷曲和松弛热定型,最后切断成短纤维。

(一)混料

由于聚丙烯染色困难,所以常在纺丝时加入色母粒以制得色丝。色母粒的添加主要有两种形式:一是将固态色母粒经计量直接加入聚丙烯中;二是将色母粒熔融后,定量加入挤出机压缩段的末端与熔融聚丙烯混合。后者的投资较大,但混合精度较高。

(二)纺丝

聚丙烯纤维的纺丝设备和聚酯纤维相似,但也有其特点。通常使用大长径比的单螺杆挤出机,螺杆的计量段应长而浅,以减少流速变化,有利于更好的混合,得到组成均一的流体。

工业用聚丙烯纤维都是高特对应聚丙烯熔体细流较粗,骤冷比较困难且挤出胀大比较大,因此其所用喷丝板通常具有以下特征:喷丝孔分布密度应较小,以确保冷却质量;喷丝孔孔径较大,一般为0.5～1.0mm;喷孔长径比较大,为2～4,以避免熔体在高速率剪切时过分膨化导致熔体破裂。

根据聚丙烯纤维应用领域的不同,选择不同的原料及纺丝条件,可以获得不同强度的纤维。表4-9为聚丙烯的相对分子质量分布及拉伸比对纤维强度的影响。图4-11为聚丙烯纤维的结晶度与取向度对强度的影响。可见,要得到高强度纤维,必须选择相对分子质量分布较窄的高分子量聚丙烯,同时进行高倍拉伸,以提高纤维的结晶度和取向度。

表4-9　相对分子质量分布及拉伸比对纤维强度的影响

起始相对分子质量[1]	纺丝用聚合物相对分子质量	纤维相对分子质量	纤维相对分子质量分布[2]	不同拉伸比的强度/(cN·dtex^{-1})		
				3.7	4.2	4.7
330000	190000	170000	0.51	5.1	6.3	6.8
300000	185000	172000	0.75	4.5	5.4	5.8
195000	195000	180000	0.92	4.1	4.8	5.6

①聚合物经预先降解处理后用于纺丝。
②纺丝后聚合物的相对分子质量。

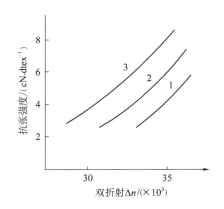

图 4-11　聚丙烯纤维的结晶与取向度
对纤维强度的影响
1—结晶度为 0　2—结晶度为 28%～32%
3—结晶度为 56%～61%

1. 纺丝温度　纺丝温度直接影响着聚丙烯的流变性能、聚丙烯的降解程度和初生纤维的预取向度。因此，纺丝温度是熔体成型中的主要工艺参数。

纺丝温度主要是指纺丝箱体（即纺丝区）温度。纺丝温度过高，熔体黏度降低过大，纺丝时容易产生注头丝和毛丝；同时还会因为熔体黏度过小，流动性大，而形成自重引伸大于喷头拉伸造成的并丝现象。纺丝温度过低，熔体黏度过大，出丝困难且不均匀，造成喷丝头拉伸时产生熔体破裂无法卷绕，严重时可能出现全面断头或硬丝。根据生产实践，聚丙烯纺丝区温度要高于其熔点 100～130℃。

聚丙烯的相对分子质量增大，纺丝温度要相应提高，如图 4-12 所示。

聚丙烯的相对分子质量分布不同，纺丝温度也不同。当相对分子质量分布系数在 1～4 内变化时，纺丝温度的变化范围在 30℃ 左右；相对分子质量分布越宽，则采用的纺丝温度也越高。实践表明，纺短纤维时，应选用 MI 为 6～20g/10min 的聚丙烯切片；而纺长丝时应选用 MI 为 20～40g/10min 的聚丙烯切片。

前已指出，聚丙烯有较高的相对分子质量和熔体黏度，在较低温度下纺丝时，初生纤维可能同时产生取向和结晶，并形成高度有序的单斜晶体结构。若在较高的纺丝温度下纺丝，因结晶前熔体流动性大，初生纤维的预取向度低，并形成不稳定的碟形结晶结构，所以可以采用较高的后拉伸倍数获得高强度纤维。图 4-13 中线条 1 给出了初生纤维的取向随熔体温度的变化。

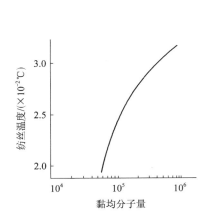

图 4-12　聚丙烯相对分子质量与
纺丝温度的关系

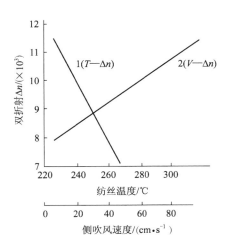

图 4-13　分子取向随纺丝温度和冷却吹风速度的变化
1—分子取向随纺丝温度的变化　2—分子取向随冷却吹风速度的变化

2. 冷却成型条件 成型过程中的冷却速度对聚丙烯纤维的质量有很大影响。若冷却较快，纺丝得到的初生纤维是不稳定的碟状结晶结构；若冷却缓慢，则得到的初生纤维是稳定的单斜晶体结构。冷却条件不同，初生纤维内的晶区大小及结晶度也不同。当丝室温度较低时，成核速度大，晶核数目多，晶区尺寸小，结晶度低，有利于后拉伸。

冷却条件不同，初生纤维的预取向度也不同。增加吹风速度会导致初生纤维预取向度增加，如图 4-13 中线条 2。较高取向度还会导致结晶速度加快，结晶度增大，不利于后拉伸，因此合理选择冷却条件至关重要。

实际生产中，丝室温度以偏低为好。采用侧吹风时，丝室温度可为 35～40℃；环吹风时可为 30～40℃，送风温度为 15～25℃，风速为 0.3～0.8m/s。

3. 喷丝头拉伸 喷丝头拉伸不仅使纤维变细，且对纤维的后拉伸及纤维结构有很大影响。在冷却条件不变的情况下，增大喷丝头拉伸比，纤维在凝固区的加速度增大，初生纤维的预取向度增加，结晶变为稳定的单斜晶体，纤维的可拉伸性能下降。聚丙烯纺丝时，喷丝头拉伸比一般控制在 60 倍以内，纺丝速度一般为 500～1000m/min，这样得到的卷绕丝具有较稳定的结构，后拉伸容易进行。表 4-10 为初生纤维性质与喷丝头拉伸的关系。

表 4-10 初生纤维性质和喷丝头拉伸的关系

喷丝头拉伸比（倍数）	线密度/tex	屈服应力/($cN \cdot dtex^{-1}$)	强度/($cN \cdot dtex^{-1}$)	伸度/%	$\Delta n/(\times 10^3)$
12.7	188.32	0.4	0.54	1140	7.15
27	70.07	0.46	0.64	977	12.5
54	34.1	0.49	0.86	980	13.5
116	16.61	0.55	1.11	791	15.5
233	9.24	0.58	1.27	680	16.5
373	5.5	0.64	1.39	580	17.5

4. 挤出胀大比 聚丙烯熔体黏度大，非牛顿性强，其纺丝的挤出胀大比比聚酯大。当挤出胀大比增大时，熔体细流拉伸性能逐渐变差，且往往会产生熔体破裂，使初生纤维表面发生破坏，有时呈锯齿形和波纹形，甚至生成螺旋丝。若纺丝速度过高或纺丝温度偏低，其切变应力超过临界切变应力时就会出现熔体破裂，影响纺丝和纤维质量。表 4-11 为聚丙烯特性黏度和熔体温度对挤出胀大比(B_0)的影响。可见，随着熔体温度的降低或聚丙烯相对分子质量即特性黏度的增大，挤出胀大比增大。

表 4-11 特性黏度和熔体温度对胀大比的影响

温度/℃	B_0	
	$[\eta]=1.27dL/g$	$[\eta]=1.90dL/g$
190	2.8	4.2
230	1.5	2.8
280	1.3	2.1

　　控制适宜的相对分子质量、适当提高纺丝温度、增大喷丝孔径、增大喷丝孔长径比，可以减少细流的膨化和熔体破裂；也可在聚丙烯切片中加入分子量调节剂等来改善聚丙烯的可纺性，提高纤维质量。

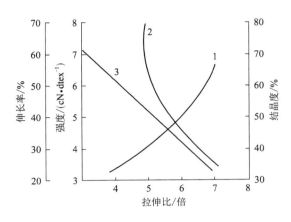

图 4-14　拉伸比与纤维强度、伸长率、

结晶度之间的关系

1—强度　2—伸长率　3—结晶度

(三)拉伸

　　熔纺制得的聚丙烯初生纤维虽有较高的结晶度（33%～40%）和取向度（Δn 在 $1\times10^{-3}\sim6\times10^{-3}$），但仍需经热拉伸及热定型处理，以赋予纤维强力及其他性能。

　　其他条件相同时，纤维的强度取决于大分子的取向程度，提高拉伸倍数可提高纤维的强度，降低纤维的伸长率和结晶度，如图 4-14 所示。但过大的拉伸倍数，会导致大分子滑移和断裂。工业生产中，拉伸倍数的选择应根据聚丙烯的相对分子质量及其分布和初生纤维的结构来决定。

　　相对分子质量较高或相对分子质量分布较宽时，选择的拉伸比应较低，如图 4-15 和图 4-16 所示；初生纤维的预取向度较低或形成结晶结构较不稳定时，可选择较大的拉伸比，如图 4-17 所示。

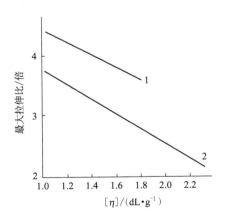

图 4-15　$[\eta]$ 与拉伸性能的关系

1—MI=15g/10min　2—MI=0.4g/10min

（不同 $[\eta]$ 的聚丙烯用有机过氧化物降解得到）

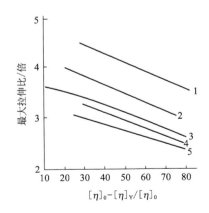

图 4-16　相对分子质量分布与拉伸比之间的关系

1—$[\eta]$=1.2　2—$[\eta]$=1.5　3—$[\eta]$=1.7

4—$[\eta]$=1.85　5—$[\eta]$=2

$[\eta]_0$—原始切片的特性黏度　$[\eta]_Y$—无油丝特性黏度

$([\eta]_0-[\eta]_Y)/[\eta]_0$—相对分子质量分布，

该值越大相对分子质量分布越窄

拉伸温度影响拉伸过程的稳定及纤维结构。拉伸温度过低,拉伸应力大,允许的最大拉伸倍数小,纤维强度低且会使纤维泛白,出现结构上的分层。拉伸温度高,纤维的结晶度增大,如图 4-18 所示。温度过高,分子过度热运动会导致纤维在取向时,强度的增加幅度减少,且会破坏原有的结晶结构。因此聚丙烯纤维的拉伸温度一般控制在 120~130℃。因为在此温度下,纤维性能最好,结晶速度也最高。

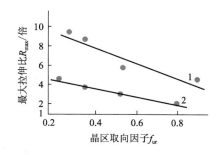

图 4-17　晶区取向因子与最大拉伸比
之间的关系

1—结晶以六方晶系为主　2—结晶以单斜晶系为主

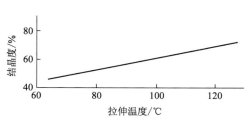

图 4-18　拉伸温度对结晶度的影响

聚丙烯纤维的拉伸速度不宜过高,因为过高的拉伸速度会使拉伸应力大大提高,纤维空洞率增加,增加拉伸断头率。短纤维拉伸速度为 180~200m/min;生产长丝时拉伸速度一般为 300~400m/min。

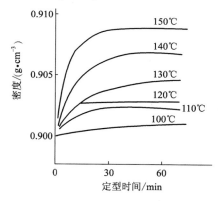

图 4-19　热处理温度和时间对聚丙烯
纤维密度的影响

聚丙烯短纤维拉伸为二级拉伸,第一级拉伸温度为 60~65℃,拉伸倍数为 3.9~4.4 倍;第二级拉伸温度为 135~145℃,拉伸倍数为 1.1~1.2 倍。总拉伸倍数:棉型纤维为 4.6~4.8 倍;毛型纤维为 5~5.5 倍。

聚丙烯长丝的拉伸为双区热拉伸,热盘温度为 70~80℃,热板温度为 110~120℃。总拉伸倍数为 5 倍左右。

(四)热定型

聚丙烯纤维经热处理,能改善纤维的尺寸稳定性,改善纤维的卷曲度和加捻的稳定性,并使纤维的结晶度由 51% 提高到 61% 左右。热处理提供了激化分子运动的条件。随着内应力的松弛,结构变得较为稳定和完整。图 4-19 为热定型温度和时间对聚丙烯纤维密度的影响。可见在一定温度范围内,结晶度随定型温度的提高和时间的延长而增大。结晶度增加的原因是热处理使某些内部的结晶缺陷得到愈合,并使一些缚结分子和低分子进入晶格。张力会妨碍这个过程的进行,因此松弛条件下结晶变化要比张力条件下的变化更显著。定型温度一般为 120~130℃。

二、高速纺丝

聚丙烯纤维高速纺(POY)设备及工艺与用于涤纶和锦纶 POY 生产的设备工艺基本相同。切片经螺杆熔融塑化后,从喷丝孔中挤出,经冷却和上油直接卷绕成筒,再经牵伸变形可加工成各种规格的低弹聚丙烯长丝 DTY,也可牵伸加捻成长复丝(DT)。纺丝卷绕速度一般在 2000~3500m/min。

纺速对初生纤维结晶度、取向度和拉伸断裂强度都有影响,见表 4-12。代表纤维取向的声速随纺丝速度的增加而提高容易理解,归于纺丝速度增加而诱导的大分子链沿纺程的排布程度高,这种取向又能进一步诱导结晶的发生,所以表观结晶度也随纺丝速度增加而变大。值得注意的是纤维的拉伸断裂强度并非随纺丝速度增加线性增大,而是先增大后减小。主要因为在高速纺丝下对纤维形态结构的损伤会在纤维上产生应力集中点,不利于提高纤维拉伸断裂强度。

表 4-12 初生纤维的声速、结晶程度、力学性能与纺速的关系

纺丝速度/(m·min⁻¹)	表观结晶度/%	声速/(cm·s⁻¹)	晶区取向度	纤维断裂强度/(cN·dtex⁻¹)
1000		19.2		1.94
1500		21.9	0.733	2.01
2000	51.48	23.3	0.779	1.90
2500	53.76	23.6	0.792	1.86
2800	55.47			
3000	60.53	24.2	0.781	1.80
3200	61.56			

聚丙烯纤维也可以采用高速纺丝和拉伸同时进行的一步法成型,直接得到成品纤维,即所谓的 FDY。FDY 的成型设备及工艺是在 POY 工艺的基础上,在纺程上增加了几对牵伸热辊(图 4-20),利用热辊间的速度差完成对纤维的牵伸,同时也有设定温度的热辊以满足对纤维热定型的要求。此工艺可生产高强或一般强力的复丝。图 4-21 是一家企业生产有色聚丙烯纤维的卷绕现场。

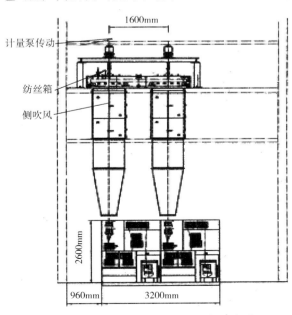

图 4-20 聚丙烯纤维(FDY)设备示意图

图 4-21 有色聚丙烯纤维(FDY)卷绕

123

三、膜裂纺丝

膜裂纺丝法是将聚合物先制成薄膜,然后经机械加工方式制得纤维。根据机械加工方式不同,所得纤维又分为割裂纤维和撕裂纤维两种。

割裂纤维(又称为扁丝)是将挤出或吹塑得到聚丙烯薄膜引入切割刀架,将其切割成 2.5～6mm 宽、20～50μm 厚的扁带,再经单轴拉伸得到的线密度为 555～1670dtex 的扁丝,它可用来代替黄麻制作包装袋、地毯衬底织物、编织带、绳索及某些装饰性织物等。

割裂纤维的成膜工艺有两种:平膜挤出法和吹塑薄膜法。前者生产的割裂纤维线密度较均匀,但手感及耐冲击性稍差;后者生产的纤维手感好,但产品的线密度不均匀,编织难度较大。割裂纤维的拉伸有窄条拉伸法和辊筒拉伸法。辊筒拉伸法是在薄膜未切割时进行拉伸,然后切割成纤,这种纤维的边缘不收缩,有利于生产厚包装带(袋),但其力学性能比拉伸扁条稍低,热收缩率较大,因而其产品耐热性能差,不能做地毯底布,特别适用于生产包装织物。当要求产品具有较低的热收缩率时,需对其进行热定型,定型温度应比拉伸温度高 5～10℃,定型收缩率一般控制在 5%～8%。

撕裂纤维也称原纤化纤维。它是将挤出或吹塑得到的薄膜经单轴拉伸,使其大分子沿着拉伸方向取向而提高断裂强度,降低断裂伸长,然后经破纤装置将薄膜开纤,再经物理—化学或机械作用使开纤薄膜进一步离散成纤维网状物或连续长丝。

撕裂纤维生产的关键是薄膜的原纤化,有如下三种原纤化方法:

(一)无规机械原纤化

无规机械原纤化是通过机械作用使薄膜或由薄膜制成的扁条发生原纤化,形成长度和宽度均不相等的无规则网状结构。如将拉伸的聚丙烯薄膜或扁条穿过一对涂胶辊,而其中至少有一个辊能在垂直于薄膜的运动方向摆动,使这些扁条同时受到两个方向的力的作用,最终这些扁条被搓裂成形状不规则、线密度不均匀的网状纤维,如图 4 - 22 所示。

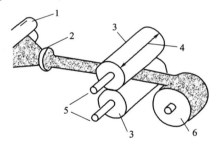

图 4 - 22　无规机械原纤化示意图
1—模头　2—定径环
3,4,5—胶辊及其传动　6—卷绕辊

(二)可调机械原纤化

可调机械原纤化是通过机械作用使薄膜或由薄膜制成的扁条发生原纤化,形成具有均匀网格的网状结构或者均匀尺寸的纤维,有如下三种方法用于生产。

1. 针辊切割法　这是一种受到关注并已得到普及的方法。它是将数万根钢针安装在针辊上,针辊与薄膜同方向运行,同时刺透薄膜,使之裂纤成具有一定规则的网状结构的纤维。网格的几何结构和纤维粗细由针辊与薄膜的接触长度、针辊与薄膜的相对运动速度及针的配置所决定。如采用小直径针辊并使针辊与薄膜的接触长度很短,会得到极不规则的、具有杂乱小孔的网状物,这种网状物由彼此相连的较粗的纤维构成;如采用大直径针辊和长的接触长度,会得到不规则的、具有长孔的网状物,这种网状物由彼此相连的、较细的纤维构成。

针辊法生产的纤维的线密度一般为 5.5～33dtex,适合于做低级地毯、包装材料以及股线、绳索等,也用做薄膜增强材料。该纤维经梳理、加捻或与其他纤维混纺,可得到普通纺织纱线,用于编织和针织加工。

2. 异型模口挤出法　挤压热塑性熔体,使其通过一个异型的平膜模口(模口的截面形状为沟槽形),得到具有刻痕的宽幅异型薄膜,其中的条筋(隆脊)之间由强度很弱的薄膜相互连接。拉伸取向时,弱的薄膜被破坏,条筋分裂成多根连续长丝。其外观和截面形状与普通长丝相似,没有无规机械原纤化丝的那种网状结构。

异型模口挤出法生产的纤维的线密度一般为 7.7～77dtex,主要用于优质绳索、包装和保护材料、地毯以及工业用织物。

3. 辊筒压纹法　用一个带有条痕的压力辊对挤出薄膜进行压纹。压纹可以在薄膜仍为流体时进行,也可在其固化后进行。例如,将宽度和厚度适当的熔体薄膜或经预热的薄膜送入一个由一个光面辊和一个压纹辊组成压力间隙,经过该间隙后薄膜被压成一系列完全或部分分开的或由极薄的薄膜连接着的连续薄膜条,该薄膜条经过热箱拉伸和热定型,可得到类似于异型长丝的连续丝条。

辊筒压纹法生产的纤维种类与异型模口挤出法相似,但该法有更多的优点:用不同槽距和外形的压纹辊,可在很宽的范围内改变纤维横截面形状,因此该纤维用途更广;变更丝条的分丝棒,可改变丝条根数;生产过程容易控制、稳定,纤维均匀度较高。

(三)化学—机械原纤化

化学—机械原纤化是指成膜前在聚合物中加入一些其他成分,引入的成分在成型后的薄膜中呈现为非连续相,在冷却拉伸中,薄膜中这些非连续相便成为应力集中点,并随之引起机械原纤化。在薄膜中引入泡沫,使之成为薄膜中的间断点,当泡沫薄膜拉伸取向时,薄膜中的气泡被拉长导致薄膜原纤化。

不论用哪种方法引入间断点,都需进一步机械处理,以扩展裂纤作用,并形成一种真正的纤维状的产品。这种方法特别适用于那些用机械方法难以裂纤或不能裂纤的薄膜。化学—机械原纤化法得到膜裂纤维也是无规则的,但是由于这种裂纤过程比较缓和,故纤维的均匀性较好。

四、短程纺丝

短程纺丝是指有冷却丝仓而无纺丝甬道的熔体纺丝方法。这种方法的特点是冷却效果好,纺丝细流的冷却长度较短(为 0.6～1.7m),没有纺丝甬道,纺丝丝仓、上油盘及卷绕机均在一个操作平面上,设备总高度大大降低,并相应降低了空调量和厂房的投资,因此从 20 世纪 80 年代开始,短程纺丝技术发展迅速。现已经开发出的短程纺丝技术有三种:低速短程纺丝、中速短程纺丝和高速短程纺丝。

(一)低速短程纺丝

以意大利 MODERNE 公司为代表的短程纺丝工艺如图 4 - 23 所示。它是将纺丝速度降低到常规纺集束的速度,以增加喷丝板的喷丝孔数来补偿由于纺速下降而减少的产量。因此其特点是:纺速低,一般仅为6~40m/min;喷丝板孔数多,达70000~90000孔;冷却吹风速度高。由于纺丝速度低,缩短了丝束的冷却距离,无纺丝甬道,为了保证冷却效果,必须提高冷却吹风速度,使丝束在很短的距离内冷却成型。常规纺丝吹风速度小于1m/s,短程纺吹风速度为20~50m/s,有时可达100m/s。

图 4-23　低速短程纺丝工艺流程图

低速短程纺的工艺流程如下:

母粒计量↘

PP切片计量→混料斗→挤压机→过滤器→纺丝→环吹风→牵引上油→七辊拉伸机→蒸气加热→七辊拉伸机→上油→收幅→张力调节→卷曲→松弛热定型→切段断→打包

此工艺生产的制品为短纤维。

1. 纺丝设备与工艺　该技术采用$\phi200mm$、$L/D=35$的螺杆挤压机,多孔环形喷丝板,中心放射形冷却环吹风结构。例如,纺1.7~2.8dtex的纤维时喷丝板孔数为73800孔,纺2.8~6.7dtex的纤维时喷丝板孔数为37200孔,纺6.7~25dtex的纤维时喷丝板孔数为18144孔。

由于所用挤压机的螺杆长径比较大,螺杆各区温度应较低,一般为210~240℃。短程纺的熔体细流剪切速率小于常规纺,一般不会产生熔体破裂;由于纺速较低,喷丝头拉伸减小,会增大孔口胀大现象,但可减小不均匀拉伸,缓和结晶过程,实现稳定纺丝。风口宽度和风口与板面距离可调节,纺2.8dtex纤维时,风口上端与板面距离为5~6.5mm,纺6.7~17dtex时为9~12mm。

2. 拉伸　经上油的丝束直接送去拉伸,拉伸热辊温度为90℃,拉伸热箱温度为120~160℃,拉伸比为3~4倍,拉伸速度为70~180m/min。

3. 卷曲　拉伸后经再上油的丝束在进入卷曲机前经过张力调节装置和卷曲热箱,由卷曲上下辊挟持输送至填塞箱内。由于经过拉伸的纤维具有较高的结晶度,所以机械卷曲要在纤维的T_g以上进行,卷曲温度在120℃左右,卷曲速度要略高于引出速度。

(二)中速短程纺丝

中速短程纺丝工艺流程与低速短程纺基本相同,但其拉伸设备为三对拉伸辊,因此其占地面积(长×宽×高＝18m×6.2m×5.4m)更小。

1. 纺丝设备与工艺　纺丝设备与工艺和低速短程纺大体相同,但也有所区别:喷丝板为矩形,喷丝板的孔数相对较少,例如,纺1.65dtex时为1300孔,纺2.75～3.3dtex时为700孔,纺6.6dtex时为350孔;丝束冷却用侧吹风,风速为0.6m/s;纺速较高,一般为400～600m/min;由于纺速提高,熔体挤出速度增大,因此应适当调高纺丝温度或增大喷丝板孔径,以防熔体破裂。

2. 拉伸设备与工艺　拉伸设备为三对拉伸辊,如图4－24所示。拉伸工艺参数包括各对拉伸辊的温度和线速度控制:一般是第一对拉伸辊90℃,线速度400～600m/min;第二对拉伸辊150℃,线速度1100～1200m/min;第三对拉伸辊180℃,线速度1400m/min。在第二对拉伸辊与第一对拉伸辊之间实现一级拉伸,拉伸2.8～3.2倍;在第三对拉伸辊与第二对拉伸辊之间实现二级拉伸,拉伸1.1倍。

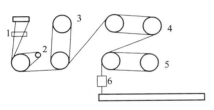

图4－24　拉伸过程示意图

1—油轮　2—卷绕罗拉　3,4,5—拉伸对辊
6—空气变形器

3. 卷曲变形　经拉伸的丝束垂直进入空气变形器。压缩空气进入气杯,然后由三个不同角度不同形状小孔与进丝孔连通,利用空气向下的速度,使丝束进口产生负压然后进入填塞箱,丝束在填塞箱内进行不规则的填塞,形成三维卷曲。压缩空气压力1.2～1.5MPa,温度为190～220℃。在变形器下部通入压缩冷空气,强制冷却高温卷曲状的丝束,同时使丝束定形。卷曲后的丝束落到骤冷辊上进行冷却定形。经切断得卷曲度高达20%～30%的三维卷曲纤维。卷曲机变形能力为2.75ktex。

(三)高速短程纺丝

高速短程纺的特点是生产速度高,后处理的最大拉伸速度为3000m/min,但后处理丝束总线密度低,约为2.22ktex。产品具有三维卷曲,可用来生产非织造布及仿毛产品。纺丝设备与工艺控制与中速短程纺丝类似,丝束冷却采用密闭式环吹风冷却,冷却条件与常规纺丝一致;拉伸设备也为三对拉伸辊,在第一、第二对热辊之间进行第一级拉伸,在第二、第三对热辊之间进行第二级拉伸并定型,两级拉伸的拉伸比分配为9:1。拉伸温度分别为:冷导辊为常温,第一对辊为80℃,第二对热辊100℃,第三对辊120～160℃。拉伸后的纤维进入卷曲变形,最后送去切断及打包。

五、膨体变形长丝的纺制

膨体变形长丝(BCF)是将经过拉伸后的丝束通过热空气变形装置加工而成的变形丝。这种变形装置由气体加热、膨化变形、冷却定型、温度压力控制系统等组成。BCF膨松性好,三维卷曲成型稳定,手感优良,广泛用于纺织工业,如粗线密度BCF可用做簇绒地毯的绒头材料、中线密度BCF可用于机织做装饰材料、细线密度BCF可用做内衣等。

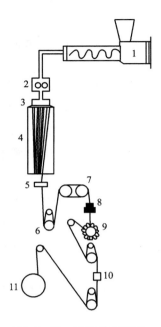

图 4 - 25   BCF 生产流程

1—挤压机　2—计量泵　3—纺丝组件

4—丝仓　5—油盘　6,7—牵伸辊

8—变形箱　9—冷却吸鼓

10—冷却器　11—高速卷绕机

BCF 生产有一步法、二步法及三步法,但应用最广泛的是纺丝—拉伸—变形一步法,如图 4-25 所示。

由喷丝孔下行的丝束上油后,经拉伸进入热空气变形装置的主要部件——膨化变形器(简称为膨化器)时,受到具有一定压力、速度和温度的气体喷射作用,而发生三维弯曲变形。然后经变形箱和冷却吸鼓定型而获得卷曲。

丝束膨化变形效果主要反映在卷曲收缩率上,它是衡量 BCF 质量的重要指标。当加工 BCF 的膨化器一定时,变形效果与丝束喂入速度、压缩气体温度、压力以及丝束自身特性等有关。

(一)喂入速度对丝束膨化变形的影响

BCF 的膨化变形可在较大的丝速(喷嘴的丝束喂入速度)范围内进行。但丝速太低,丝束和气流间的相对速度增大,丝束表面会形成一气流层,速度越低,该气流层与丝束贴得越紧,从而使丝束不易开松而影响变形。一般速度应控制在 800m/min 以上。图 4-26 是丝束喂入速度与卷曲收缩率的关系。

(二)压缩空气温度对丝束膨化变形的影响

聚丙烯具有热塑性,加热到一定温度时易变形。BCF 的变形加工正是利用这一点。当具有一定压力的热压缩空气进入变形箱后,即对丝束进行加热,使之呈热塑状态,并推动丝束前移堆积和变形。在其他条件一定时,变形效果取决于丝束的热塑性状态,因此,压缩空气温度是影响变形效果的主要因素之一。通常压缩空气温度要高于纤维的玻璃化温度,低于软化点及熔点。温度太低,变形效果不好;温度太高,丝束的颜色发生变化,手感变硬,甚至熔融黏结,给操作带来困难。实际生产中,应根据压缩空气压力和膨化器型号等设定温度,尽量取下限值,以保证丝束柔软。对于闭式膨化变形器,压缩空气温度一般控制在120~180℃,而开式膨化器,压缩空气温度一般控制在110~160℃。图 4-27 为压缩空气温度与卷曲收缩率的关系。

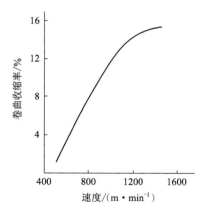

图 4-26　丝束喂入速度与卷曲收缩率的关系

气体压力 0.8MPa,气体温度 180℃,

产品规格 150tex/120f

(三)压缩空气压力对丝束膨化变形的影响

压缩空气压力决定着气流喷射作用的强弱。压缩空气压力越高,丝束受到的弯曲作用力就越大,膨化变形效果也就越好,如图 4 - 28 所示。不同的膨化器所需压缩空气压力不同。封闭式膨化器大多控制在 0.5~0.8MPa,而开式膨化器压力则要控制在 0.8~1MPa。

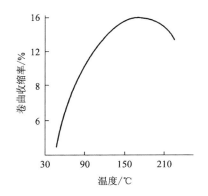

图 4 - 27　压缩空气温度与卷曲收缩率的关系
纺速 1.2km/min,压缩空气压力 0.8MPa,
纤维规格 150tex/120f

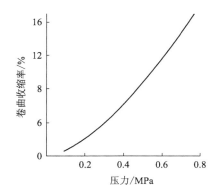

图 4 - 28　压缩空气压力与卷曲收缩率的关系
纺速 1.2km/min,压缩空气温度 160℃,
纤维规格 150tex/120f

(四)丝束特性对膨化变形的影响

丝束特性包括单丝的截面形状、单丝线密度及含油率。若丝的横截面为非圆形,则各单丝间的附着力小,易开松、分离和卷曲变形。单丝线密度越小,弯曲变形越容易,蓬松性就越好。含油率过大不易于开松,所以应对 BCF 的含油率加以控制。

六、纺黏法非织造布生产技术

纺黏法非织造布可以采用不同的工艺过程进行加工。最具有代表性且被广泛应用的是德国的 Reicofil 工艺和 Docon 工艺,其工艺流程如图 4 - 29 所示。

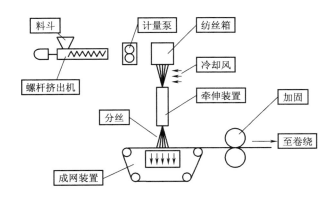

图 4 - 29　纺黏法非织造布工艺流程

聚丙烯、聚丙烯色母粒及毛边料进入螺杆挤出机后，被加热熔融并送入熔体过滤器过滤，然后熔体由计量泵定量输送到纺丝箱；熔体经纺丝箱的管道分配后，均匀地到达喷丝头，并在一定压力作用下从喷丝孔中挤出成熔体细流，接着由侧吹风冷却成丝并落下至拉伸系统。图4-30为常见纺丝拉伸系统。

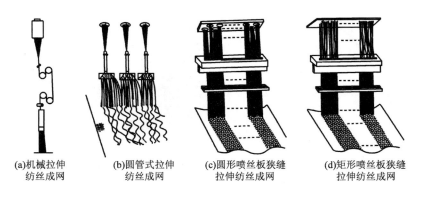

(a)机械拉伸　　(b)圆管式拉伸　　(c)圆形喷丝板狭缝　　(d)矩形喷丝板狭缝
纺丝成网　　　纺丝成网　　　拉伸纺丝成网　　　拉伸纺丝成网

图4-30　常见纺丝拉伸系统

狭缝拉伸纺丝成网以 Reicofil 为代表，该工艺采用的是抽吸式负压拉伸（图4-31）。即在拉伸道底部通过一台大功率抽风机吸气，使拉伸道呈负压，空气从拉伸道上部进入并在拉伸的喉部（在可调的导板Ⅰ处形成的最窄的狭缝）形成了自上而下流动的高速气流。因高速气流速度远高于丝条挤出速度，因此丝条对运动的摩擦阻力就成为施加在丝条上使其加速运动的主要动力。丝条在气流的摩擦力作用下加速运动并受到拉伸。在风道底部导板Ⅱ使风道逐渐扩大，气流在该区域内速度减缓，并形成一个紊流场，使拉伸后的丝条产生扰动并不断铺落至不断运行的输送网帘上，形成杂乱分布的纤维网，该纤维网经热辊热轧及冷辊定型后进入卷装机成卷。

圆管式拉伸纺丝成网以 Docoan 工艺为代表，其采用的是高压压缩空气喷嘴拉伸。喷嘴内部呈锥形，外部是圆管形。具有较高压力的压缩空气在喷嘴处挟持丝条，并对丝条进行拉伸，拉伸后丝条由分纤器分纤，再由摆丝机构进行往复摆动铺网，经热轧及冷却定型得成品。

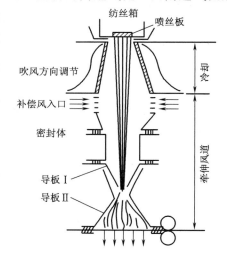

图4-31　抽吸式负压拉伸示意图

（一）纺丝

纺丝工艺包括切片熔融挤压、熔体过滤和纺丝成型。熔融挤压和熔体过滤与常规聚丙烯纤维生产设备一样。组件及喷丝板一般为矩形，组件及喷丝板数取决于喷丝板自身的宽度及非织造布的幅宽。

1.纺丝温度　螺杆各区温度取决于原料及螺杆结构。对熔融指数为 25～35g/10min 的聚丙烯切片,螺杆各区温度为 225～280℃,一般大直径、大长径比螺杆温度可适当降低。箱体温度对纤维直径的影响如图 4－32 所示,聚合物熔体温度越高,纤维直径越细。这是因为,当聚合物熔体温度降低时,其黏度增大,在气流拉伸力不变的情况下,聚合物从喷丝头挤出变得困难,因而不容易被拉伸变细,而使纤维直径增加;当聚合物熔体温度升高时,黏度减小,拉伸程度增大,因而纤维直径减小。

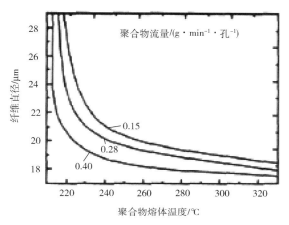

图 4－32　聚合物熔体初始温度变化

2. 熔体压力　滤前压力为 13～15MPa,滤后压力为 10MPa,泵前压力为 3MPa。

3. 计量泵转数与网帘速度　计量泵转数与网帘速度对非织造布面密度的影响如图 4－33 所示,当计量泵转速一定时,网帘速度增加,织物面密度减小;而当网帘速度一定时,计量泵转速增加,织物面密度有增大的趋势。前者的原因是网帘速度增加,纤维铺叠层数减小,所以面密度减小。后者的原因是计量泵转速增加,单位时间内熔体挤出量增加,纤维铺叠层数增加,所以面密度变大。

计量泵转速也影响所得非织造布的纤维的直径(图 4－34),计量泵转速增加纤维直径增大,丝条在拉伸场内有效拉伸减少,非织造布强度下降,手感僵硬。因此应根据产品规格对计量泵转速及泵供量加以控制,如表 4－13 所示。

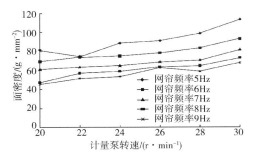

图 4－33　计量泵转数与网帘速度与
织物面密度的关系

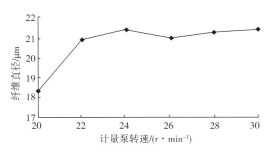

图 4－34　计量泵转速与织物纤维
直径的关系

表 4－13　计量泵转速及泵供量 Recofil 工艺

产品规格/(g·m⁻²)	计量泵转速/(r·min⁻¹)	泵供量/(g·min⁻¹)
15～40	13	1583
50～85	18.5	2253
100～200	24.5	2983
210～300	37	4505

4. 侧吹风　图 4－35 是不同侧吹风温度下纤维直径随熔体温度变化的曲线。可见，侧吹风温度越高，纤维直径越小。原因有三个方面：首先吹风温度升高，气流拉伸力增大，拉伸程度增加，会使纤维直径减小；其次，吹风温度升高，会使长丝纤维冷却的速度变慢，聚合物受到的拉伸时间长，容易被拉伸变细，从而导致纤维直径减小；最后，吹风温度升高时，会使聚合物熔体的黏度和应力减小，因而也会使纤维直径减小。

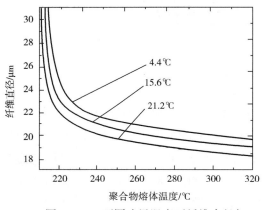

图 4－35　不同吹风温度下纤维直径与
聚合物熔体温度的关系

一般情况，吹风速度为 0.2～0.6m/s；风温为 15～17℃；风的相对湿度为 70%～90%。

(二)气流拉伸

这是纺黏法的技术关键，影响气流拉伸效果的因素除熔体挤出速度及冷却条件外，还有气流拉伸形式、气流速度及丝条断面形状。

(1)气流拉伸形式：气流拉伸张力的来源主要是丝束对气流的摩擦阻力，而摩擦阻力与气流密度成正比，正压牵伸时，气流密度大，摩擦阻力也大，拉伸线上的张力大，有利于拉伸，而负压拉伸则相反。若欲改善拉伸效果必须加大进气口开度。

(2)气流速度：丝束与空气的摩擦阻力与气流速度 v_x 的二次方成正比，因此提高气流速度可有效提高丝束在拉伸线上的张力，提高丝条的取向度。在 Reicofil 工艺上，可通过减小狭缝宽度提高风速，改善拉伸性能；也可以保持狭缝宽度不变，通过增加抽吸风量提高气流速度。实践表明，将风量由原来的 18000m³/h 增加到 27000m³/h，拉伸效果明显改善，见表 4－14。在 Docan 工艺上主要通过提高压缩空气压力来提高风速。

表 4－14　调整工艺前后的质量对比

指　　标	规格 20g/m²		规格 200g/m²	
	前	后	前	后
条干不均率变异系数/%	19.2	10	14.5	7.8
纵向强度/cN	18	30	185	232
横向强度/cN	10	19.5	165	215

(3)铺网:Reicofil铺网是借牵伸气流惯性自然形成。Docan工艺铺网是借助摆丝器的作用,使丝条落到运动的网帘上形成纤维网。摆丝器及网帘的运动轨迹和速度决定丝网的厚薄及质量。网帘下方有抽吸装置,它能吸走管中冲下的气流,防止纤维网被吹散。

(4)纤维网后加工:纤维网后加工是指将纤维网固结成非织造布的过程。常用的方法有热黏合法及针刺法,薄型产品多用热黏合法,厚型用针刺法。热黏合法主要是利用热轧机,使纤维网在受热和受压的情况下发生黏合作用。黏合温度与产品规格有关,见表4-15。

表 4-15　各规格热黏合工艺

参　　数	规格/(g·m⁻²)			
	15～30	40～85	100～200	210～300
轧辊压力/MPa	0.2	0.6	0.6	0.6
花上辊温度/℃	130	140	150	155
光下辊温度/℃	125	135	145	150
速度/(m·min⁻¹)	22～44	10～18	6～12	6～9

为改善黏结效果,热轧表面一般刻有花纹,使纤维网上产生很多黏合点,这样可以产生花型,美化产品外观,改善非织造布手感。也可以在纺丝时混入低熔点纤维,以改善黏结效果。

七、熔喷法非织造布生产技术

熔喷法非织造布和纺粘法非织造布一样,都是利用化纤纺丝得到的纤维直接铺网而成。但是它和纺粘法有原则性的区别,纺粘法是在聚合物熔体喷丝后才与拉伸的空气相接触,而熔喷法则是在聚合物熔体喷丝的同时利用热空气以超音速与熔体细流接触,使熔体喷出并被拉成极细的无规则短纤维,是制取超细纤维非织造布的主要方法之一。

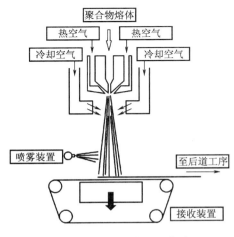

图 4-36　熔喷法成网工艺流程

熔喷法成网工艺是将粒状或粉状聚丙烯直接纺丝成网的一步法生产工艺。即粉状或粒状聚丙烯经挤压熔融后定量送入熔喷模头,熔体从模头喷板的小孔喷出时与高速热空气流接触,被拉伸成很细的细流,并在周围的冷空气的作用下冷却固化成纤维,然后被捕集装置捕集,经压辊进入铺网机成网,切边后卷装为成品,如图4-36所示。

影响熔喷非织造布产品质量的因素有以下几个方面。

(一)纺丝温度

纺丝温度是影响熔体流动性能的重要因素,熔体挤出温度高,流变性能好,形变能力强,有利于得到均质产品,但温度过高会导致大分子严重降解而使熔体黏度大幅度下降,并导致熔喷产品中产生"结块"(未拉伸成纤的一种颗粒状物);熔体温度过低,细流出喷丝板后熔体黏度较大,流动性能差,其在拉伸气流中难以达到理想的拉伸倍数,单纤维线密度大,手感差。

熔体温度应根据高聚物的相对分子质量加以确定,对低 MI 的聚丙烯必须对其进行预降解,以保证其熔体黏度达到熔喷要求,即模头喷孔处熔体表观黏度要降至 $10\sim20\text{Pa}\cdot\text{s}$。降解的途径主要有两条:一是热降解,二是氧化降解。在无自由基化合物存在的条件下,发生的主要是热降解,但热降解与氧化降解并非截然分开,热降解过程中也伴随着氧化降解。聚丙烯在 288℃时,氧化降解作用占 90%,343℃时,氧化降解作用占 55%,高于 343℃时,则热降解作用占优势。

为了加速聚丙烯的降解,使其 $[\eta]$ 下降至 $0.9\sim1.2\text{dL/g}$。熔喷过程中一般要求添加分解温度高于 80℃、半衰期为 10h 的自由基化合物,如有机过氧化物、含硫化合物等。这些自由基化合物在聚丙烯中的添加比例最好在 0.1%~0.3% 之间。

(二)热气流速度

熔喷纤维直径及产品的柔软性与热气流速度有关。在计量泵转数不变的情况下,熔喷纤维的直径随气流速度的增加而减小。尽管较高的热气流速度能有效降低纤维的直径(达 $0.5\sim5\mu\text{m}$),但会导致结块产生,并造成纤维断头率的增加或飞花现象。而热气流速度过低,会使部分熔体拉伸不彻底,未来得及拉伸的熔体落到捕集网上会导致结块。日本专利介绍的热气流的质量流速为 $24\sim26\text{g/s}$。

(三)热气流温度

热气流的温度对熔喷纤维的质量也有影响。当气流温度过低时,会造成纤维的结块现象,当气流温度过高时,虽然产品特别柔软蓬松,但会引起纤维的断裂,产生 rope(聚合物熔融块)现象。一般情况下,要求气流温度高于模头温度 10℃左右。

表 4-16 列举了熔喷工艺参数;表 4-17 列出了相应产品的物理指标。

表 4-16 PP 熔喷工艺参数

挤压机温度/℃		熔体温度/℃	气室温度/℃	模头温度/℃	捕集器转速/(r·min⁻¹)	模头至捕集器距离/m	熔体速度/(g·s⁻¹)	气体速度/(g·s⁻¹)	熔体压力/MPa	平均纤维直径/μm
一区	二区									
313	313	338	319	307	45	0.152	0.135	24.0	0.8	5
324	330	338	273	314	28	0.152	0.367	26.6	1.97	5

表 4-17 熔喷产品的物理指标

单位面积质量/(g·m⁻²)	厚度/mm	气体渗透速度/(m³·s⁻¹)	最大微孔直径/μm	最小微孔直径/μm	平均纤维直径/μm	体积孔隙率/%	撕破强度/cN	
							横	纵
50	0.39	0.026	48	17	3	86	86	55

熔喷纤维不是以传统的方式进行拉伸的,纤维的取向度较差,因而拉伸强度较低。且熔喷非织造布中的纤维是由熔喷剩余热量及拉伸热空气使相互交叉的纤维热黏合而固结在一起,黏

结强度低,因而其产品应用受到限制。可以通过三种方法提高其强度,一是提高熔喷单纤强度;二是对熔喷网进行后处理;三是将熔喷网与其他材料复合,如 SMS,即用两层纺粘非织造布将熔喷非织造布夹在中间。

第三节　聚丙烯纤维的性能、用途及改性

一、聚丙烯纤维的性能

1. 力学性能　聚丙烯纤维的断裂强度随温度的升高而降低,断裂伸长率随温度升高而增大。常温时,聚丙烯鬃丝和复丝的强度为 $3.1\sim4.5\mathrm{cN/dtex}$,断裂伸长率依品种而异;工业丝的强度为 $5\sim7\mathrm{cN/dtex}$,断裂伸长率为 $15\%\sim20\%$。

聚丙烯纤维在伸长率为 10% 时的杨氏模量为 $61.6\sim79.2\mathrm{cN/dtex}$,优于聚酰胺纤维而劣于聚酯纤维。

聚丙烯纤维的瞬时回弹性介于聚酰胺纤维和聚酯纤维之间。当伸长率为 5% 时,聚丙烯短纤维的弹性回复率为 $85\%\sim95\%$,长丝为 $88\%\sim98\%$。此外,聚丙烯纤维的耐磨性较好,这在制作线、渔网、船用缆绳、地毯和装饰织物方面有重要作用。

2. 吸湿性与密度　聚丙烯纤维的吸湿性和密度是常规合成纤维中最小的,其回潮率为 0.03%,密度为 $0.90\sim0.92\mathrm{g/cm^3}$。

3. 染色性　聚丙烯的分子中不含极性基团或反应性官能团,纤维结构中又缺乏适当容纳染料分子的位置,故聚丙烯纤维染色非常困难。一般用纺前着色法制有色纤维。

4. 耐光性　聚丙烯纤维的耐光性比较差,特别是对波长为 $300\sim360\mathrm{nm}$ 紫外线尤为敏感。为提高聚丙烯纤维的耐光性,可用有机紫外线吸收剂,以吸收辐射降解较宽的紫外光谱。常用的抗氧化防老剂为羟基二苯甲酮类化合物。

5. 耐化学性　聚丙烯纤维耐化学性优良,常温下有很好的耐酸碱性,优于其他合成纤维。此外,聚丙烯还具有优良的电绝缘性、隔热性和耐虫蛀性。

二、聚丙烯纤维的用途

聚丙烯纤维优良的性能以及相对低廉的价格,使其在产业及装饰和服装领域的应用具有竞争力。

(一) 装饰与产业用途

1. 装饰及家纺织物　聚丙烯纤维质量轻、覆盖力强、耐磨性好、抗微生物抗虫蛀、易清洗,特别适于制造装饰织物。在美国,装饰织物通常用纯丙纶长丝织造,在欧洲一般用短纤维。以空气变形丝和 BCF 配合制成的装饰织物或以聚丙烯短纤维制作的天鹅绒织物极具吸引力,赢得很大市场,其中以聚丙烯地毯为代表(图 4-37)。聚丙烯装饰织物常用粗特与中粗特纤维织造,纤维一般采用纺前着色。

图 4-37　聚丙烯地毯

聚丙烯纤维也很适合生产毯子。拉绒毯一般用低捻度的聚丙烯纤维制造。这种毯子具有隔热、抗虫蛀、易洗涤、低收缩和质轻等性能,既适合家用也适合军用。

2. 帆布及过滤布　聚丙烯纤维耐酸碱性优良,抗张强度好,制作的帆布重量比普通帆布轻1/3,作鞋子衬里布或运动鞋面结实耐用,质轻,防潮透气。同样制造的过滤布强度高、质轻、对化学药品稳定性好,滤物剥离性好,满足冶金、选矿、化工、制糖、食品、农药、水泥、陶瓷、炼油、污水处理等行业的各种设备所需滤布性能要求,可用于温度不超过 100℃ 的过滤过程,也可以用于空气过滤。

3. 纸的增强物与造纸用毡　聚丙烯纤维作为牛皮纸原料的增强成分具有很大的潜力。加入适量的聚丙烯纤维可使纸的撕裂强度提高 2～10 倍。膜裂聚丙烯纤维比常规熔纺纤维更适于作纸浆的增强物,因为膜裂纤维的截面为非圆形,纤维平直,与造纸原料纤维素纤维相似。造纸用毡也是造纸业最大的需求之一,用这种毡来挤压湿纸网,可使水分从纸浆薄层中挤出。与其他合成纤维相比,聚丙烯纤维制作的造纸用毡的突出优点是耐化学性和低回潮率,这有利于延长毡的使用寿命和减少干燥工序的能耗。

4. 绳类与带类　聚丙烯纤维短纤维、复丝、膜裂丝均可用于海运、航海用缆绳、曳拉绳和渔业用缆绳(图 4-38)。

图 4-38　聚丙烯绳

5. 土工布　在土木工程中使用的纺织品统称土工布。利用聚丙烯纤维强度高、耐酸碱、抗微生物、干湿强力一样等优良特性制造的聚丙烯机织土工布对建造在软土地基上的土建工程(如堤坝、水库、高速公路、铁路等)起到加固作用,并使承载负荷均匀分配在土工布上,使路基沉降均匀,减少地面龟裂。在建造斜坡时采用机织丙纶土工布可以稳定斜坡,减少斜坡的坍塌,缩短建筑工期,延长斜坡的使用寿命。聚丙烯纤维也可作混凝土、灰泥等的填充材料,提高混凝土的性能。

(二)医疗、卫生用途

由聚丙烯纤维制成的非织造布和直接成网制成非织造布及复合材料广泛应用于医疗、卫生和保健领域。如纺粘法和熔喷法非织造布可用于一次性手术衣、被单、口罩、盖布、液体吸收垫、卫生巾和尿布等。尤其值得指出的是,聚丙烯纤维制成的网片也是人体软组织重要的修复材料,例如用于疝气无张力修复的疝补片(图4-39)。

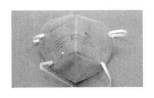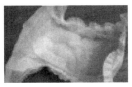

图4-39　医疗、卫生用聚丙烯纤维制品

(三)服装用途

虽然聚丙烯纤维在服装领域的应用曾受到限制,随着纺丝技术的进步及改性产品的开发,其在服装领域应用日渐广泛。

聚丙烯纤维纯纺或与棉、涤混纺纱线可用于针织或机织,其织物可制成内衣、滑雪衫、袜子、童装、产业工作服、竞技运动服、登山服、防寒服、休闲服、里子绸、鞋用衬里、聚丙烯纤维与羊毛混纺后可用作耐寒室外服装、摩托车运动服、登山服、航海服及飞行服等。聚丙烯长丝可制作袜子、蚊帐和弹力衣裤。细特聚丙烯纤维具有优异的芯吸效应,透气、导湿性能极好,贴身穿着时能保持皮肤干燥,无闷热感。用其制作的服装比纯棉服装轻2/5,保暖性胜似羊毛,因此其可用于针织内衣、运动衣、游泳衣、仿麂皮织物、仿桃皮织物及仿丝绸织物等。

(四)其他用途

1. 香烟滤嘴　20世纪60年代开始研究用聚丙烯替代醋酯纤维用作香烟滤嘴,80年代开始工业化生产。目前聚丙烯纤维已经广泛用作中、低档香烟的滤嘴填料。

2. 渔具　聚丙烯纤维结节强度和环扣强度高,耐化学性能好,因此特别适合制作渔网。在英国,用聚丙烯纤维制作的渔网数量已经超过其他合成纤维制作的渔网数量的总和。

3. 人造草坪　人造草坪是聚丙烯纤维的又一应用。美国比尔特瑞特公司用聚丙烯扁丝通过起圈而制成一种"单一草坪"。美国孟出都公司也用聚丙烯纤维制作了绒面人造草坪(称为化学草)。这些人造草坪已被用在公路的中心广场、交通站和其他风景区。众所周知,聚丙烯纤维的耐日晒性能较差,因此制作中要适当添加紫外线吸收剂。

4. 植物种植　抗紫外线聚丙烯多孔网状织物可作为地被与地网。地被和地网有黑色和白色两种。黑色地被被用来抑制植物种子的发芽、生长;白色地被可以反射阳光以促进植物生长。另外,网格材料也是防鸟类、猛禽侵害幼嫩植物的理想材料。

三、聚丙烯纤维的改性

聚丙烯纤维的细特化、可染性以及阻燃、抗紫外、抗菌、抗静电等功能化是聚丙烯纤维改性的主要方向。

1. 细特与超细特聚丙烯纤维 把单丝线密度(dtex)小于 1(dpf < 1)的纤维称为细特聚丙烯纤维。由其制成的面料不但手感柔软、舒适,还充分发挥细特化后独特的芯吸效应,使汗液沿纤维纵向由里向外排出,具有导湿排汗功能且透气滑爽不粘身,加上其质轻等特点,具有其他纤维织物所不具有的优良服用性能。细特化聚丙烯纤维开发集中在两个方面:一是原料聚丙烯的生产,二是对细特聚丙烯工艺与结构相关性的研究。研究发现,聚丙烯的相对分子质量及其分布对卷绕丝的结构和性质有重要影响,添加少量降温母粒(添加化学降解剂)可有效改善聚丙烯的流动性,使初生纤维易于形成有助于后拉伸的准晶型或混晶型结构。研究细特聚丙烯卷绕丝的结晶结构与其后拉伸性能的关系表明,次晶结构的存在有利于提高可纺性和后拉伸性能,且卷绕丝次晶对 α 晶的相对含量越高,后拉伸性能越好;以次晶结构为主体的样品,充分拉伸后纤维单丝纤度可达 0.55dpf,强度可达 6.02cN/dtex,是一种具有优良力学性能的超细聚丙烯长丝。

2. 阻燃聚丙烯纤维 聚丙烯纤维限氧指数仅为 $19\%\sim20\%$,燃烧释放大量热,火焰传播速度快,并伴有发烟、滴落现象,易引起大面积火灾;同时在燃烧过程中将释放大量的烟尘和有毒气体,造成窒息性气氛,对人生命安全造成巨大的威胁,从而限制聚丙烯纤维的广泛应用。目前,聚丙烯纤维阻燃改性是选用阻燃剂与聚丙烯预先制成阻燃母粒,在纺丝时按比例与聚丙烯切片共混纺丝。燃烧时,聚丙烯纤维表面形成碳质焦炭以阻碍与氧气接触达到阻燃目的。用于聚丙烯纤维阻燃的阻燃剂一般应满足以下几点要求:

(1)在聚丙烯加工过程中具有良好的热稳定性(>260℃)。

(2)与聚丙烯具有良好的相容性且不会浸出或迁移。

(3)应将有毒气体的释放量降低到可接受的水平。

(4)应具有高效性,添加量应尽可能少(一般质量分数应小于10%),以降低生产成本并减小其对纤维力学性能的影响。

3. 可染聚丙烯纤维 目前聚丙烯纤维大都是通过纺前着色而获得颜色。同时也开发出一些可染聚丙烯纤维技术,包括:通过接枝共聚将含有亲染料基团的聚合物或单体接枝到聚丙烯分子链上,使之具有可染性;通过共混纺丝破坏和降低聚丙烯大分子间的紧密聚集结构,使含有亲染料基团的聚合物混到聚丙烯纤维内,使纤维内形成一些具有高界面能的亚微观不连续点,使染料能够顺利渗透到纤维中去并与亲染料基团结合。相比较共混法是目前制造可染聚丙烯纤维实用的方法,主要产品包括以下几种:

(1)媒介染料可染聚丙烯纤维。

(2)碱性染料可染聚丙烯纤维。

(3)分散染料可染聚丙烯纤维。

(4)酸性染料可染聚丙烯纤维,其中酸性染料可染聚丙烯纤维极为有前途。

4. 抗静电与导电聚丙烯纤维 目前制备抗静电聚丙烯纤维的途径主要是通过向聚丙烯纤维中加入具有导电性的氧化锡、氧化锌、聚苯胺、碳纳米管等制成导电聚丙烯纤维,借助电晕放电实现聚丙烯纤维的抗静电。氧化锡、氧化锌等是良好的半导体,研究表明在纤维中掺混 20%

的导电粉氧化锡,纤维的体积比电阻为 $10^6\Omega\cdot cm$,较纯聚丙烯纤维下降了 9 个数量级,具有良好的抗静电效果。添加 5%的氧化锌衍生物,纤维的比电阻为 $10^8\Omega\cdot cm$。聚苯胺和纳米碳管也有比较好的导电效果,通过共混法将聚苯胺和纳米碳管混入聚丙烯后,可使其具有一定的导电功能。有人采用双组分结构在皮层中加入抗静电剂并通过牵伸和退火工艺来控制导电网络形态制备高电导率的高强聚丙烯复合纤维。所制备的聚丙烯复合纤维电导率高达 275S/m,且抗张强度大约 500MPa,这是通过熔融纺丝制得电导率极高的聚丙烯纤维。纤维外层的多壁碳纳米管的含量约为 5%(质量分数),整个体系碳纳米管仅有 0.5%(质量分数)。其特征是外层为填充多壁碳纳米管的聚合物熔点较低的共聚聚丙烯导电复合材料,芯层是未填充的高熔点的均相聚丙烯。

5. 抗紫外线聚丙烯纤维 为了提高聚丙烯纤维的耐紫外老化性能,通常向聚丙烯切片中添加一些有机或无机的紫外线屏蔽剂或紫外吸收剂,通过熔融纺制得具有耐紫外老化性能的聚丙烯纤维。研究表明,在聚丙烯中混入无机遮蔽剂可大幅度提高聚丙烯纤维的抗紫外辐射能力,且对其主要服用性能无太大影响。超细二氧化钛、超细氧化锌、抗菌沸石(ZA)、纳米碳酸钙等对聚丙烯也表现出明显的光屏蔽性能。纳米二氧化钛不但具有紫外线吸收、屏蔽功能,还具有抗菌效果,由于其化学性质稳定、热稳定性良好、无毒以及奇特的光学效应等许多优异的功能和性质,被广泛应用于纤维纺织品领域。

第五章　聚丙烯腈纤维

聚丙烯腈纤维（acrylic fibres）是指由聚丙烯腈或丙烯腈含量占 85% 以上的线型聚合物所纺制的纤维。如果聚合物中丙烯腈含量占 35%～85%、其他共聚单体含量占 15%～65%，则由这种共聚物制成的纤维被称为改性聚丙烯腈纤维（modacrylic fibres）。我国聚丙烯腈纤维的商品名称为腈纶。

20 世纪 30 年代初期，德国 Hoechst 化学公司和美国 Du Pont 公司就已着手聚丙烯腈纤维的生产试验，并于 1942 年取得以二甲基甲酰胺（DMF）为聚丙烯腈溶剂的专利。后来又发现其他有机溶剂与无机溶剂，如二甲基乙酰胺（DMA）、二甲基亚砜（DMSO）、硫氰酸钠（NaSCN）浓溶液、氯化锌溶液和硝酸等。随后又用了十余年时间探索，直至 1950 年，聚丙烯腈纤维才正式投入生产。

最早的聚丙烯腈纤维由纯聚丙烯腈（PAN）制成，因染色困难，且弹性较差，故仅作为工业用纤维。后来开发出丙烯腈与烯基化合物组成的二元或三元共聚物，改善了聚合体的可纺性和纤维的染色性，其后又研制成功丙烯氨氧化法制丙烯腈新方法，才使聚丙烯腈纤维工业迅速发展。

近年来，为了适应某些特殊用途的需要，通过化学和物理改性的方法，制成了不少具有特殊性能或功能的改性聚丙烯腈纤维，例如具有永久性立体卷曲的复合纤维和具有多孔结构的高吸水纤维，其织物穿着舒适，适宜做运动衫；还有阻燃纤维、抗静电纤维、高收缩纤维、染色性和耐热性良好的纤维。中空聚丙烯腈纤维可作为血液净化器的材料。聚丙烯腈纤维还可作为生产碳纤维的原丝，经预氧化、碳化和石墨化处理，可分别制成耐高温的预氧化纤维、耐 1000℃ 的碳纤维以及耐 3000℃ 的石墨纤维。

第一节　聚丙烯腈纤维原料

一、丙烯腈的合成及其性质

丙烯腈（CH_2＝CH—CN）是合成聚丙烯腈的单体。目前，丙烯氨氧化法是丙烯腈合成中最主要的生产方法。

在所有的丙烯氨氧化法中，以 Sochio 法最为重要，此法使丙烯在氨、空气与水的存在下，用钼酸铋与锑酸双氧铀作催化剂，在沸腾床上于 450℃、150kPa 下反应，反应式如下：

$$H_2C = CHCH_3 + NH_3 + \frac{3}{2}O_2 \xrightarrow[\text{催化剂}]{450℃} CH_2CHCN + 3H_2O$$

反应的 $\Delta H = -502kJ/mol$。

在室温常压下,丙烯腈是具有特殊杏仁气味、无色易流动的液体。其物理性质如下:

沸点	77.5～77.9℃	气化潜热	32.5J/mol
聚合热	72.5kJ/mol	凝固点	-83.6℃
折射率 n_D^{20}	1.3888	空气中爆炸极限(体积分数)	3.05%～17.5%
闪点	2.5℃	自燃点	481℃

丙烯腈在水中的溶解度,0℃时为7%,40℃时为8%;20℃时水在丙烯腈中的溶解度则为3.10%。丙烯腈能与大部分有机溶剂以任何比例互溶,可以与水、苯等形成恒沸物质。

作为聚丙烯腈纤维原料的丙烯腈,少量杂质的存在可明显影响聚合反应及成品质量,因此,除水外的各类杂质(如醛、氢氰酸、不挥发组分及铁等)的总含量不得超过0.005%。

二、丙烯腈的聚合

实际生产中丙烯腈大多采用溶液聚合。根据所用溶剂的不同,可分为均相溶液聚合和非均相溶液聚合,均相溶液聚合所得的聚合液可直接用于纺丝,故又称聚酰胺纤维生产的一步法。非均相溶液聚合所得聚合物不断地呈絮状沉淀析出,经分离后需用合适的溶剂再溶解,才可制成纺丝原液,此法称为聚酰胺纤维生产的两步法。因非均相聚合的介质通常采用水,所以又称为水相聚合法。

丙烯腈聚合使用的引发剂有三类,即偶氮类、有机过氧化物类和氧化还原体系引发剂。丙烯腈聚合因不同溶剂路线和不同的聚合方法对引发剂的选择也有所不同。例如 NaSCN 溶剂路线常采用偶氮类引发剂,水相聚合法则常采用氧化—还原引发体系。

纯聚丙烯腈纤维的产量较低,均作工业用途。世界各国生产的聚丙烯腈纤维大多是以丙烯腈为主的三元共聚物制得,其中丙烯腈占88%～95%;第二单体用量为4%～10%;第三单体为0.3%～2.0%。

加入第二单体的作用是降低 PAN 的结晶性,增加纤维的柔软性,提高纤维的机械强度、弹性和手感,提高染料向纤维内部的扩散速度,在一定程度上改善纤维的染色性。常用的第二单体为非离子型单体,如丙烯酸甲酯、甲基丙烯酸甲酯、醋酸乙烯和丙烯酰胺等。

加入第三单体的目的是引入一定数量的亲染料基团,以增加纤维对染料的亲和力,可制得色谱齐全,颜色鲜艳,染色牢度好的纤维,并使纤维不会因热处理等高温过程而发黄。第三单体为离子型单体,可分为两大类:一类是对阳离子染料有亲和力,含有羧基或磺酸基团的单体,如丙烯磺酸钠,甲基丙烯磺酸钠,亚甲基丁二酸(衣康酸),对乙烯基苯磺酸钠,甲基丙烯苯磺酸钠等;另一类是对酸性染料有亲和力,含有氨基、酰胺基、吡啶基等的单体,如乙烯基吡啶、2-甲基-5-乙烯基吡啶、甲基丙烯酸二甲氨基乙酯等。

丙烯腈的聚合一般要控制三种转化率:低转化率(50%～55%)、中转化率(70%～75%)和高转化率(95%以上)。在 NaSCN 为溶剂的聚酰胺纤维一步法生产中,通常只控制在低或中转化率;水相沉淀聚合时转化率较高,可达 70%~80%。

在以硝酸及二甲基亚砜为溶剂的聚丙烯腈纤维一步法生产中,可采用高转化率。此时不需要单独脱除未反应的单体,而可在脱泡过程中同时回收少量残余单体。这样可使工艺流程缩短三分之一,但所需反应时间约为中转化率的两倍或低转化率的三倍以上。

此外,为了使聚合产物具有合适的相对分子质量,在丙烯腈聚合过程中还需加入分子量调节剂(如异丙醇)、终止剂(如乙二胺四乙酸四钠盐)和浅色剂(如二氧化硫脲)等。

(一)均相溶液聚合

丙烯腈等单体及聚丙烯腈均溶于同种溶剂,如硫氰酸钠,故称均相溶液聚合。图 5-1 为硫氰酸钠为溶剂的均相溶液聚合流程简图。原料丙烯腈(AN),第二单体丙烯酸甲酯(MA),第三单体衣康酸(ITA)及 48.8%NaSCN 溶剂分别经由计量、调温后放入调配桶。引发剂偶氮二异丁腈(AIBN)和浅色剂二氧化硫脲(TUD)经称量后由旋流液封加料斗加入调配桶,其中引发剂用量为总单体质量的 0.2%~0.8%。经调配桶调配后,以连续、稳定的流量注入试剂混合桶。相对分子质量调节剂异丙醇(IPA)经准确计量后直接加入混合桶,所有注入混合桶内的聚合原料与从聚合浆液中脱除出来的未反应单体等物(如 AN、MA、IPA 和水分)充分混合并调温后,用计量螺杆泵连续送入聚合釜进行聚合反应。当单体转化率为 55%~70%时,为了满足纺丝要求,聚合体系中总单体浓度控制在 17%~21%。聚合后聚合物的平均相对分子质量控制在 60000~80000。聚合温度一般控制在 76~78℃,时间为 1.5~2.0h。

完成聚合后的浆液由釜顶出料,通往脱单体塔,未反应的单体在串联的两个脱单体塔中分离逸出,被抽到单体冷凝器,在这里反应用的试剂混合液又被作为回收单体的冷凝液,经泵注入

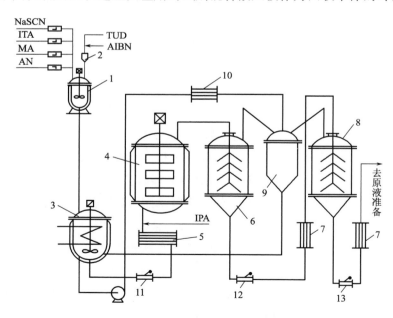

图 5-1　硫氰酸钠均相溶液聚合流程简图

1—调配桶　2—旋流液封加料斗　3—混合桶　4—聚合釜　5—热交换器　6—第一脱单体塔
7—加热器　8—第二脱单体塔　9—喷淋冷凝器　10—喷淋液冷却器　11,12,13—螺杆泵

喷淋冷凝器,把未反应的单体冷凝下来,而后被一起带回试剂混合桶。脱单体后的浆液被送入脱泡工段。

均相溶液聚合的优点是省去分离聚合物的沉淀、过滤和烘干等过程,但对原料的纯度要求较高,对原液的质量控制和检测难度较大。

(二)水相沉淀聚合

丙烯腈等单体可溶于水,但聚丙烯腈则不溶于水而沉淀,故称水相沉淀聚合。图 5-2 为水相沉淀聚合的工艺流程示意图。各种单体连同引发剂硫酸亚铁铵—过硫酸钾、活化剂亚硫酸氢钠(NaHSO₃)和去离子水,通过计量连续加入反应釜进行反应。反应釜有搅拌器和夹套,正常情况下反应器夹套中通冷冻水以带走反应热。但在开始聚合时,要提供热水以加热反应器。夹套冷却水的温度即聚合反应温度,一般在 30～50℃。反应物料在釜中约停留 1～2h,转化率约为 70%～80%。

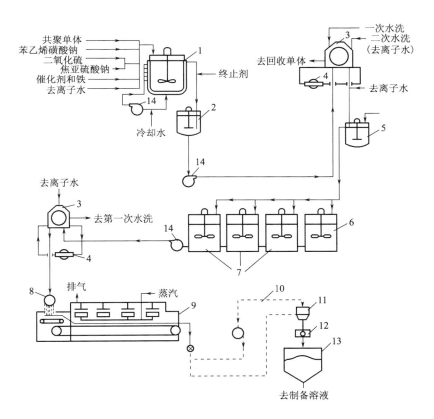

图 5-2 水相沉淀聚合工艺流程示意图

1—聚合反应釜 2—淤浆槽 3—旋转真空过滤机 4—真空泵 5—第二淤浆槽 6—分离槽 7—淤浆混合槽
8—挤压机 9—干燥机 10—气体系统 11—循环分离器 12—粉碎机 13—聚合物储槽 14—泵

通过引发剂与活化剂的相互作用,可实现对聚合反应的引发及对反应速度、聚合物相对分子质量的有效控制,其引发反应如下:

$$S_2O_8^{2-} + Fe^{2+} \longrightarrow SO_4^{2-} + SO_4^- \cdot + Fe^{3+}(第一个自由基)$$

$$HSO_3^- + Fe^{3+} \longrightarrow Fe^{2+} + HSO_3 \cdot (第二个自由基)$$

经过上述反应产生两个自由基 $SO_4^- \cdot$ 和 $HSO_3 \cdot$，从而引发丙烯腈聚合反应，首先激发溶解在水中的 AN，生成 AN 自由基，AN 自由基将引发链式反应。

$$HSO_3 \cdot + H_2C = \underset{\underset{CN}{|}}{CH} \longrightarrow HO - \underset{\underset{O}{\overset{O}{||}}}{\overset{}{S}} - CH_2 - \underset{\underset{CN}{|}}{\overset{\overset{H}{|}}{C}} \cdot$$

$$SO_4^- \cdot + H_2C = \underset{\underset{CN}{|}}{CH} \longrightarrow O^- - \underset{\underset{O}{\overset{O}{||}}}{\overset{}{S}} - O - CH_2 - \underset{\underset{CN}{|}}{\overset{\overset{H}{|}}{C}} \cdot$$

有了 AN 自由基，它就与单体分子发生连续反应，形成线型大分子。用 R 表示引发剂端基，AN 自由基链增长过程可用下式表示：

$$R - CH_2 - \underset{\underset{CN}{|}}{\overset{}{\dot{C}}H} + H_2C = \underset{\underset{CN}{|}}{CH} \longrightarrow R - CH_2 - \underset{\underset{CN}{|}}{\overset{\overset{H}{|}}{C}} - H_2C - \underset{\underset{CN}{|}}{\overset{}{\dot{C}}H}$$

$$(n-2) \, H_2C = \underset{\underset{CN}{|}}{CH} \longrightarrow R \left(CH_2 - \underset{\underset{CN}{|}}{\overset{\overset{H}{|}}{C}} \right)_{n-1} H_2C - \underset{\underset{CN}{|}}{\overset{}{\dot{C}}H}$$

丙烯腈   聚丙烯腈自由基

随着 AN 链式反应的增长，链逐渐失去活性，最后彼此相碰而偶合终止，或通过歧化、链转移等方式而终止反应。

聚合反应的条件决定了聚合物的品质，氧化剂、金属离子量、聚合温度和 pH 值都是重要的影响因素。表 5-1 为某企业聚合工段的主要工艺参数。

表 5-1 聚合工段的主要工艺参数

工艺参数	范围
聚合釜进料速率/$(t \cdot d^{-1})$	95
混合单体进料温度/℃	5~15
苯乙烯磺酸钠溶液温度/℃	19±2
混合单体流量/$(kg \cdot h^{-1})$	5000±100
催化剂流量/$(kg \cdot h^{-1})$	(420~470)±5
终止剂流量/$(kg \cdot h^{-1})$	150±50
苯乙烯磺酸钠流量/$(kg \cdot h^{-1})$	35±4
软化水温度/℃	15~30
活化塔中和剂流量/$(kg \cdot h^{-1})$	(420~450)±10
活化塔 SO_2 流量/$(kg \cdot h^{-1})$	70±5

续表

工艺参数	范围
活化塔 pH 值	3.4±0.2
搅拌器电动机电流/A	130±10
反应温度/℃	60±0.5
搅拌器转速/(r·min⁻¹)	(125～135)±5
聚合釜 N_2 流量/(m^3·h^{-1})	10～30
软化水总量/(L·h^{-1})	9000～12000

从聚合釜中溢流出的聚合物浆液,含有反应生成的聚合物、未反应单体、助剂以及大量的软化水。为得到合格的聚合物产品,需要除掉未反应的单体和助剂,生产上采用真空转鼓过滤机进行过滤、水洗。在整个过程中,聚合物淤浆需要经过两道过滤,过滤前需将终止剂加到聚合釜溢流出口处,以终止聚合反应,而后用软化水对淤浆进行清洗、过滤、脱水,之后再用软化水将滤饼制成淤浆(所谓再淤浆),进入二道过滤机,完成洗涤、过滤、脱水后滤饼进入挤条、干燥工序,在挤条机中把湿聚合物挤压成直径为 6mm、长度为 20mm 的面条状,再经干燥机将面条状聚合物含水从 54％降至 1％以下。

风送系统把离开干燥机的合格干聚合物送到粉碎机,还可把聚合物输送到聚合物储槽和将储槽内的聚合物输送到粉碎机。用于输送聚合物的气体的氧含量要低,以防止发生爆炸,并减少纺丝原液中聚合物带入的氧。

聚合物经粉碎机粉碎后,储存在聚合物料仓中。粉碎机的作用就是把聚合物粉碎成极细的颗粒用于原液制备。由于大颗粒聚合物不能完全溶解,因而对原液过滤和纺丝的连续性有不利影响,所以必须将聚合物彻底粉碎,以保证其在原液制备过程中良好地溶解。

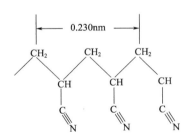

聚丙烯腈大分子的一部分

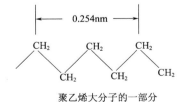

聚乙烯大分子的一部分

图 5-3　聚丙烯腈及聚乙烯大分子主链的结构

三、聚丙烯腈的结构和性质
(一)聚丙烯腈的结构

通过光谱分析研究证实,聚丙烯腈大分子链中丙烯腈单元的连接方式主要是首尾连接,与 —C≡N 相连接的碳原子间隔着一个—CH_2。

均聚丙烯腈大分子的主链与聚乙烯大分子链的主链一样,都是由碳—碳键构成的。由于原子排列趋向于稳定在能量较低的状态,所以聚乙烯主链的碳—碳键之间维持一定的键角(109°28′),主链通常为平面锯齿形(图 5-3),沿分子链轴向重复的碳原子间距(等同周期)为 0.254nm,而聚丙烯腈大分子主链上的碳原子间距仅为 0.230nm,两者存在着较大的差距。其原因是聚丙烯腈主链并不是平面锯齿形分布,而是螺旋状的空间立体构象,螺旋体的直径为 0.6nm。

有人认为聚丙烯腈纤维的单元晶格为六角晶系,也有人认为是正交晶系,大分子以特殊的螺旋形构象砌入单元晶格,每个单元晶格含有三个分子。侧视图图 5-4(a)中大分子主链以粗实线表示,围绕轴成螺旋构象,○表示强极性的氰基,由螺旋体侧面向外伸出,主链及侧基的空间位置还可以从俯视图图 5-4(b)中看出。

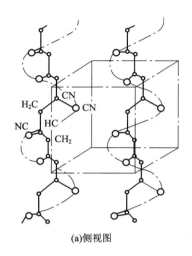 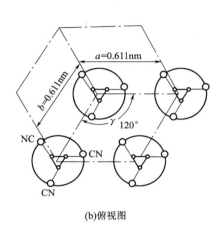

(a)侧视图   (b)俯视图

图 5-4   聚丙烯腈的单元晶格

聚丙烯腈的螺旋体结构主要由极性较强,体积较大的侧基——氰基所决定。由图 5-4 可见,如果聚丙烯腈大分子主价键成平面锯齿形分布,则相邻氰基间的距离最大,大分子处于能量较低的稳定状态。

事实上,聚丙烯腈纤维中的大分子并不完全如图 5-4 所示是有规则的螺旋状分子,而是具有不规则曲折和扭转(扭转的方向也不一定)的分子。这种不规则性的产生同样是由于氰基的存在。氰基中的碳原子带正电荷,氮原子带负电荷,所以把氰基称为偶极子。在同一大分子上氰基间因极性方向相同而互相排斥,而相邻大分子间的氰基则因极性方向相反而互相吸引(称为偶极子力),由于这种很大的斥力和引力的相互作用,使大分子的活动受到极大的阻碍,而在它的局部发生歪扭和曲折。

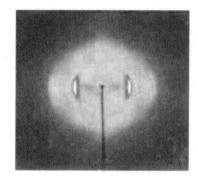

图 5-5   聚丙烯腈纤维的 X 射线衍射图

研究聚丙烯腈纤维的 X 射线图(图 5-5)发现,在赤道线上有强烈的反射弧线,而纬向却没有明显的反射点或弧线。

由不规则螺旋状分子组成的有序区域在 c 轴方向不存在有规则的重复单元,因此 X 射线图像不显示纬向反射点。这种不规则螺旋状大分子在整个纤维中的堆砌,就有序区来说,它的序态还是有缺陷的,还未达到结晶高聚物晶区的规整程度。由于这种螺旋体的歪曲和曲折,并且没有一定螺距,不能整齐堆砌成较完整的晶体,所以通常称为准晶。但就无序区来说,它的序态又高于一般高分子物的无定形区的规整程度。这种序态结构的 X 射线图像不具有普通结晶高聚物中无定形部分所显示的特有晕圈,而只有散布在整个 X 射线图像的漫散射。

大多数研究者都认为聚丙烯腈纤维具有较高的侧序,这表现在单元晶格的 a 轴和 b 轴有一定长度,而且都是 0.611nm;而 c 轴方向(纵向)是无序的,即在 X 射线衍射图像上没有纬向反射点。

目前聚丙烯腈纤维生产都采用丙烯腈三元共聚物为原料,第二单体的引入破坏了大分子链的规整性,使聚丙烯腈结构发生一定程度的无序化,降低了大分子间的敛集密度,可改善手感、提高弹性、改善染色性。第三单体向大分子中引入了一定数量的亲染料基团,使染色色谱齐全、颜色鲜艳,且水洗和日晒牢度等都较高。

(二)聚丙烯腈的性质

1. 物理性质　聚丙烯腈为白色粉末状物质,其表观密度为 200~250g/L,密度为 1.14~1.15g/cm³,加热至 220~230℃时软化,并同时发生分解。

聚丙烯腈的耐光性非常优良,这是因为聚丙烯腈大分子上含有氰基(—CN),氰基中碳和氮原子间以三价键连接(一个 σ 键两个 π 键),这种结构可吸收能量较多(紫外光)的光子,并能转化为热能,从而保护了主键,使其不易发生降解。

聚丙烯腈的性质及其加工性能在很大程度上取决于产品的相对分子质量及其分布。聚丙烯腈的相对分子质量及其多分散性与所选用引发剂的性质有关。当相对分子质量低于 10000 时,往往就不可能形成纤维。相对分子质量的多分散性越大,或低分子组分含量越多,则制成的纤维性能越差。

2. 玻璃化温度　聚丙烯腈具有三种不同的聚集状态,即非晶相的低序态,非晶相中序态和准晶相高序态。玻璃化温度(T_g)是表征大分子链段热运动的转变点,因此 T_g 必然与链段所处的聚集状态有关。聚丙烯腈既然有三种不同的聚集态,必然也有三个与之相对应的链段运动的转变温度。这种转变温度对非晶相是玻璃化温度,对晶相则是熔点。因此聚丙烯腈有两个玻璃化温度。据测定,聚丙烯腈低序区的玻璃化温度为 80~100℃,非晶相中序区的玻璃化温度约在 140~150℃之间,前者为 T_{g1},后者为 T_{g2}。

由于共聚组分的加入,T_{g1} 与 T_{g2} 逐渐相互靠近,以至完全相同。三元共聚的聚丙烯腈的玻璃化转变温度约为 75~100℃。由于水的增塑作用,次级溶胀聚丙烯腈的 T_g 进一步下降到 65~80℃;而初级溶胀聚丙烯腈的 T_g 则在 40~60℃范围内。

3. 聚丙烯腈的化学性质　聚丙烯腈的化学稳定性较聚氯乙烯弱得多,在碱或酸的作用下,能发生一系列化学反应。在碱或酸对聚丙烯腈作用时,氰基会转变成酰胺基。温度越高,反应越剧烈。生成的酰胺又能进一步被水解,反应式如下:

$$\sim CH_2-CH-CH_2-CH \sim \xrightarrow[\text{碱或酸水解}]{+H_2O} \sim CH_2-CH-CH_2-CH \sim \xrightarrow{+2H_2O}$$

$$\underset{CN}{|} \quad \underset{CN}{|} \qquad\qquad \underset{\underset{NH_2}{|}}{\overset{|}{C=O}} \quad \underset{\underset{NH_2}{|}}{\overset{|}{C=O}}$$

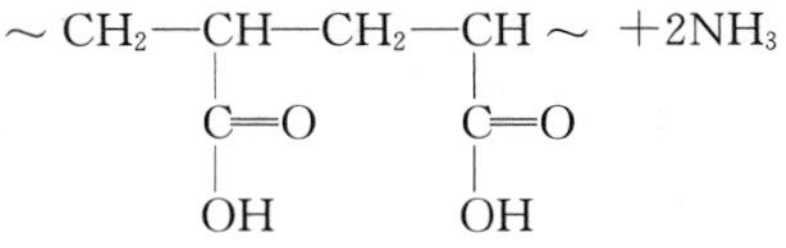

$$\sim CH_2-CH-CH_2-CH \sim \ +2NH_3$$
$$\qquad\qquad | \qquad\qquad\ |$$
$$\qquad\qquad C=O \qquad\ C=O$$
$$\qquad\qquad | \qquad\qquad\ |$$
$$\qquad\qquad OH \qquad\quad OH$$

在碱性水解时释出的 NH_3 又能与未水解的聚丙烯腈中的氰基反应,使聚丙烯腈变成黄色。

聚丙烯腈可溶解于浓硫酸中。聚丙烯腈在很宽的温度范围内,对各种醇类、有机酸(甲酸除外)、碳氢化合物、油、酮、酯及其他物质的作用都较稳定。

4. 聚丙烯腈的热性质　聚丙烯腈具有较高的热稳定性,一般成纤用聚丙烯腈的颜色在加热到 $170\sim180℃$ 时不应有变化。如在聚合物中存在杂质,则会加速聚丙烯腈的热分解及其颜色的变化,如果用偶氮二异丁腈作为聚合反应的引发剂,并严格地精制各个反应组分,可制成热稳定性相当高的产物。

曾试验过在 $100℃$ 下长时间加热聚丙烯腈溶液,发现会产生分子链的成环作用:

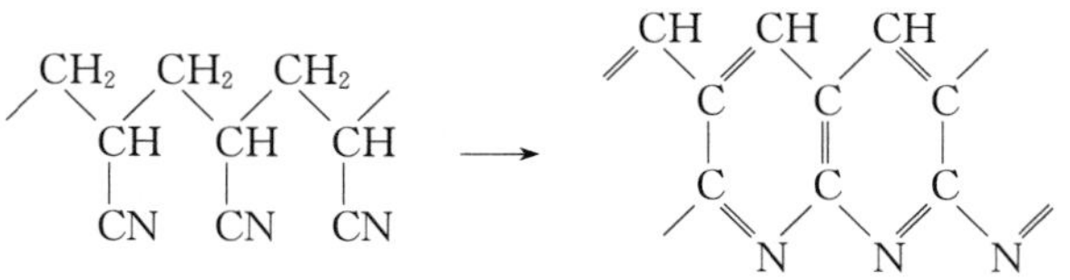

聚丙烯腈在空气或氧存在下长时间受热时,会使聚合物颜色变暗,先是转为黄色,最后变成褐色。与此同时,聚合物就失去了其溶解性能。

如将聚丙烯腈加热到 $250\sim300℃$,就发生热裂解,主要是分解出氰化氢及氨。此时在获得的液体馏分中含有各种腈类、胺及不饱和化合物。

第二节　聚丙烯腈纺丝原液的制备及性质

经一步法制得的纺丝原液含有未反应的单体、气泡和少量的机械杂质,必须加以去除。为保证纺丝原液质量的均一性,还必须进行混合。故纺丝原液的制备包括脱单体、混合、脱泡、调温和过滤等环节,以制得符合纺丝工艺要求的纺丝原液。

由水相沉淀聚合所得的聚丙烯腈是细小的固体颗粒,必须将其溶解在有机或无机溶剂中,并经混合、脱泡和过滤等工序。

一、一步法纺丝原液的制备

图 5-6 为 NaSCN 一步法原液准备流程图。完成聚合、脱单(图 5-1)后送来的原液浆液经管道混合器进入原液混合槽,使原液充分混合后,用齿轮泵送往真空脱泡塔,脱除原液中的气泡,脱泡后的浆液送入多级混合罐,同时向其加入消光剂和荧光增白剂,然后经热交换器进行调温,再经过滤除杂,以稳定的压力送往纺丝机。

(一)聚合浆液中单体的脱除

高转化率(转化率大于 95%)的聚合产物不需脱除单体,而中、低转化率的工艺路线,则必须将聚合浆液进行脱单体(图5-1)，否则未反应的单体会继续缓慢地发生聚合，使浆液浓度提高，黏度上升。此外，未经脱单体的聚合液直接进入脱泡塔后，在脱泡塔内可逸出大量挥发性单体，从而影响脱泡效果。若将含有大量单体的聚合浆液直接送去纺丝，会在原液从喷丝孔挤出时气化逸出，既恶化劳动条件，又严重影响纤维的品质。

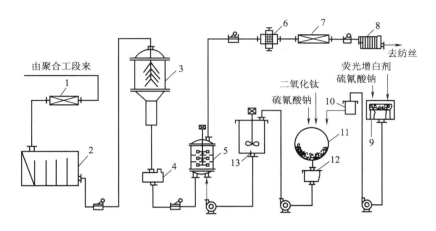

图5-6　原液准备流程图

1，7—管道混合器　2—原液混合槽　3—脱泡器　4—密封槽　5—多级混合器

6—冷却器　8—板框过滤机　9—振荡研磨机　10—荧光浆液计量罐

11—球磨机　12—球磨机接受槽　13—消光浆液储槽

脱单体的效果主要取决于浆液温度及脱单体时的真空度。脱单体时要求浆液温度不低于操作真空下单体的汽化温度，如进料温度70℃，出料温度50℃左右。脱单体时的真空度与喷淋的温度和喷淋量有关。喷淋液温度越低，喷淋量越大，就越有利于真空的建立。

(二)纺丝原液的混合及脱泡

聚合反应是连续进行的，在不同时间内所得原液的各种性能难免产生某些波动，为使原液性能稳定，必须进行混合。经脱单后的原液与循环混合的浆液先在管道混合器内进行充分混合，然后送入浆液混合储槽。

混合储槽的容积很大，实际是一个原液储存桶，一旦聚合或纺丝工序发生临时性故障，可有缓冲余地。混合槽内用挡板隔成许多区，原液在槽内(借助泵)循环，充分进行混合，随后送往脱泡塔。浆液在输送过程中或在机械力作用下会混入气泡，较大的气泡通过喷丝孔会造成纺丝中断、产生毛丝或者形成浆块阻塞喷丝孔，较小的气泡会通过喷丝孔而留在纤维中，造成气泡丝，在拉伸时易断裂或影响成品丝的强度，所以纺丝前必须把原液中的气泡脱除。

(三)调温和过滤

脱泡后的浆液需经热交换器调至一定温度，目的是稳定纺丝浆液的黏度，以有利于过滤和纺丝。过滤主要是除去混合浆液中的各种机械杂质，以保证纺丝的顺利进行。过滤设备一般采用板框式压滤机。

二、二步法纺丝原液的制备

二步法就是将聚合和纺丝分两步进行,聚合反应在水的介质中进行,所得聚丙烯腈自反应体系中析出,经分离、干燥后得到粉状固体,再将它溶于适当的溶剂中制得纺丝原液。下面以二甲基甲酰胺为溶剂说明二步法的工艺流程。

(一)工艺流程

原液制备工序的作用是将聚合物粉末用二甲基甲酰胺(DMF)溶解,同时加入二乙烯三胺五醋酸(DTPA)、二氧化钛(TiO_2)等助剂,制成符合纺丝要求的聚合物溶液。

来自聚合工序的干燥聚合物,经粉碎后储存在聚合物计量料仓内,通过料仓底部的螺旋给料器把聚合物粉末输送至质量流量计,计量后靠自重进入马可喷淋室。与溶剂(DMF)以及加入的浅色剂(DTPA)混合。DTPA 能与红色的 Fe^{3+} 和绿色的 Fe^{2+} 反应,生成金属螯合物,不仅可降低原液色泽。另外,DTPA 能电离出 H^+,中和溶剂 DMF 中的碱性物质,防止聚丙烯腈因 pH 值升高而引起的水解,即阻止黄色脒基的生成,也能改善原液的颜色。

聚合物粉末在喷淋室中与含有助剂的溶剂 DMF(在生产半消光纤维时,需加入消光剂 TiO_2 浆液)混合,使聚合物润湿,润湿后的聚合物连续流入马可混合机进一步溶胀并溶解,也可同时兑入部分废丝原液,经混合后进入原液混合槽,使聚合物充分溶解,成为均匀的原液,然后送入原液储槽,用增压泵送至纺丝工序。

原液制备流程见图 5-7。

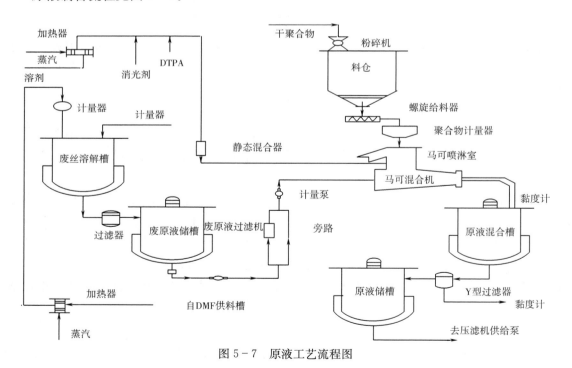

图 5-7 原液工艺流程图

比较一步法与二步法,各有其优缺点。一步法生产流程短,连续化程度高,易实现高度自动化,省去脱水、干燥、溶解等工序,因此基建投资较少。但一步法反应中的不合格聚合物不易分离,而且溶剂、单体带入的以及反应中产生的杂质均为原液的组成部分,对纺丝过程和纤维质量都会产生影响。又由于溶剂一道参加聚合反应,因此对溶剂质量要求高。二步法工艺流程较长,连续化程度较差,但聚合中不合格产品可被分离,聚合物经洗涤,不带反应中产生的杂质和未反应单体,因而配制的纺丝液纯度较高、无有害物质,纺丝稳定,易制得具有特殊功能的新品种,聚合物分离后可长期储存,溶剂选择面广,对溶剂质量要求低。

当然,二步法制备纺丝溶液时也可以选择以硫氰酸钠水溶液为溶剂。

(二)以硫氰酸钠水溶液为溶剂

一般盐溶液的离子都是溶剂化的。当盐溶液的浓度很低时,溶剂化的阳离子和阴离子可以独立存在。随着盐溶液浓度的增高,离解度便降低,两类离子的溶剂化层交错在一起;当溶液浓度达到相当高时,无机盐可以完全转变成溶剂化分子。当硫氰酸钠水溶液中含有 3.96mol/L 的 NaSCN 时,水溶液完全溶剂化,无游离水分子存在。当加入聚丙烯腈时,聚丙烯腈中的氰基参与溶剂化层的组成,在硫氰酸钠水溶液浓度达到 43%～45% 时,大分子处于溶剂系统的包围之中,使得固体的聚丙烯腈转化成高分子溶液。当硫氰酸钠水溶液浓度达到 50% 左右时,聚丙烯腈中的氰基与溶剂系统构成的溶剂化层是最适宜的,此时溶液的黏度最低。如果硫氰酸钠溶液浓度继续增高,则溶剂化程度降低,大分子间相互作用力增大,溶液的黏度反而回升(图 5－8)。

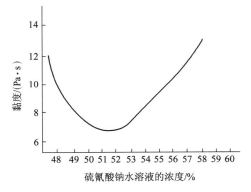

图 5－8　硫氰酸钠水溶液浓度对 12% 聚丙烯腈溶液黏度的影响

生产上所用溶解聚丙烯腈的硫氰酸钠水溶液浓度下限为 44%,上限是 55%～57%,这时纺丝溶液中高聚物浓度一般为 10%～13%,其变动范围主要取决于共聚物的组成、相对分子质量及其分布。

在选择聚丙烯腈溶剂时,也应综合考虑溶剂对聚丙烯腈的化学稳定性、溶解能力、沸点、汽化潜热、毒性、安全性、腐蚀性、可回收性及价格等多重因素。表 5－2 给出几种常用溶剂的性能。

表 5－2　聚丙烯腈纺丝溶剂的性能

性　　能	溶　剂						
	DMF	DMAc[①]	DMSO[②]	EC[③]	NaSCN	HNO₃	ZnCl₂
沸点/℃	153	165	189	248	132(51%水溶液)	86(100%) 120(67%)	
采用的溶剂浓度	100%	100%	100%	100%	51%～52%	63%～70%	60%
纺丝原液稳定性	好	好	好	较好	好	差(在零摄氏度以上会使氰基水解)	差
毒性	大	较大	小	小	无蒸气污染	蒸气刺激皮肤黏膜	无蒸气污染

性　能	溶　剂						
	DMF	DMAc①	DMSO②	EC③	NaSCN	HNO₃	ZnCl₂
爆炸性	较大	较大	不大	无	无	较大	不大
腐蚀性	一般	一般	小	一般	强(要用含钼不锈钢)	强(要用含钛不锈钢)	强

①DMAc 为二甲基乙酰胺;②DMSO 为二甲基亚砜;③EC 为碳酸乙酯。

三、纺丝原液的性质

(一)纺丝原液的黏度

纺丝原液的黏度直接影响其过滤压力、纺丝压力、原液的可纺性、原液细流的形成和初生纤维的拉伸性能以及成品纤维的质量。影响聚丙烯腈纺丝原液黏度的因素有:

1. 相对分子质量　在保证拉伸性和成品质量的前提下,聚丙烯腈相对分子质量不宜太高,否则原液黏度太大,造成过滤和成型困难。因此,在聚合反应中加入分子质量调节剂来控制聚合物相对分子质量在 40000～80000 范围内。

2. 聚丙烯腈浓度　原液中聚丙烯腈(PAN)含量越大,原液的黏度就越高。一般浓度为 20%～25%。

3. 温度　温度升高,纺丝原液的黏度急剧下降。

4. 共聚物组成　共聚物中大分子链上引入磺酸基(—SO₃H)后,纺丝原液的黏度随—SO₃H 含量的增加而下降。

(二)纺丝原液的稳定性

在众多溶剂路线中,以硫氰酸钠为溶剂的纺丝原液稳定性非常好,其原液可以放置长时间而不变质。

以二甲基甲酰胺为溶剂的聚丙烯腈溶液的稳定性由于二甲基甲酰胺有吸水作用(水是聚丙烯腈的凝固剂)而降低,且溶液中聚合物浓度越高,水对原液稳定性的影响也越大。酸、氯化锌、二甲基亚砜等溶剂同样具有吸水性,容易发生水解并使原液形成冻胶,甚至无法进行纺丝。

(三)聚丙烯腈相对分子质量及其分布

各种溶剂路线聚合物的相对分子质量一般控制在 40000～80000,相对分子质量过低(低于 30000),则原液的可纺性和可拉伸性很差,成品纤维的质量明显下降;相对分子质量过高则会给纺丝工艺带来困难。

工业上采用适当降低聚合物相对分子质量的办法,来提高经济效益和改善纤维质量。因为相对分子质量降低,可缩短聚合时间,降低原液的黏度,改善原液的可纺性,提高成品纤维质量。此时如保持原液黏度不变,则可提高原液的浓度,降低原材料消耗和能耗。

相对分子质量分布窄有利于提高纤维的强度、韧性、耐磨性和软化温度,但其断裂伸长率和屈服强度则有所降低。实践证明,发现一步法所得 PAN 的相对分子质量分布较宽(分散度指数 α 为 2.0～2.5),二步法 PAN 的分散度指数较窄(1.7～2.0)。

(四)纺丝原液的白度

原液的白度受溶剂的色泽、聚合转化率、原液的 pH 值、引发剂和还原剂用量等因素的影响。转化率或体系 pH 值较高或溶剂色泽较深时,原液的白度较差;引发剂用量较多时,原液容易发黄;增加还原剂、二氧化硫脲、二亚乙基三胺亚乙酸的用量,可有效地改善原液的白度。

第三节　聚丙烯腈纤维的湿法成型

聚丙烯腈在加热下既不软化又不熔融,在 280～300℃下分解,故一般不能采用熔体纺丝法,而采用溶液纺丝法。溶液纺丝又可分为干法纺丝和湿法纺丝。目前,全世界每年用这两种纺丝方法生产的腈纶约为 $270×10^4$ t,其中湿法纺丝约占 85%。据报道,也有采用熔体法纺聚丙烯腈纤维的研究,纺丝用聚合物应是另一种共聚物结构。

在湿法纺丝时,高聚物溶液从浸于凝固浴中的喷丝板小孔喷出,通过双扩散作用最终使纤维成型。凝固浴通常为制备原液所用溶剂的水溶液。

一、工艺流程

因纺丝原液所选用的溶剂不同,相应的湿法成型工艺也有所不同。下面仅以二甲基甲酰胺及硫氰酸钠两种溶剂路线为例,讨论聚丙烯腈湿法成型工艺。

(一)DMF 溶剂路线

各国广泛采用以 DMF 为溶剂的湿法纺丝,制备短纤维。一般将粉末状的 PAN 溶解于 100%DMF 中,制成含 PAN 20%～25% 的纺丝原液。采用 DMF 为溶剂的主要优点是溶剂的溶解能力强,可制得浓度较高的纺丝原液,溶剂回收也较简单。但在较高温度(>80℃)下溶解时,会使纺丝原液颜色发黄变深。

浓度为 20%～25% 的纺丝原液,经计量泵计量,通过喷丝头压入凝固浴槽中,凝固浴温度 10～15℃,二甲基甲酰胺浓度为 50%～60%。喷丝头孔数可为 30000～60000 孔,孔径 0.07～0.2mm。纺丝速度 5～10m/min。丝束出凝固浴后进入拉伸机进行蒸汽拉伸或热水拉伸,拉伸倍数为 5～8 倍,热水拉伸浴为 20%～25% 的二甲基甲酰胺水溶液,浴温 80～90℃。拉伸后的丝束进入水洗机,用 60～80℃的热水进行水洗。水洗后的纤维经油浴槽上油后,在干燥机中进行干燥致密化,再进入拉伸机拉伸 1.5 倍左右。拉伸后的纤维经卷曲、蒸汽热定型及冷却后进行切断和打包(图 5-9)。

(二)硫氰酸钠溶剂路线

以 NaSCN 为溶剂时一般都采用丙烯腈在 NaSCN 溶液中聚合,并直接用聚合液进行纺丝。该法的主要优点是工艺过程简单,聚合速度较快,故聚合时间较短,NaSCN 不易挥发,故溶剂的消耗定额较低。

纺丝原液(PAN 含量 12%～14%,NaSCN 含量 44%)经计量泵计量后,再经喷丝头(孔径 0.06mm,20000～60000 孔)进入凝固浴,凝固浴为 9%～14% 的 NaSCN 水溶液,浴温 10℃左

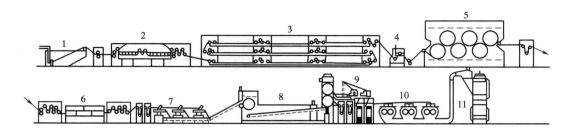

图 5-9 DMF 法腈纶的纺丝、后加工流程图
1—凝固浴槽 2—拉伸机 3—水洗机 4—上油浴 5—干燥致密化机 6—拉伸机
7—卷曲机 8—蒸汽热定型机 9—冷却机 10—切断机 11—打包机

右,纺丝速度 5～10m/min。出凝固浴的丝束引入预热浴进行预热处理,预热浴为 3％～4％ 的
NaSCN 水溶液,浴温为 60～65℃,纤维在预热浴中被拉伸至 1.5 倍。经预热浴处理后的丝束
引入水洗槽进行水洗,水洗槽中的热水温度为 50～65℃。水洗后丝束在拉伸浴槽中进行拉伸,
拉伸浴的水温为 95～98℃,两次拉伸总拉伸倍数要求为 8～10 倍;随后经上油浴上油,在干燥
机中进行干燥致密化;接着丝束经卷曲机,再进入蒸汽锅进行热定型,蒸汽压力为 $2.5\times$
10^2kPa,定型时间 10min 左右;之后丝束进行上油,再经干燥机进行干燥致密化;最后经切断(或
牵切加工),打包后出厂(图 5-10)。

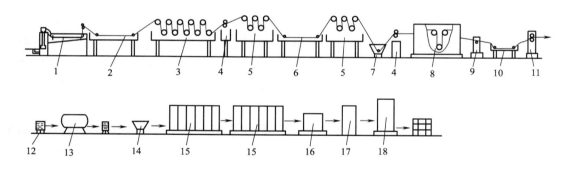

图 5-10 NaSCN 法腈纶纺丝、后加工流程图
1—凝固浴 2—预热浴 3—水洗槽 4—压辊 5—拉伸机 6—拉伸浴槽 7—第一上油浴
8—干燥机 9—张力架 10—卷曲加热槽 11—卷曲机 12—装丝箱 13—蒸汽锅
14—第二上油浴 15—干燥机 16—切断机 17—吹风机 18—打包机

除 DMF 和 NaSCN 外,DMAc、氯化锌(ZnCl₂)、DMSO、硝酸及 EC 等也常用作腈纶湿法纺丝的溶剂。

二、聚丙烯腈纤维湿法纺丝机

(一)纺丝机结构

目前我国聚丙烯腈纤维生产所用纺丝机主要为斜底水平式纺丝机,又称卧式纺丝机
(图 5-11)。它是一种单面式纺丝机,凝固浴从装有喷丝头的一端(前端)进入浴槽,与丝条并行

流向浴槽的另一端(后端)。在成型过程中纺丝原液中的 NaSCN 不断扩散入凝固浴中,使浴液的浓度逐渐升高,较浓的浴液沉向槽底。如果是平底,就会在靠近后端的下部造成死角,使浴液浓度差异增大。斜底槽消除了死角,迫使较浓的浴液不停留地向前流动。

此外,聚丙烯腈纤维湿法纺丝也可采用立管式纺丝机。

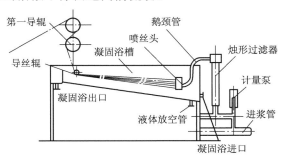

图 5-11　斜底水平式纺丝机

(二)计量泵

由于聚丙烯腈纤维湿法纺丝大多用于生产短纤维,所以计量泵为大容量计量泵,每转容量高达 100mL 或更高。齿轮泵每分钟的输送量决定于泵的转速及每转的送液量,在正常情况下,计量泵的转速以不超过 45r/min 为好,过高的转速不仅会使齿轮泵的磨损增大,而且将使计量精确度下降。如果需要的供液量大,应选取每转供液量稍大的计量泵。转速过低(例如低于 10r/min)则会导致计量泵的工作不稳定,供液量不均匀。

(三)烛形过滤器

烛形过滤器是喷丝头前最后一道过滤,由滤头、滤栓、外壳以及连接头等组合而成。滤栓与外壳同心套在一起,滤栓是一条空管,表面有螺纹及通液的小孔,在其外面紧密地裹扎滤布。

烛形滤器按滤液的流向可分为两种。一种是由栓内流至外壳,称为里进外出式、外流式或内压式;另一种是由外壳流入栓内,称为外进里出式,内流式或外压式。里进外出式易因捆扎线被崩断、滤布破裂而失去过滤作用,但它不会像外进里出式那样产生因滤布紧贴滤栓表面的沟槽而引起过滤面积减少,使烛形过滤器的进口压力大幅上升,甚至导致计量泵保险销折断。

(四)喷丝头

喷丝头孔数和孔径以及毛细孔的长径比对纺丝条件以及纤维的物理—力学性能有很大影响。孔径大小取决于纺丝方法,纺丝原液的组成和黏度,喷丝头拉伸以及成品单纤维所要求的线密度。通常湿法纺丝所用喷丝头孔径比熔纺喷丝孔小,为 0.06~0.10mm。表 5-3 列举了目前聚丙烯腈纤维生产中常用喷丝头的孔数和孔径。

表 5-3　聚丙烯腈纤维湿法纺丝常用喷丝头的孔数和孔径

适纺线密度/dtex	1.67,2.22	2.22,3.33	4.44,5.56	6.67	10	17.78
孔数/个	6000	4000	26600	20000	13300	8000
孔径/mm	0.06	0.075	0.075	0.10	0.10	0.12

喷丝头孔数的选择主要取决于纤维的总线密度和单纤维的线密度。喷丝头的形状多数为圆形,但也有矩形的或瓦楞形的。纺制短纤维时一般都用几万孔以至十几万孔的喷丝头,若制成一个圆形的喷丝头,则会因其直径过大,受压力时易于变形,所以可采用组合型喷丝头,如由 12 个 2000 孔的小喷丝头组合成 24000 孔的一个大喷丝头。

组合喷丝头的优点是制造方便,组装简单,若其中某一个小喷丝头的若干孔遭到损坏时,只需将坏的一个头子换掉而不需调换整个喷丝头。其缺点是组件直径太大易造成成型不均匀。

制作喷丝头的材料应具有足够高的力学强度,能长期使用而不变形;应不与纺丝原液或凝固浴发生化学作用,不发生腐蚀;应有良好的机械加工性能,打孔要光洁,不允许有伤痕或毛刺。

三、聚丙烯腈纤维湿法纺丝的工艺控制

(一)原液中高聚物的浓度

表5-4为由几种常用溶剂制备的原液中高聚物的浓度。

表5-4　常用溶剂制备的原液中高聚物的浓度

溶　　剂	原液中高聚物浓度/%	溶　　剂	原液中高聚物浓度/%
DMF	28～32	DMSO	20～25
DMAc(45%～55%水溶液)	22～27	HNO$_3$(65%～75%水溶液)	8～12
NaSCN(51%水溶液)	10～15	EC	15～18
ZnCl$_2$(55%～65%水溶液)	8～12		

原液中高聚物浓度越高,大分子链间的接触概率越高。当加入凝固剂时,由于部分链段的脱溶剂化作用,将形成许多大分子间的物理交联点。当这些物理交联点不断增加并超过某一临界值时,浓溶液的零切黏度 η_0 由于大分子间力的增长而急剧上升,最后完全失去流动性,成为一个连续的立体网络,并转变为一种柔软而富有弹性的固体,这种固体称为冻胶,浓溶液向冻胶转化的过程称为冻胶化。当其他条件不变而增加纺丝原液中聚合物的浓度,则可使初生纤维的密度增大,纤维中孔洞数目减少,结构均一性提高,纤维的力学性能提高。原液中聚合物浓度越高,需脱除的溶剂越少,则成型速度越快。因此,提高原液中丙烯腈共聚物的浓度不仅在经济上是合理的,同时对改善纺丝条件及初生纤维的结构和成品纤维的性能也都是有利的。

但原液的浓度不能太高。实验发现当浓度达到某一定值后,继续增加浓度,纤维力学性能没有明显变化,而溶液黏度却大幅提高,流动性不良。此外,在确定原液浓度工艺时,还应考虑溶剂的溶解能力和原液流动性等因素。

如果原液浓度过低,则在沉淀剂的作用下高聚物只能脱溶剂而呈松散絮状凝聚体析出,无法形成具有一定强度的冻胶体,因而不能形成纤维。

(二)凝固浴中溶剂的含量

凝固浴一般为聚丙烯腈溶剂的水溶液,水是凝固剂。凝固浴中溶剂的含量对初生纤维的结构、后加工工艺以及成品纤维的强度、伸长率、钩接强度、耐磨性以及手感和染色性等都有明显的影响。以有机溶剂(如DMF)的水溶液为凝固浴时,因凝固能力较强,浴中溶剂含量应较高,借以抑制高聚物的凝固速度,以获得结构较为致密的初生纤维;以无机物(如NaSCN)的水溶液为凝固浴时,因凝固能力较差,浴中的溶剂含量应较低。

凝固浴中溶剂的含量过高或过低都不利于纺丝成型。当溶剂含量太高时,将使双扩散过程太慢,造成凝固困难和不易生头,初生纤维过分溶胀致使在出浴处发生坠荡现象。此外,丝条凝

固不充分就进行拉伸容易发生断裂,或由于纤维表面凝固不良而造成并丝。如果凝固浴中溶剂含量过低,双扩散速度相应增大,不仅使表层的凝固过于激烈,而且很快在原液细流外层形成一层缺乏弹性而又脆硬的皮层,这不仅导致纤维的可拉伸性下降,还因已形成的这种皮层阻碍了内层原液和凝固浴之间的双扩散,使内层凝固变慢,因而进一步加大皮芯层结构的差异,同时因皮层和芯层脱溶剂化而产生的收缩不一致,造成内应力不均一,使纤维产生空洞,结构疏松并失去光泽。这样的初生纤维拉伸时,易断裂而产生毛丝,干燥后手感发硬,色泽泛白,强度和伸度都很差。因此选择凝固浴浓度时,应在保证表面凝固良好的前提下,采取较缓和而均匀的凝固条件。在生产上还应使喷丝头各单根纤维周围的凝固浴浓度尽可能一致。

(三)凝固浴的温度

凝固浴的温度直接影响浴中凝固剂和溶剂的扩散速度,从而影响成型过程。所以凝固浴温度和凝固浴浓度一样,也是影响成型过程的一个主要因素,必须严格控制。表 5-5 为几种主要溶剂路线纺丝时所采用的凝固浴温度范围。

表 5-5　凝固浴温度范围

溶剂路线	凝固浴温度/℃	溶剂路线	凝固浴温度/℃
DMF	10～15	NaSCN	10～12
DMSO	20～30	HNO₃	0～5

随着浴温的降低,双扩散速度减慢,凝固速度下降,凝固过程比较均匀,初生纤维结构紧密,纤维中网络骨架较细,而且其网结点的密集度较大,经拉伸后微纤间连结点密度高,整个纤维的结构得到加强,成品的强度和钩接强度上升。随着凝固浴温度上升,纤维的强度和延伸度都有所下降,尤其是强度对温度的依赖性更为明显。如果凝固浴温度超过某一临界值(HNO₃ 法为 10℃,NaSCN 法为 20℃,DMSO 法为 35℃,DMF 法为 25℃)后,由于凝固过于剧烈,纤维截面由圆形转变为不规整的肾形,并有空洞出现,纤维严重失透,泛白并形成明显的皮芯结构,使内外层的不均匀性加大,内应力增大,从而令强度下降。结构的不均匀性,在宏观上表现为纤维的热水收缩率增大,密度也有所下降。

但凝固浴温度不能过低,因为过慢的凝固速度将使纤维芯层凝固不够充分,在拉伸时容易造成毛丝。对于硫氰酸钠法,当凝固浴温度过低时,NaSCN 还会从浴中结晶而析出,而且冷冻量消耗过大,使生产成本提高,所以浴温的降低应有一定限度。

综上可知,凝固浴的浓度和温度都能影响原液细流的凝固程度和凝固速度,所以在一定范围内两者可以互相调节。但凝固速度受凝固浴温度的影响较大,受凝固浴浓度的影响较小。所以实际上当浴温过高时,要利用提高凝固浴的浓度降低凝固速度是不可能的。此外应该注意,细流表面的凝固受浴液浓度的影响较大;而芯层的凝固主要是通过分子的扩散实现的,受浴液温度的影响较大。因此在调节凝固浴的温度和浓度时,要特别注意原液细流皮芯层的凝固情况。

在湿法纺丝过程中,可以通过调整凝固浴浓度和温度等工艺参数使用圆形喷丝孔纺出圆形、豆型及哑铃形等多种截面形状的纤维。

(四)凝固浴循环量

在纤维成型过程中,纺丝原液中的溶剂不断地进入凝固浴,使凝固浴中溶剂浓度逐渐增大,同时由于原液温度和室温都比凝固浴温度高,所以浴温也会有所升高。而凝固浴的浓度和温度又直接影响纤维的品质,因此必须不断地使凝固浴循环,以保证凝固浴浓度及温度在工艺要求的范围内波动(一般浓度允许偏差为 0.2%,又称落差,即指凝固浴进出口处浓度差),以确保所得纤维的质量。凝固浴循环量 Q 的计算式如下:

$$Q = W/e$$

式中:W 为纺丝原液每小时带入凝固浴的溶剂量(g/h);e 为工艺允许的凝固浴浓度偏差。

$$W = \frac{60dv}{1000}(C_{s1}/C_{p1} - C_{s2}/C_{p2})$$

式中:C_{s1} 为纺丝原液中溶剂的浓度;C_{p1} 为纺丝原液中聚合物的浓度;C_{s2} 为出凝固浴丝条中所含溶剂量;C_{p2} 为出凝固浴丝条中所含聚合物量;d 为每个纺丝位的丝条总线密度(tex);v 为纺丝速度(m/min)。

当凝固浴循环量太小时,会使浴槽中不同部位的浓度和温度差异增大;相反,循环量太大时,又会在纺丝线周围形成不稳定的流体力学状态,从而可能造成毛丝,也不利于纺丝的顺利进行。通常,凝固浴的流动状态可以通过改善浴槽结构和采用分区喷丝头排列等方法加以改善。

(五)初生纤维的卷绕速度

卷绕速度是指第一导丝盘把丝条从凝固浴中曳出的速度,通常用 v_2 表示。它与纺丝机的生产能力关系很大,提高卷绕速度,就能提高纺丝机的生产能力。但是卷绕速度受丝束的凝固程度和凝固浴动力学阻力的限制。提高卷绕速度必然降低丝束在凝固浴中的停留时间,为达到工艺规定的凝固程度,必须提高凝固浴的凝固能力,但过快的固化速度必定影响成品纤维的质量及其均匀性。卷绕速度提高后,凝固浴对丝束的动力学阻力也提高,容易使刚成型的丝条发生毛丝或断裂,上述因素都必须综合考虑。

第四节　聚丙烯腈的干法纺丝及其他纺丝方法

聚丙烯腈的干法纺丝是由美国杜邦公司于 1944 年开发成功,并于 1950 年完成工业化生产的。虽然聚丙烯腈及其共聚物可溶于多种溶剂,但直到目前为止聚丙烯腈的干法纺丝只使用二甲基甲酰胺为溶剂。

一、干法纺丝的原理及工艺流程

干法纺丝时,从喷丝头喷丝孔中挤出的原液细流不是进入凝固浴,而是进入纺丝甬道,通过甬道中热气流的作用,使原液细流中溶剂快速蒸发,在逐渐脱去溶剂的同时,原液细流凝固并伸长变细而形成初生纤维,再经上油卷绕。

(一)干法纺丝的原理

纺丝原液被挤压出喷丝孔而进入纺丝甬道后,由于与甬道中热气流的热交换,使原液细流温度上升,当细流表面温度达到溶剂沸点时,便开始蒸发,使原液细流中的高聚物浓度增加,而溶剂含量则不断降低,当达到凝固临界浓度时,原液细流便固化为丝条。原液细流的凝固速度主要取决于溶剂的蒸发和扩散速度。

干法聚丙烯腈纤维的横截面与溶剂从原液细流中扩散出来的速度及溶剂的蒸发速度密切相关,如 E 表示平面蒸发速率,V 表示溶剂从丝条内部向外扩散到表面的速率,则 E/V 值的大小对纤维的横截面以及纤维的物理、机械性能有很大影响。

如果 $E \leqslant V$,即溶剂的扩散速度大于它的蒸发速度,则纤维的干燥由内部逐渐扩展到表面,由此所得纤维结构是均匀的,纤维横截面是圆形,表面相当光滑,力学性能良好;如果 $E>V$,即表面的溶剂蒸发速度大于溶剂从原液细流中向外扩散的速度,则表面的高聚物很快凝固而形成皮层,皮层的厚度和硬度又随 E/V 值的增大而增加,当丝条的皮层一旦形成并硬化后,若丝条的芯层尚处于液体状态,则随着时间的推移,芯层原液中的溶剂逐步扩散到表面蒸发,体积相应缩小,其时皮层便发生凹陷,使原来呈圆形横截面变为扁平形横截面,E/V 值越高,纤维横截面与圆形的偏差就越大。

必须指出,缓慢的蒸发并不是对各种情况都是合适的。例如,对于纺制异形纤维,不仅需要采用非圆形截面的喷丝孔,而且要创造条件提高 E/V 值,才能使所得纤维具有特殊形状的横截面。

干法纺制聚丙烯腈纤维具有工艺流程短、原液浓度高、所得纤维结构紧密的特点。

(二)干法纺丝工艺流程

合格的原液经供给计量泵加压后,通过温度保持在 $60 \sim 70 ℃$ 的输送管线送至原液加热器,在原液加热器中将原液加热到 $80 \sim 115 ℃$,一方面降低原液黏度,为原液输送提供较好的条件,另一方面使聚合物能够更好地溶解,加热后原液通过原液压滤机进行过滤,过滤掉其中杂质和不溶物,过滤后原液经原液增压泵送至纺丝机原液总管,进一步分配到每个纺位的双联加热器中,在双联加热器中,原液从 $100 \sim 110 ℃$ 被加热到 $120 \sim 150 ℃$,离开加热器的原液经过一接合器到达喷丝组件喷丝,每个纺丝甬道上面装有两个加热器(一个用于喷丝头内侧,一个用于外侧)。内侧的原液温度比外侧的原液温度高 $8 \sim 12 ℃$,这能提高内侧一半原丝中溶剂蒸发的速度,丝束在甬道内挥发掉大部分 DMF 后进入浴槽,在浴槽内被稀液冷却后经丝束导向机构进入牵引喂入机至后道处理。

丝束在甬道内成型时需要采用氮气做介质带走大部分 DMF,并保证 DMF 的蒸发过程得以顺利进行。氮气是循环使用的,氮气经风机后被分成两股,一股氮气经 3.5MPa 蒸汽和电加热后从甬道气室进入甬道,在甬道内自上而下,这部分氮气的温度一般控制在 $360 ℃$ 左右,由于 DMF 燃点为 $445 ℃$,当氧含量超过 8.2% 和 DMF 大于 3% 且温度超过 $445 ℃$ 时就会引起火灾及爆炸,因此要严格控制温度上限;另一股氮气经 1.5MPa 蒸汽加热后从甬道下部进入甬道,在甬道内自下而上,温度一般控制在 $125 ℃$ 左右,两股氮气在甬道内靠近下甬道位置被吸走,经氮气过滤器过滤掉杂质后进入氮气冷凝器,在氮气冷凝器内被冷却到 $15 ℃$ 以下,以使氮气中夹带的

DMF 充分冷凝,冷凝下来的 DMF 靠重力返回聚合车间回收再利用,而氮气则通过鼓风机进行循环,在此过程中排放一部分氮气,并补充部分氮气来保证系统内氧含量在控制范围内。

工艺流程简图如图 5-12 所示:

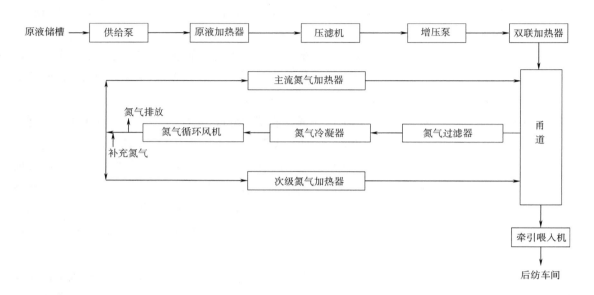

图 5-12　工艺流程简图

二、干法纺丝联合机

纺丝联合机由机架、计量泵、纺丝原液加热器、喷丝头组件、甬道和丝束牵引器组成。机架采用分段焊接型钢,用螺栓连接而成,承受全部机器的重量;计量泵保证原液定量输送;原液从计量泵进入两个控制温度的加热器,一个加热器是供纺丝喷丝板内侧孔道原液加热,另一个加热器是供给纺丝喷丝板外侧孔道原液加热。内侧孔道原液温度高于外侧10℃,以改善内侧丝条的成型条件。丝束甬道是一个直径 250～450mm、高 600～1000mm 的直形圆筒,靠夹套保持甬道内的温度和温度梯度。夹套内有加热介质。

甬道内热风的送风方式是干法纺丝重要的技术问题之一,会影响纤维质量,有下列四种送风方式(图 5-13)。

(1)顺流式:这是 PAN 干法纺丝用得比较多的一种方式。干燥的加热气体从甬道上部进入,与丝条平行同向流动,自甬道的下部引出。丝束所受热风的阻力较小,溶剂的蒸发较慢,所得纤维的质量较均一。

(2)逆流式:干燥的热风自纺丝甬道的下部进入,与丝束逆向而上,自甬道的上部引出。逆流式的溶剂蒸发速度较快,纤维的成型不太均匀,丝束所受阻力较大,工业用高强力腈纶纺丝以逆流式送风为宜。

(3)分流式:加热的干燥气体自甬道的中部进入,然后分别自甬道的上部和下部引出。这样溶剂的蒸发速度更快(浓度差较大),而且由于一部分气体与丝束成逆向流动,另一部分则为顺流,故丝条所受阻力较小。

（4）双进式:所需的加热气体分成两部分,分别自甬道的上部和下部进入,然后分别与丝条成逆向和同向方式流动,并自甬道的中部同时引出。

喷丝头组件包括接合件、分配管、过滤器和喷丝板。喷丝板由高铬合金（含铬 29％、钼 4％）SS294 材质制成,厚度 3～5mm 甚至高达 15mm 以满足干法纺丝较高纺丝压力要求。喷丝孔径 0.1～0.3mm,孔数根据纺丝规格变化,可达 2800 个,呈同心圆分布。

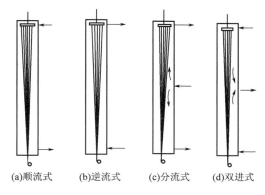

(a)顺流式　(b)逆流式　(c)分流式　(d)双进式

图 5-13　干法纺丝机的送风方式

三、干法成型的工艺控制

（一）聚合物相对分子质量

干法纺丝的原液浓度较高,如腈纶干法纺丝常用的原液浓度为 25％～33％,为此应适当降低聚合物的相对分子质量,否则由于原液的黏度太高,不但增加过滤和脱泡的困难,还会降低原液的可纺性。例如腈纶湿法纺丝所用聚合物相对分子质量一般为 50000～80000,干法纺丝通常为 30000～40000,一般不超过 50000。当然相对分子质量过低,也是不合适的,它会使纤维的某些物理—力学性能变差。

（二）原液浓度

提高原液中聚合物的浓度,可以减少纺丝时溶剂的蒸发量及溶剂的单耗,降低甬道中热空气的循环量,避免初生纤维相互黏结,并能提高纺丝速度;提高纺丝原液的浓度,还对所得纤维的物理—力学性能有良好影响,如纤维的横截面变圆,光泽较好,断裂强度增加,但伸长率有所下降。在一定温度下,原液黏度主要决定于原液的组成和聚合物的相对分子质量。腈纶干法纺丝时,原液黏度一般以控制在 600～800s（落球法）的范围为好。因为在一定范围内,初生纤维的可拉伸性随黏度的增加而增加,但是达到某一最大值后,又随黏度的进一步增加而降低。

（三）喷丝头孔数和孔径

在纺丝条件相同的情况下,随着喷丝头孔数或孔径的增大,未拉伸纤维的总线密度增加,丝束中 DMF 的残存量增大,有时甚至使单纤维间互相粘连,而断裂强度和伸长率明显下降。纤维的最大拉伸倍数降低,纤维的热水收缩率增加,所以喷丝头的孔数和孔径不能随意增加,如需增加,必须相应改变其他纺丝条件。

在保持吐液量和纺丝速度不变的情况下,减小孔径而增加孔数,丝束的总线密度不变而降低单丝的线密度,这等于相应增加单位体积丝条的蒸发表面积,因此,有利于 DMF 的蒸发。使纤维的截面结构较均匀,形状更接近于圆形,纤维的力学性能也较好。但是,孔径过小时,喷丝孔容易堵塞或产生毛丝,对纺丝工艺的要求较高。

（四）纺丝温度和甬道中介质的温度

纺丝温度应包括喷丝头出口处纺丝原液的温度、通入甬道热空气的温度以及甬道夹套的温度。表5-6显示纺丝温度对未拉伸纤维性能的影响。随着纺丝温度的下降,纤维的断裂强度和热水收缩率有所上升。伸长率和喷丝头最大拉伸倍数与纺丝温度关系曲线上有极大值,即开始时随温度的下降伸长率和拉伸倍数有所增加,至最大值后则随温度的下降而下降。未拉伸纤维中DMF的残存量则明显地随纺丝温度的下降而上升。

表5-6 纺丝温度对未拉伸纤维性能的影响

温度/℃					未 拉 伸 纤 维 性 能					
预热器	喷丝头	上甬道	中甬道	下甬道	线密度/dtex	强度/(cN·dtex^{-1})	伸长率/%	热水收缩率/%	DMF残存量/%	最大喷头拉伸倍数
198	198	197	202	199	502	0.62	53	7.3	1.95	—
180	184	185	181	178	536	0.68	55	10.4	20.3	8.1
166	166	162	166	164	548	0.63	59	12.0	31.7	10.3
160	163	154	143	141	480	0.82	56	12.0	34.2	9.5
132	145	134	141	139	472	0.85	40	12.5	53.6	9.3
130	121	120	132	130	—	—	—	—	—	—

注 原液温度80℃;原液浓度28%;喷丝头0.15×30(孔径×孔数);吐液量31g/min;风量1.5m³/min;卷绕速度200m/min。

在实际生产过程中,喷丝头内外两层温度不同,一般内层温度比外层高出10℃,以保证内层丝条中DMF能充分蒸发。通入甬道的热介质(N₂饱和蒸气,热空气或其他惰性气体)的温度的选择与多种因素有关,特别是与纺丝原液中高聚物的浓度、溶剂的沸点、初生纤维的线密度、混合气体中溶剂的浓度以及通入纺丝甬道夹层的热载体的温度等有关。

适当降低甬道内热介质的温度有利于成型均匀,使所得纤维结构较均匀,横截面形状趋于圆形,纤维的力学性能提高。但若温度过低,丝条中溶剂含量较高,将会造成丝条相互黏结。温度过高,会因溶剂蒸发过快而造成气泡丝,从而影响纤维的物理—力学性能和外观质量。此外,PAN是热敏性聚合物,温度过高时因热分解而使纤维变黄。同时,纺丝温度过高,会使操作条件恶化,并且消耗较多的热能,使成本上升。在使用N₂为甬道循环介质时其进口温度通常为400℃,出口温度常为130℃;如以热空气为循环介质,其温度一般为230~260℃。

(五)纺丝速度

干法纺丝的速度取决于原液细流在纺丝甬道中溶剂的蒸发速度和原液细流中需要释出的溶剂量。随着甬道中温度的提高以及混合气体中溶剂浓度的降低,溶剂的蒸发速度加快,纺丝速度可提高。适当提高原液浓度,减少需要释出的溶剂量,也可提高纺丝速度。但是在提高纺丝速度的同时,必须保证纤维能充分而均匀地成型,特别应使纤维在较长的时间内,保持适当的可塑状态,以便进行拉伸。纺丝速度一般取100~400m/min,如适当增加纺丝甬道的长度,或降低单纤维的线密度,也可使纺丝速度进一步提高。表5-7为纺丝速度与未拉伸纤维性能的关系,从表中数据可以看出,由于卷绕速度的提高,而增大喷丝头的拉伸比,从而增加纤维中各种结构单元的取向度,使纤维的断裂延伸和最大拉伸比减小,纤维的线密度降低。断裂强度和热水收缩率则随纺丝速度的增加而增大。

表5-7　纺丝速度与未拉伸纤维性能的关系①

吐液量/ (g·min⁻¹)	卷绕速度/ (m·min⁻¹)	喷丝头 拉伸比	未 拉 伸 纤 维 性 能					
			线密度/ dtex	强度/ (cN·dtex⁻¹)	伸长率/ %	沸水收 缩率/%	纤维中DMF 残存量/%	最大拉 伸倍数
14	100	3.8	428	0.44	125	4.7	8.3	9.6
14	150	5.7	276	0.53	117	5.0	9.3	9.5
14	200	7.6	174	1.64	106	6.5	6.6	8.0
14	250	9.5	147	0.71	42	8.4	6.4	5.5
22	200	4.8	386	0.37	88	8.6	15.0	9.0
22	250	5.0	278	0.59	39	9.3	15.4	8.5
22	300	6.2	219	0.64	36	9.3	15.8	7.5
22	350	8.4	198	0.66	18	10.0	15.7	5.0
32	100	1.7	1117	0.31	183	8.1	23.5	—
32	150	2.5	849	0.37	125	8.5	17.5	12.5
32	200	3.3	567	0.37	95	9.8	16.2	12.5
32	250	4.1	507	0.41	79	11.8	31.0	12.0
32	300	5.0	402	0.48	35	11.8	27.6	11.0
32	350	5.8	309	0.51	33	12.8	23.9	—

①原液温度100℃,甬道送风量1.5m³/min,喷丝板结构0.15mm×30孔。

从表5-7还可以看出,纤维中DMF的残存量与纺丝速度之间的关系没有一定规律,这是因为DMF的蒸发速度与丝束在甬道中的停留时间、单位体积丝条的表面积两个因素有关。提高纺丝速度,使丝条在甬道中的停留时间缩短,则纤维中DMF的残留量提高;而提高纺丝速度又增加喷丝头拉伸比,使丝条的表面积增加,纤维中的DMF的残存量反而下降。

(六)喷丝头拉伸

干纺的腈纶与其他热塑性纤维一样,只有在塑性状态下经拉伸后,才具备所需的纺织性能。在干纺过程中,喷丝头拉伸倍数比湿纺时高,但比熔纺时小,通常为10~15倍。由于纤维中残存的溶剂对大分子有增塑作用,纤维中溶剂残存量越高,拉伸温度就应越低。离开纺丝甬道的纤维中溶剂含量为5%~20%。为了提高拉伸的有效性,需经洗涤除去一部分溶剂,再进行后拉伸。后拉伸可在热空气、蒸汽、热水中或热板上进行,拉伸倍数一般为10~15倍。

(七)甬道中溶剂蒸气的浓度

甬道中溶剂蒸气的浓度对纤维成型及溶剂回收的难易具有重要意义。在其他条件不变的情况下,甬道中溶剂浓度越低,丝条中溶剂的蒸发速度越快,成型的均匀性就越差,纤维横截面形状就越偏离圆形,所得纤维的力学性能也越差。

在纺丝速度和纤维线密度一定时,甬道中溶剂蒸气的浓度可送入的循环介质的量来控制。甬道中保持的溶剂浓度越低,则送入的循环介质的量应越大,动力的消耗也相应地增多,另外也给溶剂回收增加困难。

此外,从生产安全角度考虑,甬道中二甲基甲酰胺与空气相混合达到某种比例时,有引起爆炸的危险,爆炸的上限为 $200\sim250g/m^3$,下限为 $50\sim55g/m^3$,因此,甬道中混合气体中溶剂的浓度以控制在 $35\sim45g/m^3$ 为宜。

(八)纤维截面形状

根据干法纺丝的工艺原理可知,溶剂在纤维细流中的扩散速度及在其表面的蒸发速度是决定丝条固化和纤维截面形状的重要因素。由于丝条表面固化速度快,形成皮层结构,而后,芯层溶剂经扩散穿过皮层而在表面蒸发使芯层物质减少,造成皮层塌陷,与溶剂扩散速度相比,蒸发速度越快,纤维截面就越容易从圆形变为豆形,甚至犬骨形,如图 5-14 所示。

有人认为,纤维截面形状还可用溶剂 DMF 的蒸发速度和丝条在甬道中的停留时间两个参数来描述(图 5-15)。很明显,DMF 蒸发速度可通过原液中溶剂量、出纺丝甬道时溶剂残余量以及丝条在甬道中的停留时间计算出来。

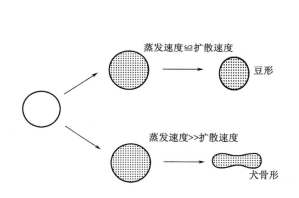

图 5-14　干法纺丝纤维截面形状的形成

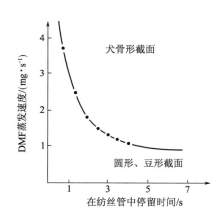

图 5-15　纺丝工艺对截面形状的影响

由图 5-15 可知,DMF 蒸发速度是停留时间的函数。曲线上方为犬骨结构区域,下方为形成圆形、豆形的区域。

由于纤维截面形状对其纺织,服用性能影响极大,因此应合理选择上述各工艺参数以得到预期的截面形状。

表 5-8 和表 5-9 分别列出腈纶湿法、干法纺丝主要工艺参数及优缺点的比较。

表 5-8　聚丙烯腈主要纺丝工艺参数比较

成 型 方 法	DMF 湿法	DMSO 湿法	NaSCN 湿法	HNO₃ 湿法	DMF 干法
聚合物相对分子质量/($\times10^{-4}$)	5~8	5~8	5~8	5~8	3~4
纺丝原液浓度/%	16~20	16~20	12~14	14~18	25~33

成 型 方 法	DMF 湿法	DMSO 湿法	NaSCN 湿法	HNO₃ 湿法	DMF 干法
凝固浴组成/%	50~60	50~60	10~14	30	—
凝固浴温度/℃	10~15	20~30	10	0	—
纺丝甬道温度/℃	—	—	—	—	200~400
纺丝速度/(m·min⁻¹)	5~10	5~10	5~10	5~10	>100 以上
拉伸倍数/倍	7~12	7~12	7~12	7~12	10~15
聚合物消耗定额/[g·(g 纤维)⁻¹]	1~1.03	1~1.03	1~1.1	1~1.2	1~1.03
溶剂消耗定额/[g·(g 纤维)⁻¹]	0.2~0.3	0.2~0.3	0.05~0.07	0.2~0.3	0.1~0.2
溶剂回收	简单	简单	复杂	简单	简单
溶剂的腐蚀性	腐蚀性较小，可用一般不锈钢	腐蚀性小,可用一般不锈钢	腐蚀性强,需用特种不锈钢	腐蚀性强,需用特种不锈钢	腐蚀性小,可用一般不锈钢
成品	短纤维	短纤维	短纤维	短纤维	长丝或短纤维

表 5-9 聚丙烯腈干法和湿法纺丝主要优缺点的比较

干 法 纺 丝	湿 法 纺 丝
纺丝速度较高,一般为 100~300m/min,最高可达 600m/min	第一导辊线速度一般为 5~10m/min,最高不超过 50m/min
喷丝头孔数较少,一般为 200~300 孔	喷丝头孔数可达 1×10⁵ 孔以上
适合于纺长丝,但也可纺短纤维	适于纺短纤维,纺长丝效率太低
成型过程和缓,纤维内部结构均匀	成型较剧烈,易造成孔洞或产生失透现象
纤维物理—力学性能及染色性能较好	一般不如干法
长丝外观手感似蚕丝,适于做轻薄仿真丝绸织物	似羊毛,适宜做仿毛织物
溶剂回收简单	溶剂回收较复杂
纺丝设备较复杂	纺丝设备较简单
设备密闭性要求高,溶剂挥发少,劳动条件较好	溶剂挥发较多,劳动条件较差
流程紧凑,占地面积小	占地面积较大
只使用 DMF 为溶剂	有多种溶剂可供选择

四、聚丙烯腈的干喷湿纺法纺丝

干喷湿纺法又称干湿法纺丝。由于干喷湿纺法可进行高倍的喷丝头拉伸,因而进入凝固浴的丝条已有一定的取向度,脱溶剂化程度较高,在凝固浴中能较快地固化,使成型速度大幅度提高。干喷湿纺法成型速度可达 200~400m/min,也有高达 1500m/min 的报道。

干喷湿纺法要求高黏度的纺丝原液,其黏度达 50~100Pa·s。这就要求提高原液浓度,而这又为减少溶剂的回收和单耗,改善纤维的某些物理—力学性能提供了有利条件。

干喷湿纺法纺制的纤维,结构比较均匀,强度和弹性均有提高,截面结构近似圆形,染色性和光泽比较好。

(一)干喷湿纺法的工艺流程

如图 5-16 所示,由计量泵提供的纺丝原液经烛形过滤器进入喷丝头,由喷丝孔喷出后穿过空气或其他惰性气体层后进入凝固浴槽。丝条经过位于槽底部的导丝钩导丝,由导丝盘将其牵引出凝固浴。这时丝条取向度很低,需经洗涤后进入热浴进行热拉伸。拉伸后的丝条通过干燥滚筒干燥后进入蒸汽拉伸槽进行第二次拉伸。最后丝条进入松弛干燥辊筒进行松弛热定型。

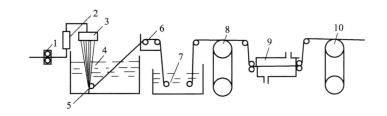

图 5-16 聚丙烯腈的干喷湿纺法成型工艺流程图
1—计量泵 2—烛形过滤器 3—喷丝头 4—凝固浴 5—导丝钩 6—导丝盘
7—拉伸浴 8—干燥辊筒 9—蒸汽拉伸槽 10—松弛干燥辊筒

(二)干喷湿纺法纺丝的工艺控制

1. 纺丝原液黏度 干喷湿纺法成型的纺丝原液黏度比湿法成型高,在温度为 20℃ 时,适宜于干喷湿纺的原液黏度为 50～100Pa·s。黏度的提高可采用提高原液中高聚物的含量或增加高聚物相对分子质量的方法来达到。纺丝原液黏度如低于 20Pa·s,喷出的原液细流容易拉断,或发生相互粘连。反之,如果原液的黏度过高则纺丝困难,必须提高原液温度,使黏度降低,方可顺利纺丝。但原液温度如超过 100℃,则聚合物容易氧化而着色,使纤维使用价值降低。

2. 喷丝头到凝固浴液面的距离 喷丝头表面到凝固浴液面之间的距离是干喷湿纺法纺丝的关键参数之一,与纺丝原液黏度密切相关,并存在如下关系式:

$$Y = 2(\lg X - 1.94)$$

式中:Y 为喷丝头表面到凝固浴液面的距离,cm;X 为纺丝原液的黏度,dPa·s。

可见,喷丝头表面到凝固浴液面间的距离随原液黏度的增加而增加。合理选择这一距离,可使纤维力学性能、光泽及染色色差得到改善。

3. 纤维的干燥和拉伸 离开凝固浴的丝条经洗涤除去溶剂后,在 80～100℃ 热水或蒸汽中进行第一次拉伸;然后使纤维干燥至含水率在 15% 以下,再进行第二次拉伸(5～10 倍),拉伸温度为 120～150℃,最后通过松弛干燥辊筒进行干燥和松弛。

第一次拉伸倍数应高于 1.5 倍。只有这样才能保证丝条顺利通过干燥及后处理,并得到具有较好强度、模量和光泽的圆形截面纤维。

干燥的目的是排出冻胶状初生纤维中的水分,使纤维结构致密化,从而提高第二次拉伸的效果。

第二次拉伸温度不应低于 100℃,否则纤维经不起高倍拉伸。但温度如超过 170℃,则纤维容易氧化而着色。经第二次拉伸后,纤维不仅强度和伸长率有所提高,而且光泽较好,截面呈圆形,而一次拉伸后所得纤维截面多为不均匀肾形。

第五节 聚丙烯腈纤维的后加工

无论经湿法还是干法纺丝得到的丝条都必须经过一系列的后加工(或称后处理),才能成为具有实用价值的纤维。

对湿法纺丝而言,刚出凝固浴的丝条实际上还只是一种富含溶剂的冻胶。因此,其后加工工艺较为复杂。而干法成型的腈纶,因成型条件较缓和,纤维结构较致密,故丝束的后处理工艺较湿法简单。

一、湿法成型聚丙烯腈纤维的后加工

(一)湿法成型聚丙烯腈纤维的后加工工艺流程

最常见的湿纺腈纶后加工主要包括拉伸、水洗、干燥致密化、卷曲、热定型、上油、干燥、打包等工序(图5-9和图5-10)。根据拉伸和水洗的工序顺序不同,又可分为先水洗后拉伸,或先拉伸后水洗两种类型。

刚凝固成型的纤维经导丝装置进入预热浴进行低倍拉伸,此时浴温控制在50~60℃,浴中溶剂含量为2.5%~3%,拉伸倍数为1.5~2.5倍,以使大分子得到初步取向,并进一步脱除丝条中的溶剂。接着纤维进入第二拉伸箱,在95~100℃的热水或蒸汽中进行第二次拉伸,约为4~6倍。经二次拉伸后的丝条进入水洗工序。水洗中,丝条与水逆向而行,以提高洗脱溶剂的效果。水洗后丝束含水约150%~200%,溶剂含量小于0.1%。水洗后丝束仍处于凝胶态,结构疏松,存在大量微孔、微隙,因此,必须进行干燥致密化处理。干燥机中装有多个带孔转鼓,丝束在100~160℃不同温区被热空气烘干。在湿、热作用下,纤维结构中大量微孔、微隙缩小或闭合。与此同时,纤维轴向与径向发生收缩,形成有实用价值的纺织纤维。这种后加工路线适用于工业生产所有各种溶剂路线,特别适合于在缓和凝固条件下或在凝固浴中停留时间较短的成型方法。

(二)湿法成型后加工工艺控制

1. 拉伸 湿法成型聚丙烯腈纤维的拉伸一般分两步完成,即预热浴拉伸及沸水或蒸汽浴拉伸。初生纤维如果不经预热浴处理就直接进行蒸汽或沸水拉伸,则所得纤维泛白失透,且强度等力学性能差(表5-10)。

表5-10 经或不经预热处理纤维的力学性能比较(凝固浴温度3℃)

项 目	预热浴处理再拉伸			直 接 拉 伸		
预热处理的蒸汽压力/(×10⁵Pa)	0.98	1.57	1.96	—	—	—
线密度/dtex	3.09	3.42	3.82	4.44	3.21	3.33
强度/(cN·dtex⁻¹)	3.04	2.92	2.62	1.77	2.41	2.30
伸长率/%	21.2	21.7	24.9	23.0	24.0	27.6
钩强/(cN·dtex⁻¹)	1.63	2.85	2.07	1.42	1.90	1.90
钩伸/%	13.5	17.5	21.9	13.8	18.8	17.8

这两种纤维的性能之所以有差异，主要是经预热浴处理后初生纤维结构起了变化，更有利于进行以后的高倍拉伸。与纺丝原液相比，初生纤维的溶剂化程度虽然已显著降低，但其中高聚物含量仍较低。聚丙烯腈大分子链上存在许多强极性氰基，它们与水分子的缔合，使大分子间力大为削弱，加之成型时通常采用喷丝头负拉伸，故初生纤维大分子取向度很低。因此，初生纤维实际上还是一种高度溶胀的冻胶体，经不起直接高倍拉伸。

(1)拉伸温度：实验证明，经预热浴处理可使初生纤维的热收缩率加大，含水率降低，高聚物含量增加。而且随着预热浴温度的升高，在55～65℃温度范围出现转折点。这是因为初生纤维在55～65℃范围内，聚丙烯腈大分子上的氰基获得足够的热能，在预热浴低倍拉伸力作用下发生重排，并垂直于主链，同时氰基间的相互缔合代替氰基与水分子的缔合，从而使氰基上的水化层部分地被释放出来，造成初生纤维收缩，含水率下降，聚合物体积分数上升，结构单元间作用力加强，冻胶体网络结构趋于密实。

实践证明，预热浴温度应高于聚丙烯腈大分子重排缔合温度5～10℃为宜。如果预热处理低于该温度，则冻胶体初生纤维的脱液太少，冻胶体的初级溶胀太大，网络结构太弱，经不起高倍拉伸，从而使后拉伸的最大拉伸比下降，纤维的取向度无法提高；如果预热浴温度超过实际重排缔合温度太多，则冻胶体初生纤维脱液过度，网络结构太强，初生纤维的可塑性下降，同样也会导致最大拉伸比下降，并使拉伸过程中毛丝增加。重排缔合温度还与共聚体的共聚组成和预热浴中溶剂含量等因素有关。通常大分子链中引入磺酸基团后，重排缔合温度将有所下降，而且随磺酸基团含量的增大而向低温方向移动。提高预热浴中溶剂浓度，由于溶剂的增塑作用，对相同组成高聚物的初生纤维而言，重排缔合温度向低温方向移动。

(2)拉伸介质：纤维在不同的拉伸介质中的溶胀度不同，所得纤维物理—力学性能也不同。现将先拉伸后水洗（即以一定浓度的溶剂为拉伸介质）和先水洗后拉伸（即以水为拉伸介质）两种方案进行对比，见表5-11。

表5-11　两种拉伸方案对腈纶力学性能的影响

拉伸方案	拉伸介质	热定型条件[①]	沸水收缩率/%	线密度/dtex	强度/(cN·dtex^{-1})	伸长率/%	钩强/(cN·dtex^{-1})	钩伸/%	钩强干强/%
先拉后洗	NaSCN水溶液	甲	6	4.40	2.85	41.5	0.93	16.6	32.6
先洗后拉	水	甲	2.5	4.30	2.97	34.5	1.06	19.8	35.7
先拉后洗	NaSCN水溶液	乙	5	4.33	2.91	37.6	0.76	12.6	26.1
先洗后拉	水	乙	3.5	4.20	2.93	33.5	0.81	13.4	27.6
先拉后洗	NaSCN水溶液	丙	0	4.88	2.63	44.3	1.25	25.4	47.5
先洗后拉	水	丙	0	4.57	2.83	39.5	1.31	26.2	46.3

①热定型条件甲：干热，130℃，20min，再蒸汽加热，180℃，60s；热定型条件乙：干热，130℃，20min，再蒸汽加热，180℃，90s；热定型条件丙：蒸汽加热，180℃，90s，干热，130℃，20min。

从表 5-11 可以看出,当用水作为拉伸介质时,不管采用什么热定型条件,纤维的力学性能都比较好。如果采用甲基丙烯磺酸钠作为第三单体,则先水洗后拉伸工艺对成品纤维干强和钩强的提高更为显著。

在塑性拉伸时,结构单元间的交联点必须具有一定的强度时才能达到取向的目的。如果有增塑剂(如 NaSCN)存在,大分子间作用力被大大地削弱,拉伸时大分子虽然也发生相对滑移,但却不能使之高度有效地取向,所以先拉伸后水洗比先水洗后拉伸所得纤维的质量差。

(3)拉伸倍数:聚丙烯腈初生纤维的拉伸倍数是通过预热浴的低倍拉伸(1.5~2.5 倍)和随后的沸水或蒸汽拉伸(4~6 倍)两步完成的。随着总拉伸倍数的提高,纤维强度上升,断裂伸长率下降,大分子取向度提高。

实验证明,在腈纶的拉伸过程中,非晶区取向的发展落后于准晶区取向的发展,因此,总拉伸倍数要求控制在 10 倍以上,才能得到要求的强度、断裂伸长率、手感和光泽。但过高的拉伸倍数往往造成严重断丝。

2. 水洗　由凝固浴或预热浴出来的丝束中含有一定量的溶剂。如果不把这部分溶剂去除,不仅使纤维手感粗硬,色泽灰暗,而且在以后的加工中纤维发黏,不易梳分,干燥和热定型时容易发黄,并严重影响染色。例如,当纤维中 NaSCN 含量超过 0.1% 时,会使纤维染色时染料沉淀,纤维出现斑点。为了保证纤维质量和后加工的顺利进行,一般要求水洗后纤维上残余的溶剂含量不超过 0.1%。

随着水洗温度提高,纤维溶胀加剧,有利于丝条中溶剂分子向水中扩散,同时也有利于水向丝束渗透以达到洗净目的。但随着水温提高,热量的消耗也随之增大,尤其在采用有机溶剂时,温度高则溶剂挥发损失大,且会恶化周围环境。目前水温一般都控制在 50~100℃。

如果水洗工序安排在拉伸工序之前(先水洗后拉伸),因为拉伸前丝束运动速度低,所以,可增加同样水洗设备的水洗时间,使水洗过程更充分。

常用的水洗机有长槽式、多层式和喷淋式以及 U 形水洗机等多种设备。

3. 上油　上油的目的是为了提高纤维的平滑性和抗静电性,从而提高可纺性。根据纤维的不同用途,腈纶的上油率一般在 0.1%~0.7% 之间。

上油位置一般选择在水洗和干燥致密化之间,这主要是为了避免在干燥致密化过程中因纤维与设备的摩擦引起静电而使纤维过度蓬松和紊乱造成绕鼓。

4. 干燥致密化

(1)干燥致密化的目的:初生纤维经拉伸后,超分子结构已经基本形成。但是对于湿法纺丝得到的聚丙烯腈纤维而言,由于在凝固浴成型过程中溶剂和沉淀剂之间的相互扩散,使纤维中存在为数众多、大小不等的空洞及裂隙结构。由于这种结构的存在,造成纤维的透光率低(失透或泛白),染色均匀性及物理—力学性能差。因此,必须通过干燥去除纤维中的水分,使纤维中的微孔闭合,而空洞及裂隙变小或部分消失,使其结构致密,均匀,以制得具有实用价值的高质量腈纶。

(2)干燥致密化的机理:如果在低温下把初级溶胀腈纶风干,结果纤维失透,也就是说纤维虽已脱溶胀而未致密化,由此推论,纤维致密化需要一定的温度。如果把经拉伸水洗过的初级溶胀纤维在 80～100℃热水中处理,此时温度虽高,但纤维仍未致密化,由此可知,纤维致密化不仅需要一定温度,而且必须伴随一个脱溶胀的过程,即水分从微孔内逐步移出的过程。

在适当温度下进行干燥,由于水分逐渐蒸发并从微孔移出,在微孔中产生一定的负压,即有毛细管压力。而且,在适当温度下,大分子链段能比较自由地运动而引起热收缩,使微孔半径相应发生收缩,微孔之间的距离越来越近,导致分子间作用力急剧上升,最后达到微孔的融合。

这一机理可以从下列事实得到证明:

①初级溶胀纤维经深冷升华干燥后,得到保留有大量微孔的干纤维,再进行一般的干燥处理(100～170℃),结果纤维还是失透,不能致密化;若初级溶胀纤维在深冷升华干燥后以水浸润,再进行干燥致密化处理,则又可得到透明致密化的纤维;

②初级溶胀纤维先经汽蒸后,再进行一般的干燥工艺处理(100～170℃),结果纤维还是失透,因汽蒸后纤维结构较固定,按一般干燥致密化工艺是不易使微孔融合的;

③微孔网络粗细不同的初级溶胀纤维干燥致密化的难易程度不同。

总之,要使初级溶胀纤维正常进行致密化,需有如下的条件:要有适当的温度,使大分子链段比较自由地运动;要有在适当温度下脱除水分时所产生的毛细管压力,才能使空洞压缩并融合。

室温干燥的纤维虽有毛细管压力,但温度低,不能使大分子适度运动,则不能使微孔融合,如直接进行汽蒸,虽然有高温,但无水分的消除,也不能达到致密化。此外,还必须注意到致密化和脱溶胀以及干燥是三个不同的概念。初级溶胀纤维在干燥过程中刚达到微孔融合时,一般其微纤尚未脱溶剂化,纤维的含水率可达百分之几,甚至几十,这是一种已致密化而尚未完全脱溶胀的纤维;而低温风干纤维则是脱溶胀而未致密化的纤维。致密化纤维再润湿后,仍保持着致密化的结构,所以致密化和干燥也是不同的概念。初级溶胀纤维的致密化和溶胀是不可逆的,而已致密化纤维的湿润和干燥则基本是可逆的。

(3)干燥致密化的工艺控制:

①温度和时间。在确定干燥温度和时间时,既要考虑干燥致密化的效果,又要考虑设备的生产能力。要达到干燥致密化的目的,干燥温度应高于初级溶胀纤维的玻璃化温度 T_g。但温度不能过高,因为这将使纤维发黄。另外,温度过高会使纤维表面水分蒸发过快而产生一层过干的硬皮层,从而阻碍纤维内层水分向外扩散,使干燥速度反而缓慢。同时硬皮层的干燥收缩受到尚处于溶胀状态内层的阻碍,而内层干燥收缩时却不受这种阻碍,以致造成结构上的差异,影响染色均匀性。在实际生产中,干燥温度可分区控制,并随过程的延续逐步降低。例如,NaSCN 法聚丙烯腈纤维的干法致密化为四区控温,各区温度依次为:130～160℃、120～145℃、100～130℃ 和 90～110℃。

实际上,干燥时各区环境温度与湿纤维本身温度间存在很大差异,这是因为湿纤维从环境中吸收的热量转化为水的汽化潜热,由此在一定的含水率范围内,纤维温度不变且与环境温度有一定的温差。只有当纤维含水量下降到 10% 左右时,其温度才继续上升。

干燥时间是由进入干燥设备的丝束速度来控制的。一般纤维在干燥机中的停留时间不超过 15min。时间过长不但造成纤维着色,而且降低了干燥设备生产能力。

②介质的相对湿度。当介质温度不变时,介质自身的含湿量越低,纤维的干燥就进行得越快,若介质相对湿度过低,将与介质的温度过高有同样的弊病。

随着纤维中水分不断外逸,干燥介质中的含湿量将随之增加。为了生产过程的稳定,必须不断将干燥介质循环和更换,排去一部分含湿量高的空气,吸入一部分新鲜的含湿量低的空气,一般补给量控制在 $10\%\sim15\%$。

总之,干燥的温湿度的控制随干燥设备,纤维层厚度,干燥时间,纤维本身的特点(如共聚物组成,微纤网络的粗细)以及对成品纤维结构的要求等因素而变化。

③张力。干燥致密化过程中纤维要产生轴向和径向收缩。如果干燥设备不能使纤维得到完全自由的收缩,则纤维在干燥过程中将受到张力。

干燥致密化时纤维所受张力大体可分三种状态,一是紧张态,即长度固定,完全不能进行轴向收缩;二是稍有张力,可有一定程度的收缩;三是松弛态自由收缩。干燥过程中丝束所处的状态对成品纤维的性质影响很大。和松弛态相比,紧张状态所得纤维的干强较高,但延伸度和钩强低,沸水收缩率较高。

④干燥设备。目前腈纶干燥致密化多采用松弛式帘板干燥机或半松弛式圆网干燥机。

5. 热定型

(1)热定型的目的:经干燥致密化后,纤维的结构均匀性和形态稳定性还较差,这主要表现在沸水收缩率较高,强度、伸长率、钩强、钩伸较低(表 5 - 12),染色均匀性差,有时甚至出现皮芯明显色差。

表 5 - 12　热定型对聚丙烯腈纤维性质的影响

纤维性能	未经汽蒸热定型	经汽蒸热定型	纤维性能	未经汽蒸热定型	经汽蒸热定型
线密度/dtex	2.34	2.80	钩强/(cN·dtex^{-1})	1.12	1.79
强度/(cN·dtex^{-1})	3.50	3.52	钩伸/%	15.1	31.4
伸长率/%	31.1	41.4	沸水收缩率/%	8	2

因此,必须通过热定型进一步改善纤维的超分子结构,进而改善纤维的力学性能,提高其尺寸稳定性和纺织加工性能。

(2)热定型的工艺控制:

①介质。热定型的传热介质主要有热板、空气、水浴、饱和蒸汽及过热蒸汽五种。实验表明,采用加压饱和蒸汽热定型效果较好,其主要原因是加压饱和蒸汽一方面为纤维中大分子的运动提供了充足的热能;另一方面饱和蒸汽中的水分起到增塑作用,使纤维溶胀,T_g 下降,有利于定型效果的提高。

②定型温度。热定型温度对成品纤维的性能有明显的影响。适当提高热定型温度,有利于纤维超分子结构的疏解、重建和加强。因而,在一定温度范围内,随着定型温度的上升,总取向因素下降,钩强和钩伸上升,而干强稍有下降,沸水收缩率降低,线密度增大,而对染色率影响较小(表 5 - 13)。但是如果定型温度过高,则不仅使纤维发黄和并丝,并且能使纤维的物理—力学性能变差。

表 5-13　热定型温度对纤维性能的影响①

定型温度/℃	线密度/dtex	干强/(cN·dtex⁻¹)	干伸/%	钩强/(cN·dtex⁻¹)	钩伸/%	定型缩率/%	沸水缩率/%	上色率/%
未定型	1.52	3.20	27.7	0.93	4.0	1	11~13	96.3
115	1.72	2.49	31.7	1.47	18.3	10	3	98.3
121	1.64	3.25	41.9	1.75	20.3	12	2	98.3
125	1.62	3.19	41.1	2.19	28.3	16	2	98.3
131	1.69	2.94	48.4	2.21	36.9	18	1	98.4
135	1.90	2.47	60.3	2.20	49.1	26	1	98.4
140	2.12	1.84	67.7	1.74	47.6	39	0	98.5

①定型时间 3min,定型前排除空气。

③定型时间。热定型时间与定型温度、加热介质、热定型设备以及共聚物组成等因素有关。在温度适当的条件下,定型时间对纤维分子结构影响不大,在高温下延长定型时间还容易使纤维发黄,所以不能靠延长时间来弥补温度的不足。

试验表明,定型时间在 1~20min 内钩强均可达到 1.76cN/dtex 以上,其他质量指标无明显差异,说明在一定蒸汽压力下,丝束达到一定温度后,在这一时间范围内定型效果相同。为了使丝束内外受热均匀,定型时间一般采用 20min。

④纤维张力。热定型效果与纤维所处张力状态有关。值得注意的是干燥致密化时的张力状态与热定型效果有着内在联系。研究表明,如果干燥致密化和热定型都在紧张状态下进行,则所得纤维的干强和初始模量较高,但钩强、干伸较低,沸水收缩率高。如果干燥致密化和热定型都在松弛状态下进行,则钩强和干伸大幅度提高,但干强,特别是初始模量下降较多。采用紧张态干燥致密化和松弛态热定型相结合所得的结果,则介于上述二者之间,这时钩强和干伸有明显增加,但初始模量下降却不大。紧张态定型不利于充分消除内应力。

6. 卷曲　卷曲的目的是为了增加腈纶自身及其与棉、毛混纺时的抱合力,改善纺织加工性能,提高纤维的柔软性、弹性和保暖性。

卷曲度取决于纤维的用途。供棉纺的腈纶短纤维卷曲数较高,供精梳毛纺的腈纶短纤维及制膨体毛条的腈纶丝束则要求中等卷曲数(3.5~5 个/cm)。卷曲时应严格控制温度、湿度及压力等参数,尤其是温度的影响最为突出。丝束温度过低,不能达到要求的卷曲度;温度过高则会造成纤维强度下降,甚至使纤维发黄变脆或出现发黏并丝等现象。

实践表明,要得到一定的卷曲效果,卷曲温度必须达到纤维玻璃化温度(三元共聚的聚丙烯腈在湿态下 T_g 为 65~67℃)以上。在实际生产中,卷曲温度比卷曲丝束所处状态的玻璃化温度高 10℃左右。

有数据表明,蒸汽热定型后得到的纤维卷曲数较高,约比非蒸汽定型的纤维提高 10%。

卷曲箱压力过大,往往造成纤维损伤,使纤维强度下降。

7. 纤维的切断　为了使产品能很好地与棉或羊毛混纺,需将纤维切成相应的长度。棉型纤维长度在 40mm 以下,并要求有良好的均匀度,故应严格控制超长纤维,否则将影响纺织加工。毛型产品则要求纤维较长,一般用于粗梳毛纺的纤维长度在 64～76mm,用于精梳毛纺的纤维长度在 89～114mm 比较合适。毛型腈纶短纤维对长度的整齐度则无要求,有时其至希望纤维的长度有一定的分布,使其尽可能与羊毛的长度分布相类似,以利于纺织加工。

二、干法成型聚丙烯腈纤维的后加工

干法成型的后加工可分为水洗牵伸和后处理。

(一)水洗牵伸

从纺丝来的原丝经集束后进入水洗牵伸机,丝束从牵伸机出口挤压辊引出到上油辊进行上油,上油后的丝束进入丝束罩进行冷却,然后丝束经汽蒸箱加热进入卷曲机进行卷曲,卷曲后的丝束由冷却输送机送至摆丝装置,把丝束铺到盛丝桶里,再进行汽蒸和卷曲。

水洗牵伸主要有三项任务:一是将残留在原丝中的溶剂(DFM)从原丝中析出,这个过程是在水洗牵伸机中完成的;二是提高纤维的力学性能,原丝经牵伸和卷曲等工序,达到纺织纤维要求的强度、抱合力等指标;三是给丝束上油,提供纤维需要的附着力和结合力,以适应纺织加工的需要。

水洗拉伸机是一个很大的钢制箱体(图 5-17),箱体的底部分成 10 个槽,每个槽子内设有导轮以引导丝束通过。热的去离子水自第 10 个槽通入,与丝束逆向流动,连续流过每个槽,对丝束内的溶剂进行萃取洗涤。含有 10%～30% 溶剂的洗涤水自第一槽溢流出来,导入回收车间进行溶剂回收。

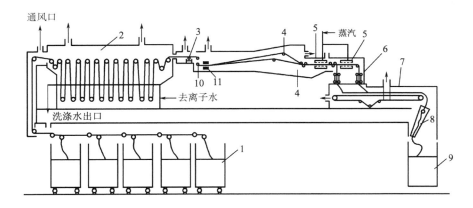

图 5-17　干纺聚丙烯腈的水洗、拉伸和卷曲流程示意图

1—丝束桶　2—水洗拉伸机　3—给油机　4—集束导辊　5—蒸汽箱　6—卷曲机
7—冷却输送带　8—输送带　9—卷曲丝束桶　10—导辊　11—丝束检测器

牵伸是通过依次增大牵伸辊的速度完成的。丝束在第 1～第 6 槽内被拉到紧张状态,在第 7～第 10 槽中完成牵伸倍数。牵伸过程必须在链段和大分子链发生运动的基础上来完成。因此,牵伸一定要在高于玻璃化温度(T_g)的温度下进行。用水作为牵伸介质时得到纤维的机械性能较好。牵伸后的丝束垂直供给卷曲机,在卷曲箱内丝束进行卷曲。卷曲后的丝束由冷却输

送机送至摆丝装置。在输送过程中,与逆流空气交换热量,使丝束冷却以固定卷曲度。摆丝装置把每根丝铺放到盛丝桶里。

影响水洗牵伸的主要因素有:温度、时间、张力、水流量等。温度对水洗牵伸影响较大。提高温度,分子运动能力增大,扩散作用也增强,水洗牵伸效果好。但水温过高,热耗和蒸汽用量随之增大;牵伸时间越长,水洗牵伸效果越好;牵伸张力与牵伸倍数有关,牵伸倍数一般在 2.2~6.0 倍之间;洗涤水流量大,水洗效果好,但回收负荷大,故要控制水量能使丝束中残留溶剂含量达到要求范围即可。

丝束汽蒸的目的是通过常压蒸汽加热丝束,使其温度达到卷曲所需温度。丝束汽蒸是在汽蒸箱里进行的。汽蒸箱位于叠丝被动辊和牵引辊之间,由一椭圆形截面的柱体产生,汽蒸箱沿长度方向分成两部分,中间带有凹槽以使丝束通过。两箱沿着后边装铰链,使丝束在开车时能穿过。凹槽的两个上表面钻有孔,使蒸汽沿软管进入两室,直接吹在丝束上。为使卷曲正常进行,温度必须控制在规定范围内。

丝束卷曲的目的是为了增加聚丙烯腈纤维自身以及与棉、毛纺时的抱合力,改善其纺织加工性能,改善纤维的柔软性、弹性和保暖性等。自牵引辊来的丝束向下进入卷曲机,丝束通过一对辊,此辊压紧丝束并使丝束向下进入卷曲机箱。在卷曲箱出口有两个辅助辊,改变出口辊速度,可得到需要的背压。卷曲箱和底部辊的作用是给从卷曲机辊来的丝束以一定的阻力和空间,在此用蒸汽加热固定纤维上形成的卷曲。影响卷曲的重要工艺参数有丝束温度、卷曲机辊的间隙和压力,在卷曲箱内用来固定卷曲的蒸汽流量、顶部与底部辊的速度比等。

(二)后处理

1. 长丝后处理工艺流程

在牵伸工段已经卷曲了的丝束落桶后送至后处理区域。丝束从四个盛丝桶里一齐拉出来,堆积在干燥机链板上。纤维在蒸汽靴下通过,在此纤维得到松弛,之后通过带风机的干燥机,用热空气(约 130℃)干燥丝束,使丝束中的残余水分达到约 0.5%。当干燥机链板上的丝束一从干燥机出口出现,干燥机出口的牵引辊就将丝束引出,然后,通过捻度去除导杆和捕结开关,准备装箱的丝束用摆丝装置喂入纸箱。丝束在纸箱里用气动压头压实,纸箱被捆扎,贴上标签并称重。这些纸箱送往仓库准备出厂。

准备送往毛条车间继续加工的长丝束,用牵引辊喂入盛丝桶,然后送往毛条车间。

2. 短纤维后处理工艺流程

准备加工成短纤维的丝束盛丝桶放在湿切断机集束架下。四条丝束(合计 40 万~50 万 dtex)穿过导丝器,经过安装湿切断机及集束架的钢平台,集束成一股,经过张力架及捕结开关,丝束上油后进入切断机。根据工艺要求,把丝束切断成不同长度的短纤维。从切断机出来的短纤维落入干燥机喂入机,进行蒸汽松弛定型和干燥。干燥后的短纤维在干燥机出口借助一卸料辊刮下落到一横向输送带上,经过风送系统传送到打包机处,经设定的程序称重,由打包机成包后送往仓库,如图 5-18 所示。

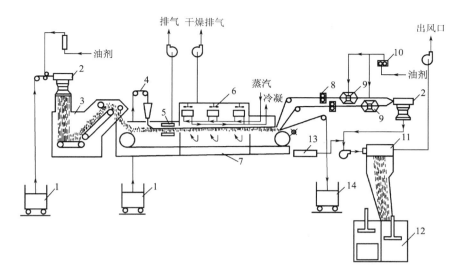

图 5 - 18　短纤状和丝束状干纺聚丙烯腈纤维的干燥上油流程示意图

1—丝束桶　2—切断机　3—短纤输送箱　4—丝束平铺辊　5—蒸汽室
6—风扇　7—加热区　8—张力辊　9—喷油泵　10—计量泵　11—集捕器
12—短纤打包机　13—输送带　14—成品丝束桶

三、聚丙烯腈纤维的特殊加工

(一)直接制条

聚丙烯腈纤维生产中,切断以前的纤维是连续不断的长丝束,切断以后才变成紊乱无序的短纤,而纺织加工又需将杂乱无章的短纤维进行开松梳理,使纤维回复到比较整齐排列的状态,为了缩短纺纱工艺,提高劳动生产率,可将聚丙烯腈长丝束经过适当的机械加工方法,使长丝束既切断而又不乱,从而可直接成条。这种机械加工方法,称为直接制条,或称为牵切纺。

要使长丝束变成短纤维而又保持平行排列,目前生产上最常用的有下列两种方法:

1. 切断法　把片状丝束经特殊切丝辊切断成一定长度的纤维片,其断裂点排成对角线,然后把纤维片拉伸使断裂点由一个平面状态变成犬牙交错状态(如拉断状态),然后制成条子。图5 - 19 是一种切断法直接成条的工艺流程示意图。丝束经四个罗拉的引张作用,展成宽 260mm 的丝片。切断装置是一个安装有螺旋形刀片的切丝辊,紧压在一个表面光滑的铜辊上。当展成均匀片状的长纤维束被喂入切丝装置时,就被切成一定长度。由于切丝辊上的刀片成螺旋形,所以切断点在丝片上排成对角线,接着分离罗拉和一个输送皮圈把切断后的丝片输送给针梳机,纤维在后罗拉与针板之间受到 1.05~1.75 倍的轻微拉伸,而在前罗拉与针板之间的拉伸则达 5.5~6 倍。漏斗形导槽将从针梳机前罗拉出来的丝片聚集成条子,并在卷曲装置中压实,然后经另一导槽而落入条筒中。

2. 拉断法　聚丙烯腈纤维有热塑性,可在高温下进行高倍拉伸,然后经特殊刀轮被拉断。由于是拉断,所以纤维的断裂点不会发生在同一平面上。因此短纤维将参差地排列成条子。

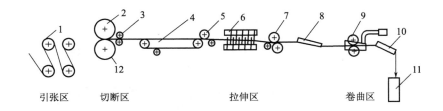

图 5-19　切断法直接制条工艺流程示意图

1—引导罗拉　2—螺旋刀切丝辊　3—分离罗拉　4—输送皮带　5—后罗拉　6—双针梳箱
7—前罗拉　8—漏斗形导槽　9—卷曲装置　10—导槽　11—条筒　12—铜辊

图 5-20 是拉断法直接制条工艺流程的示意图。丝束经张力杆,以幅宽 230mm 的均匀片状喂入罗拉,经第一组引导罗拉而到达两块加热板之间,然后由第二组引导罗拉至中罗拉。丝束经加热板加热而处于塑性状态,便于在两组罗拉间进行高倍拉伸(拉伸倍数为 1.58～2.58倍,拉伸温度为 132～135℃)。丝束离开加热板后,为了防止纤维间回缩,必须迅速冷却,因此第二组引导罗拉下方装有冷却风扇。在中罗拉与出条罗拉之间装有一对刀轮。两个刀轮上的刀相互交叉。纤维在拉紧状态下通过刀轮时受到很大引力,因此被拉断,最后条子经过卷曲箱成条进入条筒,纤维在断裂区又可被拉伸 3.11 倍。

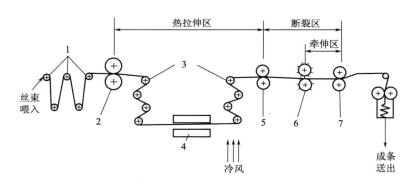

图 5-20　拉断法直接成条工艺流程示意图

1—张力杆　2—喂入罗拉　3—引导罗拉　4—加热板　5—中罗拉　6—刀轮　7—出条罗拉

(二)膨体纱的制造

拉断法制备纤维时,纤维在加热区拉伸以后,经过吹风冷却,能暂时维持拉伸状态,但再经湿热处理时,还会重新回到拉伸以前的状态,这就是腈纶的热弹性。膨体纱就是利用纤维的这一性质而制成的。方法是将 6 份经湿热处理而回缩过的条子与 4 份未经湿热处理(即未回缩过)的条子合并在一起,按一般纺纱工艺纺成细纱,然后对这种细纱施加一次湿热处理。这时未回缩过的纤维就会发生回缩,成为细纱的中心;而已回缩过的纤维不再回缩,被推向细纱外部,并形成小圆圈状卷曲,浮在细纱表面,这样就成为膨体纱。

第六节　聚丙烯腈纤维的性能、用途及改性

一、聚丙烯腈纤维的性能

聚丙烯纤维主要有以下特性：相对密度低（1.18，棉为1.58），这赋予它良好的蓬松性，手感及保暖性好；柔软和类似羊毛的外观；常压下可染成鲜艳的颜色；抗紫外线褪色；输水性好，易干燥；洗涤不变形。其主要性能与羊毛的对照见表5－14。

表5－14　腈纶的性能

性　　　能		纤　维　种　类			
		短纤维	长丝	改性短纤维	羊　毛
断裂强度/(cN·dtex^{-1})	干态	2.2～4.8	2.8～5.3	1.7～3.5	0.8～1.5
	湿态	1.7～3.9	2.6～5.3	1.7～3.5	0.7～1.4
断裂伸长率/%	干态	25～50	12～20	25～45	25～35
	湿态	25～60	12～20	25～45	25～50
（湿强/干强）/%		80～100	90～100	90～100	76～96
打结强度/(cN·dtex^{-1})		1.4～3.1	2.6～7.1	1.3～2.5	0.7～1.2
钩接强度/(cN·dtex^{-1})		1.6～3.4	1.7～3.5	1.4～2.5	0.7～1.3
弹性模量/(cN·dtex^{-1})		22～54	35～75	18～48	9.7～22
弹性回复率/%（3%伸长时）		90～95	70～95	85～95	98
回潮率/%	公定	2		2	15
	标准状态（20℃,RH 65%）	1.2～2.0		0.6～1.0	16
耐热性/℃		—		150	100℃硬化
软化点/℃		190～240		不明显	300℃炭化
熔点/℃		不明显		—	130
分解温度/℃		327		—	—
玻璃化温度/℃		80、140		—	—
日晒牢度（暴晒12个月残留强度）/%		60		60	20
极限氧指数(LOI)/%		18.2		26.7	24～25
耐酸性		35%[①]盐酸、65%[①]硫酸、45%[①]硝酸对其强度无影响		35%[①]盐酸、70%[①]硫酸对其强度无影响	除热硫酸外，耐其他热酸
耐碱性		在50%[①]苛性钠和28%[①]氨水中强度几乎不下降		同腈纶	不耐碱，稀碱中发生缩绒
耐溶剂性		不溶于一般溶剂		溶于丙酮	不溶于一般溶剂

性　　能	纤　维　种　类			
	短纤维	长丝	改性短纤维	羊　毛
耐漂白性	耐亚氯酸钠和过氧化氢		同腈纶	耐过氧化氢、二氧化硫
耐磨性	尚好		尚好	一般
耐虫蛀、耐霉菌性	耐蛀、耐霉		耐蛀、耐霉	耐霉、不耐蛀
电绝缘性(20℃,RH 65%)	介电常数:6.5 电阻率:$2 \times 10^4 \Omega \cdot cm$		介电常数:4.5	电阻率:$5 \times 10^8 \Omega \cdot cm$
染色用染料	分散、阳离子及酸性染料		分散、阳离子染料	酸性、媒染、还原及靛类染料

①相应物质的质量分数。

具有热弹性和极好的日晒牢度是聚丙烯腈纤维最突出的优点。热弹性的本质是高弹形变。经拉伸、水洗和热定型后的纤维,在玻璃化温度以上再次进行拉伸至1.1～1.8倍或更高,这一拉伸称为二次拉伸,纤维发生以高弹形变为主的伸长,非晶区原来卷曲的大分子进一步发生舒展。将此纤维进行骤冷,使大分子的链段活动暂时被冻结,纤维因二次拉伸而发生的伸长也暂时不能回复,在无张力的情况下,非晶区的大分子要恢复原有卷曲状态,纤维的长度又相应地发生大幅度回缩(17%～18%或更高),这就是腈纶热弹性的具体表现。

聚酯、聚酰胺等结晶性纤维都不具有这种热弹性,这是因为纤维结构中的微晶像网结一样,阻碍了链段的大幅度热运动。而腈纶结构中的准晶区并非真正的结晶,仅仅是侧向高度有序,这种准晶区的存在并不能阻止链段大幅度热运动,而使纤维发生热弹性回缩。腈纶的热弹性被用于生产高收缩聚丙烯腈纤维(收缩率达20%～50%),将高收缩聚丙烯腈纤维与常规聚丙烯腈纤维混合纺纱,可制得膨体纱。

各种纤维在光照下,都会发生化学裂解,使相对分子质量下降,力学性能变差。在所有大规模生产的合成纤维中,聚丙烯腈纤维对日光及大气作用的稳定性最好。经日光和大气作用一年后,大多数纤维均损失原强度的90%～95%,而聚丙烯腈纤维的强度仅下降20%左右。聚丙烯腈纤维优良的耐光和耐气候性,可归因于大分子上的氰基。氰基中的碳和氮原子间为三键连接,其中一个是σ键,两个是π键。由于氮原子的电负性大于碳原子,使氰基中的碳和氮之间电子云密度向氮原子偏移,使氮原子呈电负性,碳原子呈正电性。同时,由于诱导效应,还可以使氰基相连的主链上碳原子与氰基碳原子之间的电子云密度偏向氰基碳原子,形成极性较强的偶极。这种结构能吸收能量较高(紫外光)的光子,并把它转化为热能,从而保护了主价键,避免了大分子的降解。

二、聚丙烯腈纤维的用途

聚丙烯腈纤维是合成纤维的主要品种之一,除具备合成纤维所具有的一般性质外,也有其独特性,在许多领域被广泛地应用。

聚丙烯腈纤维蓬松、柔软、卷曲、酷似羊毛,而且某些指标已超过羊毛。因此,它大量地用来代替羊毛,或与羊毛、棉花混纺制成毛织物、棉织物、针织物,工业用布及毛毯等。聚丙烯腈纤维具有优良的耐光性和耐气候性,这种特性适于做室外织物,如帆布、帐篷、窗帘等。聚丙烯腈纤维具有很好的保暖性,用它可加工制成膨体纱,制得的产品不仅保暖性好,还特别柔软。

聚丙烯腈纤维最重要的应用之一是作为碳纤维的原丝。将经过专门配方和工艺生产的聚丙烯腈纤维在200～300℃的热空气介质中加热,完成氧化裂解后,再置于惰性气体中加热碳化(800～1600℃)成为碳纤维,还可使它石墨化(2500～3000℃)成为石墨纤维。这种纤维具有很高的强度和模量,能够耐高温,具有优良的化学稳定性,是重要的具有战略价值的纤维材料。

三、聚丙烯腈纤维的改性

为满足一些特定应用和功能需求,需要赋予聚丙烯腈纤维特定功能和独特性能,在常规生产设备和工艺的基础上,一般采用物理或者化学改性的方法来实现。

(一)仿羊毛的复合聚丙烯腈纤维

聚丙烯腈纤维作为能代替羊毛的一种合成纤维,具有较好的蓬松性、弹性、保暖性,但是和羊毛相比,在回弹性和卷曲性方面存在很大的差距。羊毛之所以具有特殊的回弹性和卷曲性,主要是因为羊毛本身就是一种天然的复合纤维。用电子显微镜观察羊毛截面可发现有两种角质化程度不同的细胞结构相并列,每根羊毛都由性状不同的角质层复合而成。由于两种细胞组织的收缩率有差异,赋予了羊毛以永久的螺旋状卷曲。模仿羊毛开发的聚丙烯腈复合纤维是由两种收缩性质不同的原液(第二、第三单体的种类或含量不同,或两组分的含量或相对分子质量不同)复合而成,从而也是一种永久性立体卷曲纤维。如美国杜邦公司推出的奥纶—21就是一种典型的双组分复合纤维,其截面呈蘑菇形(图5-21)。上海石油化工股份有限公司生产的腈—腈复合纤维,两组分的差异在于其中第二单体含量约相差1.8%。

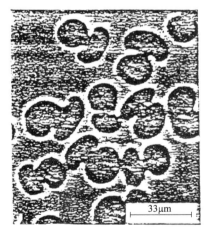

图5-21 双组分复合腈纶截面
1—亲水组分(AN/ASS共聚物)
2—憎水组分(PAN)

(二)收缩性聚丙烯腈纤维

常规聚丙烯腈纤维热收缩率≤4%,收缩性聚丙烯腈纤维热收缩率为10%～18%。将不同收缩率的纤维编织成织物,利用纤维的不同收缩率能够产生独特的织物风格和丰满的手感。

提高纤维收缩率的关键是使大分子链伸展并沿纤维轴取向,并将大分子链的张力通过骤冷暂时固定下来;或者控制成型时纤维的干燥温度,保持纤维中的微孔不闭合,这些都是后期热收缩的驱动力。改变组成中第二单体含量也能从化学组分上调控纤维热收缩率。前者采用的是物理方法,后者是化学方法。

(三)阻燃聚丙烯腈纤维

常规聚丙烯腈纤维的 LOI 值只有 18％,在合成纤维中最低,其制品极易燃烧,且燃烧时会放出毒性较大的氰化物和氨气等,因此提高聚丙烯腈纤维的阻燃性能就显得尤为重要。阻燃聚丙烯腈纤维的制备方法主要有如下几类:

1. 共聚法 共聚法是在丙烯腈聚合体系中加入含有阻燃成分的乙烯基类单体进行共聚而实现阻燃改性的方法。

目前已经工业化的共聚法中多使用卤代乙烯为阻燃单体,主要有氯乙烯、偏氯乙烯,其含量一般在 32％～36％,所得共聚阻燃聚丙烯腈(也称腈氯纶)的 LOI 值可达 26％～37％,阻燃性能优良,且效果持久。但是,由于卤代乙烯的水溶性低、挥发性高,会使聚合反应性变差和聚合率偏低,往往需要改变聚合、纺丝的生产工艺,并且当改性单体含量超过 40％时,会使聚合物光热稳定性下降和可纺性恶化。另外,含卤阻燃剂燃烧时发烟量大,产生大量有害气体。因此,无卤环保型阻燃剂是发展方向。

2. 共混法 共混法是在纤维制备过程中添加阻燃剂,可分为纺丝原液添加法(纺丝液中)和冻胶丝处理法(凝固浴中)。

(1)纺丝原液添加法。该方法在选择阻燃剂时需考虑多方面因素,如阻燃剂在纺丝原液中的溶解性和分散性、与聚丙烯腈的相容性、纺丝过程中的保留率、耐洗涤性及毒性等,此外,为保持共混阻燃腈纶的性能,阻燃剂的含量不能太高。因此,阻燃剂的选择难度较大,主要可分为三类:

①高分子化合物,如聚氯乙烯、氯乙烯/偏二氯乙烯共聚物、丙烯腈/氯乙烯共聚物、丙烯腈/偏二氯乙烯共聚物、含烷氧基、芳氧基或氨基的聚膦嗪、聚磷酸铵等。

②有机低分子化合物,如卤代磷酸酯类化合物、四溴邻苯二酸酐、有机锡化合物等。

③无机低分子化合物,如磷酸二氢铵低复合物、氧化锑、卤化锑、钛酸钡、草酸锌、磷酸锌、磷酸钙、硼酸锌等。

(2)冻胶丝处理法。湿法纺丝得到的腈纶在干燥前为具有微孔结构的冻胶网络,孔洞体积在 50％以上,而干燥后孔洞变小或缩短。因此,采用阻燃剂对未干燥冻胶丝进行处理,可以在很低的温度下获得阻燃剂快速扩散穿透的共混改性纤维。用于冻胶丝处理法的阻燃剂多为小分子阻燃剂,主要是金属氧化物(如 Sb_2O_3)和胍盐及整理剂等。

共混法所得阻燃聚丙烯腈的阻燃效果或某些力学性能虽然不如共聚法,但共混法无须改动原有聚丙烯腈的生产路线和设备,工艺简单,适用性强。

3. 后整理法 后整理法是将阻燃剂均匀地涂覆在织物表面,进而渗透到纤维内,通过物理吸附、化学键合等作用使阻燃剂固着在纤维上,从而获得阻燃效果的加工工艺。

目前,主要的阻燃整理剂有:二氯磷氮($PNCl_2$)、四羟甲基氯化磷(THPC)、四羟甲基氯化磷/尿素预缩体、乙烯基磷酸酯、双环亚磷酸酯混合物等。其中,氮磷阻燃剂中的协同增效作用,可使经整理的纤维、织物具有较佳的阻燃效果。

后整理法工艺简单,但是由于阻燃剂与纤维、织物的结合力弱,所以产品阻燃效果不佳,并且增加了后加工整理工序,易污染环境;此外,该法所得的改性织物,通常手感不好,阻燃剂保留率、耐洗涤性差,服用性能较差。

4. 热氧化法 热氧化法是聚丙烯腈原丝在高温和氧气的作用下制得预氧化纤维的加工方法。该方法制得的聚丙烯腈纤维具有高阻燃、耐焰、耐化学试剂、具有自熄性等特性,LOI 值高达 55%～62%,主要应用于对防火性、耐热性要求较高的场合,如某些特殊的劳保材料等。

(四)抗起毛起球聚丙烯腈纤维

织物在日常使用过程中,不断经受摩擦、揉搓和洗刷等外力作用,致使纤维端头露出织物表面,在织物表面呈现出毛茸,若这些毛茸在继续使用中不能及时脱落,会因揉搓、摩擦而扭结在一起,便形成一个个小线球,这就是起球。起球致使织物的外观变差。抗起毛起球聚丙烯腈纤维的制备方法主要有以下几种:

1. 聚合改性法 聚合改性法通常采用以下两种途径来实现:

(1)提高聚丙烯腈大分子中丙烯腈含量(>90%)、降低第二单体含量(<9%),从而提高聚丙烯腈大分子的刚性,降低延伸性,使纤维的端头不易滑出和成结、小线球易于脱落。

(2)降低聚丙烯腈大分子相对分子质量(40000～50000),适当增宽相对分子质量分布,从而降低纤维延伸性。

2. 纺丝工艺调整法 改变纤维的截面形状,如三叶形、五角形、扁平等,并使纤维表面粗糙化,以增加纤维间的抱合力,提高纤维硬挺度,降低织物中纱线滑脱和缠结的概率。

3. 后整理改性法

(1)通过烧毛、剪毛或者生物抛光的方法去除织物表面的毛茸和纤维的头端,从而使织物不易起毛起球,或者除去已形成的毛球。

(2)树脂整理法,即在纤维或者织物表面包覆一层耐磨树脂,减弱纤维的滑移能力,摩擦时不易起球,从而能有效提高纤维或织物的抗起毛起球性。常用的整理剂有丙烯酸酯共聚物、聚氨酯抗起毛起球剂等树脂。

表 5-15 给出几种商品化抗起毛起球聚丙烯腈纤维的主要性能。

表 5-15 几种商品化抗起毛起球聚丙烯腈纤维的主要性能

性能	Exlan(日本)	东丽(日本)	台丽朗(中国)	上海石化(中国)
线密度/dtex	1.76	1.79	1.80	1.72
断裂强度/(dN·tex^{-1})	3.0	3.0	2.6	2.8
断裂伸长率/%	29	29	25	26
钩强/(dN·tex^{-1})	1.4	1.4	—	0.9
结节强度/(dN·tex^{-1})	1.6	1.6	1.8	1.1
结节伸长率/%	12.3	11.8	13.5	14.0
卷曲度/%	10	—	9	10
含油率/%	0.24	0.31	0.29	0.24
上色率/%	98.7	98.0	—	92.0
结伸乘积[①]	10.0	19.0	24.3	15.4

①结伸乘积=结节强度×结节伸长×100%,可用来表征纤维的抗起毛起球性能。通常结伸乘积小于30%,纤维具有较好的抗起毛起球性能。

(五)抗菌聚丙烯腈纤维

抗菌聚丙烯腈纤维的制备方法依据抗菌剂加入不同阶段,主要有共混纺丝法、冻胶丝处理法和后整理法等。

1. 共混纺丝法　共混纺丝法是指将抗菌剂混入聚丙烯腈纺丝原液中,经纺丝得到抗菌聚丙烯腈纤维。此法制得的改性纤维力学性能稍低于未改性纤维,加工较方便,但是当选用的抗菌剂与聚丙烯腈相容性差时,抗菌剂会发生向纤维表面迁移的现象,导致抗菌耐久性变差。为改善其耐用性,可以首先将抗菌剂分散在能与聚丙烯腈较好相容的聚合物溶液中,然后再与聚丙烯腈溶液混合均匀后纺丝。由此可降低抗菌剂在凝固浴中的损失。

2. 冻胶丝处理法　冻胶丝处理法是指用含有抗菌剂的水溶液对刚出凝固浴而未经热干燥、牵伸处理的丝条进行处理。由于未处理丝条处于溶胀状态,丝条内部存在大量孔洞,抗菌剂能在很短时间内(只要几秒)即可渗透进入纤维内部,经过干燥、牵伸等得到抗菌腈纶。此方法所使用的抗菌剂多为胶态金属和水溶性的金属盐。

3. 后整理法　后整理法是指用含有抗菌剂的整理剂对聚丙烯腈纤维或者织物进行处理,使抗菌剂以物理方式附着在腈纶或者腈纶织物表面。所用抗菌剂包括:金属离子盐、季铵盐、含胍基的化合物等。

(六)亲水性聚丙烯腈纤维

亲水性是指材料吸收水分的能力,它包括吸湿性和吸水性两方面。前者是指吸收气相水分的性质,主要取决于材料的化学结构和聚集状态;后者是指吸收液相水分的性质,主要取决于材料分子结构上亲水基团的数量和种类,内部微孔、缝隙和材料中的毛细孔隙。亲水性聚丙烯腈纤维制备方法主要有以下几种:

1. 共聚法　主要采用含有亲水基团有羟基、氨基、酰氨基和羧基等的单体进行共聚。例如,日本旭化成株式会社采用丙烯酸、乙烯基吡啶等亲水性单体与丙烯腈进行共聚,获得吸湿性良好的改善的聚丙烯腈。

2. 接枝法　主要指在聚丙烯腈大分子上引入亲水性侧链的方法。例如,日本东洋纺公司生产的 Chinon 就是采用聚丙烯腈与酪蛋白进行接枝改性,以 $ZnCl_2$ 为溶剂经湿法纺丝而成。此外,常用的接枝组分还有甲基丙烯酸、聚乙烯醇等。

3. 表面碱减量法　用碱溶液对聚丙烯腈纤维表面进行处理,使纤维表面粗糙化,产生沟槽、凹陷,同时纤维表面部分氰基与酯基发生碱性水解,生成—COOH、—COONa 等亲水基团,使纤维亲水性得到改善。该方法的关键是要适当地控制处理温度、处理时间以及碱的浓度,在改善纤维亲水性的同时,防止碱溶液渗透到纤维内部,使纤维的断裂强度和断裂伸长率等品质指标遭到破坏。

4. 共混纺丝法　主要为亲水性聚合物和具有亲水基团的低分子化合物与聚丙烯腈共混纺丝。例如,日本的中岛利诚等采用聚丙烯酰胺和聚丙烯腈共混后经湿法纺丝制得高吸湿性的共混腈纶。

5. 纤维中空化结构和微孔化处理　是通过改变纤维截面形态或在纤维内部引入内外贯通的毛细孔,从而改善其吸水性。截面中空结构可以通过改变喷丝板纺丝获得;在腈纶中引入微孔的方法可以利用水溶性聚合物与聚丙烯腈进行共混纺丝，用水溶解所得纤维中的水溶性聚合物，在纤维上产生孔洞；也可以在纤维干燥之前先用水蒸气处理，消除纤维内应力之后再采用低温干燥。

(七)抗静电聚丙烯腈纤维

静电不但给加工过程带来不利影响，使纤维缠绕机件，影响生产顺利进行。在使用过程中，静电也容易引起灰尘在织物上附着、服装纠缠肢体，对信息系统造成电磁干扰等。抗静电改性聚丙烯腈的生产方法主要有以下几种：

1. 共聚法　在聚合阶段加入具有亲水性、抗静电性的单体直接与丙烯腈单体进行共聚，以达到抗静电目的。常见的共聚单体为含有羟基醚、羧基、酰氨基、取代酰氨基等基团的乙烯类单体。共聚法的优点是抗静电性能稳定，且耐久性良好。

2. 共混法　在聚丙烯腈纺丝原液中加入抗静电剂进行共混，经纺丝制备抗静电腈纶的方法。常见的共混抗静电剂有无机化合物（如钛酸钾、炭黑、金属和金属氧化物等）、有机化合物（如二烷基磷酸、三乙醇铵等）和高分子化合物（如嵌段共聚醚酯、聚乙烯乙二醇的二丙烯酸酯、含磺酸基的聚氧乙烯化合物、含硫的聚醚等）。

3. 后整理法　即利用含抗静电剂的溶液对腈纶或者腈纶织物进行浸渍或涂覆处理，使其获得抗静电性能的方法。后处理法一般需要在腈纶玻璃化转变温度以上或在冻胶状态下进行，以便抗静电剂能更好地渗透到纤维中，提高其抗静电耐久性。

第六章　聚乙烯醇缩醛纤维

聚乙烯醇缩醛纤维在我国简称维纶（PVF）。产品大多是切断纤维（短纤维），其性状颇与棉花相似。

游离态的乙烯醇不能单独存在，会自行发生分子间重排而转为乙醛，因此，不能直接用乙烯醇制备聚乙烯醇。早在1924年，德国Hermann和Haehnel就通过聚醋酸乙烯醇解制得聚乙烯醇（PVA），随后又以其水溶液用干法纺丝制得纤维。20世纪30年代，德国Wacker公司生产出聚乙烯醇纤维，定名为赛因索菲尔（Synthofil），主要用作手术缝线。

1939年，日本樱田等人通过热处理和缩醛化的方法将聚乙烯醇制成耐热水性良好的纤维。这一发明加速了聚乙烯醇纤维的工业化，并于1950年在日本工业化生产。

我国第一个维纶厂于1964年建成投产。目前国内维纶生产企业主要有四川维纶厂、上海石化维纶厂、北京维纶厂等。

第一节　聚乙烯醇缩醛纤维的原料及纺丝成型

一、原料的制备

（一）醋酸乙烯酯的聚合

醋酸乙烯酯和其他含双键的单体一样，在紫外线、γ射线和X射线等的作用下，易发生游离基型聚合。在热的作用下，少量的醋酸乙烯酯也容易发生聚合。此外，醋酸乙烯酯在引发剂的作用下，能在较为缓和的条件下进行聚合。反应的通式为：

$$n\mathrm{H_2C{=}CH} \longrightarrow \underset{\mathrm{OCOCH_3}}{{+}\mathrm{CH_2{-}CH}{+}_{\overline{n}}} + 89.2\,\mathrm{kJ/mol}$$

醋酸乙烯酯聚合的工业化实施方法很多，对于供生产聚乙烯醇纤维用的聚醋酸乙烯酯，一般都用溶液聚合法制得，因为溶液聚合反应较易控制，产品质量较好。

在以甲醇为溶剂的醋酸乙烯酯聚合过程中，聚合反应的同时，还发生下列主要的副反应：

$$\underset{\mathrm{OCOCH_3}}{\mathrm{H_2C{=}CH}} + \mathrm{CH_3OH} \longrightarrow \mathrm{CH_3COOCH_3} + \mathrm{CH_3CHO}$$

$$\underset{\mathrm{OCOCH_3}}{\mathrm{H_2C{=}CH}} + \mathrm{H_2O} \longrightarrow \mathrm{CH_3COOH} + \mathrm{CH_3CHO}$$

（二）聚醋酸乙烯酯的醇解

对于成纤用聚乙烯醇，生产上是将聚醋酸乙烯酯在甲醇和氢氧化钠的作用下进行醇解反应而制得。

$$PV—OAc + nCH_3OH \xrightarrow{NaOH} PV—OH + nCH_3OAc$$

在发生上述反应的同时,根据反应体系中水含量的多少,伴随着或多或少下述副反应发生:

$$PV—OAc + nNaOH \longrightarrow PV—OH + nNaOAc$$

$$CH_3OAc + NaOH \longrightarrow CH_3OH + NaOAc$$

当反应体系中的含水量比较高时,副反应明显加速,使反应所消耗的碱催化剂量也随之增加。因此在工业化生产中,根据醇解反应体系中所含水分的多少或反应所用碱催化剂量的高低,分为高碱醇解法和低碱醇解法两种生产工艺。

1. 高碱醇解法 该法反应体系中的允许水含量约为 6%。通常情况下,每一摩尔聚醋酸乙烯链节需加碱 0.1~0.2mol。氢氧化钠是以其水溶液的形式加入的,所以此法也称湿法醇解。高碱醇解法的特点是醇解反应速度快、设备生产能力较大;但由于副反应多,除耗用碱催化剂量较多外,还使醇解残液的回收工艺较为复杂。

2. 低碱醇解法 此法耗碱量一般为每一摩尔聚醋酸乙烯链节仅加碱 0.01~0.02mol。在醇解过程中,碱以甲醇溶液的形式加入,整个反应体系中的含水量必须控制在 0.1%~0.3% 以下,所以此法也叫干法醇解。其特点是副反应少,醇解残液的回收比较简单,但反应的速度较慢,所以醇解物料在醇解机中的停留时间应适当增长。

醇解所得的聚乙烯醇为白色小颗粒状固体。纤维级聚乙烯醇的平均聚合度控制在 1750±50,残存醋酸根少于 0.2%,其主要规格见表 6-1。

表 6-1 纤维级聚乙烯醇的主要规格

项 目	规 格	备 注
平均聚合度	1750±50	1750±75 可使用
残存醋酸根/%	<0.2	
醋酸钠/%	<7	经水洗<0.2
膨化度/%	150~200	
着色度/%	>86	>84 可使用
透明度/%	>90	
纯 度/%	>85	
挥发成分/%	<8	
氢氧化钠/%	<0.3	
充填密度	0.20~0.27	

二、纺丝原液的制备

聚乙烯醇易溶于水而得到纺丝原液,所以生产中均以水为溶剂。

制备聚乙烯醇纺丝原液的工艺流程如下:

$\boxed{PVA} \rightarrow$ 水洗 $\rightarrow$ 脱水 $\rightarrow \boxed{精 PVA} \rightarrow$ 溶解 $\rightarrow$ 混合 $\rightarrow$ 过滤 $\rightarrow$ 脱泡 $\rightarrow \boxed{纺丝原液}$

(一)水洗和脱水

水洗的目的是:

(1)降低聚乙烯醇料中夹带的醋酸钠量,使之小于 0.2%,否则将在纺丝后处理过程中使丝条呈碱性而易着色变黄。

(2)除去原料中相对分子质量过低的聚乙烯醇,借以改善其相对分子质量的多分散性。

(3)使聚乙烯醇发生适度的膨化,从而有利于溶解。

水洗过程中的主要参数是水洗温度、水洗时间和洗涤水量。在网式水洗机上,主要借助于调节洗涤水温以控制水洗后聚乙烯醇中的醋酸钠含量;在槽网结合式水洗机组上,则以调节洗涤水量为主。水洗温度一般不超过 30~40℃,耗水量约为 10t/t(PVA)。一般生产中水洗时间是不变的。

聚乙烯醇水洗后需经挤压脱水,以保证水洗后的精聚乙烯醇不仅含有合格的醋酸钠量,还具有稳定的含水率。用以控制精聚乙烯醇含水量的指标是含水率或压榨率。

$$含水率 = \frac{湿\ PVA(质量) - 干\ PVA(质量)}{湿\ PVA(质量)} \times 100\%$$

或者:

$$压榨率 = \frac{湿\ PVA(质量) - 干\ PVA(质量)}{干\ PVA(质量)} \times 100\%$$

生产工艺规定精聚乙烯醇的含水率应控制在 60%~65% 之间,相应压榨率约为 170%。如果原料聚乙烯醇的膨化度大(如>200%),或水温过高(如>45℃),都将使洗后聚乙烯醇的脱水过程发生困难。

(二)溶解

水洗后的聚乙烯醇颗粒料经中间贮存和称量分配后,即被送往溶解机,用热水使之溶解。对于湿法纺丝用的原液,配成浓度 14%~18% 的聚乙烯醇水溶液;若为干法纺丝用原液,则配成浓度 30%~40% 的溶液。必要的情况下,在聚乙烯醇溶解的同时可添加少量添加剂(如消光剂、有色料、硼酸等),以满足生产消光纤维、有色纤维和具有特殊性能纤维的需要。

聚乙烯醇很容易在水中(>60℃)溶解,它在水中溶解时所产生的热效应随溶解温度而变化。在低温水中溶解时,是放热过程($\Delta H < 0$),在较高温水中溶解时,又转变为吸热过程($\Delta H > 0$),变化的转折点发生在 57~60℃。其热效应(ΔH)为:

$$\Delta H_T = \Delta H_{T_g} - 1.05(T_g - T)$$

式中:ΔH_T 为在温度(T)水中溶解的热效应;ΔH_{T_g} 为在玻璃化温度下溶解时的热效应;$T_g = 82℃$,$\Delta H_{T_g} = 26.2 \text{kJ/kg}$。

实际生产中聚乙烯醇的溶解在 95~98℃ 下进行,按上式计算时得到的热效应(ΔH)为 39.8~42.9kJ/kg。

溶解过程中控制的参数有:

(1)添加水温度:添加水温一般可与溶解温度一致,这样可以使溶解机的操作时间缩短。但当溶解机采用真空吸入式进料时,由于加水操作是在聚乙烯醇加入之前,水温太高会导致吸入聚乙烯醇时出现急剧沸腾,影响投料操作的正常进行。所以生产中添加水的温度应使在投料真空度下不使水发生沸腾。如当投料真空度为 53.32kPa 时,水温应小于 80℃。

（2）添加水量：主要取决于投料量、所配原液浓度和精聚乙烯醇的含水率。

$$添加水量（kg/批）=\frac{A\times（1-含水率）}{原液浓度}-(A+B+C+D)$$

式中：A 为每批投入溶解机的精 PVA 量（kg）；B 为开始升温时所用直接蒸汽量（kg）；C 为考虑各种波动因素后列入的系数；D 为加入添加剂带入的水量（kg）。

（3）溶解温度：提高溶解温度可使溶解速度加快，所以常压下一般在 95～98℃下进行溶解。

（4）溶解时间：包括加水、投料、升温、调整黏度以及溶液输送等溶解过程所需各步骤时间的总和。它取决于聚乙烯醇的物理状态、溶液浓度和溶解设备的构造。聚乙烯醇颗粒越小，溶胀得越充分，溶解就越快；溶液浓度越高，溶解时间就越长；溶解设备的搅拌效果越好，并附有溶液研磨器，则溶解时间就缩短。一般溶解时间在 2～8h。

（5）原液浓度：这是溶解过程中需要严格控制的参数。当所用聚乙烯醇原料的平均聚合度一定时，在一定温度和操作条件下所得的黏度稳定，就表示原液的浓度稳定，因此可通过控制原液黏度及时地调节原液的浓度。

在生产条件下，对于平均聚合度（$\overline{DP}$）为 1750±50 的聚乙烯醇，配成浓度为 15% 的水溶液后，在专用黏度计上测得的黏度（落球黏度）为 135s；浓度为 16% 的水溶液黏度为 180s。

（三）原液的纺前准备

从溶解机中得到的纺丝原液，还不能用于纺丝成型，必须经历一系列的纺前准备过程，其中包括混合、过滤和脱泡等，以除去机械杂质及气泡，减少批间差异。

混合可以在一个大容器中进行；过滤一般采用板框式压滤机；脱泡目前仍以静止的间歇式脱泡为主，借以防止液面表层蒸发过快而结皮。

原液的纺前准备必须在严格的保温条件下进行（保持 96～98℃）。因随着纺丝原液温度的降低，其稳定性明显下降，表现为局部形成冻胶，使纺丝原液的可纺性下降，并影响所得纤维的品质。

三、纤维的成型

PVA 纤维的成型可采用湿法纺丝，也可采用干法纺丝。通常湿法用于生产某些专门用途的长丝。本节以讨论湿法为主，同时适当介绍干法的概况。

（一）湿法成型

纺丝原液被送至纺丝机，沿供液管道分配给各纺丝位，而后经计量泵、烛形过滤器流至喷丝头，压出喷丝头后所形成的纺丝液细流在凝固浴中凝固成初生纤维，随后经进一步后加工而得成品纤维。

1. 纺丝原液在不同凝固浴的凝固历程　湿法纺丝用的凝固浴有无机盐水溶液、氢氧化钠水溶液以及某些有机液体组成的凝固浴等，其中以无机盐水溶液为凝固浴在生产上应用最普遍。

（1）以无机盐水溶液为凝固浴：无机盐一般能在水中离解，生成的离子对水分子有一定的水合能力。常把大量水分子吸附在自己的周围，形成一定水化层的水合离子。当原液细流进入凝固浴后,通过凝固浴组分和原液组分的双扩散作用,原液中的大量水分子被凝固浴中的无机盐离子所攫取,从而使原液细流中的大分子脱除溶剂并互相靠拢,最后凝固成为纤维。实测纺丝原液在硫酸钠水溶液的凝固浴中成型时的组成变化,如图 6-1 所示。可以认为,聚乙烯醇原液细流在无机盐水溶液中的凝固是一个脱水—凝固过程。

由于无机盐水溶液是借助于它对聚乙烯醇纺丝原液的脱水作用而使原液发生凝固的,所以无机盐水溶液的凝固能力取决于无机盐离解后所得离子的水合能力和该无机盐组成的凝固浴浓度。

由于 Na_2SO_4 价廉而易得,所以目前湿法生产聚乙烯醇纤维时,绝大多数都用接近饱和浓度的硫酸钠水溶液为凝固浴。在这种凝固浴中所得聚乙烯醇纤维的截面呈弯曲的扁平状,借助于光学显微镜进行观察时,可以发现其断面有明显的皮芯差异,皮层致密,芯层则较为疏松。若用相差显微镜和偏光显微镜进行观察,还可看到在其皮层的最外部有一层极薄的表层,它的结构最为致密(图 6-2)。

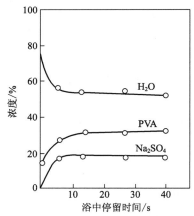

图 6-1 PVA 纺丝原液在 Na_2SO_4 凝固浴中的组成变化

当聚乙烯醇原液细流进入凝固能力较强的硫酸钠凝固浴时,首先与浴液直接相接触的细流最外层迅速脱水凝固,形成一极薄的表皮层,继而随着细流中水分不断透过表皮层向外扩散,凝固层逐渐增厚,形成所谓的皮层。在细流中水分不断向外扩散的同时,也有一部分原先只存在于凝固浴中的硫酸钠透过皮层进入细流内部,即发生所谓的双扩散现象。一旦原液细流中所积聚的硫酸钠量已经达到能使细流中剩余聚乙烯醇水溶液完全凝固所需的临界浓度时,这部分原来尚未凝固的原液就快速地全部固化,因而形成空隙较多、结构疏松的芯层。又由于皮层的形成总是先于芯层,相当厚度皮层的存在常常限制了在形成芯层时所产生的体积收缩,所以当芯层固化时,不可避免地要使截面发生变形,借以在不改变周长的情况下得以使截面缩小。

图 6-2 Na_2SO_4 凝固浴所得 PVA 纤维的截面

当凝固浴的凝固能力有所减弱时(如降低凝固浴中硫酸钠的浓度),不仅使所得纤维断面中皮层所占的比例减少,而且纤维截面趋于变圆(图 6-3),即通常所说的断面充实度有所提高。在生产条件下,PVA 纤维截面多为腰子形,并有明显的皮芯结构。

(2)以氢氧化钠水溶液为凝固浴:原液细流

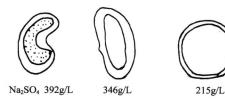

Na₂SO₄ 392g/L   346g/L   215g/L

图 6-3 Na_2SO_4 浓度对 PVA 纤维截面的影响

在氢氧化钠水溶液中凝固时,其中聚乙烯醇的含量基本不变。随着凝固浴中的氢氧化钠渗入细流内部,原液的含水量只是稍有下降。凝固历程不是以脱水为主,而是因大量氢氧化钠渗入原液细流(约相当于 PVA 质量的 131%),使聚乙烯醇水溶液发生凝胶化而导致的固化。

以氢氧化钠水溶液为凝固浴所得纤维结构较为均匀,看不到有颗粒组织,截面形状基本为圆形,只有当浴中氢氧化钠含量超过一般标准时(>450g/L),脱水效应渐趋明显,截面才慢慢趋于扁平。

(3)以有机液体为凝固浴:此法可用于纺制那些不能进行水洗的水溶性聚乙烯醇纤维。虽然有机液体对聚乙烯醇水溶液脱水能力较弱,但其凝固历程主要仍为脱水—凝固过程。正是由于其脱水能力较弱,使所得纤维的截面形状比较圆整,但还是可以看到有皮芯层之分,其差异程度随所用有机液体脱水能力的下降而减小。

综上所述,随着凝固浴脱水能力的下降,所得纤维的截面趋向变圆,纤维结构变得较为均一,最终可使所得纤维的力学性能有所改善,且随着成型过程中溶剂与凝固剂扩散通量比值(J_s/J_n)变小,初生纤维的弹性模量也变小,表明初生纤维网络结构的交联度相应减少,从而能经受较高倍数的拉伸,以使所得纤维的力学性能改善。

在生产中采用凝固能力低的凝固浴时,必须加长原液细流在凝固浴中的停留时间,以保证获得充分的凝固,为此应增长纺丝的浸浴长度或降低纺丝速度。以氢氧化钠水溶液为凝固浴时,初生纤维在监测后加工之前,需先由硫酸钠和硫酸等组成的酸性浴进行中和,无疑这又会给生产增添复杂性。所以目前对供一般用途的聚乙烯醇纤维,仍以典型硫酸钠水溶液为凝固浴进行生产;氢氧化钠水溶液等低凝固能力的凝固浴,仅用于生产某些特殊用途的聚乙烯醇纤维。

2. 以硫酸钠水溶液为凝固浴的湿法纺丝工艺 该工艺是目前生产中应用最广泛的一种成型方法。在凝固浴中除硫酸钠外,还含有少量硫酸、硫酸锌等组分,添加这些物质的目的主要是为了控制初生纤维的酸度,以防在后续热处理过程发生碱性着色,使成品纤维有较好的白度。

其主要工艺参数如下:

(1)凝固浴浓度:凝固浴中硫酸钠浓度是决定于凝固浴凝固能力的最主要因素,硫酸钠浓度越高,凝固能力越强,即原液脱水速度越快。因此,随着硫酸钠浓度的增大,纤维截面逐渐由圆形变为腰子形;纤维表皮面积所占比例增大,纤维强度提高和断裂伸长率减小。

但是,如果采用已达到饱和浓度的硫酸钠为凝固浴,也会给生产带来许多困难。一是大量硫酸钠会在丝条接触的纺丝机零件上结晶析出,致使行进中的丝条损伤;二是凝固浴的循环会因硫酸钠的析出而发生困难。因此在确定硫酸钠浓度时既要考虑到有高的凝固能力和避免并丝,使生产稳定,又要考虑硫酸钠结晶析出给生产带来的困难,目前生产中常用接近于饱和浓度的硫酸钠水溶液为凝固浴。例如,当凝固浴温度为 45℃左右时,浴中硫酸钠含量为 400~420g/L,对应于该温度下的饱和浓度则为 430g/L。

(2)凝固浴酸度:凝固浴中的硫酸用以分解 PVA 原料中带入原液内的醋酸钠,避免醋酸钠通过纤维进入高温热拉伸及热处理时使纤维碱性着色。为了保证成品纤维有较好的色相,凝固浴必须保持一定的酸度,若控制失当,所得纤维的色相发生明显的变化。酸度偏高和偏低均不利于得到所需白度的纤维,pH 值偏高时的影响尤为显著。

凝固浴的酸度主要是根据精制 PVA 原料带入原液的醋酸钠的量,通过添加硫酸来调节。但是实际上凝固浴中存在的酸有两种:一是所添加的硫酸;二是有残存醋酸根或由醋酸钠转化而来的醋酸。在这两种酸中,硫酸属无机酸,它的过量也会引起纤维酸性着色。而醋酸不会使纤维发生酸性着色,因此对纤维的色相影响不大。

由上述可知,凝固浴中有一部分硫酸消耗于与醋酸钠反应,因此纺丝原液中的醋酸钠含量会直接影响凝固浴中的硫酸含量。在凝固浴的含酸量与原液中 PVA 的醋酸钠含量之间有下列经验关系:

$$凝固浴含酸量(g/L) = 1.09 \times 原液中 PVA 的醋酸钠含量$$

上式中的凝固浴含酸量是指以硫酸表示的凝固浴中的全部酸含量(包括醋酸在内)。实际上,一般要求凝固浴中硫酸和醋酸含量之比约为(2~3):1(质量比)。

(3)凝固浴中硫酸锌含量:硫酸锌是强酸弱碱所生成的盐,本身具有弱酸性,其饱和水溶液的 pH 值约为 3.35。凝固浴中含有少量硫酸锌,对于凝固能力一般无影响,然而对于控制纤维的色相却有明显作用,弱酸性的 $ZnSO_4$ 有助于减少和防止纤维因醋酸钠导致的纤维碱性着色。但是浴中硫酸锌的含量不能太多,当其含量达到 30~40g/L 时,凝固浴的凝固能力降低,纤维成型稳定性明显变差。另外,还会影响用滴定法测定溶液全酸度时终点的辨认。因此,凝固浴中硫酸锌含量一般较少,应在 10g/L 以下。

(4)浸浴长度:浸浴长度即浸长,是保证初生纤维能在凝固浴中获得充分凝固的主要因素之一。纺丝原液从喷丝孔挤出成细流,并在凝固浴中脱水、拉长、变细并凝固。为了使纤维在浴中能充分凝固,浸长必须足够,浸长不足会导致丝条间发生黏并,以致成型不稳定和后加工困难。另外,未充分凝固的纤维往往总拉伸倍数增加,但强度不增大。

浴中浸长与凝固浴的凝固能力、纺丝速度等因素密切相关。以现用典型的硫酸钠凝固浴为例,丝条在浴中的停留时间不少于 10~12s,否则所得纤维品质明显降低,并且还会使成型过程的稳定性下降。

对于立式纺丝机,浸长等于纺丝管的长度,是不能改变的,只能改变凝固浴的浓度和温度以使纤维充分凝固。

(5)凝固浴温度:通常凝固浴温度应选定在 40~50℃之间,此温度范围内硫酸钠在水中的溶解度达到最大值,故凝固能力最强。当温度低于或高于此温度范围时,由于硫酸钠在水中溶解度降低,浴中硫酸钠结晶析出,使原液细流的凝固时间加长,并造成操作困难。

另外,当凝固浴温度提高时,使纤维成型过程中的双扩散度加快,因而使凝固浴的凝固能力提高。但在聚乙烯醇纤维成型过程中,随着体系温度的升高,聚乙烯醇大分子的热运动增强,同时也使其在凝固浴中的溶胀性增大。因此,当这种效应显著时,凝固浴温度过高反而抑制大分子的凝集,并出现不完全凝固,致使纤维质量下降。实践证明,这一转折点大致出现在 48℃左右。生产中为使初生纤维凝固良好,凝固浴温度一般不超过 48℃,最常用的是 43~45℃。

(6)凝固浴循环量:在凝固过程中,随着纺丝原液中的大量水分进入凝固浴,使凝固浴的液量增加,浓度降低。为使凝固浴浓度不致变化很大,必须使凝固浴进行循环并保证一定的循环量,使浴槽中凝固浴浓度落差(指浴槽进、出口 Na_2SO_4 浓度差)保持在允许范围内。

采用硫酸钠凝固浴湿纺法生产时,凝固浴浓度的允许落差为 10～12g/L。相应凝固浴在浴槽中的流速应不大于 5m/s,以防止过高流速形成不稳流动,对丝条产生冲击。

(7)喷丝头拉伸:在湿法成型过程中,喷丝头拉伸一般取负值。因为随着喷丝头拉伸的增大,纤维的成型稳定性变差,纤维结构的均匀性降低,结果造成纤维拉伸性能变差,成品纤维的强度降低。当要求获得高强度的纤维时,纺丝速度相应选择较低,以有利于实现高倍拉伸。

纺丝过程中,喷丝头拉伸率取−30%～−10%。一般随着凝固浴的凝固能力降低,喷丝头负拉伸值(即缓伸)应有所减小。

3. 纺丝设备　常用的湿法纺丝有两种形式:

(1)立式纺丝机(图 6−4):这种纺丝机可双面操作,每侧有 30～60 个纺丝位。每个纺丝位有一个单独的、可充满凝固浴的纺丝筒。

该纺丝机分上中下三层。下层设有原液和凝固液的分配管、计量泵、桥架和烛形过滤器等;中层为纤维成型的主要区段,设有喷丝头和纺丝筒;上层为玻璃导盘,借以导出初生纤维并进行初步的拉伸,回流的凝固浴也从上部进行收集,经由专管送回凝固浴循环槽。

在纺丝机的下部设有保温门,借以保证纺丝原液有稳定的可纺性。上部设有保温窗,借以减少芒硝在各个纺丝机部件上结晶析出。这种纺丝机设有两台电动机,一台专管传动机台下部的计量泵,另一台则传动纺丝机上部的导丝盘。

(2)卧式纺丝机(图 6−5):全机共有六个纺丝位,分布在纺丝机的两侧,每侧三个纺丝位,相应并列着有三个独立的凝固浴槽。卧式纺丝机一般采用多孔数的大喷丝头,每个纺丝位的生产能力相当于立式纺丝机上的四个纺丝位,初生纤维的拉伸是在一对牵引辊之间进行的。该纺丝机同样由两台电动机拖动,一台用于传动计量泵,另一台用于传动中间的两组牵引辊。

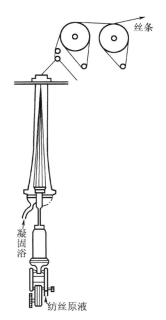

图 6−4　PVA立式纺
　　　　丝机示意图

(二)干法成型

干法长丝具有线密度小、端面均匀、强度高、延伸度低和弹性模量比较大的特点。作为衣用纤维,其染色性能也较湿法纺丝所得纤维好,色泽鲜艳,并且外观和手感近似蚕丝;另外,干法成型时,纤维不与盐接触,不存在盐析问题;生产需要的辅助化工原料比湿法少,而且消除或减少了污染物质的排出。

干法纺丝的缺点是:首先,由于原液的浓度和黏度较高,故原液的制备以及纺前准备等技术较为复杂;其次是由于水的蒸发潜热比较大,故纺丝所需能耗远比其他干法合成纤维品种的高,纺丝速度也相应较低;而且喷丝头孔数较少,因此生产能力远比湿法纺丝低。

干法成型分为两类:低倍喷丝头拉伸法和高倍喷丝头拉伸法,这两种方法的区别在于喷丝头拉伸比的范围不同。低倍喷丝头拉伸法采用的喷丝头拉伸比为 1 或小于 1,而高倍喷丝头拉

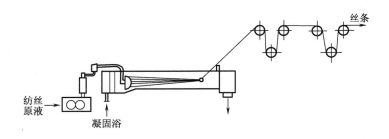

图 6-5　PVA 卧式纺丝机示意图

伸法则一般大于 1,有时达到几十。低倍喷丝头拉伸法适用于纺制高强力、线密度大的长丝,而高倍喷丝头拉伸法适用于纺制线密度小的长丝。

1. 低倍喷丝头拉伸纺丝

(1)冻胶颗粒的制备:低倍喷头拉伸纺丝所用的纺丝原液浓度高达 40% 以上,在常温下为固态。因此,这种纺丝原液的制备过程与熔体纺丝相似,先是将聚乙烯醇粉末与水按一定比例混合,然后将混合料挤压成颗粒状混合物,再送到纺丝工序待用。

混合料的造粒过程如图 6-6 所示。先将聚乙烯醇粉末放入水洗机 1 中水洗,水洗后的聚乙烯醇用泵送至连续混合器 2 中加热并捏合成块,然后将聚乙烯醇块冷却,并送到切割机 3 切割成颗粒,再把颗粒送至调节器 4 中,并按需要加入水和添加剂,使颗粒的含水量调节至预定值,最后将调配好的颗粒放入贮槽 5 待用。

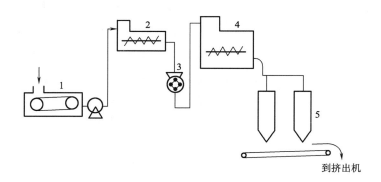

图 6-6　PVA 造粒过程示意图

1—水洗机　2—混合器　3—切割机　4—调节器　5—贮槽

(2)纺丝:干法纺丝的纺丝原液制备是将贮槽中的聚乙烯醇颗粒加入挤出机 1 中(图6-7),在挤出机中聚乙烯醇颗粒被加热、压缩和熔融成高浓度的聚乙烯醇水溶液,然后经过滤器 2 和连续脱泡桶 3 分别除去杂质和气泡。已脱泡的纺丝原液经纺前过滤器 4 过滤后再送到喷丝头 5,由于纺丝原液黏度高,当纺丝原液温度降低时易形成冻胶,因此,所有制备纺丝原液的设备和管道都要求用蒸汽夹套加热和保温。

纺丝原液从喷丝孔中喷出,进入纺丝甬道 6 的空气中,在甬道中原液细流冷却凝固的同时被拉伸,然后经干燥机 7 干燥,在卷绕机 8 中卷绕成筒。

典型的纺丝条件如下:PVA 聚合度 1750±50,纺丝原液浓度 43%,纺丝原液温度 160℃,喷丝头孔径和孔数分别为 0.1mm 和 211 孔,泵供量 500mL/min,吹入甬道的空气温度 50℃。从喷丝头挤出的原液细流,由于在甬道中温度下降而凝固,并在低倍喷丝头拉伸比下卷绕成筒。

为了降低纺丝原液的黏度和提高可纺性,确保纺丝操作稳定,纺丝原液的温度在出喷丝孔前必须保持高温。另外,必须选择适宜的喷丝头孔径和纺丝原液的挤出速率,以避免纺丝原液温度在 100℃ 以上发生沸腾。

2. 高倍喷丝头拉伸纺丝　高倍喷丝头拉伸纺丝所用的纺丝原液黏度比低倍喷丝头拉伸纺丝的低。纺丝原液由喷丝孔挤出形成原液细流,

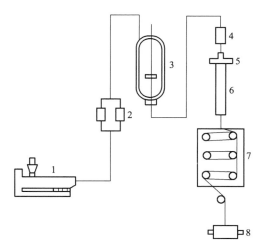

图 6-7　PVA 干法纺丝流程示意图

1—挤出机　2—过滤器　3—连续脱泡桶
4—过滤器　5—喷丝头　6—纺丝甬道
7—干燥机　8—卷绕机

并在湿度和温度均加以严格控制的空气中经受高倍的喷丝头拉伸,然后再干燥和卷绕成筒。

(1)纺丝原液的制备:高倍喷丝头拉伸纺丝的纺丝原液制备方法与低倍喷丝头拉伸纺丝的基本相同。当聚乙烯醇的聚合度为 1750±50 时,纺丝原液的浓度在 28%～43% 之间。

(2)纺丝:高倍喷丝头拉伸纺丝的纺丝过程,除纺丝甬道中空气的温度、湿度等条件不同外,其他与低倍喷丝头拉伸纺丝基本相同。

纺丝原液的温度为 90～95℃,由喷丝孔挤出形成的原液细流,从顶部进入甬道,在拉伸区内经受高倍拉伸,拉伸区的温度通过吹入空气的温度和加热器来控制,使温度保持在 40～60℃,相对湿度保持在 60%～85% 之间。丝条经拉伸后进入高温(120～150℃)干燥区除去水分,此区的温度通过夹套中的过饱和高压蒸汽和由空气进口通入的干燥空气来保持恒定,最后将丝条卷绕成筒。

拉伸区空气的湿度和温度对最大纺丝速度的影响很大,空气的相对湿度增加,最大纺丝速度也增加。当空气温度为 38℃ 时,相对湿度从 40% 提高到 85%,则最大纺丝速度从 70m/min 提高到 650m/min。

当拉伸区温度在 30～60℃ 范围内变化时,最大纺速不受温度变化的影响。但当温度降低至 20℃ 时,最大纺速将显著减小。

第二节　聚乙烯醇缩醛纤维的后加工

PVF 纤维的后加工包括拉伸、热定型、缩醛化、水洗、上油、干燥等工序。生产 PVF 短纤维,还包括丝束的切断或牵切;生产长丝,则包括加捻和络筒等工序,和其他品种合成纤维生产

不同的是,后加工过程中多一道缩醛化工序。

一、工艺流程

纺丝方法不同,后加工流程也不同。典型湿纺法和干纺法所得初生纤维的后加工流程概述如下。

(一)湿纺法 PVF 短纤维后加工流程

以湿纺法生产 PVF 短纤维的后加工流程有两种:切断状纤维后加工和长束状纤维后加工。前一种流程用于生产普通民用短纤维;后一种流程专用于生产某种产业用牵切纱。前者丝束先经切断而后再进行缩醛化和其他的后加工过程;后者则是丝束先经缩醛化和其他后加工过程,最后进行牵切纺而制成纱。

1. 短纤维后加工流程

PVA 初生纤维→导杆拉伸→导盘拉伸→集束→湿热拉伸→干燥→预热→干热拉伸→冷却→卷绕→切断→热松弛(热定型)→缩醛化→水洗→上油→开松→干燥→打包→切断状 PVF 短纤维

2. 长束状纤维后加工流程

PVA 初生纤维→导杆拉伸→导盘拉伸→集束→湿热拉伸→干燥→预热→干热拉伸→热松弛(热定型)→冷却→卷绕→缩醛化→水洗→上油→干燥→牵切纺→PVF 短纤维条子

(二)干法 PVF 长丝后加工流程

由于干纺法 PVF 长丝主要供产业用(如制帘子线等),在一般情况下,制品不与水接触,除供衣着用的长丝外,缩醛化工序可以省掉。

PVA 初生纤维→上油→干燥→卷筒→加捻→干热拉伸→热松弛(热定型)→(缩醛化)→(水洗)→(上油)→络筒→PVF 长丝

不论是短纤维还是长丝,其后加工过程中大多数工序与其他纤维品种的相应工序大同小异。本节只重点介绍纤维的拉伸、热处理和缩醛化。

二、纤维的拉伸

在拉伸过程中,纤维的大分子取向度和结晶度均随拉伸倍数而提高,但两者变化规律不同。随着拉伸倍数的增加,纤维的大分子取向度急速提高,随后便趋于平缓,相应纤维结晶度的提高是连续变化的过程(图 6-8)。

纤维所能经受的最大拉伸倍数为 10~12 倍。实践中,拉伸常常是在不同的介质中进行的。

(一)拉伸方式

(1)导杆拉伸:导杆拉伸是湿法纺丝过程中所特有的一种拉伸方式,是指刚离浴的丝条通过导丝杆而绕经

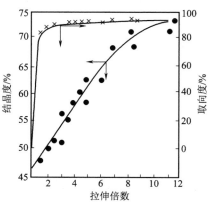

图 6-8 拉伸过程中纤维取向度和结晶度变化

导丝盘，在导丝杆和第一导盘间所完成的拉伸，丝条绕过导杆的包角越大，导杆拉伸就越大，所以它是受导丝杆安装位置和导丝杆直径所决定的。导杆拉伸率约为 15%，即拉伸至 1.15 倍。

（2）导盘拉伸：是在纺丝机上两个不同转速的导丝盘（或导丝辊）间进行。由于进行导盘拉伸时的纤维刚离凝固浴，尚处于明显的膨润状态，在温室的冷却介质中就能拉伸。这段拉伸的目的，主要是为下一步进入较高温度的二浴中经受湿热拉伸作准备。因为通过适当倍数的导盘拉伸，能使加工中纤维的耐热性有所提高，借以防止纤维进入较高温度的二浴中进行湿热拉伸时因溶胀剧烈而使操作困难，导盘拉伸率一般取 130%～160%。

（3）湿热拉伸：湿热拉伸的目的也是为了进一步提高纤维的耐热性，以期为下一步在更高温度下进行干热拉伸做准备。

湿热拉伸是在较高温度（大于 90℃）的某种液体介质中进行的，这是为了进一步增大纤维的可拉伸性；另一方面，为了抑制纤维在高温水浴中的溶胀以致溶解，所用拉伸浴常为接近该温度下饱和浓度的无机盐水溶液，一般与凝固浴组分相同，即硫酸钠水溶液，其组成随所取拉伸温度而变化。拉伸浴温度取 90℃时，相应所用拉伸浴浓度为 365～370g/L 的硫酸钠水溶液，这时湿热拉伸率为 65%～75%。

（4）干热拉伸：干热拉伸是纤维生产中很重要的一种拉伸方式，大多数合成纤维都进行干热拉伸。对于湿法纺丝所得的纤维，在 210～230℃下进行；对于干法纺丝所得的纤维，在 180～230℃下进行。

进行干热拉伸时的纤维必须不含水分，否则纤维不可能达到这样的高温。由湿法纺丝得到的、并经多段预拉伸的纤维进行干热拉伸时，在开始阶段，随着拉伸倍数的提高，纤维的结晶度稍有下降，当干热拉伸倍数达到 1.25 倍时，纤维的结晶度降至最低点，纤维的耐热水性（水中软化点 RP）也最低。继续提高拉伸倍数时，结晶度及 RP 又慢慢上升，约拉伸至 1.75 倍时结晶度及 RP 达到最大值，随后变化趋于平缓。上述变化说明在干热拉伸的开始阶段，部分原有的晶格被扭歪，产生较大内应力，致使部分已经建立的不稳定的结晶消失。随着拉伸倍数的进一步提高，大分子发生重排，新的结晶区随之建立起来，所以结晶度又上升。

干热拉伸的拉伸倍数随纺丝方法和前段预拉伸情况而异。例如，对于已进行多段预拉伸的湿纺法所得的聚乙烯醇纤维，干热拉伸值一般只取 1.5～1.8 倍，对于未经预拉伸的由干纺法所得的聚乙烯醇纤维，干热拉伸倍数视纤维用途不同而异。一般衣着用的纤维拉伸值仅取 6～8 倍；产业用纤维则可拉伸至 8～12 倍。

（二）各种拉伸方式的配合

对于聚乙烯醇纤维所进行的拉伸尽管方法各异，但所得纤维的力学性质似乎只与拉伸总倍数有关，而与拉伸方式关系不大。

对于衣用和普通产业用纤维（如渔网等），除了要求有较好的强度外，还需有适当的伸长率，所以总拉伸倍数不宜过高，一般仅取最大拉伸倍数的 60%～70%。

（三）拉伸设备

（1）湿热拉伸槽：湿热拉伸槽由喂入辊、浴槽和压榨装置三部分组成，整个浴槽被安装在金属支架上，用以盛放高温的芒硝拉伸浴（又称二浴）。浴槽长约 1.9m，喂入辊为钢制外包陶瓷制成,本身为被动辊,借助于丝束的牵引而转动。压榨装置设置在浴槽的出口处,是八根上下交错放置的导杆,下排四根导杆固定,上排四根则可上下移动,借以调节导出丝束的压榨率。湿热拉伸时的拉伸倍数是借调节前后两台牵引机的牵引速度而完成的。

（2）干燥、预热和干热拉伸设备：湿法纺丝中干燥、预热和干热拉伸用的设备在外形和结构上大致相同,只是设备尺寸、配备的加热容量、牵引速度以及传动方式等方面有所不同。

这些设备从外形上看都是在一侧可做上下开启的电热箱,在箱体的中部设有电加热装置,它与箱体上下之间形成可供丝束通过的空腔,在电热箱的前后两端是一对成一定交角的牵引辊,借以调节丝束在电热箱中间行走的重复次数。

在正常操作时,电热箱是关闭的,只有在开车、生头或需要处理事故时才打开。

三、纤维的热处理

纤维热处理（热定型）的目的是提高其尺寸稳定性,进一步改善其物理—力学性能,如结节强度和伸长率。另外是提高纤维的耐热水性,使纤维能经受后续的缩醛化处理。

热处理过程中,在除去剩余水分和大分子间形成氢键的同时,纤维的结晶度有所提高。提高结晶度使纤维中大分子的取向结构和纤维的卷曲得以保持,从而使纤维定型。随着结晶度的提高,纤维中大分子的自由羟基减少,耐热水性提高。

实际生产中用半成品纤维的耐热水性——水中软化点来表征纤维的热处理效果。长丝为91.5℃,短纤维为88℃,相应纤维的结晶度约为60%。

纤维的热处理按所在介质分为湿热处理和干热处理两种。在实际生产中常用干热处理,一般以热空气作为介质。

热处理过程中,主要控制的参数有温度、时间和松弛度。

（1）热处理温度：热处理温度是在热处理过程中最主要的参数,在245℃以下进行热处理时,随着温度的提高,纤维的结晶度和晶粒尺寸有所增大,水中软化点也相应提高。

但当热处理温度超过245℃时,效果相反,纤维的耐热水性趋于降低,这主要是由于高温下纤维结晶区的破坏速度大于其可能建立的速度,加之氧化裂解速度大大加快,使纤维的平均分子质量减小,这些都会使纤维的性能下降。长束状聚乙烯醇纤维的热处理温度以225～240℃为好,短纤维的热处理需时较长（约6～7min）,温度以215～225℃为宜。

（2）热处理时间：热处理时间和热处理温度密切相关,温度越高所需的热处理时间就越短。在一定时间范围内,随着热处理时间增加,纤维的结晶度提高。但是,当达到一定结晶度后,随着时间的增加,结晶度几乎不再变化。因此,确定热处理条件时,一般先定热处理温度,再确定适当的热处理时间。例如,湿法生产的长束状聚乙烯醇纤维的热处理温度为230～240℃,相应所需的热处理时间为1min。

（3）松弛度：松弛度又称收缩率,是指纤维在热处理过程中收缩的程度。适当的热收缩处理不仅对提高纤维的结晶度、改善纤维的染色有利,而且会显著地提高纤维的钩接强度和水中软化点。

但松弛度过大,不仅强度损失大,而且纤维的结节强度和结晶度还趋于减小,所以生产中控制松弛度一般为5%～10%。

四、纤维的缩醛化

纺丝、拉伸和热处理后的纤维,就其力学性能而言,已能符合应用的需要,特别是对那些不与水相接触的制品。但是,由于 PVA 亲水性强,纤维在接近沸点的水中,不仅会发生溶胀,还将发生部分溶解,因此作为衣料用纤维,显然不能满足要求。为了进一步改善对热水的稳定性,必须进行缩醛化处理。

所谓缩醛化,就是用醛处理聚乙烯醇纤维,使大分子链上的羟基与醛分子发生缩醛化反应,羟基部分地被封闭,并在 PVA 分子内和分子间形成交联点,从而进一步提高纤维对热水的稳定性。在缩醛化工艺中,使用最普遍的醛化剂是甲醛。

聚乙烯醇缩甲醛(PVF)纤维有相当好的耐热水性。例如,它的水中软化点已达到 110～115℃,纤维的强度、断裂伸长率等指标与缩醛前相比,只是稍有变化,它能够满足一般民用和普通工业或技术应用的需要。但经缩醛化后,纤维的弹性有较大的降低,染色性能也明显下降。

(一)缩醛化的基本概念

1. 缩醛化反应　在聚乙烯醇大分子上,每个基本链节都含有一个羟基,经过纺丝、拉伸、热处理等加工工序后,纤维产生一定的结晶度。一部分大分子上的羟基被纳入晶格,成为被束缚的羟基,反映于纤维的耐热水性有所提高,在沸水中已不能使之充分溶解。但还含有一部分未被束缚的自由羟基,一般位于结构比较疏松的非结晶区,它们赋予纤维以良好的亲水性。为了进一步提高纤维的耐热水性,应使这部分羟基封闭掉。缩醛化反应的实质就是使用甲醛与这一部分羟基发生反应,构成分子内缩合,从而使纤维的耐热水性和玻璃化温度都有所提高,所发生的基本反应为:

$$—CH_2—CH—CH_2—CH— + HCHO \xrightarrow{[H^+]} —CH_2—CH—CH_2—CH— + H_2O$$
$$\quad\quad\quad OH\quad\quad\quad OH \quad\quad\quad\quad\quad\quad\quad\quad O—CH_2—O$$

当然也可能在两个大分子之间发生分子间缩合,反应如下:

$$
\begin{array}{c}
—CH_2—CH— \\
\quad\quad\quad OH \\
\quad\quad\quad OH \\
—CH_2—CH—
\end{array}
+ HCHO \xrightarrow{[H^+]}
\begin{array}{c}
—CH_2—CH— \\
\quad\quad\quad O \\
\quad\quad\quad CH_2 \\
\quad\quad\quad O \\
—CH_2—CH—
\end{array}
+ H_2O
$$

当采用甲醛进行缩醛化时,主要发生分子内缩合反应,使大分子上相邻的两个羟基相连接,构成一个带亚甲基的含氧六元环。由此可知,孤立的羟基将不能被缩醛化。弗洛雷(Flory)按统计力学理论进行计算,得出聚乙烯醇长链分子上的最大缩醛度为 86.47%,也就是说,在缩醛过程中将有 13.53% 的羟基成为孤立的自由羟基而不能被缩醛化。

2. 缩醛度

(1)缩醛度(AD)是指进入缩醛化反应的羟基数与大分子所含全部羟基数之比(亦即缩醛化反应中进入大分子的甲醛对聚乙烯醇基本链节的摩尔比):

$$缩醛度 = \frac{进入缩醛化反应的羟基数}{在分子上原来所含全部羟基数} \times 100\%$$

(2)纤维力学性能:缩醛化后纤维的强度基本不变,延伸度则在缩醛度 40% 以前呈明显下降,其后又有所增大,纤维的钩接强度则随缩醛度的增大而降低。通常,未经缩醛化纤维的结节强度与断裂强度之比为 70%～80%,缩醛化后降至 60%～70%。经缩醛化后纤维的弹性回复显著下降,但当缩醛度达 10% 以后,随着缩醛度增加,纤维的弹性回复几乎没有差异。

(3)纤维染色性能:当缩醛度约为 29% 时出现染着量的高峰,这时因为硫酸的溶胀作用扩大了染料的吸收区,故使染着量增加,以后随着缩醛化的进行缩醛度提高,自由羟基减少又起主导作用,故染着量不断降低。

(二)缩醛化过程的主要参数

纤维的缩醛化反应通常都在含催化剂的醛化浴中进行,是一种非均相的液—固相反应。生产中用甲醛为缩醛化剂,硫酸为催化剂,硫酸钠为阻溶胀剂,配成一定浓度的水溶液。喷淋在切断状短纤维上,或使长束状的纤维在醛化浴中反复通过。主要参数如下:

(1)缩醛化浴组成:生产中所用缩醛化浴的组成见表 6-2。

表 6-2　缩醛化浴的组成

组　成	短纤维	长丝束	组　成	短纤维	长丝束
$HCHO/(g \cdot L^{-1})$	25 ± 2	32 ± 2	$Na_2SO_4/(g \cdot L^{-1})$	70 ± 3	200 ± 10
$H_2SO_4/(g \cdot L^{-1})$	225 ± 3	315 ± 4	密度$/(g \cdot cm^{-3})$	1.19 ± 0.01	1.34 ± 0.01

(2)缩醛化温度:随着温度的提高,缩醛化反应的速度加快。另外,温度提高有利于纤维溶胀,所以应与浴中所添加的硫酸钠量相配合而调节。同时温度升高,必然会导致甲醛的损失量增大,并恶化劳动条件,所以生产中缩醛化温度不宜过高,一般取 70℃ 左右。

(3)缩醛化时间:在组成和温度一定的醛化浴中,所得纤维缩醛度在反应前期急速提高,随着时间的延续,其变化渐趋平缓,最后达到该条件下的平衡值。在生产中,喷淋式的缩醛化时间为 20～30min。

(4)缩醛度:控制上述各项参数的目的是为了使纤维获得适当的缩醛度,使之既具有良好的耐热水性,又不太降低纤维的弹性和染色性能。如果纤维半成品的水中软化点高,则为保证纤维达到必要的耐热水性,其缩醛度可略低,如一般切断状短纤维缩醛化前的水中软化点为 88℃,要求纤维的缩醛度应为 30% 左右;对于水中软化点已达到 92.5℃ 的半成品纤维,其缩醛度可降至 26%。

第三节　聚乙烯醇缩醛纤维的性能、用途及其改性纤维

一、聚乙烯醇缩醛纤维的性能及品质指标

聚乙烯醇缩醛纤维(PVF 纤维),短纤的性状接近棉花,而长丝又像蚕丝,其强度和耐磨性优于棉花,用 50% 棉花和 50%PVF 纤维混纺所得织物,其强度比一般纯棉织物高约 60%,耐磨

性提高 $50\%\sim100\%$。PVF 纤维密度约比棉花小 20%，所以同样重量的 PVF 纤维可比棉纤纺织成较多相同结构的织物。

PVF 纤维的主要优点是吸湿性好，在标准条件下（$20℃$，$RH65\%$）回潮率为 $4.5\%\sim5\%$，在常规合成纤维品种中名列第一。

PVF 纤维还具有较好的耐腐蚀性和耐日光性，长时间放置在海水或埋于地下，强度均无明显下降。其耐日光性比聚酰胺纤维、棉花和黏胶纤维都好。

PVF 纤维的主要缺点是染色性差，一方面是染着量不高，另一方面是色泽不鲜艳，这是由于纤维具有皮芯层结构和经过缩醛化后部分羟基被封闭了的缘故。其次，PVF 纤维耐热水性稍差，在湿态时温度超过 $110\sim115℃$，就会发生显著的收缩和变形。PVF 纤维织物在沸水中放置 $3\sim4h$，会部分发生溶解。

PVF 纤维的弹性不如大多数合成纤维，其织物易产生折皱。另外，随着温度的提高，PVF 纤维的力学性能显著下降。聚乙烯醇缩醛纤维的各项物理性能数据见表 $6-3$。

表 6-3　聚乙烯醇缩醛纤维的性能

性　能　指　标		短　纤　维		长　　丝	
		普　通	强　力	普　通	强　力
强度/$(cN \cdot dtex^{-1})$	干态	$4.0\sim4.4$	$6.0\sim8.8$	$2.6\sim3.5$	$5.3\sim8.4$
	湿态	$2.8\sim4.6$	$4.7\sim7.5$	$1.8\sim2.8$	$4.4\sim7.5$
钩接强度/$(cN \cdot dtex^{-1})$		$2.6\sim4.6$	$4.4\sim5.1$	$4.0\sim5.3$	—
打结强度/$(cN \cdot dtex^{-1})$		$2.1\sim3.5$	$4.0\sim4.6$	$1.9\sim2.6$	—
断裂伸长率/%	干态	$12\sim26$	$9\sim17$	$17\sim22$	$8\sim22$
	湿态	$13\sim27$	$10\sim18$	$17\sim25$	$8\sim26$
伸长 3% 的弹性回复率/%		$70\sim85$	$72\sim85$	$70\sim90$	$70\sim90$
弹性模量/$(cN \cdot dtex^{-1})$		$22\sim62$	$62\sim114$	$53\sim79$	$62\sim220$
回潮率/%		$4.5\sim5.0$	$4.5\sim5.0$	$3.5\sim4.5$	$3.0\sim5.0$
密度/$(g \cdot cm^{-3})$		$1.28\sim1.30$	$1.28\sim1.30$	$1.28\sim1.30$	$1.28\sim1.30$
热性能		干热软化点为 $215\sim220℃$，熔点不明显，能燃烧，燃烧后变成褐色或黑色不规则硬块			
耐日光性		良好			
耐酸性		受 10% 盐酸或 30% 硫酸作用而无影响，在浓的盐酸、硝酸和硫酸中发生溶胀和分解			
耐碱性		在 50% 苛性钠溶液中和浓氨水液中强度几乎没有降低			
耐其他化学药品性		良好			
耐溶剂性		不溶于一般的有机溶剂（如乙醇、乙醚、苯、丙酮、汽油、四氯乙烯等），能在热的吡啶、酚、甲酚和甲酸中溶胀或溶解			
耐磨性		良好			
耐虫蛀霉菌性		良好			
染色性		可用直接、硫化、偶氮、还原、酸性等染料进行染色，但染着量较一般天然纤维和合成纤维低，另外色泽也欠鲜艳			

二、聚乙烯醇缩醛纤维的用途

聚乙烯醇缩醛纤维产品大部分为短纤维,大量用于代替棉花,可纯纺或与棉花混纺。另外,PVF 纤维毛型短纤维可与毛混纺,织成各种混纺织物,如大衣呢等。

随着 PVF 纤维生产的发展,它在工业、农业、渔业等方面的应用日见扩大。其中,最主要的用途如下:

(1)纤维增强材料:目前 PVF 纤维增强材料主要用于两方面:一方面是塑料增强,这里利用 PVF 纤维强度高、耐冲击性好及在成型加工时纤维分散性好的特点,生产出质量均匀并得到强化的增强塑料制品;另一方面是水泥或陶瓷建筑材料的增强,也是利用其高强度、分散性好、热收缩率小、补强效果好的特性。

(2)渔具:由于 PVF 纤维的断裂强度、耐冲击强度和耐海水腐蚀性等都较好,所以很适宜制作各种类型的渔网、渔具、渔线。

(3)绳缆:PVF 纤维绳缆质轻、耐磨、不易扭结,具有良好的耐冲击强度、耐气候性和耐海水腐蚀,所以在水产车辆、船舶运输等方面都有较大量的应用。

(4)帆布:由于 PVF 纤维帆布强度好、质轻、耐摩擦和耐日光—气候性好,所以它在运输、仓储、船舶、建筑、农林和体育等方面都有较广泛的应用。

(5)帘子线:虽然 PVF 纤维在高温下的力学性能欠佳,但是在一般温度下,其力学性能尚好,强度可达 10cN/dtex 以上,可以和聚酰胺纤维相媲美,所以 PVF 纤维可用于制作某些发热量不太大的轮胎帘子线。

(6)包装材料:PVF 纤维不仅强度高和耐磨性好,它对各种化学药品的稳定性也较好,而且它还有良好的耐日光—气候性,所以用来制作包装材料也很适宜。

三、聚乙烯醇缩醛纤维的改性

1. 高强高模 PVF 纤维　从纤维断裂的微观机理来看,制备高强高模 PVF 纤维的重要条件是:高分子量 PVA,分子链高度伸直取向,具有高的立构规整度和充分结晶。

(1)高分子量 PVA 制备:由醋酸乙烯酯常规聚合得到的 PVA 平均聚合度为 1750 ± 50,不能满足成型高强高模 PVA 纤维的要求,一般 PVA 聚合度要达到 3000~12000 才比较适合制备高强高模 PVA 纤维。

已有的研究工作是在引发体系、聚合方法等方面进行改进。例如有人报道在 $-45℃$ 通过紫外辐射引发醋酸乙烯酯(VAc)聚合可制得聚合度达 15000 的 PVA;也有人在 0℃ 通过紫外线引发 VAc 聚合,制得聚合度达 12800 的 PVA;利用新戊酸乙烯酯(VPi)单体进行紫外引发制得聚合度超过 18000 的 PVA;利用偶氮二异庚腈(ADMVN)低温引发剂引发 VAc 聚合,制备出高聚合度 PVA。

(2)高强高模 PVA 纤维制备方法:纺丝是制造高强高模量 PVA 纤维的关键,因为只有结构均匀、分子间和分子内缠结少、低结晶或不结晶的初生纤维,才有好的可拉伸性,从而进行高倍拉伸,使大分子充分取向和结晶,才可制成高强高模量纤维。高强高模 PVA 纤维的成型一般可采用湿法加硼纺丝、凝胶纺丝、直接醇解纺丝等工艺技术。

湿法加硼纺丝是日本仓敷人造丝公司在 20 世纪 60 年代提出的，是较早被采用的制备高强高模 PVA 纤维的技术。湿法加硼纺丝是在 PVA 溶液中加入硼酸作为交联剂，利用硼、钛、铜、钒等化合物，与 PVA 形成交联凝胶结构，从而抑制 PVA 分子内或分子间氢键的形成以及减少大分子缠结程度，抑制纺丝过程中大分子结晶，易于初生纤维的后拉伸。国内在湿法加硼纺丝工艺方面也取得很大进展，采用该技术制得的 PVA 强度、模量以及断裂伸长率可分别达 10～13cN/dtex、200～400cN/dtex 和 4%～9%。直接醇解纺丝是用 PVAc 直接喷丝，在纺丝浴中醇解成 PVA 纤维，然后进行再醇解、中和、水洗、热处理。凝胶纺丝法是目前制备高性能 PVA 纤维的一种较理想且易于工业化的方法。凝胶纺丝法是在一定温度下，将 PVA 与有机溶剂配成纺丝原液，由喷丝孔挤出的原液细流进入气体介质，经冷却浴冷却为凝胶体，使初生纤维中的大分子处于低缠结状态，经萃取后进行高倍热拉伸或不经萃取进行高倍热拉伸，从而得到高强高模 PVA 纤维。这种方法的优点是可以加工相对分子质量很大的聚合物，使得到的纤维中因大分子本身末端造成的缺陷大大减少。此法常用溶剂有 DMSO、己二醇、丙三醇、萘；冷却液为石蜡油和十氢萘等。日本可乐丽公司将高聚合度的 PVA 溶解在有机溶剂配制成纺丝溶液，纺丝成型后在另一有机溶剂浴中低温骤冷固化成凝胶原丝，然后经拉伸和热处理使纤维大分子高度取向和结晶，从而制得高强度的 PVA 纤维，并于 1997 年开始试销售商品名为"Kuralon－Ⅱ"的高强度 PVA 纤维，其强度约为 15cN/dtex。可乐丽公司将这种方法称为"溶剂湿法冷却凝胶纺丝"。

（3）高强高模 PVA 纤维的特性及应用：高强高模 PVA 纤维力学性能良好，可提高建筑材料的韧性、抗冲击强度和抗弹性疲劳。用高强高模 PVA 纤维开发的土工布拉伸强度高，抗蠕变性好，耐磨、耐化学腐蚀、耐微生物及导水性优异，在工程中可起到加筋、隔离、保护、排水及防漏作用。这种土工布可用于河海湖堤水坝，也适用于公路、铁路、桥梁、隧道、淤浆、沙地工程等，可大大提高施工质量，延长工程寿命，减少维修费用，降低工程成本。日本用环氧树脂将高强高模聚乙烯醇纤维黏合成杠状物代替混凝土中的钢筋，这种杠状物也可以单独用于土木工程材料，大大降低了建筑物等的承重；而且该杠状物分散性好，可令建筑材料表面长时间保持光滑，无剥落现象发生。

2. 水溶性 PVA 纤维　水溶性 PVA 纤维是维纶差别化纤维的一种。日本是最早开发水溶纤维的国家，20 世纪 60 年代就投入了工业化生产，20 世纪 90 年代日本可乐丽公司又制得水溶温度范围为 5～90℃的 K-ⅡSS 聚乙烯醇水溶性纤维。我国开发水溶纤维最早的是北京维纶厂，其后各维纶厂相继开发水溶纤维。湖南湘维有限公司于 1991 年开始研制水溶纤维，用聚合度为 1700～1800 的 PVA 生产出 90℃左右水溶的纤维，还出口韩国、美国，创造了较好的经济效益。上海石化维纶厂 1996 年成功开发出 70℃左右水溶的维纶并已开始批量生产，这些水溶纤维在溶解温度以下性能稳定，具有良好的白度、抱合力和抗静电性。水溶性 PVA 纤维可由常规湿法纺丝法、有机溶剂湿法纺丝、干湿法纺丝、干法纺丝、半熔融法纺丝等工艺来生产。目前，水溶性 PVA 纤维广泛应用在造纸、非织造织物开发、用即弃产品生产等领域。水溶性 PVA 纤维也可用于传统的纺织领域。水溶纤维与羊毛混纺技术是日本可乐丽公司与国际羊毛局（IWS）在 1993 年共同开发利用的。该技术利用水溶性纤维的低温水溶性,以 10%~20% 的比例和羊毛混合进行混纺或交捻进行纺纱、织造,然后在染色、整理阶段将水溶性纤维溶解除去,其结果可以使羊毛支数提高20% 左右,并增加羊毛纤维间的空隙,使羊毛织物轻量化、柔软化,更具蓬松性和保暖性。由于PVA 纤维的增强效果使羊毛的纺织生产工艺性得到提高,从而使羊毛的原料使用范围扩大。水溶性 PVA 纤维还可以用于无捻织物的开发,可以制造无捻毛巾、浴巾、婴幼儿用品、宾馆用品、体育用品等。普通织物中棉纱形成的茸毛被加捻,在后处理过程中茸毛变形、变硬致使吸水性变差。采用水溶性 PVA 纤维与其他单纱合股逆捻或包缠纱生产技术,其中用水溶性 PVA 纤维作为包缠纤维包缠短纤维纱条,织成织物后再溶去水溶性 PVA 纤维部分即可得到织物中纱线的无捻效果,这样获得的织物具有手感丰满、柔和、高吸水性等特点。

3. 阻燃 PVF 纤维 阻燃 PVF 纤维又称维氯纶,维氯纶是阻燃 PVF 纤维中最主要的产品,日本于 1968 年试制成功,商品名为柯泰纶(Cordelan),其化学名称又叫聚乙烯醇—氯乙烯接枝共聚纤维。阻燃 PVF 纤维的制造方法主要有三种。一种是先在低分子量聚乙烯醇的水溶液中加入引发剂和氯乙烯单体,使氯乙烯在聚乙烯醇上发生接枝共聚,反应终了可获得外观为青蓝色的半透明状液体,随后再混以适量常规聚乙烯醇的水溶液使之增稠。用湿法进行纺丝,得到初生纤维后,经拉伸、热处理和缩醛化等加工得到成品纤维。利用接枝共聚,然后共混制取阻燃维纶方法的优点是所得到的阻燃纤维具有永久的阻燃性,燃烧时不熔融,纤维手感柔软,而且纤维成本低。另一种是将聚乙烯醇和聚氯乙烯乳液混合后纺丝制备维氯纶纤维,天津工业大学开展了该方面的研究工作。第三种是在常规聚乙烯醇中添加阻燃剂,常用的阻燃剂有磷酸铵、聚磷酸铵、聚磷酰胺、溴代磷酸酯、三氧化二锑等。另外,还可以通过对普通 PVF 织物进行阻燃整理来使织物获得阻燃性能。

另外,对 PVF 进行其他改性以拓展其在不同领域的应用也在不断研究当中。以高强高模聚乙烯醇纤维为原料,通过控制缩醛化和半碳化工艺及条件对原料纤维进行缩苯甲醛化和半碳化处理,制备出具有适宜交联度的纤维,然后用硫酸对交联纤维进行磺化处理,制备了高强度高模量聚乙烯醇缩醛阳离子交换纤维。还可以应用缩苯甲醛化及半碳化处理后的高强聚乙烯醇纤维为原料,利用它与巯基乙酸的酯化反应将—SH 基团引入合成纤维骨架,制成一种新型的巯基聚乙烯醇缩醛整合纤维。也有以部分中和的丙烯酸(AA)为单体,在聚乙烯醇水溶液中共聚,由聚合液进行溶液纺丝制备了 PAA—AANa/PVF 高吸水纤维。利用电纺制备聚乙烯醇缩醛超细纤维膜等也在探索中。

☞ 复习指导

要求了解由聚醋酸乙烯醇解制备聚乙烯醇的原理和生产工艺,掌握聚乙烯醇纺丝原液的制备以及湿法、干法成型聚乙烯醇缩醛纤维的工艺过程、工艺参数和对应设备的特点;掌握聚乙烯醇缩醛纤维的后加工过程,理解其中缩醛化的原理及目的;掌握缩醛化的工艺参数;熟悉聚乙烯醇缩醛纤维的性能及用途,了解聚乙烯醇缩醛纤维的改性品种、性能特点、改性方法及应用领域。

第七章　聚氨酯弹性纤维

聚氨酯(PU)弹性纤维是指含有至少 85%(质量分数)氨基甲酸酯的,具有线型结构的高分子化合物制成的弹性纤维。在美国称为"Spandex",在德国则称为"Elastane",在我国的商品名为氨纶。

第一节　聚氨酯的合成及纤维的结构与性能

一、聚氨酯合成的原材料

1. 二异氰酸酯　一般选用芳香族二异氰酸酯,如二苯基甲烷-4,4′-二异氰酸酯(MDI)或2,4-甲苯二异氰酸酯(TDI)。

2. 二羟基化合物　一般选用相对分子质量为 800~3000,分子两个末端基均为羟基的脂肪族聚酯或聚醚。脂肪族聚酯由二元酸和二元醇缩聚制得,如聚己二酸乙二醇酯,脂肪族聚醚由环氧化合物水解开环聚合制得,如聚四亚甲基醚二醇。

3. 扩链剂　大多数扩链剂选用二胺类(由芳香族二胺制备的纤维耐热性好,脂肪族二胺制备的纤维强力和弹性好),二肼类(耐光性较好,但耐热性下降)或者二元醇。

4. 添加剂　一般添加抗老化剂、光稳定剂、消光剂、润滑剂、颜料等添加剂。

二、聚氨酯的合成

聚氨酯的合成常分两步进行,首先由脂肪族聚醚或脂肪族聚酯与二异氰酸酯加成生成预聚体,再加入扩链剂进行反应,生成相对分子质量在 $2 \times 10^4 \sim 5 \times 10^4$ 之间的嵌段共聚物,聚合反应式一般可表示如下:

1. 预聚体的制备

$$HO-R_1-OH + 2OCN-R_2-NCO \longrightarrow OCN-R_2-\overset{H}{\underset{}{N}}-\overset{O}{\underset{}{C}}-O-R_1-O-\overset{O}{\underset{}{C}}-\overset{H}{\underset{}{N}}-R_2-NCO$$

脂肪族聚醚　　　　二异氰酸酯　　　　　　预聚体($OCN-R_3-NCO$)
或聚酯

2. 扩链反应

(1)用二元醇做扩链剂:

$$nOCN-R_3-NCO + nHO-R_4-OH \longrightarrow \left[O-\overset{O}{\underset{}{C}}-\overset{H}{\underset{}{N}}-R_3-\overset{H}{\underset{}{N}}-\overset{O}{\underset{}{C}}-O-R_4\right]_n$$

预聚体　　　　　　小分子二元醇　　　　　　聚酯型聚氨酯

（2）用二元胺做扩链剂：

$$n\text{OCN}-\text{R}_3-\text{NCO}+n\text{H}_2\text{N}-\text{R}_5-\text{NH}_2 \longrightarrow \left[\begin{matrix} H & O & H & & H & O & H \\ N & C & N-\text{R}_3- & N & C & N-\text{R}_5 \end{matrix}\right]_n$$

　　　　预聚体　　　　　　　小分子二元胺　　　　　　　聚脲型聚氨酯

三、聚氨酯弹性纤维的结构

　　聚氨酯纤维的主链结构是由软段和硬段两个部分组成,硬段的聚集态为纤维的支承骨架,软段为纤维的连续相,为纤维提供高弹态。由于聚氨酯纤维具有高弹态特性,其断裂伸长率通常可以达到400%～800%,且在去除外力后,几乎可以完全回复到初始形状,其弹性回复率可达95%～98%。聚氨酯纤维主链结构中软段和硬段组分的不同以及软段、硬段排列的差异,均对聚氨酯纤维的性能存在很大影响。

（一）软段对聚氨酯纤维性能的影响

　　聚氨酯纤维中的软段是由聚酯二醇或聚醚二醇等聚二醇构成,软段的相对分子质量及其含量直接影响聚氨酯纤维的性能,即软段必须具有足够高的相对分子质量、良好的柔顺性和较低的玻璃化温度,从而为纤维提供弹性。

　　当硬段过长、软段过短时,聚氨酯表现出耐冲击的特性。当软段过长,硬段过短时,聚氨酯则失去物理交联的能力。无物理交联时,纤维内部大分子链容易发生塑性流动。合成聚氨酯纤维的聚二醇的平均分子量为800～2500,根据熔法纺丝的经验,聚酯型聚合物二醇的平均分子量为2000较为合适,聚醚型聚合物二醇的平均分子量一般为1000～2000。

　　聚酯二醇平均分子量对聚氨酯性能的影响见表7-1。

表7-1　聚酯二醇平均分子量对聚氨酯性能的影响

平均分子量	聚氨酯的性能					
	ΔH_S/ ($\text{J} \cdot \text{g}^{-1}$)	ΔH_H/ ($\text{J} \cdot \text{g}^{-1}$)	软段结晶/ %	硬段结晶/ %	断裂强度/ %	断裂伸长率/ %
500	0	0	0	0	1.43	324
1300	13.8	2.1	8.5	2.1	2.39	604
2000	37.2	7.7	12.5	4.9	3.16	824

注　ΔH_S为软段结晶熔融焓;ΔH_H为硬段熔融焓;硬段质量分数为24%。

　　研究结果表明,随着聚酯二醇平均分子量的增加,聚氨酯纤维的断裂强度、断裂伸长率增加。聚醚型聚氨酯纤维的力学强度,随着聚醚二醇平均分子量的增加而下降,但是纤维的断裂伸长率则随平均分子量的增加而增加。

　　聚氨酯纤维的力学强度主要取决于软段的结晶倾向,凡是有利于大分子软段结晶的因素,如大分子的极性、结构规整性、主链碳原子的偶数性、无侧基和支链等,都能提高聚氨酯纤维的力学强度。软段结构对聚氨酯纤维性能影响的研究结果见表7-2。从表中可以看出,聚酯二醇的分子极性和分子间力大于聚醚,所以聚酯型聚氨酯纤维的强度大于聚醚型,而聚烯烃(如聚

1,2-丁二烯)型的极性小,所以强度比较低。

表 7 - 2　软段结构对聚氨酯弹性体力学性能的影响

聚氨酯弹性体的性能	软段结构		
	聚己二酸丁二醇酯二醇	聚四亚甲基二醇	丙二醇
邵氏硬度 A	86	88	75
100%定伸应力/MPa	4.6	5.9	3.3
300%定伸应力/MPa	9.4	12	7.0
断裂强度/MPa	61	49	16
断裂伸长率/%	525	560	650
永久形变	7	20	30

注　聚二醇的相对分子质量为2000。

　　合成聚酯二醇的低分子二醇对聚氨酯纤维性能也有明显的影响。为了降低软段的结晶性,一般情况下制取聚酯二醇的低分子二醇使用混合二醇,如乙二醇与1,2-丙二醇(80∶20,质量比)混合,乙二醇与1,4-丁二醇混合,1,6-己二醇与2,2-二甲基丙二醇混合,制取混合二醇。为了减少聚酯二醇的结晶性,采用带有支链的低分子二醇合成聚氨酯,如联合碳化物公司生产的 Niax 是用己二酸与2,2-二甲基丙二醇合成的聚酯二醇。研究发现,聚酯二醇的水解稳定性随着合成聚酯二醇中低分子二醇的碳原子数量的增加,以及邻近羟基的甲基数量的增加而提高。

　　在聚酯二醇中,除了低分子二醇外,二元酸的结构对聚氨酯也有明显的影响,见表 7 - 3。研究表明,随着聚酯二醇中二元酸碳链的增长,聚氨酯的结晶度明显提高,而力学性能如抗张强度、撕裂强度和模量也明显提高。

表 7 - 3　聚酯二醇中二元酸结构对聚氨酯性能的影响

低分子二醇	二元酸	状　态	拉伸强度/MPa	断裂伸长率/%	撕裂强度/(kN·m⁻¹)
乙二醇	丁二酸	固体蜡状	27.3	625	120
乙二醇	己二酸	固体蜡状	35.0	640	158
1,2-丙二醇	丁二酸	液体	18.0	670	96
1,2-丙二醇	己二酸	液体	22.0	780	92
2,3-丙二醇	己二酸	液体	17.9	630	92
1,6-己二醇	己二酸	固体蜡状	24.8	610	122
六氢化间苯二酚	丁二酸	树脂状	11.3	223	82

　　侧基和支链结构对聚氨酯弹性纤维的性能也有明显的影响。在聚合物二醇链中,若没有侧甲基,或者亚甲基的数量较少时,聚氨酯的拉伸强度、玻璃化温度、模量和撕裂强度较高,而其低温柔顺性较差。相反,若主链中的侧甲基数量和亚甲基的数量增多,聚氨酯的力学强度下降,但是低温柔顺性变好。侧链烯烃对于低温性能的改善不一定有效,其原因是侧基的存在妨碍了大分子的自由旋转和微相分离。

　　不同交联类型及交联度对聚氨酯性能的影响见表 7 - 4。可见,材料的抗压弯曲疲劳性依赖于聚合物的交联及其类型。应该指出的是,过于单一的线性结构或过于交联的聚合物,其压缩疲劳阻抗力皆有所下降。在熔融纺丝中,为了改善聚氨酯纤维的耐热性能,在热塑性聚氨酯的扩链剂中可加入少量的三羟基化合物,使聚氨酯纤维结构具有一定的化学交联结构。应该指出的是,当纤维受到外力作用时,化学交联点会引起体系中的应力集中,使纤维的断裂伸长率下降,故预聚体中的三羟基化合物含量不宜过大。

表 7 - 4 交联类型及交联度对聚氨酯力学性能的影响

性 能		脲基甲酸酯交联 (不用三羟基甲基甲烷)					氨基甲酸酯和脲基甲酸酯交联 (使用三羟基甲基丙烷)					
[NCO]/[OH]		0.9	1.00	1.03	1.10	1.20	1.03	1.03	1.03	1.03	0.98	1.08
Mc		—	—	—	—	—	75000	34000	22000	10000	22000	22000
抗张强度/MPa		7.7	5.0	53.6	55.0	532	55.7	—	58.6	48.6	—	—
撕裂强度/(N·cm⁻¹)		176.8	654.0	441.9	265.1	212.1	282.8	2121	176.8	132.6	106.1	1414.1
撕裂强度/MPa		—	—	—	—	—	8.8	8.3	7.5	—	7.2	7.3
邵氏硬度 A		81	84	85	83	84	83	82	80	75	82	79
Goodrich 实验[①]	挠曲寿命/ min	0.5	—	10	5	5	16	>60	>60	18	>60	>60
	升温/℃	24	—	33	22	23	37	29	28	41	24	23
	永久变形	歪曲	—	1.6	2.9	3.0	1.9	6.6	5.7	粉碎	2.8	5.1
Zwick[②]挠曲寿命/千次		10	100	100	50	10	—	—	7.4	3.8	—	—
在 MDF 中的体积 膨化度/%		溶解	1450	1125	700	575	700	590	440	350	440	440

①压缩挠曲。
②拉伸挠曲。

(二)硬段对聚氨酯纤维性能的影响

用于熔纺的热塑性聚氨酯(TPU)的硬段是由二异氰酸酯和低分子二醇形成的低分子链节。硬段的特点是具有较大内聚能,能够使聚氨酯内的大分子链形成物理键合点,是影响聚氨酯物理—力学性能的主要因素,而影响硬段的主要因素是二异氰酸酯。二异氰酸酯的反应活性和结构上的极性影响聚氨酯的结构特性和性质。

异氰酸酯有较强的内聚能,且有庞大的芳环,对提高聚氨酯的强度起到决定性的作用。异氰酸酯中的芳环越庞大[如 1,5 -萘二异氰酸酯(NDI)、2,7 -芴二异氰酸酯],聚氨酯的力学性能就越高。

使用高活性的二异氰酸酯,可改善聚氨酯纤维的性能,特别是对提高熔纺聚氨酯纤维的回弹性起到重要作用。如使用 NDI、对苯二异氰酸酯(PPDI)、1,4 -环己烷二异氰酸酯(CHDI)合成的热塑性聚氨酯,具有优异的性能。PPDI 和 CHDI 系列聚氨酯具有突出的动态性能、耐水性能、耐热性和回弹性,在高温下仍有突出的韧性、耐磨性和耐割裂性,并能保持其力学性能。

聚氨酯的抗张强度、硬度、熔点等均随着异氰酸酯芳环上取代甲基的增加而下降。一般而言,芳香族二异氰酸酯型聚氨酯的拉伸强度、撕裂强度大于脂肪族二异氰酸酯;芳环越大,拉伸强度、撕裂强度越高;异氰酸酯基的极性越大,氢键的键能越大,相应的聚氨酯的力学强度越高。

用于热塑性聚氨酯的扩链剂是低分子二元醇,但是脂肪族低分子二醇与二异氰酸酯所形成硬段的内聚能较低,微相分离程度也较低。当其采用熔纺工艺纺丝时,所得聚氨酯纤维的弹性回复率较低。为了提高硬段的内聚能,常用芳香族低分子二醇作为扩链剂。由此,采用含有苯环的芳香族低分子二元醇作为扩链剂,可以提高硬段的结晶性,提高软段和硬段的微相分离程度,改善熔纺聚氨酯纤维的耐热性和弹性回复性。

(三)聚氨酯纤维的形态结构特征

热塑性聚氨酯最多可能存在四相结构,一般情况下是两相或三相结构。在相同的加工条件下,随着硬段含量不同,聚氨酯纤维形成不同形态结构。在硬段含量较低时,硬段未形成结晶,为无定形态,分散在软段基质中;当硬段含量增加时,硬段相形成晶核,并出现了微相分离的硬段微晶结构;当硬段含量增加到35%时,硬段形成较大的微相区;当硬段含量增加到45%时,在局部区域内已经出现硬段微晶区连续相,宏观上材料的性质也发生了变化,如硬度、模量增大,伸长率下降等。

在聚氨酯纤维中,硬段起交联作用,限制纤维伸长或使伸长回复。其熔融或软化温度为230～260℃,为纤维提供必要的热性能。

硬段结晶以球晶的形式存在,主要有Ⅰ型球晶、Ⅱ型球晶及Ⅲ型球晶形式。

(1)Ⅰ型球晶特征:无双折射,无取向,无明显的结晶区域,形成相当于次晶的片晶,尺寸小于10nm;N—H氢键长且分布宽,不能堆砌成有规律的晶格,熔融温度为207℃。形成此种结晶的条件是温度低于60℃时的静止状态。

(2)Ⅱ型球晶特征:负双折射,择优取向,球晶中心射出片晶束,带状片晶束断面宽12nm,长50～70nm;N—H氢键短,且键长分布也比较窄,能量较低,紧密堆砌,有序程度较高,重复单元长度为1.70nm±0.06nm;熔融温度224～226℃。硬段的平均分子量为500～700,硬段长为2.5～3.5nm;软段平均分子量为2000～4000,软段段长为500～700nm。在温度高于140℃条件下,静止状态形成此种结晶。

(3)Ⅲ型球晶的特征:伸展的重复单元长度为1.92nm,取向。该球晶形成的条件是拉伸400%,于160℃退火6h。

在聚氨酯纤维的表面含有尺寸较小的Ⅰ型球晶和尺寸较大的Ⅱ型球晶,Ⅲ型球晶则很少存在。

硬段结晶的结构不但影响纤维的弹性性能,而且影响纤维的热性能。在氮气中,预负荷$18\mu N/dtex$下,给初始长度为L_0的聚氨酯纤维加热,观察丝条的伸长ΔL,当ΔL达到$0.8\%/℃$的温度,称为热形变温度(HDT)。在研究采用二胺作为扩链剂时发现,偶数与奇数亚甲基对所构成的二胺的聚氨酯的伸长率、强度、模量和热性能都有一定的影响,特别是硬段的形变温度会随着二胺中的亚甲基数目振动变化,如图7-1所示。

聚醚型嵌段共聚物在拉伸到 500% 时,硬段经过结晶作用变为晶型嵌段的物理交联区,而软段成为提供高弹性的连续相。聚醚型聚氨酯拉伸时软段和硬段的表现如图 7-2 所示。

聚氨酯纤维中由氢键交联在一起的硬段微区,无序地存在于软段之中。当受到较小的外力作用时,纤维有较小的伸长,首先出现软段平行于拉伸方向的取向(可逆的),软段发生重排,形成短的"力束"(结晶束)。当外力撤消后,"力束"仍保持不变,而下一次伸长时,模量则低于第一次伸长,如图 7-3 所示。

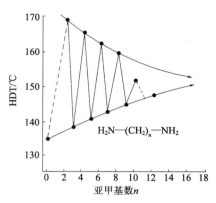

图 7-1 热形变温度(HDT)因二胺中的
亚甲基数(n)而摆动的情况

热处理也影响聚氨酯的物理—力学性能。随着热处理温度的升高,处理时间增加,氢键减少,微相分离程度增大。

随热处理时间的增加,开始时聚氨酯纤维的强度提高,但是随着热处理时间的进一步增加,聚氨酯纤维的强度下降。

聚氨酯纤维在 100% 伸长下,热定型中纤维线密度、伸长率和模量的变化趋势如图 7-4 所示。

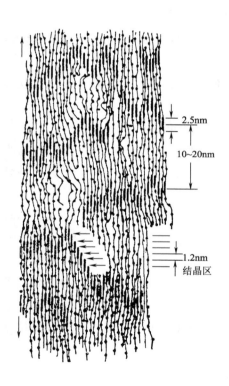

图 7-2 聚醚型聚氨酯拉伸 500% 时
软段与硬段的表现

粗线为硬段;细线为软段;

· 为溶于硬段(软段)相的软段(硬段)

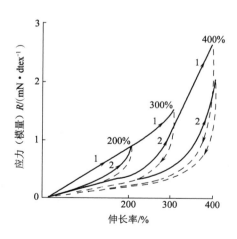

图 7-3 弹性纤维逐步伸长(200%、300%、400%)与解除
负荷时的应力—应变及回复(虚线)曲线

1—第一次拉伸 2—第二次拉伸

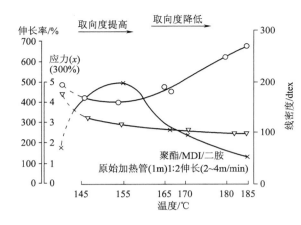

图 7-4 弹性纤维在热定型时性能的变化
(在 100% 预伸长下热空气定型)
□—理论伸长 △—理论线密度 ×—线密度

在聚氨酯纤维中,软段的相对分子质量过大、软段的结构过于规整等原因将会引起软段结晶。软段的结晶被称为"冷致变硬",影响纤维的柔顺性和低温度性能。

四、聚氨酯弹性纤维的性能

(一)聚氨酯弹性纤维的物理—力学性能

一般而言,在聚氨酯弹性纤维的分子结构中,软段部分的相对分子质量越大,纤维的断裂伸长率和弹性回复率越高。聚醚型聚氨酯弹性纤维比聚酯型聚氨酯弹性纤维弹性回复率高。表 7-5 是几种聚氨酯弹性纤维的物理—力学性能。

表 7-5 几种聚氨酯弹性纤维的物理—力学性能[①]

物理—力学性能		Lycra[②]	Spandelle[③]	Vyrene[④]	Glospan[⑤]
线密度/tex		51	46	50	62
密度/(g·cm⁻³)		1.15	1.26	1.32	1.27
回潮率/%		0.8	1.2	1.0	1.1
强度/(cN·tex⁻¹)		0.33	0.40	0.61	0.49
断裂伸长率/%		580	640	660	620
50%伸长时的应力/(g·tex⁻¹)		0.32	0.27	0.18	0.31
200%伸长时的应力/(g·tex⁻¹)		1.08	0.72	0.36	0.86
韧度/(J·g⁻¹)		149	107	98	123
弹性回复率/%	50%伸长	100	100	100	98
	200%伸长	95	98	99	96
	400%伸长	90	92	97	92

①相对湿度 65%,20℃;②杜邦公司生产;③Firestone 公司生产;④美国橡胶公司生产;⑤美国环球公司生产。

弹性纤维的物理—力学性能测试方法比较特殊,要正确地测试出弹性纤维的物理—力学性能,必须考虑以下几个因素。

1. 弹性丝滑移 在测试弹性纤维的伸长率及其应力—应变性能时,由于在高的拉伸应力作用下,纤维的线密度减少,因而给测量带来困难。试样在拉伸过程中,两夹具之间产生的纤维细颈现象是由于在应力作用下弹性丝在夹具中的滑移所致。这就使得应力的读数不稳定及测试结果的不准确。为此,可以在长条试样的工作长度两端做好标记,在样品拉伸时测量两标记之间的长度,进而计算伸长率和应力—应变关系,也可以用特制的夹具,使样品在两夹具中不滑移。

2. 线密度的影响　测试时的另一个问题是线密度的减小。纤维在高伸长率下测试时，由于线密度的减小而导致拉伸开始时纤维每特克斯（每特）的应力与伸长后每特的应力有较大的差值。

3. 滞后现象　弹性纤维在纺丝及加工处理过程中，经过循环多次得到拉伸和松弛经常出现滞后现象，因此简单的应力—应变曲线就不能预示弹性纤维的性能。用循环测试方法，即用仪器将纤维拉伸到一定范围，然后松弛，再拉伸，再松弛，如此多次循环，即可测出纤维服从于此机械条件下的不同循环次数的滞后曲线。最明显的性质变化在第一、第二循环之间，之后的循环只产生较小的影响。到第五循环以后，只产生小的变化和不重要的变化。

4. 永久形变　由滞后现象直接导致另一性质是永久形变。永久形变是纤维经循环拉伸和松弛后，纤维相对长度的增加量。形变有一部分随着时间的延长可以消失，而另一部分是永久存在而不能消失。永久形变随着操作时拉伸的程度和弹性纤维品种的不同而不同。它通常是由于拉伸时分子之间键的破坏而产生滑移，以及继续拉伸时新键生成而产生的。拉伸后形变能完全恢复，就意味着无永久位移或没有发生分子流动。

5. 应力衰减　应力衰减是当弹性纤维保持在一定的拉伸状态时，应力相对减小的现象。应力衰减也是一种力或"强力"的损失，它是由于弹性纤维内部分子链的变形或应变引起的，随着时间和拉伸程度的变化而变化。大多数应力衰减发生在最初的 30s 内，5min 以后的衰减量则变得非常小。

6. 强度　弹性纤维的强度或抵御外力作用的力是指纤维在特定的伸长情况下所产生的应力，它可用 cN/tex（或 cN/dtex）来表示。它是弹性纤维使织物具有保持力或形状稳定的标志。

弹性纤维的强度是比较低的，其大小依赖于弹性纤维固有的性质。一般情况下，聚氨酯弹性纤维的强度大于橡胶弹性纤维。

（二）聚氨酯弹性纤维的耐化学性能

聚氨酯弹性纤维的耐化学性质一般优于橡胶弹性纤维，原因在于聚氨酯分子链内无双键存在。聚氨酯弹性纤维耐化学药品性见表 7 - 6。

表 7 - 6　聚氨酯弹性纤维耐化学药品性能

化学药品	浓度/%	温度/℃	时间/h	力学性能变化	颜色变化
次氯酸钾	0.00009	21	168	变化不大	变黄
次氯酸钠	1	50	24	被破坏	变黄
次氯酸	10	49	24	无	微黄
过氧化氢	3	49	24	微	微黄
苯甲酸	2	100	1	变化不大	无
草酸	1	21	3	无	无
醋酸	10	93	10	无	无
硫酸	10	50	24	变化不大	稍变黄
盐酸	10	50	24	无	无
氢氧化钠	10	49	24	微	微黄

化学药品	浓度/%	温度/℃	时间/h	力学性能变化	颜色变化
海水	1000	21	168	无	无
汗	AATCC①	50	24	无	无
矿物油	100	40	336	无	无
洗涤剂	在洗涤条件下			无	无
肥皂				无	无

①AATCC 为美国纺织化学家和染色家协会标准。

聚醚型聚氨酯弹性纤维耐水解性较好,但耐光、耐热性较差,而聚酯型聚氨酯弹性纤维则耐碱、耐水解性稍差,但耐光、耐热性较好。聚氨酯弹性纤维织物在洗涤时应避免使用次氯酸钠型漂白剂。聚氨酯弹性纤维能溶于强极性溶剂,如二甲基甲酰胺(DMF)和二甲基乙酰胺(DMAc)对其均有良好的溶解作用。

(三)染色性能

聚氨酯弹性纤维是一种可以使用染料染色的弹性纤维,且可以使用所有类型的染料。酸性染料可染出色彩鲜艳,耐水洗、耐日光的产品。聚氨酯弹性纤维所用染料的染色性能见表 7 - 7。

表 7 - 7　几种染料对聚氨酯弹性纤维的染色性能比较

染料种类	亲和性	深染性能	日晒牢度	耐洗牢度
酸性染料	好	好	良好	良好
分散染料	优	优	良好	不好
直接染料	不好	一般	不好	不好
还原染料	不好	一般	一般	良好
阳离子染料	较好	一般	不好	不好

当聚氨酯弹性纤维以包覆纱线方式使用时,仅需将包覆纱染色即可。传统的染色设备如浸染机、卷染机、轧染机均可用于聚氨酯弹性纤维的染色。

(四)聚氨酯弹性纤维的特性

1. 线密度小　聚氨酯弹性纤维的线密度范围为 22～4778dtex,最细可达 11dtex。而最细的挤出橡胶丝约为 180 号(折合 156dtex),比聚氨酯弹性纤维粗十几倍。

2. 强度大,延伸性好　聚氨酯弹性纤维是弹性纤维中强度最大的一种,强度为 0.5～0.9cN/dtex,是橡胶丝强度的 2～4 倍。由于聚氨酯弹性纤维在同样伸长下比橡胶丝具有更大的张力(模量高),所以其织物具有更高的松紧度。

聚氨酯弹性纤维的断裂伸长率为 500%～600%,和橡胶丝相差无几。另外,在湿润状态下聚氨酯弹性纤维的强度和断裂伸长率与干态时几乎无差异。

3. 弹性回复好　聚氨酯弹性纤维的瞬时弹性回复率可达 90% 以上(伸长 400% 时),与橡胶丝相差无几。

4. 白度保持性好 无光聚氨酯弹性纤维(在生产过程中添加了钛白粉)本身呈白色,在聚合过程中还添加了少量的抗紫外光剂和黄变防止剂,故具有较好的耐日光、耐烟熏(耐大气烟雾)性,白度保持好。

5. 耐热性较好 聚氨酯弹性纤维的软化点(或黏结温度)约为 200℃,分解温度约为 270℃,优于橡胶丝,在纤维中属于耐热性较好的品种。

6. 吸湿性较好 橡胶丝几乎不吸湿,而聚氨酯弹性纤维在 20℃,65% 的相对湿度下,回潮率为 1.1%,虽然比锦纶、棉、羊毛等纤维的回潮率小,但优于涤纶和丙纶的吸湿性。

7. 耐光性好 聚氨酯弹性纤维的耐光性明显优于橡胶丝,在日晒牢度实验仪中,同时对聚氨酯弹性纤维和橡胶丝照射 40h,发现橡胶丝的强度几乎完全丧失,而聚氨酯弹性纤维的强度只下降 20%;照射 60h 后,橡胶丝的断裂伸长率保持率为零,而聚氨酯弹性纤维延伸度保持率为 80%。

8. 手感柔软 聚氨酯弹性纤维是一种黏结复丝,粗看起来像一根单丝,但实际上它是由多根单丝黏结而成,单丝之间不发生分离。由于这种黏结复丝的单丝线密度较细,并且单丝间有适当的间隙,故手感柔软,耐挠曲性好。而挤出橡胶丝根圆形截面的单丝,且直径较粗,所以手感发硬,耐挠曲性差。

9. 染色性好 橡胶丝不能染色,而聚氨酯弹性纤维的染色性很好。详见表 7 - 7。

10. 耐磨性好 为了比较聚氨酯弹性纤维和橡胶丝的表面耐磨性,在同样条件下进行试验,即先将试样赋予 49.0mN 的预张力,然后将它们放在表面具有砂粒状凹凸的圆筒上,以 100r/min 的转速进行磨损实验,直至试样磨断为止,用磨断时的回转数表示耐磨性,其结果见表 7 - 8。

表 7 - 8 聚氨酯弹性纤维和橡胶丝的表面耐磨性

试　　样	耐磨性/回转数
挤出橡胶丝(507dtex)	100
聚氨酯弹性纤维(78dtex)	3600
聚氨酯弹性纤维(311dtex)	19000

11. 耐化学药品性好 聚氨酯弹性纤维具有优良的耐化学药品性,与橡胶丝相比,它具有极好的耐油性(表 7 - 6)。

第二节　聚氨酯弹性纤维的纺丝成型

聚氨酯弹性纤维可以用干纺、湿纺、反应法纺丝及熔纺而成型。这四种纺丝方法的流程示意图如图 7 - 5 所示。

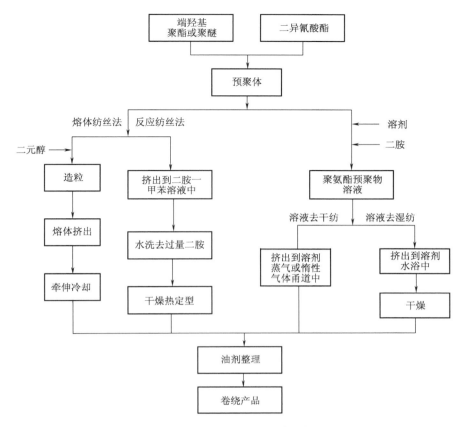

图 7−5　聚氨酯弹性纤维的四种纺丝方法流程图

一、干法纺丝

(一)纺丝原液准备

成纤高聚物的制备是将相对分子质量为 1000～3000 的含两个羟基的脂肪族聚酯或聚醚与二异氰酸酯按 1∶2 的摩尔比进行反应生成预聚物。为了避免影响最终聚合物的溶解性能,必须特别注意,不能使用三官能团(或更多官能团)的反应物,并严格控制适当的反应条件,以最大限度地减少副反应的发生。

对商品化生产预聚物,用溶液纺丝生产聚氨酯弹性纤维的原料为:聚四亚甲基醚二醇(PT-MG)(也称聚四氢呋喃 PTHF)和二苯基甲烷−4,4′−二异氰酸酯(MDI)。如果能用符合弹性纤维性能要求的聚酯二元醇为原料,则可以降低成本。但以聚酯二元醇为原料,采用干法纺丝时,会出现溶剂脱除困难等问题。

在商品化生产的工艺中,所选用的溶剂都是二甲基甲酰胺(DMF)或二甲基乙酰胺(DMAc),扩链剂一般为含有两个氨基的肼或二元胺。二元胺可以加到预聚物溶液中,或者将预聚物加到二元胺的溶液中。聚氨酯在溶液中的固体含量一般调整到 18%～30%(质量分数),溶液黏度为 10～80Pa·s(30℃)。通常,干法纺丝的溶液黏度和固体含量较高。

将添加剂(包括颜料、稳定剂等)在所选用的溶剂中研磨,通常加入少量聚氨酯高聚物,以改善在球磨或砂磨时的分散稳定性。在扩链步骤完成以后,把高聚物含量再调整到所设定的浓度。聚合过程和添加剂的研磨及加入,可以是分批的,也可以是连续的。某些生产厂家,把聚合、扩链、添加剂的加入以及混合进行合并,采用连续法生产。

制备好的原液经过滤、脱泡后送去纺丝。

(二)纺丝成型

世界上大多数的厂家都选用干法纺制聚氨酯弹性纤维。虽然在处理模量非常低的单丝发黏等问题时,需要特别的技术和设备,但聚氨酯弹性纤维的干法纺丝还是与聚丙烯腈的干法纺丝很相似,其生产工艺流程如图 7-6 所示。

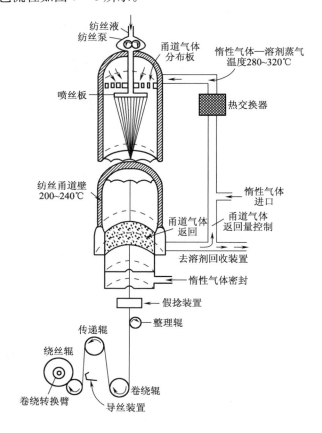

图 7-6 聚氨酯弹性纤维干法纺丝生产工艺流程示意图

聚氨酯纺丝原液由精确的齿轮泵在恒温下计量,然后通过喷丝板进入直径为 30~50cm、长 3~6m 的纺丝甬道,由溶剂蒸气和惰性气体(N_2)所组成的加热气体,由甬道的顶部引入并通过位于喷丝板上方的气体分配板向下流动。由于甬道和甬道中的气体都保持高温,所以溶剂能从原液细流中很快蒸发出来,并移向甬道底部。单丝的线密度一般保持在 0.6~1.7tex 范围内。在纺丝甬道的出口处,单丝经组合导丝装置按设定要求的线密度进行集束。根据线密度的不同,每个纺丝甬道可同时通过 1~8 个弹性纤维丝束。

纺丝得到的丝束在卷绕之前要进行后整理,如上油等,以避免在装箱和以后的纺织过程中发生黏结和产生静电,通常使用经过硅油改性的矿物油为油剂。

卷绕速度一般在 300～1000m/min 范围内。

二、熔体纺丝

(一) 热塑性聚氨酯与预聚体的合成反应

1. 聚氨酯的合成反应　热塑性聚氨酯的合成可以看作是低分子二醇和聚合物二醇交替与二异氰酸酯反应的过程。热塑性聚氨酯的大分子是线性或略有交联的,故分子链上一般只有氨基甲酸酯连接聚合物二醇和低分子二醇,其端基是羟基或异氰酸酯基(大部分以脲基甲酸酯交联的形式存在)。

当 [NCO]/[OH]<1 时,反应如下式所示:

$$xHO—R—OH + 2xOCN—R'—NCO + (1+x)HO—R''—OH \longrightarrow$$

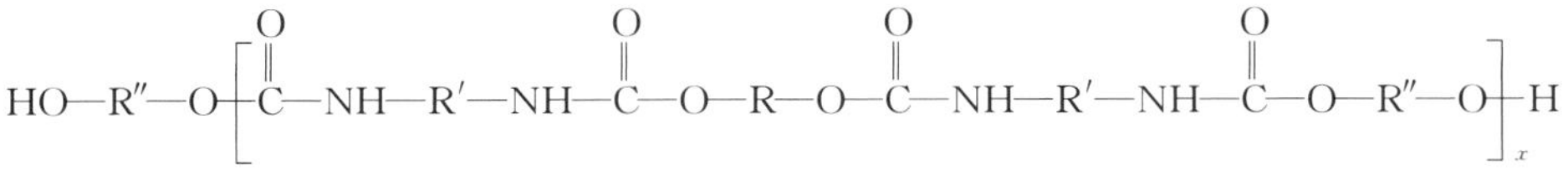

式中:R 为聚合物二醇主链;R′为二异氰酸酯主链;R″为二醇主链。

2. 预聚体的合成反应　熔体纺丝所用的预聚体是端基为二异氰酸酯基的预聚体,由聚酯二醇或聚醚二醇与过量的二异氰酸酯反应生成的,反应可用下式表示:

$$HO\sim\sim OH + 2xOCN—R'—NCO \longrightarrow OCN—R'—NHOCO\sim\sim NHOCO—R'—OCN$$

如果采用聚合物度为 25 的聚四氢呋喃与 MDI 反应制取预聚体,可用下式表示:

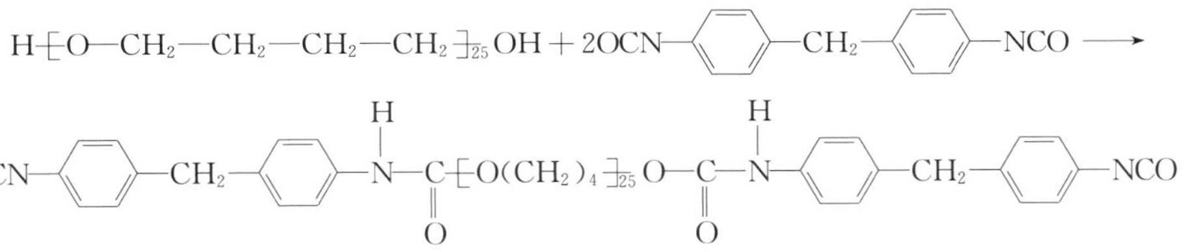

(二)预聚体的交联反应

1. 与端羟基热塑性聚氨酯反应　对端羟基热塑性聚氨酯的交联反应,在采用异氰酸酯预聚体做交联剂时,反应的机理如下式所示:

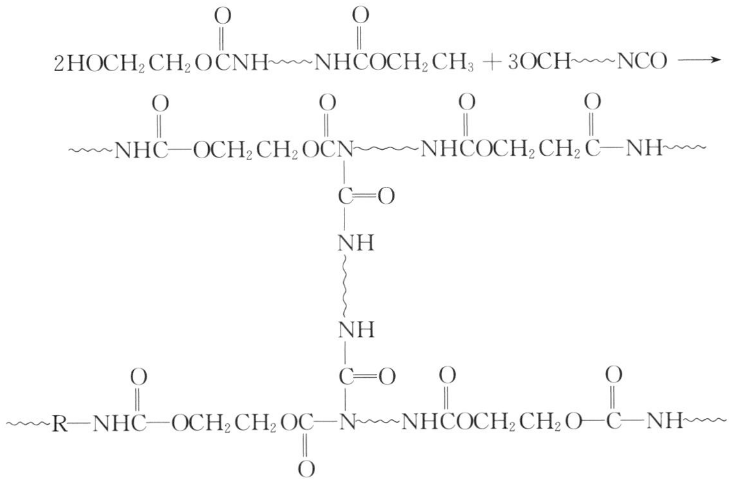

当软段降解断裂时,与预聚体也发生上述类似的反应,但不生成交联结构,只生成新的线性大分子。由于软段的断裂情况不一,故其反应机理较为复杂,可用下式表示:

$$—OCH_2CH_2OCONH\sim\sim NHOCOCH_2CH_2O— \longrightarrow$$

$$—OCH_2CH_2OCONH\sim\sim \quad + \quad \sim\sim NHOCOCH_2CH_2OCO— \xrightarrow{\text{预聚体}}$$

$$—OCH_2CH_2OCONH\sim\sim NHOCO\sim\sim OCONH\sim\sim NHOCOCH_2CH_2OCO—$$

2. 三元醇存在时的交联反应 如果将三元醇加入交链剂中,生成端基为异氰酸酯的氨基甲酸酯交联结构,从而提高热塑性聚氨酯的耐热性。当端基为异氰酸酯的预聚物继续与羟基反应,则生成交联度更大的氨基甲酸酯交联,其反应可用下式表示:

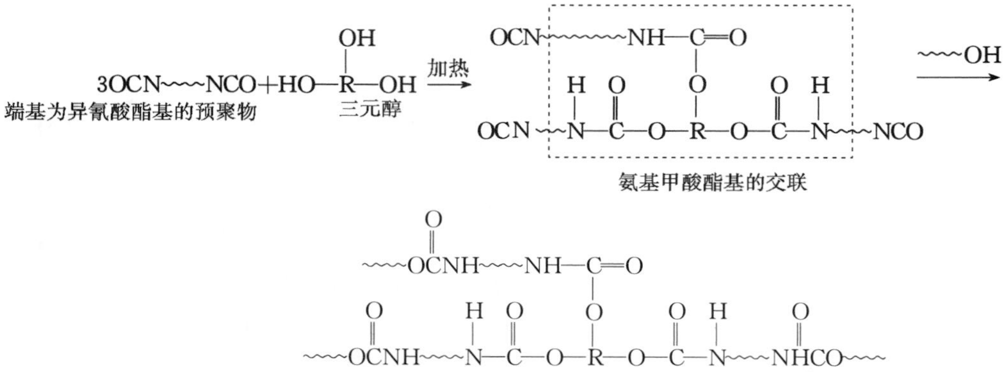

为提高热塑性聚氨酯的耐热性能,可在作扩链剂的二醇中加入小剂量的三元醇。熔纺工艺的预聚物添加剂也是采用一定比例的二元醇与三元醇混合后与异氰酸酯反应而制取的。其目的是在热塑性聚氨酯中增加化学交联,提高熔纺聚氨酯弹性纤维的耐热性并改善纤维的弹性回复性。但是三元醇的比例不易过大,否则会影响熔体的流动性能。应该指出的是,在预聚体中加入三元醇,所形成的化学交联可使聚氨酯大分子体系在拉伸过程中产生应力集中,在宏观上表现为纤维断裂伸长率下降。

3. 熟成过程中的后续反应 一部分过量的异氰酸酯在加热熟成时,与聚合物链中的脲基、氨基甲酸酯基等基团上的活泼氢反应,分别生成缩二脲基、脲基甲酸酯交联。在熔纺聚氨酯纤维的熟成过程中也发生上述反应,反应式如下:

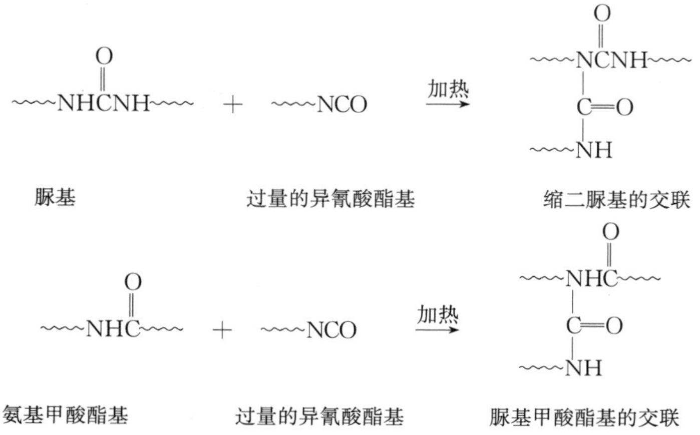

据诸多文献报道,聚氨酯脲比聚氨酯有较高的软化点和较好的微相分离。在硬段中引入脲键可以改善纤维的弹性回复率。同样也可以将脲键引入软段的端基,如用胺端基聚醚多元醇,可以产生全脲键的嵌段共聚物。聚己内酰胺合成预聚体已经开始用于熔体纺丝工艺中,当在预聚体中引入酰氨基,则会产生酰氨基交联,反应式如下:

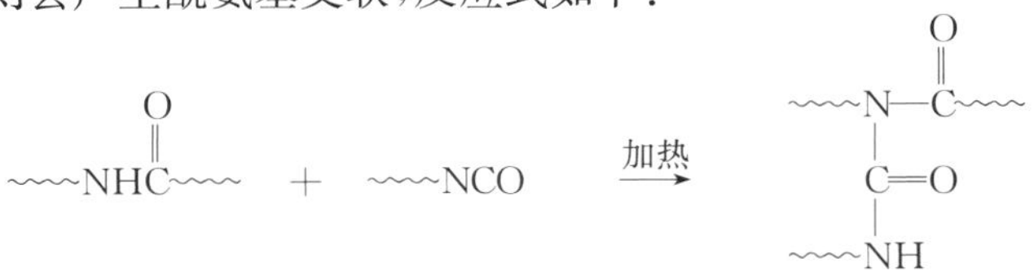

$$\sim\sim NHC\overset{O}{\underset{\|}{}}\sim\sim \quad + \quad \sim\sim NCO \quad \xrightarrow{\text{加热}} \quad$$

酰氨基　　　　过量的异氰酸酯基　　　　　酰氨基的交联

在含有氨基甲酸酯基、脲基和异氰酸酯基的体系中,由于氨基甲酸酯基、脲基与异氰酸酯的反应活性都很小,故必须加热至 $125\sim150℃$ 时才发生反应。若无催化剂的作用,则只发生有利于缩二脲基交联的反应,而几乎不形成脲基甲酸酯基的交联,反应式如下:

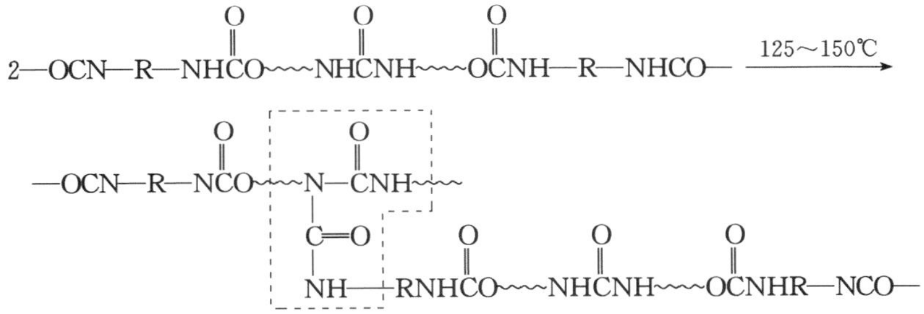

$$2-OCN-R-NHCO\sim\sim NHCNH\sim\sim OCNH-R-NHCO- \xrightarrow{125\sim150℃}$$

缩二脲基的交联

4. 水存在时的副反应　有水存在时,生成取代脲基连接键和放出 CO_2。

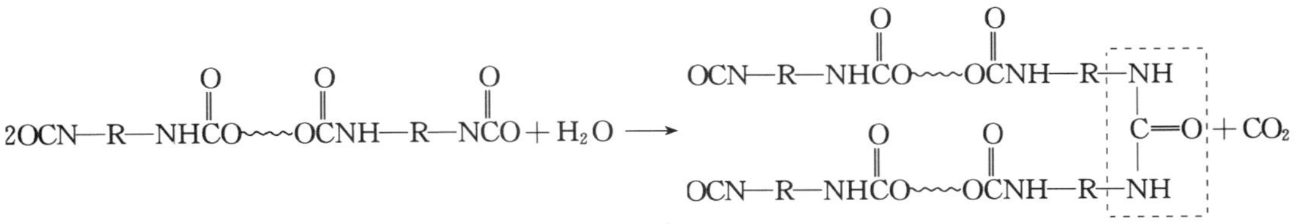

$$2OCN-R-NHCO\sim\sim OCNH-R-NCO+H_2O \longrightarrow \cdots +CO_2$$

取代脲基

取代脲基不稳定,在熔纺工艺温度下分解,使反应体系相对分子质量降低,纤维的品质下降。故在纺丝过程中,应尽量减少聚氨酯切片和预聚体带入的水分。

(三)纺丝工艺流程

熔纺聚氨酯纺丝工艺流程如图 7-7 所示。热塑性聚氨酯切片(TPU)经风送至湿切片料罐 1,靠自重进入干燥塔 2,与来自干燥塔下部的干燥热空气对流干燥。干燥后的切片靠自重进入螺杆挤出机 3,熔融并与预聚体混合。预聚体经预热后,进入预聚体罐 4,预聚体罐设加热装置,加热后的预聚体经稳压泵稳压,再经预聚体计量泵 5 计量后,进入螺杆挤出机的计量段。在螺杆挤出机的计量段设有特殊设计的动态混合器,将聚氨酯熔体和预聚体充分混合后,进入螺杆挤出机的测量头、熔体管道,熔体和预聚体混合物经计量泵 6 计量后,进入纺丝箱 7 内的纺丝组件。当预聚体进入熔体后,由于螺杆挤出机内的温度比较高,聚氨酯熔体和预聚体并没有完全反应,当熔体和预聚体的混合物进入纺丝箱后,由于预聚体的黏度较低,故反应体系的黏度下降,为了维持纺丝熔体的黏度,工艺上采用较低的纺丝温度。在较低的温度下,预聚体中的异氰酸酯基与断链的软段发生反应,生成新聚氨酯软段,但是此时,部分硬段组分二异氰酸酯基已经溶于软段组分中。在反应体系中,除了发生上述反应外,还生成部分的脲基甲酸酯基和缩二脲基团。聚氨酯和预聚体所组成的纺丝熔体从喷丝孔挤出,形成熔体细流,形成了初生态聚氨酯纤维。随后,初生态聚氨酯纤维经侧吹风冷却装置 8 冷却,通过纺丝甬道 9,经上油装置上油后,经第一导丝辊(GR$_1$)10、第二导丝辊(GR$_2$)11,最后经卷绕头 12 卷绕成型。

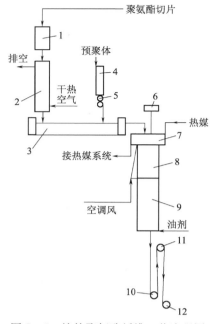

图 7 - 7　熔纺聚氨酯纤维工艺流程图

1—聚氨酯湿切片料罐　2—干燥塔

3—螺杆挤出机　4—预聚体罐

5—预聚体计量泵　6—熔体计量泵

7—纺丝箱　8—侧吹风装置

9—纺丝甬道　10—第一导丝辊

11—第二导丝辊　12—卷绕头

三、湿法纺丝

湿法纺丝采用 DMF 为溶剂,纺丝原液的准备与干法纺丝类似。

典型的湿法纺丝工艺流程如图 7 - 8 所示。聚氨酯的纺丝原液用精确的齿轮泵定量通过喷丝板挤出,然后原液细流进入由水和溶剂组成的凝固浴中。和干法纺丝相似,单丝的线密度一般保持在 0.6~1.7tex,以使溶剂的脱除率保持在最佳状态。在凝固浴的出口按要求的线密度进行纤维的集束,然后经过萃取浴除去残余的溶剂,并在加热筒中进行干燥、松弛热定型,最后经后整理,卷绕成筒。一条湿法纺丝生产线,可同时生产 100~300 束丝束。

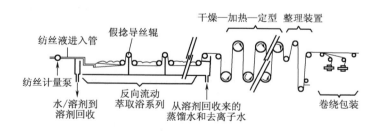

图 7 - 8　聚氨酯弹性纤维湿法纺丝生产工艺流程示意图

通常凝固浴中溶剂的浓度要保持在 15%~30%,为使浓度波动较小,应保持凝固浴的循环更新。

对合成纤维的湿法纺丝,由于受到纺丝浴介质的静态阻力作用,其拉伸速度不宜太高,而对聚氨酯弹性纤维的湿法纺丝,也存在同样的问题,其丝束的出浴速度为 100~150m/min。目前,湿法纺制的弹性纤维约占聚氨酯弹性纤维总量的 10%。

四、反应纺丝法

反应纺丝法,也称化学纺丝法,是将预聚物通过喷丝孔挤入含二胺的溶液(纺丝浴)中,使预聚物细流在进行聚合反应的同时,凝固成初生纤维的纺丝方法。初生纤维经卷绕后,还在加压的水中进行硬化处理,使初生纤维内部尚未反应的部分交联,转变为三维结构的聚氨酯嵌段共聚物。

世界上最早应用反应纺丝法的是美国橡胶公司,商品化生产的聚氨酯弹性纤维商品名为 Vyrene。后来,美国环球制造公司也用该法生产牌号为 Glospan 的聚氨酯弹性纤维以及不加颜料的聚氨酯弹性纤维弹性丝 Clearspan。Firestone 橡胶公司及购买其技术的 Courtaule 公司则生产商品名为 Spandelle 的弹性丝。

反应纺丝的生产过程为:首先把 TiO_2 和稳定剂与准备在预聚物中使用的相对分子质量为 1000~3000 的聚合物二元醇一起研磨,然后真空干燥并加入计量装置中,按聚合物二醇与二异氰酸酯摩尔比为 1:2 的配比反应生成预聚物。为了在反应法生产的制品中增强共价键的交联作用,通常在聚合物二元醇中加入适量的三羟基官能团化合物,如丙三醇、三羟甲基丙烷等。

反应纺丝法广泛用于多孔喷丝板纺制聚氨酯弹性纤维。单丝的线密度为 1.1~3.7tex,最后从反应浴的出口处把丝集束为所设计的线密度,纺速一般为 100m/min 左右。为使二胺扩散到预聚物内部的量保持恒定,在纤维线密度发生变化时,二胺溶液的浓度也要作适当的调整。需要注意的是,由于单丝并没有完全反应,并且在二胺浴的出口处是半塑性状态,芯层仍为液态,往往在干燥时才使芯层反应完全。

反应纺丝装置与湿法纺丝装置十分相似,其区别是反应纺丝法仅使用较少的纺丝浴。

第三节 聚氨酯弹性纤维的用途

聚酯或聚酰胺变形弹力丝织物,一般应用于低伸长率(15%~20%)的场合,当织物需要伸长率大于 50% 时,多用含聚氨酯弹性纤维织物,也就是说,聚氨酯弹性纤维在织物中总是和其他纤维结合使用。

一、聚氨酯弹性纤维纱的类型

提供给纺织厂织造弹性织物的聚氨酯弹性纤维丝(纱)有裸丝、包覆纱、包芯混纺纱及合捻纱(图 7－9)。

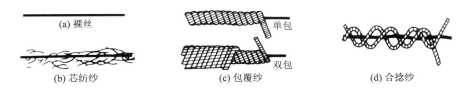

图 7－9　聚氨酯弹性纤维纱的几种类型

1. 聚氨酯弹性纤维裸丝 聚氨酯弹性纤维裸丝,即聚氨酯弹性纤维原丝,由于它易于染色,具有良好的耐磨性和柔软性,并有一定的强力,故其能以不包皮的形式使用。在传统的纺织设备上,借助于特殊的进料方式和拉伸方式,可用聚氨酯弹性纤维裸丝制造延伸率范围很宽的织物。如服装用的弹力网,服装和泳衣上用的弹性筒形针织物、服装和女内衣中的支撑经编织物、女用袜子(长筒)、短袜口部分编织带和带子。

由于聚氨酯弹性纤维的弹性很大,要用特殊的整经机(如 Liba 23E—560 型整经机)进行整经,以保持张力均匀。聚氨酯弹性纤维整经时拉伸倍数为 1.8~2.0 倍。

2. 包覆纱 包覆纱是外层包覆其他品种长丝的聚氨酯弹性纤维纱。包覆纱有单层包覆纱和双层包覆纱之分。

单层包覆纱的生产过程为:通过拉伸使聚氨酯弹性纤维丝以伸长状态进入包覆机,后被其他类型的长丝呈螺旋状包裹,单螺旋的包覆纱由于存在扭转力而使其具有明显的扭曲,但通过使用具有交替 S 捻和 Z 捻的纱线可以消除这种扭曲,如使用假捻变形的锦纶弹力丝。

双层包覆纱的加工为在单层包覆纱上以单包覆螺旋状相反方向包裹第二层,这样可得到不再发生扭结的稳定纱线。包覆纱机双面共 80 锭,图 7 - 10 为聚氨酯弹性纤维双层包覆纱的单锭生产流程示意图,聚氨酯弹性纤维所需的拉伸在两个区域中进行。第一个区域是从绕满聚氨酯弹性纤维丝的绕丝筒开始到第一个拉伸辊为止,拉伸倍数约为 1.3 倍。第二个区域为主拉伸区,从第一拉伸辊开始到第二拉伸辊为止,拉伸倍数为 2.5~4.0 倍,拉伸倍数的大小主要取决于聚氨酯弹性纤维丝的伸长率、细度、生产能力和经济效益等因素。包覆用的纱由两个装在锭子上的线轴供给,两个线轴是以相反方向旋转的,在拉伸着的弹性丝上绕以硬纱包皮,以使包覆纱能保持所要求的拉伸度。底部的纱用来控制拉伸度,而上部的包覆用纱则用来使扭曲的纱平衡,并使外观平整。卷绕的速度应该稍低于第二拉伸辊的速度,以使卷绕的纱保持在松弛状态。

包覆纱的弹性伸长率为 300%~400%,纱中聚氨酯弹性纤维含量为 20%~25%。与聚氨酯弹性纤维裸丝相比,包覆纱有低的滑移性和良好的触感。包覆纱主要用于服装底衬,如腰带、胸罩、外科手术用的针织品等,袜子的上部、带状织物和鞋带等。弹性纤维包覆纱是目前市场上需求量最大的品种之一。

3. 包芯混纺纱 包芯混纺纱又叫芯纺纱,是由聚氨酯弹性纤维经其他品种短纤维纱线包裹而成。如图 7 - 11 所示,经拉伸的聚氨酯弹性纤维丝进入精纺机,短纤维纱线也经拉伸和加捻进入精纺机,从而在纺成的纱线中心形成一条连续的纱芯,并在张紧的状态下把包芯混纺纱卷绕成筒。

对包芯混纺纱进行热定型非常重要。包芯混纺纱可以在织成织物后进行热定型(如在 177~204℃,90~200s 内完成),也可以是在成卷的绕丝筒上进行。这时通常要使用蒸汽,所用蒸汽温度为 116℃左右,时间为 5~10min。

包芯混纺纱制成的织物中,由于只含有较少量的聚氨酯弹性纤维弹性丝,所以它的拉伸性能不仅与弹性丝的固有性能有关,而且也与弹性丝和非弹性丝在热定型时的相互作用有关。此相互作用导致织物中非弹性纤维和聚氨酯弹性纤维丝一起永久卷曲。

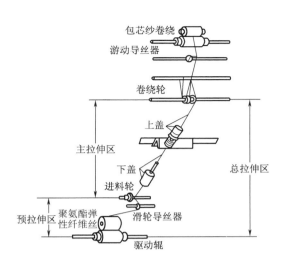

图 7-10　双层包覆纱的生产流程图

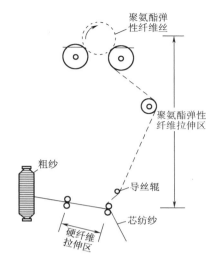

图 7-11　包芯混纺纱的生产流程图

利用硬纤维保型好的特点及芯纺纱可伸长性、回复性优良的特点，可以制得有广泛用途的、性能优良的、款式美观的针织品和纺织品。

4. 合捻纱　合捻纱又称并捻纱，它是由 1～2 根普通棉纱、毛纱或锦纶与聚氨酯弹性纤维合并加捻而成，常用来织造弹力劳动布。

合捻纱是在捻线机上生产的，通常将聚氨酯弹性纤维在拉伸 2.5～4 倍下与其他纤维进行加捻。

二、聚氨酯弹性纤维织物的类型

1. 机织织物　机织织物一般选用包覆纱或芯纺纱，其伸长率为 100% 左右。在织造过程中，要注意控制张力，以免在织物的表面形成褶皱。经向弹力织物主要用于制灯芯绒、滑雪裤等织物。纬向弹力织物大量用于劳动布、宽幅哗叽、游泳衣。

2. 针织织物

(1)经编针织物(如弹力网眼经编织物、特里科经编织物、经缎网眼织物等)弹力网眼织物和双向特里科经编织物最适合用于各种女内衣，通常使用聚氨酯弹性纤维裸丝、锦纶和棉纱针织。在生产过程中，聚氨酯弹性纤维丝的整经非常重要，一般使用专门的整经机，以使纱线整理后具有均匀的伸长率。

(2)纬编针织织物。为了使这类织物具有良好的弹性回复率和高模量，在生产这类织物时，在基本纤维中混合少量聚氨酯弹性纤维丝进行针织。聚氨酯弹性纤维裸丝、包覆纱、芯纺纱和合捻纱均可使用。裸丝的成本虽较低，但加工困难，可能会在加工缝纫时跑出，故需使用吸入式喂入裸丝装置或用张力调节器来控制裸丝的喂入张力。而包覆纱、芯纺纱和合捻纱的张力控制较容易。

聚氨酯弹性纤维裸丝用在连裤袜腰围的弹力带上，单层包覆纱和芯纺纱用于便袜和运动袜

221

的罗纹袜口上。双层包覆纱用于连裤袜的腰带和短袜的罗纹口上,能起到永久弹性的作用。

3. 窄幅织物　所谓窄幅织物,即带类织物。含聚氨酯弹性纤维的带类织物就是平时所说的松紧带,它是在织带机上生产出来的。一台织带机可同时生产 40～60 根带条,所用原料为粗旦聚氨酯弹性纤维裸丝,占原料总量的 50％～70％,其余为 167tex 涤纶等网络丝。含聚氨酯弹性纤维的松紧带要比含橡胶丝松紧带的使用寿命长,白度好。

👉 复习指导

　　本章要求了解聚氨酯的制备,掌握聚氨酯弹性纤维的化学组成、结构特征和与其性能的关系;掌握干纺、湿法、熔纺成型聚氨酯纤维的工艺流程、不同成型工艺特色,理解聚氨酯弹性纤维的性能优势及其后加工方法,熟悉聚氨酯纤维的用途。

第八章　再生纤维素纤维

第一节　概　述

一、再生纤维素纤维的定义

再生纤维素纤维（regenerated cellulose fiber）是用纤维素为原料制成的、结构为纤维素Ⅱ的再生纤维。其化学结构式如下：

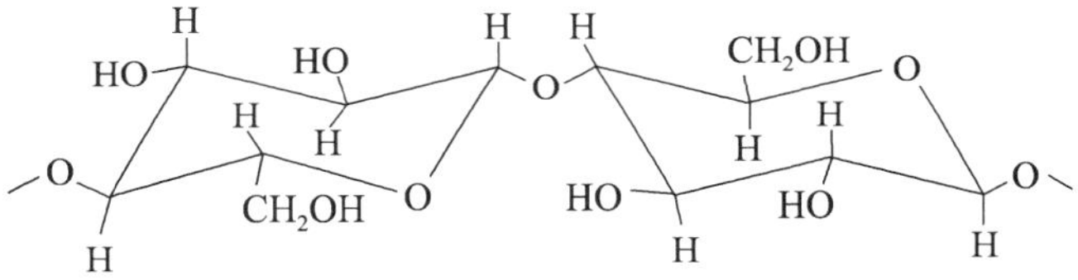

（一）传统再生纤维素纤维

传统的再生纤维素纤维包括黏胶纤维和铜氨纤维。

1. 黏胶纤维（viscose fiber）　用黏胶法制成的再生纤维素纤维。其中具有一般的物理—力学性能和化学性能的黏胶纤维称为普通黏胶纤维；具有较高的强力和耐疲劳性能的黏胶纤维称为高强力黏胶纤维；具有较高的聚合度、强力和湿模量的黏胶纤维称为高湿模量黏胶纤维，该纤维在湿态下的断裂强度为22.0cN/tex，伸长率不超过15%；用高黏度、高酯化度的低碱黏胶，在低酸、低盐纺丝浴中纺成的高湿模量纤维称为波里诺西克（Polynosic）纤维，我国商品名为富强纤维，该纤维具有良好的耐碱性和尺寸稳定性；用加有变性剂的黏胶、在锌含量较高的纺丝浴中纺成的高湿模量纤维称为变化型高湿模量纤维，该纤维具有较高的钩接强度和耐疲劳性。国际人造丝和合成纤维标准局（BISFA）把高湿模量纤维统称为Modal纤维，并将其定为再生纤维素纤维，该纤维具有高的断裂强度和高的湿模量。

2. 铜氨纤维（cuprammonium fiber）　用铜氨法制成的再生纤维素纤维。另一类的纤维素为原料，经化学方法转化为衍生物后制成的化学纤维是纤维素酯纤维。其中用纤维素为原料，经化学方法转化成醋酸纤维素酯制成的化学纤维，称为醋酯纤维或醋酸纤维素纤维（acetate fiber）。醋酯纤维主要有两类：一类是二醋酯纤维（diacetate fiber），用纤维素为原料，经化学方法转化成二醋酸纤维素酯制成的化学纤维，其中至少有74%但不到92%的羟基被乙酰化；另一类是三醋酯纤维（triacetate fiber），以纤维素为原料，经化学方法转化成三醋酸纤维素酯制成的化学纤维，其中至少有92%的羟基被乙酰化。

(二)新型纤维素化学纤维

在黏胶纤维生产过程中,会产生大量废气、废水和废料。因此从20世60年代起,相继开发了一些环境友好的新型纤维素系化学纤维。新型纤维素系化学纤维可以简单划分为以下几类:

1. 莱赛尔(Lyocell)纤维 将纤维素溶解在有机溶剂中形成纺丝溶液,经纺丝加工后制成纤维素Ⅱ的再生纤维。所谓有机溶剂,本质上指有机化合物与水的混合物,所谓溶液纺丝,意味着无衍生物形成的纤维素溶解和纺丝。

2. 离子液体纤维素纤维 将纤维素溶解在离子液体中经纺丝后制成的再生纤维素纤维。

3. 低温碱/尿素溶液纤维素纤维 将纤维素溶解在低温碱/尿素混合溶液中纺丝后制成的再生纤维素纤维。

4. 纤维素衍生物熔纺纤维 首先通过纤维素原料的衍生化制备热塑性纤维素原料,然后进行熔融纺丝后制成的纤维。

5. 纤维素氨基甲酸酯纤维 以纤维素氨基甲酸酯代替黏胶工艺中纤维素黄酸酯而制备的纤维素纤维。

6. 生物合成纤维素纤维 是指细菌纤维素纤维。

7. 新资源纤维素纤维 是指竹浆、麻浆等纤维素纤维。

传统再生纤维素纤维和新型纤维素化学纤维统称为纤维素系化学纤维(cellulosic man-made fiber)。

本章主要介绍黏胶纤维和莱赛尔(Lyocell)纤维。

二、再生纤维素纤维生产的基本过程

1904年,实现工业化生产的黏胶纤维,是世界第一个大规模生产的化学纤维品种。图8-1列出各种黏胶纤维的生产工艺。

图8-2将Lyocell纤维和黏胶纤维的生产工艺进行了比较。显然,Lyocell纤维的生产工艺比黏胶纤维的生产工艺要简单得多。在制备Lyocell纤维时,是将纤维素浆粕直接溶解在有机溶剂N-甲基吗啉氧化物(NMMO)和水的混合物中,整个生产过程没有化学反应,而且比传统的黏胶工艺少了碱化、老成、黄化和熟成等多道工序,生产流程大大缩短。

第二节 再生纤维素纤维原料

再生纤维素纤维的基本原料是纤维素(浆粕)。再生纤维素纤维生产过程还需多种化工材料,如黏胶纤维生产需要烧碱、二硫化碳、硫酸、硫酸锌和纯度较高的水;Lyocell纤维生产需要N-甲基吗啉氧化物(NMMO)和纯度较高的水。此外,还有各种辅助材料,如上油剂、消光剂(二氧化钛)及各种有机或无机助剂。各种原材料的单位消耗量,随着纤维的品种、生产方法及这些原材料品质的不同而异,表8-1列出了几种黏胶纤维主要原材料的消耗量。

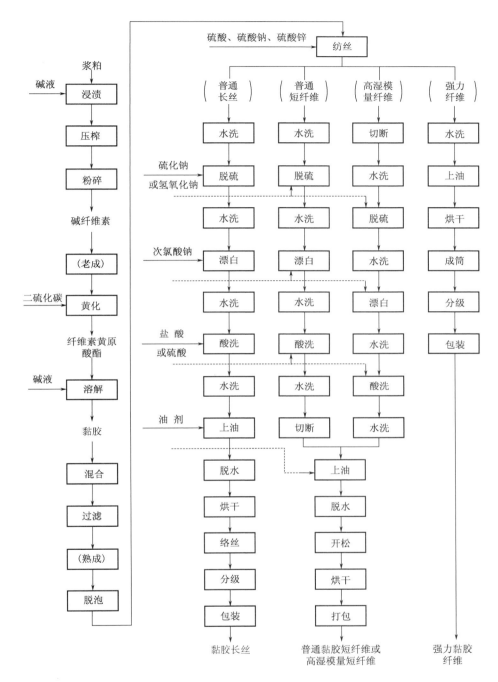

图 8-1 黏胶纤维生产工艺流程图

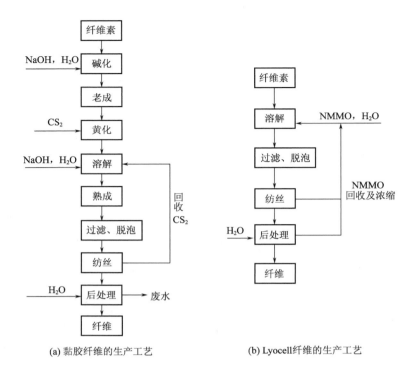

(a) 黏胶纤维的生产工艺   (b) Lyocell纤维的生产工艺

图 8-2   两种纤维素纤维生产工艺的比较

表 8-1   黏胶纤维主要原材料的消耗量

项 目	每 吨 纤 维 消 耗 量			
	普通短纤维	普通长丝	富强纤维	强力纤维
浆粕(水分 10%)/t	1.02~1.06	1.04~1.10	1.04~1.12	1.12~1.16
烧碱(100%)/t	0.60~0.67	0.65~0.69	0.68~0.77	1.11~1.18
二硫化碳/t	0.30~0.32	0.31~0.32	0.34~0.40	0.30~0.34
硫酸(100%)/t	0.87~0.89	1.10~1.20	1.05~1.20	1.40~1.50
硫酸锌(100%)/kg	54~57	54~60	40~50	370~400

注   二硫化碳和 $ZnSO_4$ 消耗量中未扣除回收量。

表 8-2 列出了几种新型纤维素系化学纤维的主要原材料。当生产 Lyocell 纤维时,每吨纤维需要浆粕 1.05~1.10t,需要 NMMO 0.05~0.08t。

表 8-2   几种新型纤维素系化学纤维的主要原材料

类别	原料	溶剂	凝固浴
Lyocell	棉、木、竹、麻等	NMMO	水
离子液体纤维素纤维	棉、木、竹、麻、桑、甘蔗渣等	离子液体	水
纤维素衍生物(熔融)纤维	纤维素衍生物	无	无
纤维素氨基甲酸酯纤维	纤维素衍生物	弱 NaOH 溶液	酸
细菌纤维素纤维	椰果、甘蔗渣等	无	无

一、浆粕

用生物质资源替代石油是化纤行业当前及未来很长一段时间的发展方向。纤维素是地球上数量和产量丰富的天然高分子，为传统再生纤维素纤维和新型纤维素化学纤维提供了取之不尽用之不竭的原料。

纤维素经化学加工提纯，即可制得浆粕。再生纤维素纤维浆粕按照原料来源分为木浆、棉浆和草类（如蔗渣、芦苇、芒秆及竹子等）浆；按照用途的不同又分为黏胶长丝浆、普通黏胶短纤维浆、高性能黏胶纤维浆、强力纤维浆和 Lyocell 纤维浆；按照制浆方法不同，通常分碱法（硫酸盐法、苛性钠法）浆、亚硫酸盐法浆和氯碱法浆等。

对再生纤维素纤维用浆粕的品质有如下要求：

1. 纯度高，杂质含量少　浆粕的主要成分是纤维素，其次是非纤维素多糖（五碳糖和六碳糖），此外还有少量的灰分（含铁、钙、镁、锰、硅的化合物）和木质素、树脂等。

工业上通常用 α-纤维素和半纤维素表征浆粕的纯度。α-纤维素为浆粕浸渍在 20℃、17.5% 的 NaOH 水溶液中，在 45min 内不溶解的部分。因此 α-纤维素是纤维素的长链部分，而半纤维素则是包括浆粕中的非纤维素碳水化合物和浆粕中的短链（聚合度小于 200）纤维素。

提高浆粕的 α-纤维素含量，不仅可以提高成品纤维的得率，提高设备的生产能力，还可降低化工原料的消耗量。制造高强度的优质黏胶纤维，通常采用 α-纤维素含量高的浆粕。半纤维素含量高，影响到其后的浸渍、老成、黄化、过滤、熟成等工艺过程，也降低成品纤维的品质。

浆粕中的灰分严重影响黏胶的过滤性能，又使碱纤维素老成难以控制，并使黏胶色泽灰暗，浆粕中的木质素会降低膨润能力和反应性能、延缓碱纤维素的老成，并会使成品纤维产生斑点。因此，浆粕中杂质的含量应尽量少。

2. 所含纤维素聚合度适中，聚合度分布分散性小　对浆粕中纤维素的聚合度要求，根据成品纤维的聚合度而定。制备高强度、高聚合度纤维（如强力黏胶纤维、高性能黏胶纤维），要求高聚合度。但聚合度过高，则因制得的黏胶黏度过高而导致过滤困难，或者需要延长碱纤维素老成。各种黏胶纤维浆粕中纤维素的聚合度差异较大，其聚合度通常为 500~1000。

浆粕中纤维素聚合度分布的分散性要小。实践证明，聚合度大于 1200 的纤维素，由于黄化性能和黄原酸酯的溶解性能差，会造成黏胶过滤困难；聚合度小于 200 的组分，由于其半纤维素特征，也会使黏胶过滤困难，且纤维的强度、耐磨性能和耐疲劳性能下降。

3. 膨化度适中　膨化度是指浆粕在碱液中的膨化程度，通常以浆粕在标准条件的碱液中浸渍一定时间后的质量或体积增加的倍数或百分数表示，其大小与浆粕中纤维素大分子间的作用力及碱液浸渍条件有关。膨化度小，则浆粕浸渍不均匀；膨化度过大，则碱纤维素压榨困难。

4. 反应性能和过滤性能良好　反应性能是指浆粕在碱化、黄化及生成的黄原酸酯的溶解性能；过滤性能是指浆粕制得的黏胶在过滤时的难易程度。碱化、黄化、溶解不好，则黏胶的过滤性能也不好，两者密切相关。只有使用反应性能良好的浆粕，才能使生产过程顺利进行和制出优质的纤维。

表 8-3 列举几种黏胶纤维浆粕的质量指标。用于生产 Lyocell 纤维的浆粕,要有较高的纯度,α-纤维素的含量为 96.5%～99%;由于生产过程中纤维素的降解作用不显著,其聚合度控制在 650～700。

表 8-3　几种黏胶纤维浆粕(一等品)的质量指标

质量指标		棉浆(苛性钠法)			木浆(亚硫酸盐法)		蔗渣浆(氯碱法)
		普通短纤用	长丝用	强力丝用	长丝用	短纤用	
α-纤维素/%		≥93.0	≥96.5	≥98.5	≥90	≥89	≥92
戊糖/%		—	—	—	≤4	≤4	≤3.5
聚合度		500±20	555±20	930±20	—	—	800～900
铜氨黏度/(Pa·s)		0.012±0.001		0.0285±0.0015	0.018～0.022	0.018～0.023	—
树脂和蜡(苯醇抽提法)/%		—	—	—	≤0.7	≤0.8	≤0.3
灰分/%		≤0.09	≤0.07	≤0.07	≤0.12	≤0.15	≤0.12
铁质/(mg·kg⁻¹)		≤20	≤15	≤10	≤20	≤25	≤25
小尘埃/[个·(500g)⁻¹]		≤60	≤40	≤40	≤80	≤100	≤110
大、中尘埃/[个·(500g)⁻¹]		≤2	≤2	≤2	不允许	不允许	不允许
吸碱值(质量分数)/%		600±100	600±100	500±10	400～550	400～550	—
膨润度(质量分数)/%		—	160	180±25	860～400	260～400	—
反应性能(CS₂/NaOH)		—	—	—	<110/11	<110/11	—
白度/%		≥80	≥82	≥80	≥90	≥85	—
水分/%		9.5±1.5	9.5±1.5	9.5±1.5	10	10	
定量/(g·m⁻²)	圆网	500±100	500±100	500±100	—	—	
	长网	700±100	700±100	700±100	600±50	600±50	

注　小尘埃<3mm³,中尘埃为 3～5mm³,大尘埃>5mm³。

二、化工原料

(一)烧碱

黏胶纤维生产需用优质烧碱。烧碱中的杂质对工艺过程有直接的影响,其中的盐类杂质如氯化钠、碳酸钠、硫酸钠等,能影响浸渍时浆粕的均匀膨胀,从而使碱纤维素黄化不均匀,且盐类是电解质,对黏胶有凝固作用,加速黏胶的熟成;烧碱中的铁和锰等金属杂质,在碱纤维素的老化过程中起着催化作用,造成工艺难于控制,金属杂质的存在还使黏胶过滤发生困难,而且铁往往易被氧化而成为有色氧化物,使纤维产生色斑。水银电解法及采用离子交换膜的隔膜电解法的烧碱纯度较高,适宜于黏胶纤维生产。

(二)二硫化碳

纯净的二硫化碳为无色、透明液体,相对密度 1.262(20℃),气态密度(以空气为 1)2.670,冰点-166℃,熔点-112.8℃,沸点 46.25℃(101.325kPa),在水中的溶解度很小(在 20℃时为

0.2%）。CS_2 有高度的挥发性,挥发度为 1.8（以乙醚为 1）。粗制的 CS_2 气体有萝卜臭味。CS_2 气体与空气混合后具有强烈的爆炸性,爆炸的浓度范围为 0.8%～52.8%（体积分数）。不论是气态或是液态的 CS_2 都极易燃烧。CS_2 对人体有毒性,能通过呼吸系统和皮肤进入人体。因此 CS_2 在生产、运输、储存中应采取特别安全措施。二硫化碳是由含碳物质在高温下与硫黄蒸气进行反应而生成气体 CS_2,再经冷凝、精制后得到纯净的液体 CS_2。所用的含碳物质通常有固体（如木炭、焦炭、煤粉等）和气体（甲烷、丙烯、石油混合气、硫化氢等）两类。根据加热方式的不同,用木炭生产 CS_2 的方法又分为电炉法、外烧炉法、沸腾床法和等离子法。用于黏胶纤维生产的二硫化碳要求纯度较高,需通过蒸馏提纯,蒸发残渣少于 0.005%。

（三）硫酸

纯净的硫酸为无色、透明的油状液体,相对密度 1.834（15℃/40℃）,沸点 290℃,凝固点 10℃。硫酸对人体有强烈的腐蚀作用,使皮肤严重烧伤,在储存、运输和使用时应十分注意。

黏胶纤维生产使用的硫酸,要求有较高的纯度,硫酸中的金属杂质对于纺丝凝固速度和纤维产品色泽（特别是染色时的色泽）的鲜艳程度有影响。硫酸中的硝酸成分,对设备有强烈的腐蚀作用,故最好使用接触法生产的硫酸。

（四）水

再生纤维素纤维生产耗用的水量大,水的品质对纤维的生产过程及成品质量影响极大,因此水质要求高。根据用途不同,再生纤维素纤维厂的用水主要有两类：一般用水（用于冷却、清洗等）；工艺用水（溶液配制、纤维洗涤等）。一般用水为经过凝聚和过滤的洁净水；而工艺用水为洁净水再经软化处理的软水,其硬度不超过 0.1～0.3 度。这样高纯度的水,通常用阳离子交换法制备。

（五）N-甲基吗啉氧化物

Lyocell 纤维生产中,以 N-甲基吗啉氧化物（NMMO）为溶剂。NMMO 极易溶于水,有极强的吸水性,并存在不同的结晶形式。纯 NMMO 晶体的熔点在 170℃,含一个结晶水的 NMMO 水合物（含水量为 13.3%）,熔点为 74℃。不同结晶水的 NMMO 对纤维素的溶解能力各不相同。当 NMMO 中水的含量超过 17% 以后,对纤维素已失去溶解能力。一般市售 NMMO 都以水溶液的形式存在,浓度一般在 50%,具有化学稳定性,但要成为能溶解纤维素的溶剂必须除去部分水分,使含水率控制在一定范围内。若含水率过低（<10%）,虽然能较好地溶解纤维素,但由于熔点过高,易造成溶剂和纤维素的分解甚至给纺丝带来危险。

第三节　黏胶纤维生产工艺

黏胶纤维的生产通常包括三大部分：黏胶的制备、纺丝成型和纤维的后处理。图 8-3 为连续法生产普通黏胶短纤维流程示意图。下面对这三部分分别进行讨论。

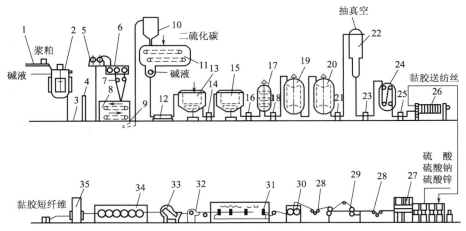

图 8-3　普通黏胶短纤维生产流程示意图

1—浆粕输送带　2—浸渍桶　3—浆粥泵　4—压力平衡桶　5—压榨机　6—粉碎机　7—压实机　8—带式老成机

9—风送槽　10—碱纤维素料仓　11—带式黄化机　12—研磨机　13,15—溶解机　14,16,18,21,23,25—齿轮泵

17—PVC预铺滤机　19,20—熟成桶　22—连续脱泡机　24—脱泡桶　26—板框压滤机　27—纺丝机　28—集束拉伸机

29—塑化浴槽　30—切断机　31—网式后处理机　32—喂毛机　33—开松机　34—圆网烘干机　35—打包机

一、纺丝原液(黏胶)的制备

由于纤维素是典型的刚性分子,分子间的作用力很强,不溶于普通的溶剂,故必须把纤维素转化成酯类,再溶解成纺丝溶液,经再生成型为再生纤维素纤维。因此与前面讨论的聚丙烯腈纤维等合成纤维相比,黏胶纤维纺丝原液的制备要复杂得多,它包括浸渍、压榨、粉碎、老化、黄化、溶解、熟成、过滤、脱泡等工序。现将各过程分述如下。

(一)碱纤维素的制备

1. 碱纤维素的制备方法概述　黏胶纤维生产的第一个化学过程是使纤维素碱化成碱纤维素,工艺上称为浸渍。碱纤维素的制备主要包括如下三个过程:碱化、压榨和粉碎。因所用设备不同,碱纤维素的制备方法有三种:古典(间歇)法、五合机法、连续法。

(1)古典法:古典法制碱纤维素的各个工艺过程是分批、间歇地进行。碱化和压榨在浸渍压榨机上进行,粉碎在独立的粉碎机上进行。间歇法制碱纤维素的优点是工艺稳定,碱纤维素的组成、压榨度、粉碎度以及纤维素的聚合度易控制。该设备在生产强力黏胶纤维和高性能黏胶纤维的中小型工厂仍有使用。但该设备因生产效率低、设备笨重、占地面积大、操作繁复,因而现代的大型黏胶纤维厂一般不采用。

(2)五合机法:五合机法是把碱纤维素和黏胶的制备过程(包括浸渍、粉碎、老成、黄化、初溶解五个工序)在同一台设备内完成的方法,也称一步制胶法。该法的优点是既缩短工艺流程和生产周期,又减少了设备量,从而减少了车间面积和投资量;但能源浪费较大,对原材料的质量要求较高;CS_2用量大,增加环境污染。目前,五合机法在国内外的黏胶短纤维厂有一定程度的使用。

(3)连续法:连续法制碱纤维素是使浸渍、压榨和粉碎连续进行。具有如下优点:在大浴比下进行浸渍，浸渍较均匀，而且有利于半纤维素等杂质的溶出；对浆粕的适应性较强，可以处理片状浆粕，也可使用含湿较高的散浆；生产自动化和连续化程度较高，劳动条件好，生产效率高；结构紧凑，设备占地面积小。该法制碱纤维素是黏胶纤维生产技术的重大发展，在现代化的大型黏胶纤维厂得到广泛的应用。但也存在一些缺点，如物料连续进出，浆粕碱化均匀性难以保证；浆粥压榨较困难；因压榨过程的黄液和黑液难以分开，故碱液回收较困难。

2. 纤维素的碱化　在碱化过程中，纤维素发生一系列的化学、物理化学及结构上的变化。

（1）碱化过程的化学反应。纤维素与 NaOH 的化学作用，通常可分为两个阶段。首先生成加成化合物，反应式如下：

$$[C_6H_{10}O_5]_n + nNaOH + nH_2O \longrightarrow [C_6H_{10}O_5 \cdot NaOH]_n \cdot nH_2O$$

加成化合物还可进而形成醇化物。

纤维素基环第二个碳原子上的仲羟基，处于键的 α-位置，其负电性极强，表现出较强的酸性。碱与仲羟基作用容易生成醇化物，而碱与酸性较弱的伯羟基作用时则生成加成物。

纤维素浸渍时，大分子内已反应的羟基数以及所得的碱纤维素的组成，取决于两个相互对立的反应（碱与纤维素大分子羟基的化学反应及生成化合物的水解反应）的速度比值，并且随反应条件变动。

（2）纤维素结构的变化。纤维素与碱溶液作用时，在一定的条件下，纤维素的天然结构遭到破坏。随碱浓度和处理温度的不同，可以形成多种碱纤维素的结晶变体。在黏胶纤维生产中，只有当 NaOH 浓度为 10%～20%，温度为 0～30℃时制得的碱纤维素 I 才具有实际用途，其单元结构体积为 2.79nm³，比天然纤维素大 68.5%。实际生产中的碱液浓度以 17.75%～18.25% 为宜，高于这一浓度时，纤维素的膨润度、溶解度及反应性能都有所下降。碱液浓度过低则天然纤维素结构破坏不完全，降低纤维素黄酸酯在稀碱液中的溶解度。

纤维素经碱处理后，晶区长度和极限聚合度降低，结晶度、取向度和结晶的完整程度略有提高。

（3）纤维素在碱溶液中的膨化和半纤维素的溶出。把浆粕浸入 NaOH 的水溶液后即发生膨化，其膨化度可达 4～10 倍，在膨化的同时使低分子多糖部分（半纤维素）不断溶出。因膨化的影响，浆粕的比表面积明显增大，从原来的8m²/g 增大至 300～400m²/g。

膨化是纤维素与 NaOH 之间的化学作用以及结构发生变化的外部表现。导致膨化的重要因素之一是纤维素与 NaOH 之间的化学反应。正是由于纤维素与碱纤维素之间的能态差别，促成化学势能的变化，成为过程的主要动力。与晶格和水解热变化有关的能量变化虽然也颇显著，但对膨化并没有决定性的贡献。但是，仅有化学作用是达不到如此高度膨化的，影响膨化的另一重要因素是浆粕毛细管的吸附作用。浆粕中的毛细孔可分为两类：一类为单纤维内部的孔隙，其孔径为 10～500A；另一类为单纤维之间的孔隙，孔径比前者大两个数量级，为0.2～5μm。

影响浆粕膨化的重要因素有碱液的浓度、温度、无机盐和表面活性剂的存在等。提高温度能降低 NaOH 的化学结合量并减少其水化层的厚度，所有这些因素都使膨化度下降。盐类杂质的存在能增加对碱金属离子结合水的竞争，从而使纤维素的膨化度下降。此外，浆粕膨化过程中的毛细管吸附作用，在很大程度上取决于表面活性剂的种类和用量，从而影响纤维素的膨化度。浆粕的膨化作用,对制备黏胶有十分重要的意义;由于膨化,使浆粕在黄化反应时 CS_2 向内扩散的速度加速;且由于膨化,破坏了纤维素大分子间的氢键,使更多的羟基游离出来,提高了黄化反应能力;浆粕的膨化有利于半纤维素溶出,有利于提高黏胶和成品纤维的质量。

3. 碱纤维素的压榨和粉碎

(1)压榨。浆粕经浸渍后需把多余的碱液压除,这一过程称为压榨。使用古典式浸渍压榨机进行浸渍时,其浴比为 18～25;用各种连续浸渍机碱化时,浆粥内纤维素含量为 2%～6%,过量的碱需经压榨而除去。压榨度一般为 2.8～3.3。

压榨过程属于流体动力学过程,它主要由两部分组成:碱液流经毛细孔而被排出;弹性的多孔物质(碱纤维素)被压缩而变形。两个过程既相互有关联又彼此有影响。压榨程度可以用压榨倍数即用碱纤维素压榨后的质量与干浆粕质量的比值表示,也可用碱纤维素中 α-纤维素含量(%)表示。压榨程度越高,压榨倍数越小,α-纤维素含量越高。通常控制压榨倍数为 2.8～3.3,或 α-纤维素含量 29%～32%。

通过压榨,也把溶于碱液中的半纤维素压除,降低碱纤维素中的半纤维素含量。

压榨性能受浆粕性能和浸渍条件的影响:浆粕的膨润度小、纤维长、半纤维素含量少则有利于压榨;碱纤维素膨化度大,半纤维素含量高,浸渍碱液度大则不利于压榨;压榨温度越高,压榨越快,而且越充分;随着浸渍时间延长,纤维素的排碱能力下降,相应的压榨时间必须增加。

(2)粉碎。将碱纤维素撕碎的过程,工艺上称为粉碎。块状的碱纤维素在粉碎机上经粉碎后,变为疏松的絮状体。由于扩散所需时间与微粒尺寸之间存在着平方关系,因此碱纤维素的粉碎有利于随后的化学反应进行。一般要求将碱纤维素粉碎至 0.1～5.0mm。

在浸渍或粉碎过程中加入表面活性剂能明显地降低碱纤维素的比表面能,从而可降低粉碎机的负荷,并能增加碱纤维素的比表面积,从而提高碱纤维素的反应能力,使制得黏胶的过滤性能较优。

经粉碎后的碱纤维素比较疏松,表观密度一般为 90～110kg/m³,过小的表观密度将导致老化和黄化设备生产率下降。为此,可调节压实辊的压力以增加碱纤维素的压实程度,碱纤维素经压实后的表观密度可达 140～150kg/m³。

4. 碱纤维素制备的工艺控制

(1)浸渍时间。在浸渍过程中,碱溶液渗透到纤维素内部以及碱纤维素的生成速度都很快,一般在 2～5min 即可完成。这一速度与浆粕的密度有关。因浆粕的批号不同,其速度可以相差 3～4 倍。但是,半纤维素的溶出时间较长,这一时间决定了浸渍所需要的时间。采用半纤维素含量少的精制木浆或棉绒浆,均能缩短浸渍时间。由图 8-4 可见,随着浸渍时间增加,半纤维素不断溶出,铜值和碘值下降。同时在碱性介质中醛基容易氧化成为羧基。

通常工艺上所采用的浸渍时间:古典法为 45～60min;连续浸渍法可缩短到 15～20min;五合机法为 30min,甚至更少。

(2)碱液浓度:理论上制取纤维素 I 所需的碱浓度为 10%～20%,但实际采用的浸渍液浓

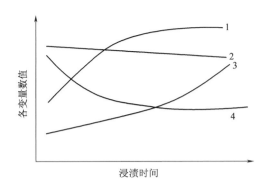

图 8-4　浸渍时间对碱纤维素的影响趋势

1—半纤维溶出量　2—纤维素聚合度

3—羧基含量　4—铜值和碘值

度应比生成碱纤维素的最低理论值要高,这是因为碱液渗透到纤维素内部时,要被纤维素所含的水分稀释;碱和纤维素作用时要消耗一部分 NaOH;反应所放出的水分都会使碱液浓度下降。若浆粕含水率较高时,浸液的浓度应更高。在相同条件下,如采用散浆浸渍,因达到纤维内外碱浓度平衡较快,故其浸液浓度可比片状浆粕浸渍时的浓度略低。

采用具有正常反应性能的亚硫酸盐木浆,按古典法生产时,浸液浓度为 220~230g/L(浸渍温度为 20~25℃),而采用反应性能较差的木浆时,碱液浓度应增至 240g/L。对于连续浸渍机及五合机,因碱化温度较高,所以浸液浓度应比古典法浸渍高 10~20g/L。

但碱浓度太高,在经济上和工艺上都不合适。由图 8-5 可知,碱浓度提高到 22%~24% 时,所得纤维素黄原酸酯的溶解度反而降低,并使黏胶过滤性能变差。

(3)浸渍温度:浸渍温度对碱纤维素的影响趋势如图 8-6 所示。在其他条件相同时,低温有利于碱纤维素的生成,但纤维素剧烈膨化而致使压榨困难;温度过高又会使碱纤维素的水解反应和氧化降解反应加速。古典法的浸渍温度一般不超过 25℃,连续法和五合机法采用较高浸渍温度,一般为 40~45℃。对膨化度大的浆粕,为了能顺利进行压榨,连续浸渍的温度还要适当提高。

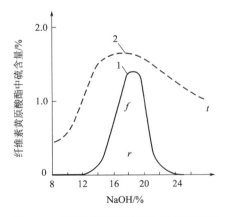

图 8-5　浸渍碱浓度对纤维素黄原酸
酯化度及黏胶过滤性能的影响

(黄化条件:$CS_2$34%,30℃,黄化 2h)

1—过滤量　2—含硫量

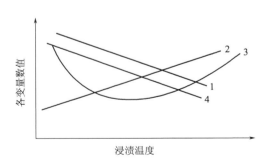

图 8-6　浸渍温度对碱纤维素的影响趋势

1—纤维素聚合度　2—生成碱纤维素所需碱的最低浓度

3—半纤维素溶出量　4—膨化度

5. 制备碱纤维素的设备　连续法制备碱纤维素的设备有多种形式,较普遍应用的是 LR 浸压粉联合机(图 8-7)和毛纳尔(Mauner)型连续浸压粉联合机。

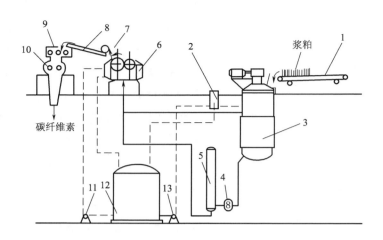

图 8-7 LR 型连续浸压粉联合机流程示意图

1—浆粕输送带 2—碱液计量桶 3—浸渍桶 4—浆粥泵 5—压力平衡桶 6—压榨机 7—预粉碎辊
8—输送带 9—粉碎机 10—压实机 11—冲洗碱液泵 12—工作碱液桶 13—碱液泵

(1)LR 型连续浸压粉联合机:浆粕垂直地叠置于输送带上,连续向前输送,并由分页刀均匀地拨入浸渍桶中。与此同时,浸渍碱液也连续定量地由碱液泵经碱液计量桶送入浸渍桶中。在浸渍桶内,浆粕被搅拌叶搅拌,并与碱液充分混合,形成浆粥。浆粥在桶内不断循环的同时,一部分便定量地从底部出口流出,由浆粥泵送入压力平衡桶。通过压缩空气的调节,使平衡桶内浆粥以恒定的压力平稳地送往压榨机进行压榨。

压榨后的碱液过滤后回至工作碱液桶,碱纤维素则经预粉碎、细粉碎,形成松软的碎屑,连续均匀地送出。浸渍桶(图 8-8)是使浆粕与一定浓度的烧碱溶液作用生成碱纤维素,同时溶出半纤维素和其他杂质的设备。它是一个直立的圆桶,总容积为 $5.6 \mathrm{m}^3$。桶盖上装有进料斗、观察孔及转动装置等。在桶的 2/3 处有碱液进料管及浆料回流管接头。桶的底部有出料管接头和排污管接头,桶外壁中部有调温水套。浸渍桶内装有一固定套筒,下面有假底,筒内有搅拌轴,轴上装有两组搅拌翼片,其作用是将浆粕捣碎,与碱液混合成浆粥,并推动浆粥沿套筒的内外侧循环。

LR 型联合机中的辊式压榨机(图 8-9)主要由两个平行而转向相反的压辊组成。其中一个压辊带突缘,与另一个压辊紧嵌在一起,碱纤维素在两辊间受到压榨。压辊的表面或沿周向排列有 0.9mm 宽的沟槽(称沟槽式),或者分布有直径为 0.9mm 的小孔(称网孔式),压榨的碱液进入沟槽或网孔,经由滚筒

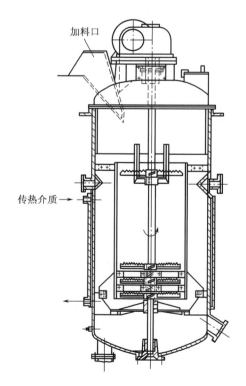

加料口

传热介质 →

图 8-8 浸渍桶

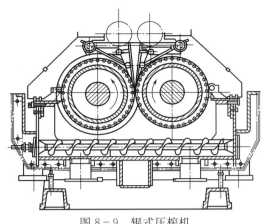

图8-9 辊式压榨机

的两端流出,并回流至碱液桶中。两压辊的距离及转速根据机台生产能力大小和碱纤维素压榨的程度来调节,通常分别为1~22.5mm及0.35~2.1r/min。两压辊与下面的浆粥槽形成密闭的压榨室。在浆粥槽内有3根螺旋搅拌器,不断搅拌,把碱纤维素送给压榨辊进行压榨,以免碱纤维素沉积在槽底。压榨后的碱纤维素层被刮刀剥下,送去粉碎。

(2)毛纳尔型连续浸压粉联合机:毛纳尔型连续浸压粉联合机的工艺流程与LR型浸压粉联合机相似。它主要由浆料输送带、碱液计量桶、混合桶、中间桶、浆粥泵、压榨机、粉碎机等组成。

毛纳尔型联合机采用长网压榨机(图8-10)和辊式压榨机两道压榨。长网压榨机主要是上下两条运动的无端金属网带,网的宽度为1500mm,网带从入口到出口逐渐靠近(其间距通常入口处为40mm,出口处为20mm),使碱纤维素层在网带间受到压榨。碱纤维素的压榨倍数,决定于碱纤维素层的厚度、网间距离和网的运动速度。通常碱纤维素层厚度约为20mm,网速为2~2.3r/min,压榨后碱纤维素含α-纤维素约25%。由于网的坚牢度限制,要进一步提高压榨倍数就有困难,为此,还要在辊轴式压榨机中进行补充压榨。辊轴式压榨机是一对直径为607mm,表面刻有沟槽的铁辊,压榨后碱纤维素中α-纤维素含量可达32%~33%。

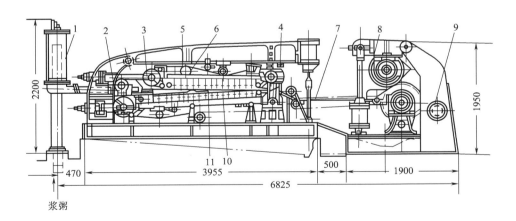

图8-10 毛纳尔型长网压榨机简图

1—压力平衡桶 2—浆粥槽 3—被动辊 4—主动辊 5—张力辊 6—上网带
7—输送皮带 8—压榨辊 9—预粉碎辊 10—下托辊 11—下网带

(二)碱纤维素的老成

粉碎后的碱纤维素在恒定的温度下保持一定时间,在空气中氧化降解,聚合度下降至工艺要求,这一过程称为碱纤维素的老成或老化。老成的目的是调节制成黏胶的黏度和最终成品纤维的聚合度。例如原始浆粕中纤维素的聚合度是 700～1000，制备普通黏胶纤维和高强力纤维的聚合度分别为 300～350 和 400～550，虽然纤维素在浸渍和黄化等过程中会发生部分降解，但仍需经过专门的老成过程；但对生产高聚合度黏胶纤维（如波里诺西克纤维），则一般无须经专门的老成过程。

1. 碱纤维素的降解机理 纤维素分子中的苷键容易被酸水解，但对碱的稳定性较强。因此，碱纤维素的降解主要是氧化降解，而碱降解不是主要的。

纤维素的氧化降解，主要是由于氧化，大分子上的羟基氧化成羰基及其过氧化物，使连接各葡萄糖基环的苷键（氧桥）变弱而断裂。至于纤维素在碱介质中的氧化反应机理，目前尚有不同见解，有人认为这一反应类似于游离基的连锁反应；也有人认为是类似于离子型聚合反应。

按照游离基型的连锁反应可分为链的引发、自动催化作用和链的终止三阶段。反应按下述顺序进行（R 表示纤维素残基）：

（1）链的引发：因加入氧化剂或纤维素的自动氧化而发生。

$$R—CHO+O_2 \longrightarrow RCO \cdot +HOO \cdot$$

在开始阶段，由于有大量羰基存在，使降解以较高速度进行。

自由基与氧作用生成过氧化物：

$$RCO \cdot +O_2 \longrightarrow R—CO—OO \cdot$$

过氧化物氢化：

$$R—CO—OO \cdot +RH \longrightarrow R—CO—OOH+R \cdot$$

（2）自动催化作用：纤维素过氧化物自行分解为游离基：

$$R—OOH \longrightarrow RO \cdot + \cdot OH$$
$$RO \cdot +RH \longrightarrow RHO+R \cdot$$
$$HO \cdot +RH \longrightarrow R \cdot +H_2O$$

（3）链的终止：两个游离基按价键结合而终止：

$$R \cdot +R \cdot \longrightarrow R—R$$
$$RO \cdot +R \cdot \longrightarrow RO—R$$
$$RO \cdot +RO \cdot \longrightarrow RO—OR$$

2. 碱纤维素老成的工艺控制

（1）老成时间：碱纤维素的降解在起始阶段都较迅速，随着时间的推移，降解的速率也逐渐下降，如图 8－11 所示。

温度提高，可缩短老成时间；在某些催化剂（如钴、铁、锰、镍）存在下，老成速度可大大加快；反之，若存在某些还原剂（如金、银），则老成速度延缓。

（2）老成温度：研究认为温度与纤维素降解的速度常数的关系与阿累尼乌斯动力学方程（Arrhenius Equation）相一致，即速度常数与绝对温度的倒数呈直线关系，如图 8－12 所示。

随着老成温度的提高，纤维素的相对分子质量逐渐下降，碱溶解物质和羧基含量则逐步增多。

老成温度与老成时间的作用效果是互相联系，并可在一定程度上互相补充。在其他条件相同时,提高老成温度,可缩短老成时间(图8-11)。

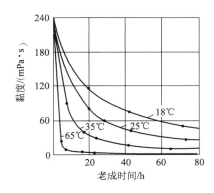

图8-11　老成时间及老成温度对
碱纤维素降解的影响

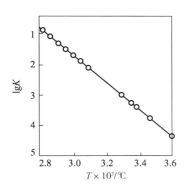

图8-12　碱纤维素氧化降解的速度
常数 K 与温度的关系

按照老成温度不同,生产上采用的老成方式有三种:常温老成(18～25℃)、中温老成(30～34℃)和高温老成(50～60℃)。生产普通黏胶长丝,通常采用低温或中温老成,生产普通黏胶短纤维却多用高温老成。

(3)碱纤维素的压榨与粉碎度:在其他条件相同时,压榨倍数越高或碱纤维素含碱量越高,降解越慢;粉碎度越高,碱纤维素活化表面积越大,降解速度越快。

(4)碱纤维素中的半纤维素含量:碱纤维素中的半纤维素是氧的接受体,消耗了空气中的氧,因而能延缓碱纤维素的老成。

3.碱纤维素老成设备　老成鼓是黏胶纤维生产中碱纤维素制备的设备之一,通过转鼓的缓慢旋转使碱纤维素翻转并移动,从而使碱纤维素在空气中氧化裂解,碱纤维素聚合度下降,以达到具有一定聚合度的碱纤维素。根据老成鼓采用的温度不同,可分为三种类型:高温老成(40～60℃,2～6h);中温老成(30～35℃,12～18h);低温老成(18～25℃,40～60h)。低温老成鼓在中国几乎没有厂家使用。

(1)高温老成鼓。R121型高温老成鼓(图8-13)是由两个有夹套的长形圆鼓组成。两鼓上下重叠式排列,或水平式前后排列。第一鼓为老成鼓,第二鼓为冷却鼓,两鼓的结构相同。

鼓内装有一对推进刮刀和一对螺旋搅拌器。推进刮刀与鼓壁间距为5～20mm,刮刀有一定的斜度(螺旋角为3°)以1.4r/min的速度旋转,它一方面把碱纤维素向前推进;另一方面又将黏附于鼓壁上的碱纤维素刮下来。两个螺旋搅拌器中,一个左旋,另一个右旋,它们又绕着鼓体主轴公转,以推动和翻松碱纤维素。碱纤维素在鼓内受到充分搅拌和不断向前移动的同时,完成老成过程。其后,碱纤维素在冷却鼓中以同样的方式完成降温过程。

在老成鼓和冷却鼓夹套中通入调温水,以调节碱纤维素的温度。调温水系统均由自动调节系统进行控制。

高温老成鼓能连续化、自动化生产,生产效率高,占地面积小,劳动条件好,不必调节室温;其缺点是老成温度高,且同一批碱纤维素的各部分在鼓内停留的时间不一致,而影响老化的均

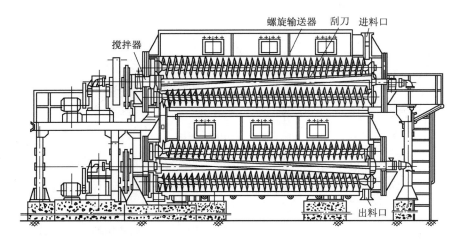

图 8-13　R121 型高温老成鼓

匀性,纤维成品的品质受到一定影响。高温老成鼓在普通黏胶纤维生产中得到广泛应用。

(2)中温老成鼓。中温老成鼓有两种型式:单鼓回转式老成鼓和双鼓回转式老成鼓。回转圆筒式老成鼓是由两个直径为 2.7m,带有调温夹套的圆筒组成,前一个为老成鼓,长度为 24～40m,后一个为定温鼓,长度较短(12～20m)。鼓内有推进刮刀和螺旋推进器。鼓体安装成1/100 的倾斜度,靠鼓体的旋转,使碱纤维素向前移动。

与高温老成鼓相比,回转圆筒式老成鼓的体积庞大,设备笨重,占地面积大,但它采用较低的老成温度(25～35℃),故碱纤维素老成比较均匀。目前中国的黏胶行业采用鼓式老成的均采用中温老成。

(3)多层输送带式连续老成设备。根据不同的专利技术,老成工序除采用老成鼓外,也可采用多层输送带式连续老成设备,其中一种是在老成室内装设的一组重叠的无端输送带(图 8-14)。输送带上的碱纤维素层从加料处顺着一定方向一层层地移动至出料口,并完成老成过程。

输送带的层数、长度和宽度,是根据设备生产能力及老成时间等要求而设计,通常有 2～6 层,长度 70～80m,宽度 2～5m。输送带的速度可在很大范围内调节。碱纤维素在带上停留 18～32h。每台设备的生产能力可达每天 20t 纤维成品。

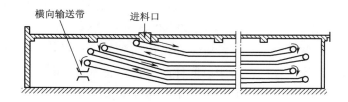

图 8-14　碱纤维素连续老成输送带

这种设备最大的缺点是要对整个老成室进行空调,室内保持 $90\%\sim92\%$ 的相对湿度,以避免碱纤维素表面过多的水分蒸发(风干);室内温度通常不超过 $25\sim26℃$,不宜采用高温老成的方法,以避免劳动条件的恶化。

新设计的带式连续老成装置,是采用耐腐蚀的钢板嵌成密闭箱体($2.2m\times3.5m\times30m$),老成鼓装于箱内,采用全自动控制,适宜于采用高温老成和采用加速剂加速老成,又省却了老成室的空调。

(三)纤维素黄原酸酯的制备

黄化是使纤维素与 CS_2 反应生成纤维素黄原酸酯,由于黄酸基团的亲水性,使黄原酸酯在稀碱液中的溶解性大为提高。

1. 黄化过程的化学反应

(1)黄化过程的主反应。碱纤维素的黄化反应发生在大分子的葡萄糖基环的羟基上,反应式如下:

$$[C_6H_7O_2(OH)_{3-x}(ONa)_x]_n+nxCS_2\Longleftrightarrow[C_6H_7O_2(OH)_{3-x}(OC\overset{S}{\underset{}{\|}}SNa)_x]_n$$

式中:x 为取代度,即表示一个葡萄糖基环中被取代的羟基数目或黄原酸基数目。为方便起见,碱纤维素的黄化产物习惯上也用 $[C_6H_7O_2(OH)_2O\overset{S}{\underset{}{\|}}C—SNa]_n$ 或 $[C_6H_9O_4OCS_2Na]_n$ 表示。

通常也有用 r 值来表示黄化反应程度(酯化度)。r 值指平均每 100 个葡萄糖基环结合 CS_2 的分子数。实际上其反应机理很复杂。

(2)黄化时的副反应:黄化体系十分复杂,有碱纤维素、NaOH、CS_2、半纤维素、水,反应过程又有许多生成物,如纤维素黄原酸酯、多硫化物等。在主反应发生的同时,也发生了复杂的副反应。副反应主要有以下三类。

①纤维素黄原酸酯的水解和皂化。反应式如下:

$$(C_6H_9O_4\cdot O\cdot C\overset{S}{\underset{SNa}{\|}})_n+nH_2O\Longleftrightarrow(C_6H_9O_4\cdot O\cdot C\overset{S}{\underset{SH}{\|}})_n+nNaOH$$
$$\longrightarrow nCS_2+(C_6H_{10}O_5)_n$$

$$3(C_6H_9O_4\cdot O\cdot C\overset{S}{\underset{SNa}{\|}})_n+3NaOH\longrightarrow 2nNa_2CS_3+nNa_2CO_3+3(C_6H_{10}O_5)_n$$

②CS_2 和 NaOH 反应。反应式如下:

$$CS_2+4NaOH\longrightarrow Na_2CO_3+2NaHS+H_2O$$
$$2CS_2+4NaOH\longrightarrow 2Na_2CO_3+Na_2CS_3+H_2S+H_2O$$
$$3CS_2+6NaOH\longrightarrow 2Na_2CS_3+Na_2CO_3+3H_2O$$
$$2CS_2+6NaOH\longrightarrow Na_2S+Na_2CO_3+Na_2CS_3+3H_2O$$

③半纤维素的黄化反应及黄化产物的分解。碱纤维素中半纤维素同样可以与 CS_2 反应生成各种多糖的黄化产物,此类多糖黄原酸酯也能发生皂化和分解。

工业生产中,虽然不能完全排除副反应,但应尽量减少副反应的发生。因为,副反应能消耗大量的 CS_2,并且随着温度的上升,消耗于副反应的 CS_2 也增多;碱纤维素中的部分游离碱被消耗,使黏胶的稳定性降低;副产物在凝固浴中分解而析出 H_2S 和 CS_2,使环境受到污染。

2. 黄化的方法及其工艺控制　　按照反应体系中纤维素含量的高低以及它们的多相性分类,黄化的主要方法有以下三种。

(1)干法黄化(纤维素含量为 28%～35%):在温度为 26～35℃ 的真空状态下进行,因此大部分的 CS_2 处于气态,而碱相由无定形的溶胀纤维素、NaOH、H_2O 和少量的 CS_2 组成。该法应用很广。

(2)湿法黄化(纤维素含量为 18%～24%):通常在较低温度(18～24℃)和有补充碱的情况下进行,体系中的二硫化碳基本处于液相。该法适合于为加速黄化过程和提高黏胶质量时采用。

(3)乳液黄化:所有二硫化碳均处于液相乳液状态,而且主反应主要受扩散的限制。该法没有工业生产价值,主要在研究工作时采用。

黄化过程控制的工艺参数主要有以下几点。

(1)黄化温度:黄化温度直接影响反应速度、反应均匀性和黄原酸酯的 r 值,因而影响黄原酸酯的溶解性能、黏胶的过滤性能和可纺性能。

黄化反应是放热反应,从反应热力学角度考虑,在其他因素相同的条件下提高温度,纤维素黄原酸酯所能达到的最高酯化度(r 值)下降;但从反应动力学角度考虑,提高温度,反应速度提高,到达最高酯化度的时间可缩短;提高温度,副反应速度也加快,纤维素黄原酸酯的分解加速以及 CS_2 在副反应中的消耗量也增加,见表 8-4。

表 8-4　黄化温度对黄化过程的影响

黄化起始温度/℃	黄化时间/min	酯化度	黏胶过滤性能/s	消耗在副反应中的 CS_2 量/%
22	90	50.8	60	25.0
27	60	50.4	57	25.2
32	45	48.6	70	25.6
37	30	46.0	68	28.8
42	15	45.0	86	31.8

为制得结构和组成均一的黄原酸酯,黄化过程必须严格控制温度曲线。生产中可按两种不同方法控制,即升温黄化(始温 21～23℃,终温 28～30℃)和倒温黄化(始温 30～33℃,终温 25～27℃)。在某些情况下,也有采用定温黄化的,如图 8-15 所示。

(2)CS_2 加入量:黄化时加入 CS_2 的量,取决于纤维素黄原酸酯要求的酯化度、CS_2 的有效利用率以及纤维素的来源及性质。

影响纤维素黄原酸酯在水或稀碱中溶解的根本原因,是黄原酸酯的酯化度及其在长链分子上分布的均匀性。据研究表明,酯化度为 50 的黄原酸酯,不仅能溶于稀碱,而且还能溶于水。因此,制备普通黏胶短纤维的黄原酸酯,其酯化度通常也控制在 50 左右,CS_2 相应的用量为 30%～35%(相对于 α-纤维素质量)。

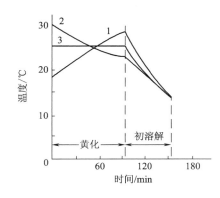

图 8-15 黄化温度曲线示例
1—升温黄化 2—倒温黄化 3—定温黄化

黄化时 CS_2 的有效利用率取决于起始反应的 CS_2 的量及黄化主反应和副反应消耗量的比例。因而与黄化的方法及所用的工艺条件有关。为了制取酯化度相同的黄原酸酯，如果采用不同的生产方法或采用不同的工艺条件，则加入的 CS_2 的量也要相应改变。如五合机法制黏胶，CS_2 的用量比常规法高，通常为 $36\%\sim40\%$；又如在常规法黄化中，当碱纤维素中游离碱含量或半纤维素含量降低，或者黄化温度降低，都可以相应降低 CS_2 的用量。这是因为在上述条件下，黄化副反应消耗的 CS_2 量相应减少了。试验说明，采用低温的倒温黄化（始温 $22℃$，终温 $18℃$），或者采用碱纤维素二次浸渍工艺（除去更多半纤维素），CS_2 的用量降低到 30%，可以制得过滤性能良好的黏胶。

使用不同来源及性质的浆粕，CS_2 用量同样也要相应改变。浆粕的反应性能越好，CS_2 需用量越少。棉纤维的结构紧密而均匀，反应性能较差，而草类纤维结构的紧密度较低，反应性能较好。从反应性能考虑，草类浆粕黄化所需 CS_2 的量应少于棉浆粕。但是，由于草类浆粕中，通常含有较多的半纤维素，且灰分、杂质等含量也较高，使黄化过程和纤维素黄原酸酯的溶解性能以及黏胶的过滤性能都受到影响，因此，使用草类浆粕原料时，往往比棉浆粕需用更多的 CS_2。

在黄化开始前，先排除黄化系统内的空气（如抽真空），然后才加入 CS_2，以便提高反应系统内的 CS_2 分压（从 $50\sim60MPa$ 提高到 $93MPa$），一方面可以增加 CS_2 在碱中的溶解度，另一方面又加速 CS_2 向碱纤维素内部扩散，这都能有效地提高黄化速度，并能改善反应的均匀性。

降低 CS_2 用量，不仅可以节约 CS_2 及其他化工原料的消耗量，降低生产成本，同时相应地减少了三废的排放量，有利于环境保护。

（3）黄化浴比：黄化浴比就是指黄化系统中固态物料（干浆粕）的质量（kg）与液态物料（碱液、水、CS_2）体积（L）之比。

黄化浴比直接影响黄化反应的速度和黄化均匀性。浴比小，碱纤维素密度大，CS_2 不易向内部扩散，黄化也不均匀。适当增大浴比，纤维素的膨胀度增大，则黄化反应加快，均匀性也较好。但过大的浴比也不适宜，因为反应体系中水量过多会加速新生的纤维素黄原酸酯的水解，使酯化度偏低。生产上黄化浴比有一个较宽的范围，从 $2.6\sim4.0$ 或更大些都有应用。

根据浴比的不同，生产中常用的黄化方法又分为干黄化法和湿黄化法两种。干黄化法的整个过程，物料都保持较干的小颗粒状态。黄化浴比小，通常为 $2.6\sim3.0$；湿黄化是在较大的浴比下进行，通常为 $3.5\sim4.0$，黄化后期物料呈稠糊状。

（4）黄化时间：黄化时间取决于黄化温度、黄化体系内压力、黄化方法及纤维素原料的性质。在通常的黄化温度下，黄化时间为 $1.5\sim2h$。典型的黄化反应过程如图 8-16 所示。

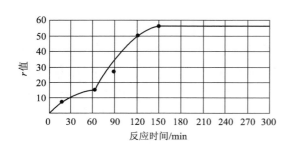

图 8-16　黄化反应过程

由图 8-16 看出，r 值随反应时间延长而增大，在 60min 以内，其增长速度逐渐减缓，从 60～150min 内，r 值迅速上升，150min 后，r 值不再增长。图中曲线的曲折段意味着反应后的结构受到破坏，在新的反应层里，反应又加速了。

黄化前排除机内的空气，再加入 CS_2 可使体系中 CS_2 蒸气分压提高，或者采用反应性能良好的原料浆粕都可缩短黄化时间；对于相同的原料，如用不同的黄化方法，黄化时间也不同。干法黄化一般 100～120min；湿法黄化只需 80～100min。

在生产中，黄化终点通常可通过观察黄原酸酯的颜色变化、物料状态、机内真空—压力变化以及黄化进行的时间和温度等来判断。

（5）碱浓度：由图 8-17 可知，当 NaOH 浓度低于 200g/L 时，随着碱浓度的增加，黄化反应和副反应的速度都加快；当浓度超过 200g/L 后，则随着浓度的增加，黄化反应和副反应速度都急剧下降。速度的降低与 NaOH 的离解度下降有关。

（6）压榨倍数：如图 8-18 所示，随压榨倍数的增大，黄化程度有极大值。

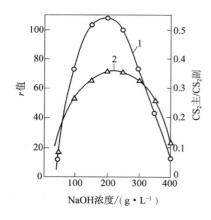

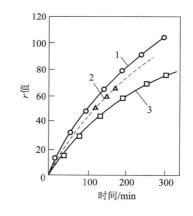

图 8-17　NaOH 浓度与黄化反应速度和　　　　图 8-18　在不同压榨度下碱纤维
　　　　副产物的形成速度之间的关系　　　　　　　　素的黄化程度

1—黄化反应速度　2—副产物形成速度　　　　1—压榨度 3.55　2—压榨度 2.83　3—压榨度 2.22

（7）搅拌速度：提高搅拌速度，有利于反应的进行，尤其是对湿法或乳液黄化法更是如此。干法黄化时，搅拌速度过快易使物料成粒或结团，容易造成黄原酸酯的酯化度分布不均匀。

3. 黄化设备　黄化机是使老成后的碱纤维素与二硫化碳发生黄化作用生成纤维素黄酸酯并在后期用碱液进行初步溶解的机器。按工艺原理不同可分为干法黄化和湿法黄化；按工艺流程不同可分为间歇黄化和连续黄化；按设备型式不同可分为立式黄化机和卧式黄化机。根据黄化机的发展过程和生产要求,黄化机可分为三种:第一种是只能完成黄化过程的黄化机,如古典黄化鼓和干法连续黄化机;第二种是能完成黄化和纤维素黄酸酯初溶解的黄化机;第三种是能将浆粕直接制成黏胶原液的机器,如五合机。由于设备能力和产品质量的因素,古典黄化鼓和五合机已不能适应大规模和高质量黏胶纤维生产的需要,基本被淘汰。目前我国的黏胶纤维工厂全部采用第二种类型黄化机进行黄化反应,属于间歇式黄化机。而国外也发明了连续式黄化机,主要机型有:带式连续黄化机、捏合型连续黄化机、转筒或转鼓式连续黄化机。下面介绍几种常用的黄化设备。

(1)R151-B型黄化溶解机。该机能完成黄化及纤维素黄酸酯的初溶解过程。其结构如图8-19所示。机体由机盖、机身和机底三部分组成。其相互间由螺钉连接,成一密闭的整体。

机盖上装有进料口、碱液管、软水管、CS₂管和真空管,以供加入各种反应物料和抽真空之用。此外,还装有排气管、真空压力表、安全阀及视镜等,以保证黄化过程的安全。机底为马鞍形,并装有一对水平的、转速不同的S形搅拌器。通过减速机构传动,搅拌器可以变换旋转速度(高速与低速)和旋转方向(正转与反转)。机底有两个出料口,与出料管相连,出料阀门由压缩空气启合。CS₂是通过在机内上部沿机壁四周的多孔管均匀地喷淋下来。在CS₂喷射管旁,还有另一根多孔的管子,供喷淋溶解碱液和软水之用。为了排除反应热和机械搅拌热,机身与机底都装有冷却夹套,机内还装有温度计插入管以测量黄化及初溶解的温度。

R151-B型黄化溶解机具有体积小、结构简单、动力消耗不大等优点,适用于干法、湿法和大浴比法黄化,缺点是装机容量不大,生产能力较小。

(2)真空黄化捏合机:它的构造和R151-B型黄化溶解机基本相同,但在鞍形底部装有一对转向相反的捏合翼。机的上部,还有一个立式螺旋桨搅拌器,由单独的电动机传动,如图8-20所示。

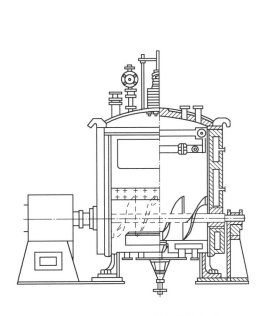

图8-19　R151-B型黄化溶解机

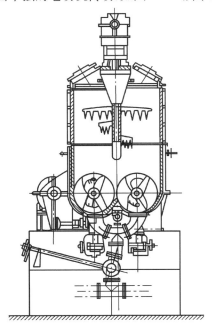

图8-20　真空黄化捏合机

真空黄化捏合机的优点是生产能力大,能完成黄化和溶解,并适用于干法、湿法和大浴比黄化法。它的主要缺点是构造比较复杂,耗电量较大。

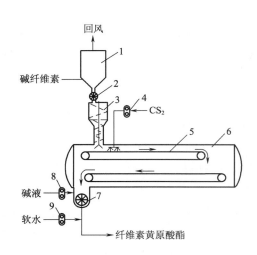

图 8-21 输送带式连续黄化机示意图

1—旋风分离器 2—碱纤维素计量器 3—输送螺旋
4—CS₂ 计量器 5—输送带 6—密封机体
7—桨式搅拌器 8—碱液计量器 9—软水计量器

(3)连续式黄化机:连续黄化机应能满足如下几项要求:对各种物料要能准确计量和均匀混合,能使纤维素黄原酸酯均匀移出;避免纤维素黄原酸酯的结团、黏壁、黏轴和堵塞等现象;反应系统密封性好,操作安全,无爆炸危险;对物料的质量以及温度和压力等参数有自动控制、记录、指示和报警装置;结构简单、操作方便、占地面积小、生产率高、便于维修保养。

目前国外使用的连续黄化机有多种,如美国杜邦公司的输送带式黄化机、苏联的立式黄化机和瑞士毛纳儿公司的 Buss 捏合式黄化机。此外,还有多种形式连续设备在试验中。美国杜邦公司的输送带式连续黄化机(图 8-21)由以下 3 个部分组成。

①进料装置。碱纤维素由旋风分离器经旋转式计量器进入螺旋给料器,再被送进黄化机。螺旋给料器分两段,上段的螺旋直径大而螺距宽,下段直径小而螺距密,以利于碱纤维素中空气的排除,并阻止 CS₂ 从机内逸出。螺旋给料器内壁,均衬以聚四氟乙烯,以防物料黏结。螺旋的下面是一个伞形挡板,使碱纤维素沿着伞面均匀落下,冷的(8℃)CS₂ 在这里从排列成环形的 13 个喷嘴喷入,与碱纤维素均匀混合。

②黄化反应罐。外壳为软钢制成的卧式圆罐。罐内装有 2 根由锦纶和泰氟纶(聚四氟乙烯纤维)编织成的无端输送带,罐上方有 8 个安全防爆口,罐体外有盘管加热,管内通入热水,外部包以绝热保温材料。网带的速度,通过无极变速器控制;下层网带的速度比上层网带慢。2 根网带在下料的地方用刮板把料从带上刮下。

黄化时,罐中通入氮气,罐中气体组成为 40%CS₂、60%N₂,罐内压力 490~680Pa。氮气自动控制加入,机内含氧量小于 2%;当大于 5%时,全机立即自动停车,以防爆炸。

③溶解搅拌装置。从下带落下的纤维素黄原酸酯,与碱纤维素同样疏松,进入黄化罐下部的溶解搅拌装置。该装置内有 2 根桨式搅拌器,经冷却计量的溶解碱液,从喷射器喷入,黄原酸酯立即溶胀,很快溶解成黏胶;再加入定量的软水后,黏胶即可抽出机外。溶解装置内需保持一定液位,以防黏胶抽空,空气进入机内。

这种黄化机的优点是:产量高,每台生产能力为 20~40t/d,甚至可达 60t/d;连续化生产,全机自控操作、记录和报警,安全可靠;占地面积小;节省劳动力,每台只需 1~2 人操作;节省动力,与同产量的间歇式黄化机相比,电功率少 90%;黄原酸酯质量均匀、稳定,溶解性能好;CS₂、黏胶等泄漏少,生产环境污染小;构造简单,维修方便。

(四)纤维素黄原酸酯的溶解

把纤维素黄原酸酯分散在稀碱溶液中,使之形成均一的溶液,称为溶解。由此制得具有一定组成和性质的溶液,称为黏胶。

1. 纤维素黄原酸酯的溶解历程　关于聚合物溶解的机理已有许多专著述及。纤维素黄原酸酯的溶解实际上是各个过程的复杂的综合,包括黄原酸基团被溶剂分子的溶剂化;补充黄化;黄原酸基团的转移;纤维素晶格的彻底破坏;溶剂向聚合物分子的扩散和对流扩散。为了加速纤维素结构的破坏和溶解,溶解必须在强烈的搅拌下进行,即在较大的速度梯度场和较高的切变应力场进行。

黄化过程所发生的化学反应在溶解时将继续进行,并在熟成时延续下去,只是由于介质的变化(NaOH 浓度从 $15\%\sim17\%$ 降至 $5\%\sim7\%$),各种化学反应的速度和比例也发生明显变化。

2. 纤维素黄原酸酯溶解的工艺控制

(1)纤维素黄原酸酯的内在结构和性质:黄原酸基团的数量及分布、纤维素聚合度等是影响纤维素黄原酸酯溶解性能的关键因素。

随着酯化度升高,它的溶解度增大,且溶剂的种类也增多(表 8-5)。如 r 值为 50,则可溶于水;r 值达到 $125\sim150$ 时,不仅能溶于稀碱和水,还能溶于酒精、丙酮等有机溶剂中。

表 8-5　不同 r 值的黄原酸酯的溶解情况

r 值	丙酮	酒精	水	4%NaOH
12	不溶	不溶	不溶	部分溶
25	不溶	不溶	部分溶	溶
50	不溶	不溶	溶	溶
100	不溶	部分溶	溶	溶
150	溶	溶	溶	溶
200	溶	溶	溶	溶
300	溶	溶	溶	溶

纤维素黄原酸酯的组织结构越疏松,晶区结构破坏得越多,黄原酸基团分布得越均匀,大分子链间的氢键破坏得越多,则溶解得越彻底。黏胶的结构化程度下降,黏度也越低。在工艺上采用碱纤维素二次浸渍,大浴比湿法黄化等都能有效提高黄原酸基团分布的均匀性,有利于溶解。

在溶解过程中,纤维素吸附了体系中的 CS_2,在未反应的羟基上进行补充黄化,不仅使酯化度有所提高,也改善了黄原酸基团分布的均匀性,有利于溶解。

纤维素黄原酸酯的聚合度提高,溶液中大分子的结构化程度相应提高,因而溶解度下降,溶解速度也减慢。

（2）溶解温度：温度对纤维素黄原酸酯的溶解影响很复杂。纤维素黄原酸酯与 NaOH 水溶液的相平衡图具有临界混溶温度特征（图 8-22）。从热力学角度考虑，降低温度，能增加黄原酸基团的水化程度，有利于溶解。由图 8-22 可知，随着温度的下降，能够在稀碱液中溶解的最低 r 值也下降；低温下溶解的黏胶过滤性能较好。当溶解温度从 20℃降至 10℃时，总的过滤指标可提高 16%。而从动力学角度考虑，降低温度，溶液体系黏度增大，扩散速度下降，溶解速度显著减慢。从 20℃降至 15℃、10℃和 0℃时，溶解时间分别为原来的 2.1 倍、4.2 倍、5.3 倍。但生产上不能采用升高温度以加速溶解的方法，而是将溶解温度分段控制，即先在 20~25℃下溶解一段时间，随后降温至 10~12℃继续溶解。

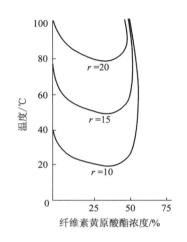

图 8-22　不同 r 值的纤维素黄原酸酯在 NaOH 水溶液中的相平衡曲线

（3）碱浓度：氢氧化钠溶液的浓度不论对纤维素黄原酸酯的溶解度或溶解后黏胶的性能都有很大的影响。使 NaOH 溶液浓度提高到一定范围，能使溶胀和溶解速度加快，而且所得黏胶的黏度也较小。

纤维素黄原酸酯在碱溶液中的膨化度与其酯化度（r 值）有关。各种 r 值的黄原酸酯，实现最大膨化度所对应的 NaOH 溶液浓度也不同。如 r 值为 12 时，其最大膨化度的碱溶液浓度为 8%~9%；r 值为 20 时，最大膨化度的碱溶液浓度移至 6%~7%；而 r 值增至 30 时，其最大膨化度的碱溶液则降为 4%~5%。

碱浓度还影响纤维素黄原酸酯的溶解性和溶解速度以及黏胶的稳定性和黏度。研究表明，碱的浓度过大，超过 10% 时，纤维素黄原酸酯的溶解性变差，在浓度超过 25% 的 NaOH 溶液中，低酯化度的纤维素黄原酸酯会出现完全不溶解的现象。NaOH 浓度为 4%~8% 时，黄原酸酯的溶解性最好，黏胶的稳定性也最高。由图 8-23 可知，NaOH 浓度为 4% 时，具有最大的溶解速度。碱浓度越低，黏胶的稳定性越差。黏胶黏度的最小值是在黏胶中总碱量为 6%~10% 时。

（4）搅拌与研磨：溶解是纤维素黄原酸酯分子从固相表面开始，再到中心。黄原酸酯颗粒越细，则溶解的比表面积越大，溶解速度也越快。强烈的搅拌或研磨，造成较高的速度梯度和剪切力，以加速纤维素黄原酸酯大分子转入溶液中；也通过机械作用把黄原酸酯团块打碎，或把已溶解的黄原酸酯从团块的表面上抹下来，使团块尺寸缩小。实验结果表明，搅拌速度增大，黏胶的过滤性能指标提高。在 120~150r/min 的搅拌

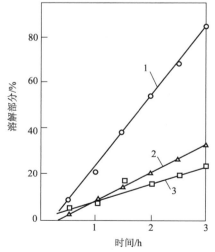

图 8-23　纤维素黄原酸酯在不同浓度 NaOH 溶液中的溶解动力学
1—4%NaOH　2—2%NaOH　3—8%NaOH

研磨速度下,溶解时间需要 2~3h;研磨速度提高至 500r/min,溶解时间缩短为 1h。

(5)黏胶黏度:黏胶黏度较高时,由于扩散层厚度的增加以及搅拌的困难,使 NaOH 在黄原酸盐中的扩散速度相对减慢,因而延长溶胀和溶解时间,同时使黏胶的过滤和脱泡产生困难。但纤维素含量过低时,不但在经济上不合算,而且所得的成品纤维结构疏松、强度低、品质较差。

黏胶的黏度与黏胶中纤维素浓度的 5 次方成比例。在保持最佳 NaOH 浓度的条件下,提高黏胶中的纤维素含量有利于提高生产效率,但应注意黏度增大对纤维素黄原酸酯的溶解及黏胶的过滤和脱泡的影响。

3. 纤维素黄原酸酯溶解的设备

纤维素黄酸酯的溶解设备必须对胶块进行强制性机械研磨、粉碎和溶解,才能制成溶解和分散均匀的纺丝原液。这种强制性机械研磨可以通过内部循环、外部循环或两者的组合的研磨机构完成。其设备既可以采用间歇式溶解机,也可以采用连续式溶解机。使用较多的溶解设备主要有 R223 型和 R224 型两种。

(1)R223 型后溶解机:后溶解机的作用是将经过初溶解的纤维素黄原酸酯溶解成均匀的黏胶。

R223 型后溶解机的机体(图 8-24)是一个立式圆筒,顶盖上有黏胶进口管、视镜等。底部有黏胶出口管。机内有一内套(内胆),并有栅条构成的假底。在假底下面有旋转轴,轴上装有三片下压式平桨搅拌叶,互成 120°。在机底壁上固定有环形的磨盘,盘上刻有径向的沟纹。搅拌叶与磨盘相距很近。纤维素黄原酸酯粒块在旋转的搅拌叶与固定的磨盘间被磨碎,黏胶被甩向四壁,并沿内套与机壁间上升,折返回内套,通过假底,再次受到研磨。

为了有效地除去黄原酸酯的溶解热和机械热,溶解器壁的中部、下部以及内胆都设有夹套,并通入冷盐水循环降温。搅拌叶由 40kW 电动机通过变速箱传动,转速为 143r/min。

R223 型溶解机的研磨、搅拌作用强烈,溶解效果好。其缺点是动力消耗大,发热量大,因而冷却液需用量也大。

(2)R224 型后溶解机:R224 型后溶解机(图 8-25)由带有冷却夹套的筒体、导流圈、搅拌器和齿轮减速箱组成。筒体底部装有固定的伞形齿板和网眼板;中部有圆柱形的,带有冷却夹套的导流圈,导流圈固定在筒体底部的支架上;筒体底部及筒壁均装有冷却夹套;筒盖有人孔、照明灯、视孔、物料和碱液的进口管等,筒体底部有出料阀、冷却水排出管等;筒体上装有取样阀门和温度计的插入口。

搅拌器安装在伞形齿板与网眼板之间,与伞形齿板间隙为 2~3mm,与网眼板间隙为 4~7mm,与导流圈间隙为 4~6mm,在搅拌的同时还有研磨作用。搅拌器转速 102r/min,电动机功率 55kW,有效容积 7.8m³。

(五)黏胶的纺前准备

经过后溶解的黏胶,它的凝固能力较低,并含有多种固态杂质及气泡,故需进行混合、熟成、过滤和脱泡,以制得具有良好可纺性能的、清净而均一的黏胶,然后送去纺丝。这个过程,工业上称为黏胶的纺前准备。黏胶混合、过滤和脱泡的作用,与前面聚丙烯腈等合成纤维纺丝溶液的混合、过滤和脱泡基本相同。这里主要介绍黏胶的熟成。

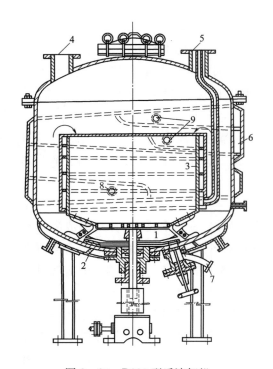

图 8-24 R223 型后溶解机

1—转刀 2—磨盘 3—内胆 4—黏胶进口

5,8—冷盐水进口 6—夹套

7—黏胶出口 9—冷盐水出口

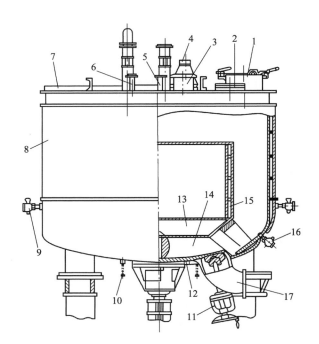

图 8-25 R224 型后溶解机

1—人孔 2—视孔 3—进料口 4—照明灯

5—碱液进口 6—抽气管口 7—桶盖

8—桶体 9—放气考克 10—冷盐水出口

11—出料阀 12—伞齿板

13—网板 14—搅拌器 15—导流阀

16—取样考克 17—出料口

黏胶在放置过程中发生一系列的化学变化和物理化学变化,称为黏胶的熟成。严格来说,黏胶熟成实际上是从纤维素黄原酸酯的溶解时就已发生,而黏胶的混合、过滤及脱泡等过程继续进行,直至纺丝成型时才结束。但是,在生产上为了调整黏胶的熟成度和可纺性,使之达到纺丝成型的要求,往往还要在控制的条件下进行专门的熟成过程,习惯上把这个过程进行的时间称为熟成时间。普通黏胶纤维生产中,专门的熟成是必不可少的,但对于某些品种(如波里诺西克纤维)的生产,就无须专门的熟成过程。

1. 熟成过程的化学反应 熟成过程的化学反应很复杂,大致归纳为以下两大类。

(1)黄原酸酯的转化反应:包括黄原酸酯的水解、皂化反应以及纤维素的补充黄化和再酯化反应。

水解和皂化反应两者的比例,主要取决于体系中碱的浓度。在常规的黏胶中(碱浓度为6%~7%),主要发生水解;提高碱浓度,皂化反应加剧,且随着碱浓度的变化,皂化反应生成的副产物也不完全相同。

黏胶中纤维素上未反应的羟基或黄原酸酯分解后游离出来的羟基,能吸附游离的 CS_2,发生补充黄化或再酯化反应。

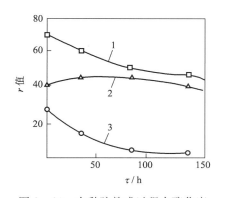

图 8－26　在黏胶熟成过程中酯化度
变化情况

1—总酯化度　2—伯羟基酯化度

3—仲羟基酯化度

水解和皂化反应,使黄原酸基团分解,纤维素的酯化度下降;而补充黄化和再黄化作用在一定程度上提高了酯化度。但是,在熟成的整个过程中,随着 CS_2 与 NaOH 不断被消耗,黄原酸基团补充的数量远少于脱落的数量,因而黏胶的酯化度是不断降低的,而黄原酸基团分布的均匀性却有所提高(图 8－26)。

(2)副反应产物的转化反应:由黄原酸酯分解的副产物和黄化过程生成的副产物相互作用,或这些副产物受氧化作用,使黏胶体系发生复杂的副反应。

黄原酸酯水解放出的 CS_2,与 Na_2S 作用生成 Na_2CS_3,或与 Na_2S_2 作用生成过硫代碳酸钠:

$$Na_2S + CS_2 \longrightarrow Na_2CS_3$$
$$Na_2S_2 + CS_2 \longrightarrow Na_2CS_4$$

另外,多种硫化物也发生转换反应,如过硫代碳酸钠转化为硫代硫酸钠和多硫化物,Na_2S 部分氧化为多硫化钠:

$$Na_2CS_4 + Na_2SO_3 \longrightarrow Na_2S_2O_3 + Na_2CS_3$$
$$Na_2CS_4 + Na_2S \longrightarrow Na_2S_2 + Na_2CS_3$$
$$Na_2S + (x-1)S \longrightarrow Na_2S_x$$

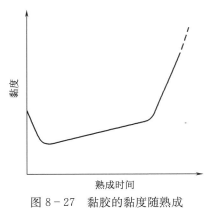

图 8－27　黏胶的黏度随熟成
时间的变化

此外,由于氧的存在,纤维素黄原酸酯还发生部分氧化,生成二黄原酸酯,使熟成速度加快。因此,氧化剂(如 H_2O_2 和 NaClO 等)的加入,会显著加快熟成的速度,而还原剂(如 Na_2SO_3)等却会延缓熟成。

2. 熟成过程中的物理化学变化

(1)黏胶黏度的变化:在熟成过程中,黏胶的黏度开始时不断下降,达到最低点,然后徐徐上升。经过一定时间后,黏度急剧升高,最后使黏胶全部凝固(图8－27)。

黏胶黏度的变化,归因于溶液结构化程度的变化。熟成开始时,由于补充黄化和再黄化作用,一方面,在纤维素结晶部分逐渐引入黄原酸基团,使黄原酸基团分布均匀性提高,结晶也逐步拆散;另一方面,使纤维素基环 6 位碳原子上的羟基逐步反应,引入黄原酸基团,使黄原酸基团在 2 位、3 位和 6 位上的分布均匀性有所改善,这些都必然使黏胶结构化程度和黏流活化能下降,从而使黏胶黏度下降。

当黏胶的黏度下降到最低点时,纤维素黄原酸酯的水解和皂化反应较明显,随着酯化度下降,脱溶剂化和结构化程度增加,黏度开始上升。再延长熟成时间,黄原酸酯酯化度继续下降,副反应产物不断增多,纤维素大分子间因氢键的作用而不断凝集,故黏胶的黏度便急剧上升。

(2)黏胶熟成度的变化:黏胶的熟成度是表示黏胶熟成进行的程度。其实质是指黏胶对凝固作用的稳定程度。在生产中常用氯化铵值表示，即在 100mL 黏胶中，加入浓度为 10% 的 NH_4Cl 水溶液，直至黏胶开始胶凝时所用的 NH_4Cl 溶液的量（mL）即为氯化铵值。显然 NH_4Cl 值越小，表示黏胶的熟成度越高。此外，也有的用盐值来表示黏胶熟成度。盐值是指能使黏胶开始析出沉淀时所用的 $NaCl$ 水溶液的浓度，以质量分数（%）表示。

熟成开始，黄原酸酯的酯化度便开始下降，但由于补充黄化反应等原因，黏胶的结构化程度还是有所降低，故氯化铵值略有升高或变化不明显。随着熟成的进行，黄原酸酯分解加剧和副产物增多，黏胶的结构化程度增大，溶液稳定性下降，因而 NH_4Cl 值迅速降低。

熟成度是黏胶的重要指标，对黏胶的可纺性及成型纤维的品质有重要影响。

3. 黏胶熟成的工艺控制

黏胶的熟成受很多因素影响，如熟成温度、熟成时间、黏胶组成以及各种添加剂或杂质等。生产上主要通过调节纤维素黄原酸酯的酯化度、熟成温度和时间来控制黏胶熟成度的。

温度的高低，影响熟成的速度和时间长短，决定了熟成的程度，因此熟成温度与熟成时间的影响是互相联系的，并在一定程度上可以互相补充。据研究结果表明，在其他条件不变时，熟成温度升高 10℃，熟成时间可缩短 8～10h。

当其他条件相同时，黏胶的凝固性能只取决于黏胶的熟成程度，而与熟成进行的速度无关，因此在高温下快速熟成和在低温下长时间熟成，都可获得相同品质的纺丝黏胶。

生产上通过调节黄化时的 CS_2 加入量及后溶解温度，来调节黏胶中纤维素黄原酸酯的酯化度，以控制黏胶的熟成时间。

根据使用的设备不同，黏胶熟成有连续熟成与静置熟成两种方式。

连续熟成的黏胶是在流动和搅拌状态下进行熟成的。通常还将黏胶加热，以加速熟成。连续法可大大加速黏胶的熟成过程，提高生产效率，节省设备及厂房面积，有利于生产的自动化。但对黏胶的温度控制要求严格，适宜于在大型的生产中应用。

间歇式熟成是将黏胶静置于圆形的黏胶桶中进行的。为了使黏胶在熟成的同时进行脱泡，黏胶桶还装有真空管、压缩空气管、排气管和仪表等部件。间歇熟成通常在恒定的常温（18～20℃）下进行，熟成时间连同过滤和脱泡时间一般为 20～30h。间歇式熟成桶及黏胶过滤机等都置于恒定室温的熟成车间内。

间歇式熟成的生产效率低，设备需用量大，还要占用较大面积的有空调的车间，因而在现代化的大型黏胶短纤维厂中较少应用。

普通黏胶纤维的纺丝黏胶的熟成度通常为 9～12（10% NH_4Cl），黏度为 40～60s（落球黏度）。

二、黏胶纤维的成型

黏胶通过一定的机械设备及凝固浴，转变成为具有一定性能的固态纤维，这一过程称为纤维的成型，又称为纺丝。

按照纺丝浴槽的数量及要求不同，黏胶纤维纺丝方法通常分为一浴法和二浴法，个别情况还采用三浴法。一浴法纺丝是黏胶的凝固和纤维素黄原酸酯的分解都在同一浴槽内完成（如普通黏胶长丝成型）；二浴法纺丝则是黏胶的凝固主要在第一浴，纤维素黄原酸酯分解主要在第二浴(如强力黏胶纤维)。

黏胶纤维品种繁多,但纺丝流程比较相似。图 8－28 为黏胶短纤维纺丝流程。

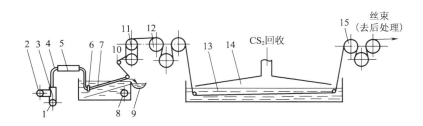

图 8－28　黏胶短纤维纺丝拉伸示意图

1—黏胶管　2—计量泵　3—桥架　4—曲管　5—烛形滤器　6—喷丝头组件

7—凝固浴　8—进酸管　9—回酸槽　10—导丝杆　11—纺丝盘

12—前拉伸辊　13—塑化浴　14—罩盖　15—后拉伸辊

过滤、脱泡后的黏胶,由计量泵定量送入,通过烛形滤器再次滤去粒子杂质,并由曲管送入喷丝头组件。黏胶在压力下通过众多喷丝孔,形成众多黏胶细流。在凝固浴作用下,黏胶细流发生复杂的化学和物理化学变化,凝固和分解再生,成为初生丝条。初生丝条由导丝盘送去集束拉伸,在塑化浴中,初生丝条经受拉伸的同时,最终完成分解再生过程,纤维的结构和性能基本定型下来。

图 8－29 为连续纺丝、后处理流程。丝条经凝固、拉伸、再生后,再经水洗、脱硫、上油和干燥,最后卷绕成筒子。

黏胶纤维通常只能用湿法纺丝。由于纤维素未熔融即分解,不可能采用熔纺。又因为要在纺丝过程中完成纤维素黄原酸酯分解的化学过程,故难以采用干法纺丝。只是在某些研究中,黏胶纺丝采用了干—湿法纺丝。

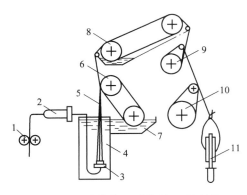

图 8－29　连续纺丝后处理(HⅢ型机)
流程图

1—计量泵　2—烛形滤器　3—喷丝头

4—凝固浴　5—丝条　6,8,9,10—分别为再生、

洗涤、上油和干燥辊筒　7—再生浴　11—锭子

(一)成型过程中的化学反应

黏胶是以纤维素黄原酸酯为溶质,以 NaOH 水溶液为溶剂的高分子溶液,还包括了原料浆粕带入或制造黏胶过程中生成的半纤维素及其反应产物;也包括了在碱化、黄化熟成等工艺过程因副反应生成的 Na_2CS_3 多硫化物;黏胶纺丝成型时采用的是含有 H_2SO_4、Na_2SO_4、$ZnSO_4$ 三组分的凝固浴。因此,黏胶与凝固浴组成一个复杂的化学反应体系,黏胶中的组分与凝固浴中的 H_2SO_4 及其盐类作用,使 NaOH 被中和,纤维素黄原酸酯被分解而再生成水化纤维素,多种副反应产物同时被分解以及生成某些含锌的中间化合物。

1. 主反应　主反应是指与黏胶的凝固和纤维素再生有直接关系的反应。

(1)黄原酸酯的分解与纤维素的再生：

$$\left[C_6H_9O_4 \cdot O \cdot \overset{\overset{\displaystyle S}{\|}}{C}\underset{SNa}{}\right]_n + nH_2SO_4 \longrightarrow [C_6H_9O_4(OH)]_n + nNaHSO_4 + nCS_2$$

研究认为,上述反应是分两步进行的：

$$\left[C_6H_9O_4 \cdot O \cdot \overset{\overset{\displaystyle S}{\|}}{C}\underset{SNa}{}\right]_n + nH_2SO_4 \xrightarrow{(Ⅰ)} \left[C_6H_9O_4 \cdot O \cdot \overset{\overset{\displaystyle S}{\|}}{C}\underset{SH}{}\right]_n + nNaHSO_4$$

$$\downarrow (Ⅱ)$$

$$[C_6H_9O_4OH] + nCS_2$$

反应第一步进行得很快,而第二步反应相对较慢,纤维素黄原酸酯徐徐分解,因为它是一种弱酸,其离解度为 $2.1 \times 10^{-5} \sim 5.5 \times 10^{-5}$。整个过程进行的速度取决于第二步反应的速度。第二步反应使纤维素再生,大分子上游离出的羟基增多,大分子间相互作用(氢键)加强,黏胶体系稳定性下降。

(2)中和反应:黏胶中的 NaOH 被凝固浴中的 H_2SO_4 中和:

$$2NaOH + H_2SO_4 \longrightarrow Na_2SO_4 + 2H_2O$$

由于中和反应,黏胶中游离碱浓度下降,黏胶的稳定性降低。

2. 副反应　黏胶中多种副反应产物被凝固浴的 H_2SO_4 分解,成为一系列不稳定产物。反应式如下：

$$Na_2CS_3 + H_2SO_4 \longrightarrow Na_2SO_4 + CS_2\uparrow + H_2S\uparrow$$

$$Na_2S + H_2SO_4 \longrightarrow Na_2SO_4 + H_2S\uparrow$$

$$Na_2S_x + H_2SO_4 \longrightarrow Na_2SO_4 + H_2S\uparrow + (x-1)S\downarrow$$

$$Na_2SO_3 + H_2SO_4 \longrightarrow Na_2SO_4 + H_2O + SO_2\uparrow$$

$$Na_2S_2O_3 + H_2SO_4 \longrightarrow Na_2SO_4 + H_2O + SO_2\uparrow + S\downarrow$$

$$Na_2CO_3 + H_2SO_4 \longrightarrow Na_2SO_4 + H_2O + CO_2\uparrow$$

从上面的分析可知：

(1)纤维素黄原酸酯的分解,再生的纤维素(纤维素Ⅱ)与原料浆粕的纤维素(纤维素Ⅰ)具有相同的化学组成,但其分子结构和聚集结构(包括相对分子质量、结晶态、大分子的形态)发生了变化。

(2)主反应和副反应都消耗大量的 H_2SO_4,生成大量 Na_2SO_4、水和硫黄,使凝固浴组分变动,破坏了纺丝体系的稳定性,故凝固浴必须不断循环、除杂并保证凝固浴组成稳定。

(3)主副反应都生成 CS_2、H_2S、SO_2 等有毒气体和 CO_2,因此纺丝过程的通风排毒十分重要。

(4)化学反应是黏胶纤维成型与其他合成纤维(如腈纶、维纶等)成型的重要区别。明显地影响了黏胶的凝固和纤维素的再生,因而对成品纤维的结构和物理—力学性能有重要影响。

(二)凝固浴的组成及作用

黏胶纺丝凝固浴的基本作用,是使黏胶细流按控制的速度完成凝固和纤维素黄原酸酯的分解过程,以配合适当的拉伸,获得具有所要求的结构和性能的纤维。

为降低纤维素黄原酸酯的溶解度并使其固化,可通过降低黄原酸酯与溶剂(NaOH 溶液)间的相互作用或改变体系的熵来达到。虽然采取多种方法,包括加入各种化合物都能起到一定作用,但最具有实际意义的是通过中和法、脱溶剂化以及通过加入盐类和生成交联黄原酸锌的办法。而且通常单独应用上述的任一种方法都无法取得满意效果,因此应采用具有综合凝固作用的浴液,并使其中一种机理占主导地位。

各种黏胶纤维的纺丝凝固浴,均采用含有 H_2SO_4、Na_2SO_2、$ZnSO_4$ 三组分的水溶液,为了某些工艺目的和改善纤维物理—力学性能,还会加入少量有机化合物作为变性剂。凝固浴中各组分的作用如下。

1. 硫酸　硫酸参与三方面的化学作用:一是使纤维素黄原酸酯分解,纤维素再生并析出(再生凝固);二是中和黏胶中的 NaOH,使黏胶凝固(中和凝固);三是使黏胶中的副反应产物分解。

由此可见,黏胶的凝固与纤维素的再生都与硫酸有关,硫酸浓度(H^+ 浓度)高低,不仅影响凝固、再生过程,最终还影响成型纤维的结构和性能。

2. 硫酸钠　硫酸钠的作用主要有两方面:一是作为强电解质,促使黏胶脱水凝固(盐析凝固);二是其与强电解质硫酸盐与硫酸的同离子效应,能有效地降低凝固浴中 H^+ 的浓度,延缓纤维素黄原酸酯的分解,以使初生丝束离开凝固浴时仍具有一定的剩余酯化度,具有一定的塑性,能经受一定程度的拉伸并使分子取向,有利于提高纤维的物理—力学性能。

3. 硫酸锌　硫酸锌除具有硫酸钠的作用外还有下列两个特殊作用。

(1)与纤维素黄原酸钠作用,生成纤维素黄酸锌:

$$2\left[C_6H_9O_4 \cdot O \cdot \overset{\overset{\displaystyle S}{\|}}{C}\underset{SNa}{} \right]_n + nZnSO_4 \longrightarrow \left[C_6H_9O_4 \cdot O \cdot \overset{\overset{\displaystyle S}{\|}}{C}\underset{S-Zn-S}{}\overset{\overset{\displaystyle S}{\|}}{C} - O \cdot C_6H_9O_4 \right]_n + nNa_2SO_4$$

纤维素黄原酸锌在凝固浴中的分解比纤维素黄原酸钠慢得多,在初生丝经过拉伸后才完全分解,制得纤维的物理—力学性能较好。

(2)纤维素黄原酸锌作为众多而分散的结晶中心,避免了纤维结构生成大块的晶体,使纤维具有均匀的微晶结构,不但能提高纤维的断裂强度,还能提高纤维的延伸度和钩接强度,改善纤维的柔韧性。

表 8-6 列出了几种黏胶纤维凝固浴的组成及作用机理。

表 8-6　凝固浴的组成及作用机理

纤维类别	组分含量/$(g \cdot L^{-1})$			凝固机理		
	H_2SO_4	Na_2SO_4	$ZnSO_4$	中和作用	脱溶剂化	生成黄酸锌
普通黏胶纤维	130	280	12	+++	++	++
强力丝	50~80	160~180	50~80	++	++	+++
波里诺西克纤维	25	70	0.7	+	+	+
BX 纤维	800	50	5	+	+++	+

注　＋号多少表示强弱程度。

由表 8－6 所列数据可知,所有浴液对黏胶都有综合的凝固作用,即同时具有中和、脱溶剂化和生成黄原酸锌等作用,只是作用的强烈程度不同而已。如普通黏胶纤维,主要因中和作用而凝固;生产强力丝和变化型高湿模量纤维的浴液以生成黄原酸锌为其特点;波里诺西克的凝固浴的凝固作用显得十分缓慢;而 BX 纤维浴液的脱溶剂化作用特别强烈。

纤维素黄原酸酯的分解速度取决于凝固浴中 H^+ 的浓度,黄原酸酯的分解速度随着 H^+ 浓度的增加而加快。为提高成品纤维的结构均匀性,一般应减慢凝固速度,其有效工艺措施是在浴液中引入硫酸盐。

选择凝固浴的组分时,必须考虑到:盐类的脱水性能;纤维素黄原酸酯在盐溶液中的析出速度;在硫酸中的溶解速度以及是否价廉易得。黏胶纤维生产中通常采用 Na_2SO_4 和 $ZnSO_4$ 作为凝固浴的组分。

三、成型过程的物理化学变化

(一) 纺丝过程的双扩散

黏胶通过喷丝孔,形成众多的黏胶细流,细流的表面与凝固浴接触,表层首先凝固形成一层薄膜,凝固浴中各组分(H_2SO_4、Na_2SO_4、$ZnSO_4$)通过皮膜向黏胶细流内部扩散,而黏胶细流中的低分子组分($NaOH$ 和 H_2O)则向凝固浴中扩散。这两种方向相反的、同时发生的扩散作用称为双扩散。双扩散导致黏胶细流产生中和、盐析、交联、凝固、分解和再生作用,最终使丝条固化。

双扩散对黏胶纤维成型具有重要的影响。如凝固浴各组分的扩散速度大于黏胶组分的扩散速度,则黏胶细流的凝固主要是由于黏胶中的 $NaOH$ 被中和而使纤维素黄原酸酯析出(中和作用)、纤维素黄原酸酯被酸分解(再生作用)和生成纤维素黄原酸锌交联析出(交联作用)等;反之,如黏胶中的 H_2O 和 $NaOH$ 的扩散占主导地位,则主要是脱溶剂(盐析作用)而凝固。

事实上,各品种黏胶纤维成型过程中,由于双扩散导致的各种凝固作用都是同时发生的,但通过改变成型条件(主要是凝固浴组成及温度),可突出其中的某个作用,而抑制其他几个作用。普通黏胶纤维成型时,凝固浴含有较高浓度的硫酸和硫酸钠,细流的凝固主要是盐析作用和纤维素再生作用;强力黏胶纤维的黏胶加入了变性剂,并在低浓度硫酸、中等浓度硫酸钠和高浓度锌盐凝固浴中成型,细流的凝固主要是形成纤维素黄原酸锌的交联作用以及盐析作用;波里诺西克纤维成型时,黏胶的含碱量低,并采用了低酸、低盐、低锌浓度及低温凝固浴,细流的凝固主要是中和作用。

凝固机理不同,所成型纤维的结构及性能就有显著的差异。

(二)凝胶丝条的生成

黏胶由喷丝孔挤出,进入凝固浴,形成黏胶细流。由于黏胶细流和凝固浴之间的双扩散作用,黏胶细流逐渐变为凝胶丝条,即生成以纤维素网络结构为主的凝胶相和以低分子物质为主的液相。

根据高聚物体系相转变过程的热力学可知,要从溶液中析出新相,则原始相(溶液)内析出组分的化学位必须高过新相内该组分的化学位,以克服表面张力的作用。黏胶中的纤维素黄原酸酯与溶剂间有很强的相互作用能,而且属于下临界混溶温度体系,但在凝固浴组分作用下,中和作用、盐析作用、再生作用和交联作用,使纤维素黄原酸酯与溶剂的相互作用显著降低,故黏胶细流凝固的相变过程得以自动、连续地进行。

在黏胶中,纤维素黄原酸酯主要是以分子状态存在,但也有众多微晶和缔合体,包括未溶解分散的纤维素微晶和分散后大分子由于氢键作用或相互缠结重新形成的缔合体以及缔合体不断增大而逐渐形成的结晶中心。

在凝固浴作用下,黏胶细流中大分子间的缔合作用加强,微晶粒子首先析出,其他大分子或缔合体则逐渐向它靠拢,形成结晶区域,有些大分子的一部分可停留在微晶或缔合体内,而另一部分则停于微晶和缔合体外。停于微晶和缔合体外的部分还可以通过与其他大分子结合而形成新的缔合点或微晶。随着体系中大分子缔合点浓度增加,结构化增大至一定程度,黏胶细流黏度急剧上升,最终失去流动性,成为连续的立体网状结构,变为柔软而富有弹性的丝条。初生丝条中,大分子上仍保留相当数量的黄原酸基团,仍可保留一定的溶剂化层。在大分子网络中间的空隙,充填着水、碱、凝固剂和各种多硫化物等低分子溶液。

黏胶细流的凝固是从表面逐渐向中心推进的,如图8-30所示。

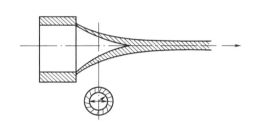

图8-30　黏胶细流的凝固过程示意图

根据成型过程凝固动力学分析认为,当黏胶与凝固浴接触时,细流的表面由于溶剂被迅速中和,而形成过饱和度较大的纤维素黄原酸酯的过饱和区,并在瞬间形成结构化中心,在中心周围形成聚合物相的增长和微纤结构。经过极短时间(0.1~0.5s)后,相邻的微纤中心形成次级结构,在黏胶细流的最外层生成一层非常稠密的膜层。随着扩散的继续进行,凝固层逐渐加厚,凝胶与黏胶的界面逐渐向中心推移,直至整个界面在中心汇合,黏胶细流即凝固为凝胶丝条。

(三)纺丝的影响因素及工艺控制

1. 黏胶的组成及性质

(1)黏胶的组成:黏胶的组成是指黏胶中主要成分(α-纤维素和NaOH)的含量,它在很大程度上决定了黏胶的特性(如黏度和熟成度)。黏胶中α-纤维素含量提高,使黏度上升,熟成速度加快,纤维素凝胶结构较紧密,有利于成品纤维强度的提高。

黏胶中含碱量的高低也影响黏胶的稳定性、熟成度以及凝固浴中硫酸的浓度。含碱量高,黏胶稳定,黏度低,成型相应减慢。不同品种纤维纺丝黏胶的组成见表8-7。

表8-7　几种黏胶纤维纺丝溶液的组成

纤维品种	α-纤维素/%	NaOH/%	NaOH/α-纤维素
普通黏胶短纤维	7.8~8.5	5.5~6.5	0.7~0.75
富强纤维	6~6.5	4~4.5	0.5~0.7
强力黏胶纤维	6.0~7.0	6.0~7.0	0.95~1.0

(2)黏度：黏胶的黏度对可纺性能有一定的影响。普通黏胶纤维的纺丝黏度，一般控制在30～50s。黏度低于20s的黏胶可纺性很差，成型困难；当黏度超过160s，也要对某些成型参数做相应调整，否则纺丝困难。为了保证成型均匀性，纺丝黏胶的黏度波动范围应控制在±(3～5)s内。

黏胶的黏度还对喷丝头拉伸率有较大的影响，如图8-31所示，在黏度较低的情况下，最大喷丝头拉伸率随着黏度的增加而急剧上升；黏度为50s时，最大喷丝头拉伸率增至最大值；当超过50s时，最大喷丝头拉伸率则随黏度的上升而下降。

(3)熟成度：熟成度反映黏胶的"老""嫩"程度。在一定的条件下，纺丝黏胶有一个最适宜的熟成度。据研究表明，普通黏胶纤维纺丝时，黏胶的可纺性随熟成度的提高而变好；在NH_4Cl值达到8～12时，可纺性最好(图8-32)。采用熟成度较高(NH_4Cl值较低)的黏胶纺丝时，黏胶成型过快，所得纤维结构不均匀，力学性能较差，断裂强度和断裂伸长率较低，染色均匀性差，在水中的膨润度较大。适当调整凝固浴成分，以减慢纤维素黄原酸酯的分解速度，纤维结构均匀性可得到改善；反之，熟成度太低，纺丝的稳定性下降，甚至无法纺丝。适当提高凝固浴中硫酸的浓度或温度，可在一定程度上改善其可纺性。

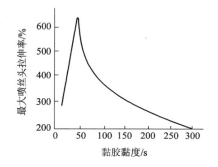

图8-31 黏胶黏度与最大喷丝头拉伸的关系

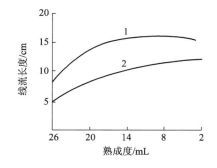

图8-32 黏胶的熟成度与可纺性的关系
1—挤出速度17.9cm/s 2—挤出速度11.2cm/s

(4)黏胶中的粒子及气泡：黏胶中的粒子，对可纺性及成品纤维品质影响极大。其中大于喷丝孔直径的粒子，会堵塞喷丝孔，造成单丝断裂或纺丝断头；有些在过滤时能通过过滤机滤层的粒子(直径10～15μm)会堵塞烛形过滤器或喷丝头组件的滤层，使供胶量减少；而直径5～10μm的凝胶粒子，带入初生纤维中，会形成纤维结构上的缺陷；黏胶中微细的(直径5～10μm以下)结晶粒子，如$CaSiO_3$、FeS和砂粒等带入初生纤维中，由于锐边切割作用而容易使凝胶丝条断裂。这些都是引起纤维变异、单丝断裂、形成黏胶块，甚至引起纺丝断头的重要原因。

黏胶中的气泡也是造成黏胶可纺性能及成品纤维品质下降的重要原因。纺丝黏胶除了要经过充分脱泡外，还要避免黏胶管道密封不良而进入气泡和在管道上受热分解而产生微细气泡。

2. 纺丝速度 黏胶纤维纺丝速度随所纺制的品种不同而异。普通黏胶长丝、短纤维为60～80m/min；强力黏胶纤维为40～60m/min；富强纤维为20～30m/min。采用不同的纺丝设备,其纺速也不同,如纺制普通长丝的离心式纺丝机一般为 $60\sim75m/min$,高的可达 $90\sim100m/min$;而连续式纺丝机一般只有 $50\sim60\ m/min$。

过高的纺丝速度会引起下述问题:

(1)纤维素黄原酸酯来不及凝固和分解:当丝条在凝固浴中的浸没长度为 $25\sim30cm$、纺丝速度为 $80m/min$ 时,新成型的丝条在凝固浴中经过的时间约 $0.2s$。当纺速提高至 $100m/min$ 时,浸浴时间缩短为 $0.15s$。再进一步提高纺速,则丝条在浴中停留时间过短,纤维素黄原酸酯的凝固和分解不良,特别是采用大型($12000\sim30000$ 孔)的喷丝头时尤为严重。

(2)丝条与凝固浴的摩擦阻力过大:丝条在凝固浴中的摩擦阻力,与其相对的运动速度成正比。摩擦阻力大,丝条上的张力就大,黏胶细流断裂的可能性增加,成型的稳定性下降。

采取下列措施能提高纺丝速度:提高凝固浴中 H_2SO_4 的浓度和凝固浴温度;增加丝条在凝固浴的浸没长度;在黏胶或凝固浴中加入助剂。

3. 丝条的浸没长度　黏胶挤出细流在凝固浴中的浸没长度一般为 $20\sim70cm$,浸没时间一般为 $0.1\sim0.2s$。丝条的浸没长度越长,纤维的成型就越均匀,并且当其他条件相同时,纤维的强度和柔软性也越高。有人测定,当浸没长度增加 $2\sim2.5$ 倍时,丝条的强度可提高 $20\%\sim30\%$。但浸没长度过长,将使机件过大,操作不便;而且随着浸没长度的加长,丝束在凝固浴内所受到的阻力也加大,因而相应地增大了丝条的张力。当浸没长度由 $22cm$ 增加到 $92cm$ 时,丝条的总张力为原来的 $3.5\sim4.0$ 倍。

4. 凝固浴浓度、温度及循环量　凝固浴浓度的确定,取决于黏胶的性能与纺丝的其他条件。黏胶挤出细流在凝固浴中的距离越短、纺丝速度越高、黏胶中的含碱量越高、熟成度越低(盐值越高)、单纤维的线密度越高,则凝固浴中 H_2SO_4 的浓度也应越高。在通常的纺丝速度下,要求凝固浴中 H_2SO_4 的浓度能使纤维素黄原酸酯的酯化度在 $0.1\sim0.2s$ 内由 $25\sim30$ 下降至 $5\sim10$,因此 H_2SO_4 的浓度不能过高或过低。

凝固浴中的 H_2SO_4 与黏胶中的 NaOH 发生中和反应,另一部分硫酸则消耗在纤维素黄酸酯的分解和黏胶副产物的反应上。由于酸碱中和作用,使硫酸钠的绝对量不断增加;黏胶中大量水分带入凝固浴,使凝固浴各组分浓度下降,丝束引出时,也带出一部分凝固浴,使各组分绝对量减少。为了保证成型的稳定性,必须使凝固浴浓度的波动限制在一定范围内,这就必须使凝固浴进行循环,及时补充 H_2SO_4 及 $ZnSO_4$,蒸发多余的水,结晶出过量的 Na_2SO_4,使凝固浴的组成保持稳定,并调整凝固浴的温度。

凝固浴的循环量取决于纺丝速度和纤维的总线密度。纺丝速度越高和纤维的总线密度越大,则循环量应越大。

凝固浴温度影响各种化学反应速度、双扩散速度、凝固和纤维素再生的速度。凝固浴温度过高,纤维成型过快,不但使纤维品质下降,还会使纺丝操作困难;温度过低,黏胶细流凝固过慢,同样不能正常纺丝。此外,由于 Na_2SO_4 在凝固浴中的溶解度随着温度降低而减小,若常规的凝固浴温度低于 $25\sim35\text{℃}$,则容易析出 Na_2SO_4 结晶,造成纺丝困难。凝固浴温度与 H_2SO_4 浓度对黏胶凝固作用的影响,一定程度上可以相互补充。当 H_2SO_4 浓度偏低时,适当提高凝固浴温度,可以提高凝固速度;同样,当温度偏低时,适当提高 H_2SO_4 浓度也可得到升高温度的同样效果。几种黏胶纤维的凝固浴组成及其温度列于表 8-8。因生产品种不同,工艺参数可有很大的变动。

表 8-8 凝固浴组成及温度

纤维品种	凝固浴温度/℃	凝固浴组成/(g·L⁻¹)			凝固浴循环量/(L·锭⁻¹·h⁻¹)
		H_2SO_4	Na_2SO_4	$ZnSO_4$	
长丝	44~48	115~120	220~240	12~15	30~50
棉型纤维	55~65	95~120	290~310	13~16	3000~4000
毛型纤维	50~65	93~103	290~310	11~14	4000~5000
富强纤维	20~25	20~25	45~55	0.3~0.7	1500~2000
高湿模量纤维	20~40	60~90	105~145	24~60	3000~4000
强力纤维	40~50	80~90	160~180	80~90	250~350

(四) 纤维的拉伸

与大多数化学纤维一样,初生黏胶纤维强度很低,伸度过高,没有实用价值,必须进行拉伸。在拉伸过程中,大分子或其结构单元在拉力作用下,沿纤维轴方向取向排列,由此提高纤维的力学性能。

但由于纤维素分子刚性比较大,其拉伸工艺与柔性链大分子纤维并不完全相同,一般由喷丝头拉伸、塑化拉伸和纤维的回缩三个阶段组成。

1. 喷丝头拉伸 黏胶从喷丝头喷出时,黏胶细流尚处于黏流态,不宜施加过大的喷头拉伸,否则容易造成断头或毛丝。对于高湿模量黏胶纤维和黏胶强力纤维等,因酯化度较高,故常用喷丝头负拉伸。

2. 塑化拉伸 塑化拉伸通常在塑化浴中进行。塑化浴温度一般为 95~98℃,H_2SO_4 浓度为 10~30g/L。刚离开凝固浴的丝条,虽已均匀凝固,但尚未完全再生,在高温的低酸热水浴中,丝条处于可塑状态,大分子链有较大的活动余地,加以强烈的拉伸,就能使大分子和缔合体沿拉伸方向取向,在拉伸的同时,纤维素基本再生,使拉伸效果巩固下来。普通型短纤维丝束进入塑化浴的酯化度,一般控制在 10 左右;强力黏胶纤维为 20 左右。

3. 松弛回缩 丝条经强烈拉伸后,纤维素大分子及其聚集体大多沿着拉力的方向取向,大分子间的作用力很强,使纤维素大分子几乎处于僵直状态。纤维的断裂强度虽然较高,但伸度很低,钩接强度也较低,脆性较大,纤维的实用性能较差。

生产中,为改善成品纤维的脆性,常在拉伸后给予纤维适当回缩,以消除纤维的内应力,在不过多损害纤维强度的情况下,改善纤维的脆性,并使纤维的断裂伸长率和钩接强度有所提高。

综上所述,喷丝头拉伸、塑化拉伸和纤维的回缩必须调配得当,才能获得良好的拉伸效果。

(五) 纺丝设备

按凝固浴循环方式不同,把纺丝机分为浴槽式和管中成型两类。浴槽式纺丝机有深浴式(a)和浅浴式(b)之分 ,如图 8-33 所示。浴槽式纺丝机结构简单,占地面积小,对凝固浴循环要求低,故被广泛采用。浅浴式纺丝机主要为了增加浸浴长度,而且便于观察和操作,但占地面积较大。管中成型有水平管(图 8－34)和 U 形管(图 8－35)两类。管中成型凝固浴与初生纤维在管中同向流动,明显减少了凝固浴对初生纤维的阻力(阻力大小可通过调节两者的相对速度而变化),既可减少纤维的疵点,又可提高纤维的纺丝速度,浴槽式纺丝机速度在 110m/min以下,而管中成型的纺丝速度可达 150～180m/min。

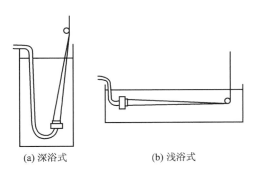

图 8－33　浴槽式纺丝机

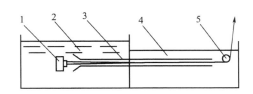

图 8－34　水平管成型

1—喷丝头　2—高位槽　3—纺丝管　4—低位槽　5—换向轮

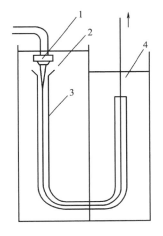

图 8－35　U 形管成型

1—喷丝头　2—高位槽
3—U 形管　4—低位槽

根据黏胶纤维品种的不同,可把纺丝机分为长丝纺丝机和短纤维纺丝机。长丝纺丝机包括普通长丝和超强力丝两种;短纤维纺丝机有普通短纤维和高湿模量短纤维之分。

1. 长丝纺丝机　黏胶长丝的纺丝设备主要有四种类型:离心式、半连续式、连续式和筒管式。筒管式纺丝机通常为单层双面纺丝机,受丝机构为筒管,用以纺制低线密度的普通黏胶长丝,目前已基本淘汰。

(1)离心式纺丝机:主要有 R531 型、KR401 型、KR402型和 ZS14 型离心纺丝机等几种类型。

R531 型离心式纺丝机为我国应用的主要机型之一。该机的受丝结构是高速离心罐,纺制的丝饼呈酸性,丝条有一定的捻度。其结构如图 8－36 所示。

(2)半连续式纺丝机:半连续式纺丝机,即半连续式离心纺丝机的特点,是将纺丝及丝条水洗过程在一台机器上连续进行,从而得到中性丝饼。其结构如图 8－37 所示。

(3)连续式纺丝机:连续式纺丝机的主要特点是使纺丝、后处理和干燥的所有过程全部在一台机器上完成,实现单机台连续生产,所制得的纤维基本克服了离心法的不足。缺点是丝条的含硫量较高,收缩率较高,设备维修复杂。

连续式纺丝机有纳尔逊(Nelson)连续纺丝机、毛雷尔连续纺丝机、罗马尼亚 FCV 连续纺丝机、捷克 KVH 型连续纺丝机、意大利康维斯(Convise)连续纺丝机等多种类型。成型的丝条从凝固浴出来进入再生浴,同时进行塑性拉伸;再生丝条绕上精练辊筒对进行热水洗涤,同时进行脱硫;洗涤后的丝条经上油辊筒达到干燥辊筒对;经干燥的丝条绕在环锭式锭子上。

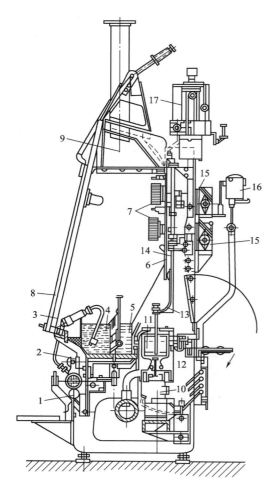

图 8-36　R531 型离心式纺丝机

1—泵轴　2—黏胶导管　3—桥架和烛形滤器　4—凝固浴槽

5—塑化浴槽　6—挡板　7—纺丝盘　8—封闭窗　9—出风道

10—电锭　11—离心罐　12—罐巢　13—漏斗支架

14—漏斗支架的牵手　15—纺丝盘传动箱

16—启动器　17—漏斗运动机构

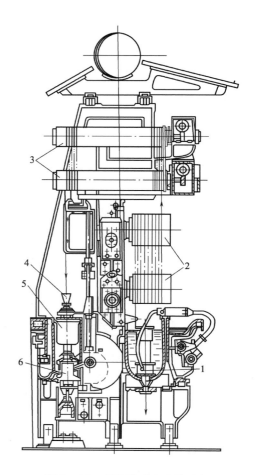

图 8-37　半连续式离心纺丝机

1—喷丝头　2—凝固辊　3—水洗辊

4—纺丝漏斗　5—离心罐　6—电锭

2. 短纤维纺丝机　普通黏胶短纤维纺丝设备包括纺丝机及集束机(塑化拉伸机)。纺丝机的作用是将黏胶纺制成基本凝固和大部分纤维素再生的初生丝条,并对丝条进行适当拉伸;而集束机是将一台纺丝机上各纺丝部位纺出的初生丝条集合成一束,进行塑化拉伸并完成纤维素的再生。按照纺丝部位的排布形式,黏胶短纤维纺丝机可分为双面和单面两种。图 8-38 为黏胶短纤维双面纺丝机。

国内外短纤维纺丝机的主要型号有：SR301 型短纤维纺丝机、HR401 型短纤维纺丝机、OCYN 型塑化拉伸机、凯姆特克斯短纤维纺丝机、毛雷尔短纤维纺丝机以及捷克 ZS20 型短纤维纺丝机。图 8－39 为 HR401 型短纤维纺丝机。

四、黏胶纤维的后处理

经成型拉伸后的初生黏胶纤维，必须经过后处理，其目的如下：

（1）除去纤维中含有的杂质：初生纤维会带出硫酸（占丝束总重的 1%～1.2%）、硫酸盐（占总重的 12%～14%）和胶态硫黄（占丝束总重的 1%～1.5%）。这些杂质的存在会影响纤维外观，严重影响纤维的柔软性及手感。

（2）进一步完善纤维的物理—力学性能和纺织加工性能：黏胶纤维后处理的主要项目有水洗、脱硫、漂白、酸洗、上油以及烘干等过程。对于不同品种的纤维，后处理的方法和所用的设备也不尽相同。如黏胶长丝除了上述项目外，还需加捻、络丝等纺织加工；对于短纤维还必须进行切断等。供丝织用的长丝要求颜色白、光泽好，对后处理要求高；而对工业用的黏胶帘子线在外观上并无特殊的要求，少量硫黄的存在并不影响其质量，因此，后处理过程就比较简单；有些特殊要求的纤维需要进行漂白，一般纤维则无须进行。

黏胶纤维的后处理主要有如下几道工序：

1. 水洗　由于水洗是最简单经济的办法，因此后处理的第一步就是水洗，而且每经脱硫、漂白、酸洗等化学处理后，仍需进行水洗。

水洗可以除去纤维从凝固浴带出的硫酸及硫酸盐、附着在丝条表面的硫黄以及生成的水溶性杂质。

水洗工序主要控制工艺参数如下：

（1）水质：后处理最好用纯净的软水。如果

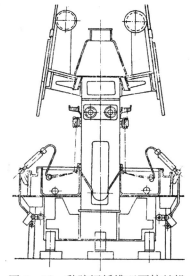

图 8－38　黏胶短纤维双面纺丝机

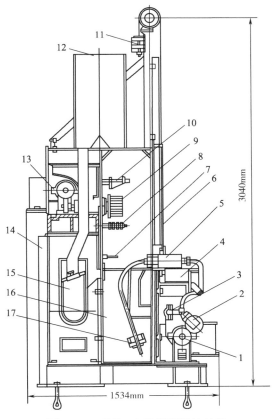

图 8－39　HR401 型短纤维纺丝机

1—泵轴　2—计量泵　3—黏胶管　4—清水槽　5—烛形滤器　6—排气拉窗　7—导丝钩　8—分丝棒　9—导丝盘　10—导丝柱　11—拉窗重锤　12—排风罩　13—螺旋齿轮　14—机架　15—回酸槽　16—纺丝浴槽　17—喷丝头

水中存在钙、镁、锰等杂质,会黏附在纤维上很难洗净。

(2)水温:水洗温度高,容易洗净;但温度过高,除消耗较多的热能外,还由于车间充满水蒸气而恶化劳动条件,必须加强通排风。一般将水温控制在 $60 \sim 70℃$。

(3)水循环量:循环量越大,洗得越干净,但过大的循环量必然会消耗更多的水(蒸汽)和电。为了节约用水,除第一次水洗和脱硫后的第一次水洗水排出外,其余大部分采用逆流方式回收利用(补入部分新鲜水)。

2. 脱硫 经过 $70 \sim 80℃$ 的热水洗涤后,附在纤维上的硫黄含量由 $1\% \sim 1.5\%$ 下降到 $0.25\% \sim 0.40\%$。对于工业用的黏胶帘子线或某些短纤维,无须再进行专门的脱硫处理。但对于大多数民用纤维,必须用脱硫剂进行更充分的脱硫,使纤维含硫量下降到 $0.05\% \sim 0.1\%$ 或更低。

由于留在纤维内部的硫是以胶体质点状态存在,必须用化学药剂处理。常用的脱硫剂有氢氧化钠、硫化钠、硫化铵和亚硫酸钠等。其脱硫的化学反应式分别为:

$$6NaOH + 4S \longrightarrow 2Na_2S + Na_2S_2O_3 + 3H_2O$$

$$Na_2S + xS \longrightarrow Na_2S_{x+1}$$

$$(NH_4)_2S + S \longrightarrow (NH_4)_2S_2$$

$$Na_2SO_3 + S \longrightarrow Na_2S_2O_3$$

不溶性的胶态硫,经反应后生成一系列的水溶性含硫化合物,通过水洗即被除去。

脱硫工序主要控制脱硫剂浓度和溶液温度。对于黏胶短纤维,通常用 NaOH 脱硫,脱硫液中含 NaOH 浓度为 $3 \sim 6g/L$,温度为 $65 \sim 70℃$;对于黏胶长丝,通常用 Na_2SO_3 脱硫,脱硫液中含 Na_2SO_3 浓度为 $20 \sim 25g/L$,温度为 $70 \sim 75℃$。

3. 漂白 经脱硫后的纤维,光泽虽较好,但对有特殊要求的纤维(尤其对用于织造色泽鲜艳的浅色织物的纤维),其白度仍然不够,因而必须进行漂白。漂白剂一般采用次氯酸钠、过氧化氢和亚氯酸钠等。其他无氯漂白工艺也在发展中。

(1)次氯酸钠漂白:NaOCl 能同纤维上不饱和的有色物质起加成反应,或使其氯化,从而达到漂白的效果。

通常控制漂白液含活性氯 $1.0 \sim 1.2g/L$,pH 值 $8 \sim 10$。为严格控制 pH 值,通常在漂白液中加入一些缓冲剂(如碳酸氢钠、磷酸盐等)。次氯酸钠漂白可以在室温下进行。

为了彻底去除 NaOCl,并使黏附在纤维上的钙盐和铁盐等金属杂质转变为可溶性物质,在漂白、水洗后,还必须进行酸洗。

(2)过氧化氢漂白:H_2O_2 在碱性介质中能释出原子态氧,与纤维上的不饱和有色物质起加成反应或使其氧化,生成淡色或无色物质。

通常控制漂白液含 H_2O_2 $1 \sim 2g/L$,pH 值 $8.0 \sim 9.0$,浴温 $60 \sim 70℃$。

(3)亚氯酸钠漂白:$NaClO_2$ 的漂白应在酸性条件下进行,因为在碱性介质中不能释出原子态氧而无漂白作用。

$NaClO_2$ 漂白过程可以和纤维的增柔过程相结合,在连续纺丝后处理机上进行漂白,处理时间只需 $20 \sim 25s$。

$NaClO_2$ 的制造比较困难,价格也较贵,从而限制了它的广泛应用。

4. 酸洗 酸洗的目的是中和残存在纤维上的漂白(或脱硫)碱液,并把不溶性的金属盐类(或氧化物)转化为可溶性的金属盐,以进一步增加纤维的白度,提高纤维的质量和外观。

酸洗使用无机酸的水溶液,最常用的是盐酸和硫酸,浓度控制在 $2\sim3g/L$,常温酸洗。

5. 上油 上油是为了调节纤维的表面摩擦力,使纤维具有柔软、平滑的手感,有良好的开松性和抗静电性,又要有适当的抱合力。

所用的油剂因纤维品种而异。普通黏胶纤维常用磺化植物油(土耳其红油)、氨肥皂等的水溶液,或用颜色浅、黏度低的矿物油(如白节油、锭子油、凡士林油、冷冻机油等)的水乳液。根据油剂成分的不同,添加不同要求的浸润剂或乳化剂,如含 $12\sim18$ 个碳的脂肪醇硫酸盐、平平加、聚氧乙烯脂肪醇醚(JFC)等。

黏胶纤维用油剂必须配成稳定的水溶液或水乳液,黏度低、无色、无臭、无味、无腐蚀、洗涤性好、来源充沛易得,且价格便宜。

纤维的上油率控制在 $0.15\%\sim0.3\%$ 为宜,过低或过高都不能起到调节纤维表面摩擦力的作用。上油率是通过调节油浴中的油剂的浓度及 pH 值来控制的。通常使用的油浴含油剂 $2\sim5g/L$,温度为常温。上油后纤维轧压的程度,对上油率也有很大的影响。通常纤维轧压后的含水率为 $130\%\sim150\%$。

6. 干燥 经过多项化学处理和水洗后,黏胶纤维含水一般为 $150\%\sim250\%$。为了达到成品规格要求,使其含水率满足标准要求,必须将纤维烘干至含水率为 $6\%\sim8\%$,然后再调湿至 $8\%\sim13\%$。

刚成型的溶胀纤维的烘干过程,不是一个水分蒸发的简单过程,而是伴随着纤维结构发生变化的过程。纤维经烘干后膨化度大为降低,断裂强度和伸长率、钩接强度、染色性、手感及纤维尺寸稳定性等也发生了变化。这些变化不能通过再润湿而回到烘干前的状态。但经烘干后纤维的状态也并不是最终的定型状态,而必须把纤维经过多次反复地润湿和烘干之后,才能达到最终的定型状态。

黏胶纤维的干燥可采用多种形式,如循环热风干燥、热辊接触干燥、高频干燥及红外线干燥等。

干燥温度对黏胶纤维的结构和性能有很大的影响。经 120℃ 以下热风烘干的纤维,其结构的紧密度提高,大分子间可形成新的氢键,同时大分子中的链段又可获得适度的松弛。因此,烘干后纤维的染色性能下降;在 120℃ 以下烘干,纤维的强度和延伸度都略有提高,高于 120℃ 及较长时间作用,则纤维的断裂强度和延伸度都开始下降。

第四节　Lyocell 纤维的生产工艺

Lyocell 纤维的生产过程(图 $8-40$)可以划分为纺丝原液的制备、纺丝成型和纤维后处理三大部分。由于纤维素浆粕可以直接溶解在有机溶剂 NMMO 和水的混合物中,因此比黏胶工艺少了碱化、老成、黄化和熟成等工序,生产流程大大缩短,只有黏胶工艺的 2/3 或 1/2。下面对这三部分分别进行讨论。

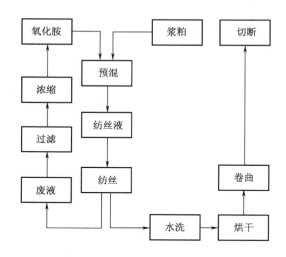

图 8 - 40　Lyocell 纤维的生产过程示意图

一、纺丝原液的制备

(一)浆粕的粉碎

在 Lyocell 纤维中,首先应将浆粕撕碎,工艺上称为粉碎。一般采用粉碎机将纤维素浆粕粉碎,并进行筛选。浆粕粉碎的目的是为了有利于随后的溶解。但浆粕微粒太小,溶胀过程中可能会形成凝胶状颗粒,会增加溶解时间。因此,合适的颗粒尺寸为 0.1～5.0mm。

对不同粒径的纤维素浆粕在 NMMO 水溶液中的溶解试验研究表明,粗目和 60 目的纤维素浆粕由于颗粒较大,与溶剂的混合物中有明显的块状物;120 目、200 目和 300 目的浆粕与溶剂的混合情况较好,混合物较均匀、块状物较细。在 85℃溶解 1h 后,60 目、120 目和 200 目的浆粕混合物已成深黄色透明溶液,粗目的浆粕混合物中依旧存在块状物,300 目的浆粕混合物出现凝胶状颗粒。再在 85℃溶解 12h,5 个样品均完全溶解,且有较好的透明度。

(二)纤维素的溶解

1. NMMO 水溶液溶解纤维素的机理　纤维素的结晶度一般在 30%～80% 之间。纤维素要溶解,必然要破坏其晶区并且解除自身氢键的作用,这样大分子才能自由运动,从而形成均匀的溶液。但黏胶法的溶解以及为达到此溶解目的而进行的前期过程都有化学反应的存在,而 Lyocell 法的溶解过程基本上可视为只有溶胀和溶解而没有化学反应的物理溶解过程。这是 Lyocell 法与黏胶法生产纤维素纤维溶解过程的最大区别。

Lyocell 法溶解纤维素以 N-甲基吗啉氧化物(NMMO)水溶液为溶剂。NMMO 中的 N—O 键有较强的极性,可以同纤维素中的—OH 形成强的氢键,生成纤维素—NMMO 络合物。这种络合作用先是在非晶区内进行,破坏了纤维素大分子间原有的氢键。由于 NMMO 的存在,络合作用逐渐深入到晶区内,最终使纤维素溶解,其机理如图 8-41 所示。

2. 纤维素的溶解方法及其工艺控制 对于无水的 NMMO 体系,尽管其对纤维素的溶解能力很强,但是由于 NMMO 熔点高,纤维素溶解时会发生降解。同时,这种纤维素纺丝溶液在纺丝过程中结晶凝固速度很快,从而引起了一系列的问题。因此,适合纺丝的溶剂体系为具有一个结晶水的 NMMO。在实际生产的大规模溶解过程中,满足这一要求的方法主要有以下两种:

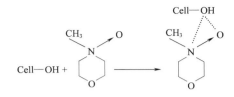

图 8 - 41 NMMO 溶解纤维素的机理

(1)将含一个结晶水的 NMMO 水合物加热至 90~105℃,使其熔化,然后投入经粉碎并计量的纤维素浆粕。纤维素先溶胀,继而溶解。

(2)开始时 NMMO 的水溶液浓度稍低于完全溶解区间外的溶剂体系,通常为 50%(质量分数)左右的 NMMO 水溶液,将经粉碎并且计量的纤维素浆粕投入其中进行预混,让纤维素在溶解之前能够得到充分润湿和溶胀,先得到未完全溶解的浆状纤维素混合物悬浮液,然后再在减压条件下蒸馏除去多余的水,直到溶剂的含水率降至 13%~15%,使纤维素完全溶解。

围绕上述两类方法,各 Lyocell 纤维生产厂商或研究机构设计了很多溶解工艺和相应的溶解设备,目的都是为了减少溶解过程的能耗和溶解时间,并且希望能与连续生产工艺配套。

溶解过程控制的主要工艺参数如下:

(1)溶剂含水量:NMMO 既可以与水以氢键结合,也可以与纤维素以氢键结合。在溶液中存在较多水的情况下,NMMO 中极性基团更多地与极性的水分子相互吸引,减弱了它与纤维素大分子的作用。稀的 NMMO 溶液中溶剂与水先结合,导致没有足够的键与纤维素结合,这样不能有足够的作用力来破坏纤维素分子间的氢键结构,纤维素就不可能很好地溶解。但若溶剂含水率过低(<10%),虽然能较好地溶解纤维素,但由于熔点过高,易造成溶剂和纤维素的分解。因此,NMMO 的含水量应该控制在合适的范围。图 8 - 42 中的阴影位置

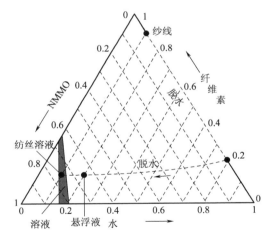

图 8 - 42 NMMO/水/纤维素三元相图

是 NMMO/H_2O/纤维素三元共溶区域。从相图上可以看到,纤维素只能溶解在高浓度的 NMMO—H_2O 二元混合溶剂体系中,而且纤维素在这一溶剂体系中完全溶解的区域很小。因此,实际生产中通常控制 NMMO 的含水率为 13%~15%。

(2)温度:前已述及,纤维素溶液的相平衡图具有下临界混溶温度的特征,因此纤维素在温度低时有更大的膨化度。据报道称,通过骤冷的方法,采用过冷 NMMO 液可使纤维素高度溶胀,因此溶剂易渗透扩散到纤维里面,有利于纤维素的进一步溶解。低温溶解还利于避免聚合

物的降解,有可能获得高强度纤维。但低温溶解时,高浓度的NMMO易结晶,溶剂化作用减弱,溶解速度慢。而且低温溶解的能耗比较高。适当提高体系温度,可以加快溶解速度,但NMMO在125℃时易产生变色反应;在175℃时会产生过热反应,并易汽化分解成N-甲基吗啉和吗啉等,若溶液中含有金属离子如铁离子和铜离子等,会催化促进NMMO的分解。特别是当溶解温度达到或超过125℃时,不仅溶剂易发生上述不良反应,纤维素也易降解或发生链反应,溶液易变质;温度超过150℃会造成不必要的溶剂快速分解及其引起的爆炸。因此在纤维素的溶解过程中,应严格控制温度,一般不宜超过120℃。如果溶剂采用50%左右的NMMO水溶液,在80~90℃下溶解较适宜。

实际生产中,为了抑制NMMO和纤维素的热分解以及减少气泡,往往还采取在溶解体系中加入适量的没食子酸丙酯等热稳定剂之类的措施。

(3)搅拌:搅拌形式、搅拌速度也直接影响纤维素的溶解。搅拌产生的剪切力既有利于将颗粒研磨分散,又能增加分子动能,提高溶液温度,从而使溶解加快、溶液更均匀。因此,在溶解过程中应该进行高速搅拌。东华大学曾进行通过双螺杆挤出机溶解纤维素的研究。结果表明,由于双螺杆挤出机产生的剪切力大,溶解时间可大幅度减少(仅需3~15min)。而且由于双螺杆的机头压力很高,溶液中的大量气泡自动向后排出,因此可省略大量脱泡时间。这样使纤维素和溶剂几乎不发生分解,对改善纤维的性能和溶剂回收都十分有利。

另外,在停止搅拌时应该注意,由于溶解释放的热量得不到及时散发,有可能使得溶剂快速分解而发生爆沸甚至爆炸。

3. 纤维素的溶解设备　NMMO法和黏胶法相差甚远,因此常规的黏胶纤维生产设备不能用于NMMO水溶液对纤维素的溶解。在关于Lyocell纤维工业化生产的专利中,连续溶解是在一系列管道中进行的。常用的溶解设备主要有以下两种。

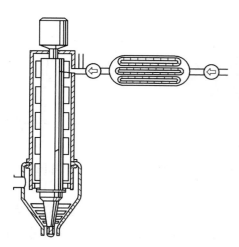

图8-43　薄膜蒸发器示意图

(1)薄膜蒸发器:在Lyocell纤维的制备过程中,由于溶剂与纤维素的混合物含有过量水分,因此必须通过薄膜蒸发的形式使溶剂浓缩才能达到溶解纤维素的目的。该机为圆柱形构件(图8-43)。纤维素和含水率较高的NMMO混合均匀形成溶胀混合体并经加热设备加热至水的沸点以上后,通过分布环进入该机。混合物在蒸发器的表面形成薄层,在真空条件下,薄层中的水迅速闪蒸出来。当薄层混合物中水的含量降到一定程度时纤维素开始溶解。

有的薄膜蒸发器内还有一个装有许多侧向伸出的桨叶的中心叶轮,可用于混合和运送料液。这种工艺适用于连续生产,易于扩大规模,且纤维素溶解的质量也较好。但该法要求设计的设备要避免出现死角,并尽可能减少所有物料的停留时间。另外,对物料出口和刮壁器也有特殊的设计要求。

(2)LIST混合—溶解设备:纤维素溶液的黏度比较高,瑞士的 LIST 公司为此设计了一套混合—溶解设备,如图8-44所示。其中图8-44(a)所示的共旋转混合器用于含水量较高的NMMO和浆粕的混合。浆粕的溶解是在图8-44(b)所示的 LIST 溶解器中进行的,经该设备在一定温度下逐步减压脱水后,纤维素最终达到完全溶解。在混合器与溶解器之间,连接有一台特殊的缓冲器,整个溶解工序的流程见图8-45,它既能将混合器送来的混合均匀的纤维素浆粥定量地喂入到溶解器中,又能保证在喂料过程中溶解器里的真空度不受影响。另外,在溶解器的出料口还配置了一台螺杆出料机,使溶解好的纺丝原液以一定的压力输出。

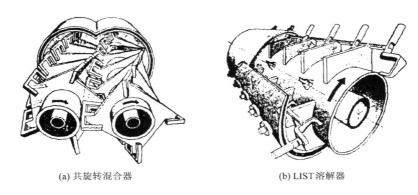

(a) 共旋转混合器　　　　　　　(b) LIST 溶解器

图8-44　LIST 混合—溶解设备

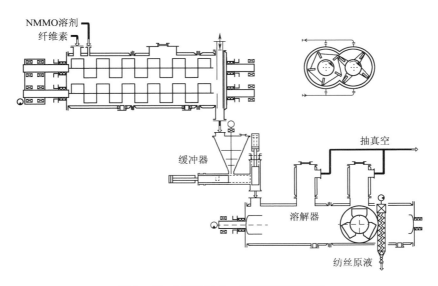

图8-45　LIST 混合—溶解工序流程图

该套溶解装置具有传热传质速率快、传热面积大、控温准确均匀、剪切均匀度高、自清洁、搅拌轴附近无盲区、溶解能力大、停留时间范围广(从十几分钟到几小时)、反向混合少以及物料轴向传递速度与搅拌轴速度无关、制备的溶液量大等特点。

(三)纺丝溶液的纺前准备

经过后溶解的纺丝溶液含有多种固态杂质及气泡,故需进行混合、过滤和脱泡。Lyocell 纺丝溶液混合、过滤和脱泡的作用,与前面黏胶的混合、过滤和脱泡基本相同。

原液过滤和脱泡在80℃以上的保温状态下进行。脱泡时间为18~24h。在此过程中,纤维素的降解造成溶液黏度略有降低。

二、Lyocell 纤维的纺丝

(一) Lyocell 纤维的纺丝工艺

一般说来,Lyocell 纤维的纺丝可采用湿法和干湿法两种工艺。考脱沃兹等工业化生产 Lyocell 纤维的公司采用干湿法工艺。纺丝溶液从喷丝头压出后,先经过一段气体层(气隙),然后进入凝固浴,因此也有人把这种方法称为气隙纺丝(air gap spinning)。其装置如图 8-46 所示。这和传统的黏胶法不同。

纺丝原液自纺丝罐经计量泵定量送到喷丝头组件;从喷丝孔挤出的原液细流,先垂直向下行经一段空气夹层(也可充惰性气体),在这一夹层中,细流受到强烈拉伸、牵细,然后进入凝固浴(含

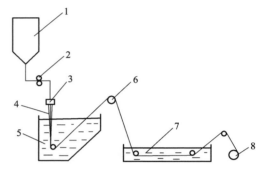

图 8-46 Lyocell 纺丝拉伸装置示意图
1—原液罐 2—计量泵 3—喷丝头组件 4—气隙
5—凝固浴 6—导丝辊 7—水洗浴 8—卷绕辊

50%NMMO 水溶液,约 15℃)凝固为丝条,再经水洗浴(室温)后去卷绕。在气隙中,空气是理想的介质,也可以采用氮气或非凝固介质。纺丝细流在此阶段经一定程度的拉伸取向后进入凝固浴,并在凝固浴中发生溶剂和凝固剂的双扩散,使纤维凝固析出。凝固后的丝条被送往后道工序进一步处理。

(二)Lyocell 纤维的成型原理

1. 干湿法纺丝机理及优势 Cepkob 等对干湿法纺丝的机理进行了探讨,认为干湿法纺丝线可以划分为五个区域(图 8-47)。干湿法纺丝与喷丝孔直接浸入凝固浴中的传统湿法纺丝有显著的区别:干湿法纺丝不会发生纺丝溶液在喷丝孔中冻结的问题,因此可采用比湿法纺丝低得多的凝固浴温度;干湿法纺丝时,纺丝溶液挤出喷丝孔后先通过一段气体层(气隙),导致喷丝板至丝条固化点之间的距离增大,因此拉伸区长度可达 5~100mm,远远超过液流胀大区的长度。在这样长的距离内发生的液流的轴向形变,其速度梯度不大,形成的纤维能在气体层中经受显著的喷丝头拉伸,而液流胀大区却没有很大的形变,这就可以大大提高纺丝速度。而湿法纺丝[图 8-47(b)]喷丝头拉伸在很短的区域内(B 点与 S 点之间)发生,这样就导致很大的拉伸速度,而且特别不利的是导致胀大区发生强烈的形变,使黏弹性的液体受到过大的张力,并在较小的喷丝头拉伸下就发生断裂。因而在湿法纺丝时,要借增大喷丝头拉伸而提高纺丝速度是有限制的。因此,Lyocell 纤维的纺丝速度要比黏胶纤维的纺丝速度高得多,一般在 50~200m/min,有的甚至高达 500m/min。

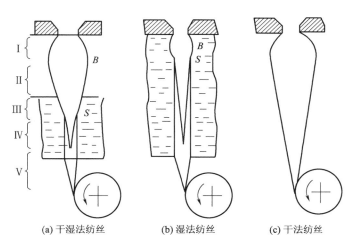

(a) 干湿法纺丝　　　　(b) 湿法纺丝　　　　(c) 干法纺丝

图 8-47　溶液纺丝图解

另外,干湿法纺丝可以采用直径较大的喷丝孔和黏度较大的纺丝溶液。湿法纺丝溶液的黏度一般为 $20\sim50\mathrm{Pa\cdot s}$,喷丝孔直径一般为 $0.07\sim0.1\mathrm{mm}$。而 Lyocell 纤维的纺丝溶液的纤维素含量一般为 $15\%\sim18\%$,黏度一般为 $700\sim750\mathrm{Pa\cdot s}$,喷丝孔直径一般为 $0.15\sim0.3\mathrm{mm}$,均远大于黏胶纤维。因此,Lyocell 纤维的干湿法与传统的黏胶纤维湿法相比有明显的优势。

2. 成型过程中纤维结构的形成　　Lyocell 纤维结构是纺丝原液在挤出喷丝板后,经气隙段拉伸形变、凝固浴凝固、纤维洗涤和干燥而形成的。纤维的结构主要决定于成型过程中纤维素分子链同时进行的取向、凝固和结晶过程。而结晶既受纺丝溶液性质和凝固条件的影响,又受纤维干燥和后处理因素的影响,这些工艺参数彼此间又不是彼此相互独立的。

在纤维素—NMMO 纺丝溶液中,纤维素分子并没有显示出液晶性。然而 Coulsey 等则认为,纤维素在 NMMO 溶剂中溶解后,纤维素分子就像刚性棒状的聚芳香酰胺分子一样,在溶液中存在一个预取向过程。另外,纺丝溶液在喷丝孔内产生的剪切流动形变和出喷丝孔后产生的拉伸流动形变会引起纤维素分子发生取向。而由于气隙的存在,纺丝细流在进入凝固浴前具有相对长的松弛时间,因此上述的取向态比较稳定,能保持到再凝固之前。研究表明,在气隙内,未凝固纤维的双折射与纤维的应力成正比,在进入凝固浴时达到极限。由此可得出结论:Lyocell 纤维大分子链的取向主要发生在气隙段。

另一个与 Lyocell 纤维结构形成有关的重要工艺,是纺丝溶液在凝固浴中的双扩散凝固过程。在纺丝细流的凝固过程中,溶剂和非溶剂之间的交换,导致了纤维素分子非溶剂化和纤维分子间及分子内氢键的重新形成。一些极性溶剂,如水、乙醇和其他易与 NMMO 混合的溶剂,都会引起溶剂从纺丝细流中移出。纺丝溶液凝固时,NMMO 分子与非溶剂分子相互吸引,而与纤维素分子间的相互作用逐渐消失。随着取向和超冷的 NMMO 纤维素进入凝固浴,纤维素分子的去溶剂化过程伴随着开始产生非溶剂诱导的相分离。

在凝固浴内,在气隙段保持的高度取向结构进一步得到固定。与此同时,取向链间发生相互作用而导致结晶。因此,Lyocell 初生纤维在纺丝线上已经发生了结晶。但实验表明,干燥会引起纤维素双折射的进一步增加。一般认为,这不是由于收缩的缘故,而是干燥过程中纤维的结晶结构得到了进一步的发展。

(三)Lyocell 纤维的纺丝工艺控制

在 Lyocell 纤维的生产中,溶液的状态、喷丝板构造(如喷丝孔孔径及长径比)、气隙条件(如长度、温度和湿度)、纺丝速度、喷丝头拉伸倍数、凝固条件(如凝固浴的组成、浓度和温度)等因素对 Lyocell 纤维的结构和性能有着重要的影响,在生产中应根据产品的要求进行调节和控制。

1. 气隙条件 研究表明,气隙条件是 Lyocell 纤维纺丝工艺中重要的工艺参数。气隙的长度(D_L)、温度和湿度的变化都会影响纤维的结构和性质。气隙长度适当,可使纺丝细流冷却、拉伸取向充分,进入凝固浴时成型缓慢,有利于形成内外均匀的结构。在相同的拉伸比(D_R)下,D_L 增大,则液流的形变速度梯度降低,纺丝的稳定性提高。在 $D_L > 20$mm 的情况下,纺丝线可经受 $10\sim20$ 倍拉伸。然而,D_L 过大也不适当。研究表明,原液细流从喷丝孔挤出,在气隙内行程 30mm 内,其直径已迅速变小,液流中纤维大分子在拉伸作用下已有较高的取向度,双折射率 Δn 值迅速递增,行程超过 50mm,则其直径及双折射率的变化已不明显(图 8-48 及图 8-49)。说明在低于 40m/min 的纺速下,纺丝线在 50mm 内已得到较充分的取向;再者,D_L 太大,纺丝线的液流段太长,容易断裂,或者由于拉伸速度梯度太小而致细流膨胀过大,容易引起漫流而不利于纺丝的顺利进行。因此,D_L 需根据纺丝原液黏弹性、喷丝孔结构、拉伸倍数、凝固浴条件及纺速等因素而定。

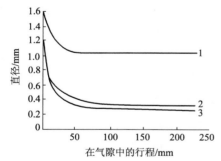

图 8-48　丝条的直径与其在气隙中行程的关系

喷丝孔径 0.2mm;$v_0 = 2.3$m/min

$1-D_R = 1$　$2-D_R = 10.4$　$3-D_R = 15.4$

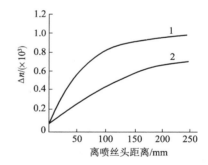

图 8-49　丝条双折射率与离喷丝头距离的关系

1—喷丝孔径:$200\mu m$　2—喷丝孔径:$300\mu m$

要特别指出的是,气隙条件影响成品纤维的原纤化倾向。低温而且干燥的气隙条件能显著增加纤维的原纤化;热而湿的空气条件和短的气隙会减少纤维的原纤化趋势。纺速越慢,纺丝原液细流在气隙中停留时间越长,得到的纤维原纤化程度越低。拉伸比越高,纤维的原纤化趋势越大。所以用低的拉伸比,可得到强度高而原纤化程度低的纤维;长气隙和拉伸比达到 10 时,可以制得力学性能非常优异、原纤化程度低的高性能纤维。降低纤维素纺丝液的浓度,会降低 Lyocell 纤维的力学性能和原纤化程度。

2. 喷丝头拉伸比(D_R) 干湿法纺丝的喷丝头拉伸比(D_R)是指卷绕线速度 v_L 对纺丝溶液

挤出速度 v_0 的比值。根据野村春治等研究表明，Lyocell 纤维的双折射率 Δn、取向因子（f_T）及断裂强度都随 D_R 的增大而提高（图 8 - 50 及图 8 - 51），而断裂伸长率则呈下降趋势。

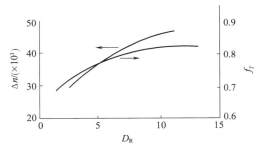

图 8 - 50　Lyocell 纤维的 Δn、f_T 与其 D_R 的关系

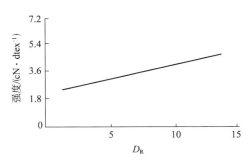

图 8 - 51　Lyocell 纤维的断裂强度与 D_R 的关系

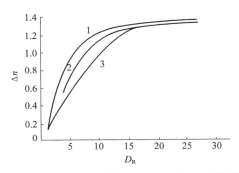

图 8 - 52　Lyocell 纤维的 Δn 与 D_R 和 d_0 的关系

1—$d_0=0.10$mm　2—$d_0=0.15$mm

3—$d_0=0.20$mm

干湿法纺丝拉伸主要在气隙段，纺丝线进入凝固浴很短距离内，已生成固态皮层，并很快完成凝固过程，大分子取向状态能有效地被固定下来。D_R 要与纺速 v_L 及气层高度 D_L 相协调，当 v_L 或 D_L 提高，D_R 也要相应增大。此外，D_R 还需要根据原液性质、喷丝孔结构、凝固条件等情况确定，通常为 7～12。

3. 喷丝孔直径（d_0）　当 D_R 和 D_L 一定时，纺制单丝线密度大的纤维需用较大的 d_0；在其他条件相同的情况下，d_0 增大则纺制纤维的 Δn 下降（图 8 - 52），纤维的强度也相应降低。在较高的 D_R（$D_R>15$）时，纤维的 Δn 与 d_0 无关。通常采用 d_0 为 0.10～0.15mm。

4. 纺丝速度　研究表明，纺丝速度对 Lyocell 纤维的结构和力学性能有较大的影响。如图 8 - 53所示，Lyocell 初生纤维的双折射率 Δn 随纺丝速度的提高而不断增大，即纤维的取向度单调上升。但 Lyocell 初生纤维的断裂强度随纺丝速度的提高而出现最大值（图 8 - 54），其原因是溶液纺丝纤维的强度既取决于其取向度，又与纤维的形态结构有关。随着纺丝速度的增加，Lyocell 初生纤维的取向度增加，其强度增大；但另外，随着纺丝速度的增大，原液细流在凝固浴中的凝固剧烈，溶剂去除不充分，待干燥后成为空洞，使初生纤维中的空隙增多（图 8 - 55），从而导致其强度反而下降。综合这两种相反作用的影响，Lyocell 初生纤维的断裂强度随纺丝速度的提高出现极大值。

5. 凝固条件　研究表明，在原液细流的凝固过程中，溶剂和非溶剂（水）之间的交换，导致了纤维素分子的非溶剂化和纤维分子间及分子内氢键的重新形成。一些极性溶剂，如水、乙醇和其他易与 NMMO 混合的溶剂，都会引起溶剂从纺丝细流中移出。纤维素溶液凝固时，NMMO 分子与沉淀剂分子相互吸引，而与纤维素分子间的相互作用逐渐消失。在实际生产中，通常采用水或较稀的 NMMO 水溶液做凝固剂纺制 Lyocell 纤维。改变凝固浴中 NMMO 的浓度或凝固浴的温度，可以调节原液细流的凝固进程。表 8 - 9 表明，当纺丝速度不变时，纤维的断裂强度随着凝固浴温度的提高而下降。通常 Lyocell 纤维的凝固浴温度为 15℃、凝固浴中 NMMO 的含量为 50% 左右。

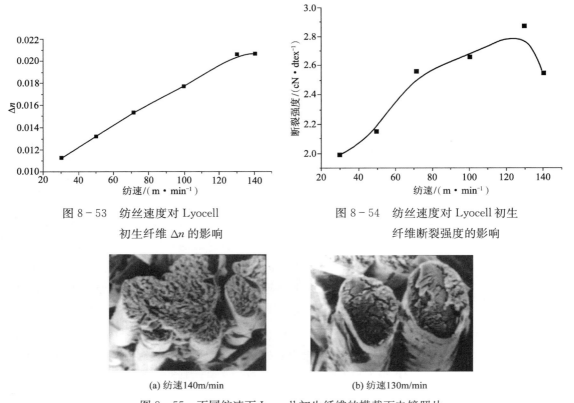

图 8－53　纺丝速度对 Lyocell　　　　　　　图 8－54　纺丝速度对 Lyocell 初生
初生纤维 Δn 的影响　　　　　　　　　　纤维断裂强度的影响

(a) 纺速140m/min　　　　　　　　　　(b) 纺速130m/min

图 8－55　不同纺速下 Lyocell 初生纤维的横截面电镜照片

表 8－9　**Lyocell 纤维的断裂强度随凝固浴温度的变化**

凝固浴温度/℃	断裂强度/(cN·dtex⁻¹)
2	3.62
13	3.46
20	3.42

(四)Lyocell 纤维的纺丝设备

由于 Lyocell 纤维的纺丝采用干湿法,因此不能采用常规的黏胶纤维生产线。目前关于 Lyocell 纤维生产中使用的纺丝设备有许多专利。Courtaulds 公司在我国获得的专利(申请号 94192192.1)描述了一种生产纤维素长丝的设备。该设备将溶液挤压通过具有多个孔的喷丝板以形成多根纤维,使多根纤维通过气隙进入含水的纺丝槽以形成长丝,并通过与纺丝槽中水的上表面平行的气隙供给强制流动气体。上述形成长丝所用的纺丝装置包括一个从长丝中浸出溶剂的纺丝槽、位于纺丝槽上方的间隙以及横过气隙的气体流动装置(图 8－56)。

除了纺丝机与黏胶纤维纺丝机不同外，Lyocell 纤维生产用的喷丝组件不仅要求喷丝孔径小、光洁度高，而且对耐压也有一定的要求。其结构比常规喷丝组件要复杂得多，尤其是纺短纤维时，所用喷丝板多为由数个至几十个均匀排列的喷丝帽或小孔板构成的复合型喷丝板，每个喷丝帽或小孔板上有数百甚至数千个喷丝孔。

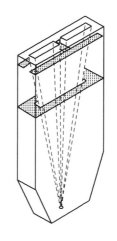

图 8 - 56　Courtaulds 公司 Lyocell 长丝的纺丝设备

三、Lyocell 纤维的后处理

经成型拉伸后的初生 Lyocell 纤维，必须经过后处理。纤维的后处理主要是水洗、上油。为使纺丝拉伸后尚处于部分溶胀状态下的初生丝条继续完成离浆（脱除溶剂和凝固剂）过程，纤维需经多段水洗。水洗温度为室温，水可循环使用，以便于回收 NMMO。

Lyocell 纤维所用的上油剂与黏胶纤维相仿。通过上油，赋予纤维平滑性、抱合性，增强其抗静电性。

通过烘干除去纤维的水分。Lyocell 纤维的回潮率与黏胶纤维近似，为 12%～13%。

若生产的成品为 Lyocell 短纤维，则由凝固浴出来的丝条经水洗、上油、干燥、卷曲、切断等一些与黏胶短纤维类似的后处理工序后即可打包成 Lyocell 短纤维产品。

若生产的成品为 Lyocell 长丝，由凝固浴出来的丝条则经多道水洗、干燥、上油、卷绕各工序后形成 Lyocell 长丝筒管产品。图 8 - 57 为 Lyocell 长丝生产中纺丝原液由喷丝头喷出至卷绕工序的主要流程示意图。

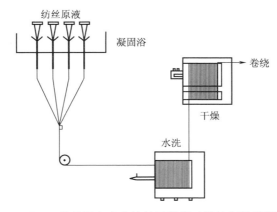

图 8 - 57　Lyocell 长丝生产中纺丝至卷绕工序的主要流程示意图

第五节　再生纤维素纤维的结构性能和用途

一、再生纤维素纤维的结构特点

(一)再生纤维素纤维的化学结构

经过一百多年的深入研究,已证明纤维素是由 β - 葡萄糖残基,通过 $1,4$ - 苷键连接成的长链而构成的,其化学结构式为:

2 个仲羟基在 $2,3$ 位上,1 个伯羟基在 6 位上。特别是 2 位上的仲羟基呈现出明显离解度的酸性性质。由于第 6 个碳原子上的羟基彼此处于反式位置,因此纤维素被认为是间规立构聚合物。由于纤维素基本链节的环状结构以及存在的强极性羟基,因此刚性较大,属于刚性链聚合物。

黏胶纤维生产过程中,虽然发生了一系列化学反应,但最终产物仍然是纤维素;Lyocell 纤维的生产过程属于物理过程,纤维素的化学结构基本没有变化。因此,再生纤维素纤维的化学结构与原料纤维素的化学结构是一致的。

(二)再生纤维素纤维的聚集态结构

早期的纤维素工作者认为,再生纤维素纤维的力学性能(特别是强度),主要与聚合度有关。但实际上,影响纤维力学性能更重要的因素是纤维的聚集态结构。如 Lyocell 纤维的聚合度为棉纤维的 $1/10 \sim 1/5$,但强度则接近或超过棉纤维。因此,充分认识纤维素的聚集态结构,对于采用合适的工艺条件制备性能更高的纤维十分重要。

再生纤维素纤维的聚集态结构,主要包括再生纤维素大分子在纤维中的组合、排列情况,即结晶区结构、非晶区结构和侧序结构。

1. 再生纤维素纤维的结晶结构　再生纤维素相态的整列部分被认为是结晶的或接近于结晶的结构,不整列区域被认为是无定形结构。对于纤维素中是否有结晶结构,曾经引起争论。后来许多有高整列度的天然和再生纤维素样品(棉、麻、Lyocell 纤维)的广角 X 射线衍射图谱(图 8-58)表明,有大量可视为同一性的反射。从而可以得出结论:这些样品具有足够的整列结晶区。

一般认为,纤维素的晶区和无定形区沿微原纤交替分布、重复的同一周期(由一个结晶区和一个无定形区构成)称为长(大)周期,其值为 $8 \sim 25nm$,即包括 $15 \sim 50$ 个葡萄糖残基。

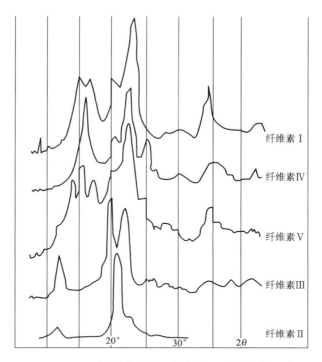

图 8 - 58　不同纤维素样品的广角 X 射线衍射图谱

纤维素有五种结晶变体,表 8 - 10 列出了其中 4 种结晶变体的晶胞参数。纤维素 V 的晶型尚未确定,但有人认为取纤维素 IV 的变体也是可能的。纤维素纤维与一般纤维不同,其纤维轴的方向不是 c 轴而是 b 轴。

表 8 - 10　纤维素的晶胞参数

晶胞参数	纤维素 I	纤维素 II	纤维素 III	纤维素 IV
a/nm	0.820	0.802	0.774	0.812
b/nm	1.030	1.030	1.030	1.030
c/nm	0.790	0.903	0.996	0.799
α/(°)	90	90	90	90
β/(°)	83.3	62.8	58	90
γ/(°)	90	90	90	90

结晶变体不同,纤维的物理—力学性能有很大不同,其强度相差 3~5 倍,其耐疲劳性能相差几百倍。例如,棉纤维属于纤维素 I,其 $\beta = 83.3°$,接近正交晶系,结构比较紧密,因此耐碱性好,可进行丝光化处理。黏胶纤维属于纤维素 II,β 角较小,大分子之间结合力较小(羟基间生成氢键较少),因此强度较差。Lyocell 纤维也具有纤维素 II 结构,但由于其结晶度和取向度均比纺织用黏胶纤维高得多,因此强度也高得多。纤维素 III 的 β 角与纤维素 II 接近,故其性能与纤维素 II 相似。纤维素 IV 的 $\beta = 90°$,属于正交晶系,结构紧密,因此纤维强度高。

纤维素的各种结晶变体之间可以相互转化,例如通过碱溶液处理,可以将纤维素Ⅰ转化成纤维素Ⅱ,图8-59为其示意图。

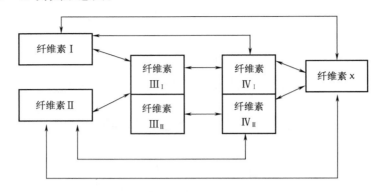

图8-59 纤维素的各结晶变体之间的相互转化

注 纤维素Ⅰ和纤维素Ⅱ转化成的纤维素Ⅲ的红外光谱略有差异,故以Ⅲ_Ⅰ、Ⅲ_Ⅱ表示。

各种纤维素材料的结晶度大小,不管用何种方法测定,其排列次序都是一致的:麻 > 棉 > 各种木浆 > 再生纤维素纤维。不同品种的再生纤维素纤维结晶度也不同,见表8-11。

表8-11 各种再生纤维素纤维品种的结晶度

品 种	纺织用长丝	高模量纤维	Polynosic	强力轮胎纤维	BX	福迪生	Lyocell
结晶度	0.29	0.67	0.74	0.66	0.76	0.85	0.53

注 表中结晶度为光密度曲线上反射峰密度与高度之比。

纤维素晶区的大小和形状并不均一,它取决于纤维素的生长过程或成型条件。纤维素纤维的晶区尺寸大致为:宽度5～10nm,厚度2～5 nm,长度由10nm到数百纳米,具体因品种而异。对同一品种,不同的测定方法其值也不同。表8-12列举了几种黏胶纤维的晶区尺寸。

表8-12 几种黏胶纤维的晶区尺寸

项 目		普通纤维	HWM(高湿模量纤维)	Polynosic(富强纤维)
晶区长度(DP)/nm	X射线法	80	85	110～130
	极限聚合度法	60～80	80～95	100～140
	电子显微镜	—	100	150
晶区厚度/nm	X射线大角衍射	5～7	7～10	8～10
	X射线小角衍射	8	10	10～11
	电子显微镜	—	20	20

纤维的晶区尺寸对纤维的性能有较大的影响。通常晶粒粗大,则纤维的刚性、弹性模量和脆性较大,延伸度、疲劳强度、钩接强度、柔曲性较小,染色性较差,织物的尺寸稳定性较好。如表8-12中,普通黏胶纤维的晶区尺寸中等,则其强度和弹性模量较低;高湿模量纤维和Polynosic的晶区尺寸较大,则其强度和弹性模量较高。

2. 纤维素纤维的侧序分布　实际上再生纤维素纤维的晶区与无定形区之间并不存在清晰的界限,在两者之间存在着既不任意、又非完全有规则排列的各种不同序态的部分。如果仅仅以晶区和无定形区描绘纤维素的超分子结构,未免过于简单,因此通常用"侧序分布"这一术语来描绘再生纤维素纤维中大分子链在纤维侧向的有序程度,即大分子链在侧向由无序态到很高序态的排列情况。

纤维素纤维中大分子的序态配列情况,可用图8-60表示。

与各种黏胶纤维的结晶结构不同相对应,各种黏胶纤维的侧序分布也不同,如图8-61所示。

3. 再生纤维素纤维的取向结构　再生纤维素纤维具有较大的各向异性,其双折射 Δn 数值较大(表8-13)。这种各向异性的存在,是由于结晶区以及无定形区的分子链多数沿纤维轴取向。

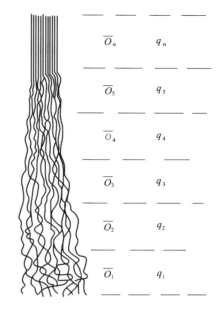

图8-60　纤维素纤维有序度示意图

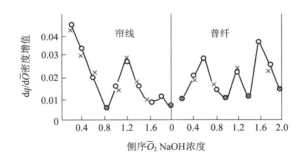

图8-61　纤维素纤维的侧序分布曲线

表8-13　再生纤维素纤维的取向结构参数

取向结构参数	普通黏胶纤维	Lyocell 纤维
Δn	0.00428	0.00611
光学取向度	0.699	0.998
X 衍射取向度	0.9600	0.9986

由表8-13可知,Lyocell 纤维的取向度高于黏胶纤维。

(三)纤维素纤维的形态结构

1. 纤维素纤维的层状结构　无论是天然纤维素还是再生纤维素纤维,在电子显微镜上均可观察到微原纤。微原纤指由若干基原纤或线型大分子平行排列结合成较粗的基本属于结晶态的大分子束。微原纤的长度远大于大分子链的尺寸,它是纤维素纤维的最小的超分子结构单元尺寸。微原纤的横向尺寸取决于结构本身以及分散条件。

关于纤维素的层状结构,有一些不同的观点。Frey－Wyssling 和 Hess 认为,纤维素由 15～25nm 的微原纤构成。微原纤可分解为宽 7～9nm,厚 3nm 的基原纤。基原纤为扁平形,可视为结晶中心,周围为不完善的外膜。

图 8－62 为 Frey－Wyssling 提出的天然纤维素微原纤的截面图。该结构模型表示,4 个基原纤构成一个微原纤。基原纤间为不完善结晶纤维素所形成的间隙,只有与纤维素有特殊亲和力的小分子(如 H_2O)才能进入。该结构模型提出的基原纤结晶中心的大小(3nm×7nm)与 X 射线法测出的晶束直径 5nm 相近;结晶中心约占全体的 2/3,与 X 射线法测得的结果(70%)相近。

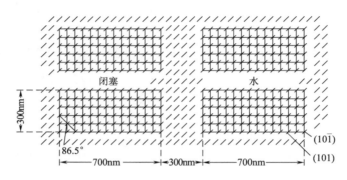

图 8－62　Frey－Wyssling 天然纤维素微原纤的截面图

研究表明,纤维素纤维由宽度 300～500nm 的原纤堆砌而成,而原纤由若干微原纤组成。反过来,将纤维素纤维研磨,可以得到原纤;将纤维素纤维振动研磨,可以得到微原纤;将微原纤应用超声波水解,可以得到基原纤。

2. 再生纤维素纤维的皮芯结构　再生纤维素纤维有明显的皮芯结构。图 8－63 为再生纤维素纤维的皮芯结构截面模型图。铜氨纤维素纤维截面有四层:第一层(表面层)为直径(R)约 50nm 的微原纤,紧密地聚集取向;第二层 $r/R=0.7$,孔隙率高,结晶度中等,取向稍低;第三层 $r/R=0.7～0.3$,存在少量孔,结晶度、取向度高;第四层 $r/R=0.3～0$,接近无孔,结晶度、取向度低。

普通黏胶纤维的皮芯结构,也可用上述四层结构描述。但一般认为,黏胶纤维的截面有三层:第一层(膜层)≤1000～2000nm,第二层(皮层)占 20%～60%,第三层为内部的芯层(图 8－64)。

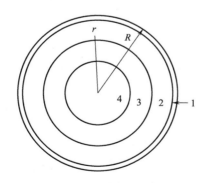

图 8－63　为再生纤维素纤维的皮
芯结构截面模型图

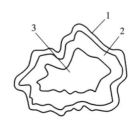

图 8－64　黏胶纤维的横截面
1—膜层　2—皮层　3—芯层

未经化学试剂处理及机械作用的 Lyocell 纤维有规整的圆柱形外观,但经碱液和加温处理后,可以看到其皮芯结构。将 Lyocell 纤维置于浓度为 11% 的 NaOH 溶液煮沸 30min,皮层发生分离破裂的扫描电镜照片如图 8-65 所示。由这些照片可以看出:

(1)纤维的皮层很薄,根据这些照片测得皮层厚度为 70~170nm,由于 Lyocell 纤维的实测线密度为 1.734dtex,即干态平均直径为 12.1μm,因此认为 Lyocell 纤维基本上是由全芯层组成的。

(2)皮层的破坏无方向性差异,即皮层基本无取向。

图 8-65　Lyocell 纤维皮层分离破裂的图像(放大 2500 倍)

二、再生纤维素纤维的性能和用途

(一)黏胶纤维的性能和用途

几种黏胶纤维的主要力学性能指标列于表 8-14。

表 8-14　几种黏胶纤维的力学性能

性　能	普通黏胶纤维	三超强力丝	变化型 HWM	Polynosic 纤维
干强度/(cN·dtex⁻¹)	2.0~3.1	4.4~5.3	3.1~5.4	3.1~5.8
干伸度/%	10~30	15~25	8~18	6~12
湿强度/(cN·dtex⁻¹)	0.9~2.0	4.0~4.8	2.2~3.8	2.4~4.0
干模量/(cN·dtex⁻¹)	55~80	36~80	70~150	110~160
湿模量/(cN·dtex⁻¹)	2.7~3.6	2.7~4.5	9~22	18~65
钩接强度/(cN·dtex⁻¹)	0.3~0.9	1.5~2.5	0.6~2.7	0.6~1.0

黏胶纤维吸湿性能优,易于染色,不易起静电,有较好的纺织加工性能。短纤维可以纯纺、也可以与其他纺织纤维混纺,织物光滑、柔软、透气性良好,穿着舒适,染色后色泽鲜艳、色牢度好。黏胶短纤维织物适于制作内衣、外衣和各种装饰用品。长丝织物质地轻薄,除适于制衣料外,还可织制被面和装饰织物。普通黏胶纤维的缺点是牢度较差,湿模量较低,缩水率较高而且容易变形,弹性和耐磨性较差。

高湿模量黏胶纤维具有强度高、延伸度低、湿模量高、耐碱性良好等特点,其与棉的混纺织物可进行丝光处理,基本上克服了普通黏胶纤维的缺陷,其织物牢度、耐水洗性、形态稳定性均与优质棉相近。Polynosic 纤维在水中的溶胀度低,弹性回复率高,因此织物的稳定性较好。HWM 纤维的干、湿态强度略低于 Polynosic 纤维,但断裂伸长较高,钩接强度特别优良,湿模量低于 Polynosic 纤维,但与棉纤维的同一指标大致相似,已基本克服了普通黏胶纤维的重要缺点,而且克服了 Polynosic 钩接强度差、脆性大的缺点。它更适于与合成纤维混纺,以改善合纤的吸湿性,也可以进行纯纺。

强力黏胶纤维的强度高,抗多次变形性特别好,可用作轮胎帘子线、传送带和三角皮带的帘子线、绳索、各种工业用织物,如帆布、塑料涂层织物等。

改性黏胶纤维具有多种用途:与聚丙烯腈或聚乙烯醇复合的黏胶纤维具有毛型感和蓬松性,适于制作西装、毛毯和装饰织物;有扁平形状和粗糙手感的"稻草丝"(扁丝)和空心黏胶纤维的密度小、覆盖能力大,并有膨体特性,适用于编织女帽、提包和各种装饰用具;用丙烯酸接枝的黏胶纤维有很高的离子交换能力,可用以从溶液中回收金、银、汞等贵重金属;含有各种阻燃剂的黏胶纤维,可用在高温和防火的工业部门;黏胶纤维还可用作医用纤维,如经特殊处理的黏胶纤维可制成止血纤维,含钡的黏胶长丝或短纤,可分别制成医用缝合线或纱布,它能被 X 射线所探查,黏胶(或再生纤维素)中空纤维膜具有透析作用,可用于制作人工肾血液透析器,作为肾衰病症的辅助治疗器具。此外,黏胶纤维经热处理和活化处理而制得的碳纤维和石墨纤维,具有高强度和高模量,与环氧树脂等制成的复合材料,可用作空间技术的烧蚀材料;由黏胶和硅酸钠共混而纺得的原丝,经处理后制成的陶瓷纤维作为耐高温树脂的增强材料,可用于液体火箭发动机和喷气发动机的喷嘴以及空间装置重返大气层的防热罩。

(二)Lyocell 纤维的性能和用途

Lyocell 纤维与其他纤维力学性能见表 8-15。显然,Lyocell 纤维的强度与涤纶相当而远高于棉和普通黏胶纤维,尤其是其湿强仅比干强低 15%,是再生纤维素纤维中第一个湿强超过棉纤维干强的品种,这使它能用多种纺纱方法纺制成高强度的纱线,并适合纺制细支纱,从而纺造薄型织物;且湿态时的高强度使之可经受住高速生产工艺,大大提高了织造效率。Lyocell 纤维的应力—应变特点还使它与其他天然纤维和合成纤维之间有较大的抱合力,易与这些纤维以任意比例混纺,从而改善织物的力学性能、外观效果及手感,而且在整个混纺比例范围内,纱线的强度高,能经受剧烈的机械和化学处理,并能用生物酶处理制成各种风格和各种手感的服装面料。另外,Lyocell 纤维具有很高的湿模量,这使得该纤维织物的收缩率很低,在纬编和经编织物中收缩率仅为 2% 左右,因此,织物的可洗性较好。

表 8-15　Lyocell 纤维与其他纤维力学性能的比较

指　　标	Lyocell	棉	涤　　纶
线密度/dtex	1.7	—	1.7
干强度/(cN·tex^{-1})	42～48	23～30	42～52
干伸长率/%	6～16	7～9	25～35
湿强度/(cN·tex^{-1})	36～41	26～32	42～52
湿伸长率/%	10～18	12～14	25～35
湿模量(5%伸长)/(cN·tex^{-1})	270	100	210

由 Lyocell 和黏胶短纤的 TG(热重分析)谱图所得的特征数据见表 8-16。Lyocell 纤维的分解起始温度高于黏胶纤维,热失重现象相对较轻微,耐热性优于黏胶纤维。

表 8-16　Lyocell 短纤和黏胶短纤 TG 谱图中的特征数据

样　品	起始温度/℃	终止温度/℃	失重/%	分解起始温度/℃
Lyocell 短纤	200.05	288.76	3.188	288.76
	288.75	330.48	42.84	—
	330.48	386.38	51.08	—
	386.38	499.99	24.23	—
黏胶短纤	200.03	275.67	2.089	275.67
	275.67	336.25	23.13	—
	336.25	374.75	42.75	—
	374.75	451.34	15.04	—

表 8-17～表 8-19 列出了 Lyocell 纤维在 105℃、145℃、190℃条件下随时间延续,纤维的强伸度变化状况。190℃、30min 热处理下的纤维断裂强度和断裂伸长率分别为原值的 88.4% 和 88.6%,有良好的耐热性能。在常规纺织加工和正常使用中,服装面料可能遇到最高温度及持续时间约为 180℃,30s。因此,Lyocell 纤维可适应加工和使用要求。

表 8-17　Lyocell 短纤在 105℃下热处理后的强伸度变化

受热时间/min	Lyocell 短纤		黏胶短纤	
	断裂强度/(cN·dtex⁻¹)	断裂伸长率/%	断裂强度/(cN·dtex⁻¹)	断裂伸长率/%
0	4.24	14.0	2.62	17.7
0.5	4.18	14.6	2.17	18.4
1	3.96	14.7	2.12	19.5
5	4.13	15.1	2.35	17.8
10	4.23	14.8	2.61	18.0
20	4.38	13.3	2.35	17.7
30	4.67	14.6	2.65	18.0

表 8-18　Lyocell 短纤在 145℃下热处理后的强伸度变化

受热时间/min	Lyocell 短纤		黏胶短纤	
	断裂强度/(cN·dtex⁻¹)	断裂伸长率/%	断裂强度/(cN·dtex⁻¹)	断裂伸长率/%
0	4.24	14.0	2.62	17.7
0.5	4.14	12.8	2.70	19.8
1	4.15	13.6	2.63	18.8

受热时间/min	Lyocell 短纤		黏胶短纤	
	断裂强度/(cN·dtex^{-1})	断裂伸长率/%	断裂强度/(cN·dtex^{-1})	断裂伸长率/%
5	4.37	14.7	2.52	18.0
10	4.45	14.8	2.25	18.4
20	3.95	13.4	2.39	16.6
30	3.93	12.5	2.51	18.6

表 8-19　Lyocell 短纤在 190℃ 下热处理后的强伸度变化

受热时间/min	Lyocell 短纤		黏胶短纤	
	断裂强度/(cN·dtex^{-1})	断裂伸长率/%	断裂强度/(cN·dtex^{-1})	断裂伸长率/%
0	4.24	14.0	2.62	17.7
0.5	3.96	13.5	2.68	16.5
1	3.86	14.5	2.67	17.1
5	4.10	14.2	2.28	18.6
10	4.20	13.7	2.28	18.5
20	4.13	13.5	2.81	17.8
30	3.75	12.4	2.26	18.8

由于 Lyocell 纤维结晶度高、结构致密稳定，故热收缩率很低，保持了类似于棉、麻等天然纤维素纤维的特性，见表 8-20。

表 8-20　Lyocell 和黏胶纤维的干热收缩率比较

项　目	干热收缩率/%
Lyocell 纤维	0.54
黏胶纤维	1.26

Lyocell 短纤维、黏胶纤维的极限氧指数相同，LOI 均为 18%。Lyocell 纤维因结晶度高、比表面积小、结构致密，在标准大气条件下的平衡回潮率为 10.53%，小于黏胶纤维（11.08%）。Lyocell 纤维、黏胶纤维和棉纤维的水湿膨胀率见表 8-21。Lyocell 纤维表现出极高的横向膨胀率，而纵向膨胀率极低。由此也可看出 Lyocell 纤维的取向度高于其他纤维素纤维。

表 8-21　纤维素纤维在水湿条件下的膨胀率

纤维类型	水湿条件下的膨胀率/%	
	横向	纵向
Lyocell 纤维	40.0%	0.03%
黏胶纤维	31.0%	2.60%
细绒棉	8.0%	0.60%

Lyocell 纤维在干态、湿态和 NaOH、H_2SO_4 水溶液浸渍膨胀后的平均直径和直径膨胀率见表 8 - 22。显示出 Lyocell 纤维在 NaOH 水溶液溶胀后的直径膨胀率远大于 H_2SO_4 水溶液浸渍膨胀和水湿膨胀;NaOH 水溶液的浓度并不与直径膨胀率成正比,在某一适当的浓度下有最大的直径膨胀率。

表 8 - 22　Lyocell 纤维浸渍后的平均直径和直径膨胀率

处理条件	平均直径/μm	直径膨胀率/%	处理条件	平均直径/μm	直径膨胀率/%
干态	9.6	0.0	11%NaOH 浸泡	33.9	253.1
H_2O 浸泡	12.4	29.2	15%NaOH 浸泡	23.7	146.9
1.0%NaOH 浸泡	14.4	50.0	0.1%H_2SO_4	14.0	46
5%NaOH 浸泡	16.9	76.0	1.0%H_2SO_4	14.1	47

图 8 - 66 为 20℃下 Lyocell 纤维的吸湿等温线和放湿等温线的吸湿滞后圈。从吸湿等温线、放湿等温线的形态看,Lyocell 纤维的吸湿机理与常规纤维素纤维完全一致。Lyocell 纤维的吸湿和放湿平衡回潮率差异最大处均集中于相对湿度 70%~80%的范围,比黏胶纤维集中。可见 Lyocell 纤维的孔隙尺度也较集中。

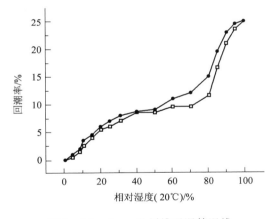

图 8 - 66　Lyocell 纤维吸湿等温线
—●—放湿曲线　—□—吸湿曲线

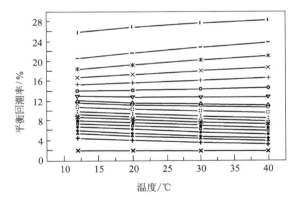

图 8 - 67　Lyocell 纤维在不同相对湿度下的吸湿等湿线

图 8 - 67 为 Lyocell 纤维的吸湿等湿线。与常规纤维素纤维及高回潮率的其他纤维相比,Lyocell 纤维在高温高湿条件下平衡回潮率的突然上涨现象不明显,而高湿条件下随着温度增加发生的平衡回潮率持续上升比较显著。这是由于 Lyocell 纤维比较突出的吸湿膨胀特性所造成的。

由于 Lyocell 纤维具有一些独特的性能,因此已在服装和产业领域具有重要的用途。

在服装领域,Lyocell 纤维因其突出的高强特性、原纤化特性、良好的可纺纱性能以及作为纤维素纤维的优良服用性能和舒适性,为国际服装市场的"时装化、高档化、个性化"的潮流在面料上提供了可靠的保证。通过与 Lyocell 纤维的一些重要特征的结合,创造了许多全新的织物。此外,各种后处理技术的组合可产生约一万种不同的外观。其中,纯 Lyocell 织物有珍珠般的光泽,固有的流动感,使织物看上去舒适,并有良好的悬垂性。通过控制原纤化的生成,可赋予织物桃皮绒、砂洗、天鹅绒等多种表面效果,形成全新的美感,制成光学可变性的新潮产品。另外,Lyocell 纤维与丝、棉、麻、毛、合成纤维及黏胶纤维混纺,可制成各种风格及有特殊外观和手感风格的面料和绒线等,用于高级牛仔服、高级女式时装、高级女式内衣、裙子、高级男式衬衫休闲服、运动衣、针织品(内衣和 T 恤衫)和毛绒织物等多种服装。近十多年来,由 Lyocell 织物做成的服装在日本、美国、西欧等国家和地区日趋流行,销量不断增加。许多著名时装设计师选择 Lyocell 织物作为他们设计的时装面料,推出了许多时尚服饰。Lyocell 纤维可用来做高强耐磨、阻燃、抗静电工作服和作战服等特种防护服装面料。在新一代军服的系列服装中,Lyocell 纤维及其混纺制品可用于四季的常服、夏季训练服、冬季训练服和体能训练服面料。

在产业领域,由于 Lyocell 纱线具有强度高、断裂伸长率较低、吸附性良好、可生物降解、在水刺过程中易于原纤化等特点,因此应用前景也十分广阔。例如,用针刺法、水缠结法、湿铺法、干铺法和热黏法将 Lyocell 纤维加工成各种性能的非织造布,其加工性能和产品性能均优于黏胶纤维。此外,Lyocell 纤维在工业丝、特种纸、工业过滤材料、传送带、篷盖布、缝纫线、保湿絮料、香烟滤嘴、婴儿尿布、海绵、塑料磁盘盒内衬、医用绷带、医用服装和工业揩布等方面都有许多潜在的用途。

☞ 复习指导

本章要求掌握再生纤维素纤维的概念、主要品种和它们生产的工艺原理、工艺过程及工艺控制途径,理解再生纤维素纤维的性能和结构特征,熟悉再生纤维素纤维的主要原料和它们的应用。

掌握黏胶纤维纺丝原液制备的工艺原理、工艺控制及主要设备,理解纤维素碱化过程中发生的化学及结构变化;理解碱纤维素的降解机理和纤维素黄原酸酯制备过程中发生的化学变化;也要求理解纤维素黄原酸酯的溶解历程及采用低温溶解的原理以及黏胶在熟成过程中发生的化学变化和物理化学变化。掌握黏胶纤维成型的工艺原理、工艺控制及主要设备,知道黏胶纤维成型过程中发生的化学和物理化学变化并理解黏胶纤维拉伸过程一般包括回缩阶段的原因。

理解 NMMO 水溶液溶解纤维素的机理,掌握 Lyocell 纤维纺丝原液制备的工艺原理、工艺控制及主要设备,掌握 Lyocell 纤维成型的工艺原理、工艺控制及主要设备,理解 Lyocell 纤维干湿法成型的机理。

第九章　高技术纤维

高技术纤维一般认为是依靠纤维材料科学的基础理论和先进的纤维加工成型技术,制备出的具有高性能、高功能和高感性的一类纤维。本章所述高技术纤维主要指高性能纤维,包括碳纤维、芳香族聚酰胺纤维、芳杂环纤维、高强聚乙烯纤维等。

第一节　碳纤维

碳纤维具有高强度(约 7GPa)、高模量(200～600GPa)和优良抗蠕变性能,是复合材料优良的增强纤维。碳纤维可以长丝、短纤维或者编织物的形式增强复合材料,尤其增强的复合材料广泛应用于航空航天、国防军工、交通运输等领域的结构材料,在建筑修复、自行车、渔具等工业和体育运动器材领域也在不断扩大应用。

碳纤维中碳含量占总质量的 90% 以上,无法通过直接纺丝成型的技术获得碳纤维。碳纤维是通过前驱体纤维(原丝)经过一系列热处理和反应后制备的。作为碳纤维原丝的纤维有聚丙烯腈(PAN)纤维、纤维素纤维、沥青纤维等。其中 98% 的碳纤维是以 PAN 纤维为原丝制备的,称为 PAN 基碳纤维。

碳纤维有不同的分类:按照一束碳纤维中单根纤维的个数,分为小丝束(1～24K)和大丝束(24～320K)两种,1K 指碳纤维的一束丝中有 1000 根单丝,依此类推 24K 就是一束丝中有24000 根单丝;按照力学性能不同,碳纤维可分为不同模量(高、中、低模量碳纤维),具体见表 9-1;按照原丝种类可分为聚丙烯腈基、沥青基、纤维素基碳纤维。世界上碳纤维的最大生产商集中在日本,日本有东丽(Toray)、东邦人造丝(Toho Tenax)、三菱人造丝(Mitsubishi)三大碳纤维生产企业,另外一些企业分散在中国、俄罗斯、美国、印度等。

表 9-1　碳纤维按照力学性能分类

PAN 基碳纤维	拉伸强度/MPa	拉伸弹性模量/GPa
低弹性模量	≥3500	≤200
标准弹性模量	≥2500	200～280
中弹性模量	≥3500	280～350
高弹性模量	≥2500	350～600
超高弹性模量	≥2500	≥600

受篇幅所限,本章仅叙述以聚丙烯腈为原丝制备的碳纤维。

一、聚丙烯腈原丝制备

制造碳纤维用的聚丙烯腈(PAN)原丝,是影响碳纤维质量的关键因素之一,要求 PAN 原丝强度高,热转化性能好,杂质含量少,原丝的结构缺陷少,线密度均匀。

聚丙烯原丝的生产技术与常规聚丙烯腈纤维相似,采用湿法纺丝或者干喷湿纺工艺,经凝固、水洗、拉伸、上油、干燥后获得成品纤维,流程见图 9-1。

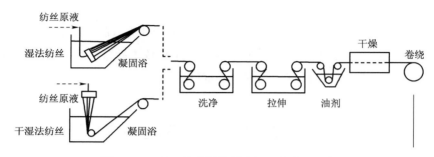

图 9-1   PAN 基碳纤维制造的工艺流程示意

与湿法纺丝相比,干喷湿法纺丝时,纺丝原液从喷丝孔流出后,先经过一小段空气层(10～20mm),再进入凝固浴。干喷湿纺用纺丝液浓度高于湿法纺丝,可达 30%(质量分数,下同),(湿法纺丝液浓度一般为 15%～25%)。除此之外,干喷湿法纺丝在空气层溶液细流获得更大程度的拉伸,纤维大分子链取向程度高,结构致密,有利于获得高质量 PAN 原丝。纺丝速度也比湿法纺丝快。

为了有利于原丝在后续制备碳纤维的预氧化过程中容易控制,在聚合时需要加入少量共聚单体以缓和预氧化过程热化学反应的激烈程度。因为在高温下的预氧化是放热反应,过于猛烈的热量释放会在纤维结构中产生缺陷。

作为共聚的单体有甲基丙烯酸、顺丁烯二酸等,加入量为 0.5～3%。

制造碳纤维原丝时,要求所使用的单体、水、溶剂等原料纯度高、车间内无尘、容器设备耐腐蚀,使原丝中的杂质含量(包括金属离子含量)降到最低,因为杂质使原丝缺陷增多,降低了碳纤维的性能。表 9-2 为 PAN 原丝含杂质对碳纤维强度的影响。

表 9-2   PAN 原丝含杂对碳纤维强度的影响

项目	原丝残留溶剂/%			原丝含尘量		
	4.46	0.24	0.01	高	中	低
碳纤维强度/GPa	1.10	1.83	2.85	1.5	2.0	2.9

二、PAN 基碳纤维的制备

1. 预氧化   PAN 原丝在 200～300℃的空气介质中,通过预氧化炉,在炉中 PAN 大分子链转化为环形梯状结构,使其在高温碳化时不熔不燃,保持纤维的形态。预氧化时于 PAN 原丝上加以一定的张力。预氧化反应所需的时间,是纤维直径的函数,直径越大所需时间就越长。预氧化过程中,发生一系列复杂的化学反应,纤维颜色由白色变黄色、棕色。纤维的密度由

1.18g/cm³ 增加到 1.36～1.38g/cm³,氧化后纤维含碳量为 60％～70％(质量分数,下同),含氮 20％～24％,氧含量 5％～10％,氢含量 2％～4％、组成及结构变化见图 9 - 2。

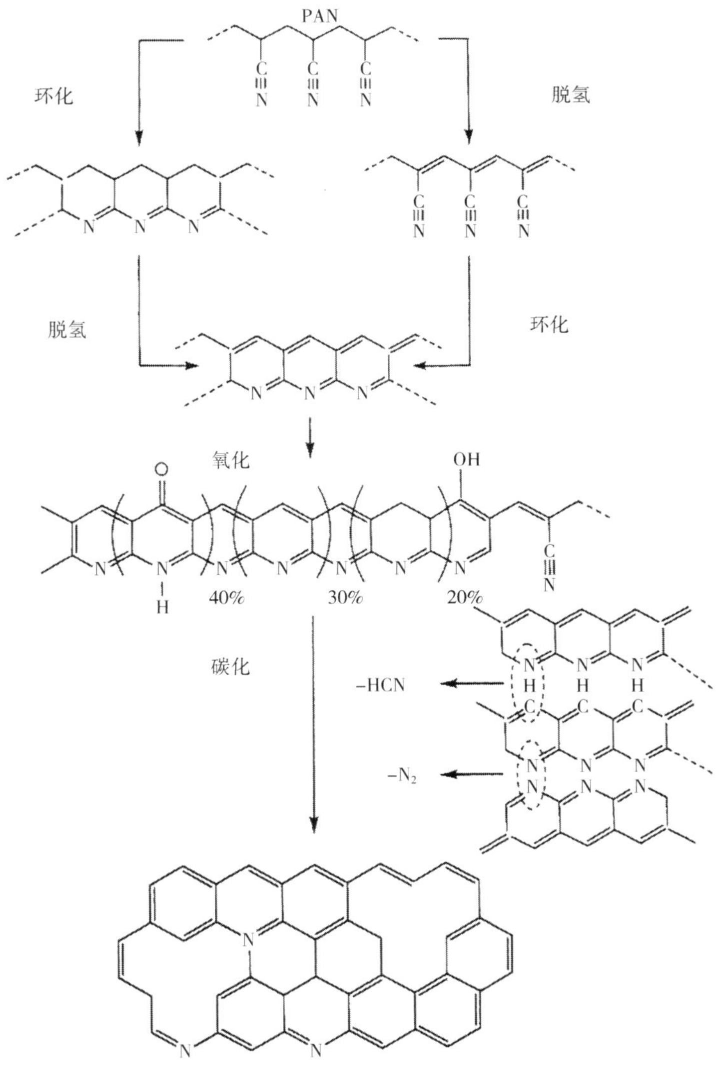

图 9 - 2　PAN 原丝预氧化、炭化过程结构变化

预氧化是一个受多种因素影响的复杂过程,诸如原丝的结构、氧化温度、时间、升温速度、预加张力等。预氧化工艺条件和设备设计要满足 PAN 原丝的上述化学反应和结构转变,对放热反应要有良好的温度控制和空气风量、风温的测试。为了得到优质的碳纤维,采用多段施加预张力,以确保 PAN 原丝达到要求的预氧化程度和均匀性,线型 PAN 大分子链转化为耐热梯形结构的预氧化丝。

2. 碳化及石墨化　预氧化丝在氮气保护下,进入碳化炉,炉内温度 800～1500℃,纤维发生碳化反应,梯形大分子发生交联,转变为稠环状结构,纤维中碳的含量从 60％提高至 92％以上,形成梯形六元环连接的乱层状石墨片结构(图 9-2)。

碳化过程中,前一区域温度较低约 600℃,加热速度较低传质过程缓慢,有利于大分子结构中的氢,以 H_2O、NH_3、HCN 和 CH_4 的形式从纤维中分离出来,氮主要以 HCN、NH_3 的形式分离。之后高温区 800～1500℃时,除了氢、氮以上述形式分离外,还以分子态氢和氮的形式分离,同时氧也以 H_2O、CO_2 和 CO 的形式分离出来,这些热解产物的瞬间排除是碳化工艺的技术关键。碳化炉的设计和工艺要使分解产物顺利排出,否则会造成纤维表面缺陷,影响碳纤维的质量。和预氧化一样,纤维碳化时也会有物理和化学的收缩,所以也对纤维施加适量的张力进行拉伸,提高大分子主链方向的择优取向。

为了获得更高模量的碳纤维,可将碳纤维再经过接近 3000℃高温热处理,也称石墨化处理,使纤维的含碳量增加至 99%以上,促进纤维的结晶在大分子轴向的有序和定向排列。石墨化工艺要绝对隔断氧气,炉子中的气体只能选择氩或氦气,不用氮气,因为氮在 2000℃以上时与碳反应生成氰化物。

3. 碳纤维的表面处理和上浆 碳纤维主要作为纤维增强材料应用,碳纤维增强树脂的强度取决于该纤维与基体树脂之间的黏合力,所以碳纤维需要经过表面处理,改善纤维表面形态,增加表面活性,加强与基体树脂界面的复合性能,提高复合材料的层间剪切强度。经炭化或石墨化后的连续碳纤维长丝,先进入表面处理工序,使碳纤维表面部分氧化,以增加表面活性,然后对表面进行上浆,将在碳纤维表面涂覆上浆剂,见图 9-3。

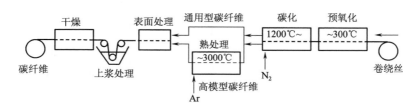

图 9-3 碳纤维表面处理和上浆(从左至右)

对碳纤维进行表面处理,主要是对表面进行氧化,可通过电解氧化法、化学氧化法、等离子氧化法、臭氧氧化法等实现。图 9-4 是电解氧化法示意图。连续碳纤维作为阳极经过辊筒进入含有电解液的阴极电解槽中,电解液是由水溶性化合物组成,例如,碳酸铵水溶液、次氯酸钠水溶液、硫酸等。经过电解处理在碳纤维表面产生含氧化合物,增加表面活性。

虽然表面处理的作用机理还不十分清楚,但处理后在碳纤维表面产生了活性点,较好地改善了纤维与基体树脂的黏合力。经表面处理的碳纤维与树脂复合,其层间剪切强度可提高至80～120MPa,而未经表面处理,它的复合材料层间剪切强度只有 50～60MPa,达不到使用的要求。

经表面处理后的碳纤维还要经上浆处理,一般用改性环氧树脂类的溶液作为上浆剂,上浆可以避免碳纤维在后道加工中起毛损伤,也能增加纤维之间依靠树脂建立的结合力。上浆过程可由图 9-5 示意。

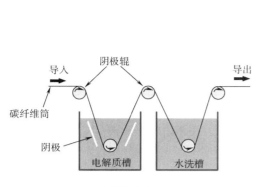

图 9-4　碳纤维电解法表面处理

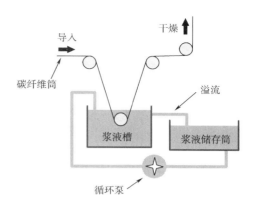

图 9-5　碳纤维表面上浆

三、碳纤维的结构和性能

1. 碳纤维的结构　碳纤维由沿纤维轴高度取向,优先平行于纤维轴的乱层石墨碳层的结晶结构构成。碳纤维的结构不像二维碳材料,也不像石墨烯那样确定和明晰,具有复杂多样、结构与碳化温度和工艺控制密切相关的特点。除构成主体的碳层结晶结构外,纤维中存在数量众多的洞穴和孔隙、纤维皮层与芯层存在差异,即便碳层平面内也有缺陷,碳层有扭曲和变曲,碳层之间距离不均匀,碳层间存在连接结构等。有人模拟由四层碳层组成的 3.3nm×2.4nm×1.5nm 空间内碳层的堆积模型。图 9-6 可以形象地表现出碳层层面的变曲、层间距的变化、层间发生的交错等。碳纤维结构的复杂性是制约碳纤维性能提高的关键因素,这些结构的复杂性有的来自原丝,有的来自氧化过程,有的来自碳化过程,这些都给高性能碳纤维的制备带来困难。

图 9-6　在 3.3nm×2.4nm×1.5nm 空间的碳层堆积模型

通过提高碳化温度完善碳层结构,进而提高碳纤维的石墨化程度,提高纤维中结晶的尺寸是有效的。图 9-7 是碳纤维中晶体尺寸与碳化温度的关系,其中 L_a 是晶体的长度(平行碳层方向),L_c 是晶体的厚度(垂直碳层方向)。随碳化温度升高,碳层结构缺陷减少和碳层平面堆积不断规整完善的变化过程如图 9-8 所示。

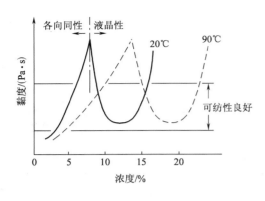

图 9-7 PPTA—H_2SO_4 溶液的浓度与
体系黏度的关系

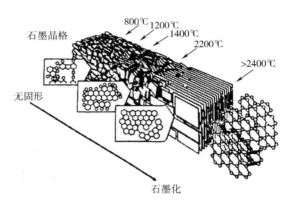

图 9-8 碳层结构随温度的变化过程

2. 碳纤维的性能 PAN 基碳纤维因为成型工艺控制的不同,其力学性能有很大差异,一般拉伸断裂强度在 3.0～7.0GPa,拉伸弹性模量 200～600GPa。提高拉伸强度的主要措施是减少纤维中的缺陷,而提高拉伸弹性模量的途径是升高热处理温度。高拉伸强度和高拉伸弹性模量非同时实现,各公司生产的碳纤维因为工艺技术和生产控制水平的差异,有其自身特点,有的强调高模量,有的突出高强度。与金属相比,碳纤维密度小(1.6～1.8g/cm³),因此比强度和比模量更高,这也是碳纤维增强复合材料替代金属的优势所在。

此外,碳纤维尺寸稳定性好,热膨胀系数很小(0～$1.1×10^{-6}$/K),保证了由其增强的复合材料高温使用的尺寸形状稳定性。碳纤维具有导电性,且其电导率随热处理温度的升高而增加。碳纤维在耐磨、耐化学试剂、润滑性方面都表现优良。

四、碳纤维的用途

综上所述,碳纤维是高强高模耐高温的高性能纤维材料,用碳纤维增强的复合材料被称为先进复合材料,其结构特性可与铝合金等金属材料相比拟,并显示高强轻质耐腐蚀的优越性。碳纤维在航天航空方面有广泛的用途,还正向其他产业领域拓展。

1. 航天航空 碳纤维增强复合材料在火箭发动机喷管、壳体、弹头等零部件上得到广泛应用,同时随着飞机结构设计的发展和碳纤维复合材料技术的进步,碳纤维复合材料不仅用于空军高性能战斗机上,在民用大飞机的机翼、天线罩、整流罩、舱内结构件、方向舵、舱门等部件上也得到大量应用,有的用量已经高达 40% 以上,可节省很多燃油的消耗。在航天飞机、空间站部件方面也必须采用碳/碳复合材料。

2. 土木建筑 碳纤维强度高、模量高、重量轻、耐腐蚀疲劳强度好,和环氧树脂复合加工方便,因此在建筑物、桥梁、涵洞等的建造、修补、补强及替代钢筋方面有特别效果,体现了优质、高效、低成本、高技术等优势,在全世界得到推广应用,将成为碳纤维复合材料应用的新市场。

3. 汽车及交通车辆 碳纤维复合材料在赛车上应用早就开发了,随着大型卡车和高速列车的建造,使用碳纤维复合材料做车厢,可减轻车身自重,增加有效载重量。在制造过程中一体化成型法可简化组装时间。在车辆的零部件应用方面,如传动轴、压缩天然气燃料容器等正处于实用化阶段,随着碳纤维的发展,可望有进一步的增长。

4. 电器、电子　碳纤维复合材料可应用于高精度天线,卫星天线等电子装备上。在微波器件如方圆过渡波导、高精度馈源等,使系统尺寸达到高精度,质量减轻 20%～30%。其他在办公室设备、家用电器等方面,也在被逐步开发应用。碳纤维可作为新能源燃料电池、风力发电机叶片材料,作为清洁、可再生能源产业很有发展前景,特别是风力发电机的叶片材料,采用碳纤维复合材料后,可满足轻量化、高刚性和高耐疲劳强度的要求,在楼顶小型风力发电机、旋转翼风机、大型风机上都能得到应用。

5. 体育器材　最早应用碳纤维的是钓鱼竿,用量可达 1200t,后来是高尔夫球杆,用量达2000t,网球拍也开始使用碳纤维增强材料。其他在赛艇、自行车、滑雪器材等方面都有应用。

6. 医疗卫生　由于碳纤维的生物相容性好,在人工骨、人造关节、假肢和假手等方面有广泛的应用,在医疗仪器上可利用它的高刚性和 X 射线透过性。

今后,随着碳纤维在新的产业领域的大量应用,将引起碳纤维工业的一个拓展和飞跃。

第二节　芳香族聚酰胺纤维

自从美国杜邦公司科学家 Carothers 1935 年发明脂肪族聚酰胺,即聚己二酰己二胺(锦纶66)纤维以来,聚酰胺纤维作为工业用纤维,发挥了很大作用,一直到 20 世纪 60 年代,有多种聚酰胺新产品问世,其中最重要的发现是杜邦公司 1962 年发表的聚间苯二甲酰间苯二胺纤维(当时称为 HT－1 纤维),以后正式的商品名称为 Nomex;到 1966 年又发表更令人注目的聚对苯二甲酰对苯二胺纤维(当时称为 Fiber B 纤维),1972 年其正式的商品名为 Kevlar。为了区别于脂肪族聚酰胺的通称 Nylon,1974 年美国联邦贸易委员会把芳香族聚酰胺通称定义为 Aramid,用它制造的纤维就是芳香族聚酰胺纤维(Aramid Fiber)。我国把此类纤维称为芳纶。把聚对苯二甲酰对苯二胺纤维称为芳纶 1414,把聚间苯二甲酰间苯二胺称为芳纶 1313。前者英文缩写是 PPTA,后者是 MPIA。

能成型高性能纤维的芳香族聚酰胺的大分子结构见表 9－3。从分子构造的理论与实验可知,这类大分子玻璃化转变温度高,熔点一般高于分解温度,不能进行熔融纺丝成型。另外,常规有机溶剂也难以溶解,常使用强酸,如 H_2SO_4 溶解此类大分子。20 世纪 70 年代,杜邦公司的科学家发现,聚对苯二甲酰对苯二胺的 H_2SO_4 溶液在某些条件能形成高分子液晶溶液,并由此发明了液晶纺丝技术,奠定了高性能芳香族聚酰胺纤维的生产基础。并非所有芳香族聚酰胺溶液都具有液晶特性,聚间苯二甲酰间苯二胺溶液即拥有非液晶特性,其成型的纤维力学性能一般,但热稳定性优异。

表 9 − 3　能生成高强度高模量纤维的芳香族聚酰胺

名称	结构式	强度/GPa	伸长率/%	模量/GPa	代号或简称
聚对苯甲酰胺	$-\!\!\left[NH-\!\!\bigcirc\!\!-CO\right]_n\!\!-$	2.2	1.6	130	PBA
聚对苯二甲酰对苯二胺	$-\!\!\left[NH-\!\!\bigcirc\!\!-NHOC-\!\!\bigcirc\!\!-CO\right]_n\!\!-$	2.8 2.7	4.0 2.4	63 120	PPTA (高模型 PPTA)
聚(2-氯对亚苯基对苯二甲酰胺)	$-\!\!\left[NH-\!\!\bigcirc\!\!-NHOC-\!\!\bigcirc\!\!-CO\right]_n\!\!-$	2.1	6.0	47	—
聚(4,4′-酰胺亚联苯基对苯二甲酰胺)		3.3	2.3	140	—
聚(3,4′-二氨基二亚苯醚对苯二甲酰对苯二胺)		3.1	4.4	70	Technora
聚(4,4′-二氨基二亚苯醚对苯二甲酰对苯二胺)		2.8	4.4	68	—
聚对苯酰胺酰肼	$-\!\!\left[NH-\!\!\bigcirc\!\!-CONHNHOC-\!\!\bigcirc\!\!-CO\right]_n\!\!-$	2.2	2.4	105	X − 500

一、聚对苯二甲酸对苯二胺(PPTA)纤维

聚对苯二甲酸对苯二胺(PPTA)纤维由 PPTA 聚合物的液晶溶液经过纺丝制得。即通过将一定相对分子质量的 PPTA 聚合物溶解在 H_2SO_4 中制成溶液,通过浓度、温度调控,使该溶液呈现液晶特性,由液晶纺丝成型高强度、高模量的 PPTA 纤维。

(一)聚对苯二甲酸对苯二胺的合成

1. 单体及聚合反应　由对苯二胺与对苯二甲酰氯或者对苯二甲酸相互缩合生成 PPTA 的聚合反应如下所示:

其反应是 Schotten − Baumann 型反应,如下所示:

因此反应与—X 基团的性质有关,能形成酰胺键的—X 有卤素,OR(其中 R 为 H、烷基、芳基)。

这些化合物中，当—X 为卤素—Cl 时，作为反应单体活性最高，因此芳香族二酰氯是首选单体。像所有缩聚反应一样，两单体的摩尔比对所得 PPTA 的相对分子质量有很大影响。例如，当对苯二甲酰氯纯度由 99.91% 变化到 99.70%、99.42% 时，所得 PPTA 的特性黏度依次是 5.50dL/g、4.40dL/g、3.92dL/g。因此，必须严格控制单体纯度。又因为此聚合是在溶液中进行的缩聚反应，需要大量溶剂。只有热力学惰性溶剂才可使用，同时为了获得高分子量的产物，溶剂要对聚合物有良好的溶解性。一般是酰胺型溶剂，或者添加一些盐的混合溶剂如 NMP—CaCl₂ 才能满足要求。常用的酸胺型溶剂及其性能列于表 9-4。

表 9-4　酰胺型溶剂的性质

名　称	结构式	熔点/℃	沸点/℃	密度/(g·cm⁻³)	黏度/(×10Pa·s)	偶极矩	pKₐ(在水中)
六甲基磷酰胺（HMPA）	$[(CH_3)_2N]_3PO$	7.2	230	1.020	3.47	5.45	—
N-甲基吡咯烷酮（NMP）	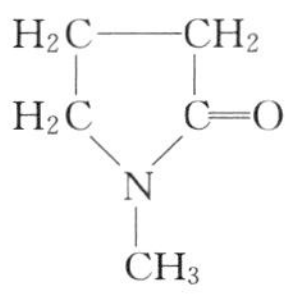	-24.4	202	1.027	1.65	4.50	+0.20
N,N-二甲基乙酰胺（DMAc）	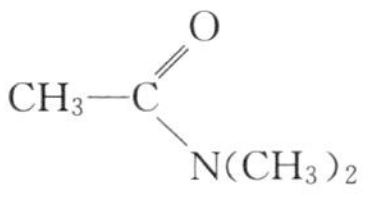	-20.0	165	0.937	0.92	3.79	+0.10
N,N-二甲基甲酰胺（DMF）	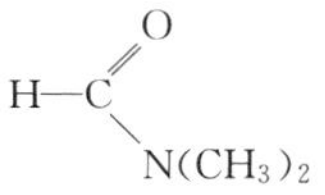	-61.0	153	0.944	0.80	3.25	-0.70
二甲基亚砜(DMSO)	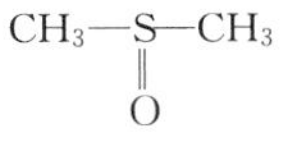 $CH_3—S—CH_3$	-18.2	189	1.100	2.47	3.90	—
四甲基脲(TMU)	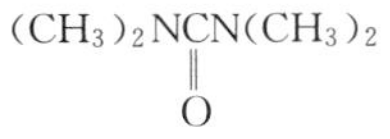 $(CH_3)_2NCN(CH_3)_2$	-1.2	177	0.969	—	3.37	+0.40
N-乙酰基吡咯烷酮	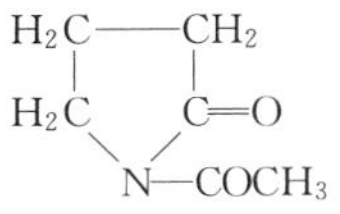	—	231	—	—	—	—

PPTA 工业化生产采用连续缩聚装置，对苯二胺的酰胺—盐溶液和熔融的对苯二甲酰氯，由计量泵精确地连续送进特殊的反应混料器，物料迅速反应，停留极短时间后，立即进入双螺杆反应器，在高剪切下完成缩聚反应，排除反应热量使温度控制在较低的范围内，最后高相对分子质量的聚合物以粉碎屑粒形式排出，缩聚溶剂回收利用。如图 9-9 所示。

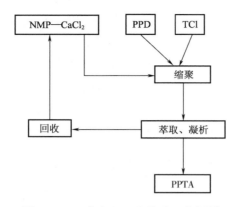

图 9-9　工业上 PPTA 聚合工艺框图

单体高纯度、正确的溶剂,配合适当的聚合工艺控制方可得到高分子量 PPTA 聚合物。

2. 聚合工艺控制　聚对苯二胺与对苯二甲酰氯的缩聚反应速度极快,又是一个放热反应,当反应体系温度过高时,会增加副反应和聚合物的降解,选择低的反应初始温度有利于得到高分子量的聚合物。有人对类似的反应,聚对苯甲酰胺的聚合温度对其特性黏度的影响做过研究,发现随聚合温度由 0 摄氏度升高到 100℃,聚对苯甲酰胺在四甲基脲中测得的特性黏度由 2.1dL/g 降到 0.3dL/g(图 9-10)。可见,控制此类聚合反应的温度对于得到高分子量产物十分重要。

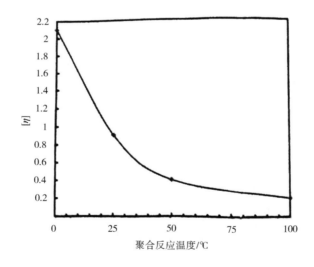

图 9-10　聚对苯甲酰胺的特性黏度与聚合反应温度关系

适合制备高强高模 PPTA 纤维的聚合物特性黏度要求在 5~6dL/g。PPTA 在浓硫酸溶液中,特性黏度 $[\eta]$ 与相对分子质量 M 有如下关系。

$$[\eta]=7.9\times10^{-5}M^{1.06}$$

通常特性黏度在 4dL/g 以上时,PPTA 的相对分子质量大于 27000。

对聚合反应用溶剂对产物相对分子质量的影响也有研究。专利曾报道制造高相对分子质量 PPTA,常使用酰胺类混合溶剂体系,它比单一溶剂效果更好,如元甲基磷酰胺与 N-甲基吡咯烃酮混合溶剂和与 N,N-二甲基乙酰胺的混合溶剂 HMPA—NMP,HMPA—DMAc 等,其中因为 HMPA 能很好地吸收反应副产物盐酸,两个溶剂产生协同效应,对 PPTA 的溶解性也高。但是 1975 年后,人们发现 HMPA 有致癌作用,且回收上有难度,所以被放弃。工业生产上改用酰胺—盐溶剂,例如 NMP—CaCl$_2$,NMP—LiCl 等体系。溶剂中存在的金属阳离子,将增加体系溶剂化作用,加强溶剂体系与 PPTA 之间亲和,增加 PPTA 的溶解性,促进缩聚反应的程度,在 NMP—CaCl$_2$ 体系中,CaCl$_2$ 的含量对聚合物的对数比浓黏度 η_{inh} 的关系如图 9 - 11 所示。不同的溶剂体系对 PPTA 合成反应的影响也是不同的。

缩聚反应是逐步聚合过程,但由对苯二甲酰氯与对苯二胺合成 PPTA 的反应速率很快,PPTA 合成时,其 η_{inh} 随反应时间的变化如图 9 - 12 所示,反应开始 $30\sim90\mathrm{s}$,反应体系产生乳光效应,几分钟后产生爬杆现象,随即发生冻胶化,传统搅拌已失去功效,需要借助螺杆挤合机,对初生冻胶体加以强力剪切作用,聚合物的 η_{inh} 才会继续增加,反应后期 η_{inh} 则增加缓慢。

得到的高分子量 PPTA 不能溶解在聚合用溶剂用,从反应体系析出,萃取得到纯净的 PPTA 聚合物。然后使用强酸,如 H$_2$SO$_4$ 再次溶解 PPTA,进行纤维成型。这种聚合用溶剂与纺丝溶剂不同,给生产带来诸多不便,为此,有研究开发共聚 PPTA 以改善其溶解性。

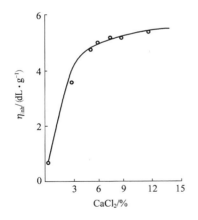

图 9 - 11　PPTA η_{inh} 与溶剂中 CaCl$_2$ 质量分数的关系

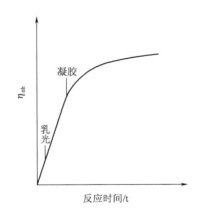

图 9 - 12　PPTA η_{inh} 与反应时间的关系

其中具有代表性的是日本开发的芳香族共聚酰胺,由 $3,4'$-二氨基二苯醚($3,4'$-ODA)、对苯二胺与对苯二甲酰氯在 NMP 酰胺型溶剂中低温溶液缩聚,反应方程式如下所示:

$$n\ \mathrm{H_2N}-\!\!\!\bigcirc\!\!\!-\mathrm{NH_2} + n\ \mathrm{H_2N}-\!\!\!\bigcirc\!\!\!-\mathrm{O}-\!\!\!\bigcirc\!\!\!-\mathrm{NH_2} + 2n\ \mathrm{Cl}-\overset{\mathrm{O}}{\underset{}{\mathrm{C}}}-\!\!\!\bigcirc\!\!\!-\overset{\mathrm{O}}{\underset{}{\mathrm{C}}}-\mathrm{Cl} \longrightarrow$$

$$\left[\!\!\mathrm{NH}-\!\!\!\bigcirc\!\!\!-\mathrm{NH}-\overset{\mathrm{O}}{\underset{}{\mathrm{C}}}-\!\!\!\bigcirc\!\!\!-\overset{\mathrm{O}}{\underset{}{\mathrm{C}}}-\mathrm{NH}-\!\!\!\bigcirc\!\!\!-\mathrm{O}-\!\!\!\bigcirc\!\!\!-\mathrm{NH}-\overset{\mathrm{O}}{\underset{}{\mathrm{C}}}-\!\!\!\bigcirc\!\!\!-\overset{\mathrm{O}}{\underset{}{\mathrm{C}}}\!\!\right]_n + 2n\mathrm{HCl}$$

得到的聚合物溶液用氧化钙中和,调整溶液中聚合物的质量分数为 6% 就成为纺丝原液,这个溶液呈现各向同性,反应产物能够溶解在缩聚溶剂中,简化了溶剂回收和纺丝工艺。

(二)聚对苯二甲酰对苯二胺(PPTA)纤维的成型

采用强酸溶解 PPTA,在一定浓度范围,PPTA H_2SO_4 溶液是溶致性液晶,通过干喷湿法的液晶纺丝技术,即可制得高强度高模量的 PPTA 纤维。

1. 纺丝原液的制备　刚性链的 PPTA 在大多数有机溶剂中不溶解,也不熔融,只在少数强酸性溶剂中例如浓硫酸、氯磺酸和氟代醋酸等强酸溶剂里才溶解成适宜纺丝的浓溶液。表 9-5 所列是几种强酸溶剂的物理性质。

表 9-5　强酸溶剂的物理性质

溶　剂	熔点/℃	沸点/℃	密度/(g·cm^{-3})	比热容/[kJ·(kg·K)$^{-1}$]
甲磺酸	—	167.0	1.48	—
氯磺酸	−80.0	155.0～156.0	1.77	1.2
硫酸(100%)	10.5	257.0	1.83	1.4
发烟硫酸	—	69.8	2.00	1.59

从工业化生产上考虑,选择浓硫酸做 PPTA 的溶剂比较适合。硫酸分子与刚性链 PPTA 分子可能以下列形式化合:

$$\sim\!\!\overset{\text{}}{\bigcirc}\!\!-\overset{O}{\underset{}{C}}-\overset{H}{\underset{}{N}}-\bigcirc\!\!\sim + H_2SO_4 \rightleftharpoons \sim\!\!\overset{}{\bigcirc}\!\!-\overset{}{\underset{OH}{C}}=\overset{H}{\overset{+}{N}}-\bigcirc\!\!\sim + HSO_4^{\ominus}$$

由于硫酸给予质子,沿着 PPTA 大分子链发生质子化作用,因此促进了溶解进程。浓度为 99%～100% 的硫酸,对 PPTA 的溶解性最好。PPTA—H_2SO_4 溶液黏度与溶液浓度的关系如图 9-13 所示。随着 PPTA 溶液的浓度增加,溶液黏度开始上升,当到达临界浓度后,溶液黏度又开始下降,因为 PPTA 刚性棒状大分子,初始时无序,溶液是各向同性体,见图 9-14(a),所以黏度随浓度提高而上升,当溶液浓度过了临界浓度,刚性分子聚集形成液晶微区(domain),在微区中大分子呈平行排列,形成向列型液晶态(nematic liquid crystal),见图 9-14(b),但各个微区之间的排列,

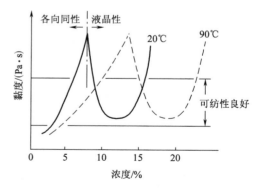

图 9-13　PPTA—H_2SO_4 溶液的浓度与体系黏度的关系

呈无规状态,当溶液受到一点外力场作用时,这些微区很容易沿着受力方向取向,见图 9-14(c),因此黏度又开始下降。随着温度上升,曲线向右移动,表明临界浓度值向高浓度一侧移动,有利于高浓度液晶纺丝原液的生成和提高纤维的强度。

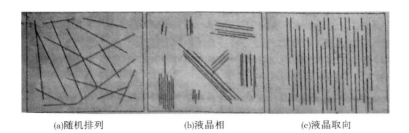

(a)随机排列　　　　　(b)液晶相　　　　　(c)液晶取向

图9-14　PPTA—H_2SO_4 溶液中 PPTA 大分子排列的不同状态

对于溶液纺丝来说,一般希望聚合物的相对分子质量尽量大些,纺丝原液的浓度应该高些,而其黏度要低些,以利于成型加工,从 PPTA—H_2SO_4 纺丝原液的相图(图9-15)来看,当聚合物质量分数为 18%～22% 时,溶液温度在 90～120℃,处于可纺性良好的低黏度区。

2. 纤维成型　用高分子量的 PPTA,制备的高浓度硫酸溶液,呈现向列型液晶特性。纺丝原液通过喷丝孔时,在剪切力和拉伸流动下,向列型液晶微区沿纤维轴向取向,刚出喷丝孔的已经取向了的原液细流,在空气层中进一步伸长取向,到低温的凝固浴中,冷却凝固形成冻结液晶相(图9-16)。因此初生丝无须拉伸就能得到高强度高模量的纤维。纺丝装置示意图如图9-17所示。这种纺丝装置充分发挥了液晶纺丝的优点,中间空气层间隙,可使高温纺丝喷丝头和低温凝固浴保持温差,同时在空气层中进行适宜的喷头拉伸,增加了取向度,并且纺丝速度也比湿法纺丝速度快得多,可达 200～800m/min,有些研究试验已达到 2000m/min 的高速,这显然有利于工业化大生产。

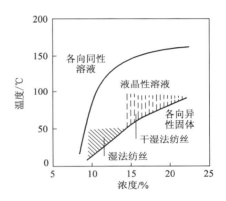

图9-15　PPTA—H_2SO_4 的相图

纺丝工艺参数中,喷丝头拉伸比 SSF(Spin Stretch Factor)是纺丝过程中重要的参数,图9-18是 SSF 与初生丝强度的关系。随着 SSF 增大,原液细流的拉伸流动取向增强,纤维强度迅速增加。因为液晶大分子取向后,其松弛时间比较长,伸直取向的分子结构还来不及解取向,就在冷的凝固浴中被冻结凝固成型,使纤维保持高强度和高模量,纺出的丝束用纯水洗涤,除去残留的硫酸,上油后卷绕成筒管,即为 PPTA 长丝产品。把水洗中和好的丝束,再经过500℃以上高温热处理后,纤维的模量几乎增加一倍左右,而强度变化很小,如图9-19所示。

(三)纤维结构和性能

如前所述,PPTA 纤维的结构与性能和普通聚酰胺、聚酯等有机纤维有很大差别,常规纤维大分子链多数为折叠、弯曲和相互缠结的形态,就是经过拉伸取向后,纤维的取向和结晶度也比较低,其结构常用缨状胶束多相模型来描述,但这些理论已经不能解释高强高模的 PPTA 纤维。PPTA 大分子的刚性规整结构、伸直链构象和液晶状态下纺丝的流动取向效果,使大分子沿着纤维轴的取向度和结晶度相当高。虽然与纤维轴垂直方向存在分子间酰胺基团的氢键和范德瓦尔斯力,但这些凝聚力比较弱,因此大分子容易沿着纤维纵向开裂产生微纤化。

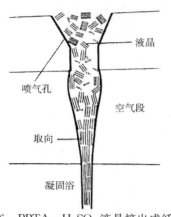

图 9-16　PPTA—H₂SO₄ 液晶挤出成纤示意图

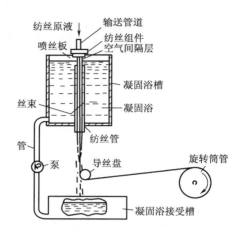

图 9-17　干喷湿纺纺丝装置

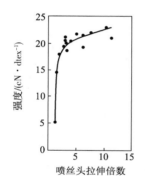

图 9-18　SSF 对初生丝强度影响

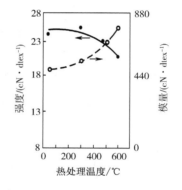

图 9-19　热处理对纤维强度影响

用 X 射线衍射、扫描电镜以及化学分析等方法对 PPTA 纤维的结构进行解析,得到许多结构模型,比较有代表性的如 Dobb 等人提出的"轴向排列褶裥层结构"模型,Ayahian 等人的"片晶柱状原纤结构"模型,Prunsda 及李历生等人提出的"皮芯层有序微区结构"模型,这些微细构造的模型示意图如图 9-20 所示,基本上反映了 PPTA 纤维的主要结构特征:

(1)纤维中存在伸直链聚集而成的原纤结构。

(2)纤维的横截面上有皮芯结构。

(3)沿着纤维轴向存在 200～250nm 的长周期,与结晶 c 轴呈 0～10° 夹角相互倾斜的褶裥结构(pleated sheet structure)。

(4)氢键结合方向是结晶 b 轴。

(5)大分子末端部位,往往产生纤维结构的缺陷区域。

PPTA 纤维的结晶结构为单斜晶体。晶胞参数:$a=0.780nm$,$b=0.519nm$,$c=0.129nm$,

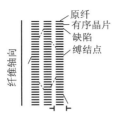  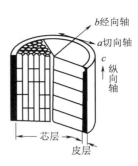

图 9 - 20　PPTA 纤维的几种微细构造模型

$\alpha=\beta=\gamma=90°$, $Z=2$（单位晶胞中的分子数），$\rho=1.50\text{g}/\text{cm}^3$（结晶密度）。

通常纤维的抗张强度主要取决于聚合物的相对分子质量、大分子的取向度和结晶度、纤维的皮芯结构以及缺陷分布。

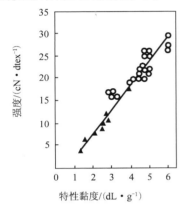

图 9 - 21　PPTA 纤维的强度
与特性黏度关系

如图 9 - 21 所示是 PPTA 纤维的强度与相对分子质量（特性黏度）的关系，随着特性黏度的增加，纤维强度迅速上升。显然，随着 PPTA 相对分子质量的增加，大分子链长度变长，同时减少了分子末端数，改进了分子的规整性，有利于纤维强度的提高。对 PPTA 初生纤维进行紧张热处理，可进一步完善纤维的结晶结构，提高纤维的模量。表 9 - 6 是 PPTA 系列纤维力学性能的比较。

PPTA 纤维的理论强度是 30GPa，理论模量为 182GPa，现在纤维的实际强度达到 3GPa 左右，模量最高达到 173GPa，实测结晶模量已经达到 156GPa。可以看出，纤维的实际模量和理论值相当接近，而纤维的实际强度只有理论值的 1/10，差距很大，这一方面说明高强度纤维的强度受到纤维结构缺陷的影响，另一方面也反映了目前有关纤维结构缺陷的理论还有许多不完善的地方，是今后研究的重要方向。

表 9 - 6　PPTA 系列纤维力学性能的比较

性　　能	K - 29	K - 49	K - 149	K - 129
强度/GPa	2.9	2.8	2.3	3.4
模量/GPa	68	124	173	96
实测结晶模量/GPa	153	156	—	—
理论模量/GPa	182	182	—	—
伸长率/%	3.6	2.5	1.5	3.3
密度/(g·cm^{-3})	1.43	1.45	1.47	1.44
吸水率/%	6.0	4.3	1.5	4.3

注　K - 29 普通型 PPTA 纤维，K - 49 高模型 PPTA 纤维，K - 149 超高模量 PPTA 纤维，K - 129 超高强度 PPTA 纤维。

PPTA 纤维大分子刚性和伸直链的结构,不仅使纤维有高强度、高模量的力学性能,而且还使其具有良好的耐热性。它的玻璃化温度在 345℃左右,在高温下不熔融,热收缩也很小,有自熄性;在 200℃下,强度几乎保持不变,随着温度上升,纤维逐步发生热分解或炭化;其分解温度大约在 560℃,极限氧指数为 28%~30%。

(四)用途

芳纶主要应用于下列领域:防弹产品,如防弹背心、防弹头盔等;光纤缆绳,光缆中心轴部分和外围的保护增强纤维材料以及建筑用绳索、船舶用缆绳等;橡胶补强制品,如芳纶帘子线轮胎、同步传送带、耐热耐压软管;纤维增强复合材料,作为先进复合材料在飞机、航天飞机的零部件上得到应用,在轻质箱体、压力容器、造船业、体育器材等方面都有广泛的应用;摩擦密封件,主要以芳纶浆粕的形式应用,替代石棉大量应用于刹车片、离合器衬片、工业用密封垫等。

近年来高层建筑、海边或海洋中构造建筑及大型桥梁等新型建筑要求采用质量轻、强度高和耐久性好的材料,同时希望建筑施工安全省力,工程更加合理化。在土建用纺织品方面,已大量使用土工布。国外在发生地震灾情后,芳纶土工布作为混凝土、开裂的墙面、高架道路的增强修补材料,由于施工方便,性能优良而得到推广应用。芳纶还可替代钢筋,来增强混凝土,所用纤维的形状有丝束,或编织成辫子状绳索,浸渍树脂固化后,芳纶辫绳的强度通常是钢筋的 5 倍,而密度只有它的 1/5,模量是它的 2/3,且加工方便。用它们可做成棒状硬件,也可根据需要编成框状。芳纶浸渍环氧树脂(FIBRA)的拉伸强度为 1500MPa,拉伸耐疲劳性在应力幅度 374MPa 下,200 万次以上还没有被破坏;耐化学药品(除了硫酸外),在海水中浸渍 30 天,强度仍保持在 90%以上;FIBRA 和水泥的黏合性与普通钢筋相仿,因此采用 FiBRA 可使构件轻量化、耐久性好,在地面、柱子和梁结构施工中都有所应用。

最近日本在高性能印刷线路板制造方面,要求耐更高的温度,更轻更薄,生产效率比通常的玻璃纤维基板更高,因而大量应用芳纶材料,通过非织造布工艺或造纸的方法,研制的印刷电路基板可应用于 IT 产业的各种设备。现代电子信息要求传播速度越来越快,电子元件的体积越来越小,而材料是高可靠性的关键,原有的玻璃纤维/环氧树脂板已不能满足许多先进电子系统对高玻璃化温度、低介电损耗和稳定线性膨胀系数等性能的要求,高性能、高密度电子元件希望先进的印刷线路板耐热高达 270℃左右,芳纶材料制造的印刷线路板完全能满足使用要求。

轮胎的质量和耐久性也十分重要,采用芳纶为帘子线的轮胎可节省 3kg 质量,而成本仅上升 10%,但轮胎使用寿命延长,能耗降低,乘坐相当舒服。对位芳纶增强的轮胎是超轻量轮胎,简称 ULW 轮胎,这种轮胎仅在西欧就要使用芳纶达 2000t/a,用量可观。汽车工业上芳纶还可应用于离合器衬垫、增强软管、汽缸垫、汽缸绝热毡等方面。

总之,芳纶的应用领域已经从军工航天方面发展到民用工业的各个领域,成为产业用纤维材料中产量最大、用途最广的高性能纤维之一。

二、聚间苯二甲酰间苯二胺纤维(MPIA 纤维)

芳香族聚酰胺纤维中另一个大品种就是聚间苯二甲酰间苯二胺纤维,我国称为芳纶 1313,

美国称为诺曼克斯（Nomex）。它具有优良的耐高温性和难燃性，纺织加工性能与天然棉花相似。耐高温纤维是指在 200℃ 高温下，能连续使用而不出现热分解，同时保持一定的物理—力学性能不脆化的纤维。以前工业上广泛应用的天然石棉纤维是很好的耐高温纤维，但近年发现石棉对人体有危害，对环境有污染，已经逐步减少使用。20 世纪 30～40 年代开发的玻璃纤维，有耐热性、绝缘性和强度上优势，在电气和塑料增强材料方面得到应用。

(一)MPIA 的合成

和 PPTA 一样，由于 MPIA 未熔融就已分解，它的合成采用界面缩聚法及低温溶液缩聚法，由间苯二胺（MPD）和间苯二甲酰氯（ICl）缩合反应而得，反应式如下。

$$n\ H_2N-\!\!\!\bigcirc\!\!\!-NH_2 + n\ ClOC-\!\!\!\bigcirc\!\!\!-COCl \longrightarrow \left[HN-\!\!\!\bigcirc\!\!\!-NHCO-\!\!\!\bigcirc\!\!\!-CO\right]_n + nHCl$$

采用界面缩聚法合成 MPIA 时，先把 ICl 溶于四氢呋喃（THF）有机溶剂中，然后边强烈搅拌边把溶有 ICl 的 THF 溶液加入溶有 MPD 的碳酸钠水溶液中，在水和 THF 的有机相界面立即发生缩聚反应，生成 MPIA 聚合物沉淀，经过分离、洗涤干燥后得到白色固体聚合物。有机相溶剂可以采用 THF、二氯甲烷及四氯化碳等与间苯二甲酰氯不起反应，但能使其溶解的有机溶剂，在水相中可加入少量酸吸收剂，如三乙胺，无机碱类化合物，以中和反应生成的盐酸，增加缩聚反应程度，得到高相对分子质量的聚合物。

MPIA 也可采用低温溶液缩聚法合成，先把间苯二胺溶解在二甲基乙酰胺（DMAc）溶剂中，在搅拌下加入间苯二甲酰氯，反应在低温下进行，并逐步升温到 50～70C 直至反应结束。在 DMAc 中也可加入少量叔胺类添加剂，促进缩聚反应；反应完成后在溶液中加入氧化钙，以中和部分生成的盐酸，使溶液体系成为 DMAc—$CaCl_2$ 酰胺盐溶剂系统，增加聚合物溶解的稳定性，经过浓度调整，这种溶液可以直接进行湿法纺丝。

界面缩聚和低温溶液缩聚相比较，各有优缺点，界面缩聚反应速度快相对分子质量较高，聚合物经过洗涤，可以配制高质量的纺丝原液，采用干法纺丝技术，纤维质量优异，纺丝速度也高，但设备比较复杂，工艺技术要求严格，纺丝机台数增多，投资增加。低温溶液缩聚，反应比较缓和，生成的聚合物直接溶解在缩聚溶剂中，反应得到的浆液直接纺丝，工艺简便，适宜用湿法纺丝，产量大，但纤维质量没有干法纺丝的好。它们的工艺路线比较如图 9－22 所示。

由于间苯二胺与间苯二甲酰氯反应要放出大量反应热，反应速度又快，为了更好地控制反应，也可采用两段界面缩聚或者两步法溶液缩聚的方法，缓和缩聚反应过程，以制备高相对分子质量的 MPIA。

(二)纺丝成型工艺

MPIA 纤维可采用干法纺丝和湿法纺丝两种方法制备，这两种方法与常规的化学纤维干法纺丝与湿法纺丝基本相同，只要根据前道聚合工序生产的聚合物，配制或调整纺丝原液，至可纺性良好的范围，经过滤进入喷丝孔纺丝，凝固成型得到初生纤维，水洗后第一道沸水拉伸，再经干燥后第二道高温（300℃以上）拉伸，就可得到成品纤维。

在 PPTA 液晶溶液的干湿法纺丝技术获得成功之后，也有人研究把这种干湿纺的技术应

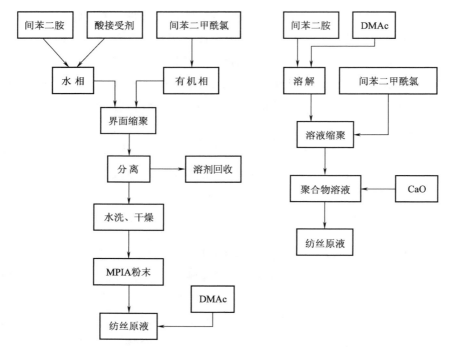

图 9-22 界面缩聚与溶液缩聚工艺路线比较

用于 MPIA 的纺丝,使纤维的结构比较紧密,得到高质量的 MPIA 纤维。

以上三种纺丝方法相比较而言,各有利弊,干法纺丝和干湿法纺丝一般适合于纺制 MPIA 长丝,由于喷丝板孔数少,纺丝速度高,得到的纤维质量好,而机械设备复杂,成本相对比较高。湿法纺丝由于喷丝孔多达 30000 孔以上,设备简单,产量高,适宜 MPIA 短纤维的生产,但纤维的性能稍差些。

(三)纤维的结构和性能

MPIA 纤维是由酰胺基团相互连接间位苯基所构成的线型大分子,和 PPTA 纤维相比,间位连接的苯环共价键没有共轭效应,键的内旋转位能相对低些,大分子链呈现柔性结构,其弹性模量的数量级和柔性链大分子处于相同水平,其大分子的结晶模量与其他大分子的结晶模量的比较见表 9-7。

表 9-7 各种大分子的结晶模量比较

种类	纤维模量/GPa	结晶模量/GPa	
		实测值	理论值
PPTA	68.0~132.0	156	183
MPIA	6.7~9.8	88	90
PET	19.5	108	122
PP	9.6	27	34
PAN	9.0	—	86

MPIA 纤维的结晶属于三斜晶系,其晶胞参数:$a=0.527$nm,$b=0.525$nm,$c=1.130$nm,$\alpha=111.5°$,$\beta=111.4°$,$\gamma=88.0°$,$Z=1$,$\rho=1.47$g/cm^3。

它的晶体里氢键在两个平面上存在,如格子状排列,由于氢键的作用强烈,使 MPIA 化学结构稳定,具有优越的耐热性及阻燃性,耐化学腐蚀性也相当好。MPIA 纤维的玻璃化转变温度为 270℃ 左右,热分解温度高达 400～430℃,在 200℃ 时,工作时间长达 20000h 强度仍能保持原来的 90%,260℃ 热空气里可连续工作 1000h,而强度维持原来的 65%～70%,耐热性明显优于常规的合成纤维如涤纶等。MPIA 纤维不熔融,温度超过 400℃ 纤维劣化直至炭化分解,高温分解产生的气体主要是 CO、CO_2,在火焰中燃烧时散发的烟密度也大大低于其他纤维,纤维离开火焰就自熄,MPIA 纤维进入 900～1500℃ 高温环境时,会产生一种特别的隔热及保护层,外部热量暂时不能传递入内部,这对防御高温是非常有效的。

(四)MPIA 纤维的用途

耐高温纤维中,MPIA 纤维是品质优良、发展最好的纤维,从耐高温纺织品、高温下使用的过滤材料、防火材料到高级大型运输工具内的结构材料,用途十分广泛。

用 MPIA 纤维制造的高温过滤袋和过滤毡,高温下长期使用仍可保持高强力、高耐磨性。因此在金属冶炼,水泥和石灰、石膏生产,炼焦、发电和化工等行业除尘器中使用,有利于改善劳动环境,回收资源。

耐高温防护服、消防服和军服是 MPIA 纤维最重要的用途之一,它有优良的防火效果,当意外的火灾发生时,可在短时间内不自燃或不熔融而烫伤皮肤,因此能起到保护和协助逃生的作用。MPIA 纤维由于自身大分子固有的结构特性,具有很高的阻燃耐热性能,点火温度 800℃ 以上,在火焰中燃烧时散发的烟雾极少,因此作为防火隔热的防护服有独特的性能,用该纤维做成的面料,当其暴露于高热或靠近火焰时,纤维会稍稍膨胀,从而在面料与里层之间产生空气间隙,起到隔绝热量的作用。

工业上耐高温产品的部件,如工业洗涤机衬垫、熨衣衬布等,复印机内的清洁毡条,耐高温电缆、橡胶管等均使用 MPIA 纤维。

MPIA 纺丝原液还可以纺成浆粕纤维,和 5mm 的超短纤维混合打成纸浆,用普通造纸方法抄纸,可得到强度高、耐高温的工业用纸,用在电气绝缘纸材料上是高级的 H 级绝缘纸。这种纸制成的蜂窝芯,表层用纤维增强复合材料板粘贴后具有优良的防火性能,强度高、质量轻、表面光滑,是航空器内装饰用的高级板材。现在这种材料已经扩展到高速列车的内部构件,从而降低了列车的总重量。

随着社会的发展 MPIA 纤维还用于高层建筑的阻燃纺织装饰材料,老人小孩的阻燃睡衣和床上用品,可见 MPIA 纤维的发展前景广阔。

第三节 芳香族杂环类纤维

聚对苯二甲酸对苯二胺(PPTA)纤维的开发成功克服了刚性链大分子构造难以溶解和加

工的技术障碍,发现利用高分子液晶纺丝技术能够获得高度取向和结晶的高性能纤维。理论和技术上的突破促进了其他高性能纤维的研究开发。芳香族杂环类高分子因突出的耐热性和阻燃性受到关注。

早在 20 世纪 60 年代,美国空军材料实验室为满足航空航天发展的需要,设计了一系列芳香族杂环类高分子,化学式如下所示:PBZT、PBO、PBI 分别称为聚对亚苯基苯并二噻唑、聚对亚苯基苯并二噁唑和聚对亚苯基苯并二咪唑。

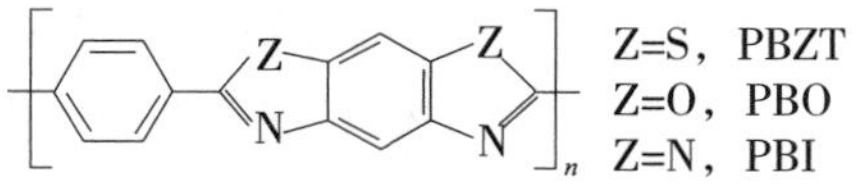

$$Z=S,\ PBZT$$
$$Z=O,\ PBO$$
$$Z=N,\ PBI$$

其中,PBI 是最早得到的耐热性优良的纤维,由美国空军材料实验室与赛拉尼斯纤维公司合作研制出来的,其极限氧指数为 41%,在惰性气氛下 350℃经历 350h 也没有明显老化现象。但 PBI 纤维力学性能一般。20 世纪 70～80 年代又研制出 PBZT 纤维,其纤维断裂强度达 2.4GPa,模量 250GPa,仍不能令人满意。直到 20 世纪末,高性能 PBO 纤维 Zylon 诞生,其断裂强度达 5.8GPa,模量达 280GPa,LOI 为 68%,芳香族杂环类高分子纤维方显示出优势。

一、聚对亚苯基苯并二噁唑(PBO)纤维

PBO 是含芳香杂环的苯氮聚合物里性能最优秀的一种化合物,和 PBZT 相比,在单体制造、缩聚和液晶纺丝方面,无论从技术上还是成本上都优于 PBZT,经过 Stanford 研究所(SRI)的研究取得了单体和聚合物合成的基本专利,之后美国陶氏(DOW)化学公司得到授权,对 PBO 进行了工业性开发,同时改进了原来单体合成的方法,新工艺几乎没有同分异构体副产物生成,提高了合成单体的收率,为产业化打下了基础。但陶氏化学公司在纺丝成型技术上没有过关,PBO 纤维的强度一直没有突破。

1991 年陶氏化学公司和日本东洋纺公司合作,共同开发了 PBO 的纺丝技术,使 PBO 纤维的强度和模量几乎成为 PPTA 纤维的 2 倍;1995 年春东洋纺公司得到陶氏化学公司的授权,开始 PBO 纤维的中试生产研究工作,并且取得了小批量的 PBO 纤维产品;1998 年 10 月 200t/a 的装置正式投产,PBO 纤维的商品名定为 Zylon。

(一)PBO 的合成工艺

PBO 的合成采用 4,6-二氨基间苯二酚盐酸盐(DAR)与对苯二甲酸缩聚。其单体合成方法是由三氯化苯为原料,经过三步反应制得的,其反应式如下:

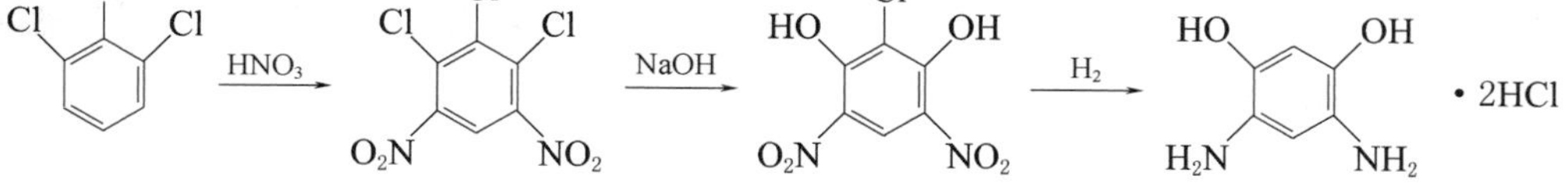

DAR 产物经过滤、洗涤后减压干燥,和对苯二甲酸在多聚磷酸(PPA)溶剂中进行溶液缩聚反应,P_2O_5 作为脱水剂,其反应式如下:

$$n \underset{H_2N \quad NH_2}{\overset{HO \quad OH}{\bigcirc}} \cdot 2HCl + n\ HOOC-\bigcirc-COOH \xrightarrow[P_2O_5]{PPA}$$

$$\left[\begin{array}{c} \\ \end{array} \right]_n + 4nH_2O + 2nHCl$$

由 DAR 单体与对苯二甲酸在 PPA 中缩聚制得 PBO 聚合物的反应过程不是一步完成的。以苯甲酸与氨基苯酚反应生成模型化合物为例说明见图 9-23。PPA 与苯甲酸反应形成酸酐使其更具反应活性,然后与质子化的邻氨基苯酚酯交换形成 2-氨基苯基苯并酯,经过酰基转移多聚磷酸催化闭环,最终形成 2-苯基苯并噁唑。PPA 不但是溶剂,它也参与了反应而且使形成的产物质子化以加速其在 PPA 中的溶解,它还吸收反应中生成的水。因此反应介质 PPA 中 P_2O_5 的浓度是影响 PBO 聚合和相对分子质量的关键因素。参考反应体系最终状态,一般控制 PBO 质量分数为 $10\%\sim20\%$,PPA 中 P_2O_5 的浓度为 $80\%\sim84\%$。

另外,在 DAR 单体反应前需先脱除 HCl 气体,气体脱除过程中形成的气泡导致液面升高会影响聚合反应的稳定性,因为反应体系中的单体会随着液面黏附在反应釜内壁和搅拌装置上。东华大学发明的加压脱除 HCl 的工艺很好地解决了这个问题(图 9-24),允许在较高温度下脱除 HCl,缩短了时间,提高了效率。

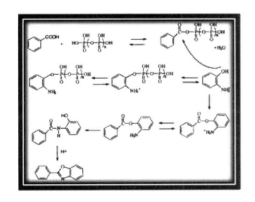

图 9-23　PBO 模式化合物形成过程

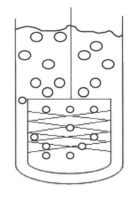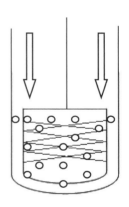

图 9-24　DAR 加压脱 HCl 示意图

(二)PBO 纤维的成型

聚合直接得到的 PBO/PPA 是向列相液晶,可以直接作为纺丝原液,采用干喷湿纺技术,由液晶纺丝获得高性能 PBO 纤维。聚合、纺丝一体化连续装置见图 9-25。因为 PBO/PPA 体系黏度非常高,后期的聚合需要在双螺杆挤出机中进行,依靠双螺杆的旋转提供强制剪切力使反应物不断混合以完成高黏度状态的继续聚合。在聚合的同时,物料移向喷丝头,经由喷丝孔获得纤维形状,并在空气层中被拉伸,促使 PBO 大分子链沿纤维轴进一步取向;纤维状细流随后进入由水和磷酸组成的凝固浴,脱除 PPA,获得 PBO 初生纤维。

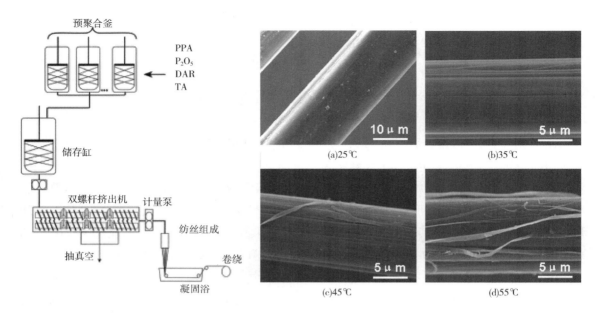

图 9-25　PBO 纤维聚合纺丝一体化装置　　图 9-26　不同凝固浴温度对 PBO 纤维表面形貌的影响

在 PBO 纤维成型过程中,凝固浴温度、纤维的卷绕速度(喷头拉伸比)等都是影响纤维性能的因素。表 9-8 是当凝固浴温度从 25℃升高到 55℃时,PBO 纤维力学性能的数值。可见拉伸断裂强度随温度升高不断降低。结合图 9-26,不同凝固浴温度得到的 PBO 纤维表面形貌可以理解,在高的凝固浴温度下,所得到的 PBO 纤维表层不致密,有原纤化现象发生,这种缺陷会导致纤维拉伸强度下降。凝固浴温度高时,因为溶剂和凝固剂扩散速度快,在纤维外形成了比较坚硬的皮层,阻碍芯层溶剂的扩散,内外层的应力差致使皮层出现部分裂纹,一些原纤破裂。

随纺丝速率的增加,纤维的拉伸断裂强度不断提高,见表 9-9。在挤出速度一定时,纺丝速度高,相当于喷头拉伸比大,大分子链的取向程度随喷头拉伸比提高而增大(图 9-27)。

表 9-8　不同凝固浴温度下得到 PBO 纤维的力学性能

凝固浴温度/℃	拉伸断裂强度/GPa	拉伸模量/GPa	断裂伸长/%
25	5.33	165	2.93
35	4.85	106	4.30
55	3.53	106	3.33

表 9-9　纺丝速度对 PBO 纤维力学性能的影响

纺丝速度/(m·min⁻¹)	单丝线密度/dtex	拉伸断裂强度/GPa	拉伸模量/GPa	断裂伸长/%
10	5.31	3.0	101	3.0
20	4.97	3.1	104	3.0
75	3.91	4.6	122	3.8
85	3.71	4.8	125	3.8
105	3.66	5.0	129	3.8

续表

纺丝速度/(m·min⁻¹)	单丝线密度/dtex	拉伸断裂强度/GPa	拉伸模量/GPa	断裂伸长/%
110	3.29	5.2	131	3.8

注　PBO 聚合物的特性黏度约 30dL/g。

得到的 PBO 初生纤维(PBO—AS)经过后续热处理,可以进一步提高纤维的模量,获得高模量的 PBO纤维(PBO—HM)。

(三)PBO 纤维的性能与结构

日本东洋纺公司中试生产的 PBO 纤维的性能见表 9-10,它的强度、模量、耐热性和难燃性都比其他有机高性能纤维好得多,强度和模量超过于碳纤维及钢纤维,如图 9-28 所示。耐热性和限氧指数与其他的有机纤维比较如图 9-29 所示,比耐热性好的聚苯并咪唑纤维(PBI)要高出许多,它在火焰中不燃烧、不收缩,且仍然非常柔软,因此是十分优异的兼具优异力学性能和耐热性的纤维材料。

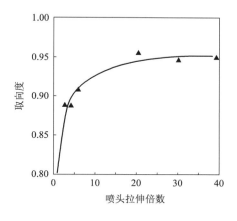

图 9-27　液晶纺丝时的 PBO 分子取向

表 9-10　PBO 纤维的性能

性　　能		PBO—AS	PBO—HM	性　　能	PBO—AS	PBO—HM
单丝线密度/tex		0.17	0.17	伸长率/%	3.5	2.5
密度/(g·cm⁻³)		1.54	1.56	吸湿/%	2.0	0.6
强度	N·tex⁻¹	3.7	3.7	热分解温度/℃	650	650
	GPa	5.8	5.8	LOI/%	68	68
模量	N·tex⁻¹	114.4	176.0	介电常数 100kHz	—	3
	GPa	180	280	介电损耗	—	0.001

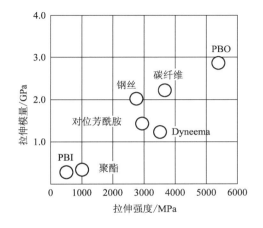

图 9-28　几种纤维强度、模量的比较

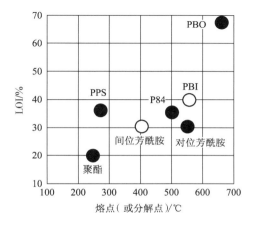

图 9-29　耐热性和 LOI 值的比较

PBO 纤维结构的形成过程可由图 9-30 的示意进行说明：从向列型液晶原液经过喷丝孔和凝固浴获得的初生纤维是由 PBO 伸直链大分子聚集体，一般称为微元纤构成的微纤网络结构，其内有空穴，在初生纤维中微原纤直径较小(10nm 左右)经过热处理后，微纤结构进一步致密化，微纤直径可增大至 20～40nm，结晶完整性提高。从 PBO 纤维截面和轴向观察其结构，可用图 9-31 描述。PBO 纤维的截面上存在致密的皮层(厚度 0.2μm)和含有空隙(缺陷)的中心部分；在轴向微纤之间也存在空隙结构；晶体结构在径向随机分布。将 PBO 纤维的中心部分和致密皮层的结构形貌借助 TEM 观察发现它们之间的差异，见图 9-32，照片中黑色部分代表空隙，很明显，中心部分空隙结构多，而在致密皮层空隙结构少见。

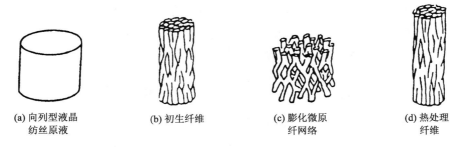

| (a) 向列型液晶 纺丝原液 | (b) 初生纤维 | (c) 膨化微原 纤网络 | (d) 热处理 纤维 |

图 9-30　纤维构造形成模型图

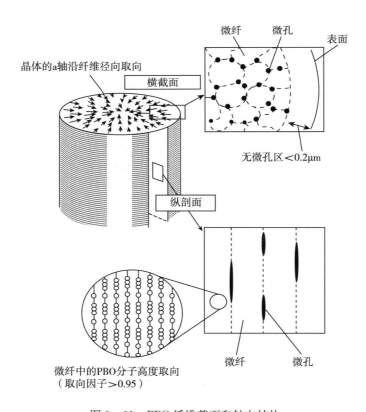

图 9-31　PBO 纤维截面和轴向结构

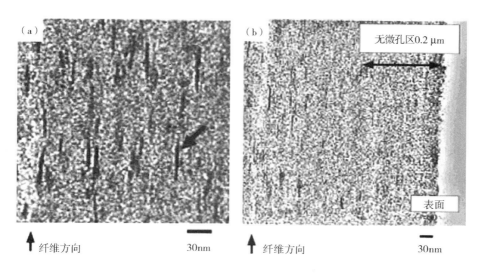

图 9 - 32　PBO 纤维中心部分和致密皮层的 TEM 图像

PBO 纤维液晶胞参数如下：晶系结构为单斜晶系，a ＝ 1.120nm，b ＝ 0.354nm，c ＝ 1.205nm，α ＝ 90°，β ＝ 90°，γ ＝ 101.3°，单粒晶胞中分子数是 1，结晶密度是 1.66g/cm^3。

（四）PBO 纤维用途

PBO 纤维的具体用途分类如下所示：

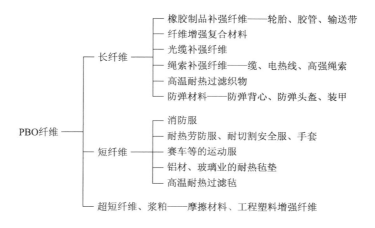

PBO 纤维的主要特点是耐热性好，强度和模量高，在耐热的产业用纺织品和纤维增强材料两个领域方面应用。

在耐热难燃材料方面，铝型材及铝合金、玻璃制品等成型时，初制品的表面温度达 500℃ 以上的高温，冷却移动过程中很容易碰伤磨毛，需要耐高温柔软的衬垫保护。目前使用 PPTA 纤维与预氧化纤维混合的针刺毡，但耐热性不够理想，寿命较短。如果用 PBO 纤维做的衬垫，就能提高其使用寿命，节省更换衬垫的时间。在消防服方面，现在还缺少进入"火海"作业的防护服，若用高强度、高耐热性的 PBO 纤维，则可以制造性能更优异的消防服。

PBO 纤维在力学性能上的优势，在超级纤维复合材料上表现得更突出，其耐冲击强度远远高于碳纤维增强的复合材料,也高于 PPTA 纤维增强的复合材料。PBO 纤维在强度和模量、耐热难燃性以及轻量化上的优点,使其能在未来新型高速交通工具、宇宙空间器材上、深层海洋的开发上得到应用。

但 PBO 纤维对光、湿度的稳定性差,高温、高湿环境以及暴露在光照下 PBO 纤维力学性能衰减程度很大,通过添加紫外光吸收剂或表面涂覆能吸收紫外光的材料可以减缓这一过程。

二、聚苯并咪唑纤维

聚苯并咪唑纤维(PBI)是美国塞拉尼斯公司研制开发并且工业化的耐高温、耐化学腐蚀、纺织加工性能优良的高技术纤维之一。在 20 世纪 60 年代初期,Vogel 和 Marvel 发表了制备全芳香族聚苯并咪唑的方法,其中应用 3,3′,4,4′-四氨基联苯(TAB)和间苯二甲酸二苯酯(DPIP)为单体,缩聚合成的聚[2,2′-间苯亚基-5,5′-二苯并咪唑]即是 PBI,是具有工业应用价值的优良的耐高温纤维材料。1983 年,塞拉尼斯公司建立了 PBI 工业化生产线,正式将其投入生产。

(一)聚合物的结构及其合成方法

聚苯并咪唑可用多种四氨基化合物,如四氨基苯、四氨基联苯及四氨基联苯醚等化合物,与对苯二甲酸、间苯二甲酸、萘二羧酸以及间苯二甲酸二苯酯等苯二酸、二苯酯缩聚反应合成。不同的基团结构会引起其性能上的一些变化,如芳香环的增多,可提供高的热稳定性,而加工性能下降;主链引进醚键、侧链引入甲基会增加可溶性和柔软性,但降低了耐热性。因此要根据聚合物的不同用途,是黏合剂、塑料还是纤维产品来选择合适的化学结构。从工业化生产规模和纤维性能的角度出发,则聚[2,2′-间苯亚基-5,5′-二苯并咪唑]比较有竞争力,其单体原料容易得到,聚合体有适宜的纺丝溶剂,在商业上有发展前景,它的合成反应式如下所示:

文献上报道由 TAB 和 DPIP 缩聚反应制备 PBI 的方法有三种:

(1)在多聚磷酸中溶液缩聚,用比较低的反应温度(180℃以下),得到均匀的聚合物溶液,但它的含固量只有 3%~5%,是实验室常用的合成方法。

(2)在熔融的二苯砜中,反应缩聚也能得到高相对分子质量的 PBI,最后去除、分离二苯砜,这对工业生产来说不适合。

(3)用固相缩聚法生产 PBI,可直接溶解成纺丝原液进行纺丝。

PBI缩聚反应要求TAB和DPIP的纯度非常高,尤其TAB的纯度,是PBI缩聚中的关键因素。将TAB在沸水中溶解,经过活性炭过滤,冷却重结晶,生成稍带米色的细小片晶,该纯化过程要在隔绝氧的条件下进行,避免邻位氨基的氧化。PBI在硫酸溶液中,相对分子质量M与特性黏度$[\eta]$的关系如下:

$$[\eta]=1.3533\times10^{-4}M^{0.73}$$

(二)PBI纤维成型工艺

PBI高温下溶解在LiCl、DMAc组成的溶剂中。纺丝原液浓度为20%～23%,用氮气保护隔绝氧气,以避免氧化交联形成凝胶,溶解完全后,纺丝原液还经过仔细过滤。通过喷丝孔的纺丝细流进入热的纺丝甬道,溶剂挥发被回收,固化的丝束卷绕在多孔的筒管上,经水洗除去残留在纤维上的LiCl和DMAc,干燥后即得到初生纤维。PBI纤维干法纺丝工艺流程如图9-33所示。

初生丝集束后,通过加热在高于400℃时进行拉伸,整个过程也需氮气保护,防止氧气的影响。为了降低PBI纤维在高温环境中的收缩性,用硫酸的水溶液处理纤维,形成咪唑环结构的盐,当受热后发生结构的重排,达到热稳定的效果,其结构变化如下所示。

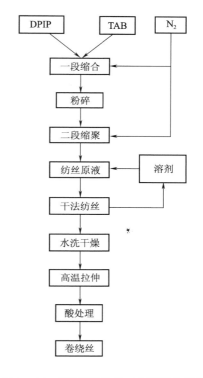

图9-33　PBI纤维生产工艺流程示意图

此时,苯环上生成了磺酸基团,使整个化学结构更加稳定,这已在热失重试验中得到证明,热失重曲线如图9-34所示,经过稳定处理的PBI纤维具有更高的耐热性能。

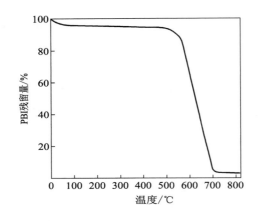

图 9 - 34　PBI 纤维热失重曲线

(三)PBI 纤维的性能和用途

PBI 纤维具有一系列特殊的性能,如耐高温性、阻燃性、尺寸稳定性、耐化学腐蚀性和穿着舒适性等,表 9 - 11 是 PBI 与 MPIA 纤维的一些物理—力学性能的比较。从表中可以看出 PBI 纤维具有优异的耐高温性和高温下的尺寸稳定性,同时具有高的回潮率,在穿着舒适性方面和棉纤维一样,受人欢迎,因此可纺织加工成机织物、针织物及非织造布等产品。

表 9 - 11　PBI 与 MPIA 纤维物理—力学性能的比较

性　　能	PBI	PBI(稳定化处理)	MPIA
强度/(cN·dtex⁻¹)	3.7	2.3～2.8	2.6～4.8
伸长率/%	30	25～30	35～45
模量/(cN·dtex⁻¹)	79	40	52～80
密度/(g·cm⁻³)	1.39	1.43	1.38
回潮率/%	13	15	5～5.5
LOI/%	41	41	30
烟雾散发性	微	微	少量
收缩性(700℃,2s)/%	50	6	损坏

PBI 纤维在恶劣环境中的耐化学腐蚀性相当杰出,在酸及碱溶液中浸泡 100h 以上,强度保持率达到 90%;在 150℃左右的蒸汽中,经过 70h,纤维强度保持率为 96%;对于各种有机液体,几乎不受影响。这样好的化学稳定性在纺织纤维中很少见,即使是优秀的 MPIA 耐高温纤维,在上述的条件下也将被损坏。

利用 PBI 纤维的耐高温性能,可制成特殊纺织制品,如宇航服、飞行服等防护服装,太空飞船中的密封垫、救生衣;还可作为石棉替代材料;在金属铸造、玻璃行业等领域,用于手套、工作服等防护材料。PBI 纤维可耐 850℃的高温,所以其寿命比石棉制品长 2～9 倍,还可用作高温过滤材料,PBI 纤维做的过滤袋有很长的使用寿命。PBI 纤维在高温下还具有石墨化的倾向,可用于制造石墨纤维。

第四节　超高分子量聚乙烯纤维

20 世纪 70 年代以来高性能纤维的研制有了突破性进展,刚性链聚合物获得的成功能否引伸到柔性链聚合物,是否可以制得类似伸直链结构的高强度纤维,即聚酰胺、聚酯、聚丙烯腈及聚乙烯等能否成为高强度的纤维。近 20 多年来,各国科学家在理论和实践两个方面做了大量的研究工作,使大分子构造最简单的柔性聚合物,理论模量和理论强度最高的聚乙烯实现了高性能化。1979 年荷兰 DSM 公司用凝胶纺丝法制备了高强聚乙烯纤维(UHMWPE),并获得专利。以这个专利为基础,美国和日本也相继开始高强高模聚乙烯纤维的研制,DSM 公司于 1990 年建成第一条 600t/a 工业化的 UHMWPE 生产线,以 Dyneema 为注册商标。在日本,东洋纺和 DSM 合资建立工厂,商品名仍是 Dyneema,美国 Allied Signal 购得该专利的使用权,并投入研究改进,生产高强度聚乙烯纤维,也建造了生产线,商品名为 Spectra,现并入 Honeywell 公司。

我国自 1985 年开始超高分子量聚乙烯纤维的研制,已攻克纺丝、拉伸后处理等多项技术难关,国内有多家企业生产超高分子量聚乙烯纤维。

一、高强高模聚乙烯纤维的纺丝成型工艺

普通聚乙烯纤维应用常规熔体纺丝法生产,所用的聚合物相对分子质量往往较低,即大分子链的长度有限,链末端较多,造成纤维微细结构上缺陷增加,同时柔性链分子容易呈折叠状排列,当纤维受外力时,微小缺陷逐步扩大易被拉断,因此相对分子质量的大小,成为影响纤维强度的重要原因之一。但常规纺丝法不能使用相对分子质量太高的聚合体,否则熔体黏度增高造成纺丝困难,甚至无法纺丝,所以采用超高分子量聚乙烯为纺丝原料,必须寻找新的纺丝和拉伸技术,如增塑熔融拉伸法、高压固态挤出法、纤维状结晶生长法、区域拉伸法及凝胶纺丝超拉伸法等,其中最成功并且已经应用于工业化生产的是聚乙烯凝胶纺丝超拉伸方法,其纺丝及拉伸工艺流程如图 9−35 所示。

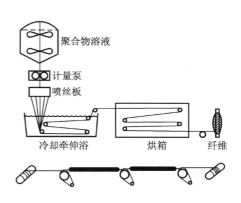

图 9−35　凝胶纺丝及拉伸工艺流程

(一)超高分子量聚乙烯及其原液调配工艺

如前所述,制造高强高模聚乙烯纤维必须采用超高分子量聚乙烯,使分子结构中大分子链末端数目尽量减少,因此聚乙烯相对分子质量的大小,将影响纤维强度的高低。一般材料的强度和模量,可用 Griffith 关系式表示:

$$\sigma = AE^n$$

式中:σ 为强度;E 为模量;A、n 为常数。

但对于超高分子量聚乙烯来说,通过实验解析,A、n 及强度都与相对分子质量大小有关,如表 9−12 所示。

表 9−12　PE 重均分子量与参数 A、n 纤维强度的关系

试　样	M_w	A	n	强度[1]/GPa
1	4×10^6	0.153	0.80	12.7
2	1.5×10^6	0.105	0.77	7.4
3	8×10^5	0.082	0.75	5.2

[1]$E = 250$GPa 时的强度。

从表 9-11 看出应用该关系式已经有一定的局限性,但相对分子质量对纤维强度的影响是十分显著的。

超高分子量的聚乙烯,因为分子链很长,其大分子链间具有众多缠结点,如图 9-36 所示,在浓溶液或者熔体时,这种高度的缠结会影响纺丝加工性能,只有控制缠结点密度适当,才能保证通过拉伸使大分子链沿纤维轴取向,制得具有优良性能的纤维。为了控制缠结点密度,生产实践中采用聚合物的半稀溶液,也称凝胶纺丝原液,通过凝胶纺丝结合高倍后拉伸的路线实现高强高模聚乙烯纤维的生产。

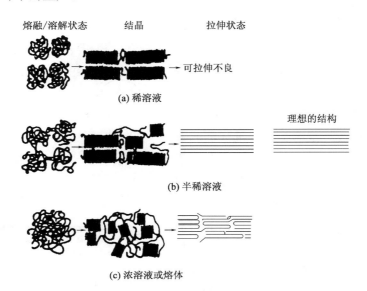

图 9-36　缠结结构控制的示意说明

凝胶纺丝原液的制备是把超高分子量聚乙烯溶解于特定溶剂,例如溶解在十氢化萘中,溶解温度 140~150℃,溶液浓度 2%~10%,得到的溶液要尽可能均匀。因为任何不均匀都将成为最终纤维中的缺陷,降低纤维的力学性能。为了制备均匀的超高分子量聚乙烯溶液,各种溶解方法已有不少研究和报道,主要通过螺杆挤出机将纺丝溶液进行机械解缠和提高纺丝原液温度等措施,以降低大分子间的缠结密度。

(二)凝胶纺丝成型工艺

凝胶纺丝通常使自喷丝孔挤出的热原液细流在冷的凝固浴内冻结。但如果采用普通的湿法纺丝,纺丝原液会因为凝固浴温度低被冻结在喷丝孔内,从而使纺丝无法正常进行。因此,超高分子量聚乙烯的凝胶纺丝通常采用干湿法纺丝工艺,即溶液挤出细流先通过一段气隙,然后再进入凝固浴,图 9-37 为凝胶纺丝工艺流程示意图。其中的关键技术之一是让挤出细流进入一个低温凝固浴中,这样能保持大分子的解缠状态。为抑制挤出细流与凝固浴发生过快的双扩散,提高凝固丝条的均匀性,凝固浴浓度一般也维持在较高水平。挤出细流在低温、高浓度的凝固浴中被迅速"冻结",发生部分结晶,从而得到含有大量溶剂的力学性能较稳定的冻胶体,为后续实现高倍拉伸奠定基础。

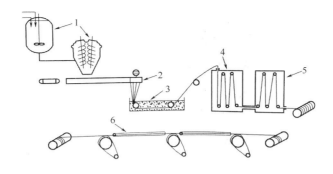

图9-37 凝胶纺丝工艺流程

1—原液制备 2—具有喷丝头的螺杆挤出机 3—凝固浴 4—溶剂萃取 5—干燥 6—拉伸

(三)凝胶丝条的超倍拉伸

凝胶丝条(初生纤维)只有经过超倍拉伸才能成为高性能纤维。高倍拉伸使大分子沿纤维轴取向,同时结晶也随拉伸不断发展,折叠链结晶逐渐伸展成伸直链晶体,纤维的结晶度和取向度随拉伸倍数变化的结果如图9-38所示。这样的结构是保证纤维高力学性能的前提。

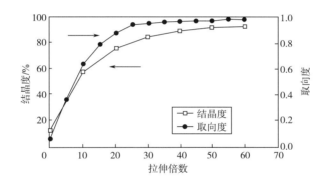

图9-38 超高分子量聚乙烯凝胶丝条的结晶度和取向度与拉伸倍数的关系

事实上,凝胶丝条的拉伸性能受到凝胶原液浓度和聚合物相对分子量的影响。对相同分子量的聚合物而言,凝胶溶液浓度高,得到的凝胶丝条最大拉伸倍数变小,如图9-39所示。因为,浓度高的凝胶溶液,其中大分子链的缠结点密度高,拉伸应力增大,不利于凝胶丝条的高倍拉伸。从不同浓度的超高分子量聚乙烯的凝胶溶液的动态流变性能分析结果也能发现,缠结点密度随浓度提高不断增大,图9-40(a)表示不同溶液的储能模量(G')随溶液浓度的增加不断提高,意味着溶液中缠结点密度不断提高。当取图9-40(a)曲线平台部分的储能模量对浓度作图时,能更清楚地反应出它与溶液浓度的线性关系,如图9-40(b)所示。有研究工作发现,凝胶溶液的特性与凝胶丝条最大拉伸倍数存在相关性,根据溶液的储能模量(G')计算出的凝胶丝条的最大拉伸倍数与实测最大拉伸倍数一致,图9-39中实验结果与计算结果相互吻合。

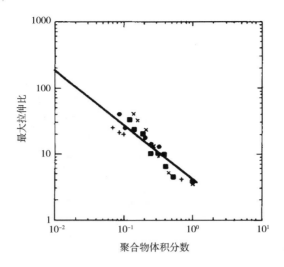

图 9 - 39　凝胶丝条的最大拉伸倍数与凝胶溶液浓度(体积分数)的关系

●—计算结果　◆,×,十—不同直径样品的实验结果

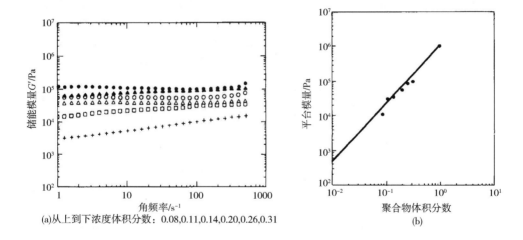

(a)从上到下浓度体积分数：0.08,0.11,0.14,0.20,0.26,0.31　　(b)

图 9 - 40　不同浓度凝胶溶液储能模量与角频率的关系

当凝胶溶液浓度固定时,凝胶丝条的最大拉伸倍数与聚合物分子量成正比,分子量越高,最大拉伸倍数越大。有下列经验公式：

$\lambda_{\max} = \dfrac{M^{\frac{1}{2}}}{20.8}$,根据此公式,可以由超高分子量聚乙烯的分子量估算最大拉伸倍数。

二、高强高模聚乙烯纤维的结构和性能

聚乙烯是有机聚合物中构造最简单的化合物,而凝胶纺丝成型和超倍拉伸都是物理过程,所以 UHMWPE 纤维所具有的高性能可用它的特殊结构来解释。

(一)化学和物理结构

聚乙烯化学结构是亚甲基相连大分子链,锯齿形分子构型,其大分子链高度取向、高度结晶呈伸直链结构,具有串晶形态,晶区及非晶区的大分子充分伸展,非晶区中大分子链先后被拉直伸展,成为张紧的缚结分子。当纤维受到外力时,缚结分子承受大部分的张力,因此缚结分子越多纤维的力学性能越好。

用凝胶纺丝得到的纤维微细结构中,晶区和非晶区原有的缺陷被分散,间断分布在伸直链结晶连续基质中,如果能将大分子链完全伸直,就有可能排除这些缺陷,使伸直链结晶结构达到理想结构状态,此时 UHMWPE 纤维的极限强度可达 32GPa。

(二)高强高模聚乙烯纤维的力学性能

目前商业化的高强高模聚乙烯纤维 Dynnema、Spectra 的力学性能见表 9 - 13 及图 9 - 41。在高技术纤维中,它们的强度非常高,模量也很高,而密度小于 1,其比强度和比模量明显高于其他高性能纤维,是最轻的高性能纤维。

高强高模聚乙烯纤维还具有高的能量吸收能力和抗冲击力。

表 9 - 13 部分高性能纤维的力学性能

性能	Dynnema		Spectra	
	SK60	SK65	900	1000
强度/GPa	2.7	3.1	2.5	3.0
模量/GPa	89	95	98	130
伸长率/%	3.5	3.6	3.5	2.7

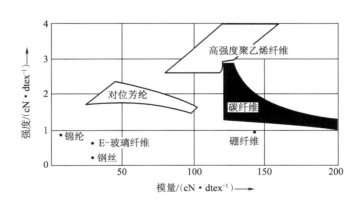

图 9 - 41 高性能纤维的强度和模量

(三)高强高模聚乙烯纤维的化学性能

聚乙烯是化学惰性化合物,耐化学性优良,在酸碱溶液中强度不会降低。在海水中也不会溶胀和水解,有抗紫外线及抗霉的能力。

(四)纤维的其他性能

高强高模聚乙烯纤维仍然非常柔软,挠曲寿命长,又因有较低的摩擦系数,比其他高性能纤维有更优越的耐磨性。

317

UHMWPE 纤维的熔点只有 150℃ 左右，其强度和模量随温度上升而降低，所以该纤维不宜在高温下使用，但在低温(0℃以下)，对它并没有影响，即使-150℃低温下，也不会脆化。通常该纤维的最高使用温度在 85℃ 左右，如果短时间接触 125℃ 高温仍可保持原来的性能，这一点对用于复合材料的加工非常重要。

三、高强高模聚乙烯纤维的改性

如前所述 UHMWPE 纤维的结构和性能，在应用时最大的缺点是使用温度不能超过 125℃，其次是结构的化学惰性，用于制备复合材料时与树脂基体的黏结性差，针对这些问题，已经有了纤维改性的方法和技术。

1. 物理改性　用带有极性基团的聚合体与聚乙烯共混，再凝胶纺丝，得到改性纤维；也可用等离子体对纤维表面进行刻蚀，使原来光滑表面变得粗糙，改善黏结性能。等离子体处理可分为低压和高压、低温与高温、有反应性气体(如氧气、水汽、氮气、氨气等)和非反应性气体(如氩气、氦气)等处理方式。纤维在反应气体的等离子体作用下，表面结构发生变化，引入了自由基、极性基团等组分，从而产生交联、接枝效果，提高纤维与基体树脂的黏结强度。

2. 化学改性　表面化学处理的方法，如化学氧化刻蚀、电晕放电等，还有表面化学接枝，使纤维表面产生活化中心，接入极性基团，改善纤维表面性能。通过紫外光、高能电子引发等方法，使聚乙烯大分子之间产生交联，形成网络结构有助改善聚乙烯大分子的耐热性，但要注意减少对大分子链的损伤。经过表面处理的纤维及其增强复合材料的性能变化列于表 9-14 和表 9-15。

表 9-14　处理前后纤维的性能

项目	处理方法			项目	处理方法		
	等离子	电晕法	未处理		等离子	电晕法	未处理
强度/GPa	2.33	2.54	2.58	伸长率/%	3.3	3.5	3.8
模量/GPa	124	120	117	密度/(g·cm⁻³)	0.97	0.97	0.97

表 9-15　纤维处理前后对复合材料影响

项目	处理方法			项目	处理方法		
	等离子	电晕法	未处理		等离子	电晕法	未处理
纤维含量/%	51	51	56	弯曲模量/GPa	28	25	20
弯曲强度/MPa	234	190	146	剪切强度/MPa	31	18	8

四、高强高模聚乙烯纤维的用途

1. 绳索制造　高性能 PE 丝束经并丝机、牙筒机和编织机，加工成有芯、无芯及实芯等各种规格的绳索。由于用高强聚乙烯纤维编织的绳子，机械强度很高、质量轻、柔曲性好、耐磨耗、不吸水、电绝缘性好，因此和钢丝绳、麻绳相比，它做的绳子强力高、伸长低、直径小、轻巧耐用、耐光性好，在系留绳、牵引绳、拉索绳及缆绳等方面用途广泛，如大型船只、海中油井、帆船缆绳、救生绳、体育用绳等。

用高性能聚乙烯纤维编织的线绳,用于捕鱼网,可减轻鱼网的质量,使拉网的合股绳强力更大,而拉网阻力比普通渔网减少 40%,提高了捕鱼效率,同时又降低了鱼网的破损率。

2. 防弹材料 UHMWPE 纤维所具有的优异特性,最适合用于防弹材料,其对子弹能量的吸收能力强,用它做成的防弹背心,柔软舒适,质量又轻,很受警务人员欢迎。用单向纤维排列制造的 UD 材料(Uni-directional),裁剪加工方便,热压成 UD 复合防弹板,装配简单,材料可以回收利用,还具有吸收中子的功能,作为轻型装甲材料,在运钞车、高级警车、坦克轻型装甲材料及防护盔甲上得到广泛应用。

用单向 UD 复合防弹板,可以有效地防御钢芯弹的射击,见表 9 - 16。从表中可以看出和防弹钢板相比,UD 防弹板的质量几乎降低一半。

表 9 - 16　防御钢弹的防弹板每平方米重量比较

枪弹类型	54 式手枪		AK 47	枪弹类型	54 式手枪		AK 47
子弹速度/(m·s⁻¹)	440	515	730	防弹钢板(HB500) /(kg·m⁻²)	24	24	40
UD 防弹板/(kg·m⁻²)	13	13	19				

UHMWPE 短纤维经过针刺非织造工艺制得的非织造布毡,对于二次爆炸碎片、锋利的弹片有特殊的防御功能,减弱了碎弹片的杀伤力。

3. 其他用途 高性能聚乙烯纤维能吸收冲击的动能,因此可防割、防刺,在防护手套、击剑服和防链齿工作裤中发挥优良的保护作用。

在复合材料制备中,高强聚乙烯纤维除了单独使用外,利用它的优异抗冲击性能和其他高性能纤维共混使用,如与玻璃纤维或碳纤维混合后,由于高强聚乙烯纤维夹杂在中间,吸收了冲击的能量,使脆性玻璃纤维或碳纤维破裂的概率减小,从而提高了整个复合材料的性能。

复习指导

本章的总体要求是理解所述四种类型高技术纤维之所以具有高性能的原理,各自的结构特征和它们的结构与常规纤维有何不同,以及在生产上是如何实现这种结构的。

了解可用于制造碳纤维的原丝种类,掌握以聚丙烯腈、沥青、黏胶为原丝制造碳纤维的工艺过程及影响碳纤维结构和性能的重要因素,熟悉碳纤维的应用领域。

掌握低温溶液缩聚制备聚对苯二甲酰对苯二胺(PPTA)的原理,理解 PPTA 溶液的液晶性质以及利用此性质进行液晶纺丝制备高性能 PPTA 纤维的工艺过程和工艺参数控制;掌握影响 PPTA 纤维性能的工艺因素;熟悉 PPTA 纤维的结构特征、性能及应用,了解 PPTA 的浆粕化;熟悉另一重要的芳香族高性能纤维聚间苯二甲酰间苯二胺(MPIA)。

掌握芳杂环聚对亚苯基双噁唑(PBO)的化学结构、制备原理和纤维成型工艺,理解 PBO 纤维成型过程中影响纤维性能的重要因素,了解聚苯并咪唑纤维(PBI)的结构和性能。

掌握由超高分子量聚乙烯制备高强聚乙烯纤维的工艺以及影响纤维性能的因素,理解高强聚乙烯纤维的结构特征和形成的原理,了解高强聚乙烯纤维的应用。

第十章　塑料制品的成型加工

塑料工业包含塑料生产(包括树脂和半成品的生产)和塑料制品的生产(即塑料成型加工)两个部分。没有塑料的生产,就没有塑料制品的生产。同时没有塑料制品的生产,塑料就不可能成为生产或生活资料。所以两者是一个体系的两个连续部分,是相互依存的。关于树脂的生产已有专门书籍论述,本章主要介绍塑料制品的生产,其目的在于根据各种塑料的固有性能,利用一切可以实施的方法,使其成为具有一定形状且具有使用价值的制件或型材;重点介绍塑料成型技术、相关设备、工艺过程及控制。

第一节　合成树脂及其添加剂

成型塑料用的主要材料是合成树脂,但一般不是单纯的树脂,或多或少含有各种添加剂(助剂),其中树脂占 40%(质量分数)以上。助剂加入的目的是改善成型加工的性能,改善制品的使用性能、降低成本等。当然,合成树脂本身是决定制品特性最重要的因素。

一、合成树脂

按照分子结构及其特性可将合成树脂分为热塑性树脂和热固性树脂。

热塑性树脂的分子是线型结构或带支链结构,它在加热时软化并熔融,成为可流动的熔体,此时具有可塑性,但成型为一定形状冷却后便能保持成型的形状。如果再次加热,又可熔化成型为另一形状,如此可反复多次。上述过程一般只是物理变化。热塑性树脂主要有聚乙烯、聚丙烯、聚苯乙烯、有机玻璃、ABS 等。

热固性树脂具有体型网状结构,一般在成型前是预聚体,大分子呈线型结构,具有热可塑性,可成型为一定的形状,在加热成型过程中,线型分子结构主链间形成化学键结合,转变为体型网状结构,树脂变得既不熔融也不溶解,形状固定下来。如果再次加热,不再具有可塑性。上述过程既有物理变化,又有化学变化,具有不可逆性,热固性树脂的主要代表是酚醛树脂、氨基树脂、环氧树脂、有机硅树脂等。

另外,按塑料的性能及用途,可分为通用塑料、工程塑料和特种塑料。

通用塑料是指产量大、用途广、价格相对低的塑料,包括聚氯乙烯、聚苯乙烯、聚乙烯、聚丙烯、酚醛树脂、氨基树脂六大品种。

工程塑料是指在工程技术中作为结构材料的塑料,其力学性能、耐磨性、耐腐蚀性、尺寸稳定性等均较好,因而可以替代金属用作结构件。常用的工程塑料有聚酰胺、聚甲醛、聚碳酸酯、

ABS、聚砜、聚苯醚、聚四氟乙烯等。

特种塑料是指具有某种特殊性能的塑料,如高耐磨性、高电绝缘性或高耐腐蚀性等。

(一)聚乙烯

聚乙烯(Polyethlene,PE)是以乙烯为单体进行聚合而制得的聚合物,是一个由多种工艺方法生产的具有多种结构和特性的系列品种,其分子结构式如下:

$$\begin{array}{ccc} & H & H \\ & | & | \\ \text{—} & C & \text{—} C \text{—} \\ & | & | \\ & H & H \end{array}\Big]_n$$

聚乙烯按聚合时所采用压力的不同及产品结构性能的差异分为低密度聚乙烯(LDPE)、高密度聚乙烯(HDPE)、线型低密度聚乙烯(LLDPE)和超高相对分子质量聚乙烯(UHMWPE)。

LDPE 分子链上含有较多支链,密度较低($0.91\sim0.93\text{g/cm}^3$),结晶度只有 $55\%\sim65\%$,数均分子量一般为 $2\times10^4\sim15\times10^4$,熔融温度 $108\sim126℃$,软化温度为 $105\sim120℃$,在 $60℃$ 以下不溶于任何溶剂。聚乙烯具有良好的电绝缘性、耐寒性、化学稳定性、无毒性、低的吸水性和低的透气性。广泛用作食品包装、电绝缘材料以及农用薄膜。

HDPE 密度约为 $0.94\sim0.97\text{g/cm}^3$,结晶度达 $80\%\sim90\%$,数均分子量 $7\times10^4\sim30\times10^4$。其强度、硬度、耐溶剂性、透气性和透湿性均比低密度聚乙烯优良,软化温度($121\sim127℃$)也比低密度聚乙烯高,熔融温度 $126\sim136℃$。适宜做汽车零件、板材、管材等,质硬而又有韧性,抗冲强度较好。

LLDPE 聚合时采用了高效改性催化剂,而且加入了共聚单体,从而得到具有线型结构、支链规则的产品。和 LDPE 相比,LLDPE 具有许多优良性能,如优异的耐环境应力开裂性、优异的电绝缘性、优良的抗冲击强度、抗张强度和弯曲强度等。用 LLDPE 制成的薄膜,其冲击强度和撕裂强度均较 LDPE 高,用于管材其脆裂强度比 LDPE 也高。

UHMWPE 相对分子质量为 $50\times10^4\sim500\times10^4$,是一种具有线型结构的热塑性工程塑料,除具有一般 HDPE 的特征外,还具有优异的耐磨性、抗冲击性,可做耐冲击的梭子、皮结、纺织机械零件、齿轮等。

聚乙烯在热、光和氧的作用下会发生老化,逐渐变脆,力学性能和电性能下降,在成型时,氧化会引起其熔体黏度下降和变色,产生条纹,影响塑件质量,因此需添加抗氧化剂及紫外线吸收剂等。表 10-1 为各种聚乙烯的性能比较。

表 10-1　各种聚乙烯的性能比较

项　目	低密度聚乙烯	高密度聚乙烯	线型低密度聚乙烯	超高分子量聚乙烯
透明性	半透明	半透明~不透明	半透明	不透明
熔点/℃	105~115	131~137	122~124	135~137
吸水性/%	<0.01	<0.01	<0.01	<0.01
(邵氏)硬度 D	41~46	60~70	40~50	64~67
拉伸强度/MPa	7~15	21~37	15~25	30~50

项　　目	低密度聚乙烯	高密度聚乙烯	线型低密度聚乙烯	超高分子量聚乙烯
拉伸弹性模量/MPa	100～300	400～1100	250～350	140～800
缺口冲击强度/($kJ \cdot m^{-2}$)	80～90	40～70	＞70	＞100
负荷变形温度/℃	50	78	75	95
脆化温度/℃	-88～-55	-140～-100	＜-120	＜-137
成型收缩率/%	1.5～5.0	2.0～5.0	1.5～5.0	2.0～3.0
熔体流动速率/[$g \cdot (10min)^{-1}$]	1.00～31.00	0.20～8.00	0.50～30.00	＜0.01

(二)聚氯乙烯

聚氯乙烯(Poly Vinyl Chloride,PVC)树脂是由氯乙烯单体经均聚或与其他单体共聚而成的一类聚合物的统称。聚氯乙烯的分子结构式如下：

$$\begin{array}{c} H \quad H \\ | \quad | \\ -\!\!\!\!-\!\!C\!-\!C\!-\!\!\!\!-_n \\ | \quad | \\ H \quad Cl \end{array}$$

聚氯乙烯树脂是白色或淡黄色的坚硬粉末,密度约 1.4g/cm³,氯原子的存在使材料具有阻燃性。聚氯乙烯玻璃化温度约为 80℃,在 80～85℃ 开始软化,完全流动时的温度约为 140℃,此时聚合物已开始明显分解,并析出氯化氢,因氯化氢有自动催化分解作用,使分解加快,所以工业上生产各种品级和牌号的聚氯乙烯都加有热稳定剂。由于聚氯乙烯熔体黏度高,流动性差,必须添加增塑剂改善其加工性能。根据增塑剂用量的不同,可分为硬质 PVC(增塑剂质量含量小于 10%)和软质 PVC。硬质 PVC 主要用于成型管材、板材等建筑材料和化工材料,软质PVC 可做薄膜、人造革、软管等制品。

(三)聚丙烯

聚丙烯(Polyproylene,PP)是以丙烯为单体进行聚合而制得的聚合物。分子结构式如下：

$$\begin{array}{c} H \quad H \\ | \quad | \\ -\!\!\!\!-\!\!C\!-\!C\!-\!\!\!\!-_n \\ | \quad | \\ H \quad CH_3 \end{array}$$

当大分子链所有甲基都位于主链一侧时,为等规聚丙烯,也称全同立构型聚丙烯;当大分子链上所有甲基交替位于主链两侧时,为间规聚丙烯,也称间同立构型聚丙烯;当大分子链上所有甲基随机地位于主链两侧时,为无规聚丙烯,也称无规立构型聚丙烯。在聚丙烯的三种异构体中,等规聚丙烯的产量占 95%,因此,工业上所说的聚丙烯皆为等规聚丙烯。聚丙烯的密度为 0.90～0.91g/cm³,是通用塑料中最轻的,表面硬度、耐磨性及透明性比聚乙烯好;耐热性比聚乙烯,聚氯乙烯和聚苯乙烯都高,不怕沸水,可在 110～120℃ 下连续使用;绝缘性和耐化学腐蚀性也很好。聚丙烯的主要缺点是耐光性差、易老化;另外耐寒性差,低温下易发脆,只能在-20℃ 以上使用;其染色性能也不好。可以通过加入防老剂改善老化性,与乙烯共聚改善低温冲击性。聚丙烯主要用于制造汽车零部件如挡泥板、空气过滤器壳、发动机舱等;用于医疗工具如注射器、输液袋和各类薄膜如绝缘薄膜、打印机带和胶带的基膜；聚丙烯塑料制品还可用于化工管道、储槽、建筑板材等；聚丙烯制的绳索及编织袋也用途广泛。

(四)聚苯乙烯

聚苯乙烯(Polystyrene,PS)主链为饱和碳—碳链，每个结构单元有一个较大的侧基—苯环(可称苯基或侧苯基)。其分子结构式如下：

$$\left[CH_2 - \underset{\underset{\bigcirc}{|}}{\overset{\overset{H}{|}}{C}} \right]_n$$

聚苯乙烯为非晶热塑性树脂，密度为 $1.04 \sim 1.07 g/cm^3$，玻璃化温度在 $90 \sim 100℃$ 之间。

聚苯乙烯在热塑性塑料中是典型的硬而脆塑料，拉伸、弯曲等常规力学性能皆高于聚烯烃，但韧性却明显低于聚烯烃，拉伸时无屈服现象。温度升高，拉伸强度、弹性模量显著下降，当温度升至 $80℃$ 以上时断裂伸长率将急剧增大。在一定范围内，聚苯乙烯的拉伸强度会随着相对分子质量的增加而有所提高，但当相对分子质量大于 10^5 后，其强度变化不太明显。抗冲击性能差和耐热性能差是聚苯乙烯的突出缺点，为克服这些不足，对聚苯乙烯进行各种改性，形成了庞大的聚苯乙烯树脂体系，使聚苯乙烯在保持良好加工性能的同时，应用范围不断扩大，如作为各类电器壳体、透明的仪器、仪表外壳，而泡沫聚苯乙烯在防震、保温、隔热方面也发挥着重要作用。

(五)ABS

ABS(Acrylonitrile - butadiene - styrene copolymer,ABS)是由丙烯腈(A)，丁二烯(B)和苯乙烯(S)组成的三元聚合物，是人们在对聚苯乙烯的改性中开发出的一种塑料品种。ABS 一般结构如下：

$$\left[\left(CH_2 - \underset{\underset{CN}{|}}{CH} \right)_x (CH_2 - CH = CH - CH_2)_y (CH_2 - \underset{\underset{\bigcirc}{|}}{CH})_z \right]_n$$

由于 ABS 是由三种单体共聚而成，因此兼具了三种组分的性能，既保持了聚苯乙烯的光泽性、成型加工流动性和良好的着色性，又表现出丙烯腈的耐油、耐化学腐蚀性和一定的表面硬度，同时还兼具橡胶组分的耐寒性、韧性和良好的冲击性能。另外，通过调整 ABS 树脂三种组分之间的配比，可使其具有稍微不同的性质，以适应各种用途的某些特殊要求，再加上近年来国内外不断开发出高性能化和高功能化的 ABS 改性产品，进一步开拓了其应用领域，使 ABS 成为当今发展迅速、用途极广的工程塑料。尤其在机械工业领域，ABS 可用来制造齿轮、泵叶轮、轴承，在电视机外壳和其他家电也有广泛应用。

ABS 不透明，树脂呈浅象牙色、无毒、无味，是一种非晶型共聚物。在 $215 \sim 235℃$ 之间熔体流动性良好，热分解温度大于 $250℃$，可进行各类成型。

(六)聚碳酸酯

聚碳酸酯(Polycarbonate,PC)是指在分子主链中含有重复单元碳酸酯基(O—R—O—CO)的高分子化合物的总称。随着 R 基团的不同，可以分为脂肪族聚碳酸酯、芳香族聚碳酸酯和脂肪—芳香聚碳酸酯。工业上具有实用价值的是芳香族聚碳酸酯,特别是双酚 A 型聚碳酸酯,其特点是原料价格低廉、加工性能及制品性能优良。双酚 A 型聚碳酸酯的分子结构式如下:

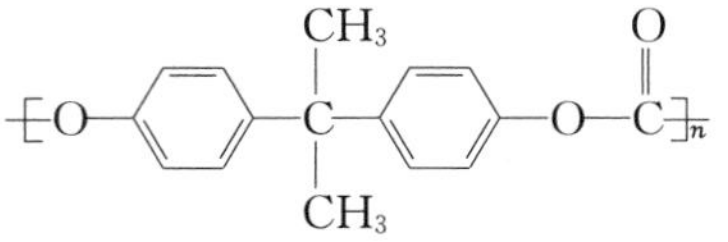

双酚 A 型聚碳酸酯是无色或带微黄色透明的刚硬且有良好韧性的聚合物,透光率可达90%,无臭、无味、无毒,密度约 1.20g/cm³,玻璃化温度 145～150℃,无明显熔点,在 220～230℃熔体呈流动性,常用注射成型加工,热分解温度大于 300℃。双酚 A 聚碳酸酯是一种综合性能优良的工程塑料,其绝缘性能佳(E 级),可大量制作绝缘接插件、绝缘套管等,在医疗器械、食品工业用机械方面也都有大量应用。

(七)聚砜

聚砜类树脂(Polysulfone Plastic)是指大分子主链中含有砜基(—SO₂—)和芳环的高分子聚合物。它最早出现于 20 世纪 60 年代,属热塑性工程塑料。目前聚砜塑料主要有以下3 类:

(1)双酚 A 型聚砜(Polysulfone,PSU),其结构式如下:

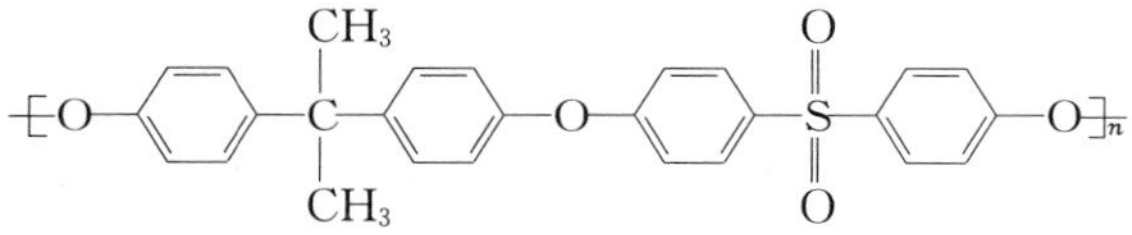

(2)聚芳砜(Polyarylsulphone,PAS),其结构式如下:

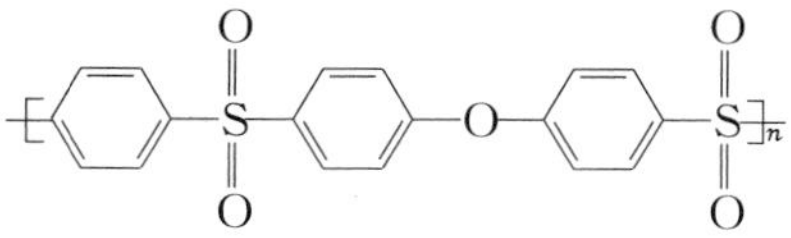

(3)聚醚砜(Polyether sulphone,PES),其结构式如下:

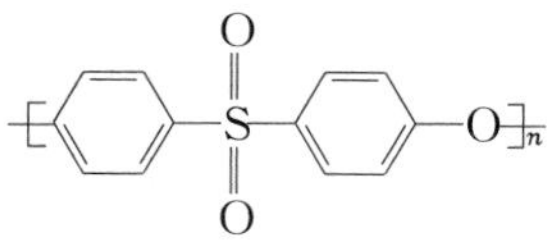

聚砜大分子链刚性大,玻璃化温度高,例如 PSU、PAS、PES 三者的玻璃化温度(T_g)分别为196℃、288℃和225℃,其熔体黏度也很高,成型时螺杆的温度一般在 300～360℃,也正是其刚性链的结构使成型后制品的性能比其他工程塑料优良(表 10－2)。

表 10－2　聚砜和其他工程塑料的主要力学性能比较

项　　目	聚砜(S－100)	聚碳酸酯(PG－Ⅱ)	聚甲醛(M－900)	ABS(R－102)	聚酰胺 66	聚酰胺 6
拉伸强度/MPa	75.4	65.0	55.5	47.1	58.4	60.9
弯曲强度/MPa	137.5	107.5	99.0	68.2	126.6	96.8
压缩强度/MPa	102.5	78.5	79.0	59.0	45.8	40.5

项　目	聚砜(S-100)	聚碳酸酯(PG-Ⅱ)	聚甲醛(M-900)	ABS(R-102)	聚酰胺66	聚酰胺6
拉伸弹性模量/MPa	2540	2130	2280	1910	1920	1480
弯曲弹性模量/MPa	≥953	2460	2350	2230	2620	2490
压缩弹性模量/MPa	2435	2190	2960	1330	1990	1850
断裂伸长率/%	47	100	36	37.3	249	265

聚砜类塑料因具有优异的耐热性、突出的抗蠕变性和尺寸稳定性、优良的电绝缘性等特点而成为综合性能很好的工程塑料,已被广泛用于电子、电器、交通运输、医疗器械、机械工业、化工及航空航天等领域,在塑料品种中占有重要的地位。

(八)聚酰胺

聚酰胺(Polyamide,PA)也称尼龙(Nylon),是一类主链上含有许多重复酰胺基团(—HNCO—)的高分子化合物。聚酰胺首先是作为最重要的合成纤维原料而发展起来的,后来才用做塑料,且在塑料工业中占有很重要的地位,是工程塑料之一。

聚酰胺是结晶性聚合物,密度 $1.01\sim1.15g/cm^3$,是塑料中吸湿性最强的树脂,例如聚酰胺6的吸湿率为4.5%,聚酰胺3的吸湿率可达7.0%~9.0%,所以成型前进行干燥处理是非常重要的。

聚酰胺塑料具有耐磨、强韧、质轻、耐药品、耐热、耐寒、易成型、无毒、自润滑和易染色等优点,因而是最早应用于受力结构部件的工程塑料,例如齿轮、凸轮和轴承等传动和摩擦零件。在与金属材料及其他工程塑料的竞争中,通过不断完善技术和性能,其应用领域不断拓宽。汽车制造业是聚酰胺工程塑料最大的消费市场,其中聚酰胺可作为发动机部件、电气部件、车体部件、机械设备等。

(九)其他树脂

除上述树脂外,聚苯醚(Polyphenylene oxide,PPO)、聚甲醛(Polyoxy methylene,POM)是重要的工程塑料品种;聚甲基丙烯酸甲酯(Polymethyl methacrylate,PMMA)是透明度高、耐候性好、迄今为止合成透明材料中价格适宜,质地优异的树脂品种;聚对苯二甲酸乙二酯(Polyethylene terephthalate,PET)和聚对苯二甲酸丁二酯(Polybuthylene terephthalate,PBT)是容易成型、纺丝性能优良的饱和聚酯,也是用于工程塑料的重要树脂。热固性树脂如酚醛树脂(Phenol-formaldehyde,PF)、氨基树脂(Amino resin)、环氧树脂(Epoxide,EP)等也是塑料成型加工中的重要原料品种。

二、添加剂

在塑料成型过程中所需要添加的各种辅助化学物质称为添加剂或助剂。加入添加剂的目的是为了改善塑料成型加工性能和制品使用性能,还可以降低成本。

(一)增塑剂

能降低树脂的熔融温度或熔体黏度,从而改善其成型加工性能,并能增加产品柔韧性、耐寒性的一类物质称为增塑剂。

增塑剂可分为非极性增塑剂和极性增塑剂。非极性增塑剂的主要作用是通过聚合物—增塑剂间的溶剂化作用,增大聚合物分子间的距离,减小大分子之间的相互吸引力。极性增塑剂对极性聚合物的增塑作用在于增塑剂的极性基团与聚合物分子的极性基团相互作用,代替了聚合物极性分子间的作用,从而削弱了大分子间的作用力。

增塑剂通常是对热和化学试剂都很稳定的一类有机化合物或聚合物,它们一般是在一定范围内能与聚合物相容而又不易挥发的液体;少数是熔点较低的固体。

增塑剂的常用品种有以下几类:

(1)苯二甲酸酯类:常用品种包括邻苯二甲酸二丁酚和二辛酯等。这类增塑剂的优点是可使材料保持良好的绝缘性和耐寒性。

(2)磷酸酯类:常用品种有磷酸三甲酚酯、磷酸三酚酯和三辛酯。这类增塑剂的特点是可以使材料保持良好的耐热性,但耐寒性却较差,且该类增塑剂有毒性。

(3)己二酸、壬二酸、癸二酸等的二辛酯类:这类增塑剂可以使材料具有较好的耐寒性,但耐油性却较差。

在现有塑料品种中,使用增塑剂最多的塑料品种是聚氯乙烯、聚乙酸乙烯、丙烯酸酯类塑料和纤维素塑料,其中聚氯乙烯塑料的用量最大,占增塑剂总产量的80%以上。

(二)稳定剂

塑料在成型加工过程或长期使用和存储过程中,会因各种外界因素(如光、热、氧、射线、细菌和霉菌等)作用而引起降解或交联,并使塑料性能变坏而不能正常使用。为了防止和抑制这种破坏作用而加入的物质统称为稳定剂。

1. 热稳定剂 其中能改善树脂的热稳定性,抑制其热降解、热分解的助剂称为热稳定剂。常用的热稳定剂种类有盐基铅盐热稳定剂(这类热稳定剂的优点是长时间耐热性优、耐候性优,且价廉;缺点是毒性较大,在树脂中的相容性和分散性较差)、金属皂类热稳定剂(这类热稳定剂的优点是除本身起热稳定作用外,还可对材料起润滑作用)和有机锡化合物热稳定剂(这类热稳定剂的优点是可使塑料制品保持良好的透明性、突出的耐热性,并可与金属皂类热稳定剂产生协同效应,缺点是价格较贵)。

2. 光稳定剂 在稳定剂中,能改善塑料的耐日光性,防止或降低日光中紫外线对塑料产生破坏的助剂统称光稳定剂。

光稳定剂按其性质可分为以下3类:

(1)紫外光屏蔽剂:这种光稳定剂也称遮光剂,其作用是可以吸收或反射紫外光,使塑料制品免受或减小紫外线的损害,这是材料抗紫外线的首道防线。这类光稳定剂的主要品种是 TiO_2、ZnO 等无机颜料,无机填料和炭黑。

(2)紫外线吸收剂:这是光稳定剂的主体,可以强烈地吸收紫外线,使光能以热能的形式放出,大大减小对材料的损害。这是抗紫外线的第二道防线。这类光稳定剂的主要品种有水杨酸酯类,二苯甲酮类和丙三唑类等。

(3)紫外线淬灭剂:这类光稳定剂的作用是扑灭紫外线的活性。当射向塑料制品的紫外线尚未被一、二道防线的光稳定剂全部反射和吸收时,剩余部分被材料吸收,使材料中的树脂分子激发为"受激态",加入材料配方中的这类光稳定剂可以从受激的树脂分子中迅速吸收能量,使之回到低能的稳定状态,将其"淬灭"。

3. 抗氧化剂　在稳定剂中,除热稳定剂和光稳定剂外还有抗氧剂,它能够延缓或抑制树脂氧化降解,抑制其性能劣化。

抗氧剂按作用机理分有三大类:链终止剂、过氧化物分解剂和金属离子钝化剂。另一种常用的分类方法是按抗氧化剂的化学结构分类,大致可分为:酚类(含单酚、双酚、三酚、多酚、对苯二酚和硫代双酚等)、胺类(含萘胺、二苯胺、对苯二胺和喹啉衍生物)、亚磷酸酯类、硫酯类和其他。

(三)填充剂(填料)

为了提高塑料制品的物理—力学性能或赋予制品某种特殊性能,同时也提高加工性能,减少树脂单耗或降低成本而加入的物质称为填充剂。表10-3为常用填充剂种类、来源及其作用。

表10-3　常用填充剂种类、来源及其作用

填充剂种类		来　源	作　用
碳酸钙	重质型	由白垩,贝壳,石灰石等天然物质经机械粉碎而制得,粒径2~10μm	用于聚氯乙烯、聚烯烃等,提高制品耐热性、硬度,降低收缩率,降低成本;遇酸易分解,故不宜用于耐酸制品中
	轻质型(沉降型)	由无机合成后沉降而得,粒径在0.1μm以下	
黏土、硅酸盐类黏土、高岭土(陶土、瓷土)、硅灰石基		由天然物质精制、煅烧、粉碎制得	用于聚氯乙烯、聚烯烃等,改善加工性能,降低收缩率,提高制品耐药物、耐燃、耐水性及降低成本;填充滑石粉后,可提高制品介电性能;填充云母后可提高制品耐热性、尺寸稳定性、介电性能,多用于电绝缘制品中
滑石粉		由硅酸镁研磨成,呈片状	
云母		有含铝硅酸钾、镁、铁等盐的几种类型,呈片状	
炭黑		由天然气、石油不完全燃烧或热裂解得;由接触法,炉法,热裂法等制得	用于聚氯乙烯、聚烯烃,常兼具着色剂、光屏蔽剂作用,以提高制品导热、导电性能
二氧化硅(白炭黑)		沉淀法粒径20~40nm,含水10%~14%,气相法粒径10~25nm,含水<2%	用于聚氯乙烯、聚烯烃、不饱和聚酯、环氧树脂等,提高制品介电、抗冲击性能,可作树脂流动性调节剂
硫酸钙(石膏)		由天然产或化学沉淀法制得	用于聚氯乙烯、丙烯酸类树脂等,降低成本,提高制品尺寸稳定性、耐磨性,用于"钙塑"材料等
亚硫酸钙		由化学法制得	
金属粉或纤维		常用有铝,古铜锌(铜锌合金),铜,铝等粉末;由熔融金属喷雾或由金属薄片机械粉碎制得;近年来也用到铜、钢,不锈钢纤维等	用于各种热塑性工程塑料、环氧树脂等,提高塑料导电、传热、耐热等性能;采用金属纤维时对制品物理—力学性能有所改善
二硫化钼		由天然物精制或合成	用于尼龙浇铸制品等以改进表面硬度,降低摩擦因数,热膨胀系数,提高耐磨性
石墨		天然或合成	
聚四氟乙烯粉或纤维		合成	用于聚氯乙烯、聚烯烃及各种热塑性工程塑料,提高制品耐磨性、润滑性和极限PV值

为了改善填料在塑料中的分散状况，使成型加工过程更为方便、清洁等，除了在生产的配料或成型加工现场直接添加填料外，也有在填料中加入少量树脂及其他助剂，做成粒状的填料含量极高的"填充母料"出售，只需要在使用的树脂粒料中均匀混入一定量的填充母料即可。

(四)增强剂

添加到树脂中使其物理—力学性能得到提高的材料称为增强剂。它实际也是一种填充剂，由于性能上的差别和近年来得到了较大的发展，因此特将其单列一类。

增强剂有纤维类和非纤维类两种。纤维类增强剂具有更明显的增强效果，大量用于各种塑料制品，例如环氧树脂、不饱和聚酯等与玻璃纤维或织物制成的玻璃钢。其中玻璃纤维以提高拉伸强度著称，价格便宜，应用最普遍。过去石棉纤维被作为优良耐热材料以前应用也较多，但对人体有害，已逐渐禁用。近年来有一些高性能纤维，如碳纤维，芳纶加入增强纤维材料的行列，在宇航、化工、耐高温等方面具有重要意义。

值得注意的是作为增强材料的纤维往往与树脂的亲和性小，要对其进行表面处理，如用硅烷偶联剂对玻璃纤维进行处理以改善其与树脂的亲和性，这样更能发挥纤维的增强效果。

(五)阻燃剂

大多数塑料是可燃烧的，能够增加塑料等高分子材料耐燃烧性能的物质统称为阻燃剂。含有阻燃剂的塑料大多数是自熄性的，也可以是难燃的或不燃的。

阻燃剂通常分为添加型和反应型两大类。添加型阻燃剂有磷酸盐、卤代烃和氧化锑等。它们在塑料成型时加入，使用方便，适应面广，一般适用热塑性塑料。但对塑料的物理—力学性能有影响，因此用量必须适当。反应型阻燃剂主要有卤代酸酐和含磷多元醇等。它们在聚合物制备过程中加入，作为一个组分参加反应而成为聚合物分子链的一部分，从而赋予塑料阻燃性，且主要用于热固性塑料。反应型阻燃剂对制品性能影响小、阻燃性持久。

目前，阻燃剂的发展方向是低卤或无卤、低烟、高效、低毒、廉价。水合氧化铝是一种无味、无毒、廉价的无机阻燃抑烟剂。复合型阻燃剂也能满足这方面的要求，如三氧化二锑与有机或无机阻燃剂并用，能产生阻燃的协同效应，可降低 PVC、PE、PS 的烟雾。

(六)着色剂

为使制品获得各种鲜艳夺目的颜色，增进美观而加入的一种物质称为着色剂。着色剂常为油溶性的有机染料和无机颜料。塑料着色中使用的染料，多数属于还原染料和分散染料。颜料通常为一种有色材料，调和于展色剂(油或树脂)中，调制成油墨、油漆，可涂布于塑料表面，进行表面着色；也可以细微颗粒状混合于塑料中作为着色剂。颜料一般使物体表面着色，很少深入物体内部，而且制品着色后不透明，但其耐热性较染料高。聚氯乙烯着色剂基本上是采用无机颜料(除氧化铁红有降解作用之外，其余几乎都能采用)或有机颜料(主要是偶氮颜料和酞菁颜料)；聚乙烯，聚丙烯采用的着色剂，一般为无机颜料和有机颜料的酞菁系等；某些染料如士林蓝 RSM、还原黄 4GF 等也常在聚烯烃中应用。聚苯乙烯着色性很好，一般的颜料和染料都适用。所有着色剂应在加工过程中稳定不变，与塑料的亲和力强，容易着色，耐光、耐热性好，且不与其他添加剂作用等。

(七)润滑剂

为改进树脂熔体的流动性能,减少或避免对设备的黏附摩擦作用,使制品表面光洁,而加入树脂中的一类助剂称为润滑剂。一般聚烯烃、聚苯乙烯、聚酰胺、ABS、聚氯乙烯和醋酸纤维素在成型过程中都需要加入润滑剂,其中尤以聚氯乙烯最为重要。通常把润滑剂分为内润滑剂和外润滑剂。内润滑剂与聚合物要有一定的相容性,其作用在于减少聚合物分子间的内摩擦。常用的内润滑剂有硬脂酸及其盐类、硬脂酸丁脂、硬脂酰胺、油酰胺等。外润滑剂与聚合物的相容性很小,在成型过程中,易从内部析出而黏附于与设备接触的表面,形成一层润滑层,防止树脂熔体对设备的黏附。这类润滑剂有硬脂酸、石蜡、矿物油和硅油等。二者的区别仅在于与聚合物的相容性不同。实际上"内润滑剂"和"外润滑剂"也只是相对而言,有不少润滑剂兼有内、外润滑两种作用,仅少数只有单一性质。例如,硬脂酸钙作为聚氯乙烯润滑剂,既有外润滑性质,也有内润滑性质。另外很多润滑剂不仅有润滑作用,而且像其他金属皂类一样,还有稳定作用。

(八)抗静电剂

抗静电剂是添加到塑料中或涂覆在塑料制品表面,以防止制品的静电危害的一类化学助剂。抗静电剂的作用是将体积电阻高的塑料表面层的电阻率降低到 $10^{10}\,\Omega \cdot cm$ 以下,从而降低塑料在成型加工和使用过程中的静电积累。

一般高分子材料的体积电阻率都非常高,在 $10^{10} \sim 10^{20}\,\Omega \cdot cm$ 范围内,是良好的电绝缘材料,但在用作非电气绝缘材料时,其表面一经摩擦就容易产生静电。由高分子材料的静电所引起的静电放电,静电引力(或斥力)以及触电等危害,会妨碍生产的顺利进行,并且影响到塑料制品的使用价值。因此,在实际使用中需要消除静电的危害。

防止静电危害的方法一方面是减轻或防止摩擦以减少静电的产生;另一方面是使已产生的静电尽快泄漏掉,防止静电大量积累,泄漏静电的方法之一就是使用抗静电剂。

抗静电剂主要有胺的衍生物、季铵盐类、磷酸酯类和聚乙二醇酯类。这类物质既有微弱的电离性,又有适当的吸水性,为其提供导电能力。此外,导电填料(如炭黑、石墨、金属粉或镀金属的纤维)也可作为抗静电剂使用。

(九)其他助剂

为了抵御或避免塑料制品在储存和使用过程中遭受老鼠、昆虫、细菌等的危害而加入的物质称为驱避剂,如有机锡类,抗菌素类等;为了生产泡沫塑料制品,而加入的固体、液体或气体等物质称为发泡剂;为了免除农用薄膜因水汽凝结而出现雾层而加入的木糖醇酯类物质为表面活性剂;还有满足其他功能和用途的助剂等。

第二节　物料的配制

虽然合成树脂是塑料制品的主体成分,但是,如前所述,在塑料制品生产中的大多数情况下,都需要添加各类助剂。因此把各种组分混合在一起,成为均匀的体系(如粉料、粒料等)是成型加工前必不可少的过程,这一操作过程统称为物料的配制。

一、物料混合的基本原理

广义的混合作用应包括混合和分散两个基本过程。混合或称单纯混合是指两种或多种组分占有的空间分布情况发生变化,各自向其他组分的空间分布,其原理如图 10-1 所示。分散是指在混合中,一种或多种组分的物理状态或物理性能发生变化并向其他组分渗透的过程,如颗粒尺寸减小或溶于其他组分中。混合与分散作用一般是同时进行和完成的,即在混合过程中,物料在混合的同时,通过粉碎、研磨等机械作用,使被混合物料的粒子不断减小,从而达到均匀分散的目的。

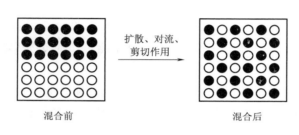

混合前　　　　　　　　混合后

图 10-1　混合过程

混合过程中各组分单元分布非均匀性的减小和组分单元的细化,只能通过各组分单元的物理运动或在外力作用下的物理变化来实现。目前认为扩散、对流、剪切三种作用是混合的驱动力。

1. 扩散作用　扩散作用是利用各组分之间的浓度差,使组分微粒从浓度大的区域向浓度小的区域迁移,从而达到组成的均一。对于气体与气体之间的混合,扩散作用能较快地自发进行。在液体与液体或液体与固体之间,扩散作用也较明显,但在固体物料之间,扩散作用是很小的,只有靠升高温度,增加接触面积,减少料层厚度才能加快扩散作用的进行。

2. 对流作用　两种或两种以上的物料各自向其他物料占有的空间流动,从而达到组成均一。对流需要借助于外力的作用,通常采用机械搅拌力。要使其组成均一,对流作用必不可少。

3. 剪切作用　利用机械的剪切力使物料组成达到均一。在这个过程中物料本身的体积没有变化,只是截面变小表面积增大,扩大了物料的分布区域,因而使其进入另外的物料,并占有其空间的机会加大,渗入别的物料块中的能力增加,因此达到了混合的目的。

实际上在混合过程中,扩散、对流、剪切三种作用都是同时进行的,只是在一定条件下,三种作用中的某种占优势而已。但不管哪种作用,除了造成层内流动还应产生层间流动,才能达到最佳的混合效果。

二、物料混合工艺与设备

在工业上,塑料成型前物料的混合主要包括原料的准备、混合、混合物造粒三个工艺过程。

(一)物料混合工艺

1. 原料的准备　原料的准备通常包括原料的预处理、称量及输送。首先要将树脂过筛以除去机械杂质、吸磁以除去金属杂质和干燥处理以除去水分;增塑剂使用前应通过一定细度的滤网进行过滤或对增塑剂预热,以降低其黏度并加快其向树脂中扩散的速度,同时强化传热过程。为保证配比准确,各组分原料须经准确称量。

2. 物料的混合 工业上,混合一般由初混合和初混物的塑炼两部分组成。物料的初混合是一种在树脂熔点以下和较为缓和的剪切力作用下进行的简单混合。其过程仅在于增加各组分微粒空间的无规则排列程度,微粒的尺寸尚未减小。混合依靠设备的搅拌、振动、翻滚、研磨等作用完成。

初混合通常是按下列次序逐步加入的:树脂,增塑剂,由稳定剂、染料等调制的混合物和其他固体物料(填料)等。

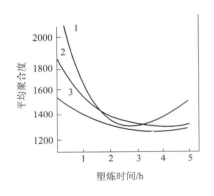

图 10-2 聚氯乙烯聚合度与塑炼
时间的关系(150℃)
1—起始聚合度=2235 2—起始聚合
度=1785 3—起始聚合度=1540

初混合的塑炼指经初混合得到的干混料,虽然原料组分有了一定的均匀性,但仍存在聚合物本身因合成时局部聚合条件差异造成的不均匀性,还可能含有的杂质、单体、催化剂、水分等难以去除。塑炼的目的在于借助加热和剪切力的作用使聚合物(混合物)熔化、剪切、混合而驱逐出其中的挥发物并进一步分散其中的不均匀组分,这样使制品性能更均匀一致。但混合塑炼的条件比较严格,如果控制不当,必然会造成混合料各组分物理及化学上的损伤,例如塑炼时间过久,会引起聚合物降解而降低其质量(图 10-2 是聚氯乙烯的聚合度与塑炼时间的关系)。因此,不同种类的塑料应各有其相宜的塑炼条件,并需通过实践来确定。主要的工艺控制条件是塑炼温度、时间和剪切力。

3. 塑炼物的粉碎和粒化 塑炼好的物料经粉碎和切粒即可得到粉料和粒料。粉料一般是将片状塑炼物用切碎机先进行切碎,然后再用粉碎机粉碎。粒料是将冷却成条状的塑炼物用切粒机切碎得到。粉碎和切粒同时都是使塑炼物的固体尺寸减小,所不同的是前者所成的颗粒大小不等,并且较细小,而后者比较整齐并且有固定的形状,其目的均是为了便于输送和成型。

(二)物料混合设备

工业上用于固体物料混合的设备主要有高速混合机、转鼓式混合机、双锥混合机、螺带混合机、Z型混合机、开炼机等。

1. 高速混合机 兼用于润性与非润性物料,而且更适宜于配制粉料。该机主要是由一个圆筒形的混合室和一个设在混合室的搅拌装置组成(图 10-3)。

混合时,物料受到高速搅拌,在离心力的作用下,由混合室底部沿侧壁上升,至一定高度时落下,然后再上升和落下,从而使物料颗粒之间产生较高的剪切作用和热量。因此,除具有混合均匀的效果外,还可使塑料温度上升而部分塑化。挡板的作用是使物料运动呈流化状,更有利

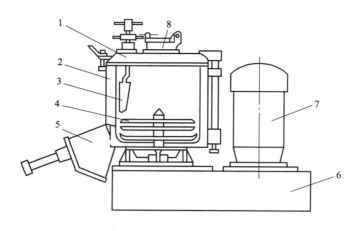

图 10-3　高速混合机

1—回转盖　2—容器　3—挡板　4—快转叶轮　5—出料口
6—机座　7—电动机　8—进料口

于分散均匀。高速混合机在需要时可利用外加热套进行加热,视具体情况而定。

2. 转鼓式混合机　图 10-4 是最简单的转鼓式混合设备。转鼓式混合机的混合室两端与驱动轴相连接,当驱动轴转动时,混合室内的物料即在垂直平面内回转。初始时位于混合室底部的物料由于物料间的黏结作用以及物料与侧壁间的摩擦力而随鼓升起,又由于离心力的作用,物料趋于靠近壁面,使物料间以及物料与室壁间的作用力增大。当物料上升到一定高度时,在重力作用下落到底部,接着又升起,如此循环往复,使物料在竖直方向反复重叠、换位,从而达到分散混合的目的(图 10-5)。

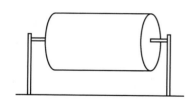

　　　　　　　　　　　　　　　(a)　　　　(b)　　　　(c)　　　　(d)

图 10-4　转鼓式混合机　　　　　图 10-5　转鼓式混合机物料的混合原理

3. 卧式单螺带混合机　如图 10-6 所示为卧式单螺带混合机。它由螺带、混合室、驱动装置和机架组成。混合室是一个两端封闭的半圆筒,上部有可以开启或关闭的压盖或加料口,下部有卸料口。混合室可设计为夹套式,用于通入加热介质或冷却物料。

卧式单螺带混合机是最简单的螺带混合机。当螺带旋转时,螺带的推力棱面推动与其接触的物料沿螺旋方向移动。由于物料之间的相互摩擦作用,使得物料上、下翻转,同时部分物料也沿着螺旋方向滑移,这样就形成了螺带推力棱面一侧部分物料发生螺旋状的轴向移动,而螺带上部与四周的物料又补充到螺带推力面的背侧(拖曳侧),于是发生了螺带中心处物料与四周物

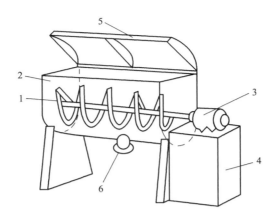

图 10 - 6　卧式单螺带混合机

1—螺带　2—混合室　3—驱动装置　4—机架　5—上盖　6—卸料口

料位置的更换。随着螺带的旋转,推力棱面一侧的物料渐渐堆积,物料的轴向移动现象减弱,仅发生上、下翻转运动,所以卧式单螺带混合机主要是靠物料的上、下运动达到径向分布混合的。在轴线方向,物料的分布作用很弱,因而混合效果并不理想。

　　4. Z 形捏合机　Z 形捏合机又称双臂捏合机或 Sigma 桨叶捏合机,是广泛用于塑料和橡胶等高分子材料的混合设备。典型的 Z 形捏合机结构如图 10 - 7 所示。

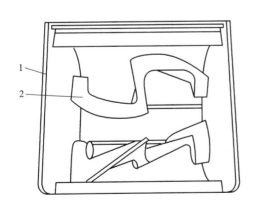

图 10 - 7　Z 形捏合机

1—捏合室壁　2—转子

　　Z 形捏合机主要有转子、混合室及驱动装置组成。混合室是一个 W 形或鞍形底部的钢槽,上部有盖和加料口,下部一般设有排料口。钢槽呈夹套式,可通入加热或冷却介质。

　　对于转子为相切式安装的捏合机,当转子旋转时,物料在两转子相切处受到强烈剪切,同向旋转的转子或速比较大的转子间剪切力可能达到很大的数值。此外,转子外缘与混合室壁的间隙内,物料也会受到强烈剪切。所以转子作相切式安装的 Z 形捏合机,主要有两个分散混合区域——转子之间的相切区域和转子外缘与混合室壁间的区域。

　　螺杆混合设备将在第三节中进行介绍,开炼机在第十一章第二节中讨论。

　　(三)树脂溶液的配制

　　作为塑料成型的物料除固体物料外,也有液体状物料,它们主要是树脂溶液。

　　配制溶液所用的设备一般是带有强力搅拌和加热夹套的溶解釜。通常先将溶剂在溶解釜内加热至一定温度,而后在强力高速搅拌下缓慢地投入粉状或片状的聚合物,投料速度应以不出现结块现象为度。

第三节　挤出成型

挤出成型也称挤压模塑或挤塑,即借助螺杆或柱塞的挤压作用,使受热融化的物料在压力的推动下,强行通过口模而成为具有恒定截面的连续型材的一种成型方法。

根据物料塑化方式不同,挤出工艺可分为熔融挤出和溶液挤出两种,由于前者比后者优点多,故挤出成型中多用熔融挤出;溶液挤出仅用于硝酸纤维素和少数醋酸纤维素塑料等的成型。

按照加压方式的不同,挤出工艺又可分为连续和间歇两种。前一种所用设备为螺杆式挤出机;后一种为柱塞式挤出机。螺杆式挤出机又可分为单螺杆挤出机和多螺杆挤出机。螺杆式挤出机是借助于螺杆旋转产生的压力和剪切力,使物料充分塑化和均匀混合,通过型腔(口模)而成型。因而,使用一台挤出机就能完成混合、塑化和成型等一系列工序,进行连续生产。柱塞式挤出机主要是借助柱塞压力,将事先塑化好的物料挤出口模而成型的。料筒内物料挤完后柱塞退回,待加入新的物料后再进行下一次操作,生产是不连续的,而且对物料不能充分搅拌、混合,适用于黏度特别大、流动性较差的塑料成型,如聚四氟乙烯和硬聚氯乙烯管材的挤出成型。

一、螺杆挤出机的基本结构及作用

在塑料挤出机中,最基本和最通用的是单螺杆挤出机,其基本结构如图10-8所示,主要包括:传动、加料装置、料筒、螺杆、机头与口模五部分。

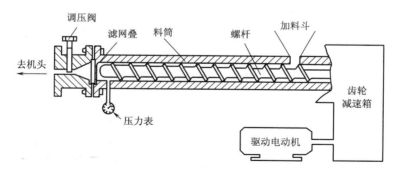

图 10-8　单螺杆挤出机

(一)传动部分

传动部分通常由电动机、减速箱和轴承等组成。在挤出过程中,要求螺杆转速稳定,不随螺杆负荷的变化而变化,以保证制品质量的均匀一致。但在不同场合下,又要求螺杆能变速,以达到一台设备能适应挤出不同塑料或不同制品的要求。一般螺杆转速为10～100r/min。

(二)加料装置

挤出成型的供料一般采用粒状料、粉状料和带状料。加料装置是保证向挤出机料筒连续供料的装置,形如漏斗,有圆锥形和方锥形,也称为料斗。料斗的底部与料筒连接处是加料孔,该处有截断装置,可以调整和截断料流。在加料孔的周围有冷却夹套,用以防止高温料筒向料斗传热,避免料斗内塑料升温发黏而引起加料不均和料流受阻情况。料斗的侧面有玻璃视孔及标定计量的装置。有些料斗还有可以防止塑料从空气中吸收水分的预热干燥和真空减压装置,还带有能克服粉状塑料产生"架桥"现象的搅拌器及能够定时定量自动上料或加料的装置。

(三)料筒

料筒又称机筒,是一个受热受压的金属圆筒。物料的塑化和压缩都是在料筒中进行的。挤出成型时的工作温度一般在180~320℃。在料筒的外面设有分段加热和冷却的装置,以便对塑料加热和冷却。加热一般分为三至四段,常用电阻或电感应加热,也有采用远红外线加热的。冷却的目的是防止塑料的过热或停车时须对塑料快速冷却,以免塑料的降解。冷却一般用风冷或水冷。料筒要承受很高的压力,故要求其具有足够的强度和刚度且内壁光滑。料筒一般用耐磨、耐腐蚀、高强度的合金钢或碳钢内衬合金钢来制造。料筒的长度一般为其直径的15~24倍。

(四)螺杆

螺杆是一根笔直的有螺纹的金属圆棒。图10-9为一般螺杆的结构。螺杆是用耐热、耐腐蚀、高强度的合金钢制成的,其表面应有很高的硬度和光洁度,以减少塑料与螺杆的表面摩擦力,使塑料在螺杆与料筒之间保持良好的传热与运转状况。螺杆的中心有孔道,可通冷却水,目的是防止螺杆因长期运转与塑料摩擦生热而损坏,同时使螺杆表面温度略低于料筒,防止物料黏附其上,有利物料的输送。

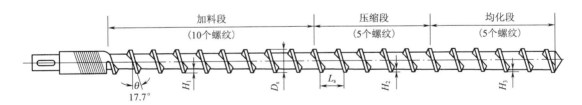

图10-9　螺杆示意图

D_s—螺杆外径　L_s—螺距　H_1—加料段螺槽深度　θ—螺旋角

H_2—压缩段螺槽深度　H_3—均化段螺槽深度

螺杆用止推轴承悬支在料筒的中央,与料筒中心线吻合,不应有明显的偏差。螺杆与料筒的间隙很小,使塑料受到强大的剪切作用而塑化。

螺杆由电动机通过减速机构传动,转速一般为10~120r/min,为无级变速。

螺杆的几何结构参数有直径、长径比、压缩比、螺槽深度、螺旋角、螺杆与料筒的间隙(图10-10),这些几何结构参数对螺杆的工作特性有重大的影响。

(五)机头和口模

机头是口模与料筒的过渡连接部分,口模是制品的成型部件,通常机头和口模是一个整体,习惯上称为机头。挤出机机头和口模如图10-11所示。

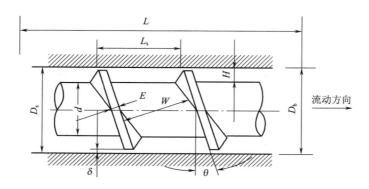

图 10 - 10　螺杆结构主要参数

D_s—螺杆外径　D_b—料筒内径　L_s—螺距　H—螺槽深度　W—螺槽宽度　θ—螺旋角

E—螺纹棱部宽度　δ—间隙　L—螺杆长度　d—螺杆根径

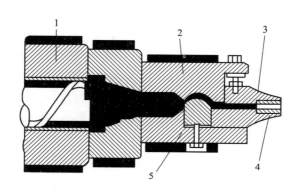

图 10 - 11　挤出机机头和口模

1—挤出机　2—口模　3—模唇调节器　4—口模成型段　5—扼流调节排

机头和口模的作用为：

(1)使黏流态物料从螺旋运动变为平行直线运动,并稳定地导入口模而成型。

(2)产生回压,使物料进一步均化,提高制品质量。

(3)产生必要的成型压力,以获得结构密实和形状准确的制品。

在机头和机筒之间有粗滤器和过滤网。粗滤器也叫多空板,是一块多孔的金属圆板,孔眼的大小和板的厚度随料筒直径的增大而加大;过滤黏流态料中可能混入的机械杂质和未熔化的或分解焦化的物料,同时增大料流压力,保证挤出制品致密,提高质量。

为了获得塑料成型前必要的压力,机头和口模的流道型腔应逐步连续地缩小,过渡到所要求的成型截面形状。机头内塑料流道应光滑,呈流线型,不存在死角。为了保证料流的稳定以及消除熔接缝,口模应有一定长度的平直部分。

根据所生产的不同挤出制品,机头和口模组成部件有所不同。图 10 - 12 为挤出管材时用的环形孔状口模示意图。

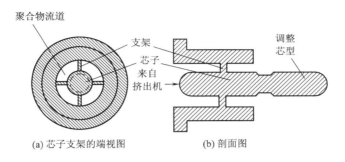

(a) 芯子支架的端视图　　(b) 剖面图

图 10-12　环形孔状口模

(六)辅助设备

主要包括以下几类:原料输送、干燥等预处理设备;定型和冷却设备,如定型装置、水冷却系统;用于连续地、平稳地将制品引出的可调速率牵引装置;成品切断和辊卷装置;控制设备等。

二、挤出成型的特点及挤出理论

挤出成型主要是对物料的输送和塑化,并且在压力下迫使物料通过机头口模从而得到所要求的制品。它具有以下特点:挤出法几乎能成型所有的热塑性塑料,适应性强;生产的制品可以是管材、板材、薄膜、线缆包覆物;单丝、棒材等,应用范围广;生产过程连续,生产效率高;投资少,见效快。

在挤出过程中物料的温度、压力及其状态都是变化的,图 10-13 是挤出过程温度和压力沿螺杆的变化。温度是物料产生状态变化,即从固相转变为液相,实现挤出成型的必要条件。螺杆螺槽容积的变化及其他阻力致使压力升高,使固相物料压实,有利于排气,同时也能改善热传导,有利于熔融,并能使制品形状及尺寸精确。

实际挤出过程中,物料在螺杆各段所经历的状态变化和流动行为都是十分复杂的,可归结为固体输送、熔融和熔体输送三个过程。固体输送一般在加料段和压缩段完成,物料靠自身的重量从料斗进入螺槽,螺杆的转动将物料往前推移,但物料不是直线前进的,而是沿螺槽移向前方。物料的运动受它与螺杆及与机筒内表面之间摩擦力的控制。因此只要能正确地控制物料与螺杆及与机筒之间的摩擦系数,就可提高固体输送段的送料能力。可从挤出机结构和挤出工艺两

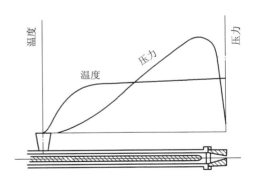

图 10-13　挤出过程温度和压力沿螺杆的变化

个方面采取措施。从挤出机结构角度来考虑,增加螺槽深度、降低物料与螺杆的摩擦系数、增大物料与机筒的摩擦系数均可以提高固体输送率。从挤出工艺分析,关键是控制加料段外机筒和螺杆的温度,因为摩擦系数是随温度而变化的,一般塑料对钢的摩擦系数随温度的下降而减小,为此,螺杆通水冷却可降低摩擦系数,对物料的输送是有利的。熔融过程是在压缩段完成的。

当固体物料由加料段进入压缩段时,逐渐受到越来越大的挤压,可认为固体粒子被挤压成紧密堆砌的固体床。固体床在前进过程中受到料筒外加热和内摩擦热的同时作用而逐渐熔化,如图 10－14 所示。首先在靠近料筒表面处留下熔膜层,当熔膜层厚度超过料筒与螺棱的间隙时,就会被旋转的螺棱刮下并汇集于螺纹推力面的前方,形成熔池,而在螺棱的后侧则为固体床,随着螺杆的传动,来自料筒的外加热和熔膜的剪切热不断传至未熔融的固体床,使与熔膜接触的固体粒子熔融。这样,在沿螺槽向前移动的过程中,固体床的宽度逐渐减小,直至全部消失,即完成熔化过程,物料熔体随即进入均化段。均化段完成熔体输送,即将熔融物料定容(定量)、定压地送入机头使其在口模中成型。均化段的螺槽容积与加料段一样恒定不变。值得注意的是,物料在均化段的流动并不是单一向着机头方向,物料实际流动情况很复杂,包括下面四种类型的流动。

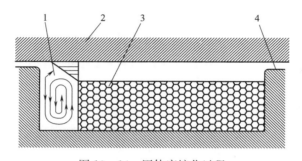

图 10－14　固体床熔化过程

1—熔体池　2—料筒　3—固体床　4—螺杆

1. 正流　正流是物料沿螺槽方向(z 方向)向机头的流动,这是均化段熔体的主流,如图 10－15(a)所示。它是由物料在螺杆中受机筒摩擦拖拽作用而产生的,它在螺槽深度方向的速度分布是线性变化的。

2. 倒流(逆流,反流)　倒流是沿螺槽与正流方向相反($-z$ 方向)的流动,它是由机头、口模、过滤网等对料流的阻碍所引起的反压流动。它将引起挤出生产能力的损失。倒流的速度分布是按抛物线关系变化[图 10－15(b)]。正流和倒流的综合称为净流[图 10－15(c)]。

3. 横流　横流是指物流沿 x 轴和 y 轴两方向在螺槽内的往复流动,也是螺杆旋转时螺棱的推挤作用和阻挡作用所造成的,仅限于在每个螺槽内的环流,对总的挤出生产率影响不大,但对于物料的热交换、混合和进一步均匀塑化影响很大[图 10－15(d)]。

4. 漏流　漏流是指物流在螺杆和料筒的间隙沿着螺杆的轴向往料斗方向的流动,它也是由于机头和口模等对物料的阻力所产生的反压流动[图 10－15(e)]。由于螺杆和料筒的间隙很小,故在一般情况下漏流流率要比正流和倒流小得多。

物料在螺杆均化段的实际流动是上述四种流动的组合,其输出流率是挤出机的生产能力:即为正流、倒流和漏流的代数和。

三、挤出成型工艺

适用于挤出成型的塑料种类很多,制品的形状和尺寸也有很大差别,但挤出成型工艺过程

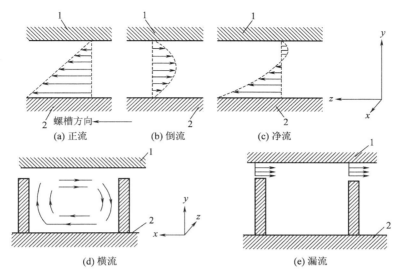

图 10-15　螺槽内熔体几种流动

1—机筒　2—螺杆

大体相同,包括原料的干燥、挤出成型、制品的定型与冷却、制品的牵引也卷取(或切割)等。

(一)原料的干燥

原料干燥的目的是除去水分,原料中的水分或从外界吸收的水分会影响挤出过程的正常进行和制品的质量,严重时会使挤出无法进行。因此使用前应对原料进行干燥,通常控制含水率(<0.4%)。此外,原料也不应含有其他杂质。

(二)挤出成型

首先将挤出机加热到预定的温度,然后开动螺杆,同时加料。初期挤出物的质量和外观都较差,应根据塑料的挤出工艺性能和挤出机机头及口模的结构特点等,调整挤出机料筒各加热段和机头及口模的温度及螺杆的转速等工艺参数,以控制料筒内物料的温度和压力分布。根据制品的形状和尺寸的要求,调整口模尺寸和同心度及牵引设备等装置,以控制挤出物离模膨胀和形状的稳定性,从而达到最终控制挤出物产量和质量的目的,直到挤出达到正常状态即进行正常生产。

不同的塑料品种要求螺杆特性和工艺条件不同。挤出过程的工艺条件对制品质量影响很大,特别是塑化情况直接影响制品的外观和物理力学性能,而影响塑化效果的主要因素是温度和剪切作用。

物料的温度主要来自料筒的外加热,其次是螺杆对物料的剪切作用和物料之间的摩擦,当进入正常操作后,剪切和摩擦产生的热量甚至变得更为重要。

温度升高,物料黏度降低,有利于塑化,同时能降低熔体的压力,使挤出成型出料快。但如果机头和口模温度过高,挤出物形状的稳定性较差,制品收缩性增大,甚至引起制品发黄,出现气泡,使成型不能顺利进行。

温度降低,物料黏度增大,机头和口模压力增加,制品密度大,形状稳定性好,但挤出膨胀较严重,可以适当增大牵引速度以减少因膨胀而引起的制品壁厚增加。但是,温度不能太低,否则塑化效果差,且熔体黏度太大则会增加功率消耗。

口模和型芯的温度应该一致,若相差较大,则制品会出现向内或向外翻甚至扭曲等现象。

增大螺杆的转速能强化对物料的剪切作用,有利于物料的混合和塑化,且大多数物料的熔融黏度随螺杆转速的增加而降低。

（三）定型与冷却

热塑性塑料挤出物离开机头和口模后仍处在高温熔融状态,具有很大的塑性变形能力,应立即进行定型和冷却。如果定型和冷却不及时,制品在自身的重力作用下就会变形,出现凹陷或扭曲的现象。不同的制品有不同的定型方法,大多数情况下,冷却和定型是同时进行的,只有在挤出管材和各种异型材时才有一个独立的定型装置。挤出板材和片材时,往往使挤出物通过一对压辊,以起到定型和冷却的作用;而挤出薄膜、单丝等不必定型,仅通过冷却就可以了。

（四）制品的牵引,卷取和切断

在挤出热塑性塑料型材时,牵引的目的有两个:一是帮助挤出物及时离开模孔,避免在模孔外造成堵塞与停滞,而不致破坏挤出过程的连续性;二是为了调整型材截面尺寸和性能。这是因为挤出物离开模孔后,由于有热收缩和离模膨胀的双重效应,使其截面与模孔的断面并不一致。有些挤出物虽经定型处理,其截面的形状和尺寸一般也未达到制品的最终要求,可通过牵引使制品的截面尺寸得到修正。由于牵引的拉伸作用可使型材适度进行聚合物大分子取向,从而使牵引方向上型材的强度性能得到改善,故挤出型材时牵引速度总是稍大于挤出速度。

挤出型材时,卷取和切断操作的作用在于使型材的长度或重量满足供货要求。硬质型材从牵引装置送出,达到一定长度后切断并堆放;软质型材在卷取到给定长度或重量后切断。

（五）后处理

有些制品挤出成型后还需进行后处理,以提高制品的性能。后处理主要包括热处理和调温处理。在挤出较大截面尺寸的制品时,常因挤出物内外冷却速率相差较大而使制品内有较大的内应力,这种挤出制品成型后应在高于制品的使用温度 $10\sim20℃$ 或低于塑料的热变形温度的条件下保持一定时间,以消除内应力。有些吸湿性较强的挤出制品,如聚酰胺,在空气中使用或贮存过程中会吸湿而膨胀,而且这种吸湿膨胀过程需要很长时间才能达到平衡,为了加速这类塑料挤出的吸湿平衡,常需要在成型后浸入含水介质中进行调湿处理。在此处理过程中还可使制品受到消除内应力的热处理,对改善这类制品的性能十分有利。

四、典型塑料制品的挤出成型

各种塑料挤出制品的成型,均是以挤出机为主机,使用不同形状的机头和口模、改变挤出机辅机的组成来完成的。典型的塑料挤出制品包括管材、棒材、板材、吹塑薄膜和塑料电线电缆。

（一）管材的挤出

管材是塑料挤出制品中的主要品种,有硬管和软管之分。用来挤管的塑料品种很多,主要有聚氯乙烯、聚乙烯、聚丙烯、聚苯乙烯、聚酰胺、ABS 和聚碳酸酯等。

管材挤出的基本工艺是:由挤出机均化段出来的塑化均匀的物料,经过过滤网、粗滤器到达分流器,并被分流器支架分为若干支流。离开分流器支架后再重新汇合起来,进入管芯口模间的环形通道,最后通过口模到挤出机外而形成管子。接着经过定径套定径和初步冷却,由牵引装置引出并根据要求切割得到所需要的制品。图 10－16 为管材挤出工艺示意图。

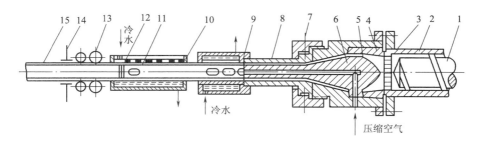

图 10－16 挤管工艺示意图

1—螺杆 2—机筒 3—多孔板 4—接口套 5—机头体 6—芯棒 7—调节螺钉 8—口模 9—定径套
10—冷却水槽 11—链子 12—塞子 13—牵引装置 14—夹紧装置 15—塑料管

管材挤出装置由挤出机、机头、口模、定型装置、冷却水槽、牵引及切割装置等组成,其中挤出机的机头、口模和定型装置是管材挤出的关键部件。

挤出管材所用机头的形式较多,常见的是直通式和直角式两种。图 10－17 和图 10－18 分别是直通式和直角式管材机头。在图 10－17 的直通式机头中,熔体在机头中流动方向与螺杆轴向一致,该机头结构简单,适用于硬、软 PVC、PE、PA 管材等。而在图 10－18 的直角机头中,熔体流动方向与螺杆轴向垂直,从料筒流出的熔体绕过芯模再向前流动,流动阻力小,流料稳定,出料均匀。但其结构复杂,占地面积大,主要适用尺寸要求严格的管材。

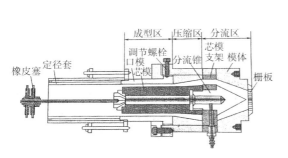

图 10－17 直通式机头

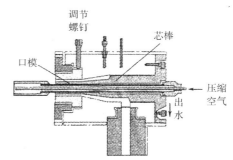

图 10－18 直角式机头

物料从口模中挤出时,基本还处于熔融状态,为了得到正确的尺寸和几何形状以及表面光洁的管子,应立即进行定径和冷却,以使其定型。定型方式有定外径和定内径两种,定径方法的选择取决于管材的要求。若管材外径尺寸要求高,宜选用外径定型法;反之,则选用内径定型法。

其中外径定型又可用两种方式实现:其一是在挤出物外壁与定径套内壁紧密接触的情况下,往夹套内通水使挤出物冷却定型,而为保证这种紧密接触需要往管状物内部通入压缩空气,

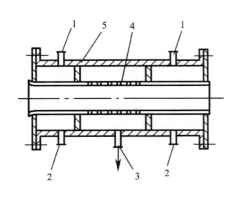

图 10 - 19　真空定径套

1,2—水出口　3—接真空泵

4—定径套　5—衬垫密封圈

并使管状物内部维持高于 0.1MPa 的压力,这种外径定型方式如图 10 - 16 所示;其二是在定径套部分内壁上钻孔,用抽真空的方法使管状物外壁和定径套内壁紧密接触,这种外径定型方式所用的定径套如图 10 - 19 所示。前者称内压法外径定型,后者称真空法外径定型。

内径定型法如图 10 - 20 所示,定径套装于挤出的塑料管内,即从机头挤出的管子内壁与定径套的外壁相接触,在定径套内通以冷水,将管子冷却定型。由于定径套内的冷却水管是从管芯处插入的,所以,这种定型法只有直角式机头挤出机才能使用。

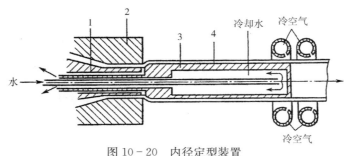

图 10 - 20　内径定型装置

1—芯模　2—口模　3—定径套　4—管子

　　两者相比,外径定型装置结构比较简单,操作也较为方便,加之目前我国硬管产品标准均以外径尺寸表示管材规格,故硬管成型以外径定型为主。

　　常用冷却水槽和喷淋水箱作为挤出管状物的冷却装置。冷却水槽通常分作 2～4 段分别控制水温,借以调节冷却强度。冷却水一般是从最后一段进入水槽,然后再逐段前进,即水流方向与管材前移方向相反,这样可使管状物降温比较缓慢,以避免因降温过快而在管壁内产生较大内应力。由于水槽中上、下层水温不同,管状物在冷却过程中会因上、下收缩不均而出现弯曲;而且管状物通过水槽时会受到水的浮力作用,也是使管材出现弯曲的原因之一。用在管材径向上均匀布置的喷水头对大直径管进行喷淋冷却,是避免管状物因水槽冷却而出现弯曲变形的有效方法。

　　常用的挤管牵引装置有滚轮式和履带式两种,不论采用哪一种牵引装置,牵引速度都必须与挤出速度相适应,一般情况是前者比后者大1%～10%。牵引速度与挤出速度之比过大,会在管壁中产生不适当的聚合物大分子取向,从而降低硬管的爆破强度。牵引速度必须稳定,避免因牵引速度的波动而导致管壁厚度不均。

　　对挤出硬管切断装置的要求是:切下的管材尺寸准确而且切口均匀整齐。小直径管材可用手工锯断,大直径管材多用自动式或手推式圆锯切割机切断。

棒材和各种中空异型材的挤出成型工艺与管材挤塑无本质上的差别,只是所用机头口模的模孔截面形状有所不同。因此,棒材和中空异型材可采用与管材挤塑大致相同的工艺流程和挤塑机组成。

(二)板材的挤出

用挤塑技术可以成型厚度为 0.02~20mm 的热塑性平面型材,即包括平膜、片材和板材,三者一般按厚度划分,通常将厚度在 1mm 以上者称为板材,厚度在 0.25~1mm 之间者称为片材,厚度在 0.25mm 以下者称为平膜。以下着重介绍板材的挤出成型工艺,但由于板、片和膜之间并无严格界限,故挤板工艺也适用于片材和平膜的挤出成型。

典型的挤板工艺流程如图 10-21 所示。由图可见,物料经挤出机塑化均匀后,由狭缝机头挤出成为板坯,板坯立即进入三辊辊光机降温定型;从辊光机出来的板状物先在导辊上进一步冷却,冷却定型后的板用切边装置切去废边后,由二辊牵引机送入切断装置裁切成所需长度的板材。如果在三辊辊光机后面加设加热装置、压波纹装置和冷却装置,就是成型塑料瓦楞板的流程。

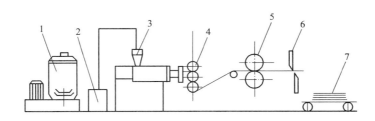

图 10-21 挤出板材工艺流程图

1—高速混合机 2—储料槽 3—挤出机 4—三辊辊光机 5—牵引装置 6—切割装置 7—成品板材

板材挤出所用狭缝机头均具有宽而薄的出料口,熔体由料筒挤入机头,由于流道由圆形变成狭缝形,因而必须采取措施使熔体沿口模宽度方向有均匀的速度分布。在整个口模宽度方向上熔体以相同的流速离开出料口,这是保证挤出的板材厚度均匀和表面于整的重要条件。

从口模挤出的板坯温度较高,应立即引入三辊辊光机压光并降温,故辊光机在挤板流程中起定型装置的作用。辊光机对板坯还起一定的牵引作用,在将板坯引进辊光机辊隙的过程中,应将板坯宽度方向上各点速度调整到大致相同,这是保证板材平直的重要条件之一。辊光机与机头的距离应尽可能靠近,若二者之间的距离过大,从口模出来的板坯会下垂而发皱,还会由于进入辊隙前散热降温过多而对压光不利。由于挤出的热板坯较厚,故应适当控制辊光机各辊筒的温度,使板坯上、下表面的降温速度尽量一致,以便使板坯上、下面层和内外层之间的凝固收缩与结晶速率尽量接近,从而降低板材的内应力和减少翘曲变形。

熔融态的板坯经三辊辊光机压光、降温而定型为一定厚度的固体板状物后温度仍比较高,故只有用导辊继续冷却至接近室温才能最后成为板材。导辊在挤板流程中起冷却装置的作用,其冷却输送部分的总长度主要由板坯的厚度和塑料的比热大小决定。板坯越薄和塑料的比热越小降温就越快,所需导辊的冷却输送部分的长度就越小。板坯在冷却时由于两侧边与空气接触面积大而降温较快,板坯厚度较小的地方热容量小降温也快,所有降温快的地方都会产生较大的内应力。带有较大内应力的板材,当再次加热进行二次成型时,往往会变得翘曲不平而无法成型。要制得内应力小的板材,必须使热板坯冷却时各处的降温速率尽可能一致,而且在冷却过程中不应受到强制性牵伸。

冷却定型后的板材往往两侧边厚薄不均,板的纵向上各处宽窄不一,故需将两侧边各切去一部分以满足产品标准的要求;这项操作称为切边,是板材挤塑特有的工序。常用的切边装置为圆盘切刀,切边装置通常都安装在牵引辊之前。

在板材挤塑流程中牵引装置的作用是将已定型的板材引进切断装置,以防止在辊光辊处积料并将板压平整。牵引速度应与辊光辊的出料速度同步或稍小于压光辊送出板状物的线速度,这有利于在导辊上冷却时板在长度方向上的收缩,也不会由于强制牵伸而导致板内聚合物大分子的进一步取向。

板材成型的最后一道工序为切断,切断板材的方式有电热切和锯切,但以锯切最为常用。锯切装置工作时,应同时有横向的送进运动和与板材前移等速的向前运动。

为了将挤塑板材、片材和平膜的厚度控制在给定的范围内,挤出成型中多采用β射线测厚仪连续检测板、片和膜的厚度。这种先进的厚度测定仪并不直接与型材接触,且测量和显示快而准确,其测量精度可达 0.002mm。

(三)薄膜的挤出吹塑

借助环形隙缝机头挤出筒坯,再将处于塑性状态的筒坯横向吹胀和纵向拉伸成圆筒形薄膜的工艺称为薄膜挤出吹塑或简称薄膜吹塑。用这种工艺方法可成型厚度 0.01~0.3mm、展开宽度从几十毫米到几十米的筒膜。薄膜吹塑工艺根据从卧式挤出机机头引出筒坯方向的不同,可分为上吹、下吹和平吹三种方法,目前工业上最常采用的是上吹法。

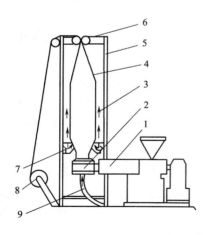

图 10-22 上吹法薄膜吹塑装置示意图

1—挤出机 2—机头 3—膜管
4—人字板 5—牵引架 6—牵引辊
7—风环 8—卷取辊 9—进气管

上吹法薄膜吹塑装置如图 10-22 所示,用这种装置成型筒膜的基本过程是:成型物料经挤出机塑化均匀后,自机头的环形隙缝挤出成筒坯,筒坯被从机头下面进气管引入的压缩空气横向吹胀,同时被机头上方的牵引辊纵向拉伸,并由机头上面的冷却风环吹出的空气冷却;充分冷却定型后的筒膜被人字形板压叠成双折,再经牵引辊压紧封闭并以均匀的速度引入卷取辊;进到卷取辊的双折筒膜,当达到规定长度时即被切断成为膜卷。

薄膜吹塑机组主要由挤出机、环形狭缝机头、吹胀系统、冷却风环、人字板、牵引辊、卷取辊和切断装置等组成。

筒坯在吹胀和牵引双重作用下形成泡状物的过程中,其纵横两个方向都在伸长,因此两方向上都会产生聚合物大分子的取向。为制得性能良好的筒膜,纵、横两方向上的大分子取向程度最好取得平衡,为此应使纵向上的牵伸比与横向上的吹胀比尽可能保持相等。牵伸比是指牵引速度与挤出筒坯的线速度之比;而吹胀比则是指筒膜直径与模孔直径之比。由于在机头模孔尺寸一定的情况下,吹胀比受筒膜预定直径的限制,加之吹胀比过大会导致泡状物的不稳定和促使筒坯上已存在的缺陷扩大,故吹胀比可调整的范围不大。既然吹胀比(α)不可能在较大范围内作变动,而且由于它和牵伸比(β)、口模环形隙缝宽度(b)和筒膜平均厚度(δ)四者之间存在有 $\delta = b/\alpha\beta$ 的关系,故要使筒膜的厚度减小就只能按该式规定的关系增大牵伸比,这就使在实际生产中经常是吹胀比远小于牵伸比。在这种情况下,如果仍然希望维持筒膜纵、横两向大分子取向程度的一致,就只能依靠调整口模温度和冷却系统的冷却能力来实现。这是因为提高口模温度与降低冷却速率,能够适当延长挤出物在其凝固温度以上的停留时间,从而有利于降低泡状物在纵向上的大分子取向度。

薄膜吹塑的一个显著特点是吹胀、牵伸和冷却三者同时进行,用冷却风环吹出的空气冷却泡状物时的降温速率不仅对筒膜的生产率有直接的影响,而且与所制得筒膜的外观、尺寸和性能有密切关系。实际生产中常用冷固线(也称冷冻线或起霜线)高度来判断所选定的冷却条件是否适当。冷固线高度是指泡状物纵向上的温度下降到塑料固化温度的点到模口的距离。对于结晶能力强的聚合物,可用泡状物纵向上透明区和混浊区的交界线来确定冷固线高度。因泡状物在上升到冷固线以上之后,其直径和厚度均不再变化,故冷固线高度有时也被称作"定径高度"。影响冷固线高度的因素很多,大致情况是冷却速率大、挤出的筒坯温度低、吹胀比大和牵引速度低时冷固线高度减小;反之,则高度增大。对于结晶性塑料,为了得到透明度高和强度好的筒膜,应适当降低冷固线高度。这是因为快速降温到熔点以下的泡状物,结晶过程难于充分进行,筒膜内的晶粒细、结晶度也比较低;而且泡状物上升超过冷固线之后仍可在聚合物的玻璃化温度之上保持一段时间,加之泡状物这时仍处在紧张状态,这二者均有利于大分子通过链段运动消除应力但又不至于降低取向程度。实际生产中,由于降低冷固线高度必须采用高效的冷却装置并使成型过程的能耗明显增大;加之为保持纵、横向的取向度接近而无法将牵引速度大幅度增高,一般并不要求冷固线高度过小。

牵引辊的牵引速度对吹塑薄膜成型过程和对筒膜性能的影响已如前述,而牵引辊到口模的距离对成型过程和对筒膜性能也有不可忽视的影响。这是因为这一距离在牵引速度一定时决定了泡状物在压叠成双折前的冷却时间,而不同热塑性塑料由于热物理性能的不同,其泡状物在进入牵引辊前所需冷却时间也不相同,冷却不充分的泡状物被牵引辊压叠双折后会发生"自粘"。自粘是指折叠后筒膜内表面相互贴合在一起难以分离开的现象,自粘严重的筒膜对后加工(如剖分)和使用都不利。出现自粘现象,表明泡状物在进入牵引辊时的温度仍比较高。降低或消除自粘的办法,一是降低冷固线的高度;二是加大牵引辊到模口的距离,即延长泡状物未被折叠前的冷却时间。

热塑性塑料薄膜除用挤出吹塑法成型外,还可以用压延、平挤和流延成型。挤出吹塑法成型薄膜的主要特点是成型设备简单,在同一套机组上只要适当改变成型工艺条件即可生产出多种规格的薄膜,而且成型过程产生的废料很少、成本低、膜的强度也比较高,主要不足之处是所制得的薄膜的厚度均一性差。

(四)电线电缆的挤出包覆成型

在挤出机上通过直角式机头挤出成型,可在金属芯线上包覆一层塑料作为绝缘层。当金属芯线是单丝或多股金属线时,挤出产品既为电线;当金属芯线是一束互相绝缘的导线或不规则的芯线时,挤出产品既为电缆。电线电缆挤出包覆工艺流程见图10-23。

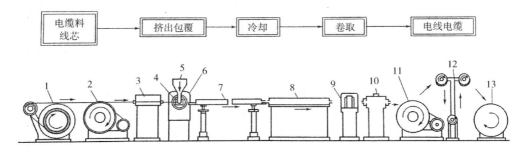

图10-23 十字机头线缆包覆工艺过程

1—放线输入转筒 2—输入卷筒 3—预热 4—电线包覆机头 5—料斗 6—挤出机 7—冷却水槽
8—击穿检测 9—直径检测 10—偏心度检测 11—输出卷筒 12—张力控制 13—卷绕输出转筒

与其他制品挤出不同的是电线电缆挤出用的机头。通常是用挤压式包覆机头(内包式)生产电线,用套管式包覆机头(外包式)生产电缆,见图10-24。

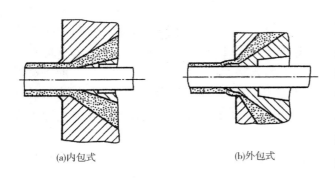

(a)内包式　　　　(b)外包式

图10-24 电线电缆机头

典型的挤压式包覆机头结构见图10-25,这种机头呈直角式,俗称十字机头。通常被包覆物出料方向与挤出机呈90°。物料通过挤出机的多孔板进入机头体中转过90°,与芯线导向棒相遇。芯线导向棒一端与机头内孔严密配合,不能漏料,物料从一侧流向另一侧,汇合成一个封闭的物料环后,再向口模流动,经口模成型段,最终包覆在芯线上。由于芯线是连续地通过芯线导向棒,因此电线包覆挤出可连续地进行。

典型的套管式包覆机头结构见图10-26。这种机头也是直角式机头,其结构与挤压式包覆机头相似。挤压式包覆机头将塑料在口模内包覆在芯线上,而套管式包覆机头将塑料挤成管,在口模外包覆在芯线上,一般靠塑料管的热收缩贴覆在芯线上,有时借助于真空使塑料管更紧密地包在芯线上。

图10-26中,物料通过挤出机的多孔板,进入机头体内,然后流向芯线导向棒。它的结构具有桃形通道,其顶部相当于塑料管挤出机头的芯棒,成型管材的内表面。挤出的塑料管与导向棒同心,挤出口模后马上包覆在芯线上。因芯线是连续地通过导向棒,所以电缆挤出生产能连续进行。

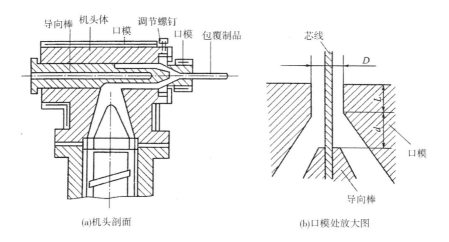

(a)机头剖面   (b)口模处放大图

图 10-25 线缆包覆机头

(五)塑料单丝的挤出成型

各种网、纱、滤布、刷子等塑料制品都是由塑料单丝编织而成的。这些单丝直径 0.1～0.7mm。适用于加工成单丝的原料有聚乙烯、聚丙烯、聚氯乙烯、聚酰胺等。

聚乙烯单丝生产的工艺流程如图 10-27 所示。塑料粒子经螺杆熔融塑化后挤出，经由机头内的喷丝板喷出熔体细流，这些熔体细流通过冷却水槽冷却，再经加热拉伸而成为单丝制品。

喷丝板是单丝成型的口模，其上均匀分布多个小孔(喷丝孔)，常见有 12 孔、18 孔、24 孔、48 孔甚至更多，孔径大小根据单丝直径和拉伸比决定。

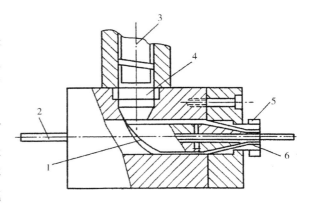

图 10-26 套管式包覆机头
1—螺旋面 2—芯线 3—挤出机 4—多孔板
5—电热圈 6—口模

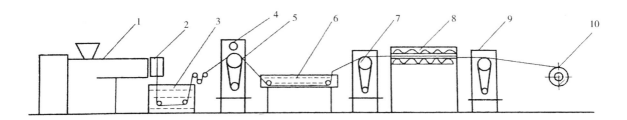

图 10-27 聚乙烯单丝生产工艺流程
1—挤出机 2—机头 3—冷却水箱 4—橡胶轧辊 5—第一拉伸辊 6—热拉伸水箱
7—第二拉伸辊 8—热处理烘箱 9—热处理导丝辊 10—卷取辊筒

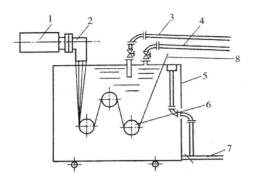

图 10-28　冷却水箱结构

1—挤出机　2—机头口模　3—蒸汽管
4—冷水管　5—水箱　6—导向滑轮
7—溢流及排水管　8—未拉伸丝

离开喷丝板喷丝孔的熔融单丝以适当的拉伸速度进入水箱迅速冷却定型。冷却水箱的尺寸应视拉伸速度而定，单丝冷却时喷丝板与水面距离小于 50mm。为便于操作，水箱中的导向滑轮应能够升降，其结构见图 10-28。一般第一拉伸辊的线速度与喷丝孔挤出速度之比为 2.5 左右。

拉伸装置一般由几对辊筒和两个热水箱组成。两个辊筒为上下排列，三个辊筒呈品字型排列，五个辊筒呈 M 型排列。

冷却后的单丝由第一拉伸辊（绕 5～10 圈防止单丝在拉伸中打滑）经第一热箱进入第二拉伸辊（绕 5～10 圈）。由于第二拉伸辊的线速度大于第一拉伸辊，单丝被拉伸，然后经第二热箱热定型处理（温度比第一热水箱高 2～5℃）进入第三拉伸辊，（速度比第二拉伸辊降低 5％左右），使拉伸取向后的单丝应力得到充分松弛及收缩定型，随后进入分丝卷取装置。拉伸装置结构见图 10-29。

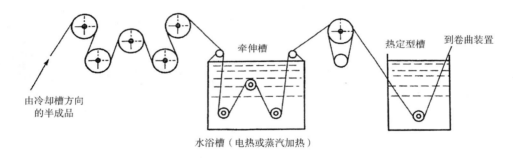

图 10-29　拉伸装置结构

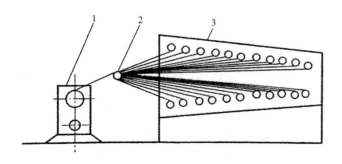

图 10-30　分丝卷取装置

1—第三拉伸辊　2—分丝辊　3—卷取装置

卷取装置由卷取筒和卷取轴组成。为使单丝均匀、平整地绕在卷取筒上，一般借用凸轮排丝。卷取方法有两种，一种是将几十根单丝分开，每根单丝卷取在一个卷取筒上，每卷重约 1kg，见图 10-30。另一种是将几十根单丝合股卷取在一个卷取筒上，每卷重 5～8kg，然后再用分丝机将复丝分成单丝。也有不分丝而直接将复丝捻丝制绳的。

五、双螺杆挤出

(一)双螺杆挤出机的结构与特点

与单螺杆挤出机相比,双螺杆挤出机具有强制输送、剪切力大等优点,所以更容易加入粉料、带状料及玻璃纤维等;物料在机筒内停留时间短,塑化混合充分,综合性能优良。

双螺杆挤出机按在机筒内两根螺杆的相对位置可分为啮合型和非啮合型。根据啮合的程度可将啮合型双螺杆挤出机分为部分啮合型和完全啮合型;按照两根螺杆的转向分为同向旋转和异向旋转;按照螺杆轴线是否平行又分为平行双螺杆挤出机和锥形双螺杆挤出机。双螺杆挤出机中同向旋转螺杆的类型如图 10-31 所示,商品化双螺杆挤出机的四种典型结构如图 10-32 所示。

(a) 非啮合型　　　　(b) 部分啮合型　　　　(c) 完全啮合型

图 10-31　双螺杆挤出机中同向旋转螺杆的类型

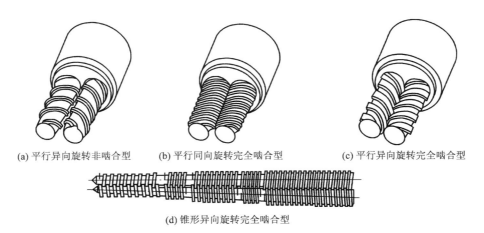

(a) 平行异向旋转非啮合型　　(b) 平行同向旋转完全啮合型　　(c) 平行异向旋转完全啮合型

(d) 锥形异向旋转完全啮合型

图 10-32　商品化双螺杆挤出机的四种典型结构

由于两个螺杆的存在,机筒结构也与单螺杆不同,同向双螺杆挤出机机筒大多采用分段积木式结构,每段长度为螺杆外径的 3~4 倍,平行异向旋转双螺杆大多采用衬套式机筒(或整体式),另外还有剖分式机筒(图 10-33)。

(二)双螺杆挤出机的工作原理

双螺杆挤出机的工作原理与单螺杆挤出机不同。以啮合型同向旋转双螺杆为例,物料在同向旋转双螺杆挤出机的全螺纹段的流动情况如图 10-34 所示。

由于同向双螺杆在啮合处的速度方向相反,一根螺杆要把物料拉入啮合间隙,而另一根螺

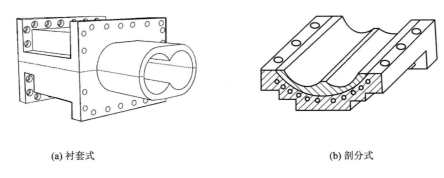

(a) 衬套式   (b) 剖分式

图 10-33 衬套式和剖分式机筒

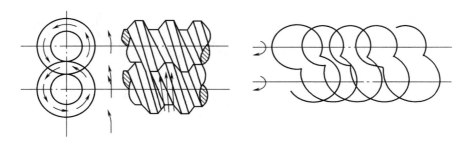

图 10-34 啮合型同向旋转双螺杆挤出机中物料的流动示意图

杆把物料从间隙中推出，所以物料从一根螺杆转到另一根螺杆，呈∞形前进。物料在啮合处的速度改变以及在啮合区有较大的相对速度非常有利于物料的混合和均化。由于啮合区间隙很小，啮合处螺纹和螺槽的速度方向相反，因此，啮合区具有很高的剪切速度和很好的自洁作用（即能刮去黏附在螺杆上的任何积料，使物料的停留时间很短），这正是双螺杆挤出机的优点。

六、其他类型的挤出

(一)串联式挤出

某些塑料很难用一根螺杆完成固体输送、塑化、混炼、排气、均化和计量、升压等多种功能，而且在提高产量上受到一定制约，为此出现了串联式挤出机。它常用两根独立驱动相互串联起来的螺杆构成。若对这两根螺杆根据其功能不同分别设计，就有可能用较小的螺杆在较广的操作范围内进行大容量挤出。

串联式挤出机的基本结构如图 10-35 所示，它由两段螺杆直径不同的挤出机组成。

串联式挤出机的工作原理：第一挤出机螺杆的直径小，在高转速下短时间内给物料较大的剪切应力，使之强力塑化和混炼；第二挤出机螺杆直径较大，以低速旋转，使物料缓慢地混炼和塑化，而在输出端建立高压，实现稳定挤出。

从热平衡来看，第一螺杆以加热升温为主，而第二螺杆则以冷却保温为主。两段螺杆的温度互不干扰，因此可提高热能利用率。

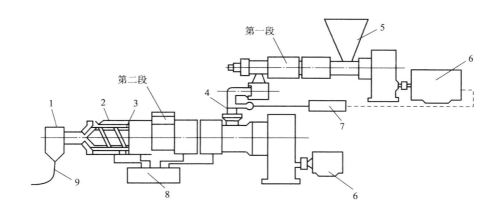

图 10 - 35　串联式排气挤出机结构

1—机头　2—加热器　3—螺杆　4—连接套(排气孔)　5—料斗　6—电动机
7—压力控制装置　8—加热冷却装置　9—挤出物

串联式挤出机有以下优点:由于两段螺杆的转速可以独立地调节,两者产量容易到达平衡,工艺适应性强,容易操作,不易产生冒料现象;第一螺杆转速高,对提高产量有利;第二螺杆转速低,对稳定挤出有利;两螺杆的长径比都比较小,便于制造和安装;根据需要可以选用两个单螺杆挤出机或者选用双螺杆挤出机作为第一挤出机,选单螺杆挤出机为第二挤出机,灵活匹配;因为加热升温与冷却保温分开进行,故能节省能量消耗;能够实现物料的混炼与制品的挤出成型在串联式挤出机上同时进行,可防止加工过程中的污物进入,对挤出感光材料等要求较高的薄膜制品较为合适。因此,串联式挤出机在高分子成型加工中被日益广泛地应用。

(二)共挤出

所谓共挤出是指将几种不同的成型物料同时挤出,并将挤出物以适当方式汇集成一体,以制得复合塑料制品的成型方法。目前共挤出主要用于成型复合筒膜和复合片材。成型复合筒膜时,几种成型物料挤出物的复合在口模内实现。所用设备和操作技术都比较简单,而且不同物料膜层的复合黏结主要依靠物料间的互溶性和亲和力。成型复合片材时,需先将各成型物料分别用狭缝口模挤成平膜后再将这些平膜汇集在一起,常需用增黏剂来改善各层的黏结强度;由于要同时用多个机头与口模,因而所用设备和操作技术都比较复杂。在上述的两种挤出工艺中,以前一种工艺在生产中应用最为广泛。

共挤出成型复合筒膜的关键在于机头设计,而设计机头的关键又在于调整好机头内各层物料熔体的流动阻力,使各层物料有大致相同的挤出线速度。图 10 - 36 为共挤出吹塑双层复合筒膜的机头,这种机头与两台挤出机连通,通过控制各台挤出机的挤出量和熔体温度,以调整外层和内层膜的厚度比和二者的结合牢度。用共挤出方法,可将两种以上不同品种的塑料或不同颜色的同一种塑料挤塑成复合的或多色的筒膜。

采用共挤出技术成型制品,不仅是为了求得制品色彩的多样化,更主要的是为了获得不同塑料在功能上的配合。例如，用聚酰胺 6 和低密度聚乙烯共挤出吹塑制得的双层复合筒膜，既具有聚酰胺的高强度和耐油性的优点，又具有低密度聚乙烯无毒和耐化学药品性好的优点，因而这种复合膜比用这两种塑料的单一膜能更好地满足一些商品的包装要求。

（三）挤出复合

挤出复合与共挤出的不同之处是，只用一台挤出机挤出平膜后，直接与平面基材用夹辊压合成复合膜。复合用挤出膜所用的塑料多为低密度聚乙烯，也使用乙烯—醋酸乙烯共聚物、离子型聚合物、乙烯—丙烯酸乙酯共聚物和聚丙烯等。挤出复合常用的基材是纸、玻璃纸、铝箔和聚丙烯膜

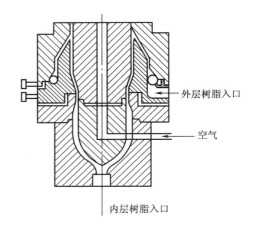

外层树脂入口

空气

内层树脂入口

图 10-36　共挤出吹塑双层复合筒膜的机头示意图

等。通常同时用两种基材在挤出膜的两面进行复合，为增加基材与挤出膜的黏结性，在两种基材与挤出膜压合前，需对基材与挤出膜贴合的表面进行预处理。纸张一般用电晕处理，玻璃纸、铝箔和塑料膜主要是涂敷增黏剂。

第四节　注射成型

注射成型就是将物料（一般为粒料）在注射成型机的料筒内加热熔化，当其呈流动状态时，在柱塞或螺杆挤压下熔融物料被压缩并向前移动，进而通过料筒前端的喷嘴以很快的速度注入温度较低的闭合模具内，经过一定时间冷却定型后，开启模具即得制品，并在操作上完成了一个模塑周期。以后就是不断重复上述周期的生产过程，这种成型方法是一种间歇操作过程。

注射成型是热塑性塑料的一种重要成型方法。它的特点是生产周期快，适应性强，生产率高。从塑料产品的形状看，除了很长的管、棒、板等型材不能采用此法生产外，其他各种形状、尺寸的塑料制品，基本上都可以用这种方法进行成型。它所生产的产品占塑料制品的 20%～30%。注射成型的一个模塑周期从几秒钟至几分钟不等，时间的长短取决于制件的大小、形状、厚度、注射成型机的类型以及所采用塑料的品种和工艺条件等因素，每个制品的重量可由一克以下至几十千克不等，视注射机的规格及制品的需要而异。

一、注射成型设备

注射机是注射成型的主要设备。注射机的类型和规格很多，目前其规格已经统一，以用注射机一次所能注射出的聚苯乙烯最大重量，"克"为标准；但对其分类，还没有统一，目前多采用按结构特征来分类的方法，通常分为柱塞式和螺杆式两类，图 10-37 和图 10-38 分别为柱塞式和螺杆式注射机的结构示意。

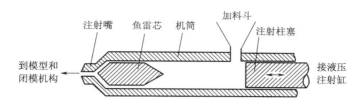

图 10 - 37　柱塞式注射机结构示意图

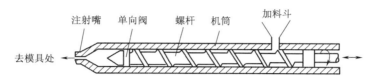

图 10 - 38　螺杆式注射机结构示意图

(一)注射系统

注射系统是注塑机的主要部分,其作用是使物料均匀地塑化并达到流动状态,在很高的压力和较快的速度下,通过螺杆或柱塞的推挤注射入模。注射系统包括:加料装置,料筒,螺杆(或柱塞及分流梭)及喷嘴等部件。

1. 加料装置　注射机上设有加料斗,常为圆锥形或锥形,其容量可供注射机 1~2h 之用。很多注射机的加料装置中有计量器,以便定量加料,有时还有加热或干燥装置。

2. 料筒　与挤出机的料筒相似,但注射机的料筒内壁要求尽可能光滑,呈流线型,避免缝隙、死角或不平整处;各部分机械配合要精密。料筒大小决定于注射机最大注射量。柱塞式注射机的料筒容量常为最大注射量的 4~8 倍;螺杆式注射机因有螺杆在料筒内对塑料进行搅拌和推挤作用,传热效率高,混合塑化效果好,因而料筒容量一般仅为最大注射量的 2~3 倍。料筒外部有加热元件,可分段加热,通过热电偶显示温度,并通过感温元件控制温度。

3. 分流梭及柱塞　分流梭和柱塞都是柱塞式注射机料筒内的主要部件。分流梭是装在料筒靠前端的中心部分,形状似鱼雷的金属部件,故又称为鱼雷芯,其种类很多,图 10 - 39 为常见的一种。其表面常有 4~8 个呈流线型的凹槽,槽深随注射机的容量而变化,一般为 2~10mm。分流梭上有几条凸出筋,将其支承于料筒上,起定位和传热作用。分流梭的作用是将料筒内流经该处的物料分成薄层,使物料产生分流和收敛流动,以缩短传热导程,加快热传递,有利于减少和避免接近料筒壁面处物料过热引起的热分解现象。同时熔体分流后,在分流梭表面流速增加,剪切速率加大,从而产生较大的摩擦热,使料温升高,黏度下降,从而得到进一步混合和塑化,这有效地提高了柱塞式注射机的生产率和制品的质量。螺杆式注射机通常不需分流梭,因螺杆均化段已具备上述效果。

柱塞是一根坚实的表面硬度极高的金属圆杆,直径通常为 20~100mm,只在料筒内作往复运动;它的作用是传递注射油缸压力并施加在物料上,使熔融物料注射入模具。

4. 螺杆　螺杆的作用是送料、压实、塑化、传压。当螺杆在料筒内旋转时,将从料斗来的物

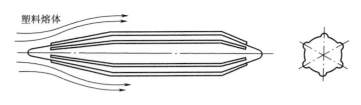

图 10-39 分流梭的结构示意图

料卷入,并逐步将其压实、排气和塑化,熔化物料不断由螺杆推向前端,并逐渐积存在顶部与喷嘴之间,螺杆本身受熔体的压力而缓慢后退,当积存熔体达到一次注射量时,螺杆停止转动,并传递液压或机械力将熔体注射入模。螺杆的形状和结构与挤出机螺杆相似,但注射螺杆的长径比 L/D 较小,在 10~15 之间,压缩比较小,约为 2~2.5;与挤出机螺杆比较,注射螺杆的均化段长度较短,螺槽较深(深 15%~25%),但螺杆加料段长度则较长,同时螺杆头部呈尖头形(挤出螺杆为圆头或鱼雷头形)。与挤出螺杆的作用相比,注射螺杆对塑化能力、压力稳定以及操作连续性和稳定性等的要求没有挤出机螺杆那么严格,但注射螺杆既可旋转又能前后移动,从而能完成对物料的塑化、混合和注射作用。

推动螺杆或柱塞对熔融物料施加的压力主要来源于液压力或机械力,由于液压具有传动平稳、保压好、可调节等优点,故绝大多数注射机都采用液压传动。

5. 喷嘴 喷嘴是连接料筒和模具的重要桥梁。主要作用是注射时引导物料从料筒进入模具,并具有一定射程。所以喷嘴的内径一般都是自进口逐渐向出口收敛,以便与模具紧密配合。由于喷嘴内径不大,当物料流过时速度增大,剪切速率增加,能进一步混合塑化。

喷嘴的类型很多,结构各异,使用较普遍的有通用式和延伸式,如图 10-40 所示。喷嘴的选择应根据所加工物料的性能及成型制品的特点来考虑。

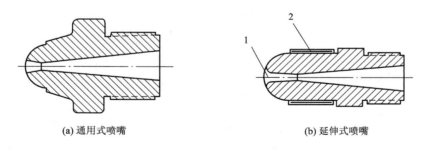

(a) 通用式喷嘴　　　　　　　　　(b) 延伸式喷嘴

图 10-40　喷嘴结构示意
1—喇叭口　2—电热圈

(二)锁模系统

在注射成型时,熔融物料通常是以 40~200MPa 的高压注入模具,但由于注射系统(喷嘴、流道、模腔壁等)的阻力,使压力损失,实际施于模腔内熔体的压力远小于注射压力,因此所需的锁模压力比注射压力要小,但应大于或等于模腔内的压力才不致在注射时引起模具离缝而产生溢边现象。锁模系统的主要作用是在注射过程中锁紧模具,而在取出制件时能方便打开模具,总之要开启灵活,闭锁紧密。锁模系统的夹持力大小及稳定程度对制品尺寸的准确程度和质量都有很大影响。

(三)模具

利用本身特定形状,使塑料成型为具有一定形状和尺寸的制品的工具称模具。模具的作用在于:在塑料的成型加工过程中,赋予塑料以形状,给予强度和性能,完成成型设备所不能完成的工作,使它成为有用的型材。

用于注射成型的模具,由于制品结构、成型设备及原材料性质的不同,其具体结构可以千变万化,然而其基本结构都是一致的。注射模具主要由浇注系统、成型零件和结构零件三大部分所组成。浇注系统是指塑料熔体从喷嘴进入型腔前的流道部分,包括主流道、分流道、浇口等;成型零件是指构成制品形状的各种零件,包括动、定模型腔,型芯,排气孔等;结构零件是指构成模具结构的各种零件,包括执行导向、脱模等动作的各种零件。图 10 - 41 是典型的双腔注射模具结构图。为

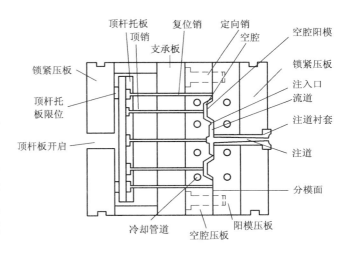

图 10 - 41 双腔注射模具结构图

了成型高质量的制品,模具还应能进行加热和冷却。因为模温对制品的冷却速度影响很大,从而对制品中的内应力,结晶与取向带来影响,进而影响制品的性能。一般采用自然冷却,也采用冷却介质(通常为水)通入模具的专用管道中以冷却模具。只有对熔融温度高的塑料才对模具加热,以使熔融物料缓慢冷却。加热模具可用热油或热水等,但常常是直接用电热方法(电热圈、电热棒、电热板等)加热,可根据模具结构、制品、加热温度等加以选择。

二、注射成型的过程

注射成型过程包括:注射过程和制件的后处理。

(一)注射过程

注射过程一般包括注射充模、保压和冷却定型及脱模几个步骤。

加入的塑料在料筒内被加热,由固体粒子转变成熔体,经混合和塑化后被螺杆或柱塞推挤至料筒前端,经过喷嘴、模具浇注系统进入并填满模腔,这一阶段称为"注射充模"。在模具中,熔体会因冷却而收缩,所以柱塞或螺杆要继续保持施压状态,迫使浇口和喷嘴附近的熔体不断补充入模(补塑),使模腔中的物料成为形状完整而致密的制品,这一阶段称为"保压"。当浇注系统的物料已经冷却硬化后,就不需要继续保压,可退回螺杆或柱塞,卸除压力,同时通冷却介质进行冷却,实际上冷却从充模结束后就开始了。制品冷却到所需温度后,即可用人工或机械

方法脱模获得制品。整个注射过程的几个不同阶段的情况如图10-42所示。

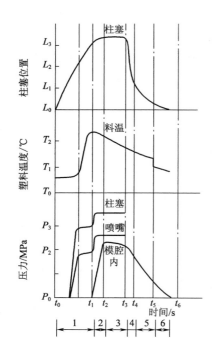

图 10-42 注射过程中柱塞位置,塑料
温度,柱塞、喷嘴和模腔内压力的关系

1—柱塞空载期 2—充模期 3—保压期

4—返料期 5—凝封期 6—继冷期

(1)柱塞空载期:在时间 $t_0 \sim t_1$ 间物料在料筒内被加热塑化,注射前柱塞(或螺杆)开始向前移动,但物料尚未进入模腔,柱塞处于空载状态,而物料在高速流经喷嘴和浇口时,因剪切摩擦引起温度上升,同时因流动阻力引起柱塞和喷嘴处压力增加。

(2)充模期:时间 t_1 时塑料熔体开始注入模腔,模具压力迅速上升,至时间 t_2 时,模腔被充满,模腔内压达最大值,同时物料温度,柱塞和喷嘴处压力均上升到最高值。

(3)保压期:在 $t_2 \sim t_3$ 时间内塑料仍为熔体,柱塞需保持对物料的压力,使模腔中的物料得到压实和成型,并缓慢地向模腔中补压入少量物料,以补充物料冷却时的体积收缩。随模腔内料温下降,模内压力也因物料冷却收缩而开始下降。

(4)返料期(返压期或倒流期):柱塞从 t_3 开始逐渐后移,在这一过程中并向料筒前端送新料(预塑)。由于料筒喷嘴和浇口处压力下降,而模腔内压力较高,尚未冻结的塑料熔体被模具内压返推向浇口和喷嘴,出现倒流现象。

(5)凝封期:在 $t_4 \sim t_5$ 时间内,模腔中料温继续下降,至凝结硬化的温度时,浇口冻结倒流停止,凝封时间是 $t_4 \sim t_5$ 间的某一时间。

(6)继冷期:是在浇口冻结后的冷却期,实际上模腔内塑料的冷却是从充模结束后(时间 t_2)就开始的。继冷期是使模腔内的制品继续冷却到塑料的玻璃化温度附近,然后脱模。

(二)制品的后处理

注射制品经脱模或机械加工、修饰之后,常需要进行适当的后处理,借以改善和提高制品的性能,制品的后处理主要指热处理和调湿处理。

1. 热处理(退火) 由于塑料在料筒内塑化不均匀或在模腔内冷却速度不同,常会发生不均匀的结晶、取向和收缩,致使制品有内应力存在,这在生产厚壁或带有金属嵌件的制品时更为突出,存在内应力的制品在贮存和使用中会发生力学性能下降,光学性能变坏,表面有银纹,甚至变形开裂,生产中解决这些问题的方法是对制件进行热处理。

热处理的方法是使制品在定温的加热液体介质(如水,矿物油,甘油,乙二醇或液体石蜡等)或热空气循环烘箱中静置一段时间。热处理的时间决定于塑料品种、加热介质的温度、制品的形状和模塑条件。

2. 调湿处理 对于易吸湿的塑料制品,如聚酰胺类,会因在贮存过程中吸收水分而膨胀,尺寸不稳定,故需强化调湿处理,如把脱模的制品放入热水中,可快速到达吸湿平衡。

三、注射成型的工艺条件

在注射成型过程中,主要工艺因素是料温、模具温度、注射压力、注射周期和注射速度。

1. 料温　物料的温度是由料筒控制的,所以料筒温度关系到物料的塑化质量,选定料筒温度时,主要着眼于既保证物料塑化良好,能顺利实现注射而又不引起物料局部降解等。料筒温度首先与物料的性质有关,通常必须把物料加热到其黏流温度 T_f(或熔点 T_m)以上,才能使其流动和进行注射。

物料在螺杆式注射机料筒中流动时,剪切作用大,有摩擦热产生,且料层薄,熔体黏度低,热扩散速率大,温度分布均匀,加热效率高,混合和塑化好,因此料筒温度可选得低些。而在柱塞式注射机中的物料,仅靠料筒壁及分流梭表面往内传热,料层厚,传热速率小,物料内外层受热不均,温差较大,塑化不均匀,故柱塞式注射机的料筒温度应比螺杆式注射机约高 10～20℃。

确定料筒温度时,还应考虑制品和模具的结构特点。成型薄壁制品时,物料的流动阻力很大,且极易冷却而失去流动能力,这种情况下提高料筒温度能增大塑料熔体的流动性,改善其充模条件;对厚壁制品,塑料熔体的流动阻力小,且因厚壁制品冷却时间长而使注射成型周期增加,塑料在料筒内受热时间增长,因此可选择较低的料筒温度;对形状复杂或带有嵌件的制品,塑料熔体要流过长而曲折的流程,因此料筒温度控制也应较高。

2. 模具温度　塑料充模后在模腔中冷却硬化而获得所需的形状,模具的温度影响塑料熔体充模时的流动行为,并影响塑料制品的性能。模具温度实际上决定了塑料熔体的冷却速度,根据熔体温度与冷却介质温度的温度差,可将冷却速度分为缓冷、骤冷和中速冷却。介质温度远小于塑料的玻璃化温度时为骤冷,介质温度近似于塑料的玻璃化温度时为中速冷却,介质温度大于塑料的玻璃化温度时则为缓慢冷却。显然,冷却速度越快,塑料熔体温度降低越迅速,熔体黏度增大则流动困难,造成注射压力损失增加,有效充模压力降低,情况严重时会引起充模不足。随模温增加,塑料熔体流动性增加,所需充模压力减小,制品表面光洁度提高,制品的模塑收缩率增大。对结晶聚合物,由于较高温度有利于结晶,所以升高模温能提高制品的密度或结晶度。在较高模温下,聚合物大分子松弛过程较快,分子取向作用和内应力都降低。通常随模温提高,制品大多数力学强度有所增加。

模温的确定应根据所加工塑料的性能、制品性能的要求、制品的形状与尺寸以及成型过程的工艺条件(如料温、压力、注射周期等)等综合考虑。

一般情况下,模温应低于塑料的玻璃化温度以保证脱模时不变形。对熔体黏度大的塑料(如聚碳酸酯、聚砜等)宜用较高的模温;熔体黏度小的塑料则用较低的模温,可以缩短生产周期。

3. 注射压力　注射压力推动塑料熔体向料筒前端流动,并迫使物料充满模腔而成型,所以它是物料充模和成型的重要因素。在注射过程中压力的作用主要有三个方面:第一,推动料筒中物料向前端移动,同时使物料混合和塑化;第二,充模阶段注射压力应克服浇注系统和型腔对物料的流动阻力,并使物料获得足够的充模速度及流动长度,使物料在冷却前能充满型腔;第三,保压阶段注射压力应能压实模腔中的物料,并对物料因冷却而产生的收缩进行补料,使从不同的方向先后进入模腔中的物料熔成一体,从而使制品保持精确的形状,获得所需的性能。

可见注射压力对注射过程和制品的质量有很大的影响。注射压力的大小,取决于注射机的类型、模具结构(主要是浇口尺寸和所得制品的壁厚)、塑料的种类和注射工艺等。

在注射过程中,随注射压力增大,塑料的充模速度加快,流动长度增加和制品中熔接缝强度的提高,制品的质量可能增加,所以对成型大尺寸,形状复杂和薄壁制品,宜用较高的压力;对那些熔体黏度大、玻璃化温度高(如聚碳酸酯、聚砜等)也宜用较高的压力注射,但是,由于制品中内应力也随注射压力的增加而加大,所以采用较高压力注射的制品应进行退火处理。

注射过程中,注射压力与物料温度实际上是相互制约的。料温高时注射压力减小;反之,所需注射压力加大。以料温和注射压力为坐标,绘制的成型面积图能正确反映注射成型的适宜条件(图 10-43),在成型区域中适当的压力和温度的组合都能获得满意的结果,这一面积以外的各种温度和压力的组合,都会给成型过程带来困难或给制品造成各种缺陷。

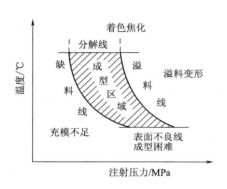

图 10-43 注射成型面积图

4. 注射周期和注射速度 完成一次注射成型所需的时间称注射周期或称总周期。它由注射时间(充模)、保压时间、冷却和加料(包括预塑化)时间以及开模(取出制品)、辅助作业(如涂擦脱模剂、安放嵌件等)和闭模时间组成。

在整个成型周期中,冷却时间和注射时间最重要,对制品的性能和质量有决定性的影响。仅就注射与保压时间来看,一般制品的注射充模时间都很短,约 2~10s,随塑料和制品的形状、尺寸而异,大型和厚壁的制品充模时间可达 10s 以上。一般制品的保压时间约 20~100s,大型和厚制品可达 1~5min 甚至更长。冷却时间以控制制品脱模时不挠曲,而且时间又较短为原则,一般为 30~120s,大型和厚壁制品可适当地延长。

注射速度常用单位时间内柱塞(螺杆)移动的距离(cm/s)表示,有时也用质量或容积流率(g/s 或 cm³/s)表示;注射速度主要影响熔体在模腔内的流动行为,并影响模腔内压力、温度以及制品的性能。通常随注射速度的增大,熔体在浇注系统和模腔中的流速会增加。因熔体高速进入时受到强烈剪切,黏度降低,甚至因摩擦而使温度升高。所以提高充模速度,会增加熔体流动长度,也会提高充模压力,同时使制品各部分的熔接缝强度提高。

但注射速度增大,常使熔体由层流变为湍流,严重的湍流会引起喷射而带入空气,由于模底先被物料充满,模内空气无法排出而被压缩,这种高压高温气体会引起塑料局部烧伤及分解,使制品不均匀;慢速注射时,熔体以层流形式自浇口向模底一端流动,能顺利排出空气,制品的质量较均匀,但过慢的速度会延长充模时间,使塑料表层迅速冷却,容易降低熔体的流动性,引起充模不全,并出现分层和结合不好的熔接痕,降低了制品的强度和表面质量。

四、热固性塑料的注射成型

热固性塑料注射成型多在螺杆式注射机上进行,成型物料首先在温度较低的料筒内预塑化到半熔融状态,在随后的注射充模过程中受到进一步塑化而达到最佳流动状态,注入高温模腔后,经一定时间的交联固化反应而成为制品。热固性塑料注射和热塑性塑料注射的主要不同之处是:预塑化的熔体温度低,流动性不高;充模的流动过程也是熔体经受进一步塑化的过程;熔体取得模腔形状的定型是依靠高温下的固化反应完成。因此,能否精确控制物料在成型过程中各主要阶段的状态变化和化学反应,是成功实现热固性塑料注射的关键。

注射技术对所用热固性树脂的要求是:在低温料筒内塑化产物能较长时间保持良好流动性,而在高温的模腔内能快速进行反应而固化。在各种热固性树脂中,酚醛树脂最适合用注射成型,其次是邻苯二甲酸二烯丙酯(DAP)树脂、不饱和聚酯树脂和三聚氰胺甲醛树脂。环氧树脂由于固化反应对温度很敏感,用注射技术成型困难较大。

热固性树脂的注射,在注射机的成型动作、成型步骤和操作方式等方面,均与热塑性树脂的注射相似。但在工艺控制上有较大的差别。图10-44是酚醛树脂在注射成型过程中的一个成型周期内,物料的温度和黏度的变化情况。由图10-44可以看出:物料进入料筒后,随塑化过程的进行,温度逐渐上升而黏度逐渐下降,积累在料筒前端的是温度不高的熔体,物料在这一过程中以状态转变的物理变化为主。螺杆前移注射后,熔体快速通过喷嘴和浇道时,因剪切摩擦生热而使温度迅速上升,到达浇口时熔体黏度下降到成型周期内的最低点,在此过程中仍以物理变

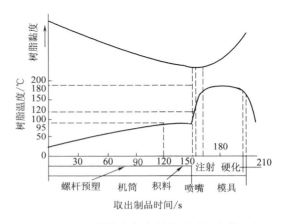

图10-44 酚醛树脂在注射成型过程中的一个成型周期内物料温度与黏度变化

化为主,在低黏度熔体进入模腔后,因受到模具的加热使其温度达到成型周期内的最高点,与此同时黏度急剧增大,这显然与交联反应已开始快速进行有关。充满模腔的熔体在启模前一直保持在高温状态,交联反应继续进行使黏度不断增大,直至固化成为确定的制品。可以看出,热固性树脂的注射过程,像热塑性树脂注射一样,要经历塑化、造型和定型三个阶段。

(一)热固性树脂在料筒内的塑化

加进料筒的低分子量热固性树脂聚合物因受热转变为黏流态继而成为具有一定流动性的熔体。对塑化后热固性树脂熔体的基本要求是:温度的均一性尽可能高;所含固化产物应尽可能少;流动性应满足从料筒中顺利注出。为保证上述基本要求的实现,对螺杆式注射机首先应根据树脂的反应活性选用不同压缩比的螺杆,并将料筒的温度控制在树脂熔融温度的下限附近。例如,酚醛树脂一般在90℃左右熔融,超过100℃已能观察到因交联反应而产生的放热,因此料筒高温加热段的温度取85~95℃为宜。此外螺杆转数和背压也不宜过高,以免因强烈的剪切所引起的温升使物料受热不均和部分物料早期固化。此外,尽量减少熔体在料筒内的停留时间,也是保证塑化后熔体质量的重要措施。为此,一是防止注射时熔体的倒流,这需要在注射装置的设计中采取阻止逆流和漏流的结构;二是在工艺上要精确控制每次预塑时的积料量,使之与成型一个制品所需的料量尽可能相等,并在每次注射时将其从料筒中全部排除。

(二)热固性树脂熔体在充模过程中的流动

热固性树脂注射成型时,喷嘴和模具均处在高温状态,熔体流过喷嘴和浇道时不会在通道的壁面上形成不动的固体树脂隔热层,而且由于壁面附近有很大的速度梯度,使靠近壁面的熔体以湍流形式流动,从而提高了热壁面向熔体的传热效果;加之充模时的流速都很高,有大量的剪切摩擦热产生,这二者共同作用的结果使熔体在流过喷嘴和浇道的很短时间内温度迅速升高。例如,酚醛树脂注射成型时,料筒前端温度若为85℃,喷嘴的加热温度为95℃,熔体通过喷嘴后温度即可上升到固化所需的120～130℃的临界状态。熔体在喷嘴和浇道内流动时因受热而进一步塑化,使其黏度显著降低,故进入模腔后有良好的充模能力。总之,流动充模阶段正确的工艺控制是,在交联反应显著进行之前将熔体注满模腔。采用高的注射压力与注射速度和尽量缩短浇道系统长度等,都有利于在最短的时间内完成充模过程。

(三)热固性树脂成型物在模腔内的固化

充满模腔的热固性树脂熔体,在取得模腔的形状后即转变为成型物。由于高温模具对成型物的持续加热,使树脂具有足够的反应能力。因树脂的交联反应速率随温度的升高而加大,故只有将模具控制在较高的温度,才能使成型物在较短的时间内充分固化定型。成型物在模腔内必需的固化定型时间,不是主要由制品壁厚决定,而是主要由模具温度的高低决定。

热固性树脂的交联反应通常均伴随有较多的热量产生,这部分热量可使模腔内定量的物料升温膨胀,对交联反应而引起的体积收缩有补偿作用,因而在充模结束后不必保压补料;而且由于浇口内的料常比模腔内的料更早固化,因而热固性树脂在充模后,既无法往模腔内补料,也不会出现倒流。

对借助缩聚反应而交联固化的热固性树脂,在固化过程中应采取措施将反应副产物水及其他低分子物及时排出模腔。因为这些副产物存留在模腔内,既不利于缩聚交联反应的充分进行,又会使制品出现疏松、起泡和表面丧失光泽等缺陷。

五、反应注射成型

反应注射成型(reaction injection moulding,RIM),是将两种以上低分子量单体或预聚体在压力下通过混合器注射入密闭模具中,通过聚合反应在模腔内形成塑料制品的成型方法。即将聚合与成型加工一体化。主要用于汽车配件的生产。通过配方调整可得不同密度范围的软硬制品,最适合反应注射成型的是浇注型聚氨酯的成型,聚脲、不饱和聚酯、环氧树脂也可采用反应注射成型。

反应注射成型要求各组分一经混合,立即快速反应,并且物料能固化到可以脱模的程度,一般需要采用专用原料和配方以满足上述要求。成型设备的关键是混合头(图 10-45)的结构设计,各组分准确计量和输送。此外,原料储罐及磨具温度的控制也十分重要。反应注射原理如图 10-46 所示。

两种参加反应成型的液态物料从储藏罐中经高压计量泵被精确泵入混合头中。在混合头中,在高压下经撞击均匀混合后被注入紧靠在混合器上的模具密闭模腔内进行化学反应。发泡剂(低沸点液体)在模腔内汽化,使反应物料发泡并充满模腔后固化定型,定型后,开模顶出即得到制品。

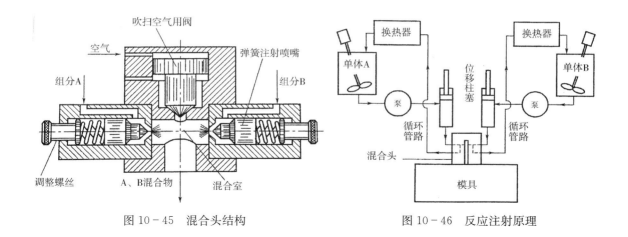

图 10-45　混合头结构　　　　　　图 10-46　反应注射原理

六、气体辅助注射成型

气体辅助注射成型的原理如图 10-47 所示。首先把熔体注入模具型腔,然后把一定压力的气体(通常是惰性的氮气)通过附加的气道注入型腔内的塑料熔体,由于靠近模腔表面的塑料温度低、黏度大,而处于熔体中心部位的温度高、黏度小,因而气体易在中心部位或较厚壁的部位形成空腔,气体压力推动熔体充满模具型腔,充模结束后,熔体内气体的压力保持不变或有所升高进行保压补缩。当制品冷却固化后,通过排气孔排出气体,此时可开模取出制品。

气体辅助注射成型只要在现有的注射成型机上增设一套供气装置即可实现。气体辅助注射成型的标准成型法如图 10-48 所示。其过程是部分熔体由注射机筒注入模具型腔中,如图 10-48(a)所示;然后由气缸(瓶)通入气体推动熔体充满型腔,如图 10-48(b)所示;升高气体压力以保压补缩,如图 10-48(c)所示;保压冷却后排去气体,气体重新流回气缸(瓶),如图 10-48(d)所示;最后为制品脱模,如图 10-48(e)所示。

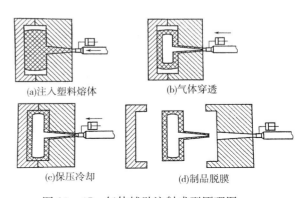

图 10-47　气体辅助注射成型原理图

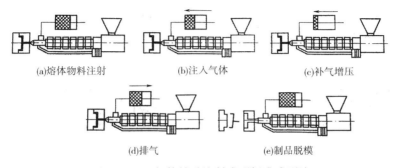

图 10-48　气体辅助注射成型标准成型法

七、双层注射

这是采用新旧不同的同一种塑料成型具有新料性能的制品,通常制品的内部为旧料,外表则为一定厚度的新料,制品的冲击强度和弯曲强度几乎与全部用新料成型的制品相同。此外,也可采用不同品种的塑料相组合,而获得其他方面的优点。

双层注射成型的原理如图 10 - 49 所示,所用设备是两个移动螺杆注射系统,但装有交叉喷嘴,使用普通模具,在 A 树脂注射入模腔后,接触模腔壁的物料已很快硬化,而内部树脂仍呈熔融状态时,再将 B 树脂注入模腔,这样,将 A 树脂压向模壁形成制品外层,而 B 树脂则作为内层,经冷却定型后,即可得到 A 树脂均匀包覆 B 树脂的制品。

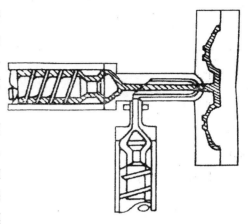

图 10 - 49　双层注射成型原理图

第五节　塑料的其他成型

一、中空吹塑成型

中空吹塑成型是将挤出或注射成型的塑料型坯趁热于半熔融状态时置于各种形状的模具中,并及时在型坯中通入压缩空气将其吹胀,使其紧贴于模腔壁上成型,经冷却脱模后即得中空制品。由于型坯的制造和吹胀两个过程可以各自独立地进行,所以中空制品吹塑技术也属塑料二次成型范围。

按型坯制造方法不同,吹塑可分为挤出吹塑和注射吹塑。两者的型坯制造方法不同,但吹塑过程是完全相同的,在此以挤出吹塑为例进行说明,挤出吹塑又可分为单层挤出和多层挤出吹塑。

单层挤出吹塑过程如图 10 - 50 所示。型坯由一台挤出机直接挤出,并垂挂在安装于机头正下方的预先开启的模具型腔中,当下垂的型坯长度达合格长度后立即合模,并靠模具的切口将型坯切断,压缩空气从模具分型面上的小孔插入的压缩空气吹管进入使型坯吹胀紧贴模壁而成型,保持充气压力使制品在型腔中全部定型后即可脱模。

在单层挤出吹塑技术的基础上发展起来了多层挤出吹塑,可用于成型由不同物料组成的吹塑制品。其成型过程与单层挤出吹塑并无本质的不同,只是型坯的制造须采用能挤出多层结构管状物的机头,三层管坯挤出设备如图 10 - 51 所示。

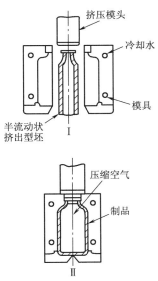

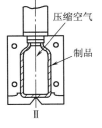

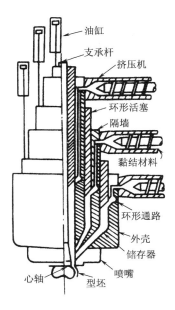

图 10-50　单层直接挤出吹塑过程　　　　图 10-51　三层管坯挤出示意图

多层直接挤出吹塑的技术关键是控制各层物料的相互融合与黏结质量。若层间的融合与黏结不良,制品夹口区的强度会显著下降。可以从两个方面改善层间的熔合与黏结质量:其一是往各层物料中混入有黏结性的组分,这可以在不增加挤出层数的情况下使制品夹口区的强度有所改善;其二是在原来各层间增加有黏结功能的物料层,这就需要增加制造多层管坯的挤出机数量,但会使成型设备的投资增加,型坯的成型操作也更加复杂。

在吹塑过程中,影响制品质量的重要因素是型坯温度、充气压力与速度,吹塑模具温度和冷却时间等。

1. 型坯温度　　制造型坯,特别是挤出型坯时,严格控制其温度的目的在于既要使型坯在吹胀之前有良好的形状稳定性,又能保证吹塑制品有光洁的表面、较高的接缝强度和适宜的冷却时间。型坯温度对其形状稳定性的影响通常从两个方面表现出来:一是熔体黏度对温度的依赖性,型坯温度偏高时,由于熔体黏度较低,使型坯在挤出、转送和吹塑模闭合过程中因重力等因素的作用而变形量增大;二是离模膨胀效应,当型坯温度偏低时,型坯长度收缩和壁厚增大现象就更为明显,其表面质量也明显下降,严重时出现鲨鱼皮症和流痕等缺陷,壁厚的不均匀性也明显增大。

在型坯的形状稳定性不受严重影响的条件下,适当提高型坯温度,对改善制品表面光洁度和提高接缝强度有利。但过高的型坯温度不仅会使其形状的稳定性变坏,而且还因必须相应延长吹胀物的冷却时间,使成型设备的生产效率降低。

2. 充气压力与速度　　中空吹塑成型,主要是利用压缩空气的压力使半熔融状态的管坯胀大而对管坯施加压力,使其紧贴模腔壁,形成所需的形状。压缩空气还起冷却成型件的作用,由于材料的种类和型坯温度不同,加工温度下型坯的模量值有差别,所以用来使材料变形的空气压力也不一样,一般在 0.2～0.7MPa 之间。黏度低和易变形的树脂(如聚酰胺、纤维素塑料等)取较低值;黏度大和模量较高的树脂(如聚碳酸酯、聚乙烯等)取较高值。充气压力大小还与制品的大小、型坯壁厚有关,一般薄壁和大容积制品宜用较高压力,而厚壁和小容积制品则用较低压力。最合适的压力应使制品成型后外形、花纹、文字等表露清晰。

充气速度(空气的体积流率)尽可能大一些好,这样可使吹胀时间缩短,有利于制品取得较均匀的厚度和较好的表面。但充气速度过大也是不利的,一是空气进口处会出现真空,从而使这部分型坯内陷,而当型坯完全吹胀时,内陷部分会形成横隔膜片;其次口模部分的型坯可能被极快的气流拖断,以致使吹塑失效。为此,需加大吹管口径或适当地降低体积流率。

3. 模具温度和冷却时间　模温通常不能控制得过低,因为物料冷却过早,制品的轮廓和花纹等均会变得不清楚;模温过高时,冷却时间延长,生产周期增加;如果冷却程度不够,则容易引起制品脱模变形,收缩率大和表面无光。模温的高低,首先应根据树脂的种类来确定,材料的 T_g 较高者,允许有较高的模温,相反的情况则应尽可能降低模温。

中空吹塑成型制品的冷却时间一般较长,这是为了防止聚合物因产生弹性回复作用引起制品变形。冷却时间可占成型周期的 1/3～2/3,视树脂品种和制品形状而定,例如热传导率较低的聚乙烯,就比同样厚度的聚丙烯在相同情况下需要较长的冷却时间,通常随制品壁厚增加,冷却时间延长。为了缩短生产周期、加快冷却速度,除对模具进行冷却外,还可在成型的制品中进行内部冷却,即向制品内部通入各种冷却介质(如液氮、二氧化碳等)进行直接冷却。

二、塑料发泡成型

泡沫塑料是以树脂为基础而内部具有无数微孔性结构的塑料制品,故又称为多孔性塑料。采用不同的树脂和发泡方法,可制成性能各异的泡沫塑料。从理论上说,几乎所有热固性和热塑性塑料都能制成泡沫塑料,但其发泡技术的难易有所不同。至今,常用作泡沫塑料的塑料品种有聚氨基甲酸酯、聚苯乙烯、聚氯乙烯、聚乙烯、酚醛以及脲甲醛等。此外,还有几种改性聚丙烯发泡塑料以及聚碳酸酯、聚四氟乙烯等发泡塑料。

尽管用不同的塑料品种制成的泡沫塑料性能各不相同,但泡沫体都是由泡孔组成的,泡孔中又都充满着气体。因此,泡沫塑料都有以下共性:质轻,比强度高,比同品种的塑料要轻几倍,甚至几十倍;泡沫塑料的气孔具有防止空气对流的作用,故保温和隔热性好;由于塑料内无数微小孔的存在,故吸音性能强。

(一)泡沫塑料的发泡方法

1. 物理发泡法　物理发泡是借助于发泡剂在树脂中物理状态的改变,形成大量的气泡,使聚合物发泡。整个发泡过程中,发泡剂本身没有发生任何化学变化。物理发泡剂按照发泡成型的特性,一般分为不活泼气体(如 N_2、CO_2),低沸点液体(如戊烷、己烷、丙烷、丁烷等)。

2. 化学发泡法　制造泡沫塑料时,如果发泡的气体是由混合原料的某些组分在过程中通过化学作用产生的,则这种制造泡沫塑料的方法称为化学发泡法。按照发泡的原理不同,工业上常用的化学发泡法可分为两类,即化学发泡剂发泡和发泡组分间相互作用析出气体发泡。

(二)泡沫塑料成型原理

与普通塑料成型过程不同,泡沫塑料在成型过程中,在塑料熔体或溶液中要出现大量细密的气泡,这些气泡要经历膨胀和固化定型才能成型为泡沫塑料制品,而任何气液相并存的体系都是极不稳定的,气泡可能膨胀,也可能塌陷。影响其变化过程的因素很多,有些因素又相互交错影响,因此不论从过程或从原理上说,泡沫塑料要比普通塑料成型复杂得多。

泡沫塑料的成型过程,一般可以分为三个阶段,即气泡核的形成、气泡核的膨胀和泡体的固化成型。发泡成型,首先应在塑料熔体或液体中形成大量均匀细密的气泡核;然后再膨胀成为具有所要求的泡沫结构的泡体;最后,通过固化定型将泡沫结构固定下来,得到泡沫塑料制品。

(三)聚氯乙烯泡沫塑料的生产

聚氯乙烯泡沫塑料包括软质与硬质两种,表 10 - 4 是软、硬质聚氯乙烯泡沫塑料制品的配方。

表 10 - 4　软、硬质聚氯乙烯泡沫塑料配方

软质 PVC 泡沫配方			硬质 PVC 泡沫配方	
原　料	配比/质量份		原　料	配比/质量份
	面层	里层		
聚氯乙烯树脂	100	100	聚氯乙烯树脂	100
邻苯二甲酸二辛酯	25	20	碳酸氢钠(发泡剂)	1.2～1.3
邻苯二甲酸二丁酯	30	35	碳酸氢铵(发泡剂)	12～13
石油酯	—	20	亚硝酸丁酯(发泡剂)	11～13
偶氮二甲酰胺	5.5	5.8	硬质酸钡(稳定剂)	2～3
三盐基硫酸铅	3	3	磷酸三苯酯(增塑剂)	6～7
硬质酸	0.8	0.8	尿素	0.9～0.92
颜料	适量	适量	三氧化二锑(阻燃剂)	0.8～0.82
			二氯乙烷(溶剂)	50～60

配方中主要成分为树脂,其余是增塑剂、发泡剂、稳定剂等。增塑剂是为了制取具有柔曲性和伸缩性的聚氯乙烯泡沫,如表中邻苯二甲酸二丁酯和邻苯二甲酸二辛酯与树脂混合使用效果较好。对发泡剂的要求是其分解温度一般不能高于塑料的胶凝温度,否则就不能生产密度较小的泡沫塑料。对分解温度较高的发泡剂,常可用添加铅盐等稳定剂或增塑剂的办法来降低其分解的温度,借以防止树脂降解而有利于制取微孔泡沫。加入的稳定剂不但能防止聚氯乙烯的热分解往往同时对发泡剂的分解能起到催化作用。根据制品性能的需要还可加入润滑剂、填料、颜料等其他组分。

硬质聚氯乙烯泡沫塑料主要采用压制成型。首先按配方称取树脂、发泡剂、稳定剂、阻燃剂等固体组分在球磨机内研磨 3～12h,再加入增塑剂、稀释剂搅拌均匀。然后装入模具内,将模具置于液压机上进行加压加热塑化成型。由模内取出泡沫物应在沸水或 60～80℃的烘房内继续发泡。最后,泡沫物还需经在 65℃±5℃烘房内热处理 48h,才能定型成制品。

软质聚氯乙烯泡沫塑料可采用模压法、挤出法、注射法等进行成型。

1. 模压法 聚氯乙烯软质泡沫塑料生产工艺流程如下：

$$\left.\begin{array}{r}\text{PVC} \\ \text{各种辅料}\end{array}\right\} \rightarrow 捏合 \rightarrow 混炼 \rightarrow 片坯 \rightarrow 裁切 \rightarrow 模压 \rightarrow 发泡 \rightarrow 成品$$

(1)捏合：首先按配比称量各种原料、辅料，然后把聚氯乙烯树脂及粉状辅料加入高速捏合机内，开车后立即把增塑剂喷淋于捏合机之内，在90℃左右捏合10min后出料。捏合料应当松软有弹性、不结块、不存在离析。

(2)混炼：把合格的捏合料称重后加入开放式炼塑机内进行混炼，保持前辊温度120℃及后辊温度110℃下混炼5min。混炼的目的是使各组分充分均化，以利于后道工序制得质量均匀的片坯。混炼时不允许发泡剂分解，因此在混炼过程中应该始终保持最低成片温度。

(3)拉片和裁切：混炼后拉片并辊成厚度为1.5mm或2.5mm的片坯，迅速冷却防止粘连，随后按模具尺寸裁切成大小适当的小片坯，准确称重后层叠放入模腔内。

(4)模压：用约0.7~0.8MPa蒸汽加热模具8~12min后，迅速通入冷水冷却至50℃以下开模出片。

(5)发泡：把所得片材，立刻放入蒸汽加热的烘箱中进行热处理发泡，加热蒸汽约为0.2~0.3MPa，热处理15min后开箱冷却再出片，即可得到发泡倍率2.5~3倍的软质泡沫块。对所得的泡沫块在常压下放置7d，待尺寸稳定后可进行再加工，如在压力机下冲裁成拖鞋底片，也可切割成不同厚度的聚氯乙烯薄片，并可进一步与其他材料复合。

2. 挤出法 通用的挤出工艺有两种：一种是将原料在低于发泡剂分解温度的料筒内塑化并挤成具有一定形状的中间产品，再在挤出机外升温发泡使其成为制品。所得制品大多是低密度的泡沫塑料制品；另一种工艺是采用低温发泡剂的原料，发泡在料筒内进行，脱离口模的挤出物在冷却后立即成为制品，这种制品的密度通常都比用前法制成的高。

前一种工艺所用挤出螺杆参数是：$L/D=15$，压缩比1.3；操作条件大致为：料温$<140℃$，料筒温度125~140℃，后膨胀的烘室温度175~205℃，时间5~10min。后一种工艺挤出螺杆参数为：$L/D=16$，压缩比1.5~3；操作条件大致为：料温180~190℃，料筒温度145~190℃，口模应比料温低约25~30℃。

3. 注射法 注射法制品只限于高密度的低发泡制品，注射设备通常均为移动螺杆式，注射工艺大体与一般注射相同，塑料的升温、混合、塑化和发泡都在注射机内进行。控制发泡的因素，除发泡剂本身的特性外，尚有料筒的温度、螺杆背压等。为了正确控制制品的密度，每次的注射量必须相同。每次注入模内的料，其体积略比型腔小，入模后能充满型腔的原因是发泡剂尚有残余发泡的能力和原有气泡的膨胀力。

注射时，一般都采用较高的注射速率。这样，不仅可以减少气体的逸失而使发泡倍率增加，同时还可以取得表面光滑和芯层均匀的制品（通常制品表层是没有气泡的）。料筒温度除影响发泡的数量和大小外，对料的黏度也有影响，而且两种之间存有复杂关系。料筒温度偏低时，料的黏度增大，这不仅使发泡剂分解不充分，而且料的流动也不顺畅，因此，制品的密度增大或发生充模不满;但优点是制品的表面细腻。料筒温度偏高,则情况正相反。模具温度对制品也有影响,模温偏高时,可使发泡倍率增加,制品表层薄,芯层均匀,但冷却费时,生产效率低。

三、模压成型

模压成型也称压缩模塑,它是将粉状、粒状、碎屑状或纤维状的树脂原料放入加热的阴模模槽中,合上阳模后加热使其熔化,并在压力作用下使物料充满模腔,形成与模腔形状一样的模制品,再经加热(使其进一步发生交联反应而固化)或冷却(对热塑性塑料应冷却使其硬化),脱模后即得制品。

压缩模塑主要用于热固性塑料制品的生产。对于热塑性塑料由于模压时模具需要交替地加热与冷却,生产周期长,一般不用,只有在模压较大平面的塑料制品时才采用。

(一)模压成型的工艺过程

热固性塑料模压制品的完整过程,通常由物料准备、成型和制品后处理三个阶段组成。

1. 物料准备　成型前物料的准备主要是对物料进行预压和预热。

将散状(粉状、碎屑状和纤维状等)模压料在室温或稍高于室温的条件下,加压模制成质量一定、形状规则的锭片或坯件的操作称为预压。预压操作可在专用的锭片机上模制锭片,也可在通用塑料液压机上用专门的预压模具压成与制品形状相近的坯件。散状料经过预压后,一是可以减小成型模具加料室容积,从而简化模具结构和减小模腔尺寸;二是可避免粉料的粉尘飞扬,有利于改善成型车间的卫生条件;三是可提高往模腔加料的准确性,有助于降低因加料量不准确而造成的制品报废;四是改善了预热和热压时的传热条件,有利于缩短预热和热压时间。

为了提高制品的质量和便于模压的进行,在模压前还通常对物料进行加热,以除去水分为目的的加热称为干燥,以提供热料便于模压为目的则称为预热,在很多情况下加热的目的常是两者兼有。

采用经过预热的模压料成型制品,一是可以提高物料在成型条件下的流动性,有利于降低成型压力、减小模具磨损和因流动性过低而造成的制品报废;二是缩小了成型物料与热成型模具的温差,缩短了物料加热到成型温度的时间,并使模腔内物料各处的温度不均一性减小,有利于缩短成型周期、减小制品中的内应力和提高其尺寸稳定性。

2. 成型　成型是热固性塑料模压制品生产的关键阶段,模压制品的质量和生产效率在很大程度上与这一阶段工艺控制是否得当有关。模压法成型制品是一个间歇式操作过程,每成型一个制品都要依次经过加料、闭模、排气、固化、脱模和清理模具等一系列操作。图10-52是热固性塑料模压成型工艺过程示意图。

(1)加料:往模具内加入规定量的塑料模压料,加料多少直接影响着制品的密度与尺寸等。加料量多则制品毛边厚,尺寸准确性差,难以脱模,并可能损坏模具;加料少则制品不紧密,光泽差,甚至造成缺料而产生废品。加料可用重量法、容量法、计算法三种。

(2)闭模:加完料后即使阳模和阴模相闭合,闭模时先用快速,待阴模、阳模快要接触时改为慢速。先快后慢的操作法有利于缩短非生产时间,防止模具擦伤,避免模槽中原料因合模过快而被空气带出,甚至使嵌件移位,成型杆或模腔遭到破坏。待模具闭合即可对原料加热加压。

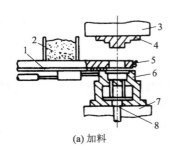 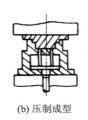 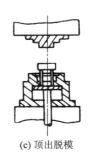

(a) 加料　　　　　　　　(b) 压制成型　　　　　　　(c) 顶出脱模

图 10-52　热固性塑料模压成型工艺过程示意图

1—自动加料装置　2—料斗　3—上模板　4—阳模　5—压缩空气上、下吹管

6—阴模　7—下模板　8—顶出杆

（3）排气：模压热固性树脂时，常有水分和低分子物放出，为了排除这些低分子物、挥发物及模内空气等，在模腔内树脂反应进行至适当时间后，可卸压松模很短时间以排气。排气操作能缩短固化时间和提高制品的物理—力学性能，避免制品内部出现分层和气泡；但排气过早、过迟都不行。过早达不到排气的目的；过迟则因物料表面已固化气体排不出。

（4）固化：热固性树脂的固化是在模压温度下保持一段时间，以便树脂的缩聚反应达到要求的交联程度，使制品具有所要求的物理—力学性能。固化速率不高的树脂也可在制品能够完整地脱模时固化就暂告结束，然后再在后处理时完成全部固化过程，以提高设备利用率。模内固化时间一般 30s 至数分钟不等，多数不超过 30min。固化时间取决于树脂的种类、制品的厚度、预热情况、模压温度和模压压力等。固化时间过长或过短对制品性能都有影响。

（5）脱模：脱模通常是靠顶出杆来完成的，带有成型杆或某些嵌件的制品应先用专门工具将成型杆等拧脱，而后再进行脱模。

（6）模具吹洗：脱模后，通常用压缩空气吹洗模腔和模具的模面，如果模具上的固着物较紧，还可用铜刀或铜刷清理，甚至需要用抛光剂拭刷等。

3. 制品后处理　为改善热固性塑料模压制品的外观和内在质量，或为弥补成型之不足，常需在成型后对模压制品进行后处理，生产中常见的后处理是涂漆烘烤与热处理。

模压制品在去毛边和机械加工之后，被破坏的表面既不美观，又会因吸湿而使制品在使用过程中出现尺寸变化和电绝缘性能下降。为此，需要在模压制品表面涂漆。涂漆前要对制品表面进行净化处理，然后用浸涂或刷涂的方法上漆。浸涂法上漆的生产效率高，但只适用于小型不带金属嵌件且无高精度配合孔的制品；刷涂法上漆的加工效率低，适用于形状复杂和带有金属嵌件的制品。

热固性塑料模压制品的热处理，也称后烘处理，是将制品置于适当温度下加热一段时间，然后随加热装置一起缓慢冷却至室温。模压制品经过热处理后，其固化更趋完全，水分及其他挥发物的含量减少，成型过程中产生的内应力得以降低或消除，有利于稳定制品的尺寸，提高其耐热性、电绝缘性和强度等。热处理可按一次升温和分段升温两种方式进行，前者指一次就将加热装置连续升温到预定的热处理温度；后者指加热装置分段升温到预定的热处理温度，而且每升高一段温度，都要在该段温度下恒温一定时间，故这种升温方式的热处理，也称阶梯式升温处理。形状简单和尺寸较小的制品多采用一次升温式热处理；形状复杂、厚壁和较大尺寸的制品，采用阶梯式升温可取得更好的热处理效果。热处理温度一般应比成型温度高 10～50℃，热处理时间则依树脂的品种、制品的结构和壁厚而定。

(二)影响模压成型的工艺因素

热固性树脂在成型加工过程中，不仅有物理变化，而且还进行复杂的化学交联反应。模压温度、压力、模压时间是影响制品质量的重要工艺因素。

1. 温度　和热塑性树脂不同，成型热固性树脂的模具温度更为重要。模温是指模压时所规定的模具温度，它是影响树脂流动、充模，并最后固化成型的主要因素。它决定了成型过程中，聚合物交联反应的速度，从而影响制品的最终性能。

成型物料受热作用时，其黏度或流动性会发生很大变化，这种变化是受热时聚合物黏度降低、流动性增加和由交联反应引起的黏度增大、流动性降低两种物理和化学变化的总结果。也就是说，表示流动性大小的流量与温度关系曲线先增后减，具有峰值，如图 10-53 所示。因此，在闭模后，迅速增大成型压力，使物料在温度还不很高而流动性又较大时，流满模腔各部分是非常重要的。流量减小反映了聚合物交联反应进行的速度，峰值过后曲线斜率最大的区域，交联速度也最大，此后流动性逐渐降低。从图 10-54 中也可看出，温度升高能加速树脂在模腔中的固化速率，缩短固化时间，因此高温有利于缩短模压周期。但过高的温度会因固化速率太快而使物料流动性迅速降低，引起充模不满，特别是模压形状复杂、壁薄、深度大的制品，这种弊病最为明显；温度过高还可能引起色料变色、有机填料等的分解，使制品表面颜色黯淡；同时高温下外层固化比内层快得多，以致内层挥发物难以排除，这不仅会降低制品的力学性能，而且在模具开启时，会使制品发生肿胀、开裂、变形和翘曲等。因此，在模压厚度较大的制品时，往往不采用提高温度，而是采用在降低温度的情况下用延长模压时间来进行。但温度过低时不仅固化慢，而且效果差，也会造成制品灰暗，甚至表面发生肿胀，这是由于固化不完全的外层受不住内部挥发物压力作用的缘故。一般经过预热的物料进行模压时，由于内外层温度较均一，流动性较好，故模压温度可高些。

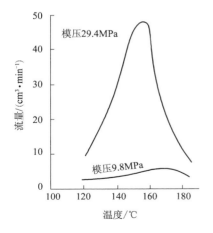

图 10-53　热固性树脂流量与温度关系

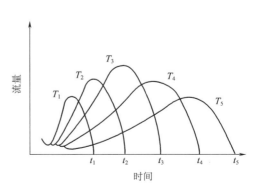

图 10-54　热固性树脂在不同温度下的流动—固化曲线
温度：$T_1 > T_2 > T_3 > T_4 > T_5$；
固化时间：$t_1 < t_2 < t_3 < t_4 < t_5$

2. 模压压力　模压压力是指压机作用于模具上的压力。它的作用是:使物料在塑模中加速流动;增加制品的密实度;克服树脂在缩聚反应中放出的低分子物及其他挥发成分所产生的压力,避免出现肿胀、脱层等缺陷;使模具紧密闭合,从而使制品具有固定的尺寸、形状和最小毛边;防止制品在冷却时发生形变。

成型所需模压压力可用下式计算:

$$\frac{P_g}{P_m}=\frac{A_m}{\pi R^2}=\frac{4A_m}{\pi D^2} \qquad P_m=\frac{\pi D^2}{4A_m}\times P_g$$

式中:P_g 为主油缸的油压即压力表上读出的压力,MPa;R 和 D 分别为主油缸柱塞的半径和直径,mm;A_m 为模具型腔在受压方向上的投影面积,mm²。

如果不考虑压机因摩擦等原因损失的压力时,则调节油泵回路可控制油缸指示压力 P_g,从而得到所需的成型压力 P_m。

模压压力的大小不仅取决于树脂的种类,而且与模温、制品的形状以及物料是否预热等因素有关。对一种物料来说,流动性越小,固化速度越快以及物料的压缩率越大时,所需模压压力应越大;模温高、制品形状复杂、深度大、壁薄和面积大时,所需模压压力也越大;反之,所需模压压力低。一般来说,增大模压压力,除增大物料的流动性以外,还使制品更紧密,成型收缩率降低、性能提高;但模压压力过大对模具使用寿命有影响,并增大了设备的功率消耗;过小的压力则不足以克服交联反应中放出的低分子物的膨胀,也会降低制品的质量。为减小和避免低分子物的这种不良作用,在闭模压制很短时间后,采取卸压放气措施,如图 10-55 所示。

3. 模压时间　模压时间也称压缩模塑保压时间,是指模具完全闭合后到模具开启之间物料在模腔内受热进行固化的时间。在成型过程中模压时间的主要作用是使已取得模腔形状的树脂有足够的时间完成固化定型。

合适的模压时间与树脂的类型组成、制品的形状、壁厚、模具的结构、模压温度和模压压力的高低、预压和预热条件以及成型时是否安排有卸压排气等多种因素有关。在所有这些因素中,以模压温度、制品壁厚和预热条件对模压时间的影响最为显著。合适的预热条件,可加快物料在模腔内的升温过程和填满模腔的过程,因而有利于缩短模压时间。物料在模腔内所需的最短固化时间,与模压温度和制品壁厚的关系如图 10-56 所示,由图可以看出,提高模压温度时,模压时间随之缩短;而增大制品壁厚时,需相应延长模压时间。

在模压温度和模压压力一定时,模压时间就成为决定制品质量的关键因素。模压时间如果过短,制品未能固化完全,机械性能差、外观缺乏光泽、容易出现翘曲变形与肿胀。适当延长模压时间,不仅可使制品避免出现上述缺陷,还有利于减小制品的收缩率,并可使其耐热性、强度和电绝缘性能等有所提高。但过分延长模压时间,不仅使生产效率降低,能耗增大,而且会因树脂过度交联而导致成型收缩率增大,从而使树脂与填料间产生较大的内应力。因模压时间过长而引起的过度固化,也常常是制品表面发暗、起泡和出现裂纹的重要原因。

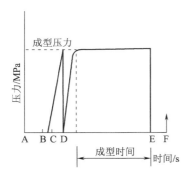
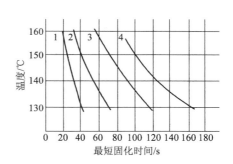

图 10-55　热固性树脂成型周期中的压力变化
A—加料　B—闭模　C—加压
D—放气　E—卸压　F—脱模

图 10-56　最短固化时间与成型温度、壁厚的关系
壁厚为：1—3.4mm
2—6.4mm　3—9.5mm　4—12.7mm

四、真空成型

真空成型又称为热成型，只适用于热塑性塑料，是一种通用的二次成型方法。将塑料薄片材或薄板材重新加温软化（要控制好温度不能熔化）放置在带有许多小孔的模具上，采取抽真空方法使片材吸贴在模具上成型，冷却后便可取出制品，如图 10-57 所示为阴模真空成型示意图。阳模成型类似。

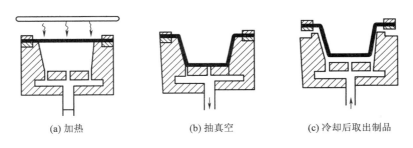

(a) 加热　　　　　　　(b) 抽真空　　　　　　(c) 冷却后取出制品

图 10-57　阴模真空成型

常用的塑料是聚氯乙烯、ABS、聚丙烯、聚苯乙烯和聚丙烯酸酯类塑料片（板）材等。真空成型设备叫真空成型机、投资少、速度快、效率高、模具简单，可用普通钢或石膏制造模具，操作方便，广泛用于食品、工具、服装、艺术品的包装。许多手提箱、运输斗和天花板等都可以用真空成型法制造。

五、共挤出与热黏合结合成型大口径管材

在前面依靠挤出成型制备管材中已提及，挤出机的机头、口模和定径装置是成型管材的关键部件。成型的管材口径也直接受到口模和定径装置尺寸的限制。另外，直接挤出成型制得的管材其管壁是密实结构，管子质量很大，不但需要消耗很多原材料，而且因为管子自身重量产生

的变形在管子很长时也构成很大问题。

德国 Krah AG 公司发明了成型外壁具有空心结构的大尺寸口径管材的成型新技术。借助一个可以旋转的圆柱形轴为心模(图 10-58),通过共挤出和热黏合一步完成管壁的成型,原理如图 10-59 所示。其中①是物料的主螺杆挤出,挤出的熔体经过阀门分为两部分,一部分流经②并与作为管壁内衬的原料复合共同成为管壁部分;另一部分经过④成型为中空圆棒作为管子的外轮廓。由②挤出的管内壁和由④挤出的管外轮廓在心轴上实现热黏合,随着心轴的转动速度 v_2 完成管子的生产速度 v_1。

此种技术可生产口径高达 4000mm 的大口径管材,因为管外部轮廓的空心结构(图 10-60),不但减轻了管子自重,降低变形,而且节约了原料。这种生产技术采用的原料一般是 PE、PP 和玻璃纤维增强 PE、PP 等。

图 10-58　成型大口径管材圆柱轴心模

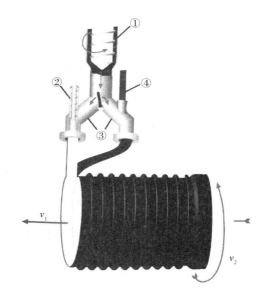

图 10-59　共挤出与热黏合结合成型原理

图 10-60　管子的外部空心结构

👉 复习指导

　　本章要求掌握合成树脂的主要品种及各自特性,理解各种助剂的功能及作用原理,熟悉成型物料配制的不同工艺过程及所用设备。

　　在对挤出成型和注射成型设备了解的基础上,重点掌握挤出成型和注射成型的原理及工艺过程,理解成型不同型材的工艺控制对制品结构和性能的影响,并了解挤出和注射成型的发展趋势及新技术的应有优势。理解中空吹塑、发泡成型、模压成型及真空成型的原理,并了解其特点及适用范围。了解用不同成型工艺联合制大口径管材的途径。

第十一章　橡胶制品的成型加工

橡胶是具有高弹性的高分子化合物的总称。橡胶的高弹性表现在：具有特别大的弹性变形，可以被拉伸到 1000% 甚至以上；变形后去掉外力，能迅速恢复，永久变形很小；弹性模量低，即小的力就会使橡胶发生较大的变形；橡胶的应力—应变曲线不像塑料，不出现屈服现象。

橡胶的高弹性变形来源于它的大分子链结构，因为其化学键的旋转能垒低，键比较容易旋转，模量低，在外力作用下整个大分子容易变形；在外力除去后，因为分子的热运动又容易使其自动恢复原来的变形，即朝熵增大方向变化。

橡胶不但具有优良的弹性，还具有较高的强度、气密性、防水性、电绝缘性等其他的性能。这些性能使橡胶成为高分子材料中不能替代的重要的工业材料之一。各类轮胎，机械设备中使用的传动带、三角带、矿山的输送带，化工厂使用的各种耐酸碱、耐化学腐蚀的设备衬里，造纸工业的各种胶辊，纺织工业用的橡胶皮辊，电气工业用的绝缘橡胶制品，如电线和电缆，石油工业用的输油胶管和钻探胶管等都是用橡胶制造的。高科技领域如导弹、人造卫星、宇宙飞船、航天飞机以及核潜艇上都需要耐热、密封性好的橡胶配件。

第一节　橡胶制品的原材料及其性质

作为橡胶制品的原材料主要包括：生胶、补强剂、硫化剂、防老剂等各类添加剂和骨架材料。

一、生胶

生胶通常是指市售的固体橡胶，它是制造橡胶制品的最基本原料，也称为原料橡胶，包括天然橡胶、合成橡胶和再生橡胶。

(一)天然橡胶

天然橡胶是橡胶工业中最早应用的橡胶，20 世纪 30 年代以前，橡胶工业消耗的原料橡胶几乎全是天然橡胶。由于天然橡胶综合性能优异，所以它是一种重要的战略物资和经济物质，20 世纪 60 年代以来，天然橡胶与合成橡胶形成并驾齐驱的发展局面。据统计，2017 年，全球橡胶产量 2859 万吨，其中合成橡胶 150 万吨。

1. 天然橡胶的来源　天然橡胶主要取自热带及亚热带栽培的三叶橡胶树，这种橡胶树原产于南美巴西亚马孙河流域，故也称巴西橡胶树。它是高 10～30m、径粗 15～35cm 的多年生常绿乔木。19 世纪从南美洲移植到马来西亚、印度尼西亚及斯里兰卡等地栽培种植。新中国成立前由华侨移种到海南岛，现在我国的广东、广西、云南、福建、台湾等地均能种植橡胶树。

橡胶树种植后,经过 5～6 年可开始割胶,每棵橡胶树每月割胶约 18 次,每次流出胶乳 200mL,平均每年产干胶 4kg 左右。从橡胶树上采集的白色乳液称为乳胶,经过凝固、干燥等加工工序而成为固体天然橡胶。

2. 天然橡胶的组成　天然橡胶是以异戊二烯为单元链节,以共价键结合而成的长链分子,其化学结构式:

$$\left[\!\!\begin{array}{c}CH_2-C\!=\!CH-CH_2\\ \ |\\ CH_3\end{array}\!\!\right]_n$$

相对分子质量在 10×10^4～180×10^4 之间,平均分子量在 40×10^4～70×10^4 的居多。

天然橡胶大分子在空间的排列位置有顺、反两种异构体:即顺式-1,4 结构和反式-1,4 结构。以天然三叶橡胶为代表的顺式-1,4 结构,在室温下具有弹性及柔软性;以杜仲橡胶为代表的反式-1,4 结构在室温下无弹性,可作为塑料使用,这种差别主要是由于它们的立体结构不同造成的。

3. 天然橡胶的特性及应用　天然橡胶的密度为 $0.91～0.93g/cm^3$,能溶于苯、汽油中。天然橡胶受热时逐渐变软,在 130～140℃下软化,150～160℃下变黏,200℃左右开始分解,270℃急剧分解。天然橡胶的玻璃化温度为 $-71℃$,在此温度下呈玻璃态。将天然橡胶冷却至一定温度或将其进行拉伸,可使橡胶部分结晶,天然橡胶在 $-26℃$ 时的结晶速率最大。

天然橡胶的生胶、混炼胶和硫化胶的强度都比较高。未硫化胶的拉伸强度称为生胶强度,适当的生胶强度对于橡胶加工成型是必要的。例如,轮胎成型中上胎面胶时,胎面胶毛坯必须受到较大的拉伸,若胎面胶生胶强度低就易变形,会使成型无法顺利进行。天然橡胶的生胶强度可达 1.4～2.5MPa,同样是聚异戊二烯的异戊橡胶,其生胶强度没有天然橡胶高。纯天然橡胶硫化胶的拉伸强度为 17～25MPa,用炭黑补强后可达 25～35MPa。无论是生胶还是硫化胶,其拉伸强度都随温度上升而下降,详见表 11-1。

表 11-1　生胶在不同温度下的拉伸强度和扯断伸长率

试验温度/℃	拉伸强度/kPa	扯断伸长率/%	试验温度/℃	拉伸强度/kPa	扯断伸长率/%
-185	5718	0	40	111	1140
-20	3014	1250	60	017	2000
0	619	1000	80	013	1920
20	215	1280			

天然橡胶为非极性大分子,具有优良的介电性能,同时也使它的耐油耐溶剂性差。因天然橡胶分子结构中含有不饱和双键,易进行氧化、加成等反应,所以耐老化性能不佳。

天然橡胶是最好的通用橡胶,用途广泛,是制造轮胎等工农业橡胶制品的主要原料,也是制造电器用品等高级橡胶制品的重要原料。

(二)合成橡胶

合成橡胶可分为通用合成橡胶与特种合成橡胶两类,凡性能与天然橡胶相近、物理—力学性能和加工性能较好,且能广泛用于轮胎和其他一般橡胶制品的橡胶称为通用合成橡胶;凡是具有特殊性能、专供耐热、耐寒、耐化学物质腐蚀、耐溶剂及耐辐射等特定场合使用的橡胶称为特种合成橡胶,但两者并无严格的界限。一般认为通用合成橡胶是丁苯橡胶、顺丁橡胶、异戊橡胶,特种合成橡胶是丁基橡胶、丁腈橡胶、乙丙橡胶、硅橡胶、氯醇橡胶、聚氨酯橡胶、丙烯酸橡胶、聚硫橡胶、氯磺化聚乙烯及醇烯橡胶等。

1. 聚异戊二烯橡胶　聚异戊二烯橡胶简称异戊橡胶,因其化学组成是聚异戊二烯,分子结构与天然橡胶相同,所以也叫作合成天然橡胶。

异戊橡胶在结构上与天然橡胶不同的是顺式-1,4 结构含量高达 97%,且呈有规立构,而3,4 结构含量仅为 1% 多一点。此外,异戊橡胶因是合成物质,所以凝胶含量低,非橡胶成分含量少,质量均匀。因此容易塑炼,不易焦烧。

异戊橡胶的物理—力学性能与天然橡胶基本相同,但其耐屈挠龟裂性、生热性、吸水性及耐老化性能等均优于天然橡胶;而强度、硬度等却比天然橡胶略低;此外,目前价格高于天然橡胶。

2. 丁苯橡胶　丁苯橡胶是丁二烯与苯乙烯的共聚物。是目前合成橡胶中产量和消耗量最大的通用合成橡胶,它可通过乳液聚合或溶液聚合方法制得,即乳聚丁苯橡胶和溶聚丁苯橡胶。

由乳液聚合得到的乳聚丁苯橡胶的结构如下:

$$\text{-[CH}_2\text{-CH=CH-CH}_2\text{]}_m\text{[CH}_2\text{-CH]}_n\text{[CH}_2\text{-CH]}_l$$

在该大分子内,苯乙烯与丁二烯的排列方式是无规的,丁二烯部分的微观结构也不具有立构规整性。由于其结构的不规则性,故没有结晶的特性。共聚物中丁二烯的键合有反式-1,4 结构、顺式-1,4 结构及 1,2 结构,各结构的含量受聚合条件(如温度)的影响,一般以反式-1,4 结构的含量最高,约 60%~70%。

丁苯橡胶呈浅褐色,密度随高聚物中苯乙烯含量的增加而增大,约为 0.92~0.95g/cm³。其他物理性能也可通过苯乙烯单体的含量进行调节。丁苯橡胶含不饱和双键,容易硫化,且硫化曲线平坦,焦烧时间长,操作安全。丁苯橡胶耐磨性较天然橡胶好,但抗撕裂强度较低,耐屈挠龟裂性能也较差。虽然光对丁苯橡胶的老化作用不明显,但臭氧对丁苯橡胶的作用比天然橡胶显著,需加入耐臭氧防老化剂和石蜡加以防护。

3. 聚丁二烯橡胶　聚丁二烯橡胶是一种通用合成橡胶,其消耗量仅次于丁苯橡胶和天然橡胶,居第三位。

聚丁二烯橡胶是以丁二烯单体为主要原料,以苯或己烷等为溶剂,采用定向聚合催化剂由溶液聚合法制成的顺式-1,4 结构高达 96%~98% 的聚合物,但也有部分采用乳液聚合法,则生成顺式-1,4 结构含量为 10%~20% 的无规聚合物。顺式-1,4 结构聚丁二烯橡胶简称为顺丁橡胶。

聚丁二烯有顺、反两种结构形成,表示如下:

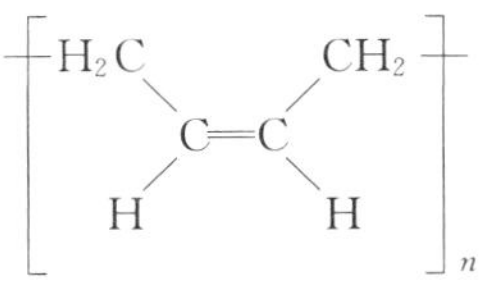

顺式-1,4 结构 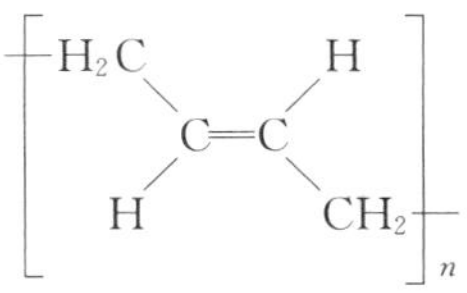   反式-1,4 结构

此外,还有一定数量的 1,2 结构。

聚丁二烯橡胶回弹性非常高,动态生热小,耐磨耗性优异;不需塑炼,压出性能好,也适用于注射成型;但聚丁二烯橡胶强度低,特别是纯胶强度更低,必须加入补强剂。聚丁二烯橡胶常与丁苯橡胶或天然橡胶并用,以补偿其本身的不足。

4. 丁腈橡胶 丁腈橡胶是由丁二烯和丙烯腈经乳液聚合制得的无规共聚物,分子结构可表示如下:

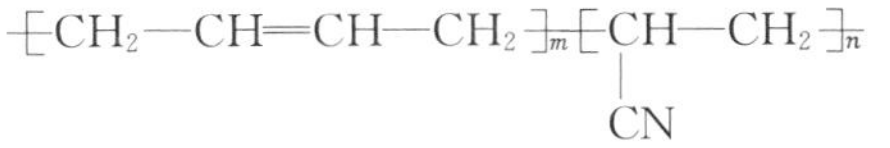

丁腈橡胶由于在分子中引入丙烯腈,所以具有优异的耐油性,随着丙烯腈含量的增加,强度、硬度、耐磨耗性、耐热老化性及耐化学药品性均提高,但回弹性及耐寒性等降低。丁腈橡胶主要用于制作油封、垫圈、耐油胶管、输送带等。

5. 氟橡胶 氟橡胶是指一组分子链侧基含氟的弹性体,共有 10 多种,其中普遍使用的是偏氟与全氟丙烯或再加上四氟乙烯的共聚物。我国称这类胶为 26 型氟胶,杜邦公司称为 Viton 型氟橡胶,结构如下:

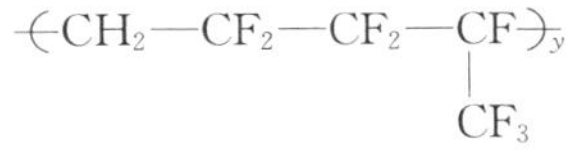

26-41 型

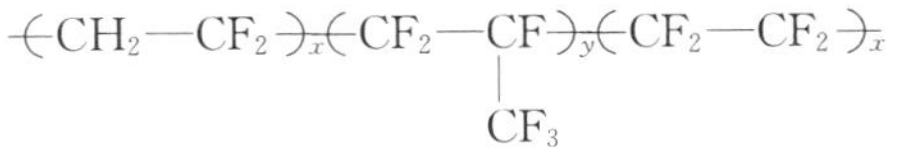

246 型(Viton B)

氟橡胶属碳链饱和极性橡胶,具有优异的耐高温性能,在 250℃ 下可长期工作,320℃ 下可短期工作;其耐油和耐化学药品性及腐蚀介质性在橡胶材料中是最好的,可耐王水的腐蚀;它具有阻燃性,属离火自熄型的橡胶;它还有耐高真空性,可达到 $1.33 \times 10^{-8} \sim 1.33 \times 10^{-7}$ Pa 的真空度;但氟橡胶的弹性较差,耐低温性及耐水性能不够好。杜邦公司开发的全氟醚橡胶改善了耐低温性能,Viton G 型橡胶改善了耐水性并适于在含醇的燃料中工作。

6. 硅橡胶 硅橡胶是指分子主链为 —Si—O 无机结构,侧基为有机基团(主要为甲基)的一类弹性体。这类弹性体按硫化机理可分为有机过氧化物引发自由基交联型(热硫化型)、缩聚反应型(室温硫化型)及加成反应型。

硅橡胶属于半无机的饱和、杂链、非极性弹性体、典型代表为甲基乙烯基硅橡胶。它的结构式为:

$$\begin{array}{cc} CH_3 & CH=CH_2 \\ | & | \\ -(Si-O)_n & Si-O)_m \\ | & | \\ CH_3 & CH_3 \end{array}$$

乙烯基单元含量一般为 $0.1\%\sim0.3\%$（摩尔分数），起交联点作用，硅橡胶性能特点为：耐高低温性能好，使用温度范围为$-100\sim300℃$，尤其耐低温性在橡胶材料中是极好的；具有优良的生物医学性能，可植入人体内；具有特殊的表面性能，表面张力低，约为 $2\times10^{-2}N/m$，对绝大多数材料都不粘，有极好的疏水性；具有适当的透气性，可以做保鲜材料；具有无与伦比的绝缘性能，可做高级绝缘制品；具有优异的耐老化性能，但耐密闭老化特别是在有湿气条件下的老化性能不够好；机械强度在橡胶材料中也属下等。

还有其他用量较多的合成橡胶，如氯丁橡胶、丁基橡胶、乙丙橡胶等，可参阅其他书籍。

(三)再生胶

再生橡胶是指废旧硫化橡胶经过粉碎、加热、机械处理等物理化学过程，使其从弹性状态变成具有塑性和黏性的能够再硫化的橡胶，简称再生胶。

再生胶生产已有100多年的历史，但再生机理尚未完全建立起来。再生胶生产的主要反应过程是"脱硫"。"脱硫"一词原是指从硫化橡胶中把结合的硫去掉而成为未硫化状态，也即是一个与硫化相反的解聚作用，实际上并不能使硫化橡胶中结合的硫与橡胶大分子分离，也不能使硫化胶复原到生胶的结构状态。所以，现在认为硫化胶塑性的恢复，需要破坏空间交联的结构，其能量的来源是热、机械作用和化学助剂的塑解作用。

使用再生胶的重要优点是既可降低成本，又能获得良好的加工性能和满意的物理—力学性能。因为再生胶混炼、压出、压延等生热比纯胶胶料低，硫化速度快，不易焦烧，耐老化性和耐酸碱性好；但其相对分子质量较小、强度低、不耐磨、不耐撕裂等。因此，它不能用来制造物理—力学性能要求很高的制品，如汽车轮胎胎面胶和内胎就不能使用再生胶。但对大多数物理—力学性能要求不是很高的制品，均可掺用再生胶。主要应用包括胶鞋生产中的海绵胶、鞋底和鞋后跟；轮胎工业中，再生胶主要用于制造垫带；橡胶胶板，例如汽车上的地板胶垫和房屋内的橡胶地毯等都大量消耗再生胶；还有胶管、胶带和各种压出制品和模型制品，汽车用橡胶零件等。

二、配合剂

橡胶制品是由多种物质组成的，除了生胶作为它的主要组成部分外，为便于加工、改善产品的使用性能和降低制品成本，还要加入各种不同的辅助化学原料，这些原料就称为配合剂。

配合剂的种类很多，所起的作用及对橡胶制品性能的影响也不相同。

(一)硫化剂

硫化剂是一类使橡胶由线型大分子转变为网状大分子的物质，这种转变过程称为硫化。

橡胶用硫化剂有：硫黄、硫黄给予体、有机过氧化物、醌类、酯类化合物等。

从发现以硫黄硫化天然橡胶至今已近一个半世纪，但至今硫黄仍然是天然橡胶及二烯烃类通用合成橡胶的主要硫化剂。虽然近年来也出现了不少新型硫化剂，对提高橡胶制品的性能起了显著的作用，但它们的价格一般都比较贵，所以普通橡胶制品的硫化仍以硫黄为主，特种合成橡胶则采用硫黄以外的硫化剂。

1. 硫黄　硫黄是淡黄色或黄色固体物质,有结晶和无定形两种形态。硫黄在自由状态下存在属结晶形态,温度在117℃以上属无定形硫黄。所以橡胶在硫化时硫黄是处于无定形状态的。

橡胶工业用的硫黄种类有:硫黄粉、不溶性硫黄、胶体硫黄、沉淀硫黄、表面处理硫黄等。

2. 硫黄给予体　硫黄给予体是指分子结构中含有硫原子的化合物。在橡胶硫化温度下,这些物质能分解出活性硫与橡胶分子发生反应。

橡胶工业中用得较多的一类作为硫化剂的含硫化合物是秋兰姆类,如二硫化四甲基秋兰姆,其化学组成为:

$$H_3C \quad S \quad\quad S \quad CH_3$$
$$N-C-S-S-C-N$$
$$H_3C \quad\quad\quad\quad\quad\quad CH_3$$

它的有效硫含量为13.3%,熔点147~148℃,在100℃分解,引起橡胶交联。

3. 非硫类硫化剂　许多新型合成橡胶的出现,有些品种难以用硫黄和含硫化合物进行硫化。非硫类硫化剂主要有有机过氧化物、金属氧化物、胺类化合物等。

一般由非硫类硫化剂得到的硫化胶的性能,如撕裂强度不如硫黄硫化胶,它多应用于非通用型橡胶上。

(二)硫化促进剂

硫化促进剂可加速橡胶的硫化过程,降低硫化温度,缩短硫化时间,并能改善硫化胶的物理—力学性能。

对硫化促进剂的基本要求是:有较高的活性,能缩短橡胶达到正硫化所需的时间;硫化平坦线长,使正硫化期有较长时间,不会很快过硫,避免硫化胶性能变坏;硫化的临界温度较高,可以防止胶料的焦烧;对橡胶老化性能及物理—力学性能不产生不良作用。

(三)防老剂

在使用或贮存过程中,由于热、氧、臭氧、阳光等作用而导致分子链降解、支化或进一步交联等化学变化,从而使材料原有的性质变坏,这种现象称为老化。凡能抑制橡胶老化现象的物质叫作防老剂。

防老剂一般可分为两类,即物理防老剂和化学防老剂。物理防老剂主要有石蜡、微晶蜡等物质。在常温下,这种物质在橡胶中的溶解度较少,因而逐渐迁移到橡胶制品表面,形成一层薄膜,起隔离臭氧、氧气,使之避免与橡胶接触的作用。化学防老剂的作用是终止橡胶的自动催化所生成的游离基断链反应。防老剂一方面要求防老效果好;另一方面也应尽量不干扰硫化体系,不产生污染和无毒。

(四)防焦剂

橡胶加工过程中,要经过混炼、压延、压出、硫化等一系列工序,胶料或半成品要经受不同温度和时间的处理。在硫化以前的各个加工操作及贮存过程中,由于机械作用产生的热量或者是高温条件,都有可能使胶料在成型之前产生早期硫化,导致塑性降低,从而使其后的操作难以进行,这种现象就称作焦烧或早期硫化。防止橡胶早期硫化的添加剂,称为防焦剂。

作为理想的防焦剂,应具有下列条件:能延长焦烧时间、不影响硫化速度、本身不具有交联作用、对硫化胶性能没有不利影响、无毒且成本低廉。

(五)软化剂

在胶料中加入能降低橡胶分子间作用力,使胶料容易加工并改善胶料某些性能的有机物质称为软化剂。又因能增加胶料塑性也常称作增塑剂。软化剂的作用原理是由于作为软化剂的小分子加入橡胶中后,它们渗透、扩散到橡胶大分子中间,增加了分子链间的距离,减少了分子之间的作用力,使分子链活动性增大,从而增加了胶料的塑性。而各种软化剂均应满足如下的基本要求:化学稳定性好、与橡胶相容性好、在使用温度范围内挥发性低、不易喷在半成品或成品的表面、不加速硫化胶的老化速度和不降低硫化胶的物性。

软化剂主要有石油产品、煤焦油产品、植物油产品和合成产品。

(六)填充剂

填充剂按用途可分为两类:即补强填充剂和惰性填充剂。

补强填充剂简称补强剂,它是能够提高硫化橡胶的强力、撕裂强度、定伸强度、耐磨性等物理—力学性能的配合剂。最常用的补强剂是炭黑,其次是白炭黑、碳酸镁、活性碳酸钙、活性陶土、树脂、木质素等。惰性填充剂又称增容剂,它是对橡胶补强效果不大,仅仅是为了增加胶料的容积以节约生胶,从而降低成本或改善工艺性能(特别是压出、压延性能)的配合剂。增容剂有滑石粉、云母粉等。

三、橡胶制品的骨架、增强材料

骨架、增强材料主要用以增加橡胶制品的强度,并限制其变形,即降低延伸性,提高抗冲击性等。

用于橡胶制品的骨架,作为增强材料主要有纤维与织物、金属材料等。纤维按来源可分为天然纤维、化学纤维、无机纤维;金属材料有钢丝、铁丝、铜丝等。

(一)天然纤维

用于橡胶制品骨架材料的天然纤维有棉、毛、麻。

1. 棉纤维 在棉纤维中,主要是使用纤维长度为 25～50mm 的优质长绒棉。棉纤维湿强力较高、延伸率较低、与橡胶黏着性能好;但耐高温性能不佳(在 120℃下强力下降 35％)、强度较低、纤维较粗。因此,在要求强度高的橡胶夹布制品中,就不得不增加线的根数或布的层数,致使制品重量和厚度增加,从而造成耐热和疲劳性能下降。所以,对大多数制品来说,棉纤维作为骨架材料已不能满足现代橡胶工业的要求。

2. 麻纤维 在麻纤维中,以使用苎麻和亚麻为主。前者主要用于胶管等制品,后者多用于胶带等制品。

3. 毛纤维 用于橡胶制品的毛纤维,主要指羊毛纤维。它弹性好,吸湿率高,耐酸性好,但强度低,耐热和耐碱性较差。毛纤维主要用于地毯、印刷胶板及某些鞋类。

(二)化学纤维

1. 黏胶纤维 它是以短棉绒或木浆为原料制得的纤维素纤维。黏胶纤维干强度较高,湿态强度下降 40%～50%（高强力黏胶纤维下降 20%～30%）；耐热性较好，在 100～120℃下，强度不仅不下降，而且还因高温使纤维含水率降低使强度有所增加；但弹性回复率不高，耐磨性较差。黏胶纤维有普通型和强力型。

黏胶纤维主要用于汽车轮胎，力车胎的帘布层（包括缓冲层帘布）。

2. 聚酰胺纤维　橡胶工业中主要使用聚酰胺纤维 6 和聚酰胺纤维 66 两种。聚酰胺纤维强度高，与黏胶纤维相比，其单位质量强度约高 1.5～1.8 倍，弹性好，抗冲击性强，耐磨性佳，但耐热性不够好。

聚酰胺纤维帘布是重要的轮胎用帘布，尤其是载重轮胎、工程机械轮胎、飞机轮胎及苛刻条件下的其他轮胎。聚酰胺纤维帆布也广泛用于胶管的增强材料。

3. 涤纶　主要指聚对苯二甲酸乙二酯纤维，它强度较高，且湿强也几乎不降低，回弹性接近羊毛，尺寸稳定性好，耐热性也较高，耐酸碱性也较好。

与聚酰胺纤维帘布相比聚酯纤维帘布热稳定性好、断裂伸长率小、湿强度高，所以以聚酯纤维帘布为骨架材料的轮胎尺寸稳定、没有"平点"、乘坐舒适、节约燃料，但耐疲劳性及强度不如聚酰胺纤维帘布，成本也较高，故经常用在潮湿条件下使用的轮胎和乘用车轮胎。聚酯纤维帆布和线绳在胶管、带制品中的应用也日益发展，特别适用于传动带、消防胶管等。

4. 聚乙烯醇缩甲醛纤维　聚乙烯醇缩甲醛纤维。聚乙烯醇缩甲醛纤维帘布的使用性能优于棉和黏胶帘布，可用于力车胎骨架材料，它的综合性能较好，也适用于胶带和胶管等橡胶制品的骨架材料。

5. 聚丙烯纤维　聚丙烯纤维强度介于聚酰胺纤维与聚酯纤维之间，熔点较低，耐高温及耐寒性均较差。聚丙烯纤维帆布密度小，耐湿性和耐化学试剂性较好，在橡胶管、带制品中也有应用。

6. 高性能纤维　以对位芳香族聚酰胺为代表的高性能纤维因其强力远远高于常规纤维以及优异的耐高温高热性能，是理想的橡胶制品增强材料，但因其价格昂贵，仅在一些高速、高热、高压环境才使用，如作为赛车轮胎的骨架材料、优质胶管的增强材料等。

(三)金属材料

用于橡胶制品骨架材料的金属材料主要是钢丝，还有铁丝、铜丝等。

钢丝除用作轮胎帘布外，还用于钢丝圈及胎圈包布。钢丝帘线轮胎具有高速长距离行驶、载荷高、耐磨耗、节约燃料等特点。钢丝绳用于运输带骨架材料性能优良，断裂伸长率极低，耐热性好，抗冲击。钢丝应用于传送带运转效率高、噪声小，运行安全。钢丝也用高压胶管的骨架材料。

(四)其他材料

还有一些无机纤维材料，如玻璃纤维也被用作橡胶制品的增强材料；有些制品则要求骨架纤维材料导电，所以导电的金属纤维或合成纤维则被选为骨架材料。随着科学技术的发展以及对新型橡胶制品的要求，必将涌现出新的骨架材料。

第二节　炼　胶

作为原料的生胶及各类添加剂在成型加工为所需要的各种橡胶制品之前，必须先进行炼胶,主要是生胶的塑炼和塑炼胶与各种配合剂的混炼。从橡胶加工流程图(图 11-1)可见炼胶是橡胶加工不可缺少的工艺过程。

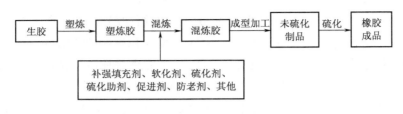

图 11-1　橡胶加工流程图

一、生胶的塑炼

(一)塑炼的目的及原理

由于橡胶具有高弹性,这种性能使加工成型难以进行,为此,需把生胶经过机械加工,热、氧作用或加入某些化学药剂,使生胶的相对分子质量降低,由高弹性状态转为可塑性状态,这一工艺过程称为塑炼。生胶塑炼的目的在于取得可塑性,以满足各个加工过程的要求。

生胶由高弹性状态转为可塑性状态的本质在于塑炼时生胶大分子链断裂,相对分子质量降低。生胶的相对分子质量与可塑性密切相关,相对分子质量越小,可塑性越大。按照高聚物力学—化学原理,当高聚物大分子链受到的机械力大于化学键合的断裂能时,该化学键合将被破坏,大分子链断裂。以天然橡胶为例,—CH_2—CH_2—键能最弱,是最易断裂的地方,而另一方面,由机械力产生的链断裂反应,如果没有游离基接受体,断裂所产生的大分子游离基会再结合,或发生歧化反应,还可以生成支链和三维空间结构,这样机械破坏的效果不大。因此,要有游离基接受体存在,与断裂所产生的大分子游离基结合生成稳定产物,阻止大分子游离基的再结合,这样原来相对分子质量较大的产物才会发生显著的降解。橡胶塑炼在空气中进行,氧可视为游离基接受体,而生成氧化物游离基,随后再发生链转移而得到稳定的过氧化物,使橡胶大分子降解。

塑炼时,机械作用使橡胶分子链断裂并不是杂乱无章的,而是遵循着一定的规律。比切(Bueche)提出了橡胶塑炼破坏作用的分子理论,认为高聚物分子受剪切力作用时,将依剪切变形方向旋转,且沿此方向伸展。而在高速剪切变形时,分子旋转迅速而来不及伸展,因而达不到断裂所需要的极限长度,但由于链段的解缠作用,使分子链中段张力较为集中,致使中部附近断裂的可能性大大增加。根据比切理论,高聚物大分子链的机械降解速率与相对分子质量的大小有明显的关系,相对分子质量大者降解速率大,小者降解速率大大减小。天然橡胶相对分子质量分布宽,塑炼时相对分子质量大的先行断裂,使相对分子质量分布高峰向相对分子质量小的方向移动(图 11-2)。同时,塑炼后,相对分子质量分布变窄,并以重均分子量与数均分子量之比趋于 2 为极限。但对原来相对分子质量分布较窄的聚苯乙烯($M_w/M_n<1.1$)来说,塑炼后相对分子质量分布峰向相对分子质量小的方向扩展,但 M_w/M_n 分布接近 2 的聚合物(如聚异丁烯)塑炼后,虽然相对分子质量的平均值明显地减少,但分布几乎不变。

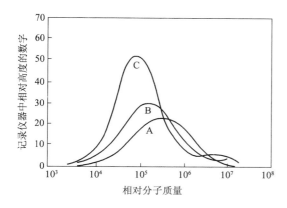

图 11-2 天然橡胶相对分子质量分布与
开炼机塑炼时间的关系

A—塑炼 8min B—塑炼 21min C—塑炼 38min

温度对塑炼有很大影响。因为温度决定高聚物所处的物理状态是高弹态还是黏流态,在氧和空气存在时,温度又决定分子链的断裂机理属于哪一种,是机械氧化、机械热破坏,还是单纯的机械破坏。处于玻璃态的高聚物,温度的影响相当微弱,而处于高弹态,在热分解之前或在氧参与破坏之前,机械破坏作用随温度的上升而减少。若高聚物处于黏流态,不论是固定剪切速率还是固定剪切应力,都会由于温度的升高而使聚合物黏度下降,机械降解效应明显地下降。

图 11-3 表示天然橡胶在不同温度下塑炼的效果。图中曲线 A 表示机械降解作用而引起的分子断链,曲线 B 表示氧化而引起的断裂。温度上升,橡胶的黏度下降,胶料变软,橡胶大分子易产生滑移,使机械破坏作用减小,塑炼效果下降;但在更高的温度下,由于氧化断链效果突出,将使分子链的断裂加剧。由于存在着上述两种破坏过程,温度与塑炼效果的关系便出现了一个极小值。对于天然橡胶来说,这个极小值出现在 115℃左右。如果橡胶在氮或绝氧并有游离基接受体参与的情况下塑炼时,便只有机械降解作用,而无氧化作用。此时,塑炼温度上升,塑炼效果下降,没有上述极小值出现。

上述两种破坏过程实际上揭示了两种塑炼机理,即所谓的低温塑炼机理和高温塑炼机理。

在生胶机械塑炼过程中,加入某些低分子化学物质可通过化学作用增加机械塑炼效果,这些物质称为化学塑解剂。即使在惰性气体中塑炼,它们也可显著提高塑炼效果。

目前国内外化学塑解剂的品种已有几十种。使用最广泛的是硫酚及其锌盐类和有机二硫化物类。由于化学塑解剂以化学作用增塑,所以用于高温塑炼时最合理。低温塑炼用化学塑解剂增塑时,则应适当提高塑炼温度,才能充分发挥其增塑效果。化学塑解剂应制成母胶形式使用,以利于尽快混合均匀,并避免飞扬损失。

(二)塑炼工艺

1. 塑炼前的准备 包括选胶、烘胶、切胶。

(1)选胶:生胶进厂后在加工前需进行外观检查,并注明等级品种,对不符合等级质量要求的应加以挑选和分级处理。

(2)烘胶:生胶低温下长期贮存后会硬化和结晶,难以切割和进一步加工。需要预先进行加温软化并解除结晶,这就是烘胶。对于天然生胶的烟片和绉片胶包,需要在专门的烘胶房中进行。烘房的下面和侧面装有蒸汽加热器,烘房中的胶包按顺序堆放,不得与加热器接触。烘

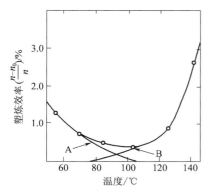

图 11-3 天然橡胶塑炼温度对塑炼
效果的影响(塑炼 30min)

n_0—起始橡胶分子数

n—塑炼后橡胶分子数

房温度一般为 50～70℃,不宜过高。烘胶时间:夏秋季 24～36h;冬春季 36～72h。氯丁橡胶烘胶温度一般在 24～40℃,时间为 4～6h,大型轮胎企业采用恒温仓库贮存生胶,出库生胶无须加温即可用于混炼。仓库温度不低于 15℃。

(3)切胶:生胶加温后需按工艺要求切成小块,对塑炼加工要求天然生胶每块 10～20kg,氯丁橡胶不超过 10kg,以便于后续加工操作;有的大型子午线轮胎企业为确保胶料质量,将不同产地来源的同一等级的天然生胶切成尺寸为 25mm 的小方块,搅混均匀后再进行塑炼和混炼加工。

2. 开炼机塑炼　开炼机塑炼应用最早,至今仍在广泛使用。开炼机的炼胶作用示意图如图 11－4 所示。

开炼机的基本工作部分是两个圆柱形的中空滚筒,水平平行排列,不等速相对回转。橡胶和物料放到两辊筒之间的上方,在辊筒摩擦力作用下被带入辊距中,受到摩擦、剪切与混合作用。胶料离开辊距后包于辊筒上,并随辊筒转动重新返回到辊筒上方,这样反复通过辊距受到捏炼,达到塑炼和混炼的目的,如图 11－4 所示。

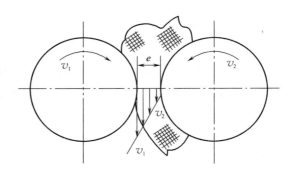

图 11－4　开炼机炼胶作用示意图

可以看出,紧贴辊筒表面的胶料通过辊距的速度就等于辊筒表面的旋转线速度,因后辊转速比前辊快,故胶料通过时的剪切形变速度如下:

$$\dot{\gamma}=\frac{v_2}{e(f-1)}$$
$$f=v_1/v_2$$

式中:v_1 为后辊表面旋转线速度,m/min;v_2 为前辊表面旋转线速度,m/min;f 为辊筒速比;e 为辊距,即沿辊筒断面中心的水平连线上的两辊表面间距离,m;$\dot{\gamma}$ 为机械剪切速率,即胶料通过辊距时的剪切变形速度,s^{-1}。

所以,开炼机的炼胶作用只发生在辊距中,且随着辊筒转速增大,辊距 e 减小,辊筒速比 f 增大,对胶料的捏炼混合作用增大。

开炼机塑炼的操作方法主要有以下几种:

(1)包辊塑炼法:胶料通过辊距后包于前辊表面(图 11－5),随辊筒转动重新回到辊筒上方并再次进入辊距,这样反复通过辊距,受到捏炼,直至达到可塑度要求为止。然后出片、冷却、停放。这种一次完成的塑炼方法又叫一段塑炼法。此法塑炼周期较长,生产效率低,所能达到的可塑度较低。对于塑炼程度要求较高、用一段塑炼法达不到可塑度要求的胶料,需采用分段塑炼法。即先将胶料包辊塑炼 10～15min,然后出片、冷却,停放4～8h 以上,再一次回到炼胶机进行第二次包辊塑炼。这样反复数次,直至达到可塑度要求为止,这叫分段塑炼法。其特点是两次塑炼之间胶料必须经过出片、冷却和停放。根据胶料的可塑度要求不同,一般可分两段塑

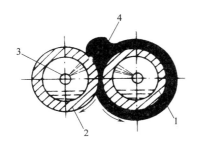

图 11-5　开炼机的工作示意图

1—前辊　2—后辊　3—冷却水管　4—胶料

炼或三段塑炼。分段塑炼法胶料管理比较麻烦，停放占地面积较大，但机械塑炼效果较好，能达到任意的可塑度要求。

（2）薄通塑炼法：薄通塑炼法的辊距在 1mm 以下，胶料通过辊距后不包辊，而直接落盘，等胶料全部通过辊距后，将其扭转 90°角推到辊筒上方再次通过辊距，这样反复受到捏炼，直至达到要求的可塑度为止。然后将辊距调至 12～13mm 让胶料包辊，左右切割翻炼 3 次以上再出片、冷却和停放。该法机械塑炼效果好，塑炼胶可塑度均匀，质量高，是开炼机塑炼中行之有效的和应用最广泛的塑炼方法，适用于各种生胶，尤其是合成橡胶的塑炼。

（3）化学增塑塑炼法：开炼机塑炼时，添加化学塑解剂可增加机械塑炼效果，提高生产效率，并改善塑炼胶质量、降低能耗。适用的塑解剂类型为自由基受体及混合型塑解剂。用量一般在生胶质量的 0.1%～0.3% 范围内。塑解剂应以母胶形式使用，并应适当提高塑炼的温度。

影响开炼机塑炼的因素如下：

（1）容量：容量是每次炼胶的胶料体积。容量大小取决于生胶品种和设备规格。为提高产量，可适当增加容量。但若过大会使辊筒上的堆积胶过多，难以进入辊距使胶受不到捏炼，且胶料散热困难，温度升高又会降低塑炼效果。生热量大的橡胶，应适当减少容量，一般要比天然胶少 20%～25%。

（2）辊距：减少辊距会增大机械剪切作用。胶片厚度减薄有利于冷却和提高机械塑炼效果。对于天然胶塑炼，辊距从 4mm 减至 0.5mm 时，在相同过辊次数情况下胶料的门尼黏度迅速降低，如图 11-6 所示。可见采用薄通塑炼法是最合理有效的。例如通常难以塑炼的丁腈橡胶只有采用薄通法才能有效地进行塑炼。

（3）辊速和速比：提高辊筒的转速和速比都会提高机械塑炼效果。开炼机塑炼时的速比较大，一般在 1.15～1.27 范围内。但辊速和速比的增大、辊距的减小都会加大胶料的生热升温速度，为保证机械塑炼效果，必须同时加强冷却措施。

（4）辊温：辊温低，胶料黏度高，机械塑炼效果增大，如图 11-7 所示。实验证明，开炼机塑炼温

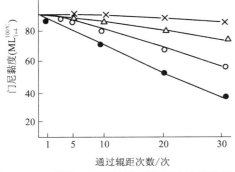

图 11-6　辊距对天然橡胶生胶塑炼效果的影响

辊矩：●—0.5mm　○—1mm　△—2mm　×—4mm

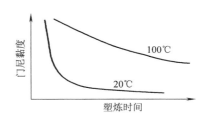

图 11-7　辊温对塑炼胶门尼黏度的影响

度(T)的平方根与胶料可塑度(P)成如下反比关系：

$$\frac{P_1}{P_2}=\left(\frac{T_2}{T_2}\right)^{\frac{1}{2}}$$

辊温过低会使设备超负荷而受到损害，并增加操作危险性。不同的胶种，其塑炼温度要求也不一样。几种常用生胶塑炼的一般温度范围见表 11-2。

表 11-2　常用的几种生胶的塑炼温度范围

生胶种类	辊温范围/℃	生胶种类	辊温范围/℃
天然橡胶（NR）	45～55	丁腈橡胶（NBR）	≤40
聚异戊二烯橡胶（IR）	50～60	氯丁橡胶（CR）	40～50
丁苯橡胶（SBR）	45		

（5）塑炼时间：塑炼时间对开炼机塑炼效果的影响如图 11-8。可以看出在塑炼开始的 10～15min，胶料的门尼黏度迅速降低，此后则渐趋缓慢。这是由于胶料生热升温，使黏度降低，即塑炼效果下降。故要获得较高的可塑度，最好分段进行塑炼。每次塑炼的时间在 15～20min 以内，不仅塑炼效率高，最终获得的可塑度也大。

（6）化学塑解剂：开炼机塑炼采用化学塑解剂增塑时，若可塑度在 0.5 以内，胶料的可塑度随塑炼时间增加呈线性增大，如图 11-9 所示，故不需要分段塑炼。

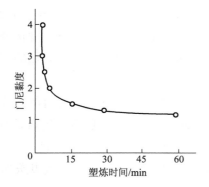

图 11-8　天然橡胶生胶门尼黏度与
　　　　　塑炼时间的关系

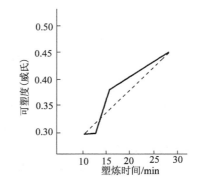

图 11-9　促进剂 M 增塑塑炼时可塑度与
　　　　　塑炼时间的关系

除用开炼机塑炼外，密炼机、螺杆挤出机也能完成塑炼过程。密炼机清理较难，适用于胶种变化少的场合；螺杆挤出机塑炼占地面积小、效率高、能连续化生产，但一般塑炼胶质量不如开炼机和密炼机塑炼的产品。

二、胶料的混炼

（一）混炼的目的及原理

为了提高橡胶制品使用性能，改进橡胶加工性能和降低成本，要在生胶中加入各种配合剂。

欲使各种配合剂完全均匀地分散于生胶中很难,必须借助于强烈的机械作用迫使配合剂分散。将各种配合剂混入生胶中,制成质量均匀的混炼胶的工艺过程称为混炼。

混炼是橡胶加工过程中最易影响质量的工序之一。混炼不良,胶料会出现配合剂分散不均,胶料可塑度过低或过高、焦烧、喷霜等现象,使后续工序难以正常进行,并导致成品性能下降。

混炼过程实际上是各类配合剂在生胶中分散的过程。这一过程依赖生胶与配合剂之间的润湿能力和外加的机械作用。前者由配合剂的表面张力、极性、粒子形状、大小等因素决定;后者则是混炼工艺过程提供的。在粒状配合剂与生胶的混炼过程中,以炭黑为例,经过了炭黑粒子被生胶润湿、混合、分散等过程。混炼初期生胶润湿炭黑,渗入炭黑聚集体的空隙中,形成炭黑浓度很高的炭黑—生胶团块,分布在不含炭黑的生胶介质中。当炭黑所有空隙都充满生胶时,可看作炭黑已被混合,但尚未分散。依靠随后的机械作用,这些炭黑—生胶团块在很大的剪切力下被搓开,逐渐变小,直至达到充分分散。

混炼时,胶料中所使用的生胶及配合剂都应达到所要求的技术指标。例如,塑炼胶需具有均匀一定的可塑性,固体及粉状配合剂必须具有一定的粒子大小、均匀程度及纯度等。对技术性能不符合要求的必须先进行补充加工,使之符合要求后才能投入使用,如固体配合剂的粉碎、干燥和筛选,含水超标的液体配合剂的蒸发脱水等。为了使配合剂易于分散于胶料中,防止结团,减少粉状配合剂在混炼过程中的飞扬,常在混炼前将某些配合剂以较大剂量预先与生胶进行简单的混合,制成母炼胶,然后再进行混炼。

(二)混炼工艺

混炼分间隙式和连续式两种方法,开炼机和密炼机均属于间隙式混炼。混炼工艺的发展方向是高速和连续化。

1. 开炼机混炼 开炼机混炼是橡胶工业中最古老的混炼方法之一,虽然生产效率低,劳动强度大,但灵活性强,交换品种方便。

开炼机混炼可分为包辊、吃粉和翻炼三个阶段。先将生胶、塑炼胶、并用胶等投入开炼机的两辊缝隙中,辊距控制在 3～4mm,经辊压 3～4min 后,一般便能均匀连续地包于前辊,形成光滑无隙的包辊胶(图 11 - 10)。然后,将胶全部取下,辊距调宽至 10～11mm,再把胶投入轧炼 1min 左右。根据包辊胶的多少割下部分余胶,使包辊胶的上端保持一定的堆积胶,然后按顺序添加各种配合剂。开炼机混炼时,橡胶在两辊筒间的堆积对混炼过程的进行起着重要的作用,而单靠辊筒间产生的剪切力对胶料的摩擦挤压作用,不会使配合剂混入整个胶层。吃粉时,当

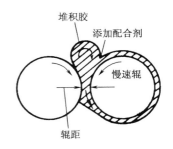

图 11 - 10　胶料正常包辊状态

胶料进入堆积胶的上层时,由于受到阻力而拥挤,折叠起来形成波纹及打折现象。配合剂便进入波纹部分被卷入辊距并被混入橡胶中,但粉料(配合剂)不能达到包辊胶的全部纵深,因此混炼时要进行割刀操作,将辊筒表面因剪切作用小产生的呆滞胶层割下,使胶片折叠翻转,改变胶料受力方向,最终达到均匀混合的目的。

用开炼机混炼应注意以下几个工艺因素：

(1)辊筒的转速和速比：转速一般控制在 16～18r/min,过小时混炼效果低,过大则操作不安全。混炼适宜的速比为 1：(1.1～1.2),速比过小起不到有效的剪切作用,将不利于配合剂的分散;速比过大则由于橡胶分子间摩擦增大,生热加快,易于焦烧。

(2)混炼温度：提高混炼温度有利于胶料的塑性流动及其对配合剂表面的湿润,加速吃粉过程,但温度过高胶料容易发生脱辊和焦烧现象,不同温度下胶料在辊筒上的包辊状态见表 11-3,故开炼机混炼时应保持辊温在Ⅱ区的范围。不同生胶,其包辊性能好的Ⅱ区温度范围不同,如顺丁橡胶混炼时辊温不宜超过 50℃,有些合成橡胶还更低些,在 40℃左右。

表 11-3　不同温度下胶料在辊筒上的包辊状态

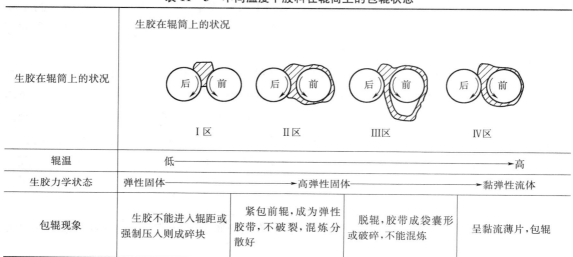

生胶在辊筒上的状况	生胶在辊筒上的状况			
	Ⅰ区	Ⅱ区	Ⅲ区	Ⅳ区
辊温	低 ————————————————————————→ 高			
生胶力学状态	弹性固体 ————→ 高弹性固体 ————→ 黏弹性流体			
包辊现象	生胶不能进入辊距或强制压入则成碎块	紧包前辊,成为弹性胶带,不破裂,混炼分散好	脱辊,胶带成袋囊形或破碎,不能混炼	呈黏流薄片,包辊

(3)混炼时间：混炼时间依辊筒转速、容量及配方而定。在保证混炼均匀的前提下,可适当缩短混炼时间,以提高生产效率。天然橡胶混炼时间一般在 20～30min,合成橡胶混炼时间稍长。

(4)加料顺序,加料顺序是影响开炼机质量的一个重要因素。加料顺序不当会导致分散不均匀、脱辊、过炼、焦烧等不良后果。加料顺序应根据配合剂的特性及用量多少来考虑。一般配合剂量少,难分散的宜先加,固体配合剂先加,硫黄和促进剂分开加。用开炼机混炼,常用的加料顺序为：

生胶(塑炼胶、并用胶等)→固体软化剂→促进剂、活性剂、防老剂→补强、填充剂→液体软化剂→硫黄→促进剂

2. 密炼机混炼　密炼机的基本构造如图 11-11 所示。密炼机的工作部分为密炼室,由机体的腔壁,两个转子和上下顶栓组成。下顶栓在密炼室下方,炼胶时将密炼室的下面关闭,排胶时下顶栓才启开。室内的两个转子以不同速度相对回转;转子是空心的,可以通蒸汽或冷却水调节温度;转子表面有特殊的突棱以增加对橡胶的充分捏炼,其断面呈椭圆形。转子的转速比开炼机辊筒转速高,在转子每一个断面,其表面各点与转子轴心距离不等,产生不同的线速度,转子之间速比按两转子表面到中心线的线速度之比计算,在 1：(0.91～1.47)范围;两转子表面间缝隙在 4～166mm 间变化,转子棱峰与室壁间隙在 2～83mm 间变化,使物料无法随转子

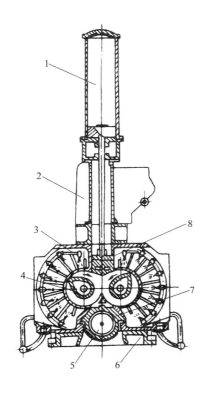

图 11-11　密炼机的基本构造

1—风筒　2—加料斗　3—密炼室　4—转子
5—气缸　6—底座　7—下顶栓　8—上顶栓

表面等速旋转,而是随时变换速度和方向,从间隙小的地方向间隙大的地方湍流;在转子凸棱作用下,物料同时沿转子螺槽作轴向运动,从转子两端向中间捣翻,受到充分混合。在凸棱峰顶与室壁间隙处剪切作用最大。

采用密炼机混炼时,先是提起上顶栓,从装料口加入胶料与配合剂,经上顶栓加压,压入密炼室中,胶料被带入转子突棱和室壁间的间隙中,由于两转子速度差所产生的剪切力将帮助配合剂混入橡胶中,而且转子突棱上各点至轴心的距离不等造成的不等线速度和剪切力又使配合剂与胶料进一步混合。此外,由于转子突棱呈不同角度的螺纹状,故胶料不仅随转子做圆周运动,而且还有轴向运动,使胶料得以从转子两端向转子中部翻滚,代替了开炼机的人工翻胶,最终使配合剂与生胶得到充分的混合。

密炼机混炼的操作方法可分为一段混炼法和分段混炼法。

(1)一段混炼法:一段混炼法是指混炼操作在密炼机中一次完成,胶料无须中间压片和停放。其优点是胶料管理方便,节省车间停放面积;但混炼胶的可塑度较低,混炼周期较长,容易出现焦烧现象,填料不易分散均匀。一段混炼法又分为传统法和分段投胶法两种混炼方式。

①传统一段混炼法。按照通常的加料顺序采用分批逐步加料,每次加料后要放下上顶栓加压或浮动混炼一定时间,然后再提起上顶栓投加下一批物料。通常的加料顺序为:

生胶、塑炼胶、并用生胶和再生胶→固体软化剂(硬脂酸)→防老剂、促进剂、氧化锌→补强填充剂→液体软化剂→硫黄(或排料至开炼机加硫)

为控制混炼温度不至过分升高,一段混炼通常采用慢速密炼机,其炼胶周期约需 10～12min,高填充配方需要 14～16min。慢速密炼机一段混炼排胶温度控制在 130℃ 以下,通常排料至开炼机压片加硫黄。

②分段投胶一段混炼法(又称母胶法)。具体操作分为以下两种方法:第一种是混炼开始时,先向密炼机中投入 60%～80% 的生胶和所有配合剂(硫黄除外),在 70～120℃ 下混炼至总混炼时间的 70%～80%,制成母胶,然后再投入其余生胶和硫化剂,混炼约 1～2min 排料,然后压片、冷却、停放,混炼操作结束。第二次投入的生胶温度低,可使机内胶料温度暂时降低 15～20℃,可提高填料的机械剪切分散混合效果,避免发生焦烧,能在混入热胶料的同时使部分炭黑从母胶中迁移至后加入的生胶中,这样密炼室装填系数可提高 15%～30%,从而提高混炼生产效率和硫化胶性能。

(2)分段混炼法:分段混炼法是将胶料的混炼过程分为几个阶段完成,在两个操作阶段之间胶料要经过出片、冷却和停放;主要是两段混炼法,也有分三段和四段混炼的。

对于多数合成胶配方和子午线轮胎的胎面胶胶料因高补强性炭黑配用量较大,胶料硬度较大,混炼生热量多,升温快,一段混炼法不能满足胶料的混炼质量和性能要求,必须采用分段法,通常分两段混炼法混炼。

第一段混炼采用快速密炼机(40r/min、60r/min 或更高),将生胶与炭黑、其他配合剂混合制成母胶,故又称为母炼。经出片、冷却和停放一定时间之后,再投入中速或慢速密炼机进行第二段混炼,此时加入硫黄和促进剂,并排料至开炼机补充混炼和出片,最后完成配方全部组分的混炼,故又称第二段混炼为终炼。

另外一种是分段投胶两段混炼法,母炼时,在 70%~80% 的总混炼时间内,将 80% 左右的生胶和全部配合剂按常规方法混炼制成高炭黑含量的母炼胶,经出片、冷却和停放后,再投入密炼机进行第二段混炼,在 60~120℃ 下将其余 20% 左右的生胶加入母胶中混炼,使高浓度炭黑母胶迅速"稀释"分散 1~2 min,混炼均匀后排料。用以上两种分段混炼法制备的胶料性能比较见表 11−4。

表 11−4   两种分段混炼法制备的硫化胶性能比较

项　　目	传统两段法	分段投胶法
门尼黏度($ML^{100℃}_{4+1}$)	58	64
100%定伸应力/MPa	3	2.8
拉伸强度/MPa	16	21.6
伸长率/%	270	300
永久变形/%	5	5
硬度(THP)	64	60
回潮率/%	41	43
耐寒系数 $K_B(-50℃)$	0.05	0.2
撕裂强度/(kN·m⁻¹)	28	32

对于一些胶料品种繁多,或配方中有增黏剂等在胶料中混合分散困难的配方,工艺上还可采用三段或四段混炼法。

密炼机混炼的主要工艺条件和影响因素如下:

(1)混炼容量:混炼容量就是每一次混炼时的胶料容积。容量过小会降低机械的剪切和捏炼效果,甚至会出现胶料在密炼室内滑动和转子空转现象,导致混炼效果不良;容量过大胶料没有充分的翻动回转空间,会破坏转子凸棱后面胶料形成素流的条件,并会使上顶栓位置不当,造成部分胶料在加料口颈部发生滞留,以上都会导致混炼均匀度下降,且易使设备超负荷。适宜的容量通常取密炼室有效容积的 75%(即密炼室的装填系数为 0.70~0.80)。

(2)加料顺序:混炼时,胶料配方中的各种组分投加的先后次序不仅影响混炼质量,而且关系到混炼操作是否顺利。通常是先将作为混炼胶母体的各种生胶混炼均匀,表面活性剂、固体软化剂和小料(防老剂、活性剂、促进剂)应在填料之前投加,液体软化剂则放在填料之后投加,硫黄和促进剂最后投加。对温度敏感性大的应降温后投加。其中生胶、炭黑、液体软化剂三者的投加顺序和时间特别重要。一般是先加生胶再加炭黑,混炼至炭黑基本分散以后,再投加液体软化剂,这样有利于配合剂分散,液体软化剂加入时间过早会降低胶料黏度和机械剪切效果,使配合剂分散不均匀;但若投加过晚,如等炭黑完全分散以后再加,液体软化剂会附于金属表面,使物料滑动,降低机械剪切效果。

(3)上顶栓压力:上顶栓的作用主要是将胶料限制在密炼室内的主要工作区,并对其造成局部的压力作用,防止在金属表面滑动而降低混炼效果,并限制胶料进入加料口颈部而发生滞留,造成混炼不均匀;混炼结束时,上顶栓基本保持在底线处,只有当转子推移的大块胶料从上顶栓下面通过时才偶尔抬起,瞬时显示出压力的作用,这时上顶栓只起到捣捶的作用。当转速和容量提高时,上顶栓压力应随之提高,混炼过程中胶料的生热升温速度也会加快。对钢丝帘布胶类硬胶料混炼,上顶栓压力不要低于 0.55MPa。混炼过程中若上顶栓没有明显的上下浮动,这可能是上顶栓压力过大或是胶料容量过小;如果上顶栓上下浮动的距离过大,浮动次数过于频繁,这说明上顶栓压力不足。正常情况下,上顶栓应该能够上下浮动,浮动距离以 50mm 为佳。

一般情况下,低速密炼机压力在 0.5~0.6MPa,中、高速密炼机可达 0.6~0.8MPa,最高达到 1.0MPa。

(4)混炼温度:密炼机混炼时胶料的温度难以准确测定,但与排胶温度相关性甚好,故用排胶温度表征混炼温度,具有可比性。因机械摩擦剪切作用剧烈,生热升温速度快,密炼室密闭散热条件差,胶料的导热性不好,故胶料温度比开炼机混炼时高得多。

混炼温度高有利于生胶的塑性流动和对配合剂粒子表面的湿润、吃粉,但不利于配合剂的剪切、破碎与分散混合。另外温度过高易使胶料产生焦烧和过炼现象,降低混炼胶质量,故密炼机混炼过程中必须严格控制排胶温度在限定值以下;但温度过低又不利于混合吃粉,还会出现胶料压散现象,使混炼操作困难。密炼机一段混炼法和分段混炼法的终炼排胶温度范围在 100~130℃,投加不溶性硫黄时的排胶温度控制在 90~95℃;分段混炼的第一段混炼(母炼)排胶温度在 145~155℃。随着密炼机转速、容量和上顶栓压力的加大,必须进行有效的冷却,才能严格控制排料温度。新的冷却方法是采用 40~50℃的常温循环水冷却,不仅混炼周期短,也节省能耗。

(5)转速:提高转子速度是强化密炼机混炼过程的最有效的措施之一。在转子凸棱顶面与密炼室内表面间隙处是对物料最主要的剪切区,该处的胶料受到的机械剪切变形速度最大,转速增加一倍,混炼周期大约缩短 30%~50%,对于制造软质胶料效果更显著。转速高,胶料的生热大升温较快,会降低胶料黏度和机械剪切效果,为适应工艺的要求,可选用双速、多速或变速密炼机混炼,以便根据胶料配方特性和混炼工艺的要求随时变换速度,求得混炼速度和分散效果之间的适当平衡。例如,变速密炼机一段直混法的混炼周期可分为以下几个操作阶段:

①0~70s,以 7.4m/s 的旋转线速度进行塑炼,然后降低到 4~6m/s;

②70s 时投加炭黑及其他填料混炼;

③110s 时投加硫黄,速度减至 3.6m/s;

④240s 时排料,转速恢复到 7.4m/s。变速密炼机直混过程中的温度变化曲线如图 11-13 所示。

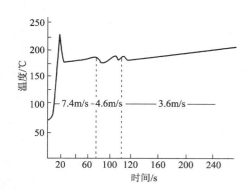

图 11-13 变速密炼机直混过程中的
温度变化曲线

（6）混炼时间：密炼机对胶料的机械剪切和搅混作用比开炼机剧烈得多；同样条件下完成混炼过程所需的时间短得多，并且随密炼机转速和上顶栓压力增大而缩短。对一定的配方的胶料，混炼方法、工艺条件和质量要求一定时，所需的混炼时间也基本一定，具体通过试验确定。混炼时间过短，配合剂分散不均匀，胶料可塑度不均匀；时间过长，有的会产生过炼现象，且会降低混炼胶质量。在保证胶料质量的前提下，适当缩短混炼时间，有利于提高生产效率和节约能源。

三、混炼胶的质量检验

混炼胶胶料质量对其后续加工性能及半成品质量和硫化胶性能具有决定性影响。评价胶料质量的主要性能指标是胶料的可塑度或黏度、混炼胶中配合剂的混合均匀程度、分散度以及硫化胶的物理—力学性能等。

（一）混炼均匀性的检验

胶料的可塑度、密度和硬度的均匀性和数值大小可反映混炼的均匀性和混炼胶的质量。一般情况下，必须对胶料逐车进行检查。在胶料下片时从前、中、后三个部位抽取试样进行检查。威氏可塑度的公差为±0.08，邵氏硬度 A 的公差为±2.0，相对密度的公差为±0.01。硫化曲线是利用硫化仪做出的一定温度下胶料转矩量随转动时间变化的关系曲线。每种配方都有其特定的硫化曲线，可以此为标准曲线对照检查每一批胶料的质量情况。

1. 可塑度测定　可用威氏可塑计或华莱氏塑性计测定试样的可塑度；也可测试样的门尼黏度，看其大小和均匀程度是否符合要求。可塑度过大或门尼黏度偏低，则胶料过炼，会损害硫化胶的物理—力学性能；反之，则胶料的加工性能较差；胶料的可塑度或门尼黏度不均匀，说明胶料的混炼质量不均匀，其加工性能和产品质量也不均匀。应用不同，对混炼胶可塑度的要求也不相同，实际生产上应按具体要求分类控制。

2. 密度的测定　配合剂的少加、多加和漏加都会反映在胶料的密度变化上；配合剂的分散不均匀，则胶料的密度也不均匀。因而测定胶料的密度大小和波动情况，便可知混炼操作是否正确以及胶料混合是否均匀。传统方法是用硫化胶试样浸入已知密度的氯化钙水溶液中的方法进行测定。现在已有专用的密度测定仪进行测定，每次最多可做 20 个硫化胶试样。该方法是分别在空气和水中称取其质量，并测定其体积，然后再按下式计算其密度。

$$\rho = \rho_1 \left(\frac{m_1}{m_1 - m_2} \right)$$

式中：ρ 为胶料在试验温度下的密度（g/cm^3）；ρ_1 为蒸馏水在试验温度下的密度（g/cm^3）；m_1 为试样在空气中的质量（g）；m_2 为试样在水中的质量（g）。

3. 硬度的测定　利用邵氏硬度 A 计测定硫化胶试样的硬度大小和均匀程度,测定方法按国家标准中的规定执行。

硫化胶的硬度不符合要求或出现波动,则表明添加的硫化剂配用量有差错或者混合时分散不均匀。

(二) 炭黑分散度的检查

对炭黑胶料来说,影响胶料质量的最重要的因素便是炭黑在胶料中的分散状态。故测定炭黑的分散度是评价混炼质量的重要依据。

随着胶料中炭黑分散度的降低,其分散相颗粒尺寸增大,试样断裂表面的粗糙度增大。通过目测或借助显微镜观测,并与具有标准性能的硫化胶断面照片进行对照比较,便可以确定其分散度等级。如 ASTM D 2663－69A 法,它是定性分析法;另一种是 ASTM D 2663－69B 法,属于定量分析法。国标 GB/T 6030—2006 也规定了 5 种分析炭黑在胶料中分散度的定性表征方法,与上述 A 法类似。

1. 定性分析法 (A 法)　它通过直接观察或通过放大镜、低倍双目显微镜观察硫化胶试样的快速切割或撕裂的新鲜断面,并将其表面状态与一组分成五个标准分散度等级的断面照片对照比较,判断其最接近的照片等级,用对应等级数表示,便是其分散度等级;也可用细分为十级的照片做对照确定。对于不同人员的判断或由同一胶料的不同照片作出判断,都要取其平均等级来表示。

2. 定量分析法 (B 法)　该法利用光学显微镜或电镜对新鲜断面进行分析观察。B 法的操作要点是先切制出厚度为 $2\mu m$ 的新鲜断面试样,经适当处理后在目镜带有标准方格计数板的显微镜下进行观察,小方格密度 10000 个/cm^2。规定只有尺寸大于半个单元小方格面积的炭黑聚集体为未被分散的炭黑。如果在 10000 个小方格中被炭黑粒子覆盖面积大于半个小方格的方格数目为 U,则可按下式计算胶料中炭黑的分散度值 D。

$$D=100-0.22U$$

D 值即为胶料中已分散的炭黑(颗粒尺寸<$5\mu m$)含量占配方中炭黑总量的比例。按 ASTM D 2663—69B 法规定,D 值小于 90% 的胶料的炭黑分散度为不合格。在一定范围内,随着 D 值的增大,硫化胶的主要物理—力学性能提高。

A 法的胶料炭黑分散等级与 B 法分散度 D 值和胶料性能之间的关系如图 11－14 和表 11－5 所示。

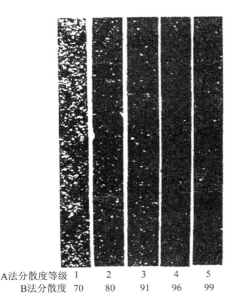

A法分散度等级	1	2	3	4	5
B法分散度	70	80	91	96	99

图 11－14　A 法胶料炭黑分散度等级分类
标准照片及 B 法分散度对比

表 11 - 5　ASTM D2663 - 69A 法分散度等级与 B 法 D 值及胶料性能的关系

项　目	A 法分散度等级				
	1	2	3	4	5
B 法 D 值/%	70	80	91	96	99
胶料性能评价	1～2 较低		2～3 低	3～4 中	4～5 高

必须指出,上述对炭黑分散度的评价都需要人工参与,评价结果有一定的主观性,个体之间会出现较大偏差。因此国外和国内都有公司先后研制开发出了炭黑分散度检测仪,依据炭黑颗粒面积大小建立相应的评价模型,实现了炭黑分散性的自动识别。具代表性的是国外的 Dispergrader 炭黑分散度检测仪,和国内的 RCD—Ⅱ 橡胶炭黑分散度检测仪,都能实现炭黑分散性的自动判别。

第三节　橡胶的压延

借助于压延机辊筒的作用把混炼胶压成一定厚度的胶片,完成胶料贴合以及与骨架材料(纺织物)通过贴胶、擦胶制成片状半成品的工艺过程叫压延。如果在压延机辊筒上刻有一定的图案,也可通过压延机得到表面具有相应花纹、断面形状一定的半成品。

压延过程一般包括混炼胶的预热、供胶、压延以及压延半成品的冷却、卷取、截断、放置等。也可分为压延前的准备及压延两个过程。

一、压延前的准备

压延前的准备包括胶料热炼、供胶、纺织物干燥及浸胶和热伸张处理。

(一)胶料的热炼和供胶

1. 胶料热炼　在进行压延之前,必须先对胶料热炼。因为经过冷却放置的混炼胶,流动性差,放到压延机上不易顺利通过辊筒间隙,形成光滑、无泡、无瑕疵的胶片或覆盖层。因此需要预先提高胶料温度和热可塑性,使胶料柔软而具有一定的流动性,同时还起到补充混炼的作用,然后再进行压延,这样才能确保压延产品的规格和质量。

热炼的方法分为一次热炼法和两次热炼法。一次热炼法是把胶料在热炼机(结构同开放式炼胶机)上一次完成,热炼温度为 60～70℃,辊距为 5～6mm,时间 5～10min。两次热炼法即第一次是粗炼,在热炼机上进行小辊距(1～2mm)的低温薄通(温度在 45℃ 左右);第二次是细炼,把粗炼好的胶料送到另一台热炼机上,进一步提高胶料温度,胶温略低于压延最高辊筒温度 5～15℃,使胶料表面光滑无气泡,供压延使用。

2. 压延机供料　在生产中有连续和间断两种供料方法。间断供料是根据压延机的大小和操作方式把热炼的胶料打成一定大小的胶卷或制成胶条,再往压延机上供料。使用时,要按胶卷的先后顺序供料。胶卷停放时间不能过长,一般不要超过 30min,以防胶料早期硫化。连续供料是在供料用的开炼机上,用圆盘式或平板式切刀,从辊筒上切下一定规格的胶条,由皮带运输机均匀地、连续不断地往压延机上供料。运输带的线路不能过长,以防止胶条温度下降,影响压延质量。

近来,也有在热炼供胶的开炼机和压延机之间安装压出机的,由压出机向压延机连续均匀地供料;还有采用销钉式冷喂料挤出机进行热炼和供热的,既简化了工艺,节省机台、厂房面积和人力,又大大提高了效率。

(二) 织物干燥

纤维织物的含水率一般都比较高,如棉织物可达 7% 左右;人造丝在 12% 左右;聚酰胺纤维和聚酯纤维织物含水率虽然较低,也在 1%～3%。而对压延织物含水率的要求一般控制在 1% 以下,否则会降低胶料与织物的结合强度,使压延半成品掉胶、胶料内部出现气泡、硫化胶内部出现海绵状结构或脱层等质量问题。因此,在压延之前必须对织物进行干燥处理。

纤维织物的干燥一般采用多个中空辊筒的立式或卧式干燥机,内通饱和蒸汽使表面温度保持在 110～130℃,当织物依次绕过辊筒表面前进时,因受热而去掉水分。具体的干燥温度和牵引速度依织物类型及干燥要求而定。干燥程度过大或过小对织物的性能都不利。干燥后的织物不宜停放过久,否则必须用塑料布严密包装,以免回潮。在生产上织物干燥可与压延工序组成联动流水作业线,使织物离开干燥机后立即进入压延机挂胶。这时织物温度较高,有利于树脂的渗透与结合。

(三)织物浸胶

纤维织物在压延挂胶前必须经过浸胶处理,让织物从专门的乳胶浸渍液中通过,经过一定时间接触使胶液渗入织物结构内部并附着于织物表面,此过程称为浸胶。这对改善织物的疲劳性能及其与胶料的结合强度有重要作用。

1. 常用浸胶液 常用浸胶液的类型有溶剂胶浆和胶乳两种。前者主要用于胶布浸胶和涂覆;后者适用于各种织物的浸胶。胶乳浸胶液的主要成分是胶乳,其次是一些改性成分,如蛋白质和树脂类物质等。根据胶乳种类可分为天然胶乳、丁苯胶乳和丁吡胶乳;改性树脂主要有酚醛树脂、环氧树脂、脲醛树脂和异氰酸脂等。其中以间苯二酚—甲醛胶乳(RFL)浸胶液及其改性液用途最为广泛,它不仅适用于天然纤维、人造纤维和聚酰胺纤维,还可用于聚酯纤维,芳香族聚酰胺纤维和玻璃纤维织物的浸渍。

2. 织物浸胶工艺方法 帘布的浸胶过程包括帘布导开、浸胶、挤压、干燥和卷曲等工序,一般工艺流程如图 11-15 所示。帘布导开后经过接头和贮布调节后再浸入浸胶液中,经过一定时间接触后离开浸胶液时,帘线结构内部和表面充分附着一层胶乳—树脂聚合物层;再经挤压辊挤压,去掉大部分水分和过量的附胶;随后进入烘干室干燥,使含水率降低到规定限度;经扩布辊扩展平整后卷取或直接送往压延机覆胶。在浸胶过程中必须对帘线施加一定大小的均匀恒定的张力作用,防止帘线收缩。

浸胶液浓度、织物与胶液接触的时间、附胶量大小、对帘线的挤压力及伸张力的大小和均匀程度、干燥程度都会影响浸渍胶帘布质量。

棉、人造丝和聚酰胺纤维帘线只需浸渍一次 RFL 即可,聚酯纤维、芳香族聚酰胺纤维和玻璃纤维帘线则必须先经表面改性处理后再浸渍 RFL 才能保证胶布质量。

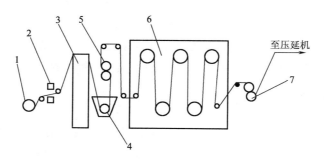

图 11-15　帘布浸胶工艺流程图

1—帘布导开　2—帘布接头　3—蓄布　4—浸胶　5—挤压　6—干燥　7—卷取

玻璃纤维必须在拉丝过程中先用水溶性清漆 2.0 份加硅烷偶联剂 0.6～1.0 份等组成的处理液进行浸渍改性,然后才能进行浸胶(RFL)。浸胶时间 6～8s,浸胶后的干燥条件为 170℃,1～2min,附胶量 18%～30%,浸胶时必须充分浸透,让每一根单丝表面都包覆一层完整的聚合物膜,最好是进行两次 RFL 液浸胶处理。

(四)聚酰胺和涤纶帘线的热伸张处理

聚酰胺帘线热收缩性大,为保证帘线的尺寸稳定性,在压延前必须进行热伸张处理。压延过程中也要对帘线施加一定的张力作用,以防发生热收缩变形。聚酯帘线的尺寸稳定性虽比聚酰胺好得多,但为进一步改善其尺寸稳定性,也应进行处理。

热伸张处理工艺通常分三步进行。第一步为热伸张区,在这一阶段帘线处于其软化点以上的温度,并受到较大的张力作用,大分子链被拉伸变形和取向,使取向度和结晶度进一步提高。温度高低、张力大小和作用时间的长短依纤维品种而定。第二步为热定型区,温度与热伸张区相同或低 5～10℃,张力作用略低,作用时间与热伸张区相同。其主要作用是使帘线在高温下消除残余的内应力,同时又保持了大分子链的拉伸取向和结晶程度,以保证张力作用消失后帘线不会发生收缩。第三步为冷定型区,在帘线张力保持不变的条件下使帘线冷却到其玻璃化温度以下的常温范围,使大分子链的取向和结晶状态被固定,帘线尺寸稳定性得以改善。聚酯帘线热处理条件见表 11-6。

表 11-6　聚酰胺帘线热伸张处理工艺条件

工艺条件	干燥区	热伸张区	热定型区	冷定型区
温度/℃	110～130	聚酰胺 6,185～195; 聚酰胺 66,210～230	温度相同或略低(5～10)	在张力作用下冷却至 50℃以下
时间/s	40～60s	20～40	20～40	—
张力/(N·根⁻¹)	1.94～4.90	24.5～29.4(140tex/2)	19.6～24.5	—
伸长率/%	2	8～10	-2	6～8(总伸长率)

涤纶帘线的热伸张处理一般是在两次浸胶过程中分两步完成的,工艺上也是分两个阶段:第一阶段为浸胶、干燥及热伸张处理阶段,热伸张处理温度为 254～257℃;第二阶段为浸胶、干

燥及热定型处理阶段。两个阶段的处理时间都为60～80s。

工业生产中的帘布浸胶和热处理的工艺路线有两种：先浸胶，后热处理；或先热处理后浸胶。前者帘线附胶量较大，一般为5%～6%，胶布的耐动疲劳性能较好；后者可减少帘线浸胶层在高温下的热老化损害作用，使胶帘布较为柔软，有利于成型操作和提高生产效率，但浸胶后，帘布附胶量较少，胶料与织物间的结合强度较差。不同处理程序对帘布性能的影响见表11-7。

表 11-7　不同处理程序的帘线性能比较

性　　　能	热伸张处理/浸胶		浸胶/热伸张处理	
	聚酰胺6	聚酰胺66	聚酰胺6	聚酰胺66
拉伸强度/MPa	2.92	2.14	2.87	2.10
拉断伸长率/%	25.6	24.2	24.8	22.6
热收缩率(160℃,40min)/%	3.9	3.8	5.3	4.4
附胶量/%	3.8	3.3	4.9	4.8
附着力/(N·根⁻¹)	114	—	158	—
刚度/(g·cm·根⁻¹)	0.3	0.10	0.6	0.28

两种技术路线在实际生产中均有应用。帘布浸胶、干燥和热处理工艺既可以单独进行，也可以与压延过程联动，组成联动流水作业生产线。

二、压延工艺

胶片压延是利用压延机将胶料制成具有规定断面厚度和宽度的光滑胶片，如胶管、胶带的内外层和中间层胶片、轮胎缓冲层胶片、帘布层隔离胶片、油皮胶片、内衬层胶片等。断面层厚度较大的胶片可分别压延，即先制成较薄的几个胶片，再压延贴合成规定厚度的胶片；或者将配方不同的基层胶片贴合成符合性能要求的胶片；也可将胶料制成表面带有花纹、断面具有一定几何形状的胶片。因此，胶片的压延包括压片、胶片贴合与压型，还有纺织物的贴胶和擦胶。

(一)压片

很多橡胶制品制造过程中所需的半成品，如胶管、胶带的内外层胶和中间层胶、轮胎的缓冲胶片、自行车胎的胎面等都少不了胶片，它们都是通过压片来制造的。

压片工艺是指将混炼好的胶料在压延机上制造成具有规定厚度和宽度的胶片。开炼机也可以压片，但其厚薄精度低，不能和压延机相比，而且在胶片中常存有气泡。因此，对要求较高的胶片都采用压延机制造，不仅可保证质量，而且效率也较高。压片可以在三辊或四辊压延机上进行。在三辊压延机上压片时，上、中辊间供胶，中、下辊间出胶片，如图11-16所示。对规格要求很高的半成品，则采用四辊压延机压片。多通过一次辊距，压延时间增加，松弛时间较长，收缩相应减小，厚薄的精确度和均匀性都可提高，其工作示意图如图11-17所示。

图 11-16　三辊压延机压片工作示意图　　　　　图 11-17　四辊压延机压片工作示意图

影响压片操作与质量的因素主要有辊温、辊速、胶料配方特性与含胶率、可塑度大小等。提高压延温度可降低半成品收缩率,使胶片表面光滑,但温度若过高容易产生气泡和焦烧现象;辊温过低胶料流动性差,压延半成品表面粗糙,收缩率增大。辊温应依生胶品种和配方特性、胶料可塑度大小及含胶率高低而定。通常是配方含胶率较高、胶料可塑度较低或弹性较大者,压延辊温宜适当提高,反之亦然。另外,为了便于胶料在各个辊筒间顺利转移,还必须使各辊筒间保持适当的温差。如天然胶易包热辊,胶片由一个辊筒向另一辊筒转移时,另一辊筒温度应适当提高些,合成橡胶则正好相反。辊筒间的温差范围一般为 5～10℃。各种胶料的压片温度范围见表 11-8。

表 11-8　各种胶料的压片温度范围

橡胶种类	上　辊	中　辊	下　辊
天然橡胶(NR)	100～110	85～95	60～70
聚异戊二烯橡胶(IR)	80～90	70～80	55～70
聚丁二烯橡胶(BR)	55～75	50～70	55～65
丁苯橡胶(SBR)	50～70	54～70	55～70
氯丁橡胶(CR)	90～120	60～90	30～40
聚异丁烯/异戊二烯橡胶(IIR)	90～120	75～90	75～100

胶料的可塑度大,压延流动性好,半成品收缩率低,表面光滑,但可塑度过大容易产生黏辊现象,影响操作。

压延速度快,生产效率高,但半成品收缩变形率大。压延速度应依胶料的可塑度大小和配方含胶率高低来定。配方含胶率低,胶料可塑度较大时,压延速度应适当加快。辊筒之间存在速比有助于消除气泡,但不利于出片的光滑度。为了兼顾二者,三辊压延机通常采用中、下辊等速,而供胶的上、中辊间有适当速比。

(二)胶片贴合

胶片贴合是利用压延机将两层或多层的同种或异种胶片压合成为较厚胶片的一种压延过程。主要用于生产含胶率高、气体排除困难、气密性要求较严格等性能的胶片。贴合工艺方法有:两辊压延机贴合、三辊压延机贴合和四辊压延机贴合。

1. 两辊压延机贴合 即用等速两辊压延机或开炼机将胶片复合在一起,贴合胶片厚度可达到5mm,压延速度、辊温和存胶量等控制都比较简单,胶片也比较密实;但厚度的精度较差,不适于厚度在1mm以下的胶片压延。

2. 三辊压延机贴合 常见的三辊压延机贴合压延法如图11-18(a)所示,将预先压延好的一次胶片由卷取辊导入压延机下辊,经辅助辊作用与包辊胶片贴合在一起,然后卷取。该法要求贴合的各胶片之间的温度和可塑度应尽可能一致。辅助压辊应外覆胶层,其直径以压延机下辊的2/3为宜,送胶与卷取的速度要一致,避免空气混入。

图11-18(b)为带式牵引装置代替辅助压辊的另一种三辊机贴合胶片的方法,分两次压延的胶片在两层输送带之间受压贴合,其效果比压辊法更好。

3. 四辊压延机贴合 四辊压延机一次可以同时完成两个新鲜胶片的压延与贴合。生产效率高,压延质量好,断面厚度精度高,工艺操作简便,设备占地面积小。常用设备类型有Γ形和Z形两种。Γ形四辊压延机贴合胶片示意图如图11-19所示。Z形四辊压延机贴合胶片厚度精度更高,能完成Γ形压延机不能完成的贴合作业。标准Z形四辊压延机由输送带供料,适于薄壁制品;斜Z形四辊压延机供料方便,适于规格多样化且需要经常调整的工业制品加工。胶料配方和断面厚度不同的胶片贴合时,最好采用四辊压延机,能保证贴合胶面内部密实,无气泡,表面光滑无褶皱。

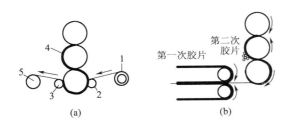

图11-18 三辊压延机贴合压延法
1—第一次胶片 2—压辊 3—导辊
4—第二次胶片 5—贴合胶片卷取

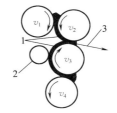

图11-19 Γ形四辊压延机贴合
胶片示意图
1—第一次胶片 2—压辊 3—贴合胶片

(三)压型

压型是将胶料由压延机压制成具有一定断面厚度和宽度、表面带有某种花纹胶片的成型过程。压型制品如胶鞋底、车轮胎胎面等。压型胶片的花纹图案要清晰、规格准确、表面光滑、密实性好、无气泡等。

压型工艺与压片工艺基本相同。压型方式可采用二辊、三辊、四辊压延机,如图11-20所示。不管哪一种压型所使用的压延机,其辊筒至少有一个在表面刻有一定的花纹图案。为了适应压型胶片花纹、规格的变化,需要经常变换刻有不同花纹、不同规格的辊筒,以变更胶片规格及品种。

在压型过程中,胶料的可塑性、热炼温度、返回胶掺用率、辊筒温度、装胶量等因素都直接影响着压型胶片的质量。花纹图案的压出主要依靠胶料的可塑性而不是压力,由此可见,胶料的

(a)二辊压型　　(b)三辊压型　　　(c)四辊压型

图 11-20　二辊、三辊、四辊压延机压型示意

可塑性是非常重要的。胶料的可塑性过小,胶片的收缩率大,压型花纹棱角不明,胶片表面粗糙,不光滑;胶料的可塑性过大,不易混炼,胶片的力学性能低。

在压型胶料中含胶率不宜太高,需要添加较多的填充剂和适量的软化剂以及再生胶,以增加胶料塑性流动性和挺性,以防花纹变形塌扁并减少收缩率。压型胶片通常都比较厚,容易收缩变形,因此需要采用辊筒温度高、转速低和骤冷措施,以使胶片花纹定型尺寸准确、清晰有光泽。

(四) 纺织物的贴胶和擦胶

在某些含有纺织物骨架材料的橡胶压延物中,为了充分发挥这些织物的作用,必须通过挂胶,使线与线、层与层之间由胶料的作用而紧密的结合形成一整体,共同承受负荷应力作用,同时又使线与线、层与层之间相互隔离,不至于相互磨损。这些可以通过在纺织物两面贴上一层薄胶来实现。给纺织物挂胶,有贴胶和擦胶之分。在纺织物上覆盖一层薄胶称为贴胶;使胶料渗入纺织物内则称为擦胶。

1. 贴胶　在纺织物上贴胶是利用压延机两个等速相对旋转辊筒的挤压力,将一定厚度的胶料贴于纺织物上。由于两辊筒之间的摩擦力较小,对纺织物的损伤不大,织物表面的覆胶量大,耐疲劳性能好。但是,胶料不能够很好地渗入布缝内,与纺织物的附着力较差。纺织物贴胶可以由三辊或四辊压延机来完成,三辊压延机一次只能完成单面贴胶,必须经过两次压延才能够完成双面贴胶,而四辊压延机可以双面一次完成贴胶,如图 11-21 所示。

贴胶的工艺条件要严格控制和掌握。胶料的可塑性和温度、压延机辊筒的速度和温度、胶料中生胶的种类和配合剂等都是应该严格控制的条件。表 11-9 是天然橡胶帘帆布压延工艺条件。

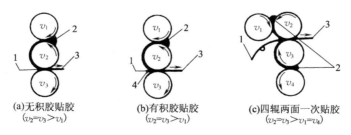

(a)无积胶贴胶　　　(b)有积胶贴胶　　　(c)四辊两面一次贴胶
$(v_2=v_3>v_1)$ 　　　$(v_2=v_3>v_1)$ 　　　$(v_2=v_3>v_1=v_4)$

图 11-21　三辊和四辊贴胶

1—纺织物进辊　2—胶料进料　3—贴胶后出料　4—积胶

表 11-9　天然橡胶胶料帘帆布压延工艺条件

压延机类型	四辊 Γ 形	三　辊
压延方法	两面贴胶	一面贴胶
纺织材料	帘布	帆布
旁辊温度/℃	100～105	—
上辊温度/℃	105～110	100～105
中辊温度/℃	105～110	105～110
下辊温度/℃	100～105	65～70
辊筒速比	$v_1:v_2:v_3:v_4$ $1:1.4:1.4:1$	$v_1:v_2:v_3$ $1:1.4:1$
压延速度/(m·min^{-1})	≤35	≤50

压延机辊筒的温度主要取决于胶料的配方(生胶和配合剂种类、用量等)。例如,用四辊压延机压延天然橡胶胶料时,以 100～150℃ 较好,因其粘热辊,所以贴胶时上、中辊的温度应高于旁辊和下辊的温度 5～10℃;而压延丁苯橡胶胶料时,以 70℃ 较好,因其易粘冷辊,上、中辊应低 5～10℃。而对压延速度来说,较快的速度相应也要求较高的温度。

在贴胶过程中,由于向纺织物表面贴胶是依靠辊筒压力使胶料压贴在上面的,故织物上下两辊筒速度应该保持相等,即图 11-25 中 $v_2=v_3$。供料所用的两辊筒转速可以相同,也可以不同,即稍有速比,适量的速比有利于排除气泡,粘贴效果更好一些。辊筒转速高,生产效率高。

由三辊压延机进行贴胶时,可以采用在中下两辊的存料区无积胶或有适量的积胶两种方式。适量的积胶会使两辊筒间隙内的挤压力增加,故称为压力贴胶。压力贴胶可以更有效地将胶料挤压入纺织物的布缝内,从而增强了胶料与纺织物之间的附着力,特别是对未浸胶处理的纺织物更有效。

2. 擦胶　与贴胶的不同之处是:擦胶时相向运动的辊筒速度不一样,有速比。靠速比所产生的剪切力和辊筒的压力把胶料擦到纤维纺织物的缝隙中去,这样可大大提高纺织物与胶料的附着力。这种擦胶一般用于经、纬紧密交织的帆布,因为布纹间隙很小,如用贴胶的方法,则胶料不能进入布纹中,胶片在帆布表面贴不牢,易脱落。

擦胶一般在三辊压延机上进行,供胶在上、中辊间隙内,擦胶在中、下辊间隙。上、下辊等速,中辊速较快,速比一般在 1:(1.3～1.5):1 内变化。

擦胶可分为厚擦与薄擦两种:厚擦中辊全包胶;薄擦中辊后半转部分不包胶,示意图见图 11-22。薄擦的耐挠曲性较好,表面光滑。厚擦胶料渗入布层较深,附着力较好。选择薄擦或者厚擦视胶料性能和要求而定。

擦胶工艺中,较常见的三辊压延机单面厚擦的流程图如图 11-23 所示。帆布要烘干到水分含量 3% 以下,烘布温度为 70℃。胶料可塑性要求较大。擦胶温度主要取决于生胶种类,几种橡胶的擦胶温度见表 11-10。对同种生胶,擦胶温度随条件不同,也有差异。辊筒线速度太大,对胶料渗入不利,这对合成纤维更为明显。织物强度大的,线速度可大些,对厚帆布可达

30～50m/min。强力小的则相反。通过辊距间堆积胶的多少,可影响胶料擦入布层的深浅。

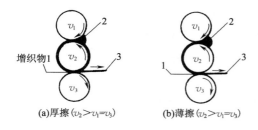

图 11-22　厚擦与薄擦区别示意图

1—纺织物进辊　2—进料　3—擦胶后出料

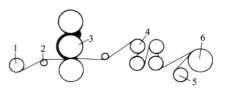

图 11-23　三辊压延机单面厚擦流程图

1—帆布卷　2—导辊　3—三辊压延机
4—烘干加热辊　5—垫布卷　6—擦胶布卷

表 11-10　几种橡胶的擦胶温度和可塑性

胶　种	上辊温度/℃	中辊温度/℃	下辊温度/℃	可塑性(威廉姆)
天然橡胶	80～110	75～100	60～70	0.50～0.60
丁腈橡胶	85	70	50～60	0.55～0.65
氯丁橡胶	50～120	50～90	30～65	0.40～0.50
丁基橡胶	85～105	75～95	90～115	0.45～0.50

第四节　橡胶的挤出

　　挤出也称压出,是一种造型(也称压型)工艺。它是指利用挤出机,使胶料被加热塑化,在螺杆或柱塞推动下连续不断地向前运动,然后借助安装于出口处的口型挤出各种所需断面的半成品,以达到初步造型的目的。它具有连续、高效的特点,广泛用于制造胎面、内胎、胶管、电线电缆等。

　　橡胶的挤出与塑料的挤出,在设备及加工原理方面都很相似。橡胶的挤出除了造型以外,还可适用于上、下工序的联动化,例如在热炼与压延成型之间加装一台挤出机,不仅可使前后工序衔接得更好,还可提高胶料的致密性,使胶料均匀、紧密。

　　挤出造型与压延造型的区别在于,压延法只适合于制造形状简单的胶片或完成帘布、帆布的挂胶,而挤出法可制造断面形状复杂的半成品,同时具有操作简单、生产效率高、半成品质地紧密、规格尺寸准确等优点。

一、橡胶挤出设备——螺杆挤出机

　　橡胶挤出设备即螺杆挤出机的基本结构由图 11-24 所示。由机筒(身)、螺杆、机头(包括口型)、加热套、冷却套、传动装置等组成。

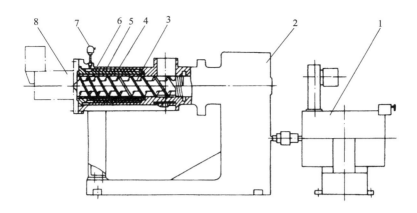

图 11 – 24 螺杆挤出机的基本结构

1—整流子电动机 2—减速箱 3—螺杆 4—衬套 5—加热、冷却套
6—机筒 7—测温热电偶 8—机头

机身为一夹套圆筒,夹套内可以通入蒸汽或冷水,以便根据工艺需要调整温度。

螺杆是挤出机的主要工作部件。当胶料自机身装料口加入后,由于螺杆的旋转,将胶料推挤向机头方向。螺杆外直径和螺杆螺纹部分的工作长度之比为长径比(L/D),它为挤出机的主要参数之一。长径比大,胶料在挤出机内经过的路程长,受到的剪切、挤压和混炼作用大,但阻力也大、消耗的功也多。热喂料造型挤出机的长径比一般在 4~5 之间,而冷喂料挤出机的螺杆长径比一般为 8~12,甚至有的达到 20。

螺杆加料端一个螺槽容积和出料端一个螺槽容积的比叫压缩比,它表示胶料在挤出机内可能受到的压缩程度。橡胶挤出机的压缩比一般在 1.3~1.4 之间(冷喂料挤出机一般为 1.6~1.8)。滤胶机的压缩比一般为 1,即没有压缩。压缩比越大,表明胶料在挤出机中受到的压缩程度越大,半成品的致密度越高。

机头位于机身前部,它的主要作用是将挤出机挤出的胶料引导到口型部位,将离开挤出机螺槽挤不规则、不稳定流动的胶料,引导过渡为稳定流动的胶料,使之挤出口型时成为断面形状稳定的半成品。

机头前安装有口型,口型是决定挤出半成品形状和规格的模具。口型一般可分为两类:一类是挤出中空半成品用的,由外口型、芯型及支架组成,芯型有喷射隔离剂的孔道;另一类是挤出实心半成品或片状半成品用的,是具有一定形状的孔板。

胶料从口型中挤出来时,半成品的断面尺寸总是大于口型的断面尺寸,称为挤出膨胀现象,口型设计时必须加以考虑。

掌握胶料的膨胀率是口型设计的关键,而胶料的膨胀率与很多因素有关,如胶料品种、配方、胶料可塑度、机头温度、挤出速度、半成品规格、挤出方式等。影响胶料出口膨胀率的因素有以下规律:

(1)胶种不同,其挤出膨胀率不同。天然橡胶较小,而顺丁橡胶、氯丁橡胶、丁腈橡胶和丁苯橡胶较大。配方中含胶率高时挤出膨胀率大,填充剂量多时膨胀率小。白色填充剂如碳酸钙、陶土挤出膨胀率较小,而炭黑较大。

(2)胶料可塑度越大,挤出膨胀率越小;可塑度越小,膨胀率越大。

(3)机头温度高,挤出膨胀率小;温度低,膨胀率大。

(4)挤出速度越快,膨胀率越小。

(5)同样配方的胶料,半成品规格大的,膨胀率小。

(6)胶管管坯采用有芯挤出时,膨胀率比无芯挤出时要小。

由于影响挤出变形的因素太多,因素之间相互关联,所以口型很难一次设计成功,需要边试验,边修正,最后得到所需的口型。

实心制品口型和挤出半成品断面形状的变化规律如图 11-25 所示。

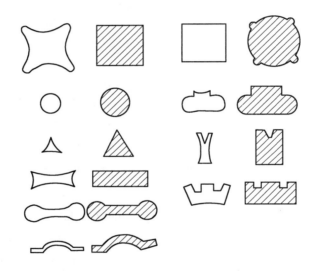

图 11-25 实心制品口型和挤出半成品断面形状的变化规律

(无剖面线的是口型,有剖面线的是挤出物形状)

二、热喂料挤出工艺过程

(一)热炼和供胶

除冷喂料挤出机外,挤出前必须对混炼和停放而冷却的胶料进行预热,这一工序称为热炼。热炼方法和要求与压延胶料相同。胶料的温度和可塑性,根据配方和工艺要求而有所差别,但保持胶料温度和可塑性的均匀和稳定则是一样的,这正是热炼的目的。

能否提供均匀一致的胶料对挤出半成品的质量、产量也有很大的影响。目前,连续生产的挤出机,所需胶料量较大,供胶方法一般多采用带式运输机。将从开炼机上割取的一定宽度和厚度的胶条,用带式运输机向挤出机连续供胶。

(二)挤出

挤出工艺包括选择挤出机、预热设备、调节口型、控制挤出机温度和挤出速度等。

1. 挤出机选择 挤出机型号应按挤出制品的规格、性能以及胶料特性等来选择。在胶料已给定的条件下,口型大小是选择设备时的主要考虑因素。

挤出机螺杆直径应与口型孔径大小或宽度相适应。在口型孔径给定的条件下,配用挤出机规格过小,会导致机头处压力不足,影响挤出和胶料致密度;压出机规格过大,则导致机头内压力升高,容易引起焦烧。对圆形口型,螺杆直径一般为口型孔径的 1.3～3 倍;对扁平口型(如胎面口型),最大挤出宽度一般为螺杆直径的 2.5～3.5 倍。表 11－11 是口型尺寸与螺杆直径的关系。

表 11－11 口型尺寸与螺杆直径的关系

螺杆直径/mm	口型尺寸/mm	
	圆形实心半制品最大直径	胎面胶片最大宽度
30	>10	—
65	30～50	—
85	30～60	—
115	50～75	300
150	50～100	380
200	—	700
250	—	800

2. 设备预热 在挤出操作之前,要预热挤出机的机筒、机头和口型等,并达到所需的温度,使胶料在挤出机的工作范围内处于良好的流动状态。

3. 调节口型 开始供胶后,就要调节口型位置,并测定和检查压出物尺寸、厚薄、均匀度、表面状态和有无气泡等,直到符合工艺要求的公差范围为止。

公差范围随产品而定,一般小部件为±0.75mm,大件为 0.75～1.5mm。

4. 温度控制 控制温度对挤出操作至关重要。合理控制温度,可保证挤出顺利进行,提高产量并改善挤出物质量,使半成品外表光滑、尺寸稳定准确和膨胀率小。挤出温度过低会使半成品表面粗糙、断面增大、电负荷增大;而挤出温度过高,则会引起胶料焦烧和气泡等。为此,挤出过程必须采用最佳温度分布。

通常,挤出机不同部位应采用不同温度。一般情况是,机筒处较低,机头处较高,口型处最高;机筒又可以分作一个或多个温度控制区段。加料段温度一般较低,有利于加料和改善挤出均匀性。对大部分胶料来说,温度设定在 43～60℃之间即可;对较硬的胶料,可适当提高温度,约 49～60℃。机头处和口型处的温度较高,有两个好处,一是可降低挤出物膨胀率,二是可降低机头压力。

常见胶料的挤出温度范围见表 11－12。

表 11 - 12 常见橡胶的挤出温度　　　　　　　　　　　单位:℃

部位	胶种									
	天然橡胶	丁苯橡胶	氯丁橡胶	顺丁橡胶	丁腈橡胶	丁基橡胶	氯磺化聚乙烯	聚硫橡胶	硅橡胶	氟橡胶
机筒	50~60	40~50	20~35	30~40	30~40	30~40	45~55	40~50	常温	尽可能低
机头	80~85	70~80	50~60	40~50	65~70	60~90	50~60	比机筒略高	常温	尽可能低
口型	90~95	90~100	70以下	90~100	80~90	90~120	65以上	比机筒略高	<45	70左右

5. 速度控制　挤出速度对挤出操作有重要影响。挤出速度快,流量大,但半成品膨胀率和收缩较大,表面粗糙,胶温高,容易发生焦烧;挤出速度低,半成品表面光滑,膨胀率和收缩率小,但产量减少。因此,必须权衡挤出物质量和产量的要求,正确调节和控制挤出速度。

挤出速度与胶料黏度有关。挤出流量随胶料黏度降低而增大,即挤出速度随黏度增大而降低。同时黏度随温度而变化,挤出温度升高,会引起黏度降低,因而也能使挤出速度增大和流量增加。

软化剂对挤出速度的影响表现为两种情况:凡士林、石蜡和硬脂酸等可加快挤出速度;黏性软化剂,如树脂和沥青等会减慢挤出速度。

补强填充剂对挤出速度的影响比较明显,添加软质炭黑,胶料的挤出速度比加硬质炭黑为快,炉法炭黑的挤出速度比槽法炭黑快。

在挤出温度和胶料配方确定的条件下,控制挤出速度的关键是正确确定螺杆转速。

(三)冷却、裁断、称量与接取

半成品挤出后,一般需进行冷却、裁断、称量和接取等一系列工序处理。

1. 冷却　挤出半成品离开口型时,温度较高,有时高达 100℃ 或 110℃ 以上,所以需要冷却。其目的是降低胶温,防止存放时焦烧,防止变形,稳定断面尺寸。

常用冷却方法有水槽冷却和喷淋冷却,效果以前者为佳,经济简便,占地面积小。在冷却过程中要防止挤出胶料骤冷,引起局部收缩变形或硫黄析出。因此,宜先用 40℃ 左右的温水冷却,然后用 15~25℃ 水冷却,使胶料温度降到 20~30℃。冷却水槽的长度和宽度应足够容纳压出物,其中水要不断更换排放,水流方向应与半成品挤出方向相反,以促进对流。这样能提高冷却效果,减少收缩和变形。

2. 裁断和称量　经过冷却后的半成品,有些类型(如胎面)需经定长、裁断和称量等工序处理。一般在定长后,在输送线上或操作台上,用电刀来裁断,然后检查称量重量。长度、宽度和重量合格的胎面胶片可供使用,不合格者返回热炼。

3. 接取　胶管和胶条等半成品在冷却后可卷在容器或绕盘上,以便停放,这便是接取。接取的方法一般有两种:手工法和绕卷法。

三、其他挤出工艺

(一)冷喂料挤出

热喂料挤出机螺杆的长径比较小,L/D 为 3~8;冷喂料挤出机的长径比较大,L/D 达 8~17,且螺纹深度较浅。挤出前胶料不必预热,直接在室温下,喂料挤出。目前,挤出机挤出生产的电线、电缆、胶管等产品,已广泛采用冷喂料挤出机。

(二)排气式挤出

该类挤出机的螺杆由加料段、第一计量段、排气段和第二计量段组成。胶料在加料段内其压力逐渐提高,进入第一计量段后减压,在排气段开始处螺纹槽的截面积突然扩大,胶料前进速度减慢。此时胶料不能完全充满螺纹槽,且温度要在 80~100℃,胶料中气体或挥发成分在外部减压系统的作用下,从排气孔排出。第二计量段把胶料压实后通过机头挤出。为保证机器正常操作,必须保证第一计量段和第二计量段的产量相同。

由排气挤出机挤出的半成品,气孔少,产品密实。排气挤出机常与微波或盐浴硫化设备组成连续硫化流水线,生产电线、电缆、密封条等挤出产品。

(三)传递式螺杆挤出

传递式螺杆挤出机又称剪切式混炼挤出机,主要用于胶料的补充混炼、胎面挤出及为压延机供胶。

该挤出机的螺纹槽深度由大变小直至无沟槽,而机筒上的槽由小至大,互相配合,一般在挤出机上这样的变化有 2~4 个区段。当螺杆转动时,胶料在螺杆与机筒的槽沟内互相交替,不断更新胶料的剪切面,致使胶料产生强烈的剪切作用,从而产生十分有效的混炼效果。

(四)挡板式螺杆挤出

挡板式螺杆挤出机可用于快速大容量密炼机排料后补充混炼,也可以用于挤出胎面。

挡板式螺杆挤出机的主要工作部分是一个带有横向挡板和纵向挡板的多头螺杆,胶料在挤出过程中多次被螺纹和挡板分割、汇合、剪切、搅拌,完成混合作用。在挤出过程中,胶料各质点运动的行程不同,但它们经过纵向和横向挡板的数量却是相同的,因此所受到的机械剪切、混合作用相同,胶料质地均匀。此外,最大剪切作用发生在靠近机筒壁处,传热效果好,胶料温升不大,操作较稳定。

第五节　注射成型

橡胶注射成型是一种将胶料加热塑化后直接从机筒注入模型成型同时进行硫化的生产方法,与塑料注射成型相类似。它虽属间歇操作,但成型周期短,生产效率高,取消了坯料准备工序;综合了成型和硫化过程,从而大大简化了生产工艺。

一、注射成型过程

橡胶注射成型大致包括喂料、塑化、注射、保压、硫化、出模几个过程。胶料通过加料装置加于料筒中,依靠料筒外的加热装置被加热,并随着螺杆的旋转,或在柱塞的推动下被输送到料筒的前端。胶料在料筒中前移的同时,料筒外部的不断加热及螺杆转动产生的机械作用使胶料的可塑性增加很快。达到塑化要求的胶料不断被挤压到螺杆头部与喷嘴之间,即料筒前端,由于喷嘴在胶料塑化过程中是封闭的,随料筒前端胶料积聚量的增加,料筒内压力不断提高。在此压力作用下,螺杆不断向后退,有更多的胶料被积聚在螺杆头部与喷嘴之间的腔内,直到需要的注射量,即完成预塑化过程。随后的注射过程由喷嘴和模具相接触开始,两者一旦接触,喷嘴内部的针型阀即被打开,液化机械系统驱动螺杆(或柱塞)进行注射动作,把塑化好的位于料筒前端的胶料快速经喷嘴注入已闭合好并加热到规定温度的模具中,保持模具压力一定时间,在此过程完成硫化。然后,开启模具,取出制品,即完成了一个注射周期。

二、注射成型的原理

在橡胶注射成型过程中,胶料主要经历塑化注射和热压硫化两个阶段。胶料通过喷嘴、浇口、流胶道注入硫化模腔之后,便进入热压硫化阶段,胶料通过喷嘴时,由于摩擦生热,胶料温度可以升高到120℃。当胶料由模具加热到180~220℃的高温时,就可在很短时间内完成硫化。

由图11-26可见,如果把温度为T_0(通常为20~40℃)的胶料填入模腔,在模压过程中,外层胶温度很快上升并逐渐接近模温,升到硫化温度$T_硫$。由于胶料的导热性比较差,胶层内部温度上升缓慢,因此内外层胶温差较大,当外层胶进入最佳硫化阶段C时,内层胶才刚刚起步硫化,处于欠硫阶段B;当内层胶达到最佳硫化阶段时,外层胶却已进入过硫化阶段D。因此,内外层胶的加热时间始终不能协调。升温速度越快,内外层胶温差越大,对产品的质量影响也越大。若采用低温硫化,可使内外层胶升温曲线靠拢[图11-26(a)中的虚线所示],但要大大延长硫化时间($t'_硫$),导致生产效率降低。

从图11-26(b)可看出,注射硫化的过程与模压硫化过程完全不同。胶料在机筒中塑化,温度从T_0很快升到了T_1(曲线1~2段),胶料在机筒前端贮集时温度不变(水平线2~3),当胶料经喷嘴注射进模腔的瞬间,胶料温度急剧上升到T_2(3~4段)。此时T_2非常接近硫化温度,之后胶料在模腔中进一步加热硫化,内外层胶温稍有差异,它们几乎同时进入最佳硫化阶段C(图中5和5')。由此可见,注射成型本身赋予了高温快速硫化的可能性。整个硫化周期仅仅是图11-26中4~5这段时间,1~4是在硫化前注射阶段完成的,因此,注射成型过程生产率高,而且产品质量好。

三、注射成型设备

1. 柱塞式注射成型机 最早的橡胶注射成型使用的是柱塞式注射成型机。将胶料从喂料口喂入料筒后,由料筒外部的加热器对胶料进行加热、塑化,使胶料达到易于注射而又不会焦烧的温度为止。最后由柱塞将已塑化的胶料高压注入模具中。由于橡胶是热的不良导体,传热效率低,如果仅仅通过料筒的热传导来加热胶料,胶料温度上升太慢,而且塑化得不均匀。因此需

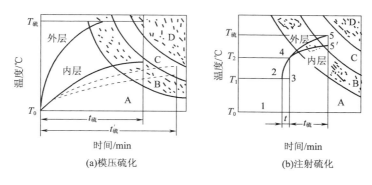

图 11 - 26　注射和模压硫化比较

要将胶料先在热炼机热炼到一定程度后再喂入注射机中。虽然这种注射成型法注射机本身结构简单、成本低，但是需要配置热炼机和炼胶工人，从而增加了设备成本和工人的劳动强度。最重要的是这种注射成型法生产效率低、塑化不均匀，从而影响到制品的质量。

2. 往复式螺杆注射成型机　在塑料挤出机的基础上改进，将螺杆的纯转动改成既能转动以进行胶料的塑化，又可进行轴向移动以将胶料注入模腔中，这就是往复式螺杆成型机，如图 11 - 27 所示。胶料从喂料口注入挤出机后，在螺杆的旋转作用下受到强烈的剪切，胶温很快升高。当胶料沿螺杆移动到螺杆前端时，已得到充分而均匀的塑化。螺杆一边转动一边向后移动，当螺杆前端积聚的胶料达到所需的注射量时，轴向动力机构以强大的推力推动螺杆向前移动，从而将胶料注入模腔。采用这种往复式注射成型，胶料的塑化是通过机械剪切获得的，因而胶料升温快、塑化均匀，生产效率和制品质量都得到提高；另外，由于这种注射成型可以直接将冷胶料喂入注射机中，从而省去了热炼工序，减少了设备投资和设备占地面积，同时提高了生产效率，降低了劳动强度。然而在生产大型制品时，螺杆后移量过大，胶料的塑化受到限制。此外，这种机器的螺杆棱峰与内壁机筒之间间隙较大，注射时易导致逆流和漏流现象，致使部分胶料反复停留，易产生焦烧，使注射压力也受到限制，所以往复式螺杆注射机只能用于低黏度胶料、小体积制品的生产中。

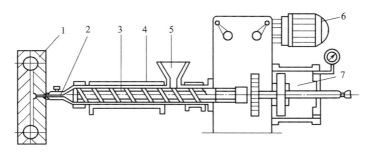

图 11 - 27　往复式螺杆注射成型机

1—模具　2—喷嘴　3—注压螺杆　4—机筒　5—进料口　6—驱动电动机　7—液压油缸

3. 螺杆—柱塞式注射成型机　为了解决以上两种注射机的不足,人们将这两种注射机结合起来,取长补短,这就是目前应用较多的螺杆—柱塞式注射成型机。这种机器的注射部分主要由螺杆塑化系统和柱塞注射系统组成,如图 11-28 所示。首先将冷胶料喂入螺杆塑化系统,胶料经螺杆塑化后,挤入柱塞注射系统中,最后由柱塞将胶料注射到模腔中。为了使胶料按照一定的顺序流动,在螺杆挤出机的端部安装一个止逆阀,胶料塑化后通过止逆阀进入注射系统中并将柱塞顶起,这时胶料不会从喷嘴出去,因为喷嘴通道狭窄、阻力大。当柱塞以高压将胶料从喷嘴注入模腔时,因为止逆阀的作用,胶料不会倒流进入挤出机中。由于这种注射成型方法结合了柱塞式注射机和螺杆式注射机的优点,因此它可以生产大型、高质量的橡胶制品。

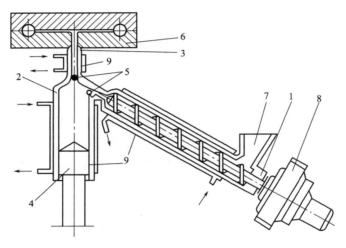

图 11-28　螺杆—柱塞式注射成型机

1—塑化螺杆　2—注压机筒　3—喷嘴　4—注压柱塞　5—阀系统

6—注压模具　7—进料口　8—液压电动机　9—加热系统

四、注射成型工艺

注射工艺所考虑的问题是在怎样的温度和压力条件下,能使胶料获得良好的流变性能,并在尽可能短的成型周期内获得高质量的产品。

1. 温度　首先应该指出,橡胶注射温度的控制与塑料注射有原则上的不同。塑料的注射是在料筒中先将物料加热到熔点 T_m 或黏流温度 T_f 以上,使它具有流动性,然后在柱塞或螺杆压力的推动下将物料注入模型,冷却凝固而得产品。物料的流动性主要靠外界加热提高温度来达到。橡胶注射时,首先考虑的不是加热流动,而是防止胶料温度过高发生焦烧的问题。一旦温度太高,胶料在机筒中发生早期硫化,轻则喷嘴堵塞,重则会使整个机筒堵塞,造成生产事故。为了达到高温快速硫化,又希望胶料从机筒经喷嘴射出后,尽可能接近模腔的硫化温度,以缩短生产周期,提高生产效率。温度虽然对胶料的流动性有一定的影响,但起决定性作用的则是注射压力、相对分子质量大小(塑化程度)及胶料配方。

下面分别从上述两个方面介绍机筒中物料温度控制和出喷嘴后物料温度的变化问题。

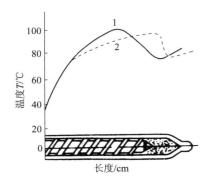

图 11-29　胶料在机筒中的温度变化图
1—螺杆后退位置时　2—螺杆前移位置时

（1）机筒中的胶料温度变化及控制：胶料进入机筒后的温度变化如图 11-29 所示。当胶料进入螺杆后，由于机筒和螺杆的加热以及胶料本身变形放出的大量热能，温度很快上升，当胶料推出螺槽而进入机筒前端筒腔时，温度又有所下降，有时（如天然橡胶）可能下降 30℃，此时胶料被缓缓向前推移直到全部填满筒腔。注射时，胶料通过喷嘴射出，由于强烈的剪切摩擦，胶料的温度又急剧上升。螺杆前推时温度曲线的变化如图中虚线所示。

胶料在机筒中的允许最高温度与胶料硫化特性有关，一般不应超过 120℃。因为硫黄的熔点为 119℃，高于 120℃ 时就可能开始硫化，而机筒上测得的温度又往往比胶料内层温度低 20~25℃，所以机筒温度多半控制在 90~95℃，这样胶料温度就不至于超过 120℃。

为了保证机筒中胶料温度在允许范围以内，需要控制影响胶料温度的因素。影响机筒中胶料温度的因素很多，主要有螺杆转速、背压大小、胶料可塑度、螺杆结构及机筒温度。

（2）经过喷嘴后的胶料温度：胶料通过喷嘴后的升温程度与喷嘴结构（包括入口斜度和孔径大小）及胶料组成有关。

三种胶料的试验机台研究结果表明，当喷嘴锥形部位的斜度为 30°~75° 时，胶料温度上升最慢，此时压力损失也小。

在一定条件下，当喷嘴孔径减小时，胶料温度上升，注射时间增加，硫化时间缩短，如图 11-30 所示。当孔径小于 2mm 时，喷嘴大小对温度影响不大，曲线变化较为平坦，而太大时（大于 6mm）影响也不大，所以一般取 2~6mm 为佳。

喷嘴直径有时仅差零点几毫米就会得到不同的结果。例如，试验表明，当用直径 3.2mm 的喷嘴注射某胶料时会引起焦烧，而改用 4mm 的喷嘴时，直径仅差 0.8mm，则不产生焦烧现象。

胶料种类不同，通过喷嘴后升温情况也不相同。图 11-31 表明各种胶料经喷嘴射出时温度上升的情况。

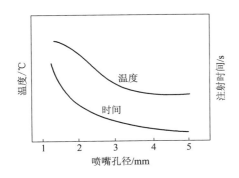

图 11-30　喷嘴大小对温度和
注射时间的影响

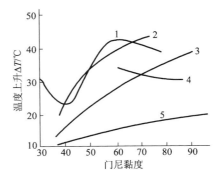

图 11-31　各种胶料经喷嘴后温度升高与门尼黏度的关系
1—天然橡胶　2—丁苯橡胶（SBR 1500）　3—丁苯橡胶（SBR 1712）
4—丁基橡胶　5—异戊橡胶

2. 压力 注射压力对胶料充模起着决定性作用。注射压力的大小取决于胶料的性质、注射机的类型、模具的结构以及注射工艺条件的选择等。橡胶的表观黏度随压力和剪切速率的增加而降低。所以增加注射压力可以提高胶料的流动性,缩短注射时间。由于提高压力可使胶料温度上升,因而硫化周期也大大缩短。从防焦的观点来看,提高压力也是有利于防止焦烧的。因为提高压力虽然会提高胶料的温度,但它缩短了胶料在注射机中的停留时间,因此减少了焦烧的危险性。所以原则上,注射压力应在许可压力范围内选用较大的数值。

图 11-32 表明注射压力对注射温度和注射时间的影响。图 11-33 是乙丙橡胶、聚异戊二烯橡胶和丁苯橡胶注射压力对注射时间的影响。由图可见,压力开始增高时,胶料流动性大大增加,注射时间急剧降低,当注射压力达到一定值后,注射时间不再缩短。由此我们可以得到以下三点结论。

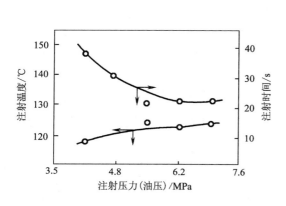

图 11-32　注射压力对注射温度和
注射时间的影响

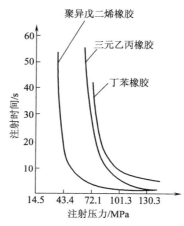

图 11-33　三种橡胶的注射压力对
注射时间的影响

(1)如果注射压力不足,注射时间增加,注射困难,生产效率显著下降。一般来说,橡胶注射要求在较高的注射压力下进行,具体多大需根据该胶料的流变曲线确定。

(2)在压力不足时,微小的压力波动就会引起注射时间、胶料温度等工艺参数的变化,造成产品质量的波动,而在较高的注射压力下产品质量比较稳定。

(3)过高的注射压力并不能进一步缩短注射时间,图 11-32、图 11-33 中曲线已进入水平状态,对提高生产效率不再显示什么效果,反而增加了设备的负荷,因此此时无论是注射部件、锁模机构或液压系统都需相应增大和加固。此外过高的注射压力还会造成卸模困难、溢边太厚等弊病。

3. 时间 完成一次成型过程所需的时间称为成型周期或总周期,用 $t_{总}$ 表示,它是硫化时间 $t_{硫}$ 和动作时间 $t_{动}$ 的总和:

$$t_{总} = t_{硫} + t_{动}$$

其中,动作时间包括注射机部件往复行程所需的时间 $t_{行}$、充模时间 $t_{充}$、模型开闭时间 $t_{模}$ 和取件时间 $t_{取}$:

$$t_动＝t_行＋t_充＋t_模＋t_取$$

供料、塑化等过程是在硫化时间进行的,这些时间已包括在硫化时间之内,所以不必另行计算。

在整个注射周期中,硫化时间和充模时间极为重要;它们的计算分配取决于胶料的硫化特性和设备参数。从硫化工艺来看,主要根据胶料在一定温度下的焦烧时间 $t_焦$ 和正硫化时间 $t_{正硫}$ 进行配合,要求:

$$t_充＜t_焦$$

$$t_硫＝t_{正硫}$$

充模时间必须小于焦烧时间,不然胶料会在喷嘴和模型流道处硫化,此外还要考虑到充模后应留下一定的时间,以使胶料能在硫化反应开始前完成压力均化过程,提高分子链的松弛程度,消除物料中流动取向造成的内应力。

以丁腈-40 胶料为例,如果在 190℃下进行注射硫化,预先测得该胶料在 190℃下的焦烧时间为 25s,正硫化时间为 60s,那么 $t_充$ 可定为 15s,压力均化为 5s,这样,

$$15s＋5s＜25s$$

确定充模时间后,就可以根据每次注胶量确定注射速度和压力。

胶料的配方,特别是填充剂及软化剂的品种和含量,对注射压力和充模时间有十分重要的影响,图 11-34 表明高耐磨炭黑 HAF、白炭黑和软质高岭土为填充剂时的情况。

图 11-35 为软化剂对注射压力和充模时间的影响。可以看出,软化剂可以大大缩短一定压力下的充模过程,如不加软化剂时,该胶料在 700MPa 的注射压力下,充模过程还是十分缓慢的,然而同样的胶料加入环烷油软化剂后,在 20～30MPa 的压力下,只要 50s 即可完成充模。

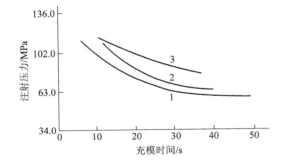

图 11-34　填充剂对注射压力与充模时间依赖关系的影响
（100 质量份异戊橡胶＋60 质量份填充剂）
1—高耐磨炭黑 HAF　2—白炭黑　3—软质高岭土

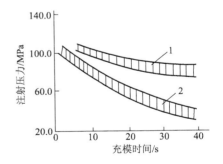

图 11-35　软化剂对注射压力与充模时间
依赖关系的影响
1—不加软化剂　2—加入软化剂

硫化时间在整个周期中占很大比例,有时往往比其他过程所需时间多出许多倍。缩短硫化时间是注射工艺的重要任务。硫化时间虽然与喷嘴大小、流胶道结构、注射压力等因素有关,但它主要取决于胶料的性质。采用高温快速有效的硫化体系可以大大缩短硫化时间,这种体系在不太高的温度下有很好的防焦性能,一旦达到高温后,在数秒至数十秒内即可达到正硫化点。

五、注射成型新工艺

橡胶注射机在一般情况下是将模型锁紧,然后将塑化好的胶料注入模腔,这是一种常规的传统方法。为了提高制品的质量和节省原材料,先后研发出如下几种注射成型新工艺。

1. 抽真空注射成型 作为提高制品精度、减少修边工序的措施就是提高其模具的精度,但这样合模后,模腔内的空气就不易排出来,会产生模腔边角部位缺胶或焦烧,或使制品产生气泡。不过,这些缺陷采用抽真空注射成型工艺就可以得到解决。

2. 注射模压成型 在模具稍微开启的状态下向模腔内注射胶料,在按所需的用量注射完毕的同时,合模加压成型硫化。采用这种工艺方法可生产精密成型密封圈、隔膜或其他精密制品,这类制品不允许有浇注口痕迹和胶边扩展线。

3. 注射传递成型 模具在合模后锁紧前,把经过计量的胶料注射入传递室,有注射压力的胶料迫使传递室开档增大,直到所需的胶料完全注入传递室,然后才将模具完全锁紧,这时用传递室的活塞将传递室中的胶料加压注入模腔中。这种成型工艺方法可以生产残余飞边很小的橡胶制品。

4. 冷流道注射成型 冷流道注射成型是胶料在模具流道内以一定温度停留,然后在下次注射时注入模腔内成为制品的工艺。这种方法提高了胶料的利用率,同时还节省了胶料和能源。

5. 气体辅助注射成型(简称"气辅") 这种成型工艺是注射机向模具注射进料量不足的胶料,然后通过注射机喷嘴、模型主流道或分流道把气体(一般为氮气)向模腔注入,使逐渐冷却中的胶料全部注入模腔内部。这种方法能有效地降低原材料能耗,节省能源和提高制品质量。

第六节　橡胶制品的成型

应用于工业、农业、交通运输、国防工业等各领域的橡胶制品及橡胶复合制品越来越多。本节主要介绍轮胎、胶管和胶带的成型。

一、轮胎的成型

轮胎依工作原理不同,分为充气轮胎(空心轮胎)和实心轮胎两大类。充气轮胎依靠压缩空气形成的空气垫弹性原理工作,因而具有较高的行驶速度和行驶舒适性,广泛应用于汽车、电车、拖拉机等高速交通工具上。实心轮胎依靠橡胶弹性原理工作,其弹性较低,不适宜高速行驶,仅用于低速高负荷车辆,如起重汽车、载货拖车和装卸车等。这里仅讨论充气轮胎。

(一)普通充气轮胎的结构

通常普通充气轮胎包括外胎、内胎和垫带。

1. 外胎 外胎是一个环形的外壳,它使轮胎具有一定外形尺寸,以阻止内胎在充气时变形及维持一定内压,并保护内胎,使之在行驶时免受损伤。按结构不同分为帘线—橡胶复合结构

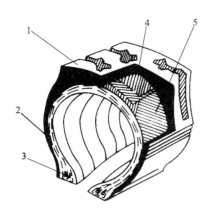

图 11-36 外胎结构

1—胎冠 2—胎侧 3—胎圈
4—缓冲层 5—胎体（帘布）

和无帘线结构两类,在此仅讨论前者。帘线—橡胶复合结构轮胎由帘布层、缓冲层、胎面胶、胎侧胶和胎圈构成,如图 11-36 所示。

帘布层是轮胎的骨架,承受内压负荷、载重负荷、牵引力、转向力和制动力,由数层挂胶帘布构成。

胎面胶与路面接触,从冠部保护胎体缓冲层、帘布层免受刺伤割破和承受冲击磨损。胎面胶通过表面花纹传递牵引力、转向力和制动力。

胎侧胶从侧部保护胎体帘布层,使之免受路面障碍物损伤。

缓冲层的作用是增加胎冠强度,加强胎面与胎体黏合,承受和分散冲击力、振动力、剪切力,构造因胎体帘布层结构和轮胎规格而异。

胎圈的作用是将轮胎固着于轮辋上。由钢圈、胎体帘布层及其包边包布构成,钢圈由钢丝圈、三角胶芯和包布组成。它给胎圈提供必要的强度和刚度。包布包在胎圈外侧,称为胎圈包布。钢圈所用包布,称为钢圈包布。两者均由挂胶帆布构成。胎圈包布作用是保护胎圈处帘布不受轮辋摩擦损坏。

2. 内胎 内胎是一个环形的橡胶筒,筒体上装有气门嘴,用以充气。内胎本身不能承受较大压力,只有装在外胎里才能发挥其作用。

3. 垫带 垫带是有一定断面形状的环形胶带,其上有内胎气门嘴通过的圆孔,安装于内胎和平式轮辋之间,保护内胎不受磨损。

(二)外胎成型

1. 外胎成型工艺流程 将外胎各个部件的半成品在成型机上组合成一个完整胎坯的工艺过程称为外胎成型。成型一般包括胎坯各部件半成品的制造和成型两部分。整个过程如图 11-37 所示。

2. 帘布、包布的裁断 外胎中所用的帘布包括胎体帘布、缓冲层帘布;包布包括钢丝圈包布、胎圈包布。在成型前要按产品的规格和结构设计的要求将整幅的帘、包布裁成一定宽度、一定角度的半成品,这个过程称为裁断。裁断过程主要是要保证裁断角度和裁断宽度能满足施工的精度要求。

裁断角指裁断线与经线方向的垂直线的交角或裁断线的垂直线与经线的夹角 α,两条裁断线之间的垂直距离叫裁断宽度。具体如图 11-38 所示。普通结构轮胎的帘布裁断角 α 一般为 30°~37°;缓冲层帘布裁断角与胎体帘布裁断角相同;胎圈各钢丝圈包布裁断角为 45°;子午线轮胎帘布的裁断角为 0°;缓冲层帘布的裁断角度为 72°~80°。

纤维帘布裁断目前多采用卧式裁断机来完成。它由水平设置的运输装置、定长器和裁断装置组成。完成帘布的供给、定长和切割的动作。

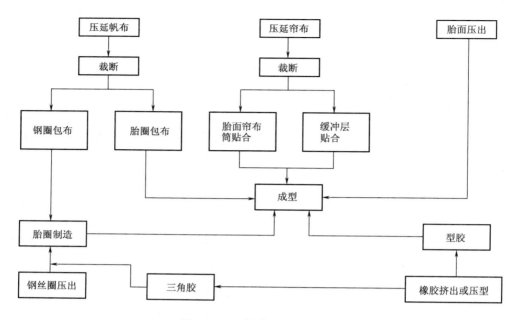

图 11-37 外胎成型工艺流程

3. 轮胎部件的制造 轮胎部件的制造包括外层帘布隔离胶的贴合、帘布筒的贴合与供布、钢丝圈的制造等。

（1）外层帘布隔离胶的贴合：隔离胶的贴合有热贴法；半热贴法和冷贴法三种。热贴法是将已裁断的外层帘布在通过四辊或三辊压延机辊距时，在帘布层上面贴上一层胶片。采用这种方法时，因帘布通过压延机辊距时受到挤压，易使帘线错开，故目前生产中较少应用，如图 11-39（a）所示。半热贴法是将压延机压延的隔离胶片，趁热在运输带上与帘布进行贴合。这种方法避免了因帘布通过压延机辊距而造成帘线错位的毛病，而且因胶片温度较高，帘布贴合牢固，并易与裁断工序组成流水作业线，目前在生产中较为广泛采用，如图 11-39（b）所示。冷贴法是将压延机压延出来的胶片经卷取，再与帘布贴合。此法因胶片温度较低，与帘布黏合不牢，而且增加了半成品的运输和贮存，因此目前在生产中也较少应用。

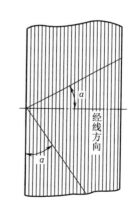

图 11-38 裁断角及裁断宽度表示

α—裁断角

（2）帘布筒的贴合与供布：在轮胎成型中采用套筒法生产时，为简化成型工艺，将已裁断的帘布按不同的层数组合，并在贴合机上贴合成帘布筒。贴合有等宽错贴和均匀错贴两种。等宽错贴是裁断同样宽度的帘布，贴合时相邻两层帘布交叉错位贴合，使两边留有差级，这种方法可简化裁断工艺，但差级不易均匀而只适应于层数较少的乘用车胎。均匀错贴法是将帘布裁成不同宽度，按差级要求顺序进行贴合，使两边留有均等的差级，同样相邻两层帘布要交叉贴合。贴合的设备有万能贴合机和鼓式贴合机两种，目前多用万能贴合机。

帘布筒贴合机配套使用的帘布供料架，一般按轮胎的帘布层数及组织生产的方式而定。目

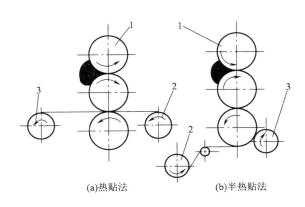

(a)热贴法　　　　(b)半热贴法

图 11 - 39　贴隔离胶示意图

1—压延机辊筒　2—未贴胶的帘布卷

3—贴隔离胶的帘布卷

前除使用四边形或六边形的供布架外,还有采用移动式供布架的。

(3)钢丝圈的制造:钢圈的基础是由挂胶钢丝制成的钢丝圈。钢丝圈可用无纬的钢丝带或编织带经压出挂胶绕卷而成,其生产流程包括钢丝导出、校正、酸洗、压出、调整、卷取等部分,最终制得方断面的钢丝圈。随着子午线轮胎的使用,需要高强度圆断面的钢丝圈。圆断面钢丝圈是用对焊成圆环的芯子放在钢丝圈导辊上,当牵引机构转动它的时候,钢丝从线轴喂入,成螺旋形绕在转动的芯子上,当达到预定的缠绕层数时,则切断钢丝。

4. 普通结构轮胎的成型　轮胎的加工制造是将预先准备好的帘布、缓冲层、贴面胶、钢丝圈等各个部件组合粘接在一起的成型过程。

按胶布的贴合方法分为层贴法和布筒法;按成型机头的种类分为鼓式、半鼓式、芯轮式和半芯轮式。层贴法成型是将帘布层直接贴在成型鼓上并将其压实,与此同时进行外胎胎体骨架的定型。层贴法适宜于层数较少的外胎加工,常采用鼓式、半鼓式机头。布筒法是将胎体帘布按层数的顺序先在帘布贴合机上贴合成不同层数的若干个布筒,再套在成型鼓上进行加工成型。布筒法多用于胶布层数较多的外胎加工。下面以半鼓式成型为例,介绍轮胎成型过程。

在鼓式成型中所使用的成型鼓是一个可折叠的圆筒状的直筒,胎圈直径大于成型鼓的直径,胎坯容易脱出。但是,胎圈在成型过程中难以有准确的定位,胎圈间的正确距离不容易保证,定型中胎圈部位会发生转动变形。

为了克服胎圈定位不准确的弱点,在鼓式机头基础上设计出了半鼓式机头。半鼓式机头通过改进胎肩的形状,使胎圈定位。半鼓式机头中部是平面,两边凹下形成两个肩,用以固定钢圈位置,以保证整个外胎圆周上胎圈之间的距离一致。

在使用半鼓式机头成型外胎时,要使已硫化的外胎冠部第一层帘布直径同成型机头上面第一层帘布直径的比值小于 2。

半鼓式机头有可折叠式和径向伸缩式(用于加宽帘布的贴合)两种。为了便于半鼓式机头的折叠,机头直径与钢丝圈的直径比值为 1.05～1.1。胎圈部分的包边能够机械化作业。半鼓式成型的压合、正反包等操作都较简单,而且可以连续操作,故成型效率较高。半鼓式成型机的操作顺序如图 11 - 40 所示。

整个操作过程是先在成型鼓上贴帘布层,扣上胎圈,然后用后压辊把布层反包在钢圈上,再贴胎圈包布、缓冲层及胎面,最后用下压辊和后压辊滚压胎面。后压辊既要作旋转运动,又要作径向和轴向移动,以满足成型滚压胎面的要求。压辊包括槽型和弧形两部分,是由耐磨尼龙制成的。槽形压辊工作靠凹槽两侧对胎圈部分进行滚压。在反包时,为

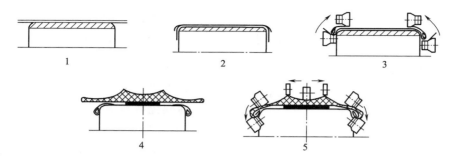

图 11-40　半鼓式成型机的操作顺序

1—在成型鼓上贴帘布层　2—扣胎圈　3—用后压辊把布层反包在钢圈上

4—贴胎圈包布、缓冲层及胎面　5—用下压辊和后压辊压胎面

了能够压紧包边,凹槽的宽度应该比包卷胎圈及帘布总厚度略小(约 2mm)。反包过来的帘布用弧形压辊进行滚压。

二、胶管的成型

胶管主要用在压力条件下或真空条件下输送各种液体、气体、黏性物质或用于液体传动中柔性连接导管。

(一)胶管的结构与种类

胶管主要由内层胶、骨架层、中间胶和外层胶组成。内层胶主要用来保护骨架层,以免受输送介质的侵蚀和磨损。内层胶料性能要按输送的介质特性而定,如有耐酸、耐碱、耐油等胶料。骨架层主要承受输送介质的压力或在真空条件下的外来压力,使胶管不至于爆破或压扁,保证其正常工作,按使用条件可选用不同的材料及结构。中间胶是位于两骨架层之间的胶层,主要起隔离作用,以防止在使用时相邻两层骨架材料的变形和相互摩擦。外层胶也主要起保护骨架层的作用,以防止外界物质(如水、空气及其他物质)对骨架层的侵蚀和磨损。所以外层胶除保证有一定强度和良好的耐气候性能外,还要按其使用条件不同而具备某种特殊性能。

胶管可按受压状态、加工方法、骨架层材料及要求的特殊性质分类。按胶管的受压状态可将胶管分为耐压胶管、吸引胶管、耐压吸引胶管。按胶管的加工方法和骨架层的材料可将其分为夹布胶管、编织胶管(包括钢丝编织和纤维编织两种)、缠绕胶管(包括钢丝缠绕和纤维缠绕两种)和针织胶管。按输送介质要求的特性可分为耐油胶管、耐酸胶管、耐碱胶管、蒸汽胶管、乙炔胶管、输氧胶管等。图 11-41 是夹布耐压胶管和编织胶管的结构示意图。

(二)胶管的规格与表示方法

一般是以内径尺寸(mm)×骨架层数×长度(m)-工作压力(MPa)来表示。骨架材料的层数代号按结构而定。夹布胶管用 P 表示;棉线编织胶管以 C/B 来表示;钢丝编织胶管以 W/B 表示;缠绕胶管以 S 表示。

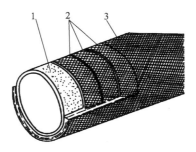

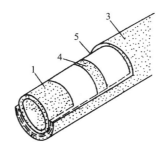

(a)夹布耐压胶管　　　　　　　　　　　　(b)纱线编织胶管

图 11-41　夹布耐压胶管和编织胶管的结构示意图

1—内层胶　2—夹布层　3—外层胶　4—纱线编织层　5—中间层胶

例如：$\phi25\times3P\times20-0.15$ 意义是内径 25mm，骨架为三层夹布结构，长度 20m，工作压力 0.15MPa；$\phi25\times3C/B\times20-10$ 意义是内径 25mm，骨架为三层棉线编织层，长度 20m，工作压力 10MPa。若骨架层为 2W/B 表示二层钢丝编织层，2C/S 表示二层棉线缠绕层。

(三)胶管的成型

1. 半成品的准备　半成品包括塑炼胶、混炼胶的准备，胶片压延，管坯挤出，制备胶浆，胶布的裁断和拼接以及纤维线绳合股等。

(1)塑炼胶的准备：在胶管生产时，不同胶层的塑炼胶对可塑度要求不同，例如内胶层可塑度(威氏)0.25～0.30，外层胶 0.30～0.40，擦布胶 0.45 等。

(2)混炼胶的准备：胶管各胶层部件混炼胶可塑度见表 11-13。若无芯成型的编织或缠绕胶管的内胶层是采用半硫化工艺时，其外胶层可塑度适当增大。

表 11-13　各胶层部件混炼胶可塑度

胶层部件	胶管制造工艺	可塑度(威氏)
内胶层	有芯法(夹布、纤维编织及缠绕)	0.25～0.35
	有芯法(夹布)	0.15～0.2
	无芯法(夹布)	0.2～0.3
	无芯法(纺织、缠绕)	0.15～0.2
外胶层	压出法	0.35～0.45
	压延法	0.3～0.4
擦布胶		0.5 以上
胶浆胶		0.3～0.4
中间胶		0.35～0.45

(3)压延制备胶片：

①胶片压延。以包贴法成型的大口径胶管，内、中、外胶层都采用三辊压延机压片。为保证压片质量必须严格控制压延机辊温，见表 11-14。

表 11-14　不同胶种胶料压片辊温

胶　种	辊温/℃			胶　种	辊温/℃		
	上	中	下		上	中	下
天然橡胶	80～90	75～85	70～80	天然橡胶+氯丁橡胶	60～65	40～50	40 以下
天然橡胶+丁苯橡胶	75～85	65～75	60～65	丁腈橡胶	75～85	65～75	60～65
天然橡胶+氯丁橡胶	60～70	50～60	40～50	丁基橡胶	75～85	60～70	70～75

②胶布擦胶。胶管用胶布擦胶方法有两种,一种是厚擦(中辊包胶,包胶厚度 2～3mm),优点是不易损坏胶布,但胶对织物的渗透性差;另一种是薄擦(也称光擦),中辊不包胶,使胶料全部渗入布料中,上胶量高,但易损伤胶布。一般丁基橡胶胶料常采用薄擦,大部分胶料是采用厚擦。擦胶胶料可塑度为 0.5,厚擦可塑度可在 0.5 以上。

各擦胶辊筒温度对工艺有直接影响,表 11-15 为不同胶料的擦胶辊温。

表 11-15　不同胶种胶料的擦胶辊温

胶　种	辊温/℃			胶　种	辊温/℃		
	上	中	下		上	中	下
天然橡胶	90～100	70～80	75～85	天然橡胶+氯丁橡胶	80～90	70～80	60～70
天然橡胶+丁苯橡胶	90～100	80～90	75～85	丁腈橡胶	80～90	90～95	60～70
天然橡胶+氯丁橡胶	85～95	75～85	65～75				

③胶布贴胶。贴胶胶料应充分热炼,保持一定塑性和温度,采用少量多次续胶,保持一定数量积胶,严格控制辊距,保持均一厚度。贴胶辊温对工艺也有直接影响,不同胶种胶料辊温有差别,一般上、中辊温度高于下辊,例如对天然橡胶而言,上辊温度 90～100℃,中辊温度 85～95℃,下辊温度 65～75℃。

(4)管坯挤出:挤出是制造胶管的重要工序,其产品质量及生产效率均优于胶片包贴工艺,广泛应用在有芯、无芯、软芯法胶管的内、外胶生产。常用的挤出机为 ϕ50～150 螺杆挤出机,有直头型、横头型(T 型)及斜头型(Y 型)三种。一般不带管芯的内管坯采用直头型挤出机;大部分胶管的外胶层、中层及带硬芯的内管坯采用横头和斜头型挤出机挤出。

(5)胶浆的制备:胶浆在胶管制造工艺中是用在编织和缠绕胶管生产中增加骨架和胶层间黏合力的。随着工艺的改进,胶浆的应用逐渐减少,而采用直接黏合技术和中间胶片黏合法的越来越多。

胶浆有溶剂胶浆和乳胶浆两种。在制备溶剂胶浆时又有稀胶浆和浓胶浆两种,稀胶浆是在编织、缠绕胶管的第一次涂浆;浓胶浆是第二次涂浆。稀胶浆胶料与溶剂比为 1∶(3～5),浓胶浆为 1∶(1.5～2)。乳胶浆的制备需在球磨机上分别制备配合剂的乳化液及乳胶的乳液,然后搅拌均匀待用。

(6)胶布裁断和拼接:夹布胶管、吸引胶管所用胶布是在擦胶后于裁断机上按 45°角裁成所需宽度的胶布,再拼接成所需长度,经打卷后供成型使用。拼接宽度一般 15～20mm,如拼接宽度小于 15mm 时,会直接影响胶管爆破压力和使用寿命。

(7)纤维线绳合股:为满足胶管工艺的需要,在编织胶管制造工艺中需将单线纤维或钢丝在专用合股机上合拼成多股,并绕在线轴上供编织使用。

2. 胶管成型工艺

(1)夹布胶管的成型:夹布胶管的成型有硬芯法、软芯法和无芯法三种。具体方法及特点如下:

①硬芯成型法。管芯通常由无缝钢管或金属圆棒制成。它的优点是质量稳定、规格尺寸准确、层间附着较好、工艺简单易于掌握,但工序较多,劳动强度大,生产效率低,需耗用大量辅助材料(如水布、铁管芯等)。

硬芯法成型夹布胶管一般是在三辊成型机上进行,其结构简图如图 11-42 所示。

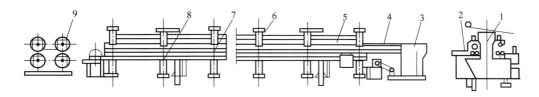

图 11-42　20m 双面胶管成型机
1—机架　2—工作台　3—传动部分　4—万向联轴节　5—上压辊
6—上气缸　7—下压辊　8—下气缸　9—胶布存放架

成型机架由数个相距 1.5～2m 的铸铁架组成,机架之间用连杆连接。成型机分两面,一面作贴合夹布层和内、外胶用;另一面用作包水布,两面都有铺钢板的工作台和三个回转的压辊。在三个工作辊中,上压辊可上下移动,下面两辊可进行前后调距,以适应不同规格胶管的成型。将已套上内胶的管坯置于两个下辊中间,将胶布的一边贴于内胶上,上压辊压在胶布上,开动电动机,压辊相对转动,即可完成胶布和内、外胶的贴合成型,如图 11-43(a)所示。

成型时一定要校正三个压辊间的距离,先将两个下辊间的距离调整到与胶管直径相适应的位置上,再进行以下成型操作。

a. 套芯。将合格的内胶坯平直放在工作台上,为了便于套芯和脱芯,管芯表面应涂上适量隔离剂,在内胶坯的一端充入压缩空气,使管坯鼓圆,另一端插入管芯后开动套芯机,将管芯套入管坯内。

b. 成型。套芯后把管坯置于两下压辊之间,管坯表面涂溶剂,干净后,将胶布平整地贴在管坯上。贴合时,将上压辊放下,注意贴合时包胶布及外胶层应无折皱。

c. 缠水布。成型好的管坯送往缠水布工作面上进行缠水布操作,水布叠压宽度不应小于布条宽度的 1/2,缠水布要平整、无皱、用力均匀,防止胶管扭动,如图 11-43(b)所示。

口径超过 76mm 以上的夹布胶管,内胶挤出困难,可采用压延胶片贴合成型法。

②无芯成型法。无芯成型法的优点是工艺简单,劳动强度低,生产效率高,可节省大量管芯、水布等材料,胶管表面光滑平整。但口径圆度及规格的精度不易控制,胶管的整体结合牢度不如有芯法。

(a)夹布层的成型

(b)缠水布

图 11-43　三辊成型机工作原理示意图

无芯法成型时不用管芯,直接将挤出的内胶坯置于三辊成型机上,两端插入约半米长的标准芯棒,并从一端注入压缩空气(约 0.1MPa),将管坯鼓起,在表面涂抹溶剂(汽油),将胶布平整地贴合在管坯上,放下上压辊进行成型,这时压缩空气压力可加大到 0.3～0.4MPa,以增加胶布层间的致密性。

成型好的管坯用 T 型机头挤出机挤出外胶层,挤出后管体两端用专用夹具将内、外胶层紧密黏合为一体,以免硫化时蒸汽或水渗入夹布层中。在选配挤出机口型和芯型时,要根据成型管坯外径、胶料性能、外胶厚度进行选配,在芯型、口型表面应尽量少涂隔离剂,以防外胶与布层间脱落。在挤出外胶时,管坯牵引速度必须与挤出速度相适应。胶料中发现杂质时要及时清除。挤出后的管坯表面及时涂隔离剂水溶液后平直放置工作台上,以备硫化。

③软芯成型法。软芯成型法成型时,管芯采用耐热老化较好的高分子材料制成,并应具有一定刚性和柔性。常用天然橡胶、丁苯橡胶、三元乙丙橡胶、聚丙烯、聚酰胺等材料制作。为减少软芯在使用过程中伸长变形,有时可加入纤维绳或钢丝绳作骨架。

软芯成型的优点是管坯可盘卷、弯曲,占地面积小,劳动强度低,生产胶管长度不受限,有利于连续化生产以提高生产效率,比三辊成型法效率高 2～3 倍。

(2)编织胶管的成型:编织胶管分纤维编织胶管和钢丝编织胶管两种。

编织成型的工作原理,主要是利用装在编织机锭子上的线轴随锭子沿导盘作正弦曲线状的圆周运动,即以单数和双数两组锭子交叉呈正弦曲线状相向环行,使纤维或钢丝按一定规律(成网纹状)编织在管坯上,如图 11-44所示。

编织成型分有芯成型法和无芯成型法。有芯成型法又包括硬芯成型、软芯成芯。无芯成型法有半硫化无芯成型、生内胶无芯成型。为增加胶层与骨架间的附着力,传统工艺是采用涂胶浆法,但随着黏合技术的提高,可在内、外胶

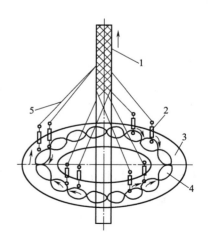

图 11-44　编织机工作原理示意图
1—编织内胶　2—锭子　3—编织盘
4—S形轨道　5—编织线

层中直接黏合树脂,或采用中间过渡胶层直接与骨架黏合。

编织联动装置一般由编织机、牵引装置、卷曲、导开装置、贴中胶或涂胶浆装置组成。图11－45为无芯或软芯胶管卧式棉线编织联动装置。为保证胶管使用时受力均匀、不变形,编织时要对编织线均匀地施加一定编织张力。

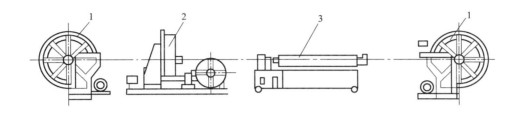

图11－45　无芯或软芯胶管卧式棉线编织联动装置

1—导开与卷取鼓　2—棉线编织机　3—涂胶浆装置

以内胶半硫化无芯编织成型为例说明如下:将挤出的内胶坯先经短时间硫化(定型),使其具有一定的加工挺性,在编织时不变形。半硫化后的内胶与纤维黏合力差,应采用涂浆编织,编织后再涂浆1～2遍,干燥后用"T"型挤出机挤出外胶。此法适于口径较小的编织胶管,具有生产长度不受限、工艺简单、节省辅料、生产效率高等优点。其成型工艺流程为:

内胶坯挤出→半硫化→涂浆编织→涂浆→停放→涂浆编织→涂浆→干燥→挤出外胶→涂隔离剂→盘卷→硫化

三、胶带的成型

胶带按其用途可分为运输胶带(简称运输带)、传动胶带(简称传动带)两种。限于篇幅,在此仅简述运输带的成型。

1. 运输带的结构　运输带主要由覆盖胶和带芯组成。带芯为运输带的骨架层,承受运输过程中的全部载荷,因此带芯必须具备一定的刚度和强度。普通运输带的带芯由多层挂胶帆布组成。特种运输用的钢丝绳运输带,其带芯则由纵向排列的钢丝绳构成;钢缆运输带芯由横向排列的钢条构成。覆盖胶分为上覆盖胶和下覆盖胶。与被运输物料接触的一面为上覆盖胶,称为工作面;另一面为下覆盖胶。覆盖胶的主要作用是保护带芯免受物料的冲击、磨损和腐蚀,延长运输带的使用寿命。因此覆盖胶的胶料除具备耐磨、耐撕裂、耐冲击等性能外,还应按被运送物料的性质而选择具有特殊性能的胶料,如耐酸或耐碱、耐燃、耐寒等性能。覆盖胶的表面一般为光滑表面,但有时为适应提高运输带倾斜角的需要,将上覆盖胶表面制成各种图案花纹,以增加胶带与物料的摩擦,防止物料下滑,这种运输带称为花纹运输带。花纹的形状可按要求设计,如有鱼骨形、波浪形、八字形等。另外,为防止被运送物料的散落,往往将胶带两侧边部制成不同形状的挡边,如折边挡边和波形挡边运输带;若将运输带做成 U 型,则称为 U 型运输带。几种普通运输带和特殊运输带结构见图 11－46。

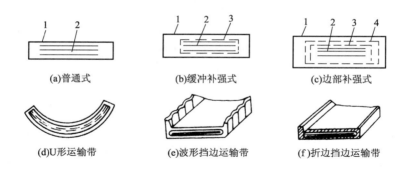

(a)普通式　　　　　　　(b)缓冲补强式　　　　　　(c)边部补强式

(d)U形运输带　　　　(e)波形挡边运输带　　　　(f)折边挡边运输带

图 11-46　普通运输带和特殊运输带结构示意图

1—覆盖胶　2—胶布层　3—缓冲层　4—边布补强层

2. 运输带的成型　普通运输带的结构主要是叠层式结构,也有包层式结构。叠层式运输带的成型是将整幅或已裁成一定宽度的胶布,通过逐层多次或多层一次贴合成型带芯,然后在成型机或直接在压延机上贴上覆盖胶。若一次贴合的层数不够,可将带芯半成品再次导开,进行贴合直至达到设计要求的层数为止。运输带的生产采用压延机和贴合机的联动装置,从压延机两面擦胶和帆布经贴合辊循环几次,贴合成一个环状的带芯,最后用裁刀将带芯裁开,再贴上覆盖胶,其装置见图 11-47。

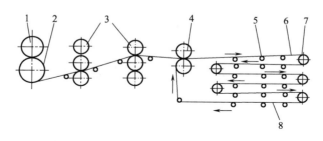

图 11-47　运输带联合成型机

1—垫布　2—导开装置　3—三辊压延机　4—贴合辊　5—支辊

6—裁刀　7—导辊　8—运输带

特种运输带的成型要按运输带的结构特点来进行,例如钢丝绳运输带,其带芯为钢丝绳,呈纵向排列,并附有上、下覆盖胶,因此成型时采用钢丝绳通过压延机一次两面贴胶的方法。为保证钢丝绳均匀排列和张紧,钢丝绳在贴胶前要经分梳、校直、张紧等装置。

第七节　硫　化

硫化是橡胶加工最后也是最重要的一个工艺过程。在加热和加压条件下,胶料中的生胶与硫化剂发生化学反应，使橡胶由线型结构的大分子交联成为立体网状结构的大分子，使胶料的物理—力学性能及其他性能有明显的改善，这个过程称为硫化。这是一般意义上硫化的概念。随着生产和技术的发展，硫化的概念也有新的发展，硫化剂和高温、压力不再是硫化的必要条件，有些胶料可在较低的温度下，甚至在室温下硫化，也有的胶料不需加硫化剂，而采用物理的方法（如辐射）进行交联。应该说硫化的本质是使橡胶由塑性状态转变为高弹性状态。热塑性弹性体则不需硫化，它在室温下呈现高弹性，加热至熔融表现出塑性流动行为。本节仍以硫化剂高温硫化反应作为讨论的对象。

一、硫化历程

在硫化过程中，胶料的一系列性能发生了显著的变化，取不同硫化时间的试样作各种物理—力学性能试验，一般可得出图11-48所示的曲线。可以看出抗张强度、定伸强度、弹性等性能指标先是随着硫化时间的延长而提高达到峰值，再继续延长硫化时间反而下降；硬度到达一定值后则随硫化时间延长变化不大；伸长率、永久变形等性能则随硫化时间增加而下降，有硫化返原性的天然橡胶和其他合成橡胶的伸长率会出现再随硫化时间增加而上升的现象。

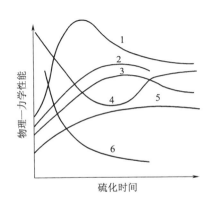

图 11-48 硫化过程胶料性能的变化
1—抗张强度 2—定伸强度 3—弹性
4—伸长率 5—硬度 6—永久变形

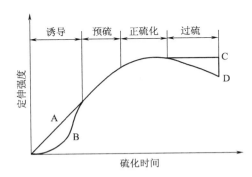

图 11-49 硫化过程的各阶段
A—起硫快速的胶料 B—有迟延特性的胶料
C—过硫后定伸强度继续上升的胶料
D—具有复原性的胶料

胶料在硫化时，其性能随硫化时间延长而变化的曲线称为硫化曲线。从天然橡胶用硫黄硫化时的硫化时间对胶料定伸强度的影响过程看，可以将整个硫化过程分为四个阶段：硫化诱导阶段、预硫阶段、正硫阶段及过硫阶段，如图11-49所示。

1. 硫化诱导阶段 硫化诱导阶段指硫化时胶料开始变硬而后不能进行热塑性流动之前的阶段。在此阶段，交联尚未开始，胶料在模内有良好的流动性。在模压硫化过程中，胶料的流动、充模要在此阶段进行。这一阶段的长短决定胶料的焦烧性和操作安全性。

2. 预硫阶段 诱导阶段至正硫化之间的阶段称为预硫阶段。继诱导阶段之后，交联便以一定的速度开始进行（其速度的快慢取决于配方及硫化温度）。在预硫阶段的初期，交联程度较低，即使此阶段的后期，硫化胶的主要物理—力学性能如抗张强度、弹性等仍未能达到最佳状态，但其抗撕裂性、耐磨性和抗动态裂口性等则可能优于达正硫化的胶料。

3. 正硫化阶段 在这一阶段,硫化胶的主要物理—力学性能均达到或接近于最佳值,或者说硫化胶的综合性能达到最佳值。这一阶段所采用的温度和时间,分别称为正硫化温度和正硫化时间,总称为正硫化条件。

4. 过硫化阶段 正硫化后,继续硫化便进入过硫化阶段。在过硫阶段中,不同的橡胶会出现不同的情况:天然橡胶胶料会出现各项物理—力学性能下降的现象;而合成橡胶胶料在过硫阶段中各项物理—力学性能变化甚小或保持恒定。这是由于对不同的胶料,贯穿于橡胶硫化过程始终的交联和热裂解两种反应,处于硫化过程的不同阶段,所占的地位不同。

二、正硫化及硫化条件

(一)正硫化阶段的测定

前已述及,只有当胶料达到正硫化时,硫化胶的某一特定性能或综合性能最好,而过硫或欠硫都对胶料的性能产生不良影响。因此,准确测定和选取正硫化时间就成为确定正硫化条件和使产品获得最佳性能的决定因素。

测定正硫化时间的方法很多,工艺上常用的方法可分为物理—化学法,物理—力学性能法和专用仪器法。物理—化学法包括游离硫测定法、溶胀法等。

游离硫测定法是分别测出不同硫化时间下试片中的游离硫含量,然后绘出游离硫量—时间曲线,从曲线上找出游离硫量最小值所对应的时间即为正硫化时间。此法简单方便,但由于在硫化反应中所消耗的硫黄量并非全部构成有效的交联键,因此所得结果误差较大,而且不适合非硫黄硫化的胶料。

溶胀法是将经不同时间硫化后的胶片,置于适当的溶剂(如苯、汽油)中,在恒温下经一定时间达到溶胀平衡后将试片取出称量,然后计算出溶胀率,绘成溶胀率—硫化时间曲线。对于天然橡胶,曲线最低点对应的时间即为正硫化时间;对于合成橡胶,曲线上的转折点即为正硫化时间,如图 11−50 所示。

溶胀率的计算公式如下:

$$溶胀率 = \frac{G_2 - G_1}{G_1} \times 100\%$$

式中:G_1 为试片在溶胀前的质量(g);G_2 为试片在溶胀后的质量(g)。

硫化橡胶的溶胀与其结构有关,随着硫化过程的进行,橡胶的结构发生变化,即随着空间网状结构的形成,最大限度的限制了分子的独立性和溶胀性,在正硫化时达到最大;随着网状结构的难以形成和破坏(过硫),则溶胀率又增加,在正硫化时溶胀率可达最小值。对于天然橡胶,曲线最低点对应的时间既为正硫化时间;对于合成橡胶,曲线上的转折点即为正硫化时间(图 11−50)。

物理性能测定法有 200%定伸应力法、拉伸强度法

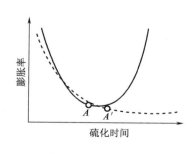

图 11−50 橡胶的溶胀曲线
A—天然橡胶的正硫化点
A′—合成橡胶的正硫化点

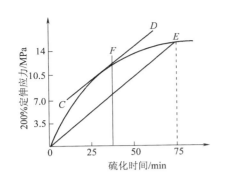

图 11 - 51　用定伸应力求正硫化时间图解

等。200％（或 300％）定伸长应力法是测出不同硫化时间试片的 200％（或 300％）定伸应力，然后绘成曲线，当曲线自应力轴急剧转折时，所对应的时间即为正硫化时间（图 11 - 51）。

200％定伸应力的转折点对应的时间在图 11 - 51 中约为 35min，即为正硫化时间。另一种方法是采用图解法，即通过原点先作一条直线，与定伸应力曲线上硫化的终点（图中的 E 点）相连接，然后再画一条与之相平行的直线，此直线与定伸应力曲线的相切点（图中的 F 点）所对应的时间即为正硫化时间（图中为 35min）。

实验表明，200％（或 300％）定伸应力是与交联密度成正比的，因此由 200％（或 300％）定伸应力所确定的正硫化时间与理论正硫化时间相一致。

拉伸强度法也相似。通常选择拉伸强度达到最大值时对应的时间为正硫化时间。

测定正硫化时间的专用仪器有门尼黏度计和各类硫化仪。这类仪器的作用原理是测量胶料在硫化过程中剪切模数的变化，而剪切模数与交联密度有比例关系。因此它实际上反映了胶料在硫化过程中交联度的变化。它们都可连续地测定硫化全过程的参数，如初始黏度、焦烧时间、硫化速度、正硫化时间等。但门尼黏度计不能直接测得正硫化时间。

1. 门尼黏度计法　门尼黏度计是早期出现的测试胶料硫化特性的专用仪器。由这种仪器测得的胶料硫化曲线称为门尼硫化曲线，如图 11 - 52 所示。

从图中可见，随着硫化时间的增加，胶料的门尼黏度值先是下降，至最低点后又上升。一般取值是由最低点上升，升至 5 个门尼黏度值时所对应的时间为门尼焦烧时间（T_5）；从最低点起上升至 35 个门尼黏度值时所需的时间为门尼硫化时间（T_{35}）。T_{35} 与 T_5 之间单位时间（min）内的黏度上升值则称为门尼硫化速度。

由门尼黏度计不能直接测出正硫化时间，但可以用下列经验公式来推算：

$$正硫化时间 = T_5 + 10(T_{35} - T_5)$$

2. 硫化仪法　硫化仪是较先进的专用于测试橡胶硫化特性的试验仪器。它既可以在硫化中对胶料施加一定振幅的力，测得相应的变形量，也可以在硫化中对胶料施加一定振幅的剪切变形，测出相应的剪切力。

由硫化仪测得胶料的连续硫化曲线如图 11 - 53 所示，硫化仪的转矩读数实际上反映了胶料的剪切模数，而剪切模数是与交联密度成正比的，因此从图中可直接得到各种硫化参数。

其中，F_∞ 为最大转矩值，它代表最大交联度；t_∞ 即为理论正硫化时间；F_0 为起始转矩，代表胶料的初黏度；F_L 为最小转矩，代表胶料的最低黏度；90％F_∞ 所对应的时间 t_{90} 为工艺正硫化时间，10％F_∞ 所对应的时间 t_{10} 为焦烧时间。

针式硫化仪也是一种可以全面测定橡胶硫化性能的专用仪器，可以用来测定橡胶的硫化、挤出、塑性及复原特性，其结构如图 11 - 54 所示。

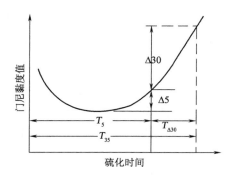

图 11-52　门尼硫化曲线

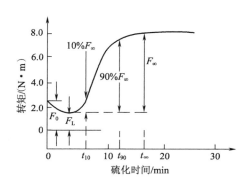

图 11-53　连续硫化曲线

F_{∞}—最大转矩　F_0—初黏度

F_L—最低黏度　t_{10}—焦烧时间

t_{90}—工艺正硫化时间　t_{∞}—理论正硫化时间

　　将试片放入直径为 19mm 的圆筒状加热槽中,有一直径为 6.3mm 的活塞形针入器在一定负荷下周期性地刺入试片,根据针入深度的变化来判断硫化程度(随着硫化时间的加长,针入深度渐减),所得的硫化曲线如图 11-55 所示。

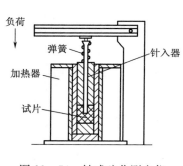

图 11-54　针式硫化测定仪

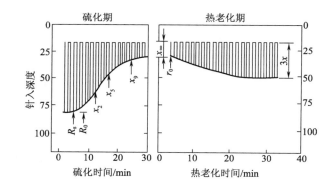

图 11-55　针式硫化仪硫化曲线

R_s—焦烧时间　R_0—诱导期　x_{∞}—分硫化　x_9—90%硫化

x_5—50%硫化　x_2—20%硫化　r_0—老化开始时针入深度

(二)硫化条件

　　硫化过程控制的主要条件是温度、时间和压力。正确制定和控制硫化条件特别是硫化温度,是保证橡胶制品质量的关键因素。

　　1. 硫化温度和时间　橡胶的硫化是一个化学反应过程,和其他化学反应一样,其硫化速度随温度的升高而加快。当温度每增加(或降低)8～10℃,硫化时间可以缩短(或增加)一半,这说明可以通过提高硫化温度来提高生产效率。目前,已有部分橡胶制品特别是某些连续硫化的橡胶制品已实现了高温短时间硫化。高温短时间硫化也是橡胶工业发展的趋势之一。但是,硫化温度的提高不是任意的,它与胶种、胶料配方、制品尺寸、硫化方法等有密切关系。

硫化温度和硫化时间的关系,可用下面的方程表示:

$$\frac{t_1}{t_2}=K^{\frac{T_2-T_1}{10}} \quad 或 \quad t_1=t_2 \times K^{\frac{T_2-T_1}{10}}$$

式中:t_1 为当硫化温度为 T_1 时所需要的硫化时间;t_2 为当硫化温度为 T_2 时所需要的硫化时间;K 为硫化温度系数,它表示在一定硫化温度下,硫化胶获得某一性能的时间和硫化温度相差 10℃时获得的相同性能的时间之比,其值可用试验方法求得;

由上式可见,当 K 值已知时,硫化温度与硫化时间即可进行换算。例如,当 $K=2$,且原胶料在 140℃时的正硫化时间为 60min,若提高硫化温度到 150℃时,则其正硫化时间应为:

$$t_1=t_2 \times K^{\frac{T_2-T_1}{10}}=60 \times 2^{\frac{140-150}{10}}=60 \times 2^{-1}=30(\text{min})$$

说明在 K 为 2 时,硫化温度提高 10℃,硫化时间减少一半;若硫化温度降低 10℃,则硫化时间将增加一倍。事实上,K 值并非在任何场合都保持不变,它在很大程度上随胶种和胶料组成以及硫化温度范围的不同而变化。试验证明多数橡胶在硫化温度为 120~180℃范围的 K 值通常是 1.5~2.5。

确定硫化温度需考虑多种因素,主要是胶种、硫化体系、骨架材料、制品厚度等。天然橡胶和异戊橡胶随硫化温度升高,其 K 值有减小的趋势,也就是说提高硫化温度,总的硫化速度反而有所下降。由于不同的硫化体系赋予硫化胶交联键的性质各不相同,其中特别是硫黄硫化所生成的多硫交联键,因其键能较低,故硫化胶的热稳定性差,所以提高硫化温度易造成硫化胶的物理—力学性能下降,对于需要高温硫化的不饱和橡胶,可以考虑采用低硫高促的硫化体系。在有骨架材料(纺织物)的橡胶制品中,当胶料在硫化时,纺织物的强度损失随硫化温度的升高而增加,尤其是棉织品和人造丝更为显著。由于橡胶是热的不良导体,热传导性差,当橡胶制品的断面比较厚时,在硫化过程中,其断面各部位的温度需要一定时间才能达到一致。如果硫化温度过高,则制品表面可能已达到正硫化,而其断面中部可能尚未开始硫化或欠硫,当其断面中部达到正硫化时,制品表面也可能早已过硫了,这都将导致制品性能变坏,所以,当以一般方法硫化厚制品时,通常采用低温长时间进行。

因此,在确定硫化温度时应对胶种、硫化体系及产品结构进行综合考虑。

(1)胶种:从胶种考虑,天然橡胶的硫化温度一般不宜大于 160℃,因为当天然橡胶在大于 160℃的温度下硫化时,由于复原现象十分严重,平坦线十分短促,仅 15s;丁苯橡胶、丁腈橡胶可以采用 150℃以上,但不大于 190℃的温度硫化;氯丁橡胶硫化温度则不应大于 170℃。至于像硅、氟等特种橡胶对 200℃的烘箱长时间硫化也能承受,而且同时也不足以除尽胶料中的挥发组分。

(2)硫化体系:硫化体系和硫化温度也有很大关系。以天然橡胶为例,采用不同硫化剂时,性能水平有很大的差异(图 11-56),这是因为硫黄交联时形成的多硫键能较弱所致,这种情况同样存在于合成橡胶中(图 11-57)。低硫高促的硫化体系也适用于高温硫化。

实验表明,各种胶料一般最宜硫化温度见表 11-16。

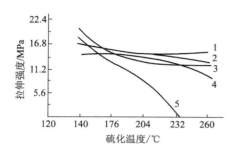

图 11-56　不同硫化剂对天然橡胶
高温硫化时的强度影响

1—2,2′-四亚甲基双(4-氯-6-甲苯酚)
2—叔辛基酚醛树脂　3—DCP
4—对醌二肟　5—硫黄

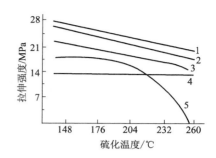

图 11-57　不同硫化剂对合成
橡胶强力的影响

1—硫黄硫化丁腈橡胶　2—金属氧化物硫化通用型
氯丁橡胶　3—金属氧化物硫化54-1型氯丁橡胶
4—酚醛树脂硫化丁基橡胶　5—硫黄硫化丁基橡胶

表 11-16　各种胶料最宜硫化温度

胶料类型	最宜硫化温度/℃	胶料类型	最宜硫化温度/℃
天然橡胶胶料	143	丁基橡胶胶料	170
丁苯橡胶胶料	150	三元乙丙橡胶胶料	160~180
异戊橡胶胶料	151	丁腈橡胶胶料	180
氯丁橡胶胶料	151	硅橡胶胶料	160

2. 硫化压力　目前,大多数橡胶制品是在一定压力下进行硫化的,只有少数橡胶制品(如胶布)是在常压下进行硫化的。

硫化时对橡胶制品进行加压的目的有:防止在制品中产生气泡以免在硫化后的制品中出现一些空隙,导致橡胶制品的性能下降;使胶料流散且充满模型,防止出现缺胶现象,保证制品的花纹完整清晰;提高胶料与织物或金属的黏合力;对于有纺织物的制品(如轮胎),在硫化时施加合适的压力,可以使胶料很好地渗透到纺织物的缝隙中,从而增加它们之间的黏合力,有利于提高其强度和耐屈挠性。

硫化压力的大小,要根据胶料性能(主要是可塑性)、产品结构及工艺条件而定。其原则是:胶料流动性小者,硫化压力应高一些;反之,硫化压力可以低一些;产品厚度大;层数多和结构复杂的需要较高的压力,多数制品的硫化压力,通常在 2.5MPa 以下。

3. 硫化介质　在加热硫化过程中,凡是借以传递热能的物质通称为硫化介质。常用的硫化介质有:饱和蒸汽、过热蒸汽、过热水、热空气以及热水等,近年来还有采用共熔盐、共熔金属、微粒玻璃珠、高频电场、红外线、γ 射线等作硫化介质的。目前,国内广泛使用饱和蒸汽、过热水、热空气和热水作为硫化介质。

三、硫化方法及橡胶制品的硫化

各种橡胶制品的生产,按其需要和要求采用不同的硫化方法进行硫化。而对某一特定的制品,往往又有固定的硫化方法。

(一)硫化方法

不同制品对应的硫化方法可按图 11-58 进行分类。

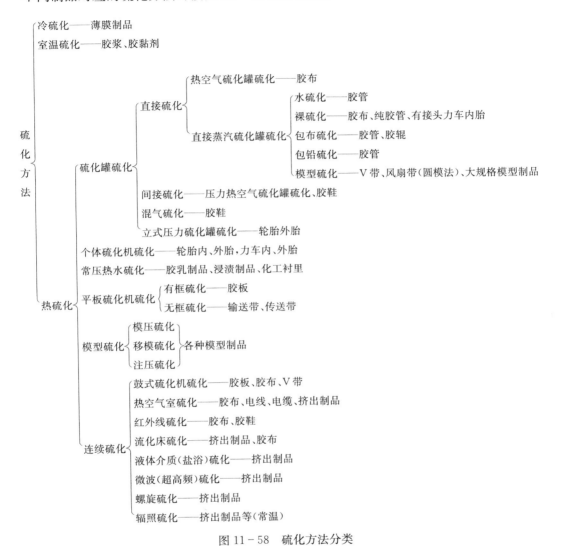

图 11-58　硫化方法分类

1. 冷硫化　此法多用于薄膜制品的硫化。例如,制品在含有 2%～5% 氯化硫的二硫化碳溶液中浸渍,浸渍时间为几秒到几分钟不等(按制品的厚度而定),浸渍后要在氨水中除去残存的酸分(硫化时有盐酸形成),最后用水洗净并干燥。此法只适用于厚度不大于 1mm 的制品。由于硫化速度很快,要严格控制硫化时间,否则会造成过硫。此法硫化的产品耐老化性能差,目前很少使用。

2. 室温硫化　硫化在室温和常压下进行,如使用自硫胶浆进行自行车内胎的接头、运输带的冷接工艺和旧橡胶制品的修补。自硫胶浆通常是含二硫代氨基甲酸盐或黄原酸盐等超促进剂的天然胶或合成胶浆,具有在室温常压下硫化的特点。此外,在现场施工中使用的一些胶黏剂,也要求其在室温下快速固化。室温的胶黏剂通常制成两种组分:硫化剂、溶剂及惰性配合剂等配制成一个组分;橡胶或树脂等配制成另一组分。使用时根据需要临时进行混合使用。

3. 热硫化 这类硫化是在加热状态下进行的。大多数橡胶制品采用热硫化。按热硫化采用的硫化设备、硫化介质和硫化方式的不同也可分成不同的硫化方法。

按使用的硫化设备可分为硫化罐硫化、平板硫化机硫化、个体硫化机硫化和注压硫化。

(1)硫化罐硫化:按照硫化罐的形式不同有卧式和立式两种。卧式硫化罐多用于胶管、电缆硫化;立式硫化罐多用于轮胎的外胎硫化。

(2)平板硫化机硫化:就用途而言,平板硫化机的种类较多,除用于胶板、胶带的立式平板硫化机外,还有专用的平板硫化机,如硫化三角带的颚式平板硫化机、折页式平板硫化机等。

(3)个体硫化机硫化:多用于汽车轮胎的外胎、内胎,自行车的外胎、内胎等制品的硫化。

(4)注压硫化:胶料通过注压机塑化并在很高的压力下被注入加热的模具之中,进行成型硫化。注压硫化因具有成型快速、硫化周期短、产品致密性高、生产自动化程度高等优点,在胶鞋工业和橡胶零件、密封件的生产中得到广泛的应用。

按橡胶制品的硫化方式可分为间歇生产和连续生产两种,上述方法均属于间歇生产。连续硫化多用于挤出制品的硫化。挤出制品的连续硫化有盐浴硫化、流化床硫化、微波或超高频硫化及辐照硫化等。胶带、三角带、胶板可采用鼓式硫化机进行连续硫化。

(二)橡胶制品的硫化

1. 轮胎外胎硫化 外胎硫化一般采用硫化罐、个体定型硫化机和硫化机组定型硫化机。

(1)硫化罐硫化外胎:硫化罐由罐体、罐盖、液压缸、柱塞、上下横梁、拉杆及管道系统组成,见图11-59。在生产中常采用由几个硫化罐(如六个)与硫化轨道组成的罐式硫化机。硫化轨道上设置有完成开模、卸胎、装胎、合模等动作的装置。硫化模型在按一定坡度设计的硫化滚道上滑动,完成上述工序。

采用硫化罐硫化的外胎胎坯,在硫化前要进行定型。定型是将成型后呈圆筒形的胎坯变为与外胎外形相似的形状,并把水胎均匀地装进胎坯内,以供硫化时充过热水用。定型好的胎坯放在模型中,经合模机合模后,将模型装进罐内。模型是通

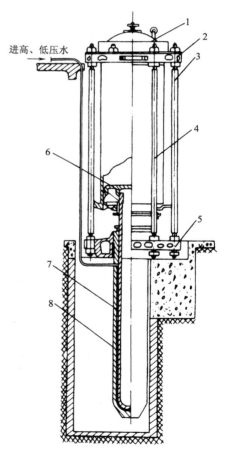

进高、低压水 →

图 11-59 硫化罐结构
1—罐盖 2—上横梁 3—拉杆 4—罐体
5—下横梁 6—平衡盘 7—柱塞 8—液压缸

过罐内的柱塞升降逐个放入罐内的。因罐内放置十多个模型，为保持模型的平衡，在柱塞上设置有平衡盘。模型装入罐内后，装上罐盖并锁紧，然后往液压缸内通入 10～12.5MPa 的高压水，将罐内模型锁紧后，再向水胎内通入 2.2～2.5MPa 的热水，同时往罐内直接通入蒸汽，蒸汽压力逐步升高直达正硫化的温度为止，进行正硫化。在硫化过程中，水胎内的过热水要循环，以保持温度的稳定。当达到正硫化后，罐内停止加热，停止向水胎内注入过热水，同时往罐内、水胎内通入冷却水，进行冷却。冷却后，排除罐内的冷水并停止向水胎内注水，同时停止高压水进入液压缸；打开缸盖，向液压缸内注入低压水，将罐内模型逐渐升起逐个取出。硫化工序目前均采用程序控制，以避免差错。

在硫化罐硫化外胎时，由于罐内上、下存有温差，会造成罐内外胎的硫化程度不一致。另外，这种方法操作工序多、劳动强度大，因此在外胎硫化中逐渐被淘汰。但在大型工程轮胎的硫化方面仍被广泛采用。

（2）硫化机硫化外胎：硫化机的特点是利用胶囊代替水胎，而且在硫化过程中自动定型。定型硫化机的种类，按其工作原理和发展的先后，主要有 A 型硫化机和 B 型硫化机两种。A 型多用于中、小型轮胎外胎的硫化；B 型多用于载重汽车轮胎硫化。

以硫化普通外胎为例，介绍 B 型硫化机操作步骤如下。

①抓胎器将胎坯套在竖立在硫化模型中央的胶囊上。胎坯要放正。放胎前，要吹掉模内的积水。

②硫化机开始闭模，同时中心机构下降，到一定位置后，停止下降，胶囊内通入 0.12MPa 的定型蒸汽，使胎坯膨胀，帘线位移，称为第一次定型。

③硫化机继续闭模，中心机构继续下降，再到一定位置后，停止下降，往胶囊内通入约 0.2MPa 的定型蒸汽，进行第二次定型。

④硫化机继续闭模至闭合，往胶囊内通入 2.5MPa 的过热水或一定压力的蒸汽，模温为 143℃ 左右时进行硫化。达到正硫化后，模型停止硫化，往胶囊内通入冷却水冷却。

⑤冷却后开模，同时中心机构的下圆盘带动轮胎上升，从下模中脱出。上圆盘继续上升，胶囊从外胎内拉出。

⑥卸胎杠杆上升，将外胎托住，停止上升。下圆盘下降，胶囊从外胎中完全拉出，并将胶囊抽真空。

⑦卸胎杠杆上升到卸胎位置，将胎卸出并通过滚道滑到后充气装置或成品存放处。

定型硫化机具有简化操作工艺（即能把硫化前后的工序如装胎、定型、硫化、拔胶囊、卸胎等都在硫化机上完成）、减轻劳动强度、易实现硫化生产自动化等优点。另外，因硫化压力和温度可单机控制，能保证产品的质量。

2. 胶管硫化　胶管的硫化多采用直接蒸汽硫化。为保证胶管的胶层和骨架层之间有较高的黏结强度，在硫化时，需要施加一定压力。加压的方法有在半成品的外表面上包缠水布、包铅等；连续硫化采用的是加压流体床。有芯法胶管硫化时可不用加内压；无芯法胶管硫化时要在胶管内充水，以防止外压压扁胶管。

（1）包水布硫化：将已成型好的管坯在成型机上包缠上水布（一些要求压力大的胶管或吸引

胶管还要缠上绳子),放进卧式硫化罐内,用直接蒸汽硫化。包水布一般在胶管成型机上进行。水布的材料有棉纤维、合成纤维或混纺纤维的细布。因包缠水布硫化要耗用大量的纤维材料,因而出现包缠一些能重复使用的材料的方法如包铅、包尼龙等。

(2)包铅硫化:将已成型好的管坯,在包铅机上包上一层铅皮,再放到硫化罐内用直接蒸汽硫化。硫化后,把胶管表面的铅皮在剥铅机上剥去,剥出的铅再经熔炼可重复使用。用无芯法生产的胶管,包铅前,在胶管内充入一定压力的水或空气,以防止压铅时将胶管压扁。压铅后的胶管卷在木轴上(芯轴直径为被卷取胶管直径的20倍),再推进硫化罐内硫化。

包铅硫化的胶管密着性好、表面光滑、铅能重复使用且耗用量少。但铅是一种有毒的金属,生产中特别要注意劳动保护。

压铅机有两种,一种为柱塞式压铅机,另一种为螺杆式压铅机。后者能连续压铅,前者压铅只能间歇进行。

3. 胶带硫化　一般采用平板硫化机硫化,对一些较薄的平型胶管,也有采用鼓式硫化机连续硫化的。

平板硫化机由上、下加热平板或多层加热板、液压缸、柱塞、框架或横梁与导柱组成。胶带是在加热平板之间加热、加压进行硫化的。这种硫化方法是分段进行的。每段胶带的两端受到两次硫化。为保证该处胶带不发生过硫,所以在平板的两端要进行冷却,降低该处的硫化温度,保证每段胶带的两端的硫化程度与中间部分的硫化程度接近。为使胶带在使用过程中免于过快过大的伸长,硫化前要对每段胶带进行预伸张,一般每层带每厘米宽度需伸张力160～180N,并在此拉伸力下对平带进行压紧硫化,因此在硫化机的两端设置有夹持伸张装置,或一端设置夹持伸张装置,另一端设置夹持装置。未硫化的平带单位夹持力为1.2～1.6MPa。

三角带硫化方法有圆模硫化罐硫化、颚式平板硫化机硫化和三角带鼓式硫化机硫化。

(1)圆模硫化罐硫化:一般适于小规格三角带硫化。硫化时,带坯先在预伸张机上伸张,然后将已伸张的带坯套在梯形断面模子上,多个模子串联成圆柱体并包扎上水布再放入硫化罐内用直接蒸汽硫化。

(2)颚式平板硫化机硫化:因三角带的带坯是环形的,为便于装卸带坯,故要采用颚式平板硫化机硫化。硫化三角带的加热平板要带有三角带的梯形断面凹槽。带坯每硫化一段先要进行预伸张,每硫化一段后的移位不得超越平板两端的有效位置,否则接头处容易欠硫。这种方法的硫化温度约为148～152℃;硫化时间视不同型号的三角带而定。

(3)三角带鼓式硫化机硫化:它具有硫化质量好、机台占地面积小、操作方便、生产能力高并能连续自动硫化等优点,能适应各种规格三角带的硫化。

四、连续硫化

橡胶工业中,特别是挤出制品的日益广泛应用,大量生产的密封条、纯胶胶管、电线、电缆等都逐步采用连续硫化,以达到生产连续化、自动化和提高生产效率的目的。

(一)液体连续硫化

液体连续硫化,即将挤出的半成品在储有高温液体介质的槽池中加热硫化。液体连续硫化装置通常由排气式挤出机、液体硫化槽（包括加热器和运输装置）、洗涤装置等部分组成。液体连续硫化常用的加热介质为低熔点共熔盐，故又称"盐浴硫化"。

液体硫化槽是一个有足够长度、深度并要求耐加热介质腐蚀的长槽或长管。槽中有一条运输半成品的运输带。一些密度较小的胶料，在硫化槽中易浮出液面。浮出部分不易受热，故要施加一定压力，以使半成品全部浸入介质中。运输带应可变速调节，以适应不同挤出速度的需要。整个槽底均匀分布加热元件作为加热介质的热源。槽的外罩有隔热套，用以防止热量损失。

从硫化槽出来的橡胶制品要经冷却和清洗，以降低制品温度和清洗制品表面黏附的加热介质。

液体硫化在常压下进行。虽然胶料经排气式挤出机压出而消除了大部分包藏的空气，但残存在胶料中的水分、空气仍会使胶料在硫化过程中产生气泡，因此在配方设计中，为了达到快速硫化，要选用快速的硫化促进系统；生胶的门尼黏度不能太小，因为大于 65 门尼单位的胶料有助于气泡的减少；胶料中不能配用挥发性的增塑剂，而且各种配合剂尽量减少水分含量，并且可配用一定量的干燥剂如氧化钙，其用量为 8～10 份，要选用能增加胶料黏度的半补强炉黑或快压出炭黑，忌用热裂法炭黑。

(二)流化床硫化

流化床(也被称作沸腾床)的构造原理与液体硫化槽类似。但床内所贮藏的不是液体，而是翻腾的由固体、气体构成的悬浮系统。在操作过程中，热气体自下而上流经由无数固体粒子构成的粒层使粒层翻腾，这样，整个系统便呈现"沸腾"而构成"流化床"。整个系统为固体粒子分散在气体中的悬浮体，因此具有液体的各种特征：流化床的形状取决于容器的形状，无论加入或抽出物体时，其平面始终保持不变；流动阻力小，与液体相近，因而成品较易通过流化床；流化床导热系数很高，比空气大 50 倍，而且传热均匀，整个床的温差不大于 2～3℃；床内各处的压力与所在的深度成正比。

流化床除具有液体硫化的特点外，还具有热传递能力高、受热均匀、无液体介质温度极限和化学惰性高、操作安全、不沾污成品、易清洁等优点。流化床除用于硫化橡胶制品外，还可用金属、织物、坯料、模型的预热及原料的干燥等。

(三)微波预热及连续硫化

微波加热的最大特点是热从被加热物体内部产生，从而克服了通常采用的加热介质热传导所造成的表里温差，有利于提高橡胶制品的硫化质量，并可大大缩短硫化时间，特别是对厚壁制品的硫化，如载重车胎和大型越野轮胎经微波预热后，能减少三分之一以上的硫化时间；对挤出制品进行连续硫化，若硫化前经过微波预热，可大大缩短硫化床的长度。目前，微波加热在橡胶工业中已在轮胎、模压制品、注压制品、挤出制品和胶带等制品的硫化中得到应用。

(四)其他连续硫化方法

除上述的连续硫化方法外，还有蒸汽管道硫化、红外线硫化等。

蒸汽管道硫化是挤出制品挤出后进入通有 1.0～2.5MPa 蒸汽的硫化管道内进行硫化。在硫化管道的末端要设有密封装置，以防止蒸汽泄漏。硫化后的制品要进行冷却。这种方法多用于电线、电缆、胶管的硫化。

红外线硫化是用红外线发生器或红外线灯泡来进行加热,多用于薄制品如胶布的硫化。

复习指导

掌握作为橡胶制品原料的种类及各自的特性,熟悉硫化剂的种类。深刻理解生胶塑炼的必要性及塑炼原理,掌握塑炼工艺与塑炼胶质量的关系,理解混炼的目的和原理,掌握应用不同混炼设备时对应的混炼工艺,懂得如何检验混炼胶的质量。

对橡胶的压延、挤出和注射成型,在熟悉成型设备的基础上理解各自的成型原理,掌握各成型工艺过程和工艺控制因素。

理解轮胎的构造,掌握外胎成型的工艺过程,重点掌握采用半鼓式和半芯轮式成型普通结构轮胎的过程;了解胶管的结构和种类以及其表示方法,掌握胶管成型的工艺过程,比较夹布胶管和编织胶管成型的异同;了解胶带的结构及成型过程。

参考文献

[1]李光．高分子材料加工工艺学[M]．2版．北京：中国纺织出版社，2010．

[2]沈新元．化学纤维手册[M]．2版．北京：中国纺织出版社，2008．

[3]AHMED M. Polypropylene fibers-science and technology[M]. New York：Elsevier Scientific Publishing Company，1982．

[4]BRANDRUP J，EDMUND H IMMERGUT，GRULKE E. Polymer Handbook[M]. 4th ed. New York：Wiley，1999．

[5]GUPTA V，KOTHARI V K. Manufactured fiber technology[M]. Delhi：Springer science，1997．

[6]BHAT G. Structure and properties of High-Performance Fibers[M]. Cambrige：Woodhead Publishing，Elsevier，2017．

[7]杨清芝．实用橡胶工艺学[M]．北京：化学工业出版社，2008．

[8]孙立新，张昌松．塑料成型基础及成型工艺[M]．北京：北京：化学工业出版社，2012．

[9]2015 年全国化纤行业基本情况统计（1－12 月）http://www.ccfa.com.cn/site/content/6005.html?siteid＝1．

[10]AHMED M. 聚丙烯纤维的科学与工艺[M]．吴宏仁，赵华山，等译．北京：纺织工业出版社，1985．

[11]MASSON J C. 腈纶生产工艺及应用[M]．陈国康，沈新元，王瑛，等译．北京：中国纺织出版社，2003．

[12]曹堃，秦一秀，姚臻．腈纶阻燃研究发展[J]．高分子材料科学与工程，2008，(9)：1－5．

[13]车耀，沈新元．聚丙烯腈纤维抗静电改性的技术现状与发展趋势[J]．纺织导报，2006(11)：76－78．

[14]陈世煌．塑料成型机械[M]．北京：化学工业出版社，2005．

[15]大卫 R. 萨利姆．聚合纤维结构的形成[M]．高绪珊，吴大诚，译．北京：化学工业出版社，2004．

[16]堤晋一郎，刘庭辅．功能性皮芯复合腈纶的开发[J]．合成纤维，2008(11)：49－51．

[17]法凯 B V. 合成纤维（上册）[M]．张书绅，陈政，林其凌，等译．北京：纺织工业出版社，1987．

[18]高明智，李红明．聚丙烯催化剂的发研发进展[J]．石油化工，2007，36(6)：535－546．

[19]郭大生，王文科．熔纺聚氨酯纤维[M]．北京：中国纺织出版社，2003．

[20]国家标准局．GB/T 4646—1984 纺织名词术语（化纤部分）[S]．北京：中国标准出版社，1984．

[21]韩玉菇．国内抗起球腈纶可纺性及其混纺织物性能研究[D]．上海：东华大学，2011．

[22]荷叶尔，李力，关肇基．聚丙烯树脂的加工与应用[M]．北京：中国石化出版社，1998．

[23]洪定一．聚丙烯—原理．工艺与技术[M]．北京：中国石化出版社，2005．

[24]黄锐．塑料成型工艺学[M]．2版．北京：中国轻工业出版社，2008．

[25]贾毅．橡胶加工实用技术[M]．北京：化学工业出版社，2004．

[26]卢长椿．国内外聚丙烯纤维技术与装备的开发与应用进展[J]．纺织导报，2014(3)：49－53．

[27]聂恒凯．橡胶材料与配方[M]．北京：化学工业出版社，2004．

[28]沈新元．化学纤维手册[M]．北京：中国纺织出版社，2008．

[29]沈新元．先进高分子材料[M]．北京：中国纺织出版社，2006．

[30]施楣梧．溶剂法再生纤维素纤维——Lyocell 的结构与性能[J]．毛纺科技,2000(增刊):3－11.

[31]史蒂文森．聚合物成型加工新技术[M]．刘廷华,张弓,陈利民,等译．北京:化学工业出版社,2004.

[32]史玉升,李远才,杨劲松．高分子材料成型工艺[M]．北京:化学工业出版社,2006.

[33]唐春红,吴彤,刘杰,等．聚丙烯腈原丝微结构的 X 射线衍射分析[J]．北京化工大学学报,2004,31(3):55－58.

[34]田伟,雷新,丛明芳,等．纺织非织造布制备工艺与性能的关系[J]．纺织学报,2015,36(11):67－70.

[35]王雅珍,王海霞,曹孔明．亲水性腈纶技术与应用[J]．石油化工技术与经济,2010,26(3):59－62.

[36]王雅珍,徐崇双,王海霞,等．聚丙烯腈纤维吸湿改性方法及研究现状[J]．合成纤维工业,2011,34(6):38－40.

[37]温志远．塑料成型工艺及设备[M]．北京:北京理工大学出版社,2007.

[38]谢和平．黏胶纤维和 Lyocell 纤维生产中溶解机理的探讨[J]．化纤与纺织技术,2007(4):30－32.

[39]颜文革．聚丙烯基碳纤维发展分析[J]．科协论坛,2007(9):50－51.

[40]杨东洁．纤维纺丝工艺与质量控制(上册)[M]．北京:中国纺织出版社,2008.

[41]张国耀,刘东．高熔融指数聚丙烯高速纺 POY 丝的超分子结构[J]．纺织科学研究,1994(4):14－17.

[42]张思灯,王兴平,孙宾,等．聚丙烯纤维细旦、可染及功能化改性研究进展[J]．高分子通报,2013(10):50－55.

[43]张岩梅,邹一明．橡胶制品工艺[M]．北京:化学工业出版社,2005.

[44]张幼维,赵炯心,张斌,等．抗菌防臭腈纶[J]．合成技术及应用,1999(2):35－38.

[45]张瑜,闫卫东．茂金属聚丙烯的发展及应用[J]．纺织导报,1999(3):10－14.

[46]赵博．聚丙烯 PP 纺粘法非织造布工艺参数对纤维直径的影响[J]．非织造布,2010,18(1):7－10.

[47]朱庆松．阻燃腈纶的国内开发现状和发展趋势[J]．纺织科学研究,202,(4):1－3,23.

[48]朱锐细,严玉蓉,詹怀宇,等．聚丙烯腈纤维的化学改性[J]．化纤与纺织技术,2007(1):16－20.